EINFÜHRUNG IN DIE HÖHERE MATHEMATIK

EIN LEHR- UND ÜBUNGSBUCH FÜR TECHNISCHE UND GEWERBLICHE LEHRANSTALTEN UND FÜR DIE TECHNISCHE PRAXIS

VON

Dr. TECHN. ANTON HOSSNER

PROFESSOR AM TECHNOLOGISCHEN GEWERBE-MUSEUM IN WIEN

MIT 251 TEXTABBILDUNGEN

SPRINGER-VERLAG WIEN GMBH 1949

ISBN 978-3-7091-3878-6   ISBN 978-3-7091-3877-9 (eBook)
DOI 10.1007/978-3-7091-3877-9

Mit Erlaß des Bundesministeriums für Unterricht vom 17. Februar 1949,
Zl. 86.901 — IV/12/1948 zum Unterrichtsgebrauch an technischen und
gewerblichen Lehranstalten zugelassen.

Vorwort.

Das vorliegende Lehr- und Übungsbuch enthält im wesentlichen die höhere Mathematik in jenem Umfang, der an den technischen und gewerblichen Lehranstalten auf Grund der Lehrpläne vorgesehen ist, behandelt aber gleichzeitig eine Reihe elementarer Fragen und Aufgaben, die sich zwanglos hier einfügen lassen. Vorausgesetzt werden nur die Grundtatsachen der Elementarmathematik einschließlich der analytischen Geometrie und eine gewisse Gewandtheit im Rechnen mit algebraischen und goniometrischen Ausdrücken.

Selbstverständlich ist vom Gesamtstoff des Buches, das die Bedürfnisse der verschiedenen Fachabteilungen berücksichtigt, manches für die eine oder andere Fachrichtung entbehrlich. Außerdem geht das Buch stellenweise, besonders aber in den Schlußkapiteln, über das Ausmaß dessen hinaus, was an den genannten Schulen durchgenommen werden kann; soll es doch den Absolventen in die Praxis hinausbegleiten, wo er oft genug einer mathematischen Nach- und Weiterschulung bedarf.

Das Buch will aber auch dem Autodidakten dienen und ihm den Anschluß an seine vielleicht etwas dürftigen Vorkenntnisse sichern. Ihm werden die mit den Entwicklungen des ersten Abschnittes verknüpften Wiederholungen ebenso willkommen sein, wie der Abriß im Anhang über das Rechnen mit dem Rechenschieber und mit komplexen Zahlen.

Trotz des elementaren Charakters dieses Buches erfordert die knappe Darstellung vom Studierenden eine konzentrierte Mitarbeit mit dem Bleistift in der Hand, besonders was die Übungen anlangt. Diese sind zum Teil reine Übungsaufgaben, die auch das numerische Rechnen entsprechend berücksichtigen, zum Teil ergänzen sie den Stoff oder bereiten das Verständnis späterer Abschnitte vor.

Das Endziel des Lehrbuches ist durch das mathematische Ausbildungsniveau vorgegeben, das von der elementaren Fachliteratur im allgemeinen vorausgesetzt wird. Die Erreichung dieses Endzieles erfordert aber auf der in Betracht kommenden Stufe eine spezifische Behandlung des Stoffes. Ohne auf Einzelheiten näher einzugehen,

I

sei nur auf die graphische Gewinnung der wichtigsten Differentiationsformeln in Anlehnung an *A. Walther* (Quellennachweis Nr. 18 u. 19)
hingewiesen. Diese ermöglicht es, die leichter faßlichen Grenzwertbetrachtungen beim bestimmten Integral vor den schwierigeren
beim Übergang vom Differenzen- zum Differentialquotienten durchzuführen, sie verschafft dem Studierenden rasch einen Einblick
in den Zweck und in die Leistungsfähigkeit der neuen Gedanken
und Methoden und gestattet, im Unterricht das mathematische
Rüstzeug für die technischen Fächer zeitgerecht bereit zu stellen.
Die damit verbundene Rückkehr zur *Leibnizschen* Auffassung
vom Differential und Integral erleichtert außerdem den Zugang
zu den Infinitesimalansätzen in den Anwendungen. Unter diesen
werden Mechanik und Elektrotechnik mit Absicht bevorzugt, weil
in diesen Disziplinen schon die Grundlagen mit den Gedankengängen
der höheren Mathematik innig verknüpft sind.

Zum Schlusse sei mir gestattet, an dieser Stelle allen zu danken,
die mir ihre Unterstützung gewährten: Dem *Bundesministerium
für Unterricht* und Herrn Direktor Dipl.-Ing. *A. Wastl* für die Unterrichtsentlastung zwecks Ausarbeitung des Manuskriptes; Herrn
Hofrat *W. Feiertag* und Herrn Hofrat Dipl.-Ing. Dr. *L. Herzka* für
ihre wertvollen Anregungen; Herrn Fachvorstand Dipl.-Ing.
W. Konold für die Durchsicht des Manuskriptes und Herrn Dipl.-Ing.
B. Deutsch für das Lesen der Korrektur; beiden Herren, namentlich
Herrn Kollegen *Deutsch*, verdanke ich eine Reihe von Verbesserungsvorschlägen. Schließlich sei dem *Springer-Verlag* für sein jederzeit
verständnisvolles Entgegenkommen, das er trotz mannigfacher
Schwierigkeiten immer wieder bewies, aufrichtig und herzlich
gedankt.

Wien, im Februar 1949.   **A. Hossner.**

Inhaltsverzeichnis.

I. Funktionen.

II. Differential- und Integralrechnung.
(Erster Teil.)

IV. Reihenentwicklungen.

Berichtigungen.

S. 36, Z. 15 von oben: lies „$\dfrac{1}{\cos x}$" statt „cos x".

S. 59, Z. 17 von oben: lies „$f''(x)$" statt „$f'' x$".

S. 100, Z. 9 von oben: lies „$i = I$" statt „$i = I$".

S. 104, Z. 2 von oben: lies „O" statt „o".

S. 107, Z. 2 von unten: Nach „$A\,B\,C\,D\,E\,F\,G\,H$" ergänze „$I\,K$".

S. 133, Z. 11 von oben: lies „Halbkreis" statt „Kreis".

S. 136, Z. 4 von unten: lies „$\int_{a_1}^{b_1}$" statt „$\int_{a}^{b_1}$".

S. 153, Text zu Abb. 142: lies „$\dfrac{y}{y'}$" statt „$\dfrac{y'}{y}$".

S. 155, Z. 10 von oben: lies „$\dfrac{\overline{u}\,\overline{v} - u\,v + \overline{u}\,v - \overline{u}\,v}{\overline{x} - x}$" statt „$\dfrac{u\,\overline{v} - u\,v + \overline{u}\,v - u\,v}{\overline{x} - x}$".

S. 170, Fußnote: lies „Bezeichnungen" statt „Bezeichnung".

S. 174, Z. 13 und 14 von oben: lies „vorgegebenen" statt „vorgegebenem".

S. 184, Z. 14 von oben: lies „$\dfrac{x}{m}$" statt „$\dfrac{m}{x}$".

S. 241, Z. 6 von oben: ein Glied „$3\,x^2$" ist zu streichen.

S. 244, Z. 9 von unten: lies „$\dfrac{x^3}{3!}$" statt „$\dfrac{3!}{x^3}$".

S. 278, Z. 11 von unten: lies „(Integrationskonstante daher" statt „(Integrationskonstante, daher".

S. 296, Z. 10 von unten: lies „$\dfrac{\overline{U}}{r}\,e^{j\,(v\,t - \psi)}$" statt „$\dfrac{\overline{U}}{r}\,e^{j\,(v\,t -)}$".

I. Funktionen.

§ 1. Allgemeines über Funktionen.

1. Funktionsbegriff, graphische Darstellung und Funktionsleiter. Der Techniker hat oft mit Gleichungen und Formeln zu tun, die eine Beziehung oder einen Zusammenhang zwischen physikalischen oder irgend welchen anderen Größen ausdrücken. So formuliert z. B. die Gleichung

$$N = RI^2$$

die Abhängigkeit der Leistung N Watt von der Stromstärke I Ampere bei gegebenem Widerstand R Ohm. Hält man R konstant, erteilt aber der Stromstärke I verschiedene Werte, so gehört auf Grund obiger Gleichung zu jedem Wert von I ein ganz bestimmter Wert von N. Man sagt, *N sei eine Funktion des Argumentes I*, und nennt $N = RI^2$ eine *Funktions-* oder *Funktionalgleichung*.

I	N
0	0
0·5	0·06
1	0·24
1·5	0·54
2	0·96
2·5	1·50
3	2·16
3·5	2·94
4	3·84
4·5	4·86
5	6·00

Die nebenstehende Tabelle gibt für $R = 0·24\,\Omega$ eine Reihe zusammengehöriger Wertepaare; sie lassen sich mittels einer Zungenstellung am Rechenschieber finden, wenn man die Gleichung in der Form $N = (\sqrt{R} \cdot I)^2$ schreibt. Diese Tabelle ließe sich weiter fortsetzen und könnte auch beliebig dicht angelegt werden. Sie bietet aber keinen guten Überblick über den Verlauf der Funktion, d. h. über die Art und Weise, wie sich N mit I mitverändert. Man denke nur, wie unübersichtlich für den Arzt die Ergebnisse der Temperaturmessungen in Tabellenform wären! So wie man dort die *graphische Darstellung* in Form einer Fieberkurve wählt, so greift man auch hier zur graphischen Darstellung, man zeichnet ein *Schaubild* oder kurz ein *Bild* der Funktion. Die Grundgedanken einer solchen Abbildung unter Benutzung eines rechtwinkeligen Achsenkreuzes dürfen wohl als bekannt vorausgesetzt werden. Abb. 1 zeigt die graphische Darstellung von $N = RI^2$ entsprechend den Werten in der Tabelle.

Sie enthält aber außerdem noch eine sogenannte *Funktionsleiter* oder *Funktionsskala* unserer Funktion. Eine solche entsteht dadurch, daß man auf einer Geraden von einem Anfangspunkt aus die Funktionswerte aufträgt, und zwar nach einer Seite die positiven, nach der anderen die negativen, und die *so entstandenen Marken aber nun nicht mit den Funktionswerten, sondern mit den dazu gehörigen Argumentswerten beziffert.* Die linke Seite der vertikalen Geraden zeigt die Funktionsskala für $N = RI^2$. Vom Anfangspunkt O wurden nach oben hin verschiedene Werte von N aufgetragen und zu den so erhaltenen Marken jene Werte von I geschrieben, welchen die betreffenden N-Werte entsprechen. So ist z. B. die Marke 3 nicht 3 Einheiten von O entfernt, sondern $2 \cdot 16$ Einheiten, dem zu $I = 3$ gehörigen Wert von N; daher ist diese Skala auch mit I überschrieben. Wäre nur diese Skala allein vorhanden und wollte man die Größe der zu $I = 3\,A$ gehörigen Leistung kennen lernen, so müßte man mittels eines Maßstabes die Strecke $\overline{O3}$ abmessen. Um diese Unbequemlichkeit zu vermeiden, ist auf der rechten Seite ein mit N überschriebener Maßstab angefügt, so daß man die tatsächliche Messung ersparen und den zu jedem J-Wert gehörigen N-Wert direkt — wenigstens schätzungsweise — ablesen kann.

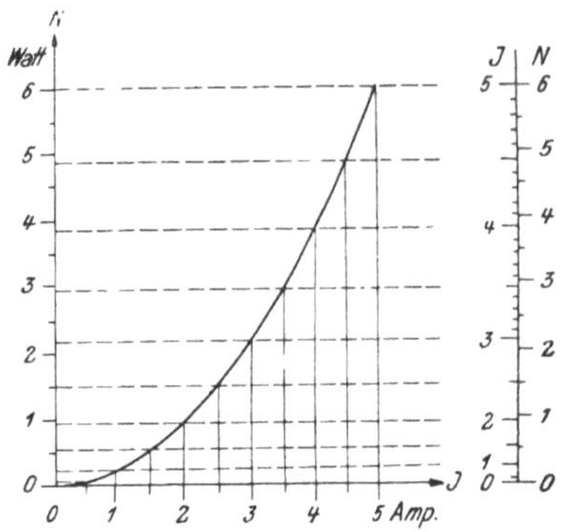

Abb. 1. Bild und Funktionsleiter der Funktion $N = R\,I^2$.

Eine solche *Doppelleiter* ist also eigentlich nichts anderes als eine graphische Tabelle, die aber durch Interpolation nach Augenmaß gestattet, auch Zwischenwerte abzulesen. Jedoch ist die Herstellung derartiger graphischer Rechentafeln nicht der Hauptzweck, dem Funktionsleitern dienen; ihre Bedeutung liegt vielmehr in ihrer Verwendung bei Rechenschiebern und in der *Nomographie*, einem graphischen Rechenverfahren, das in alle Zweige der Technik Eingang gefunden hat (§ 26, 3.—6.).

Wir wollen noch ein zweites Beispiel behandeln. *Unter Winkelgeschwindigkeit (etwa eines gleichförmig rotierenden Rades) versteht man die Größe jenes Winkels im Bogenmaß, der von einem Radius (einer Speiche) in einer Sekunde überstrichen wird.*

Legt man den Scheitel eines Winkels in den Mittelpunkt des *Einheitskreises* (Kreis mit dem Radius 1), so schneiden seine Schenkel auf diesem Kreis ein gewisses Bogenstück aus; *die Länge dieses Kreisbogenstückes heißt das Bogenmaß des Winkels.* Es ist das Maß, das wir im folgenden ausschließlich verwenden werden.

Oft gebrauchte Umwandlungswerte vom Gradmaß in das Bogenmaß:

Gradmaß:	360^0	180^0	90^0	45^0	60^0	30^0	1^0	α^0	$\dfrac{180^0}{\pi} \approx 57 \cdot 3^0$ [1]
Bogenmaß:	2π	π	$\dfrac{\pi}{2}$	$\dfrac{\pi}{4}$	$\dfrac{\pi}{3}$	$\dfrac{\pi}{6}$	$\dfrac{\pi}{180}$	$\dfrac{\pi}{180}\alpha$	1

Die Winkelgeschwindigkeit kann nach dem Obigen daher auch definiert werden als die Länge desjenigen Bogens, den ein Punkt im Abstande 1 vom Mittelpunkt in einer Sekunde beschreibt.

T	ω
0·5	12·57
0·75	8·38
1	6·28
1·5	4·19
2	3·14
3	2·09
5	1·26
7	0·90
10	0·63

Ist nun die Umdrehungszeit eines gleichförmig rotierenden Rades T, d. h. überstreicht ein Halbmesser in T Sekunden den Winkel 2π, so beschreibt er in einer Sekunde den Winkel $\dfrac{2\pi}{T}$. Daher ist die Winkelgeschwindigkeit

$$\omega = \frac{2\pi}{T}\ \text{Sek}^{-1}.$$

Zu jedem Wert von T gehört wieder ein bestimmter Wert von ω, oder ω ist eine Funktion des Argumentes T. Zu den gewählten Werten von T der oben stehenden Tabelle findet man die zugehörigen Werte von ω mittelst einer Zungenstellung auf dem Rechenschieber unter Verwendung gegenläufiger Teilungen nach der Gleichung $T\,\omega = 2\pi$.

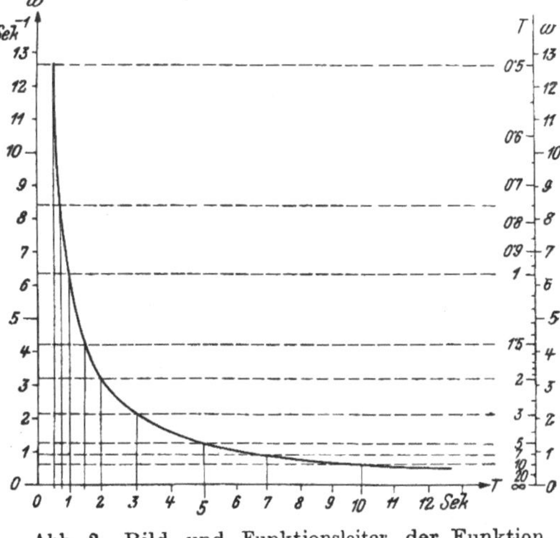

Abb. 2. Bild und Funktionsleiter der Funktion $\omega = \dfrac{2\pi}{T}$.

[1] $\approx$ heißt „beiläufig gleich".

Die graphische Darstellung und die Funktionsleiter in Abb. 2 bedürfen wohl keiner näheren Erläuterung.

Aus den beiden Beispielen können wir schon das charakteristische Merkmal einer Funktionalgleichung erkennen. Es besteht darin, daß außer *konstanten* Größen (R im ersten, 2π im zweiten Beispiel) noch *veränderliche* oder *variable* Größen, nämlich das *Argument* und die *Funktion* auftreten (I und N, bzw. T und ω). Das Argument heißt auch die *unabhängig Veränderliche* und wird in der Mathematik meist mit x bezeichnet, die Funktion heißt auch die *abhängige Veränderliche* und wird gewöhnlich mit y bezeichnet.

Wir definieren nun:

Eine veränderliche Größe y heißt eine Funktion der veränderlichen Größe x, wenn jedem in Betracht kommenden Wert von x ein bestimmter Wert von y zugeordnet ist.

Eine solche Zuordnung wird gewöhnlich durch eine Funktionalgleichung gegeben sein, auf Grund welcher man zu einem beliebigen x das zugehörige y berechnen kann. Sie kann aber auch durch eine Tabelle erfolgen, z. B. durch die Ergebnisse einer Reihe von Messungen oder schließlich auch durch eine Kurve, wie sie etwa der Stift eines Barographen aufzeichnet. In der Mathematik würde man die Funktionalgleichung unseres ersten Beispiels in der Form

$$y = ax^2, \qquad\qquad (a = R),$$

die des zweiten Beispiels in der Form

$$y = \frac{a}{x} \qquad\qquad (a = 2\pi)$$

schreiben. Allgemein bezeichnet man eine Funktion von x mit $y = f(x)$, (sprich: „y ist gleich f von x"), oder $y = F(x)$, oder auch $y = \varphi(x)$ usw. Die Wahl verschiedener Buchstaben f, F, φ usw. erfolgt, wenn es sich um verschiedene Funktionen handelt.

2. Stetigkeit. *Eine Funktion $y = f(x)$ heißt an einer Stelle x_1 stetig, wenn zu einer kleinen Änderung Δx des Argumentes[1] eine kleine Änderung Δy der Funktion gehört, und zwar derart, daß Δy der Null beliebig nahe gebracht werden kann, wenn nur Δx genügend klein gewählt wird. (Abb. 3.)*

Wir sehen sofort, daß die Funktion unseres ersten Beispiels $N = RI^2$ an jeder Stelle I oder durchwegs stetig ist; man nennt eine solche

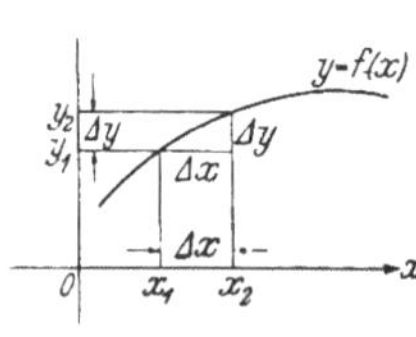

Abb. 3.

$x_2 - x_1 = \Delta x = $ Änderung von x;

$y_1 - y_1 = \Delta y = $ Änderung von y.

---

[1] Die Bezeichnung Δx soll an „Differenz" erinnern; es ist ja $\Delta x = x_2 - x_1$ und $\Delta y = y_2 - y_1 = f(x_2) - f(x_1)$.

Funktion kurz eine *stetige Funktion*. Ein anderes Verhalten zeigt jedoch die Funktion unseres zweiten Beispiels, die wir unter Beschränkung auf positive x-Werte in der Form $y = \dfrac{a}{x}$ schreiben wollen. Sie ist zwar auch an allen Stellen $x > 0$ stetig[1], *aber an der Stelle $x_1 = 0$ existiert die Funktion überhaupt nicht, denn* $\dfrac{a}{0}$ *ergibt keinen Wert; tatsächlich gibt es keine Zahl, die mit Null multipliziert, a ergäbe.* Wir können nur das eine aussagen, daß y mit kleiner werdendem x immer größer und schließlich „*unendlich groß*" (∞) *wird, müssen uns aber wohl hüten, ∞ als eine Zahl zu betrachten*[2]. Man schreibt

$$\frac{a}{x} \longrightarrow \infty, \text{ wenn } x \longrightarrow 0 \left(\frac{a}{x} \text{ strebt gegen } \infty, \text{ wenn } x \text{ gegen } 0 \text{ strebt}\right).$$

Ebenso $\dfrac{a}{x} \longrightarrow 0$, wenn $x \longrightarrow \infty$.[3] Die Schreibweise $\dfrac{a}{0} = \infty$ wird zwar noch immer angetroffen, ist aber unbedingt zu vermeiden, da die Division durch 0 sinnlos und daher unerlaubt ist. So ist z. B. für $a \neq b$ (lies: „a nicht gleich b") die Gleichung $a \cdot 0 = b \cdot 0$ richtig; wollte man aber durch 0 kürzen, so erhielte man das der Voraussetzung widersprechende Resultat $a = b$. Man versäume also bei keiner Division die Überprüfung, ob der Ausdruck, durch den man dividiert, nicht etwa gleich Null ist.

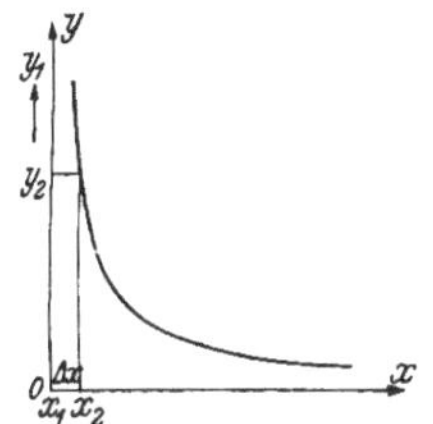

Abb. 4. Unstetigkeitsstelle bei $x_1 = 0$ durch Unendlichwerden.

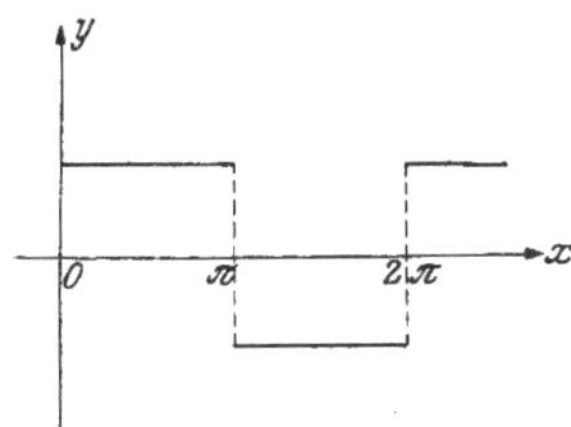

Abb. 5. Sprungstellen bei π, 2π, ...

Das Unendlichwerden der Funktion $\dfrac{a}{x}$ an der Stelle $x_1 = 0$ führt dazu, die Funktion dort als *unstetig* zu erklären. Tatsächlich können wir $\varDelta x$ noch so klein, also x_2 noch so nahe an $x_1 = 0$ wählen, stets

---

[1] Lies: „x größer Null"; $x_1 < x_2$ wird „x_1 kleiner x_2" gelesen.

[2] Die Bezeichnung des Anfangspunktes der Funktionsleiter in Abb. 2 mit ∞ ist nur eine formale Bezeichnung und soll keineswegs ∞ als eine Zahl qualifizieren.

[3] In der graphischen Darstellung kommt dieser Sachverhalt dadurch zum Ausdruck, daß sich die Kurve ihren beiden *Asymptoten*, nämlich den beiden Koordinatenachsen, unbegrenzt nähert, ohne sie je zu erreichen.

wird $|\Delta y| = |y_2 - y_1|$ (d. h. der „Absolutwert" von Δy ohne Berücksichtigung des Vorzeichens) über alle Maßen groß ausfallen; die Bedingung der Stetigkeit ist also nicht erfüllt (Abb. 4). Eine Unstetigkeit liegt aber offenbar auch an den „*Sprungstellen*" π, 2π, ... der in Abb. 5 dargestellten Funktion vor. Es zeigt sich wieder der Nutzen einer graphischen Darstellung, die derartige Unstetigkeitsstellen auf den ersten Blick erkennen läßt.

3. Übungen. 1. In der Mathematik ist es üblich, auf beiden Koordinatenachsen denselben Maßstab zu wählen und wir wollen uns auch ausnahmslos daran halten. In den Anwendungen dagegen ist man oft gezwungen, auf beiden Achsen verschiedene Maßstäbe anzunehmen. Man stelle folgende Funktionen graphisch dar unter Wahl geeigneter Maßstäbe auf beiden Achsen und zeichne auch jedesmal die zugehörige Funktionsleiter:

a) Die Umfangsgeschwindigkeit v eines Rades ist eine Funktion der Winkelgeschwindigkeit ω:

$$v = r\,\omega \qquad (r \text{ sei gleich } 0{\cdot}7 \text{ m}).$$

b) Die kinetische Energie oder Wucht W ist eine Funktion der Geschwindigkeit v:

$$W = \frac{1}{2}\,m\,v^2.$$

Für v wähle man solche Werte, wie sie für einen Eisenbahnwagen in Frage kommen; $m = 35\,000$ kg. W ist in Kilowattstunden anzugeben.

c) Beim Wurf nach oben ist der Weg s, d. i. der Abstand des geworfenen Körpers vom Ausgangspunkt, eine Funktion der Zeit. Ist die dem Körper erteilte Anfangsgeschwindigkeit $v = 19{\cdot}6$ m/Sek, die Erdbeschleunigung $g = 9{\cdot}8$ m/Sek^2 und wird vom Luftwiderstand abgesehen, so lautet die Funktionalgleichung

$$s = -\frac{g}{2}\,t^2 + v\,t \qquad \text{oder} \qquad s = -4{\cdot}9\,t^2 + 19{\cdot}6\,t.$$

Man ermittle aus der Figur Steigdauer und Steighöhe.

d) Man behandle mit denselben Angaben den Wurf nach unten. ($t = 0$, $0{\cdot}1$, $0{\cdot}2$, ... Sek.)
Man verwechsle in **c)** und **d)** das zu zeichnende *Weg—Zeit*diagramm nicht mit der Bahn des Körpers, die hier eine vertikale Gerade ist.

e) Durchläuft ein Körper eine Kreisbahn mit der konstanten Geschwindigkeit v, so ist seine Zentripetal- oder Radialbeschleunigung b_r gegen das Zentrum gerichtet und eine Funktion des Kreishalbmessers r. Wird dieser vom Mittelpunkt weg positiv gerechnet, so ist

$$b_r = -\frac{v^2}{r}. \qquad (v = 0{\cdot}45 \text{ m/Sek.})$$

f) Das *Poissonsche* Gesetz der *adiabatischen Zustandsänderung* lautet für einatomige Gase

$$p \cdot V^{1{\cdot}67} = \text{konst.}$$

Man wähle den konstanten Wert rechts gleich 1 und bestimme zu beliebig gewählten V-Werten die zugehörigen p-Werte mit Hilfe der Potenzteilung eines Rechenschiebers (s. VI. A. 9.). Steht eine solche nicht zur Verfügung, so setze man $1{\cdot}67 = \dfrac{5}{3}$ und verwende die Kubusteilung. Man zeichne in dieselbe

Figur die *Isotherme* $p = \dfrac{1}{V}$ und vergleiche sie mit der Adiabate $p = \dfrac{1}{V^{1{\cdot}67}}$.

2. Man zeichne auf zwei Papierstreifen je eine Funktionsleiter für die Funktion $y = x^2$ auf den Rand dieser Streifen. Läßt man nun den einen Papierstreifen längs des andern gleiten, so hat man einen primitiven Rechenschieber für den pythagoreischen Lehrsatz oder zur Ermittlung von $\sqrt{a^2 + b^2}$ bzw. $\sqrt{c^2 - b^2}$ für gegebene

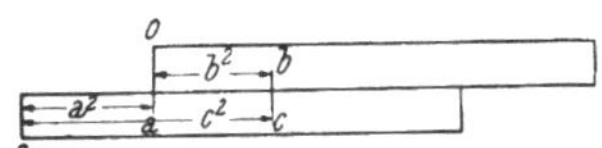

Abb. 6. Rechenschieber für den pythagoreischen Lehrsatz.

Werte von a, b, bzw. c, b. Man weise das an Hand der schematischen Abb. 6 nach.

3. a) Man zeichne ebenso auf zwei Papierstreifen die Funktionsleitern für

die Funktion $y = \dfrac{1}{x}$, womit man einen Rechenschieber für die Beziehung

zwischen den parallel geschalteten Widerständen R_1 und R_2 und dem Ersatz-

widerstand R, nämlich $\dfrac{1}{R_1} + \dfrac{1}{R_2} = \dfrac{1}{R}$ hat. Inwiefern? Man wird zweck-

mäßig auf dem einen Streifen die Leiter nicht mit der Anfangsmarke ∞ beginnend zeichnen, sondern etwa mit der Marke 1 oder $0{\cdot}5$, um einen größeren Anwendungsbereich zu erzielen.

b) Man bestimme mittels eines solchen Rechenschiebers R für $R_1 = 0{\cdot}8$, $R_2 = 1{\cdot}5$; $R_1 = 0{\cdot}72$, $R_2 = 0{\cdot}85$ und $R_1 = 0{\cdot}68$, $R_2 = 0{\cdot}76\,\Omega$.

c) Man beachte, daß man mit einer Stellung der Papierstreifen gegeneinander auskommt, wenn in einer Reihe von Aufgaben R_1 denselben Wert beibehält und nur R_2 verschiedene Werte annimmt. Wenn dagegen R und R_1

gegeben sind, also R_2 aus der Gleichung $\dfrac{1}{R_2} = \dfrac{1}{R} - \dfrac{1}{R_1}$ gesucht wird und R

immer denselben Wert behält, so kommt man nur dann mit einer Stellung aus, wenn man die eine Teilung gegenläufig ausführt. Man begründe das Verfahren und ermittle darnach für $R = 0{\cdot}41\,\Omega$ die zu $R_1 = 2{\cdot}2,\ 1{\cdot}5,\ 0{\cdot}97,\ 0{\cdot}83\,\Omega$ gehörigen Werte von R_2.

d) Man kann natürlich durch wiederholtes Aneinanderreihen der einen Leiter an die andere ohne Zwischenablesung R auch für mehrere parallel ge-

schaltete Widerstände aus der Gleichung $\dfrac{1}{R} = \dfrac{1}{R_1} + \dfrac{1}{R_2} + \dfrac{1}{R_3} + \cdots$

bestimmen. Man führe das durch für $R_1 = 2{\cdot}5$, $R_2 = 0{\cdot}75$, $R_3 = 1{\cdot}25$, $R_4 = 3{\cdot}4\,\Omega$ und ebenso für $R_1 = 0{\cdot}9$, $R_2 = 6{\cdot}15$, $R_3 = 5{\cdot}75$, $R_4 = 5{\cdot}75$, $R_5 = 4\,\Omega$.
Lösungen: **b)** $R = 0{\cdot}521,\ 0{\cdot}390,\ 0{\cdot}359\,\Omega$; **c)** $R_2 = 0{\cdot}504, 0{\cdot}564, 0{\cdot}71, 0{\cdot}81\,\Omega$;
d) R $= 0{\cdot}354,\ 0{\cdot}535\,\Omega$.

§ 2. Die lineare Funktion.

1. Die direkte Proportionalität. Wir wollen nun die wichtigsten elementaren Funktionen durchbesprechen, wobei eine gewisse Bekanntschaft mit ihnen vorausgesetzt wird, so daß also jene Teile, die eine reine Wiederholung vorstellen, entsprechend kurz gefaßt werden können.

Eine veränderliche Größe y heißt einer veränderlichen Größe x gerade oder direkt proportional, wenn einem 2-, 3-, 4- ....fachen Wert von x ein 2-, 3-, 4- ....facher Wert von y entspricht. Die direkte Proportionalität ist also eine spezielle funktionale Beziehung und ihre Funktionalgleichung lautet

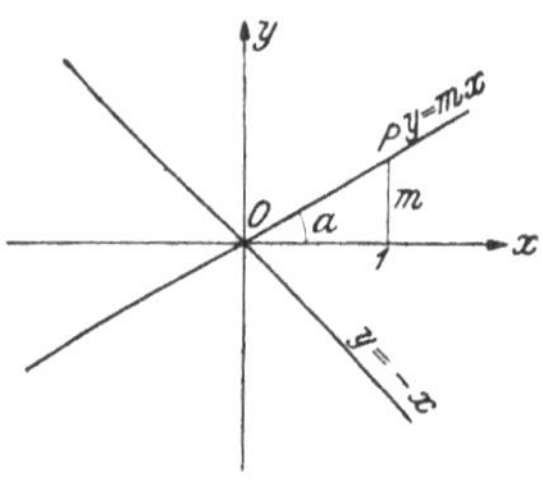

Abb. 7. Die Gerade $y = m\,x$.
Für $m = -1$ ist $\alpha = 135^0$.

$$\boxed{y = m\,x}.$$

Die konstante Größe m heißt Proportionalitätsfaktor. Das Bild dieser Funktion ist eine Gerade durch den Ursprung O mit der Steigung m, d. h. der Tangens des Winkels α, unter dem die Gerade zur positiven x-Achse geneigt ist, hat den Wert m. (Abb. 7.)

$$\boxed{m = \operatorname{tg} \alpha}.$$

Ist m positiv ($m > 0$), so ist α spitz, ist m negativ ($m < 0$), so ist α stumpf. Dem besondern Wert $m = 1$ entspricht die Gleichung $y = x$ mit $\alpha = \dfrac{\pi}{4}$. Man beachte, daß die Proportionalität von zwei Größen an die Voraussetzung geknüpft ist, daß diese Größen veränderlich sind; zwei konstante Größen können nicht proportional genannt werden. Dazu sind wenigstens vier Größen erforderlich. Gehören zu den Werten x_1, x_2, $x_3 \ldots$ von x die Werte y_1, y_2, $y_3 \ldots$ von y, so folgt aus

$$y_1 = m\,x_1, \qquad y_2 = m\,x_2, \qquad \ldots\ldots,$$
$$y_1 : y_2 : y_3 : \ldots\ldots = x_1 : x_2 : x_3 : \ldots,$$

oder die y_1, y_2, $y_3 \ldots$ sind den x_1, x_2, $x_3 \ldots$ proportional (genauer: direkt porportional).

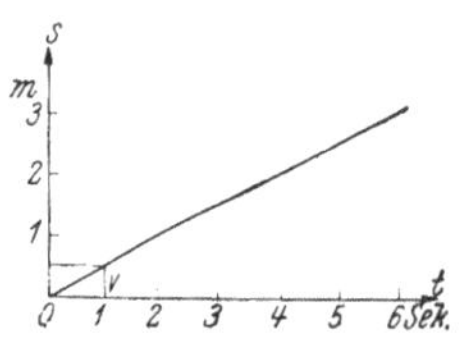

Abb. 8. Zeit—Wegdiagramm der gleichförmigen Bewegung $s = \mathrm{v}\,t$.

Beispiele: Die Arbeit A ist bei konstanter Kraft dem Weg proportional: $A = P\,s$, die Winkelgeschwindigkeit der Umlaufzahl: $\omega = \dfrac{\pi}{30}\,n$, die Kraft der erteilten Beschleunigung: $P = m\,b$, bei der gleichförmigen Bewegung der Weg der Zeit: $s = \mathrm{v}\,t$ (Abb. 8), die Stromstärke der Spannung: $I = \dfrac{U}{R}$ usw.

In allen Fällen ist das Bild eine durch den Anfangspunkt O gehende Gerade. Man gebe jedesmal die Bedeutung des Proportionalitätsfaktors an.

2. Die allgemeine lineare Funktion. Wird die Ordinate eines jeden Punktes P auf der Geraden $y = m\,x$ um b vermehrt (Abb. 9), so entsteht die Gerade mit der Funktionalgleichung

$$\boxed{y = m\,x + b}\,.$$

Die Steigung dieser Geraden ist m, ihr Abschnitt auf der y-Achse ist b.

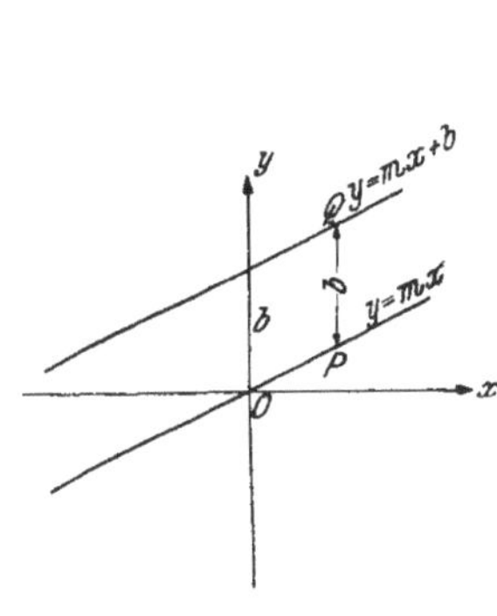

Abb. 9. Die Gerade $y = m\,x + b$ durch Verschiebung von $y = m\,x$.

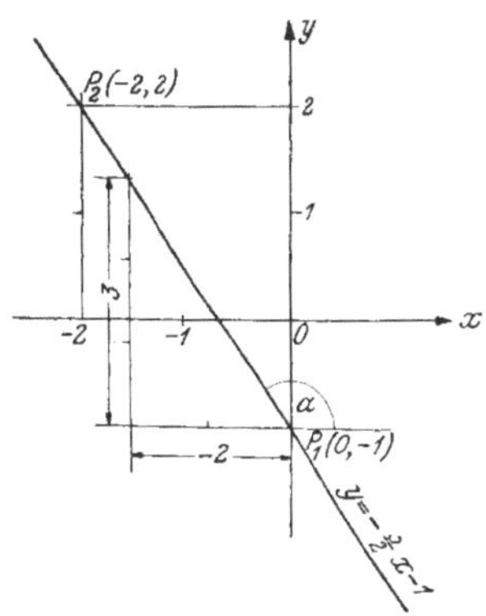

Abb. 10. Konstruktion der Geraden $y = -\dfrac{3}{2}\,x - 1$.

Ist z. B. $y = -\dfrac{3}{2}x - 1$, so kann diese Gerade entweder gezeichnet werden mittels der Steigung $-\dfrac{3}{2}$ durch den Punkt im Abstand -1 von O auf der y-Achse (Abb. 10), oder mittels zweier Punkte P_1 und P_2, die man erhält, indem man aus der obigen Gleichung zu zwei beliebig gewählten x-Werten die zugehörigen y-Werte berechnet; etwa $P_1\,(0,\,-1)$, $P_2\,(-2,\,2)$.

Die Gleichung $y = m\,x + b$ repräsentiert, ebenso wie $y = m\,x$, eine *lineare* Funktion, weil sie in den Variablen x und y linear, d. h. vom ersten Grad ist; jedoch ist das y dem x nicht mehr proportional. Sie ist die *explizite (entwickelte) Form* der Funktionalgleichung (oder kurz Gleichung) einer Geraden. In *impliziter (unentwickelter) Form* lautet sie

$$A\cdot x + B\,y + C = 0.$$

Sie kann nach Division durch B im Falle $B \neq 0$ leicht auf die explizite Form gebracht werden. Ist aber $B = 0$, so ist eine Darstellung in expliziter Form unmöglich und es resultiert $x = -\dfrac{C}{A}$, eine Parallele zur y-Achse. Zusammenfassend können wir also sagen, daß einer linearen Gleichung immer eine Gerade entspricht.

Ist in der Gleichung $A\,x + B\,y + C = 0$ keiner der Koeffizienten Null, so kann man sie auf die *Segmentform*

$$\frac{x}{a} + \frac{y}{b} = 1$$

bringen, in welcher a und b die Abschnitte auf der x-Achse bzw. y-Achse bedeuten (Abb. 11); denn für $y = 0$ ist $x = a$ und für $x = 0$ ist $y = b$.

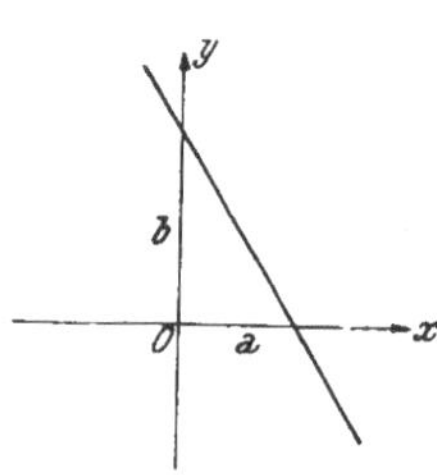

Abb. 11. Segmentform
$$\frac{x}{a} + \frac{y}{b} = 1.$$

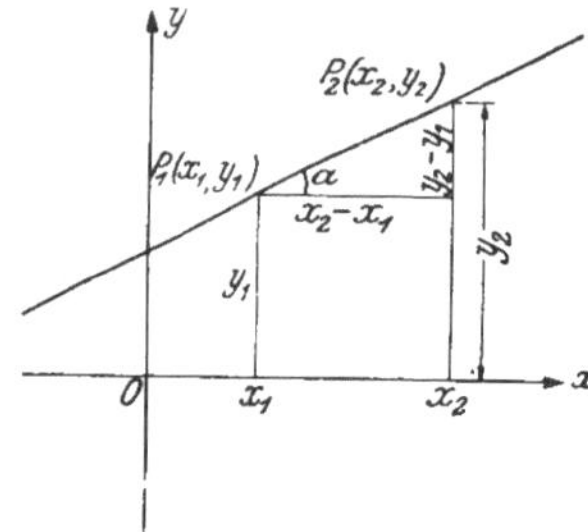

Abb. 12. Gerade durch 2 Punkte:
$$y - y_1 = \frac{y_2 - y_1}{x_2 - x_1}\,(x - x_1).$$

Wenn von einer Geraden zwei Punkte $P_1\,(x_1,\,y_1)$ und $P_2\,(x_2,\,y_2)$ gegeben sind (Abb. 12), so lautet ihre Gleichung

$$y - y_1 = \frac{y_2 - y_1}{x_2 - x_1}\,(x - x_1).$$

Diese Gleichung ist in der Tat befriedigt, wenn man $(x_1,\,y_1)$ bzw. $(x_2,\,y_2)$ an Stelle von x und y einsetzt. Da

$$\frac{y_2 - y_1}{x_2 - x_1} = tg\,\alpha = m$$

ist, so lautet die Gleichung einer Geraden durch einen Punkt $P_1\,(x_1,\,y_1)$ mit gegebener Steigung m:

$$y - y_1 = m\,(x - x_1).$$

Die Tatsache, daß jede lineare Gleichung durch eine Gerade dargestellt wird, führt zu einer einfachen graphischen Lösung von zwei linearen Gleichungen mit zwei Unbekannten:

$$a_1\,x + b_1\,y = c_1 \tag{*}$$
$$a_2\,x + b_2\,y = c_2.$$

Faßt man in diesen Gleichungen x und y vorübergehend nicht als Unbekannte, sondern als Veränderliche auf, so stellt jede von ihnen eine Gerade dar. Jedes konstante Wertepaar, das eine dieser

Gleichungen befriedigt, bestimmt Abszisse und Ordinate eines Punktes auf dieser Geraden, das Wertepaar, das beiden Gleichungen genügt, den gemeinsamen Punkt beider Geraden. Man braucht also, um die beiden Gleichungen (*) zu lösen, nur die ihnen entsprechenden Geraden zu zeichnen und die Koordinaten ihres Schnittpunktes abzumessen.

Beispiel:

$$2\,x - 4\,y + 7 = 0 \quad \dots \ g_1$$
$$3\,x + 2\,y = -5 \quad \dots \ g_2.$$

Die Lösung ist in Abb. 13 durchgeführt und liefert, in genügend großem Maßstab gezeichnet, die Ergebnisse

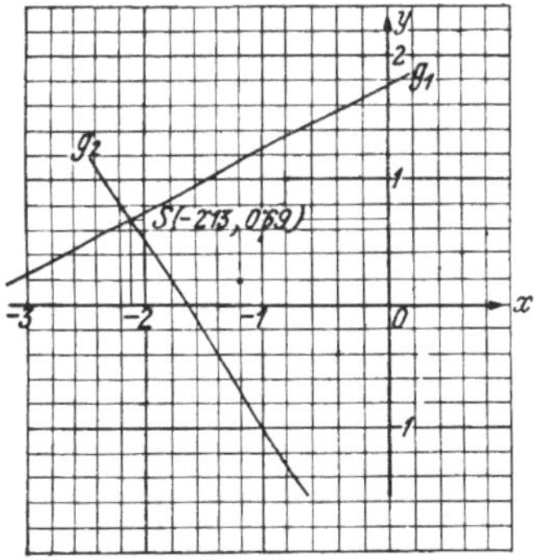

Abb. 13. Graphische Lösung des Gleichungspaares $2\,x - 4\,y + 7 = 0$
$3\,x + 2\,y = -5$.

$$x = -2{\cdot}13, \quad y = 0{\cdot}69.$$

3. Übungen. 1. Ein Punkt durchlaufe einen Kreis (r) von der Stelle P aus (Abb. 14) im positiven Sinn (entgegen dem Uhrzeiger) mit der konstanten Winkelgeschwindigkeit ω. Der Weg werde von der Stelle A an gezählt. Man gebe die Weg—Zeitgleichung an und zeichne das Weg—Zeitdiagramm. Wann wird der Punkt die Stelle A das erstemal passieren?

Lösung: $s = r\,\omega\,t + r\,\varphi, \quad t_A = \dfrac{2\,\pi - \varphi}{\omega} \cdot$

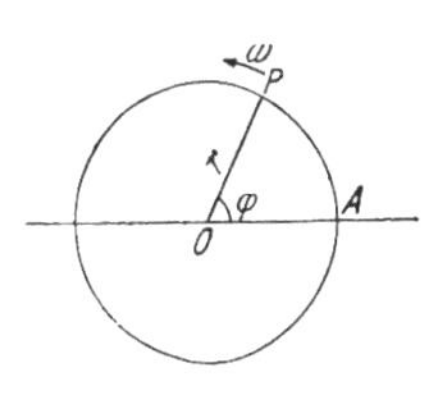

Abb. 14.

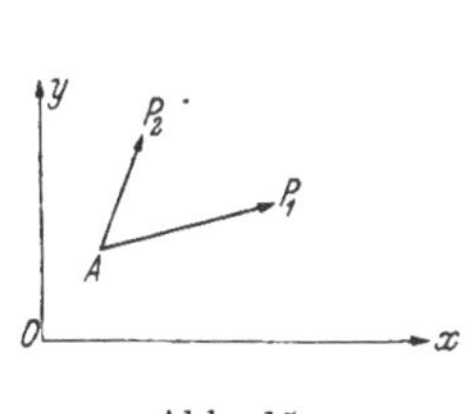

Abb. 15.

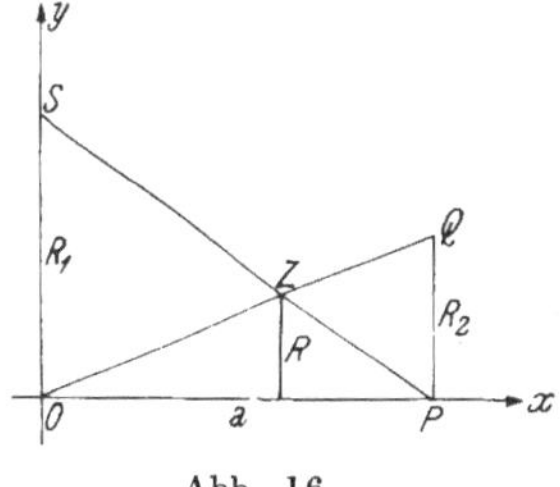

Abb. 16.

$$\frac{1}{R} = \frac{1}{R_1} + \frac{1}{R_2} \cdot$$

2. In $A\,(a, b)$ greifen zwei Kräfte $\overrightarrow{A\,P_1}$ und $\overrightarrow{A\,P_2}$ an (Abb. 15), wobei $P_1\,(x_1, y_1)$ und $P_2\,(x_2, y_2)$. Man stelle die Gleichung der Zentrallinie auf, d. i. jener Geraden, auf welcher die Resultierende liegt.

Lösung: $x\,(y_1 + y_2 - 2\,b) - y\,(x_1 + x_2 - 2\,a) = a\,(y_1 + y_2) - b\,(x_1 + x_2).$

Man zeige, daß der Koeffizient von x die Summe der Vertikal-, der von y die Summe der Horizontalkomponenten und das rechts stehende absolute Glied die Summe ihrer statischen Momente in bezug auf O darstellen.

3. Man löse folgende Gleichungspaare graphisch:

    a) $x = 6 - y$ **b)** $4x + 6y = 5$ **c)** $x + y = 3$

        $y = 3x - 4,$ $6x + 4y = 5,$ $y = -x,$

    d) $\dfrac{y}{20} - \dfrac{x}{40} = 1$ **e)** $y = 0\cdot655\,x$

                                    $x + 3\cdot27\,y = 2\cdot74.$

          $\dfrac{x}{30} + \dfrac{y}{50} = 1,$

    Lösungen: **a)** $x = 2\cdot5$, $y = 3\cdot5$; **b)** $x = 0\cdot5$, $y = 0\cdot5$; **c)** keine Lösung, die Gleichungen widersprechen einander; **d)** $x = 14$, $y = 27$; **e)** $x = 0\cdot87$, $y = 0\cdot57$. (Näherungswerte!)

4. Zeichnet man zwei parallele Strecken $R_1 = \overline{OS}$, $R_2 = \overline{PQ}$ in beliebigem Abstand voneinander wie in Abb. 16 angegeben und verbindet ihre Endpunkte kreuzweise, so ist die mit R bezeichnete Strecke gleich $\dfrac{R_1\,R_2}{R_1 + R_2}$ oder es ist $\dfrac{1}{R} = \dfrac{1}{R_1} + \dfrac{1}{R_2}$. Man beweise das und löse die Aufgaben **3. b)** bis **d)** der vorigen Übungen auf graphischem Weg.

§ 3. Die Potenzfunktion x^n.

1. Definitionen und Rechengesetze.

$$a^n = \underbrace{a \cdot a \cdot \ldots \ldots a}_{n}, \text{ wenn } n \text{ positiv und ganzzahlig,}$$

$$a^0 = 1, \quad a^{-n} = \frac{1}{a^n}, \quad \left(\frac{a}{b}\right)^{-n} = \left(\frac{b}{a}\right)^{n}, \quad a^{\frac{1}{n}} = \sqrt[n]{a},$$

$$a^{\frac{m}{n}} = \sqrt[n]{a^m} = \left(\sqrt[n]{a}\right)^m, \quad (-1)^{2n} = +1, \quad (-1)^{2n+1} = -1,$$

$$a^m \cdot a^n = a^{m+n}, \quad \frac{a^m}{a^n} = a^{m-n}, \quad (ab)^n = a^n b^n,$$

$$\left(\frac{a}{b}\right)^n = \frac{a^n}{b^n}, \quad (a^m)^n = (a^n)^m = a^{mn}, \quad \sqrt[n]{a^n} = \left(\sqrt[n]{a}\right)^n = a.$$

$$\sqrt[mp]{a^{np}} = \sqrt[m]{a^n}, \quad \sqrt[m]{\sqrt[n]{a}} = \sqrt[mn]{a}.$$

Man drücke die oben angeführten Definitionen und Rechengesetze in Worten aus.

2. Die Umkehrfunktion. In Abb. 17 sind die beiden Funktionen $y = x^3$ und $y = \sqrt[3]{x}$ dargestellt. Es fällt auf, daß sich in beiden Fällen dieselben Kurven (kubische Parabeln) ergeben, nur in verschiedenen Lagen, und zwar ist jede von ihnen das Spiegelbild zur andern bezüglich der Winkelhalbierenden des 1. und 3. Quadranten. Der Grund hiefür leuchtet aber sehr schnell ein, wenn man die erste

Gleichung in der Form $x = \sqrt[3]{y}$ schreibt. Jedes Wertepaar (x, y), das $y = x^3$ befriedigt, befriedigt ebenso $x = \sqrt[3]{y}$ und daher nach Vertauschung von x und y auch die Gleichung $y = \sqrt[3]{x}$. Vertauschung von x und y bedeutet aber geometrisch die Vertauschung von Abszisse und Ordinate eines Punktes. Zeichnet man also zu einem Punkt $P\,(x, y)$ jenen Punkt $P'\,(y, x)$, dessen Abszisse so groß ist wie die Ordinate von P und dessen Ordinate gleich der Abszisse von P ist (Abb. 18), so sind diese Punkte offenbar Spiegelbilder bezüglich der Winkelhalbierenden des 1. und 3. Quadranten. Denkt man sich das für jeden Punkt der Kurve $y = x^3$ durchgeführt, so erhält man die Kurve $y = \sqrt[3]{x}$.

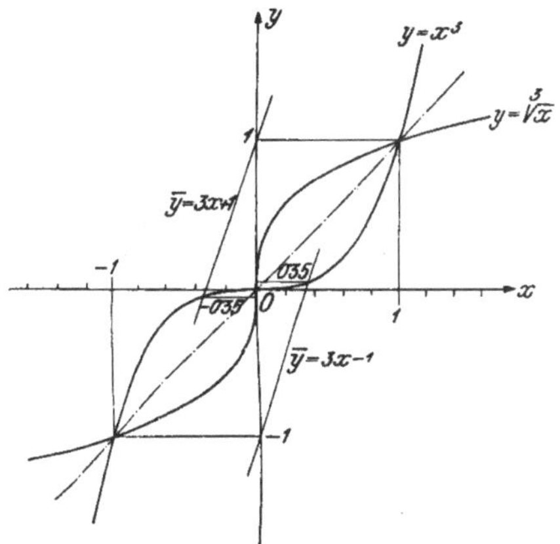

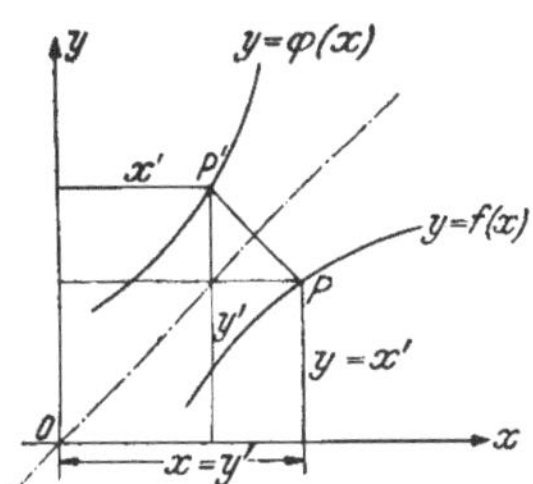

Abb. 17. Die inversen Funktionen $y = x^3$ und $y = \sqrt[3]{x}$.

Abb. 18. $\varphi\,(x)$ als Umkehrfunktion zu $f\,(x)$.

Diese Betrachtung läßt sich leicht verallgemeinern. Ist y eine Funktion von x, also $y = f\,(x)$ (z. B. $y = x^3$), so ist im allgemeinen auch x eine Funktion von y, etwa $x = \varphi\,(y)$[1] (in unserem Beispiel $x = \sqrt[3]{y}$). Vertauscht man nun in der letzteren Gleichung x und y miteinander[2], so erhält man die *Umkehrfunktion* oder *inverse Funktion* $y = \varphi\,(x)$ zu der Funktion $y = f\,(x)$. *Man erhält also zu einer gegebenen Funktion* $y = f(x)$ *die Umkehrfunktion, indem man die Gleichung nach* x *„auflöst"*[3] *und dann* x *und* y *miteinander vertauscht. Das Bild der*

---

[1] $y = f\,(x)$ und $x = \varphi\,(y)$ sind natürlich durch ein und dieselbe Kurve dargestellt.

[2] Die Vertauschung von x und y erfolgt nur zu dem Zweck, um in gewohnter Weise für das Argument den Buchstaben x gebrauchen zu können.

[3] Exakter ausgedrückt: x explizite als Funktion von y dargestellt.

Umkehrfunktion ist symmetrisch zur gegebenen Kurve bezüglich der Winkelhalbierenden des 1. und 3. Quadranten.

Damit ist natürlich noch nicht entschieden, ob zu jeder Funktion eine Umkehrfunktion existiert. Schon die einfache Funktion $y = x^2$ (quadratische oder gewöhnliche Parabel) bietet eine Komplikation, denn zu jedem y-Wert gehören jetzt zwei x-Werte (Abb. 19), die positive und negative Quadratwurzel aus y. Die Funktion $y = \sqrt{x}$ ist also zweiwertig, entgegen unserer Definition S. 4, wonach jedem x-Wert nur ein y-Wert zugeordnet sein soll. Wir stellen die Übereinstimmung mit dieser Definition her, indem wir die Funktion in zwei Zweige auflösen: $y = + \sqrt{x}$ und $y = - \sqrt{x}$. Wollen wir beide Zweige als zusammengehörig auffassen, so wählen wir lieber die implizite Darstellung $y^2 = x$. Wir erzielen für später eine unzweideutige und bequeme Klarstellung, wenn wir festsetzen, daß $\sqrt{x}$ nur $+ \sqrt{x}$ bedeuten möge und in allen Fällen, in welchen wir die negative Quadratwurzel meinen, das negative Vorzeichen ausdrücklich vorsetzen.

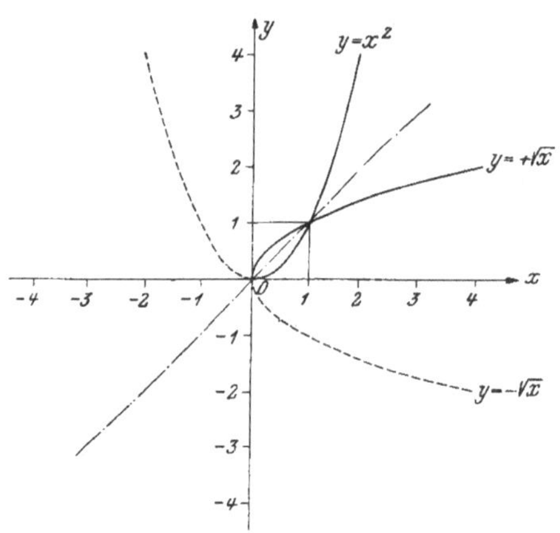

Abb. 19. $+\sqrt{x}$ ist die Umkehrfunktion zum voll ausgezogenen Teil von x^2, $-\sqrt{x}$ zum strichlierten Teil.

Diese an die Potenzfunktionen x^2, x^3, $\sqrt{x}$ und $\sqrt[3]{x}$ geknüpften Erörterungen genügen vorläufig. Vgl. auch die folgenden Übungen 1 und 2.

3. Die indirekte Proportionalität. Gerade und ungerade Funktionen. Die Gleichung

$$\boxed{y = \frac{a}{x} \quad \text{oder} \quad y = a \cdot x^{-1}}$$

ist die Funktionalgleichung der indirekten Proportionalität. Einem 2-, 3-, 4- .... fachen x-Wert entspricht ein $\frac{1}{2}$-, $\frac{1}{3}$-, $\frac{1}{4}$- .... facher y-Wert. Die konstante Größe a heißt Proportionalitätsfaktor. Das Bild dieser Funktion ist eine gleichseitige Hyperbel, deren Asymptoten die Ko-

ordinatenachsen sind. (Abb. 20.) Gehören zu den Werten x_1, x_2, $x_3 \ldots$ die Werte y_1, y_2, $y_3 \ldots$, so folgt aus $y_1 = \dfrac{a}{x_1}$, $y_2 = \dfrac{a}{x_2}$, $\ldots$,

$$y_1 : y_2 : y_3 : \ldots = \frac{1}{x_1} : \frac{1}{x_2} : \frac{1}{x_3} : \ldots$$

Man überzeuge sich, daß an Stelle von $y_1 : y_2 = \dfrac{1}{x_1} : \dfrac{1}{x_2}$ wohl auch $y_1 : y_2 = x_2 : x_1$ geschrieben werden kann, daß aber

$$y_1 : y_2 : y_3 \;\neq\; x_3 : x_2 : x_1.$$

Eine Funktion heißt gerade, wenn $f(-x) = f(x)$. Bei einer solchen Funktion erhält man also denselben Wert, wenn man in der Funktionalgleichung $y = f(x)$ irgend einen x-Wert, etwa 3, durch den negativen Wert -3 ersetzt. *Das Bild einer geraden Funktion ist symmetrisch bezüglich der y-Achse.* Beispiel: $y = x^2$.

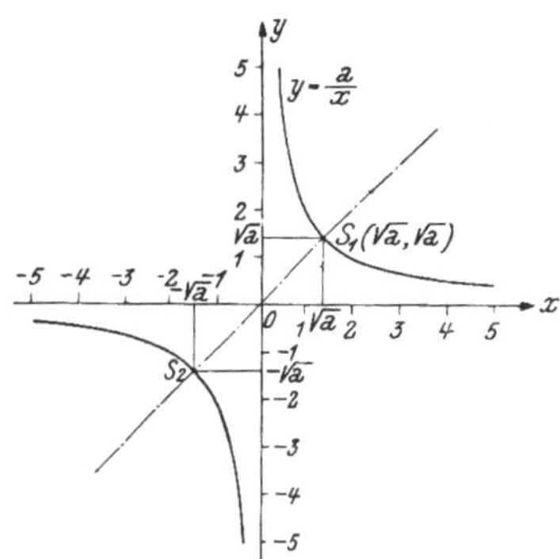
Abb. 20. Die gleichseitige Hyperbel
$$y = \frac{a}{x}.$$

Eine Funktion heißt ungerade, wenn $f(-x) = -f(x)$. *Das Bild einer solchen Funktion ist symmetrisch bezüglich des Ursprungs.* Beispiel: $y = m\,x$ oder $y = \dfrac{a}{x}$.

Selbstverständlich gibt es auch Funktionen, die weder gerade noch ungerade sind. Beispiel: $y = m\,x + b$.

4. Graphische Lösung der kubischen Gleichung. Eine kubische Gleichung mit der Unbekannten z kann immer auf die Form
$$z^3 + A z^2 + B z + C = 0$$
gebracht werden, in welcher A, B, C irgend welche Zahlen einschließlich der Null bedeuten. Wir wollen als Anwendung der kubischen Parabel eine graphische Lösung dieser Gleichung kennen lernen. Dazu setzen wir zunächst
$$z = x - \frac{A}{3}.$$

Führt man diese „*Substitution*" durch, so ergibt sich nach kurzer Rechnung eine kubische Gleichung von der Form
$$x^3 = ax + b, \tag{*}$$
in welcher das quadratische Glied fehlt. Schreiben wir nun:
$$y = x^3 \quad \text{und} \quad \overline{y} = ax + b,$$

so stellt die erste Gleichung eine kubische Parabel, die zweite eine Gerade dar. Auf Grund von (*) sind jene x-Werte zu suchen, für welche $y = \overline{y}$ wird, d. h. die Abszissen der Schnittpunkte der kubischen Parabel $y = x^3$ mit der Geraden $\overline{y} = ax + b$.

Beispiel: Eine Halbkugel ($r = 1$) durch einen Parallelschnitt zur Basis in zwei inhaltsgleiche Teile zu zerlegen. (Abb. 21.)

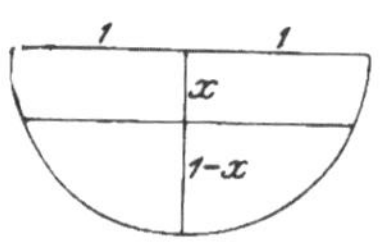

Abb. 21. Eine Halbkugel zu hälften (2. Ansatz des Textes).

Das Volumen eines Kugelsegmentes von der Höhe h und dem Kugelradius r ist (16, Üb. 1.):

$$v = \frac{\pi h^2}{3}(3\,r - h),$$

also das Volumen der Halbkugel ($h = $ r):

$$V = \frac{2\,r^3\,\pi}{3}.$$

Führen wir die Segmenthöhe als Unbekannte z ein, so ist in den obigen Formeln $h = z$, $r = 1$ zu setzen. Das Segment soll die Hälfte der Halbkugel betragen. Daraus folgt die Gleichung

$$\frac{\pi z^2}{3}(3 - z) = \frac{\pi}{3}$$

oder

$$z^3 - 3\,z^2 + 1 = 0.$$

Durch die Substitution $z = x + 1$ geht diese Gleichung über in

$$x^3 = 3\,x + 1,$$

die wir durch den Schnitt von $y = x^3$ mit $\overline{y} = 3\,x + 1$ lösen. (Abb. 17.) Wir finden

$$x = -\,0\cdot35, \text{ also } z = 0\cdot65.$$

In der Algebra wird gelehrt, daß eine Gleichung n^{ten} Grades n Lösungen oder Wurzeln besitzt. Es fehlen also bei unserer kubischen Gleichung noch zwei Wurzeln. Tatsächlich würde die Gerade bei genügender Verlängerung die kubische Parabel noch in zwei weiteren Punkten schneiden, deren Abszissen aber dem absoluten Betrage nach größer als 1 wären, so daß diese Lösungen für unsere Aufgabe nicht in Betracht kommen.

Die Parabel $y = x^3$ kann ein für allemal gezeichnet werden, sie ist allen kubischen Gleichungen gemeinsam. Es empfiehlt sich jedoch, außer dieser noch eine zweite und vielleicht sogar noch eine dritte Parabel zu zeichnen mit der Gleichung $y = k\,x^3$, wobei k ein kleiner Koeffizient, etwa $0\cdot05$ oder $0\cdot02$ sein mag. Multipliziert man nämlich die Gleichung (*) mit k:

$$k\,x^3 = a\,k\,x + b\,k,$$

so hat diese Gleichung dieselben Wurzeln wie die Gleichung (*). Zu ihrer Lösung sind die Schnittpunkte von $y = k\,x^3$ mit der Geraden $\overline{y} = a\,k\,x + b\,k$ zu suchen, die bei etwas größeren x-Werten eher auf das Zeichenblatt fallen als die Schnittpunkte von $y = x^3$ mit $\overline{y} = a\,x + b$.

Wenn die Gerade die Parabel in einem gewöhnlichen Punkte berührt, so fallen dort zwei Schnittpunkte zusammen, die betreffende Wurzel zählt als *Doppelwurzel* zweifach. Unsere Kurve besitzt in O einen *Wendepunkt* mit der *Wendetangente* $y = 0$, denn dort *wendet* sich die Kurve von der einen Seite der Tangente auf die andere Seite. Die Wendetangente berührt die Kurve in O und schneidet sie zugleich, daher fallen dort drei Schnittpunkte zusammen, die dazu gehörige Wurzel zählt dreifach ($x^3 = 0$ besitzt in der Tat die dreifache Wurzel $x = 0$).

Die Wurzeln einer algebraischen Gleichung können aber auch paarweise konjugiert komplex sein; ihnen entsprechen bei der graphischen Lösung *imaginäre*, also keine „wirklichen" Schnittpunkte. Um z. B. $\sqrt[3]{1{\cdot}5}$ zu bestimmen, hat man die Gleichung $x^3 = 1{\cdot}5$ zu lösen. Die Parallele zur x-Achse im Abstand $1{\cdot}5$ ergibt die eine *reelle* Lösung $x = 1{\cdot}15$, die beiden anderen Lösungen sind konjugiert komplex und werden auf graphischem Weg nicht erhalten.

Hätten wir in unserem Beispiel von der Halbkugel nicht die Segmenthöhe als unbekannt angenommen, sondern die Höhe x der Kugelschichte (dieses x ist mit dem früher gefundenen x nicht identisch!), so wäre $h = 1 - x$, und die Ansatzgleichung würde lauten

$$\frac{\pi\,(1-x)^2}{3}\,[3 - (1 - x)] = \frac{\pi}{3}$$

oder

$$x^3 = 3\,x - 1.$$

In dieser Gleichung fehlt aber schon das quadratische Glied und wir ersparen die Umformung. Der Schnitt von $y = x^3$ mit $\overline{y} = 3\,x - 1$ ergibt die eine hier interessierende Lösung (Abb. 17)

$$x = 0{\cdot}35.$$

5. Übungen. 1. Man zeichne $y = x^4$ und $y = x^5$ und bespreche die Umkehrungen; desgleichen $y = \dfrac{1}{x^2}$ und $y = \dfrac{1}{x^3}$.

2. $y = \dfrac{a}{x}$ ist mit der Umkehrfunktion identisch; wie kommt dieser Sachverhalt im Bild der Funktion zum Ausdruck? Man führe aus Physik und Technik Beispiele für die indirekte Proportionalität an. Es ist zu zeigen, daß die

Scheitel der gleichseitigen Hyperbel $y = \dfrac{a}{x}$ $(a > 0)$ die Koordinaten $(\pm\sqrt{a},\ \pm\sqrt{a})$ besitzen; man erörtere den Fall $a < 0$.

3. Wodurch unterscheiden sich die Bilder der Funktionen $y = kx^n$ $\left(n = \pm 1, \pm 2, \ldots, \pm \dfrac{1}{2}, \pm \dfrac{1}{3}, \ldots\right)$ für **a)** $k > 1$, **b)** $0 < k < 1$, **c)** $k < 0$ von denjenigen mit dem speziellen Wert $k = 1$?

4. Parallelverschiebung des Achsenkreuzes. Wird das gegebene Achsenkreuz mit dem Ursprung O parallel verschoben, so daß der neue Anfangspunkt $\overline{O}$ die Koordinaten (x_0, y_0) im alten System besitzt (Abb. 22), so besteht zwischen den alten Koordinaten (x, y) eines Punktes P und seinen neuen Koordinaten $(\overline{x}, \overline{y})$ die Beziehung

$$\overline{x} = x - x_0, \qquad \overline{y} = y - y_0.$$

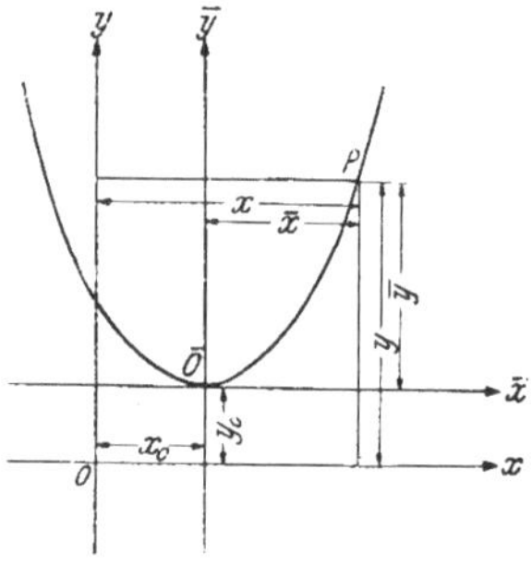

Ersetzt man also z. B. in der Parabelgleichung $\overline{y} = a\,\overline{x}^2$ (Scheitel $\overline{O}$) die Variablen $\overline{x}$ und $\overline{y}$ durch die obigen Formeln, so erhält man die Gleichung der Parabel, bezogen auf das x, y-System. Sie läßt sich auf die Form bringen:

$$y = a x^2 + b x + c.$$

Jede solche Gleichung stellt also eine Parabel dar, deren Achse zur y-Achse parallel ist.

Man zeige ebenso, daß eine gleichseitige Hyperbel, deren Asymptoten zu den Koordinatenachsen parallel sind, eine Gleichung von der Form

$$y = \frac{a x + b}{c x + d}$$

besitzt.

Abb. 22. Parallelverschiebung des Achsenkreuzes.

5. Welche von den oben angeführten Funktionen sind gerade und welche ungerade?

6. Die Summe von geraden Funktionen ist wieder eine gerade, die Summe von ungeraden Funktionen wieder eine ungerade Funktion. Was ist über die Summe einer geraden und einer ungeraden Funktion auszusagen?

7. Das Produkt von zwei geraden oder von zwei ungeraden Funktionen ist eine gerade Funktion. Was ergibt das Produkt einer geraden mit einer ungeraden Funktion? Man formuliere die entsprechenden Aussagen über den Quotienten von zwei Funktionen.

8. Die quadratische Gleichung $x^2 + p x + q = 0$ läßt sich graphisch als Schnitt einer festen Parabel mit einer Geraden lösen. Man gebe beide an.

9. Man suche die reellen Wurzeln folgender Gleichungen auf graphischem Weg:

a) $x^3 - 2 x - 5 = 0$,   **b)** $4 x^3 - 5 x = 12{\cdot}124$,   **c)** $x^3 = 21 x + 20$,

d) $x^3 - 2 x^2 - 2 = 0$, **e)** $2 x^3 + x^2 - 4 x - 2 = 0$, **f)** $x^3 - x^2 - x + 1 = 0$

Lösungen: **a)** $2{\cdot}1$; **b)** $1{\cdot}7$; **c)** $5, -4, -1$; **d)** $2{\cdot}4$; **e)** $+1{\cdot}4, -1{\cdot}4, -0{\cdot}5$; **f)** $+1, +1, -1$.

§ 4. Die Exponentialfunktion.

1. Definition. Bei der Potenzfunktion $y = x^n$ war die Basis x veränderlich, der Exponent n konstant. Betrachten wir nun die Funktion

$$y = a^x \quad (a > 0),$$

so ist bei dieser die Basis a konstant, der Exponent x variabel. Sie führt die Bezeichnung *Exponentialfunktion*. Für die Notwendigkeit einer Beschränkung auf ein positives a genüge hier die Begründung, daß a^x bei negativem a abwechselnd reelle und imaginäre Werte annehmen würde, wenn x z. B. die Folge $1, \frac{1}{2}, \frac{1}{3}, \frac{1}{4}, \ldots$ durchläuft.

Abb. 23 zeigt die Bilder von a^x für $a = 1$, dann für $a = \frac{3}{2}$ und $a = \frac{2}{3}$, sowie für $a = 3$ und $a = \frac{1}{3}$. Da $\left(\frac{2}{3}\right)^x = \left(\frac{3}{2}\right)^{-x}$ und ebenso $\left(\frac{1}{3}\right)^x = 3^{-x}$, so ist

$$y = \left(\frac{2}{3}\right)^x \text{ symmetrisch zu } y = \left(\frac{3}{2}\right)^x$$

und ebenso

$$y = \left(\frac{1}{3}\right)^x \text{ symmetrisch zu } y = 3^x$$

bezüglich der y-Achse. (Ersatz von x durch $-x$.)

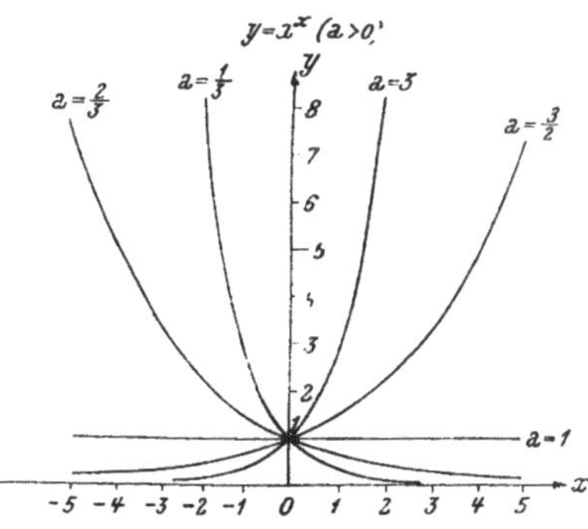

Abb. 23. Die Exponentialfunktion für verschiedene Werte von a.

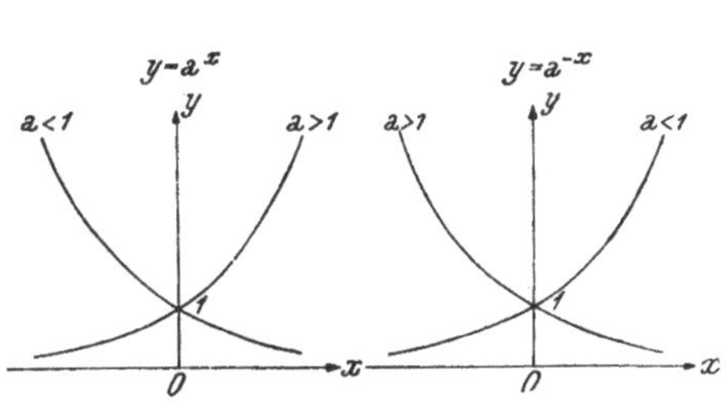

Abb. 24. Die typischen Bilder von a^x und a^{-x}.

Man präge sich die typischen Bilder von $y = a^x$ und $y = a^{-x}$ in Abb. 24 für die Fälle $a > 1$ und $a < 1$ gut ein, sie kehren in der Technik immer wieder. Die wichtigsten Merkmale sind, daß die Kurven entweder beständig steigen oder beständig fallen, daß sie die x-Achse zur Asymptote haben und durch den Punkt $(0, 1)$ gehen.

Außerdem beachte man, daß sowohl a^x als auch a^{-x} nirgends den Wert Null annimmt.

Beispiel: Liegt ein Kapital K_0 zu $p\%$ in einer Bank, so betragen die Zinsen nach einem Jahr $K_0 \cdot \frac{p}{100}$. Das Anfangskapital ist also nach einem Jahr auf den Wert $K_1 = K_0 \left(1 + \frac{p}{100}\right)$ angewachsen. Werden die Zinsen nicht behoben, so ist K_1 der Anfangswert des Kapitals für das zweite Jahr; er erreicht am Ende dieses Jahres den Wert $K_2 = K_1 \left(1 + \frac{p}{100}\right) = K_0 \left(1 + \frac{p}{100}\right)^2$. Durch Fortsetzung dieses Schlußverfahrens ergibt sich als Endwert K_n eines Kapitals K_0, das n Jahre auf Zins und Zinseszins zu $p\%$ angelegt ist:

$$K_n = K_0 \left(1 + \frac{p}{100}\right)^n.$$

Bei konstantem K_0 und p ist K_n also eine Funktion von n, somit eine Exponentialfunktion, die allerdings vorerst nur für positive und ganzzahlige n definiert ist; der „konforme Zinsfuß" dehnt aber diese Definition auch auf gebrochene Werte von n aus, so daß in obiger Formel n alle ganzen und gebrochenen Zahlen durchlaufen kann.

Würde das Kapital halbjährig verzinst, so wäre der Endwert $K_0 \left(1 + \frac{p}{200}\right)^{2n}$, bei vierteljähriger Verzinsung $K_0 \left(1 + \frac{p}{400}\right)^{4n}$ usw. Selbstverständlich sind die so erhaltenen Endwerte alle voneinander verschieden. Bei ganz-, halb- und vierteljähriger Verzinsung ergeben sich z. B. für $K_0 = 1$, $p = 5$ und 30 jähriger Verzinsung die Endwerte $4{\cdot}32$, $4{\cdot}40$, $4{\cdot}44$.

2. Die Zahl e und die natürliche Exponentialfunktion. Verallgemeinert man die letzten Ausführungen und verzinst man das Kapital jeden m^{ten} Teil des Jahres, so wird nach n Jahren der Endwert

$$k_n = K_0 \left(1 + \frac{p}{100\,m}\right)^{mn}$$

sein. Wir wollen nun sehen, was aus diesem k_n wird, wenn wir n immer größer, die einzelnen Zinstermine also immer kleiner werden lassen. Für die Verzinsung in einer Bank hätte eine derartige Überlegung selbstverständlich gar keinen Sinn. Man denke aber z. B. an die „Verzinsung" in der Natur, etwa an die jährliche Zunahme des Holzbestandes eines Waldes, die nicht sprunghaft, sondern stetig erfolgt.

Setzen wir zur Vereinfachung der Betrachtung

$$\frac{p}{100\,m} = \frac{1}{x}, \quad \text{also} \quad m = \frac{p}{100} \cdot x,$$

so wird

$$k_n = K_0 \left(1 + \frac{1}{x}\right)^{\frac{p\,n}{100} \cdot x} = K_0 \left[\left(1 + \frac{1}{x}\right)^x\right]^{\frac{p\,n}{100}}. \qquad (*)$$

Wenn nun m veränderlich ist und immer größere Werte annimmt, so wird auch x veränderlich sein und immer mehr und mehr wachsen. Alle übrigen Größen in (*) bleiben konstant. Es ist nun zu untersuchen, ob $\left(1 + \frac{1}{x}\right)^x$ für wachsendes x einem bestimmten Wert zustrebt oder nicht. Zu diesem Zweck rechnen wir $\left(1 + \frac{1}{x}\right)^x$ für $x = 1$, 10, 100, ... (mit Hilfe 12stelliger Logarithmen) aus.

$$\left(1 + \frac{1}{1}\right)^1 = 2$$
$$1{\cdot}1^{10} = 2{\cdot}59374$$
$$1{\cdot}01^{100} = 2{\cdot}70473$$
$$1{\cdot}001^{1000} = 2{\cdot}71690$$
$$1{\cdot}0001^{10\,000} = 2{\cdot}71815$$
$$1{\cdot}00001^{100\,000} = 2{\cdot}71825$$
$$1{\cdot}000001^{1\,000\,000} = 2{\cdot}71827$$
$$1{\cdot}0000001^{10\,000\,000} = 2{\cdot}71828$$

Abb. 25 zeigt den Teil der Kurve $y = \left(1 + \frac{1}{x}\right)^x$ von $x = 1$ bis $x = 10$, der schon erkennen läßt, daß zwar $\left(1 + \frac{1}{x}\right)^x$ mit wachsen-

dem x unaufhörlich größer wird, aber immer langsamer und langsamer ansteigt. Wäre es möglich, die Zeichnung bis $x = 10\,000\,000$ fortzusetzen, so würde auf der Strecke von $x = 100\,000$ bis $x = 10\,000\,000$, das sind 99 km, wenn die aufgetragene Einheit

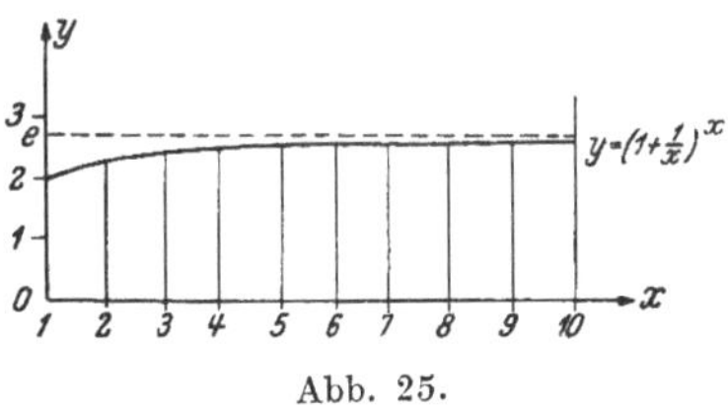

Abb. 25.

gleich 1 cm ist, die Zunahme von $\left(1 + \frac{1}{x}\right)^x$ nicht einmal 0·001 mm betragen, wie aus den eben errechneten Ergebnissen abzulesen ist. Die Kurve nähert sich augenscheinlich einer horizontalen Asymptote. Oder mit anderen Worten: $\left(1 + \frac{1}{x}\right)^x$ strebt mit wachsendem x einem „Grenzwert" zu, den wir zwar nicht genau angeben können, da er offenbar unzählig viele Dezimalstellen besitzt, aber von dem wir auf Grund unserer Berechnungen doch mit einiger Sicherheit annehmen können, daß die gefundenen fünf Dezimalen höchstens mit Ausschluß der letzten richtig sind[1].

Dieser Grenzwert ist in der Mathematik von fundamentaler Bedeutung und wird mit e bezeichnet. Man schreibt

$$\left(1 + \frac{1}{x}\right)^x \longrightarrow e, \text{ wenn } x \longrightarrow \infty$$
$$\text{oder } \lim_{x \to \infty} \left(1 + \frac{1}{x}\right)^x = e = 2{\cdot}71828\ldots \tag{*}$$

(lim ist die Abkürzung für limes = Grenzwert.)

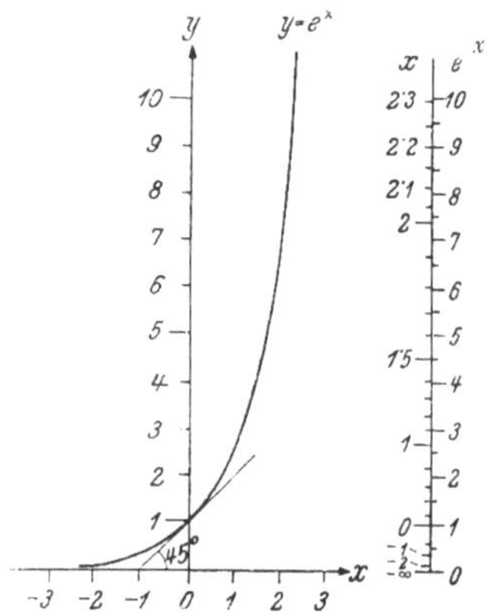

Abb. 26. Bild und Funktionsleiter der natürlichen Exponentialfunktion.

Wir sind jetzt in der Lage, den Endwert k_n anzugeben, den ein Kapital K_0 bei $p\%$ er *stetiger* oder *natürlicher Verzinsung* in n Jahren erreicht:

$$k_n = K_0\, e^{\frac{p\,n}{100}}.$$

Die Exponentialfunktion mit der Basis e, also

$$y = e^x,$$

wird mitunter als *natürliche Exponentialfunktion* bezeichnet. Ihre graphische Darstellung einschließlich Funktionsleiter zeigt Abb. 26.

Die nachstehende Tabelle läßt erkennen, daß $e^x \approx 1 + x$ für kleine Werte von $|x|$ und daß diese Annäherung umso besser wird, je kleiner $|x|$ wird. Das heißt aber, daß sich die y-Werte der Funktion $y = e^x$ von den y-Werten der Funktion $y = 1 + x$ umso weniger unterscheiden, je näher x an Null rückt. Wenn sich aber $y = e^x$ mit $y = 1 + x$ in der Umgebung von $x = 0$ nahezu deckt, so wird $y = 1 + x$ die Tangente an $y = e^x$ sein, oder die

x	e^x	$1 + x$
0·04	1·0408	1·04
0·03	1·0304	1·03
0·02	1·0202	1·02
0·01	1·0101	1·01
0	1	1
— 0·01	0·9900	0·99
— 0·02	0·9802	0·98
— 0·03	0·9704	0·97
— 0·04	0·9608	0·96

Exponentialkurve $y = e^x$ schneidet die y-Achse unter $45^0 = \dfrac{\pi}{4}$.

---

[1] Wie wir später sehen werden, ist auch die letzte Dezimalstelle richtig.

Die Funktion e^{bx} kann in der Form a^x geschrieben werden, wenn man $e^b = a$ setzt, wodurch die Verbindung mit der vorherigen Schreibweise der Exponentialfunktion hergestellt ist. Für $b > 0$ steigt, für $b < 0$ fällt die Funktion bei zunehmendem x.

3. Übungen. 1. Wie groß wird ein Waldbestand von 100 000 m³ in 9 Jahren sein, wenn der jährliche Zuwachs 3% beträgt **a)** bei stetiger, **b)** bei jährlicher Verzinsung?

Lösung: **a)** 130 996 m³, **b)** 130 477 m³.

2. Zu wieviel Prozent müßte ein Kapital bei jährlicher Verzinsung angelegt sein, damit es in n Jahren denselben Endwert erreicht wie zu 2%, 5%, 8%, 10% stetiger Verzinsung?

Lösung: 2·02%, 5·13%, 8·33%, 10·52%. Warum sind die Lösungen von n unabhängig?

3. Man charakterisiere die Exponentialkurve mit der Gleichung
$$y = k\,a^x.$$

4. Man zeichne Bild und Funktionsleiter von
    a) $y = 3\,e^{-0\cdot2x}$ $(x = 0, 1, 2, \ldots)$,
    b) $y = 1 - e^{-x}$ $(x = 0, 0\cdot1, 0\cdot2, \ldots)$.

5. Zieht man beliebige Ordinaten der Kurve $y = k\,a^x$ im Abstand 1 voneinander, so bilden ihre Maßzahlen eine geometrische Folge mit dem Quotienten a.

§ 5. Die logarithmische Funktion.

1. Gemeiner Logarithmus. In der Elementarmathematik wird gelehrt, daß der gemeine oder dekadische oder *Briggssche* Logarithmus (lg) einer Zahl x jener Potenzexponent ist, mit welchem man die Basis 10 potenzieren muß, um x zu erhalten, daß also

$$\boxed{10^{\lg x} = x}.$$

Das heißt aber nichts anderes, als daß $y = \lg x$ die Umkehrfunktion zur Exponentialfunktion $y = a^x$ mit der Basis 10 ist. Denn aus $y = 10^x$ folgt $x = \lg y$ und Vertauschung von x und y ergibt $y = \lg x$. In Abb. 27 ist diese Funktion graphisch dar-

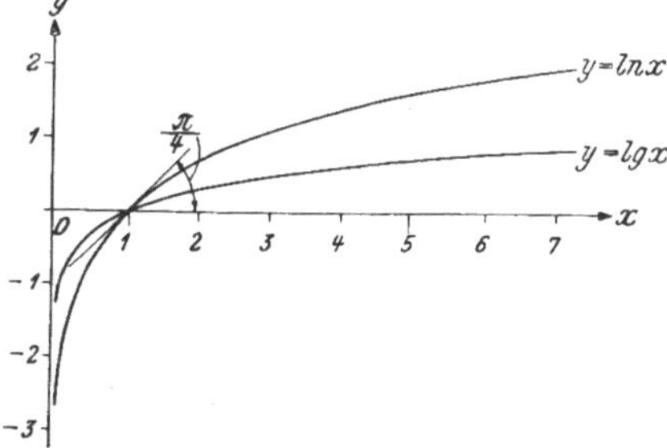

Abb. 27. Der natürliche und der dekadische Logarithmus.

gestellt; man überzeuge sich, daß $y = \lg x$ tatsächlich das Spiegelbild zur Kurve $y = 10^x$ bezüglich der Winkelhalbierenden des 1. und 3. Quadranten ist.

Die Rechengesetze für den Logarithmus lauten bekanntlich:

$$\lg (a\,b) = \lg a + \lg b, \qquad \lg \frac{a}{b} = \lg a - \lg b,$$

$$\lg a^n = n \lg a, \qquad \lg \sqrt[n]{a} = \frac{1}{n} \lg a.$$

In Abb. 28 ist die logarithmische Leiter in Verbindung mit einer gleichmäßigen Skala gezeichnet. Zu einer Zahl x auf der logarithmischen Leiter findet man den zugehörigen Logarithmus auf der

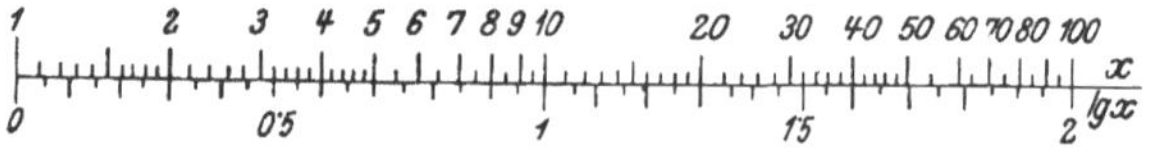

Abb. 28. Die logarithmische Leiter.

gleichmäßigen Teilung; beispielsweise $\lg 4{\cdot}6 = 0{\cdot}66$. Da $\lg 10\,a =$ $= \lg 10 + \lg a$, so ist z. B. die Marke 30 von der Marke 10 ebenso weit entfernt wie 3 von 1, nämlich $\lg 3$ Einheiten. Daraus folgt die Kongruenz der logarithmischen Leiter von 1 bis 10 mit der von 10 bis 100 usw. Diese logarithmischen Teilungen finden außer beim Rechenschieber auch in der Nomographie ausgedehnte Anwendung.

2. Das logarithmische Papier. Aber auch beim sogenannten *logarithmischen Papier* wird die logarithmische Leiter verwendet. Das Netz des gewöhnlichen Millimeterpapiers entsteht dadurch, daß man durch die Teilungspunkte der gleichmäßigen Teilungen auf den Koordinatenachsen Parallele zu diesen zieht. Beläßt man nur auf der Abszissenachse die gleichmäßige Teilung, bringt aber auf der Ordinatenachse eine logarithmische Leiter an und zieht durch die einzelnen Marken der Teilungen die Achsenparallelen, so entsteht das *halblogarithmische* oder *einfach logarithmische Papier*; das *ganzlogarithmische Papier* entsteht, wenn beide Achsen logarithmisch unterteilt werden.

Logarithmisches Papier findet dort Verwendung, wo große Bereiche der Veränderlichen vorliegen, z. B. bei den Verstärkerkurven in der Tonfrequenztechnik, bei welchen Frequenzen von etwa 20 bis zu 10 000 Perioden je Sekunde aufzutragen sind (einfach logarithmisches Papier). Häufig sind den verschiedenen Frequenzen Verstärkungsgrade zugeordnet, die sich untereinander um mehr als das 10fache unterscheiden; dann verwendet man doppelt logarithmisches Papier. Natürlich werden die Kurven durch ihre Darstellung auf logarithmischem Papier verzerrt und es liegt die Frage nahe, welche

Kurven auf logarithmischem Papier als Gerade erscheinen. Es läßt sich leicht zeigen, daß die Potenzkurve $y = k\,x^n$ auf ganzlogarithmischem, die Exponentialkurve $y = k\,a^x$ auf halblogarithmischem Papier zu Geraden gestreckt werden.

Beim ganzlogarithmischen oder auch *Potenzpapier* (Abb. 30) wird gewöhnlich auf beiden Achsen derselbe Maßstab gewählt. Die Einheit betrage auf jeder Achse μ cm, d. h., die Marke x auf der x-Achse ist μ lg x cm, die Marke y auf der y-Achse ist μ lg y cm vom Anfangspunkt entfernt. Trägt man somit in doppeltlogarithmisches Papier einen Punkt P mit den „Koordinaten" (x, y) ein, so ist die wahre Länge seiner Abszisse nicht x, sondern μ lg x cm und die seiner Ordinate nicht y, sondern μ lg y cm. (Abb. 29.)

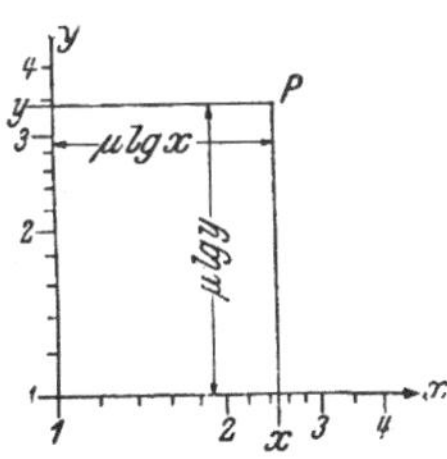
Abb. 29. Die „Koordinaten" eines Punktes P auf Potenzpapier.

Logarithmieren wir die Gleichung $y = k\,x^n$, so erhalten wir
$$\lg y = \lg k + n \lg x$$
und nach Multiplikation mit μ:
$$\mu \lg y = n\,\mu \lg x + \mu \lg k.$$
Diese Gleichung besagt aber, daß zwischen der wahren Abszissenlänge μ lg x eines Punktes P und seiner wahren Ordinatenlänge μ lg y eine lineare Beziehung besteht, daß also P tatsächlich eine Gerade durchläuft. Man braucht daher, um eine Potenzfunktion auf ganzlogarithmischem Papier darzustellen, nur die x- und y-Werte von zwei Punkten zu ermitteln.

Beispiele: Als erstes Beispiel wählen wir die Funktion $y = x^{\frac{3}{2}}$ oder $y = \sqrt{x^3}$. Unserer Verabredung gemäß ist bei der Quadratwurzel nur das positive Vorzeichen in Betracht zu ziehen. In Abb. 30 wurde mittels der beiden Wertepaare $(1, 1)$ und $(4, 8)$ die Gerade gezogen. Man entnehme aus der Zeichnung eine Anzahl von Zwischenwerten und überprüfe sie mit Hilfe des Rechenschiebers; man zeichne $y = \pm\, x^{\frac{3}{2}}$ auf gewöhnliches Millimeterpapier; die erhaltene Kurve heißt *semikubische* oder *Neilsche* Parabel. Warum kann das negative Wurzelvorzeichen bei der graphischen Darstellung auf Potenzpapier nicht berücksichtigt werden?

Als zweites Beispiel ist in Abb. 30 die Funktion $y = 65\,x^{-0.515}$ mittels der Wertepaare $(1, 65)$ und $(10, 19\cdot9)$ dargestellt. Für die horizontalen Netzgeraden gilt jetzt die rechts stehende Bezifferung.

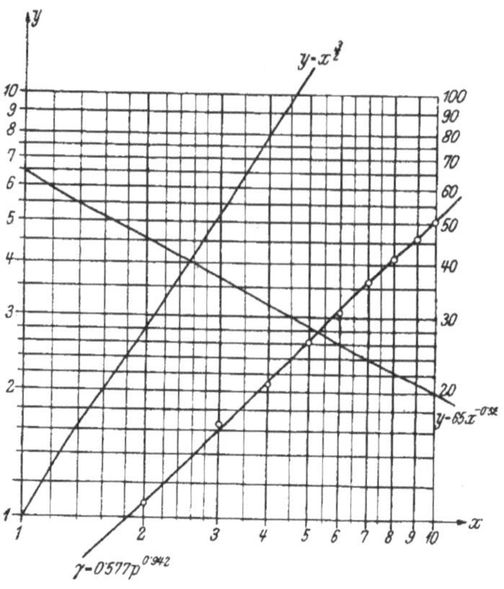

Abb. 30. Ganzlogarithmisches oder Potenzpapier.

Zu erwähnen wäre noch, daß beim käuflichen Potenzpapier die Teilungen gewöhnlich bis 10^3 oder 10^4 reichen. Wegen der Kongruenz der einzelnen Teilungen zwischen zwei aufeinander folgenden Zehnerpotenzen kann man aber mit dem Bereich von 1 bis 10 das Auslangen finden und sich im Bedarfsfalle die Bezifferung mit irgend einer Zehnerpotenz multipliziert denken. Im Interesse einer größeren Übersichtlichkeit ist diese Beschränkung aber nicht immer empfehlenswert und sogar hinderlich, wenn man z. B. eine *Ausgleichsgerade* ziehen will. (Siehe weiter unten).

Beim halblogarithmischen oder auch *Exponentialpapier* (Abb. 31) sind die Maßstäbe auf den beiden Achsen meist verschieden. Die Einheit betrage auf der x-Achse μ cm, auf der y-Achse ν cm, so daß die Marke x auf der Abszissenachse $\mu\,x$ cm, die Marke y auf der Ordinatenachse $\nu\,\lg y$ cm vom Anfangspunkt entfernt ist. Logarithmieren wir wieder die Funktionalgleichung $y = k\,a^x$, so erhalten wir

$$\lg y = \lg k + x\,\lg a$$

und nach Multiplikation mit ν:

$$\nu\,\lg y = \mu\,x\,\frac{\nu\,\lg a}{\mu} + \nu\,\lg k.$$

Zwischen den wahren Koordinatenlängen $\mu\,x$ und $\nu\,\lg y$ eines Punktes $P\,(x, y)$ besteht mithin wieder eine lineare Beziehung, die Exponentialkurve streckt sich auf halblogarithmischem Papier tatsächlich zu einer Geraden.

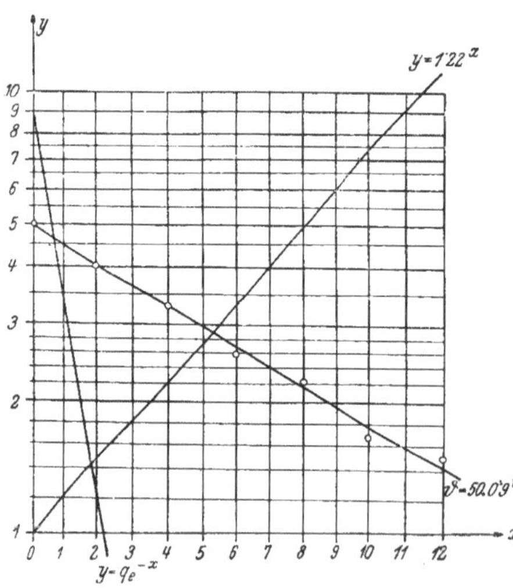

Abb. 31. Halblogarithmisches oder Exponentialpapier.

In Abb. 31 sind die beiden Funktionen $y = 1{\cdot}22^x$ und $y = 9\,e^{-x}$ mittels der nebenstehenden Tabellen dargestellt; eine nähere Erklärung erübrigt sich wohl. Man lese wieder aus der Zeichnung Zwischenwerte ab und überprüfe sie mit Hilfe des Rechenschiebers.

$y = 1{\cdot}22^x$		$y = 9\,e^{-x}$	
x	y	x	y
0	1	0	9
9	6	2	$1{\cdot}215$

Es lassen sich also, wie man aus dem Vorhergehenden ersieht, die beiden Logarithmenpapiere als graphische Rechentafeln benutzen. Aber wertvollere Dienste leisten sie gelegentlich der mathematischen Formulierung gewisser funktioneller Zusammenhänge. Ein solcher Zusammenhang wird in der Technik oft nur durch Versuche oder Messungen in Form einer Tabelle festgelegt, ohne daß man das mathematische Gesetz kennt. Es handelt sich darum, dieses wenigstens angenähert zu finden. Für den Fall, daß man eine Potenz- oder eine Exponentialfunktion vermutet, trägt man die gefundenen zusammengehörigen Wertepaare als Punkte in ein doppelt oder einfach logarithmisches Papier ein und sieht nach, ob diese Punkte auf einer Geraden liegen oder nicht. Weichen sie nur wenig von einer Geraden ab, so wird angenähert ein Potenz- oder Exponentialgesetz erfüllt sein. In solchen Fällen legt man eine *Ausgleichsgerade* so, daß sich die Punkte ziemlich gleichmäßig beiderseits der Geraden verteilen. Ein gespannter Faden leistet da gute Dienste.

1. Beispiel: Zwischen Druck p und spezifischem Gewicht γ des gesättigten Wasserdampfes bestehen die aus der Tabelle ersichtlichen Beziehungen. Diese Wertepaare sind in Abb. 30 als Punkte eingetragen. Sie liegen ziemlich genau auf einer Geraden. Zwischen p und γ besteht hiemit in dem vorliegenden Bereich mit guter Annäherung ein Potenzgesetz $\gamma = k \cdot p^n$. Um k und n zu bestimmen, genügen zwei Wertepaare;

Druck p kg/cm²	sp. Gew. γ kg/m³
2	$1{\cdot}109$
3	$1{\cdot}622$
4	$2{\cdot}125$
5	$2{\cdot}621$
6	$3{\cdot}112$
7	$3{\cdot}600$
8	$4{\cdot}085$
9	$4{\cdot}568$
10	$5{\cdot}049$

man wählt solche aus, deren zugehörige Punkte dem Augenschein nach genau auf der Geraden liegen, z. B. $(2,\,1{\cdot}109)$ und $(10,\,5{\cdot}049)$. Setzt man sie in $\gamma = k\,p^n$ ein, so ergeben sich die beiden Gleichungen

$$1{\cdot}109 = k \cdot 2^n$$

und

$$5{\cdot}049 = k \cdot 10^n.$$

Durch Division erhält man

$$\frac{5{\cdot}049}{1{\cdot}109} = 5^n,$$

woraus man mittels der Potenzteilung am Rechenschieber findet, daß

$$n = 0{\cdot}942.$$

Durch Einsetzen dieses Wertes z. B. in die erste der beiden Gleichungen am Schlusse der vorigen Seite ergibt sich

$$k = 0{\cdot}577,$$

so daß also die gesuchte Beziehung lautet:

$$\gamma = 0{\cdot}577\, p^{0{\cdot}942}.$$

Mit Hilfe dieser Gleichung kann man die umseitige Tabelle durch Zwischenwerte ergänzen (,,*Interpolation*‘‘), doch muß man sich wohl davor hüten, das gefundene Gesetz über den betrachteten Bereich hinaus ausdehnen zu wollen. Denn über das Verhalten der Funktion außerhalb dieses Bereiches ist auf Grund der Tabelle, die unsere Funktion eben nur dort definiert, nichts bekannt. ,,*Extrapolation*‘‘ ist im allgemeinen nicht gestattet. Tatsächlich würde sich aus der Gleichung für $p = 100$ at der Wert $\gamma = 44\ \text{kg/m}^3$ ergeben, während der wirkliche Wert $54{\cdot}2\ \text{kg/m}^3$ beträgt. Das gefundene Gesetz läßt die beiläufige Proportionalität zwischen Druck und spezifischem Gewicht erkennen. Bei genauer Proportionalität ($n = 1$) hätte sich eine Gerade unter dem Winkel $\dfrac{\pi}{4}$ ergeben.

2. Beispiel: Ein Wasserspeicher, der mit Wasser von 50^0 C gefüllt ist, befindet sich in einem Raum von der gleichbleibenden Temperatur 0^0 C. Die nach je 2 Stunden durchgeführten Temperaturmessungen ergaben folgende Werte:

$$40^0,\ 33^0,\ 26^0,\ 22^0,\ 17^0,\ 15^0\ \text{C.}$$

Es soll das Erkaltungsgesetz gefunden werden.

Wir vermuten ein Exponentialgesetz (§ 27, Üb. 9.) und zeichnen daher die den Wertepaaren (0, 50), (2, 40), (4, 33) .... entsprechenden Punkte in einfach logarithmisches Papier ein. (Abb. 31.) Unsere Vermutung bestätigt sich annähernd, die Ausgleichsgerade gibt den ungefähren Zusammenhang zwischen der Temperatur ϑ und der Zeit t (in Stunden) in der Form

$$\vartheta = k\, a^t.$$

Wir wählen wieder zwei Punkte auf der Geraden, etwa (0, 50) und (12, 14·1) und setzen ihre Koordinaten in die obige Gleichung ein:

$$50 = k,$$
$$14{\cdot}1 = k\, a^{12}.$$

woraus

$$a = \sqrt[12]{\frac{14 \cdot 1}{50}} = 0 \cdot 9$$

folgt. Somit lautet das Erkaltungsgesetz

$$\vartheta = 50 \cdot 0 \cdot 9^t.$$

3. Der natürliche Logarithmus. Wir haben auf S. 23 gesehen, daß $y = \lg x$ die Umkehrfunktion zu $y = 10^x$ ist. Die Umkehrfunktion zur allgemeinen Exponentialfunktion a^x ist der Logarithmus mit der Basis a, im besonderen zu e^x der Logarithmus mit der Basis e. Er heißt der *natürliche* oder *Nepersche*[1] *Logarithmus* und wird in der Technik gewöhnlich mit $\ln x$ (logarithmus naturalis) bezeichnet. Die Kurve $y = \ln x$ (Abb. 27) ist das Spiegelbild zu $y = e^x$ (Abb. 26) bezüglich der Winkelhalbierenden des 1. und 3. Quadranten, schneidet mithin die x-Achse unter dem Winkel $\frac{\pi}{4}$.

Aus $y = \ln x$ folgt $x = e^y$; logarithmiert man letztere Gleichung im dekadischen System:

$$\lg x = y \lg e$$

oder

$$\boxed{\lg x = \lg e \cdot \ln x}, \tag{1}$$

so erkennt man daraus, daß der dekadische Logarithmus dem natürlichen Logarithmus proportional ist mit dem Proportionalitätsfaktor $\lg e = 0 \cdot 43429$. Wir können diesen wichtigen Zusammenhang zwischen den beiden Logarithmen noch auf eine etwas andere Form bringen. Bezeichnet man $\lg x$ mit z, so ist $x = 10^z$, und nach Logarithmieren im natürlichen System ergibt sich

$$\ln x = z \ln 10$$

oder

$$\boxed{\ln x = \ln 10 \cdot \lg x}. \tag{2}$$

Durch Vergleich von (2) mit (1) findet man übrigens, daß

$$\ln 10 = \frac{1}{\lg e} = 2 \cdot 30259.$$

Die Formeln (1) und (2) vermitteln den Übergang vom natürlichen zum dekadischen Logarithmus und umgekehrt. Die Tafeln der natürlichen Logarithmen sind nämlich weniger bequem zu benutzen als die der gemeinen. Denn eine Stellenwertänderung des Numerus bedingt beim natürlichen Logarithmus auch eine Änderung der Dezimalstellen und nicht nur eine solche der Ganzen wie beim dekadischen

---

[1] Auch *Napier* geschrieben.

Logarithmus. Den Grund für die Einführung der natürlichen Logarithmen und ihre ausschließliche Verwendung in der höheren Mathematik werden wir später kennen lernen. Auch wir werden künftighin unter Logarithmus schlechtweg nur den natürlichen Logarithmus verstehen und es ausdrücklich hervorheben, wenn einmal der gemeine Logarithmus gemeint ist.

4. Übungen. 1. Stellt man auf logarithmischem Papier $y = k\,x^n$ oder $y = k\,a^x$ durch je eine Gerade dar, so schneidet diese in beiden Fällen die y-Achse an der Stelle, an der sich die Marke k befindet. Begründung!

2. Bei der Potenzfunktion $y = k\,x^n$ ist n die Steigung der sie darstellenden Geraden. Bestimmt man daher $\operatorname{tg}\alpha$ durch Messung von Gegen- und Ankathete eines geeigneten Dreiecks, so erhält man dadurch den Exponenten n. Im Falle der Exponentialfunktion $y = k\,a^x$ ist die Steigung der Geraden $\dfrac{\nu\lg a}{\mu}$ und die Messung von $\operatorname{tg}\alpha$ kann zur Bestimmung von a verwendet werden.

3. Man ermittle die Konstanten k, n und a der in den Abb. 30 u. 31 dargestellten Funktionen nach dem eben geschilderten Verfahren an selbst verfertigten Figuren und vergleiche sie mit den im Text erhaltenen Resultaten. Eventuelle Abweichungen lassen die Genauigkeitsgrenzen einer graphischen Darstellung deutlich erkennen und überzeugen eindringlich von der Sinnlosigkeit eines übertriebenen Genauigkeitsstrebens.

4. Man stelle $K_n = K_0\,r^n \left(r = 1 + \dfrac{p}{100} \right)$ graphisch dar als

    a) Funktion von K_0 für $p = 3\%$, $n = 15$ Jahre,
    b) Funktion von n für $K_0 = 1000$, $p = 5\%$,
    c) Funktion von r für $K_0 = 500$, $n = 3$ Jahre.

Man wähle in jedem der drei Fälle dasjenige Papier, das als Bild der betreffenden Funktion eine Gerade ergibt.

5. Die 10 verschiedenen minutlichen Umlaufzahlen der Arbeitsspindel einer Drehbank bilden eine geometrische Folge mit dem Anfangsglied $n_1 = 20$ und dem Endglied $n_{10} = 340$. Es sind die Zwischenglieder n_2 bis n_9 graphisch zu ermitteln.

Lösung: Einfach logarithmisches Papier: 27·5, 37·5, 51·5, 70·5, 96·5, 132, 181, 248.

6. Durch Messung wurden folgende Wertepaare funktioneller Zusammenhänge gefunden:

a)

x	0·3	0·4	0·5	0·6	0·7	0·8	0·9	1
y	9·4	8·1	7	6	5·3	4·6	4	3·5

Man vermutet ein Exponentialgesetz. Wie lautet es? Wie würde es lauten, wenn man die obigen x-Werte durch 3, 4, 5, ... ersetzt, die y-Werte aber beläßt?

b)

x	5	10	15	20	25	30	40	50
y	7·5	10	12	13	14·5	15·5	17·5	19·2

Wie heißt die Potenzfunktion, die diese Wertepaare angenähert wiedergibt?

Lösungen: **a)** $y = 14 \cdot 0.25^x$, $y = 14 \cdot 0.87^x$; **b)** $y = 4\,x^{0.4}$.

7. Wie groß ist der natürliche Logarithmus von $1, e, e^2, \dfrac{1}{e}, \sqrt{e}, \dfrac{1}{\sqrt{e}}, \sqrt{\dfrac{1}{e^3}}$?

Lösung: $0, \ 1, \ 2, \ -1, \dfrac{1}{2}, \ -\dfrac{1}{2}, \ -\dfrac{3}{2}$.

8. Man zeige, daß die auf S. 24 angeführten Rechengesetze auch für den natürlichen Logarithmus gelten.

9. Man suche den natürlichen Logarithmus von
$$3840, \ 6{\cdot}7, \ 46\,500, \ 25{\cdot}9, \ 0{\cdot}0731, \ 0{\cdot}8426$$
a) aus einer Tabelle der natürlichen Logarithmen,
b) durch Übergang zu den gemeinen Logarithmen,
c) mittels des Rechenschiebers (geringere Genauigkeit).
Lösung: $8{\cdot}25323, \ 1{\cdot}90210, \ 10{\cdot}74721, \ 3{\cdot}25424, \ -\,2{\cdot}61593, \ -\,0{\cdot}17127$.

10. Man ermittle x nach den vorhin erwähnten Verfahren, wenn $\ln x$ die Werte
$$1{\cdot}23901, \ -\,3{\cdot}00045, \ 0{\cdot}84028, \ -\,0{\cdot}78024 \text{ hat.}$$
Lösung: $3{\cdot}4522, \ 0{\cdot}049764, \ 2{\cdot}317, \ 0{\cdot}4583$.

11. Man zeige, daß $a^x = e^{x \ln a}$.

§ 6. Die Winkelfunktionen.

1. Definitionen und Formeln. Die folgenden Definitionen der *Winkelfunktionen (trigonometrische oder goniometrische Funktionen)* sind nur auf spitze Winkel anwendbar. (Abb. 32.)

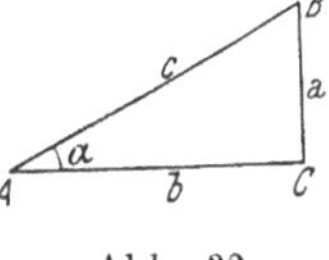

Abb. 32.

$$\sin \alpha = \frac{\text{Gegenkathete}}{\text{Hypotenuse}} = \frac{a}{c}$$

$$\cos \alpha = \frac{\text{Ankathete}}{\text{Hypotenuse}} = \frac{b}{c}$$

$$\operatorname{tg} \alpha = \frac{\text{Gegenkathete}}{\text{Ankathete}} = \frac{a}{b}$$

$$\operatorname{ctg} \alpha = \frac{\text{Ankathete}}{\text{Gegenkathete}} = \frac{b}{a}$$

Die Darstellung dieser Funktionen am Einheitskreis gestattet es, ihre Definition auf beliebige Winkel auszudehnen, wie es die Abb. 33 für stumpfe Winkel zeigt. Die zugehörigen Vorzeichen in den einzelnen Quadranten und die Zusammenhänge mit den Funktionen spitzer Winkel sind in den beiden folgenden Tabellen zusammengestellt:

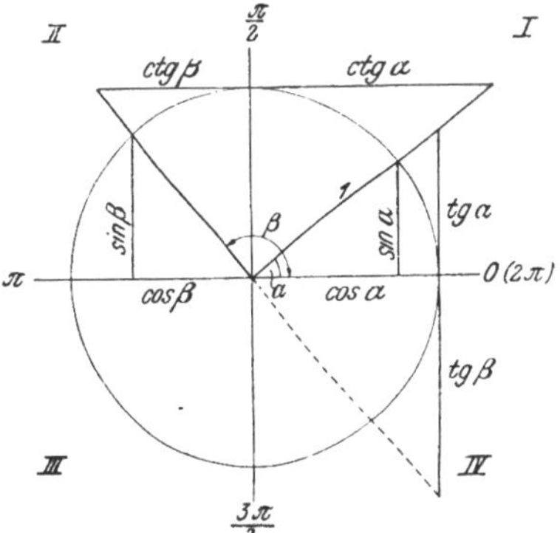

Abb. 33. Die trigonometrischen Funktionen am Einheitskreis.

	I	II	III	IV		$-x$	$\dfrac{\pi}{2}\pm x$	$\pi\pm x$	$\dfrac{3\pi}{2}\pm x$	$2n\pi\pm x$
sin	$+$	$+$	$-$	$-$	sin	$-\sin x$	$+\cos x$	$\mp\sin x$	$-\cos x$	$\pm\sin x$
cos	$+$	$-$	$-$	$+$	cos	$+\cos x$	$\mp\sin x$	$-\cos x$	$\pm\sin x$	$+\cos x$
tg	$+$	$-$	$+$	$-$	tg	$-\operatorname{tg} x$	$\mp\operatorname{ctg} x$	$\pm\operatorname{tg} x$	$\mp\operatorname{ctg} x$	$\pm\operatorname{tg} x$
ctg	$+$	$-$	$+$	$-$	ctg	$-\operatorname{ctg} x$	$\mp\operatorname{tg} x$	$\pm\operatorname{ctg} x$	$\mp\operatorname{tg} x$	$\pm\operatorname{ctg} x$

Der rechte Teil der Tabelle gilt auch für den Fall, daß x ein beliebiger Winkel $>\dfrac{\pi}{2}$ ist. Es folgen nun die Funktionswerte von einigen speziellen Winkeln und die wichtigsten Beziehungen zwischen den einzelnen Funktionen.

	$\begin{matrix}0\\2\pi\\360^0\end{matrix}$	$\begin{matrix}\dfrac{\pi}{6}\\30^0\end{matrix}$	$\begin{matrix}\dfrac{\pi}{4}\\45^0\end{matrix}$	$\begin{matrix}\dfrac{\pi}{3}\\60^0\end{matrix}$	$\begin{matrix}\dfrac{\pi}{2}\\90^0\end{matrix}$	$\begin{matrix}\pi\\180^0\end{matrix}$	$\begin{matrix}\dfrac{3\pi}{2}\\270^0\end{matrix}$	
sin	0	$\dfrac{1}{2}$	$\dfrac{1}{\sqrt{2}}$	$\dfrac{1}{2}\sqrt{3}$	1	0	-1	$\sin^2 x+\cos^2 x=1$
cos	1	$\dfrac{1}{2}\sqrt{3}$	$\dfrac{1}{\sqrt{2}}$	$\dfrac{1}{2}$	0	-1	0	$\operatorname{tg} x=\dfrac{\sin x}{\cos x}=\dfrac{1}{\operatorname{ctg} x}$
tg	0	$\dfrac{1}{\sqrt{3}}$	1	$\sqrt{3}$	$\pm\infty$	0	$\pm\infty$	$\operatorname{ctg} x=\dfrac{\cos x}{\sin x}=\dfrac{1}{\operatorname{tg} x}$
ctg	$\pm\infty$	$\sqrt{3}$	1	$\dfrac{1}{\sqrt{3}}$	0	$\pm\infty$	0	

Additionstheoreme.

$$\sin(\alpha\pm\beta)=\sin\alpha\cos\beta\pm\cos\alpha\sin\beta$$
$$\cos(\alpha\pm\beta)=\cos\alpha\cos\beta\mp\sin\alpha\sin\beta$$
$$\sin\alpha+\sin\beta=2\sin\frac{\alpha+\beta}{2}\cos\frac{\alpha-\beta}{2}$$
$$\sin\alpha-\sin\beta=2\sin\frac{\alpha-\beta}{2}\cos\frac{\alpha+\beta}{2}$$
$$\cos\alpha+\cos\beta=2\cos\frac{\alpha+\beta}{2}\cos\frac{\alpha-\beta}{2}$$
$$\cos\alpha-\cos\beta=-2\sin\frac{\alpha+\beta}{2}\sin\frac{\alpha-\beta}{2}$$

Aus den Additionstheoremen folgen noch einige wichtige Formeln:

$$\sin 2\alpha=2\sin\alpha\cos\alpha,\qquad \cos 2\alpha=\cos^2\alpha-\sin^2\alpha,$$
$$2\sin^2\frac{\alpha}{2}=1-\cos\alpha\qquad 2\cos^2\frac{\alpha}{2}=1+\cos\alpha$$

Für die Auflösung von schiefwinkeligen Dreiecken genügen der Sinus- und der Kosinussatz (Abb. 34).

$$a : b : c = \sin \alpha : \sin \beta : \sin \gamma.$$
$$c^2 = a^2 + b^2 - 2\,a\,b \cos \gamma$$
$$b^2 = c^2 + a^2 - 2\,c\,a \cos \beta$$
$$a^2 = b^2 + c^2 - 2\,b\,c \cos \alpha.$$

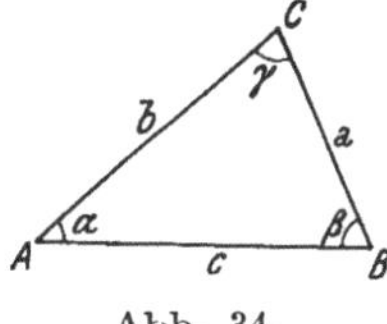

Abb. 34.

Diese Formeln müssen beherrscht werden, wenn man nicht in einer stümperhaften Unbeholfenheit bei der Behandlung trigonometrischer Ausdrücke, wie sie immer und überall auftreten, stecken bleiben will; eine bloße Bekanntschaft mit ihnen genügt nicht.

Wir lassen noch eine wichtige Formel folgen, mit der wir uns etwas eingehender beschäftigen wollen, da sie von der Elementarmathematik her nicht bekannt ist. Es handelt sich um den Ausdruck $\dfrac{\sin x}{x}$, dessen Wert für $x = 0$ nicht bestimmbar ist; denn für $x = 0$ wird auch $\sin x = 0$ und $\dfrac{0}{0}$ kann jede beliebige Zahl bedeuten.

Es ist aber möglich, daß sich $\dfrac{\sin x}{x}$ einem bestimmten *Grenzwert* nähert, wenn x der Null zustrebt. Um das zu erfahren, schlagen wir zunächst den naheliegendsten Weg ein und berechnen für immer kleiner werdende x-Werte, wobei x im *Bogenmaß* zu messen ist (vgl. S. 3), den Ausdruck $\dfrac{\sin x}{x}$.

Die nebenstehende Tabelle zeigt aber schon, daß sich x und $\sin x$ umso weniger voneinander unterscheiden, je kleiner x wird und daß somit der Quotient $\dfrac{\sin x}{x}$ der Einheit zustreben wird,

x (Gradmaß)	x (Bogenmaß)	$\sin x$
4⁰	0·06981	0·06976
3⁰	0·05236	0·05234
2⁰	0·03491	0·03490
1⁰	0·01745	0·01745
30′	0·00873	0·00873

wenn sich x der Null nähert. Wir schreiben

$$\frac{\sin x}{x} \longrightarrow 1,\ \text{wenn}\ x \longrightarrow 0 \qquad \text{oder} \qquad \lim_{x \to 0} \frac{\sin x}{x} = 1$$

Das leuchtet auch aus Abb. 35 unmittelbar ein, denn die Bogenlänge $\overset{\frown}{CB} = x$ wird sich der Sehnenlänge $AB = \sin x$ umso mehr nähern, je kleiner der Winkel x wird. Man stelle übrigens die Funktion $y = \dfrac{\sin x}{x}$ für $x = \pm\,90^0,\ \pm\,80^0,\ \pm\,70^0,\ \ldots\ldots$ (bzw. für die entsprechenden Bogenmaße von x) graphisch dar, so wird man den Begriff eines Grenzwertes schon klarer erfassen als es bisher möglich war. Die Funktion $\dfrac{\sin x}{x}$ ist zwar an der Stelle $x = 0$ nicht definiert, aber die Punkte ihres Bildes rücken an den Punkt mit der Ordinate 1 heran, wenn sich x beiderseits der Null nähert. Dieser *Grenzpunkt* definiert geometrisch den sogenannten *Grenzwert* der Funktion. Eine allgemeinere arithmetische Definition eines Grenzwertes wird später folgen.

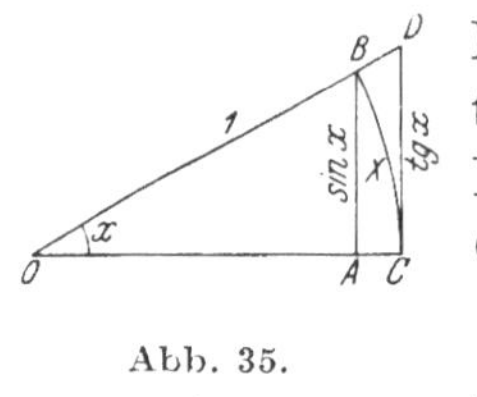

Abb. 35.

$$\lim_{x \to 0} \frac{\sin x}{x} = 1.$$

Einen schärferen Beweis für die Richtigkeit des gefundenen Grenzwertes liefert folgende Betrachtung. Abb. 35 zeigt, daß

$$\varDelta\, O\, A\, B < \text{Sektor } O\, C\, B < \varDelta\, O\, C\, D$$

oder

$$\frac{1}{2} \sin x \cos x < \frac{1}{2} x < \frac{1}{2} \operatorname{tg} x.$$

Dividiert man durch $\dfrac{1}{2} \sin x$, so erhält man

$$\cos x < \frac{x}{\sin x} < \frac{1}{\cos x}.$$

Lassen wir nun x kleiner und kleiner werden, so strebt $\cos x$ von unten, $\dfrac{1}{\cos x}$ von oben her der Einheit zu, $\dfrac{x}{\sin x}$ befindet sich stets dazwischen und muß daher ebenfalls 1 zustreben, somit auch $\dfrac{\sin x}{x}$.

2. Graphische Darstellung. Abb. 36 zeigt die Bilder von $y = \sin x$ und $y = \cos x$ in dem Intervall von 0 bis $2\,\pi$. Die Figur zeigt auch, wie man die x-Werte im Bogenmaß auftragen kann. Dazu ist erforderlich, das Stück eines Bogens auf dem Einheitskreis als Strecke darzustellen. In der Mathematik wird bewiesen, daß sich diese Aufgabe konstruktiv mittels Zirkel und Lineal nicht genau lösen läßt, sondern daß man sich mit einer *Näherungskonstruktion* begnügen muß. In der Figur ist die von *Kochansky* durchgeführt. Ein gegen den vertikalen Durchmesser unter $30^0 = \dfrac{\pi}{6}$ geneigter Radius schneidet in seiner Verlängerung die Tangente AB im Punkte A. Trägt man von A nach rechts $3\,r$ auf, so erhält man den Punkt B, der nach Verbindung mit C die Strecke $BC = 3{\cdot}14153\ldots r$ liefert, wie man durch Nachrechnen bestätigen möge. $\overline{BC}$ unterscheidet sich also vom halben Umfang des Kreises $U = 3{\cdot}14159\ldots r$ um beiläufig $0{\cdot}00006\,r$;

bei einem Radius von 2 m beträgt somit der durch diese Konstruktion begangene Fehler angenähert 0·1 mm, die Konstruktion von *Kochansky* ist also wohl eine sehr genaue Näherungskonstruktion. Teilt man die Strecke BC in 6 gleiche Teile, so ist für den Fall $r = 1$ ein solcher Teil gleich $\dfrac{\pi}{6}$, der in der Figur auf der Abszissenachse 12 mal aufgetragen wurde. Die Sinus- und Kosinuswerte für $x = \dfrac{\pi}{6}, \dfrac{2\pi}{6}, \dfrac{3\pi}{6}, \ldots$ sind in den Einheitskreis leicht einzutragen und damit die Kurven ohne Schwierigkeit zu zeichnen.

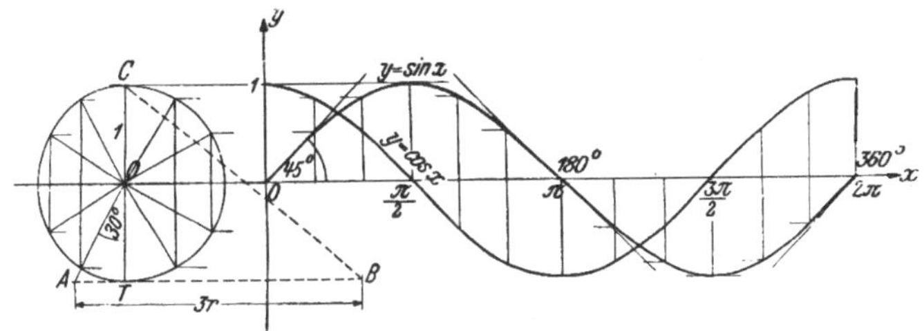

Abb. 36. Sinus- und Kosinuslinie.

Die Darstellung der Sinus- und Kosinuswerte am Einheitskreis zeigt deutlich, daß sich diese Werte wiederholen, wenn x das Intervall von 2π bis 4π, oder von 4π bis 6π usw. durchläuft. In der graphischen Darstellung kommt dieser Sachverhalt dadurch zum Ausdruck, daß die Fortsetzungen der Sinus- und Kosinuslinie nach rechts über 2π hinaus (und ebenso nach links über 0 hinaus) mit den zwischen 0 und 2π gezeichneten Teilen kongruent sind. Man nennt eine Funktion mit einem derartigen Verhalten *periodisch. Sinus und Kosinus sind infolgedessen periodische Funktionen mit der Periode 2π.* Sie besitzen natürlich auch die Perioden 4π, 6π, $\ldots$; man nennt das Intervall 2π, welches die kleinste unter diesen Perioden vorstellt, die *primitive* Periode.

Die Sinuslinie besitzt an der Stelle $x = 0$ einen Wendepunkt, wie man bei Fortsetzung nach links leicht erkennt, mit einer unter $\dfrac{\pi}{4}$ geneigten Tangente. Das wird sofort aus der Formel $\lim\limits_{x \to 0} \dfrac{\sin x}{x} = 1$ plausibel. Denn diese Formel besagt, daß $\sin x \approx x$ für kleine Werte von x, daß sich daher die Kurven $y = \sin x$ und $y = x$ in der Nähe des Nullpunktes fast decken, oder mit anderen Worten, daß $y = x$ die Kurve $y = \sin x$ im Punkte $(0, 0)$ berührt. Es ist aus Symmetriegründen unschwer einzusehen, daß die Wendetangenten an den Stellen $\pm\,\pi$, $\pm\,2\,\pi$, ... unter $(+ \text{ oder } -)\ \dfrac{\pi}{4}$ geneigt sind.

Verschiebt man die Sinuslinie um $\dfrac{\pi}{2}$ nach links, so erhält man die Kosinuslinie; das stimmt damit überein, daß $\sin\left(x + \dfrac{\pi}{2}\right) = \cos x$. Aus dieser Gleichung folgt nämlich, daß der Kosinus an einer Stelle x denselben Wert annimmt wie der Sinus an der um $\dfrac{\pi}{2}$ weiter rechts liegenden Stelle $x + \dfrac{\pi}{2}$. Man sagt, *der Kosinus eilt dem Sinus um $\dfrac{\pi}{2}$ vor*, weil er früher als der Sinus dessen Werte annimmt, oder, *der Kosinus ist gegenüber dem Sinus um $\dfrac{\pi}{2}$ phasenverschoben.*

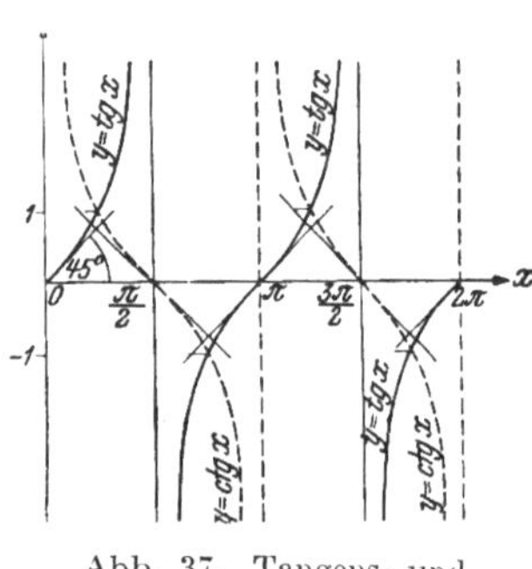

Abb. 37. Tangens- und Kotangenslinie.

In Abb. 37 sind $\operatorname{tg} x$ und $\operatorname{ctg} x$ graphisch dargestellt. *Diese Funktionen besitzen die primitive Periode π.* Auch hier sind die Wendetangenten unter $\pm\,\dfrac{\pi}{4}$ geneigt; denn

$$\lim_{x \to 0} \frac{\operatorname{tg} x}{x} = \lim_{x \to 0} \frac{\sin x}{x} \cdot \cos x.$$

Läßt man x immer kleiner werden, so nähert sich sowohl $\dfrac{\sin x}{x}$ als auch $\cos x$ der Einheit, daher auch ihr Produkt. Die Tangenskurve besitzt Asymptoten an

den Stellen $\pm\,\dfrac{\pi}{2}$, $\pm\,\dfrac{3\,\pi}{2}$ ...., die Kotangenskurve an den Stellen 0, $\pm\,\pi$, $\pm\,2\,\pi$ ....

Die Umkehrfunktionen der trigonometrischen Funktionen sollen später besprochen werden.

3. Die Sinusschwingung. Ein Punkt P durchlaufe gleichförmig mit der Winkelgeschwindigkeit ω einen Kreis vom Radius a in positivem Sinn (Abb. 38). Zur Zeit $t = 0$ befinde er sich an der Stelle A, nach t Sekunden an der Stelle P, so daß der von M ausgehende *Fahrstrahl* (Radiusvektor) $\overrightarrow{MP}$ in der Zeit t den Winkel $x = \omega\,t$ beschrieben hat. Die Projektion P' des Punktes P auf den vertikalen Durchmesser wird, wenn P den Kreis durchläuft, auf diesem Durchmesser eine hin- und hergehende Bewegung ausführen, er wird zwischen B und C *schwingen.* Wir wollen die Bewegung dieses

Punktes P' in ein mathematisches Gesetz kleiden, d. h. seinen Weg y als Funktion der Zeit t darstellen; y wird von M aus nach oben positiv, nach unten negativ gerechnet. Die Figur zeigt sofort, daß

$$y = a \sin (\omega t + \varphi). \tag{*}$$

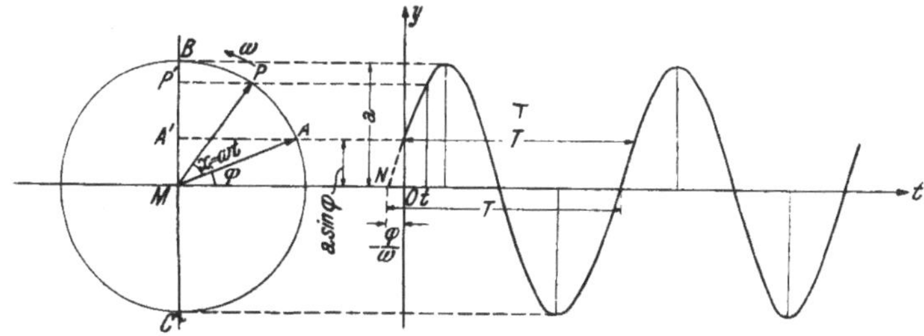

Abb. 38. Die Sinusschwingung $y = a \sin (\omega t + \varphi)$.

Man nennt daher die vom Punkte P' ausgeführte Bewegung eine *Sinusschwingung.* Die Zeit T, die der Punkt P' zu einer vollen Schwingung braucht, um von seiner Anfangslage A' über $BMCM$ wieder nach A' zurückzukehren, heißt die *Schwingungsdauer* oder *Periode,* weil sich nach Ablauf dieser Zeit der ganze Schwingungsvorgang periodisch wiederholt. Dieselbe Zeit braucht der Fahrstrahl $\overrightarrow{MP}$ zu einer vollen Umdrehung, so daß $\omega T = 2\pi$ ist. Daraus folgt die wichtige Beziehung

$$\boxed{T = \frac{2\pi}{\omega}}. \qquad \text{(Vgl. S. 3.)}$$

$\dfrac{1}{T} = f$ heißt die *Frequenz* oder *Schwingungszahl,* denn diese gibt die Zahl der Schwingungen pro Sekunde.

$\omega = \dfrac{2\pi}{T} = 2\pi f$ heißt *Kreisfrequenz* und ergibt die Zahl der Schwingungen in 2π Sekunden.

a heißt *Amplitude* oder *Ausschlag.*

φ wird *Phasenwinkel, Anfangsphase* oder *Phasenverschiebung* genannt.

Mit Hilfe von T oder f kann Gleichung (*) auch geschrieben werden:

$$y = a \sin \left(\frac{2\pi}{T} t + \varphi \right) \quad \text{oder} \quad y = a \sin (2\pi f t + \varphi).$$

Ihr Schaubild ist eine Sinuslinie mit dem Höchstwert a (denn der Höchstwert des Sinus ist 1) und der Periode T. Man zeichnet sie am einfachsten so, daß man die y-Achse vorerst wegläßt und auf der

t-Achse von einem beliebigen Punkte N aus nach rechts T abträgt. Der höchste und tiefste Punkt der Kurve befinden sich im 1. und 3. Viertel von T, weitere Zwischenpunkte lassen sich leicht finden. Die y-Achse wird dann nachträglich so eingezeichnet, daß die Sinuslinie auf ihr das Stück $a \sin \varphi$ abschneidet. Die Abszisse des Punktes N wird dadurch gleich $-\dfrac{\varphi}{\omega}$, wie man durch Nullsetzen von y in Gleichung (*) leicht bestätigt. Die Schwingung $y = a \sin (\omega t + \varphi)$ ist gegenüber $y = a \sin \omega t$ um den Winkel φ phasenverschoben, und zwar eilt die erstere der zweiten *vor*, wenn $\varphi > 0$, *nach*, wenn $\varphi < 0$. Denn im Falle eines positiven φ nimmt die erste Schwingung einen bestimmten y-Wert, z. B. den Höchstwert, vor der zweiten, im Falle eines negativen φ nach der zweiten Schwingung an.

Die Strecke BC ist die *Bahn* des schwingenden Punktes P', die daneben gezeichnete Sinuslinie sein *Weg-Zeitdiagramm. Als Vertreter der Sinusschwingung kann der mit der Winkelgeschwindigkeit ω rotierende Vektor $\overrightarrow{MP}$ betrachtet werden, der, in seiner Anfangslage $\overrightarrow{MA}$ gezeichnet, durch seine Länge die Amplitude a und durch seine Neigung die Anfangsphase φ des Schwingungsvorganges wiedergibt.*

4. Lissajoussche Figuren. Parameterdarstellung von Kurven. Eine Schwingung längs einer Strecke, wie wir sie eben beschrieben haben, kommt z. B. durch die Einwirkung einer elastischen Kraft zustande. („Massenpunkt" an einer Schraubenfeder ohne Widerstände.) Wirken auf den Punkt zwei solche Kräfte gleichzeitig, eine längs der x-, die andere längs der y-Achse, so wird er im allgemeinen eine krummlinige Bahn, eine sogenannte *Lissajous*sche Figur, beschreiben, nämlich die Resultierende der beiden Wegkomponenten auf der x- und auf der y-Achse; sind diese zu einer bestimmten Zeit $\overline{OP}$ bzw. $\overline{OQ}$, so finAet man nach der Parallelogrammregel die tatsächliche Lage des beweglichen Punktes in R (Abb. 39). Je nach Wahl von Amplitude, Frequenz und Anfangsphase der Einzelschwingungen auf der x- bzw. auf der y-Achse ergeben sich die mannigfaltigsten Kurvenformen, deren charakteristische Gestalt allerdings im wesentlichen nur von den beiden letzteren Bestimmungsstücken abhängig ist. Das werden die folgenden Beispiele deutlich erkennen lassen; der Einfachheit halber ersetzen wir in ihnen ωt durch ψ.

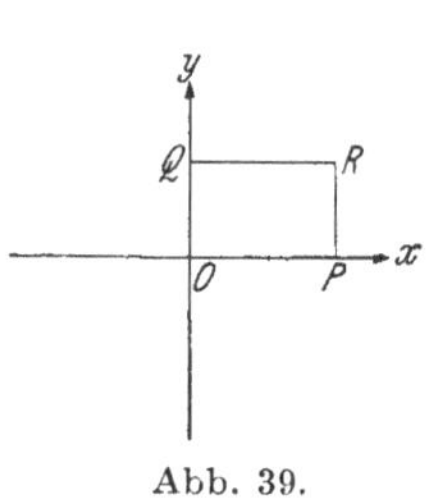
Abb. 39.

1. Beispiel:
$$x = a \sin \psi$$
$$y = b \sin \psi. \tag{1}$$

Es handelt sich also auf beiden Achsen um Schwingungen mit gleicher Frequenz und gleicher Anfangsphase. Wir bestimmen zu verschiedenen Werten von ψ die zugehörigen Werte der Wegkomponenten x und y, deren Zusammensetzung Punkte mit den Koordinaten (x, y) liefert (Abb. 40). Die nebenstehende Tabelle zeigt einige solcher zusammengehöriger Wertetripel. Die zusammengesetzte Schwingungsfigur ist hier eine Gerade, denn zwischen den Koordinaten (x, y) ihrer Punkte herrscht die Beziehung

ψ	x	y
0	0	0
$\dfrac{\pi}{8}$	$0{\cdot}38\,a$	$0{\cdot}38\,b$
$\dfrac{\pi}{4}$	$0{\cdot}71\,a$	$0{\cdot}71\,b$
$\dfrac{3\,\pi}{8}$	$0{\cdot}92\,a$	$0{\cdot}92\,b$
$\dfrac{\pi}{2}$	a	b
$\cdot$	$\cdot$	$\cdot$
$\cdot$	$\cdot$	$\cdot$
$\cdot$	$\cdot$	$\cdot$

$$\frac{y}{x} = \frac{b}{a} \quad \text{oder} \quad y = \frac{b}{a}\,x,$$

wie man durch Division der beiden Gleichungen (1) findet. Der Punkt schwingt also auf der Strecke BC hin und her.

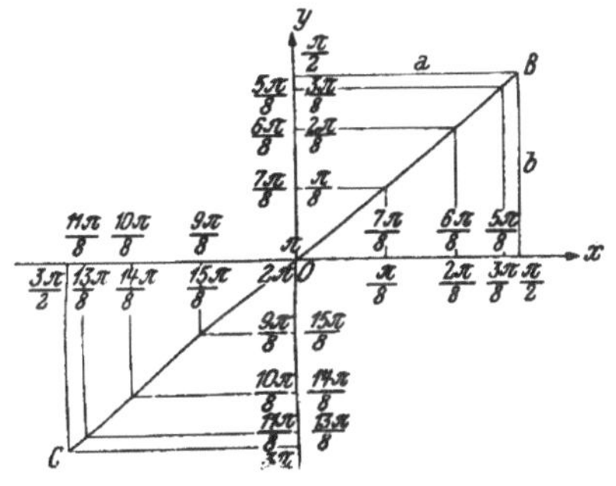

Abb. 40. Zusammensetzung der Schwingungen $\begin{aligned} x &= a \sin \psi \\ y &= b \sin \psi. \end{aligned}$
Die Bezeichnungen auf den Achsen entsprechen den ψ-Werten.

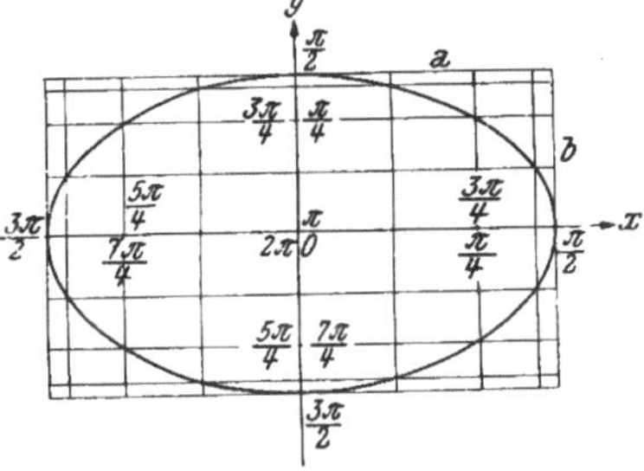

Abb. 41. $x = a \cos \psi,$ $y = b \sin \psi.$

2. Beispiel:
$$x = a \sin\left(\psi + \frac{\pi}{2}\right) = a \cos \psi \tag{2}$$
$$y = b \sin \psi.$$

(Gleiche Frequenz, aber verschiedene Anfangsphase.)

Abb. 41 zeigt das Ergebnis: eine Ellipse (elliptische Polarisation). Tatsächlich folgt aus

$$\frac{x}{a} = \cos \psi$$

$$\frac{y}{b} = \sin \psi$$

durch Quadrieren und Addieren

$$\frac{x^2}{a^2} + \frac{y^2}{b^2} = 1,$$

die Gleichung einer Ellipse. Für $a = b$ wird die Schwingungsfigur ein Kreis mit dem Radius a.

3. Beispiel:
$$x = a \sin \psi$$
$$y = a \sin \left(\psi + \frac{\pi}{4}\right). \tag{3}$$

Dieses Beispiel unterscheidet sich von dem vorhergehenden nur in der Phasenverschiebung und der Amplitude. Wir erhalten (Abb. 42) eine schiefliegende Ellipse. Das läßt sich leicht nachweisen, indem man durch Elimination von ψ aus den beiden Gleichungen (3) zunächst eine Gleichung zwischen x und y herstellt und dann noch eine Drehung der Kurve vornimmt (vgl. VI. B. 5 Üb. 21).

Die Durchführung der Rechnung sei dem Studierenden empfohlen.

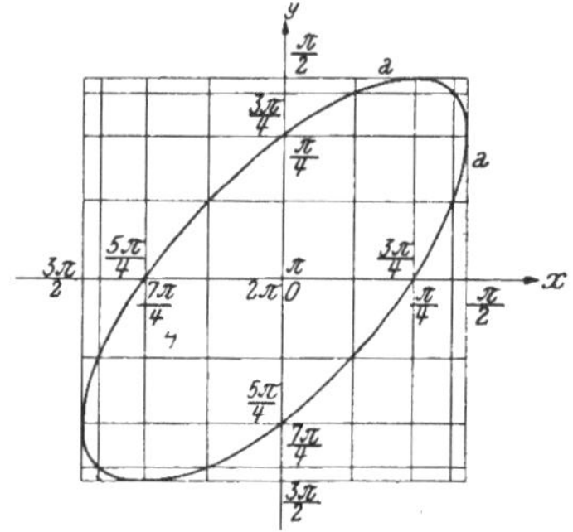

Abb. 42. $x = a \sin \psi,$
$$y = a \sin \left(\psi + \frac{\pi}{4}\right).$$

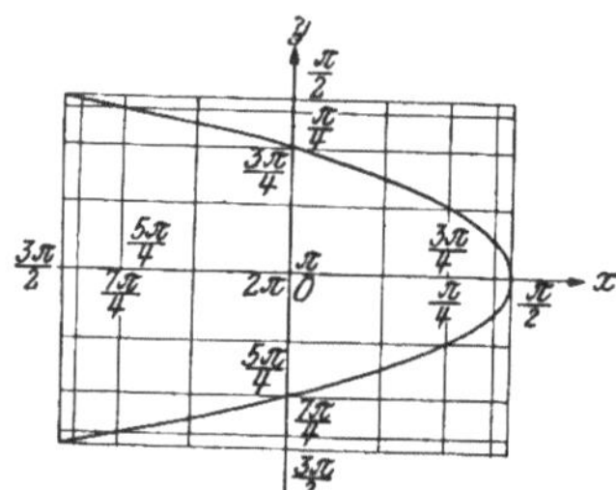

Abb. 43. $x = a \cos 2\psi,$
$$y = b \sin \psi.$$

4. Beispiel:

$$x = a \cos 2\psi = a \sin \left(2\psi + \frac{\pi}{2}\right)$$
$$y = b \sin \psi. \tag{4}$$

(Verschiedene Frequenz und ungleiche Anfangsphase.)

Die Abb. 43 zeigt als Schwingungsfigur der Gl. (4) eine Parabel. Um den Nachweis zu erbringen, schreiben wir (4) in der Form

$$\frac{x}{a} = \cos^2 \psi - \sin^2 \psi$$

$$\frac{y^2}{b^2} = \sin^2 \psi.$$

Durch Addition erhält man

$$\frac{x}{a} + \frac{y^2}{b^2} = \cos^2 \psi \qquad \text{oder}$$

$$\frac{x}{a} + \frac{y^2}{b^2} = 1 - \frac{y^2}{b^2}$$

und nach einer kleinen Umrechnung

$$y^2 = - \frac{b^2}{2\,a}\,(x - a).$$

Das ist aber tatsächlich eine um a nach rechts verschobene Parabel. (Vgl. die Parallelverschiebung des Achsenkreuzes S. 18.)

Wir haben in den vorhergehenden Beispielen Kurven durch *Gleichungspaare* dargestellt und sind damit zu einer neuen Möglichkeit gelangt, Kurven durch Gleichungen zu repräsentieren. Statt einer Gleichung zwischen den Veränderlichen x und y bestehen jetzt zwei Gleichungen, von welchen die eine die Größe x als Funktion eines *Parameters* oder einer *Hilfsveränderlichen* ψ, die andere die Größe y als eine Funktion desselben Parameters definiert. Diese Gleichungen bestehen *gleichzeitig (simultan)*, man spricht auch von *gekoppelten* Gleichungen. Ist also ganz allgemein

$$\begin{aligned} x &= u\,(\psi) \\ y &= v\,(\psi), \end{aligned} \qquad \text{(Parameterdarstellung)}$$

d. h. sowohl x als auch y eine Funktion von ψ, so braucht man nur zu beliebig gewählten ψ-Werten $\psi_1,\ \psi_2,\ \dots$ die zugehörigen x-Werte $x_1,\ x_2,\ \dots$ und ebenso die zugehörigen y-Werte $y_1,\ y_2,\ \dots$ zu bestimmen, um eine Reihe von Wertepaaren $(x_1,\ y_1),\ (x_2,\ y_2),\ \dots$ zu erhalten. Folgen diese stetig aufeinander, so entspricht ihnen eine stetige Folge von Punkten, also eine Kurve. Es kann allerdings vorkommen, daß durch zwei solche gekoppelte Gleichungen die Kurve nicht in ihrer gesamten Länge dargestellt wird, wie z. B. in Abb. 40, wo durch $x = a \sin \psi$, $y = b \sin, \psi$ (bei Beschränkung auf reelle ψ) nur eine Strecke und nicht die ganze Gerade erfaßt wird.

5. Übungen. 1. Man beweise die Richtigkeit folgender Beziehungen:

$$\operatorname{tg}(\alpha \pm \beta) = \frac{\operatorname{tg}\alpha \pm \operatorname{tg}\beta}{1 \mp \operatorname{tg}\alpha \operatorname{tg}\beta}, \qquad \operatorname{tg} 2\,\alpha = \frac{2\,\operatorname{tg}\alpha}{1 - \operatorname{tg}^2\alpha},$$

$$\operatorname{tg}\frac{\alpha}{2} = \pm \sqrt{\frac{1 - \cos\alpha}{1 + \cos\alpha}} = \frac{1 - \cos\alpha}{\sin\alpha} = \frac{\sin\alpha}{1 + \cos\alpha},$$

$$\sin x + \cos x = \sqrt{2}\,\cos\left(x - \frac{\pi}{4}\right) = \sqrt{2}\,\sin\left(x + \frac{\pi}{4}\right),$$

$$\sin 3\,x = 3\sin x - 4\sin^3 x, \quad \cos 3\,x = 4\cos^3 x - 3\cos x,$$

$$\sin \alpha \sin \beta = \frac{1}{2}\,[\cos(\alpha-\beta) - \cos(\alpha+\beta)],$$

$$\cos \alpha \cos \beta = \frac{1}{2}\,[\cos(\alpha-\beta) + \cos(\alpha+\beta)],$$

$$\sin \alpha \cos \beta = \frac{1}{2}\,[\sin(\alpha-\beta) + \sin(\alpha+\beta)].$$

2. Rotiert ein Winkel φ um einen seiner Schenkel, so entsteht ein sogenannter „Raumwinkel" W. Läßt man den zwischen den Schenkeln von φ liegenden Bogen des Einheitskreises mitrotieren, so beschreibt dieser eine Kugelkappe (Kalotte); ihre Oberfläche wird als Maß des Raumwinkels W genommen in Analogie zum Bogenmaß des Winkels φ. Aus der Oberflächenformel für eine Kalotte $O = 2\,r\,\pi\,h$ folgt $(r = 1)$:

$$O = 2\,\pi\,(1 - \cos\varphi) \quad \text{und damit} \quad W = 4\,\pi\,\sin^2\frac{\varphi}{2} \quad \text{(Abb. 44).}$$

Man zeige, daß der Winkel bei A gleich $\dfrac{\varphi}{2}$ ist und berechne h aus dem rechtwinkeligen Dreieck $A\,B\,C$. Nach Einsetzen dieses Wertes in die Oberflächenformel muß sich für W wieder der obige Ausdruck ergeben.

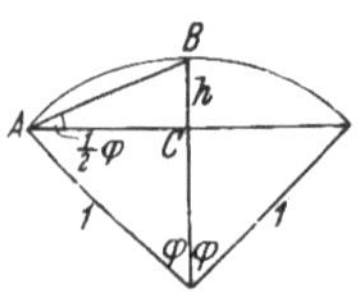

Abb. 44. Zur Erklärung des Raumwinkels.

3. Welche Winkelfunktionen sind gerade und welche ungerade?

4. Man skizziere folgende Sinuslinien:

$$y = 2\sin 2\,t, \qquad y = 0{\cdot}5 \sin\left(3\,t - \frac{\pi}{2}\right),$$

$$y = \sin\left(\frac{x}{2} - \frac{\pi}{3}\right), \qquad y = -\sin\left(\frac{2}{3}\,x + \frac{\pi}{4}\right).$$

5. Wie lautet die Gleichung des Aufrisses einer Schraubenlinie mit der Ganghöhe h, die auf einem horizontalen Zylinder vom Radius r liegt? Die Achse des Zylinders sei die x-Achse.

Lösung: $y = r\sin\dfrac{2\,\pi}{h}\,x$, wenn die Kurve durch den Anfangspunkt geht.

6. Gegen welchen Grenzwert strebt $\dfrac{\sin x}{x}$ für $x \longrightarrow 0$, wenn x nicht im Bogenmaß, sondern im Gradmaß gemessen wird?

Lösung: $\dfrac{\pi}{180}$.

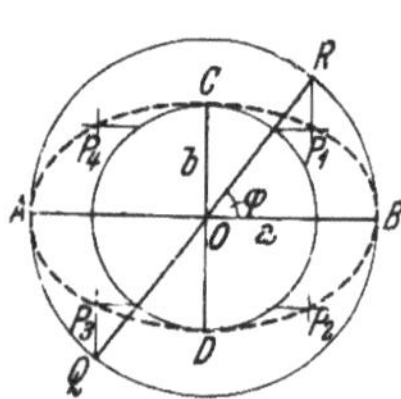

Abb. 45. Ellipsenkonstruktion.

7. Man zeichne die durch folgende Gleichungspaare gegebenen Lissajousschen Figuren:

$$\begin{aligned} x &= a\sin 2\,t & x &= a\sin 2\,t & x &= \cos 2\,t \\ y &= a\sin t, & y &= b\sin 3\,t, & y &= \sin 3\,t. \end{aligned}$$

8. Eine Ellipse mit den Achsen $\overline{AB} = 2\,a$ und $\overline{CD} = 2\,b$ soll so konstruiert werden, daß man die Ordinaten der Punkte des Kreises über der Hauptachse $2\,a$ im Verhältnis $b:a$ verkürzt. Diese Verkürzung kann für einen beliebigen Kreispunkt R mit Hilfe des Durchmessers $Q\,R$ nach dem in Abb. 45 gezeigten Verfahren erfolgen, das außer dem zu R gehörigen Ellipsenpunkt P_1 zugleich drei weitere Ellipsenpunkte liefert. Man begründe die Konstruktion und leite aus der Figur die Parameterdarstellung

$$x = a \cos \varphi$$
$$y = b \sin \varphi$$

der Ellipse ab, wenn φ der Winkel BOR ist.

9. Was für Kurven sind durch folgende Gleichungspaare gegeben? Man eliminiere den Parameter t, um zur impliziten Gleichungsform zu gelangen.

a) $x = a t + b$ **b)** $x = a \sin t + p$ **c)** $x = v t$ **d)** $x = \dfrac{a}{\cos t}$

$\; y = c t + d,$ $\; y = b \cos t + q,$ $\; y = -\dfrac{g}{2} t^2,$ $y = b \operatorname{tg} t.$

Lösungen:

a) $y = \dfrac{c}{a} x + d - \dfrac{b c}{a}$ (Gerade),   **b)** $\left(\dfrac{x-p}{a}\right)^2 + \left(\dfrac{y-q}{b}\right)^2 = 1$ (Ellipse),

c) $y = -\dfrac{g}{2 v^2} \cdot x^2$ (Parabel),   **d)** $\dfrac{x^2}{a^2} - \dfrac{y^2}{b^2} = 1$ (Hyperbel).

10. Man zeichne eine Funktionsleiter für

a) $y = \sin x,$ **b)** $y = \operatorname{tg} x,$ **c)** $y = \lg \sin x,$ **d)** $y = \lg \operatorname{tg} x.$

II. Differential- und Integralrechnung.

Erster Teil.

§ 7. Die Ableitung.

1. Die Momentangeschwindigkeit. Ein Punkt durchlaufe eine vertikale Gerade g mit der konstanten Geschwindigkeit v in positiver Richtung (nach oben); sein Weg y werde von O aus gerechnet. Zur Zeit $t = 0$ befinde er sich in A, zur Zeit t in P (Abb. 46). Dann gilt für $\overline{OA} = y_0$ und $\overline{OP} = y$ die Beziehung

$$y = v t + y_0.$$

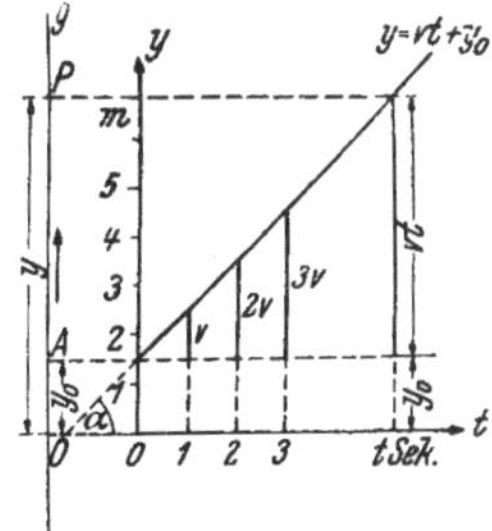

Abb. 46. Die gleichförmige
Aufwärtsbewegung.

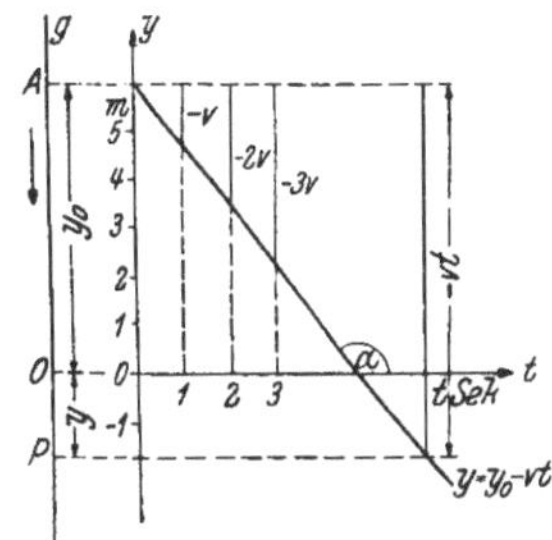

Abb. 47. Die gleichförmige
Abwärtsbewegung.

Das Schaubild dieser linearen Funktion ist eine Gerade mit der Steigung $\operatorname{tg} \alpha = v$. Die aufwärts gerichtete Geschwindigkeit ist positiv, daher α spitz (vgl. Abb. 8).

Bewegt sich P von A aus in negativer Richtung (Abb. 47), so ist v abwärts gerichtet, mithin negativ (wir schreiben $- v$) und α stumpf. Die Weg—Zeitgleichung lautet jetzt

$$y = y_0 - v\,t.$$

Zusammenfassend können wir sagen:

Das Weg—Zeitdiagramm der gleichförmigen Bewegung ist eine Gerade, deren Steigung die Geschwindigkeit angibt.

Wie liegen nun die Verhältnisse bei einer ungleichförmigen Bewegung? Hier kann man von Geschwindigkeit schlechtweg nicht mehr sprechen, da diese in jedem Augenblick eine andere ist; man wird vielmehr nach der in einem bestimmten Zeitpunkt t_1 herrschenden *Augenblicksgeschwindigkeit* fragen. Es sei der Weg y irgend eine Funktion der Zeit:

$$y = f(t).$$

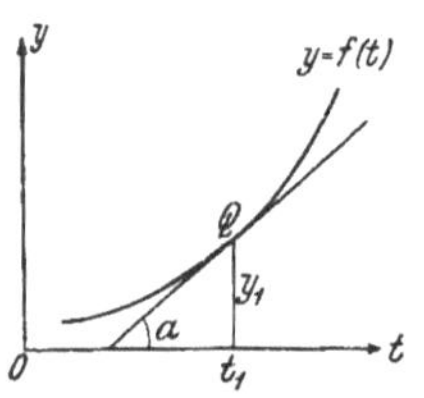

Abb. 48.
Steigung = Momentan-
geschwindigkeit.

Das Weg — Zeitdiagramm wird eine krumme Linie sein (Abb. 48). Der zu einem bestimmten Zeitpunkt t_1 gehörige Weg y_1 ist die Ordinate des Punktes Q. Nach dem vorigen wird man als Momentangeschwindigkeit zur Zeit t_1 die Steigung der Kurve $y = f(t)$ im Punkte Q erklären. Diese ist aber offenbar gleich der Steigung der Tangente in Q, die die Kurve in der Umgebung von Q ersetzt. Dieses Ergebnis wollen wir festhalten:

Die Momentangeschwindigkeit bei einer ungleichförmigen Bewegung zur Zeit t_1 wird durch die Steigung tg α *der Tangente an das Weg—Zeitdiagramm im Punkte mit der Abszisse t_1 angegeben.*

In Abb. 48 wächst die Geschwindigkeit v mit zunehmender Zeit, oder anders ausgedrückt: der Weg ändert sich anfangs ziemlich langsam und dann immer schneller und schneller; v kann somit als *Änderungsgeschwindigkeit des Weges* bezeichnet werden. Der Begriff *Änderungsgeschwindigkeit einer Funktion* ist aber ein in der Technik häufig gebrauchter Begriff. So ist die Änderungsgeschwindigkeit der Ladungsmenge eines Kondensators für die Stromstärke, die Änderungsgeschwindigkeit der Stromstärke für die Spannung der Selbstinduktion maßgebend, man spricht von einer Reaktionsgeschwindigkeit bei chemischen Reaktionen, von einer Abkühlungsgeschwindigkeit, einer Winkelgeschwindigkeit usw. *In allen diesen Fällen handelt es sich demnach um die Ermittlung der Steigung der Tangente in einem bestimmten Punkt der die betreffende Funktion darstellenden Kurve und es ist daher naheliegend, sich mit diesem Problem zu beschäftigen.*

2. Begriff der Ableitung. Wir wollen diese Steigung der Kurventangente zunächst mit Hilfe von Zeichnung und Messung bestimmen. Die zu einer Funktion $y = f(x)$ gehörige Kurve liege gezeichnet vor. In dem Punkte P_1 mit der Abszisse x_1 ziehen wir so gut wie möglich die Tangente (Abb. 49), gehen dann von P_1 um ein beliebiges Stück dx horizontal nach rechts und dann senkrecht dazu bis zur Tangente. Bezeichnen wir die letztere Strecke mit dy, so erhalten wir nach Messung der Längen von dx und dy:

$$\operatorname{tg} \alpha_1 = \left(\frac{dy}{dx}\right)_{x_1}.$$

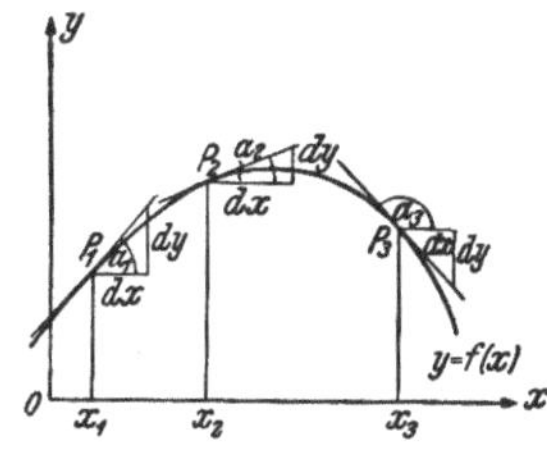

Abb. 49. Bildung von $\dfrac{dy}{dx}$ an den Stellen x_1, x_2 und x_3.

Der Index x_1 soll andeuten, daß die Bildung des Quotienten $\dfrac{dy}{dx}$ an der Stelle x_1 zu erfolgen hat. Genau so erhalten wir

$$\operatorname{tg} \alpha_2 = \left(\frac{dy}{dx}\right)_{x_2}, \qquad \operatorname{tg} \alpha_3 = \left(\frac{dy}{dx}\right)_{x_3}, \quad \ldots$$

Die einzelnen Strecken dx können an den Stellen x_1, x_2, x_3, $\ldots$ gleich oder verschieden groß gewählt werden; α_3 ist stumpf, $\left(\dfrac{dy}{dx}\right)_{x_3}$ negativ. Das Mitführen der Indizes ist aber lästig, wir wollen daher die Stelle, an der wir die Steigung der Tangente bestimmen, einfach mit x bezeichnen, den Neigungswinkel mit α und erhalten somit

$$\boxed{\frac{dy}{dx} = \operatorname{tg} \alpha} \qquad\qquad (*)$$

Die Größe dx heißt das Differential des Argumentes x, dy das Differential der Funktion y und $\dfrac{dy}{dx}$ Differentialquotient oder Ableitung der Funktion $y = f(x)$ an der Stelle x. (Man spricht: „dy nach dx", um anzudeuten, daß es sich um die Ableitung von y nach x handelt. Ist y z. B. eine Funktion von t, so wird das Differential des Argumentes mit dt bezeichnet und der Differentialquotient $\dfrac{dy}{dt}$ wird „dy nach dt" gelesen, weil hier die Ableitung von y nach t erfolgt.) Der Differentialquotient kann immer nur an einer bestimmten Stelle x gebildet werden, aber dieses x ist beliebig wählbar. Zu jedem Wert von x gehört bei Kurven, die in jedem Punkt nur eine Tangente besitzen —

und auf solche wollen wir uns beschränken — ein bestimmter **Wert** *der Ableitung*[1]. *Diese ist mithin eine Funktion von x und wird außer durch das von Leibniz stammende Symbol $\frac{dy}{dx}$ nach Lagrange mit $y' = f'(x)$ bezeichnet. Ist das Argument die Zeit t, so wird häufig die Bezeichnung von Newton $\dot{y} = \dot{f}(t)$ gebraucht.*

$$\boxed{\frac{dy}{dx} = y' = f'(x)} \quad \text{bzw.} \quad \boxed{\frac{dy}{dt} = \dot{y} = \dot{f}(t)}$$

Um das Bild der Funktion $y' = f'(x)$, *die abgeleitete Kurve* zu erhalten, hätten wir in einer Anzahl von Punkten der gegebenen Kurve oder *Stammkurve* die Konstruktionen und Messungen der Abb. 49 durchzuführen. Eine erste Vereinfachung erzielen wir aber, wenn wir vom Berührungspunkt nicht um ein beliebiges Stück dx, sondern um die Einheit nach rechts gehen. Dann ist die vertikale Strecke bis zur Tangente schon $y' = \operatorname{tg} \alpha$ (Abb. 50). Eine weitere Vereinfachung ergibt sich dadurch, daß wir die sämtlichen Tangenten parallel verschieben, bis sie durch den Punkt $(-1,0)$ gehen; dann schneiden sie auf der y-Achse das Stück y' ab. Die Kurventangenten selbst braucht man dabei nicht zu zeichnen, es genügt das Anlegen und Parallelverschieben des Zeichendreiecks.

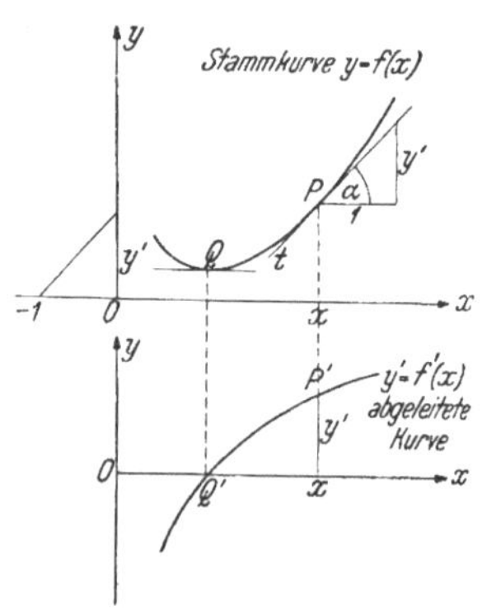

Abb. 50. Vereinfachte Bestimmung der Ableitung y'.

3. Die Ableitung von sin x und cos x. Trotz der unvermeidbaren Ungenauigkeit dieses zeichnerischen Verfahrens lassen sich damit in gewissen einfachen Fällen überraschend gute Ergebnisse erzielen, wie die folgenden Ausführungen zeigen werden. Wir wählen zunächst die Funktion $y = \sin x$ und zeichnen so genau wie möglich ihr Bild nach § 6, 2. (Abb. 51.) Wir wissen, daß die Tangente an der Stelle $x = 0$ unter $\frac{\pi}{4}$ geneigt ist; die Ableitung dort (Steigung der Tangente) ist daher gleich 1. An den Stellen $\frac{\pi}{2}, \pi, \frac{3\pi}{2}, 2\pi$ hat y' der Reihe nach die Werte $0, -1, 0, 1$, die vollständig genau sind. Führen wir dann das vorhin geschilderte

---

[1] Ausgenommen sind die Stellen mit vertikalen Tangenten, weil dort die Ableitung unendlich wird.

Verfahren an einer Reihe von Zwischenstellen durch (die Figur zeigt die Konstruktion für die Zwischenstelle x) und tragen alle so erhaltenen y'-Werte an den zugehörigen x-Stellen in ein neues Achsenkreuz mit der x- und y'-Achse ein, das wir am besten unterhalb des ersten Achsenkreuzes wählen, so erhalten wir eine Anzahl von Punkten. Ihre Verbindung liefert eine Kurve, die wir sofort als *Kosinuslinie* ansprechen. Das Resultat ist allerdings nicht absolut

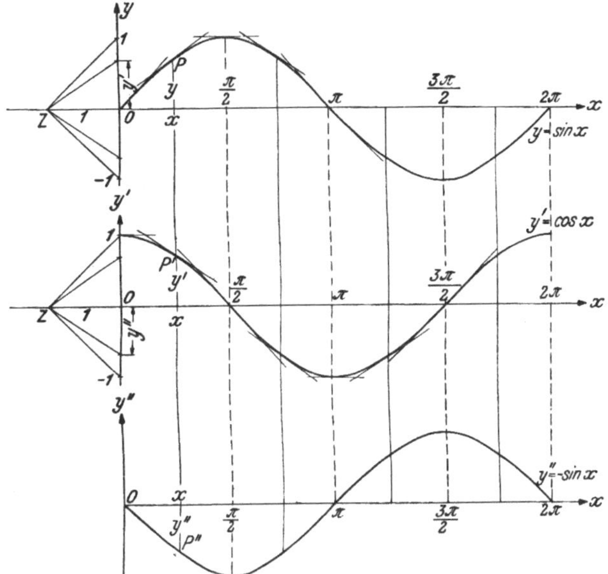

Abb. 51. Die erste und zweite Ableitung von sin x.

verläßlich; denn aus der Gestalt einer Kurve kann man nicht mit Sicherheit auf ihre Gleichung schließen. So könnte z. B. jemand, der nicht weiß, daß eine an ihren Enden aufgehängte Kette eine Kettenlinie bildet, durch die Kurvenform allein leicht verleitet werden, diese für eine Parabel zu halten. Wir werden aber die Richtigkeit unserer obigen Vermutung später durch Rechnung bestätigen. Wir schreiben

$$\boxed{(\sin x)' = \cos x} \tag{1}$$

und lesen: *Die Ableitung von sin x ist cos x.*

Statt $(\sin x)'$ wird auch $\dfrac{d \sin x}{dx}$ oder $\dfrac{d}{dx} \sin x$ geschrieben in Analogie zu $y' = \dfrac{dy}{dx}$.

Nachdem wir zu diesem Resultat gelangt sind, können wir es benützen, um den Neigungswinkel der Tangente in jedem beliebigen Punkt der Sinuslinie anzugeben, ohne auf die Zeichnung angewiesen zu sein. So ist z. B. die Tangente an die Sinuslinie in dem Punkt mit der Abszisse $\frac{\pi}{4}$ unter $35^0\ 16'$ geneigt[1]; denn $\cos\frac{\pi}{4} = \cos 45^0 =$

$$= \frac{1}{\sqrt{2}} = \operatorname{tg} 35^0\ 16'.$$

Ebenso bilden wir die Ableitung von $y = \cos x$ und verwenden zu diesem Zweck die eben erhaltene Kosinuslinie. Wir finden

$$\boxed{(\cos x)' = -\sin x} \tag{2}$$

Die Ableitung von $\cos x$ können wir auch auffassen als die Ableitung der Ableitung von $\sin x$ oder als *die zweite Ableitung von sin x*, die man mit zwei Strichen oder mit zwei Punkten bezeichnet, so daß man die Formeln (1) und (2) auch in der Form schreiben kann:

$$\boxed{\begin{aligned} y\ &= \sin x \\ y'\ &= \cos x \\ y''\ &= -\sin x \end{aligned}} \qquad \text{bzw.} \qquad \boxed{\begin{aligned} y\ &= \sin t \\ \dot{y}\ &= \cos t \\ \ddot{y}\ &= -\sin t \end{aligned}}$$

Diese *Operation des Ableitens* kann man fortsetzen und erhält damit die 3te, 4te, ...n^{te} Ableitung. Man bezeichnet die

$$\boxed{\begin{aligned} &3^{\text{te}}\ \text{Ableitung mit } y''' \text{ oder } f'''\,(x), \\ &4^{\text{te}} \qquad ,, \qquad ,,\ y^{\text{IV}}\ ,,\ f^{\text{IV}}\,(x), \\ &\dotfill \\ &n^{\text{te}}\ \text{Ableitung mit } y^{(n)} \text{ oder } f^{(n)}\,(x) \end{aligned}}.$$

Die zweite Ableitung ist bei Bewegungsvorgängen einer einfachen Deutung fähig. Ist $y = f\,(t)$ die Weg—Zeitgleichung, so ist, wie wir gesehen haben, die erste Ableitung $\frac{dy}{dt} = \dot{y} = \dot{f}\,(t)$ die augenblickliche Geschwindigkeit v zur Zeit t. Die zweite Ableitung $\ddot{y} = \ddot{f}\,(t)$ ist die erste Ableitung der Geschwindigkeit nach der Zeit: $\frac{dv}{dt} = \dot{v}$, das ist aber die *Änderungsgeschwindigkeit* der Geschwindigkeit oder die *Beschleunigung*. Um hier eine klare Einsicht zu gewinnen, braucht man nur die Geschwindigkeitskurve als Funktion der Zeit zu zeichnen. Zieht man in einem Punkt die Tangente, so entspricht dieser eine Bewegung, bei welcher sich die Geschwindigkeit proportional der

---

[1] In derartigen besonderen Fällen, in welchen das Bogenmaß unbequem wäre, ziehen wir das Gradmaß vor.

Zeit ändert, also eine gleichförmig beschleunigte Bewegung (negative Beschleunigung = Verzögerung). Die Steigung der Tangente gibt die Größe der Beschleunigung dieser gleichförmig beschleunigten Bewegung an und, weil die Tangente im Berührungspunkt die Kurve ersetzt, die Momentanbeschleunigung der ursprünglichen Bewegung in demjenigen Zeitpunkt t, welcher der Abszisse des Berührungspunktes entspricht. Der Studierende unterlasse es nicht, sich an Hand eines entsprechenden Geschwindigkeit—Zeitdiagramms beschleunigte und verzögerte Bewegungen zu veranschaulichen. In letzterem Falle überlege er die Bedeutung des Schnittpunktes der Geschwindigkeit—Zeitkurve mit der t-Achse und ihres Hinübergreifens in das Gebiet negativer Funktionswerte.

Das Ergebnis der obigen Betrachtungen sei noch einmal hervorgehoben:

Die zweite Ableitung des Weges nach der Zeit bedeutet die Momentanbeschleunigung zur Zeit t.

§ 8. Ableitungsformeln.

1. Die Ableitung der Potenzfunktion. So wie bei $\sin x$ und $\cos x$ ist es noch bei einigen einfachen Funktionen möglich, auf graphischem Weg Formeln für ihre Ableitung zu gewinnen. So ist z. B. *die Ableitung einer Konstanten gleich Null*

$$\boxed{k' = 0},$$

denn $y = k$ entspricht einer horizontalen Geraden mit der Steigung Null (Abb. 52).

Abb. 52. $k' = 0$.

Ebenso einfach ergibt sich, daß die Ableitung von x gleich 1 ist.

$$\boxed{x' = 1}$$

Denn $y = x$ ist eine unter $\dfrac{\pi}{4}$ geneigte Gerade und $\operatorname{tg} \alpha = 1$.

Um die Ableitung von x^2 zu erhalten, zeichnen wir $y = x^2$ (Abb. 53) und konstruieren die abgeleitete Kurve. Sie geht offenbar durch den Ursprung und durch Messung finden wir, daß die Ordinaten ihrer Punkte stets doppelt so groß sind wie deren Abszissen, so daß ihre Gleichung $y = 2x$ lauten muß. Mithin ist

$$(x^2)' = 2x.$$

Bei $y = x^3$ ist die Gleichung der abgeleiteten Kurve nicht mehr so leicht zu erkennen. Sie lautet $y' = 3x^2$. Um ihre Richtigkeit zu überprüfen, schlagen wir gewissermaßen den umgekehrten Weg ein. Wir zeichnen in das x, y'-System die Kurve $y' = 3\,x^2$ ein und tragen das zu einem beliebigen x gehörige y' auf der y-Achse des x, y-Systems auf. Dann verbinden wir diesen Punkt mit dem Punkt $(-1,0)$ und überzeugen uns, daß die Parallele dazu tatsächlich die Kurve $y = x^3$ in dem Punkt mit der gewählten Abszisse berührt. Die Durchführung sei dem Studierenden überlassen.

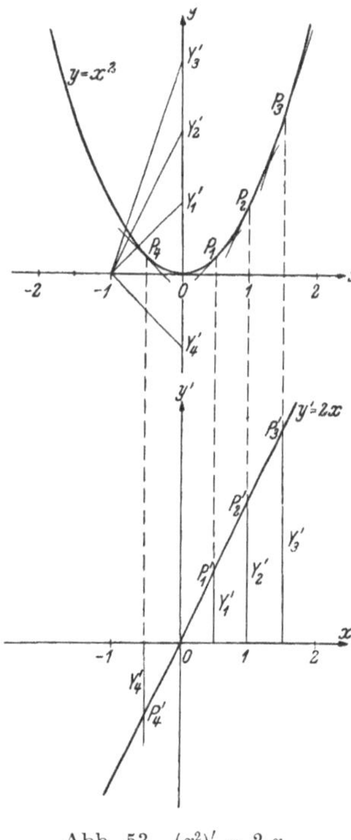

Abb. 53. $(x^2)' = 2\,x$.

Stellen wir die letzten drei Ergebnisse zusammen,

$$(x^1)' = 1 = 1 \cdot x^0$$
$$(x^2)' = 2 \cdot x^1$$
$$(x^3)' = 3 \cdot x^2,$$

so vermuten wir, daß

$$(x^4)' = 4 \cdot x^3$$
$$(x^5)' = 5 \cdot x^4$$
$$\cdots\cdots\cdots\cdots$$
$$(x^n)' = n \cdot x^{n-1}$$

sein wird. Wir werden die Richtigkeit dieser Vermutung im 2. Teil beweisen und nehmen hier das Resultat vorweg:

$$\boxed{(x^n)' = n \cdot x^{n-1}}.$$

2. Die Ableitung einer Summe von Funktionen. Es seien zwei Funktionen $\varphi(x)$ und $\psi(x)$ gegeben; wir bezeichnen sie mit u und v, so daß

$$u = \varphi(x)$$
$$v = \psi(x).$$

Ihre Summe $y = u + v = \varphi(x) + \psi(x) = f(x)$ ist ebenfalls eine Funktion von x, deren Bild man durch graphische Addition von u und v findet (Abb. 54). Zieht man in den Punkten P_u und P_v mit der Abszisse x die Tangenten an die Kurven u und v und bestimmt ihre Steigungen u' und v', so wird die Tangente in P_y mit derselben Abszisse x an $y = u + v = f(x)$ augenscheinlich erhalten, indem man durch P_y eine Gerade mit der Steigung $u' + v'$ zieht. Daraus gewinnen

Abb. 54. $(u + v)' = u' + v'$.

wir die Formel

$$\boxed{(u + v)' = u' + v'}.$$

In Worten: *Eine Summe kann gliedweise abgeleitet werden.* Es ist ohne weiters klar, daß der Satz für eine beliebige Anzahl von Summanden und auch für eine Differenz von Funktionen gelten wird.

Zieht man zu einer Kurve $u = \varphi(x)$ die Kurve $y = k \cdot u = k \cdot \varphi(x)$, indem man die Ordinaten von $u = \varphi(x)$ k-mal so groß macht, so überblickt man leicht, daß auch die Steigungen der Tangenten an $y = k \cdot u$ im Vergleich zu den Steigungen der Tangenten an $u = \varphi(x)$ den k-fachen Wert besitzen. Ist $k = -1$, so ist $y = -u = -\varphi(x)$ samt ihren Tangenten das Spiegelbild zu $u = \varphi(x)$ bezüglich der x-Achse und daher das obige Ergebnis auch für diesen Fall gültig. Es ist also:

$$\boxed{[k \cdot \varphi(x)]' = k \cdot \varphi'(x)}.$$

Ein konstanter Faktor bleibt bei der Ableitung unverändert. Man beachte den Unterschied zwischen einem konstanten *Faktor* und einer *additiven* Konstanten, die als Glied einer Summe auftritt; letztere ergibt bei der gliedweisen Ableitung nach der ersten Formel dieses Paragraphen den Wert 0. So hat $y = mx + b$ dieselbe Ableitung $y' = m$ wie $y = mx$; tatsächlich sind die beiden Geraden zu einander parallel.

3. Beispiele. 1. Es sind die aufeinanderfolgenden Ableitungen von $y = -\dfrac{1}{3} x^3$ zu suchen. Wir finden:
$$y' = -x^2, \; y'' = -2x, \; y''' = -2, \; y^{IV} = 0$$
und alle folgenden Ableitungen sind ebenfalls Null.

2. Dieselbe Aufgabe für $y = \left(a x - \dfrac{1}{b}\right)^2 = a^2 x^2 - \dfrac{2a}{b} x + \dfrac{1}{b^2}$.
$$y' = 2 a^2 x - \dfrac{2a}{b}, \; y'' = 2 a^2, \; y''' = 0,$$
ebenso alle folgenden Ableitungen.

3. In welchem Punkt der Parabel $y = a x^2$ ist die Tangente unter $\dfrac{\pi}{4}$ geneigt?
Wir bilden $y' = 2 a x$ und suchen jenen x-Wert, für welchen $2 a x$ gleich 1 wird. Wir finden $x = \dfrac{1}{2a}$ mit dem zugehörigen $y = \dfrac{1}{4a}$. Der gesuchte Punkt hat also die Koordinaten $\left(\dfrac{1}{2a},\, \dfrac{1}{4a}\right)$. Da der

Brennpunkt die Koordinaten $\left(0, \dfrac{1}{4\,a}\right)$ besitzt, so ergibt sich daraus eine einfache Methode, um von einer vorgezeichneten Parabel den Brennpunkt zu finden.

4. Durchläuft ein Punkt P von A aus in positivem Sinn den Kreis (a) mit konstanter Winkelgeschwindigkeit $\omega = 1$, so wird seine Projektion P' auf den vertikalen Durchmesser eine Sinusschwingung vollführen (Abb. 55, vgl. auch § 6, 3.):

$$y = a \sin t.$$

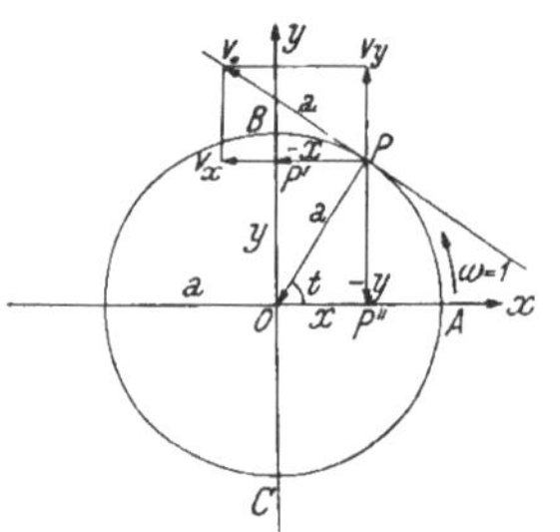

Ebenso die Projektion P'' auf den horizontalen Durchmesser eine Schwingung

$$x = a \cos t.$$

Man soll für beide Schwingungen Geschwindigkeit und Beschleunigung zur Zeit t berechnen.

Für die Geschwindigkeit v_y auf dem vertikalen und v_x auf dem horizontalen Durchmesser findet man sofort

Abb. 55. Geschwindigkeit und Beschleunigung der Punkte P' und P''.

$$v_y = \dot y = a \cos t, \qquad v_x = \dot x = -a \sin t.$$

Aus ihnen liest man unmittelbar ab, daß die schwingenden Punkte beim Durchgang durch den Kreismittelpunkt ihre größte absolute Geschwindigkeit erreichen und an den Durchmesserenden (Umkehrpunkten) die Geschwindigkeit Null besitzen. Zur Zeit t befindet sich P an der in der Figur eingezeichneten Stelle und v_x und v_y sind seine horizontale und vertikale Geschwindigkeitskomponente. Zeichnet man beide ein, so muß ihre Resultierende auf die Tangente fallen. Aus der Konstruktion folgt sofort die bekannte Eigenschaft der Kreistangente, auf dem Radius durch den Berührungspunkt senkrecht zu stehen. Die Länge der Resultierenden v ergibt sich aus

$$v = \sqrt{v_x^2 + v_y^2} = a,$$

was mit der Annahme $\omega = 1$ übereinstimmt.

Die Beschleunigungen

$$\begin{aligned} b_y &= \ddot y = -a \sin t = -y \\ b_x &= \ddot x = -a \cos t = -x \end{aligned} \qquad (*)$$

der schwingenden Punkte P' und P'' sind zugleich Vertikal- und Horizontalkomponente der Beschleunigung des Punktes P. Da sich der Punkt P gleichförmig bewegt, so kann er keine *Bahnbeschleunigung*, sondern nur eine *Radialbeschleunigung* besitzen. Diese ist dem absoluten Werte nach gleich $\dfrac{v^2}{a} = a$ (s. Übung 1. e), S. 6). Dasselbe Resultat erhält man aus den Gleichungen (*):

$$\sqrt{b_x^2 + b_y^2} = a.$$

Die graphische Zusammensetzung in Abb. 55 ergibt für die Radialbeschleunigung den Vektor $\overrightarrow{PO}$.

Aus den Gleichungen (*) können wir noch ein interessantes Ergebnis ableiten. Nach dem *Newtonschen* Grundgesetz der Mechanik ist *Kraft gleich Masse mal Beschleunigung*. Die Kraft, welche die Schwingung auf der x-, bzw. y-Achse hervorruft, ist somit auf Grund der Gleichungen (*) proportional dem Weg des schwingenden Punktes und diesem entgegengerichtet. Das ist aber das typische Kennzeichen einer elastischen Kraft, denn nach *Hooke* ist die Kraft der Dehnung ($=$ Weg des Endpunktes einer Feder) proportional. Damit ist gezeigt, daß ein Massenpunkt unter Einwirkung einer elastischen Kraft tatsächlich eine Sinusschwingung vollführt, wie schon in § 6, 4. behauptet wurde.

4. Die Ableitung von $\sin \omega t$, $\cos \omega t$, e^x, $\ln x$. Die Kurve $y = \sin \omega t$ kann man sich aus der Kurve $y = \sin t$ dadurch entstanden denken, daß man die Abszissen aller Punkte der letzteren auf das $\dfrac{1}{\omega}$-fache verkürzt; man vergleiche z. B. die entsprechenden Perioden $\dfrac{2\pi}{\omega}$ und 2π miteinander (Abb. 56). Eine Verlängerung wird hiebei als eine negative Verkürzung betrachtet. Denkt man sich die t, y-Ebene in der Richtung der positiven t-Achse gedehnt, sodann die Kurve $y = \sin t$ eingezeichnet, so geht diese in die Kurve $y = \sin \omega t$ über, wenn die Ebene in ihren früheren Zustand wieder

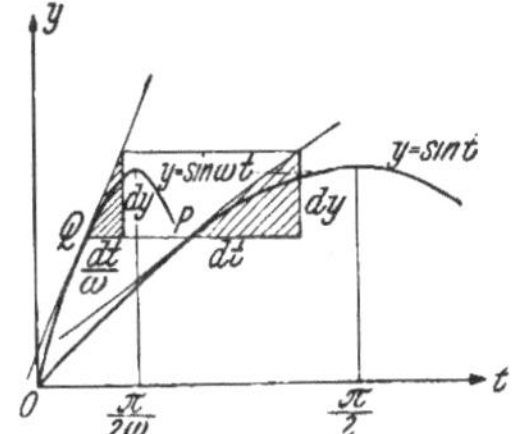

Abb. 56. Die Ableitung von $\sin \omega t$.

zurückkehrt und wenn dabei ihre waagrechte Ausdehnung in der Richtung der t-Achse auf das $\dfrac{1}{\omega}$-fache zusammenschrumpft. Die Steigung der Tangente in einem beliebigen Punkte P der Linie $y = \sin t$ ist $\dfrac{dy}{dt} = \cos t$. Durch den eben beschriebenen Verkürzungsvorgang geht der Punkt P in den Punkt Q von $y = \sin \omega t$ über, dt schrumpft zu $\dfrac{dt}{\omega}$ zusammen, während dy gleich bleibt. Die Steigung der Tangente in Q ist somit das ω-fache von der Steigung der Tangente in P. Die abgeleitete Kurve macht aber den eben beschriebenen Verkürzungsprozeß mit, ihre Periode ist $\dfrac{2\pi}{\omega}$, so daß wir das Resultat erhalten:

$$\boxed{\frac{d(\sin \omega t)}{dt} = \omega \cos \omega t}.$$

Ebenso findet man:

$$\boxed{\frac{d(\cos \omega t)}{dt} = -\,\omega \sin \omega t}.$$

Damit ergeben sich aber auch sofort die Ableitungen von
$$\sin(\omega t \pm \varphi) \quad \text{und} \quad \cos(\omega t \pm \varphi).$$

Denn das Auftreten des Phasenwinkels $\pm\varphi$ bedeutet nur eine Verschiebung in der Richtung der t-Achse und wir erhalten daher

$$\boxed{\frac{d \sin(\omega t \pm \varphi)}{dt} = \omega \cos(\omega t \pm \varphi)}$$

$$\boxed{\frac{d \cos(\omega t \pm \varphi)}{dt} = -\,\omega \sin(\omega t \pm \varphi)}.$$

Die Ableitungen von e^x und $\ln x$ sind

$$\boxed{(e^x)' = e^x}$$

$$\boxed{(\ln x)' = \frac{1}{x}}.$$

Der Studierende führe die graphische Ableitung selbständig durch. Im Falle $y = e^x$ ist wieder der umgekehrte Weg empfehlenswert, wie wir ihn bei der Ableitung von x^3 (S. 50) eingeschlagen haben. Die abgeleitete Kurve zu $y = \ln x$ hat offenbar die x- und die y'-Achse zu Asymptoten; da die logarithmische Linie die x-Achse unter dem Winkel $\dfrac{\pi}{4}$ schneidet, so gehört zu $x = 1$ der Wert $y' = 1$ und damit ist die Gleichung der abgeleiteten Kurve $y' = \dfrac{1}{x}$ nach Einschaltung einiger Zwischenwerte schon gut erkennbar.

5. Beispiele. 1. $y = \sin^2 t = \dfrac{1 - \cos 2t}{2}$.

Somit ist $\dfrac{dy}{dt} = \dot{y} = \dfrac{1}{2}\,(0 + 2\sin 2t) = \sin 2t$.

2. $y = \cos x \cos 2x = \dfrac{1}{2}\,(\cos x + \cos 3x)$;

$$\frac{dy}{dx} = y' = -\,\frac{1}{2}\,(\sin x + 3\sin 3x).$$

3. Da $\lg x = \lg e \cdot \ln x$ (S. 29 Gl. 1), so ist

$$(\lg x)' = \lg e \cdot \frac{1}{x}.$$

Die Ableitung von $\lg x$ ist also weniger einfach als die von $\ln x$ und das ist der Grund für die in der höheren Mathematik eingeführte Bevorzugung des natürlichen Logarithmus vor dem gemeinen.

4. Fließt durch einen Leiter ein Gleichstrom i (Elektrizitätsmenge pro Sekunde), so ist die während der Zeit t beförderte Elektrizitätsmenge $Q = i\,t$. Das Bild dieser Funktion ist eine durch den Ursprung gehende Gerade, deren Steigung die Stromstärke i angibt. Ist nun aber Q der Zeit nicht mehr proportional, sondern irgend eine andere Funktion der Zeit, so ist ihr Bild eine Kurve und die Stromstärke ändert sich jeden Augenblick. Ihr Momentanwert in dem Zeitpunkt t wird durch die Steigung der Kurve an der Stelle t gemessen (Änderungsgeschwindigkeit), also ist

$$i = \frac{dQ}{dt}. \tag{1}$$

Wirkt z. B. auf einen Kondensator eine Spannung u, so wird er durch einen Stromstoß aufgeladen. Die von ihm aufgenommene Ladungsmenge ist

$$Q = C \cdot u, \tag{2}$$

worin C die Kapazität des Kondensators bedeutet. Ist aber u eine Wechselspannung $u = \overline{U} \sin \omega t$, so folgen Ladungen und Entladungen des Kondensators fortwährend aufeinander. Der dabei auftretende Strom i ist nach den Gleichungen (1) und (2):

$$i = \frac{d\,(Cu)}{dt} = C\,\frac{d\,(\overline{U} \sin \omega t)}{dt} = \omega\,C\,\overline{U} \cos \omega t = \omega\,C\,\overline{U} \sin\left(\omega t + \frac{\pi}{2}\right).$$

Der Strom eilt also der Spannung um eine Viertelperiode vor.

5. Wird eine Spule von einem veränderlichen Strom durchflossen, so ist die auftretende Spannung der Selbstinduktion u_L der Änderungsgeschwindigkeit der Stromstärke $\frac{di}{dt}$ proportional, wirkt aber dem Anwachsen bzw. Abnehmen der Stromstärke entgegen.

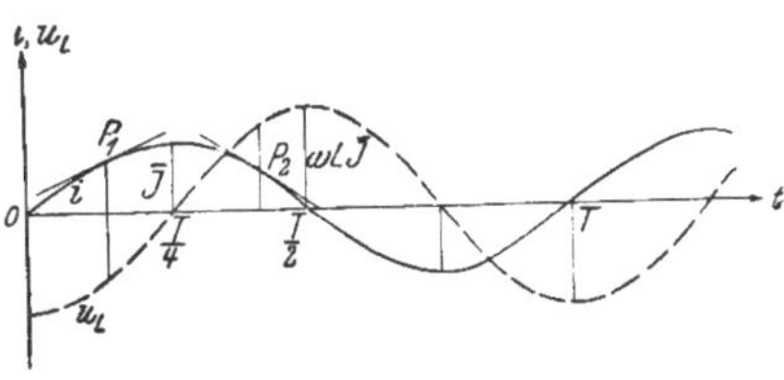

Abb. 57. Stromstärke i und Spannung u_L der Selbstinduktion.

gegen. Solange die Stromstärke wächst, ist die Steigung $\frac{di}{dt}$ der Stromkurve positiv (z. B. in P_1 der Abb. 57), die Spannung der Selbstinduktion u_L muß aber negativ sein und umgekehrt beim Fallen der Stromstärke wie im Punkte P_2. Daher ergibt sich für u_L der Ausdruck

$$u_L = -\mathrm{L}\,\frac{di}{dt}$$

mit dem Selbstinduktionskoeffizienten[1] L als Proportionalitätsfaktor. Ist $i = \overline{I} \sin \omega\, t$, so wird

$$u_L = -\omega\, L\, \overline{I} \cos \omega\, t = \omega\, L\, \overline{I} \sin\left(\omega\, t - \frac{\pi}{2}\right).$$

Das Ergebnis lehrt, daß die Spannung der Selbstinduktion u_L der Stromstärke i um eine Viertelperiode nacheilt.

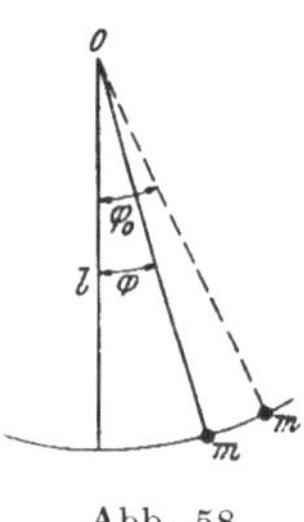

Abb. 58.

6. Bei kleinen Schwingungen des mathematischen Pendels ist der Ausschlagwinkel $\varphi = \varphi_0 \sin\frac{2\,\pi}{T}\, t$, wobei φ_0 den Maximalausschlag, T die Schwingungsdauer bedeutet (Abb. 58; vgl. auch Abb. 212). Wie groß ist die höchste Winkelgeschwindigkeit (Durchgang durch die Ruhelage), wenn die Schwingungsdauer $T = 2\cdot4$ Sek. und $\varphi_0 = 0\cdot1$ ist? Wie groß ist die Höchstgeschwindigkeit des schwingenden Punktes m?

Wir haben auf S. 2 die Winkelgeschwindigkeit als die Größe jenes Winkels definiert, der von einem Radius in 1 Sek. überstrichen wird. Diese Definition ist jedoch nur auf eine gleichförmige Drehbewegung anwendbar; die Darstellung des Winkels als Funktion der Zeit ergibt eine Gerade, deren Steigung die Winkelgeschwindigkeit mißt. Bei einer ungleichförmigen Bewegung wie hier ist analog den vorangegangenen Überlegungen die Steigung der Winkel-Zeitkurve das Maß für die augenblickliche Winkelgeschwindigkeit in einem bestimmten Zeitpunkt t, also [2]

$$\omega = \frac{d\varphi}{dt} = \dot\varphi.$$

Daher ist in unserem Beispiel $\omega = \dot\varphi = \varphi_0\,\frac{2\,\pi}{T}\cos\frac{2\,\pi}{T}\, t$ $\Big($man denke sich an Stelle von $\frac{2\,\pi}{T}$ etwa ω_1 eingesetzt$\Big)$. Beim Durchgang durch die Ruhelage ist $t = 0$ (oder auch T, $2\,T$, ...), somit die maximale Winkelgeschwindigkeit $\omega_m = \frac{2\,\pi\,\varphi_0}{T} = \frac{0\cdot2\,\pi}{2\cdot4} = 0\cdot262$ Sek.$^{-1}$. Der Punkt m schwingt auf einem Kreis, dessen Radius gleich der Pendel-

---

[1] Auch Induktivität genannt.

[2] ω darf nicht mit der Kreisfrequenz, die weiter unten mit ω_1 bezeichnet ist, verwechselt werden.

länge l ist, seine Geschwindigkeit ist also l-mal so groß wie die Winkelgeschwindigkeit. Nun ist aber die Schwingungsdauer eines Pendels $T = 2\pi\sqrt{\dfrac{l}{g}}$, mithin $l = \dfrac{g\,T^2}{4\,\pi^2}$ und die Höchstgeschwindigkeit des Punktes m:

$$v_m = \frac{g\,T^2\,\omega_m}{4\,\pi^2} = \frac{9{\cdot}81 \cdot 2{\cdot}4^2 \cdot 0{\cdot}262}{4\,\pi^2} = 0{\cdot}375 \text{ m/Sek.}$$

6. Übungen. 1. Man bilde von folgenden Funktionen die 1te, 2te .... Ableitung:

$$\textbf{a) } y = a^2\,x^2 + b^2; \qquad \textbf{b) } y = 1 - \frac{x^2}{a^2}; \qquad \textbf{c) } y = (x-1)^3.$$

Lösungen: **a)** $y' = 2\,a^2\,x,\quad y'' = 2\,a^2,\quad y''' = 0;$

b) $y' = -\dfrac{2\,x}{a^2},\quad y'' = -\dfrac{2}{a^2},\quad y''' = 0;$

c) $y' = 3\,x^2 - 6\,x + 3,\quad y'' = 6\,x - 6,\quad y''' = 6,\quad y^{\text{IV}} = 0.$

2. Man zeige durch Bildung der aufeinanderfolgenden Ableitungen, daß

$$(\sin x)^{(n)} = \sin\left(x + \frac{n\,\pi}{2}\right),\quad (\cos x)^{(n)} = \cos\left(x + \frac{n\,\pi}{2}\right),\quad (e^{-x})^{(n)} = (-1)^n\,e^{-x}.$$

3. Gesucht ist die erste Ableitung folgender Funktionen:

a) $y = \cos^2 x,$ **b)** $y = \sin^2(\omega t + \varphi),$ **c)** $y = \cos^2\left(\dfrac{2\,\pi}{T}\,t - \varphi\right),$

d) $y = \sin x \cos x,$ **e)** $y = \sin 2x \cos x,$ **f)** $y = \sin x \sin 2x.$

Lösungen: **a)** $y = \dfrac{1 + \cos 2x}{2},\quad y' = -\sin 2x;$

b) $\dot{y} = \omega \sin(2\,\omega t + 2\,\varphi),$ **c)** $\dot{y} = -\dfrac{2\,\pi}{T}\sin\left(\dfrac{4\,\pi}{T}\,t - 2\,\varphi\right);$

d) $y = \dfrac{1}{2}\sin 2x,\quad y' = \cos 2x;$

e) $y = \dfrac{1}{2}(\sin x + \sin 3x),\quad y' = \dfrac{1}{2}(\cos x + 3\cos 3x);$

f) $y = \dfrac{1}{2}(\cos x - \cos 3x),\quad y' = \dfrac{1}{2}(3\sin 3x - \sin x).$

4. Man bestimme den Neigungswinkel der Tangenten an $y = \sin x$ in den Punkten mit den Abszissen $x_1 = \dfrac{\pi}{6},\ x_2 = \dfrac{\pi}{3},\ x_3 = \dfrac{2\,\pi}{3}.$

Lösung: $a_1 = 40^0\,53',\quad a_2 = 26^0\,34',\quad a_3 = 153^0\,26'.$

5. Wie groß sind die Steigungen der Tangenten an $y = \sin 2x$ in den Punkten mit den Abszissen $x_1 = 0,\ x_2 = \dfrac{\pi}{6},\ x_3 = \dfrac{\pi}{4},\ x_4 = \dfrac{\pi}{3},\ x_5 = \dfrac{\pi}{2},$

$x_6 = \dfrac{2\,\pi}{3}$?

Lösung: $m_1 = 2,\quad m_2 = 1,\quad m_3 = 0,\quad m_4 = -1,\quad m_5 = -2,\quad m_6 = -1.$

6. Es sei gegeben die Parabel mit der Gleichung $y = ax^2 - bx$. Auf ihr liegen die Punkte O $(0, 0)$, $P\,(l, al^2 - bl)$, (Abb. 59). Man beweise:

a) Die zu $\overline{OP}$ parallele Tangente berührt die Parabel in Q mit der Abszisse $\dfrac{l}{2}$.

b) Die beiden Tangenten in O und P schneiden einander in S mit der Abszisse $\dfrac{l}{2}$.

c) $\overline{QS}$ ist gleich der Pfeilhöhe f.

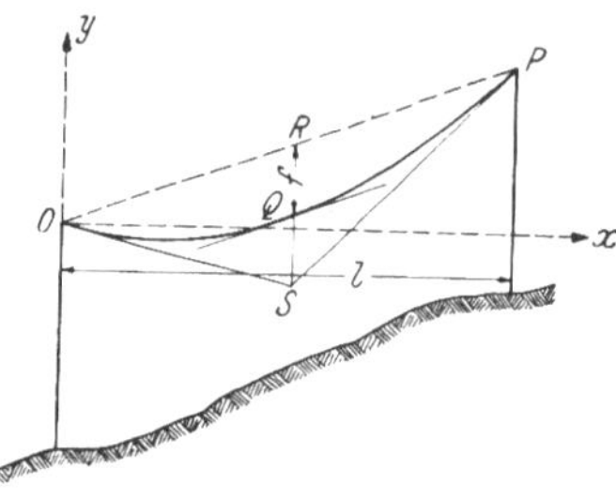

Abb. 59. Durchhangsparabel.

Diese Tatsachen sind nützlich, wenn man durch die Punkte O und P die sogenannte *Durchhangsparabel* mit gegebener Pfeilhöhe f legen soll. Ein durchhängender Draht, z. B. von einer Hochspannungsleitung, bildet zwar eine Kettenlinie, wie schon in § 7, 3. bemerkt wurde, doch wird diese in der Praxis gewöhnlich durch eine Parabel ersetzt. Um sie rasch zu skizzieren, ermittelt man zuerst Q mit der zugehörigen Parabeltangente und dann S, wodurch man die Tangenten in O und P erhält.

7. Mit welcher Geschwindigkeit gehen die Zinkenenden einer Normalstimmgabel durch die Ruhelage, wenn ihre Schwingungszahl $f = 435$ Schwingungen pro Sekunde und die größte Schwingungsweite $1\frac{3}{4}$ mm beträgt?

Lösung: Der Weg $s = 1\frac{3}{4} \sin 2\pi f t$, $v = \dot{s} = 1\frac{3}{4} \cdot 2\pi f \cos 2\pi f t$ und daher $v_m = 1\frac{3}{4} \cdot 2\pi f = \dfrac{7 \cdot \pi \cdot 435}{2} = 478{\cdot}5$ cm/Sek.

§ 9. Extreme Werte. Wendepunkte.

1. Ermittlung der Maxima und Minima. Eine Funktion $f(x)$ besitzt an einer Stelle x_1 ein *Maximum*, wenn die Werte von $f(x)$ in der nächsten Umgebung von x_1 kleiner sind als an der Stelle x_1; sie besitzt an der Stelle x_2 ein *Minimum*, wenn ihre Werte in der Umgebung von x_2 größer sind als an der Stelle x_2. Man benennt diese Maxima und Minima auch mit dem Sammelnamen *extreme Werte*. Im Funktionsbild erscheinen sie als höchste und tiefste Kurvenpunkte. Es kann vorkommen, daß eine Funktion mehrere, ja unzählig viele Maxima und Minima besitzt, wie z. B. die Sinusfunktion, die an den Stellen $\dfrac{\pi}{2}$, $\dfrac{5\pi}{2}$, ..., $-\dfrac{3\pi}{2}$, $-\dfrac{7\pi}{2}$, ... je ein Maximum, an den Stellen $\dfrac{3\pi}{2}$, $\dfrac{7\pi}{2}$, ..., $-\dfrac{\pi}{2}$, $-\dfrac{5\pi}{2}$, ... je ein Minimum aufweist (Abb. 51, S. 47). Es handelt sich eben nicht darum, den höchsten oder tiefsten Wert im *Gesamtverlauf* der Funktion zu ermitteln, sondern nur im Vergleich zur unmittelbaren Umgebung eines Kurvenpunktes.

Da die Tangente in einem Höchst- oder Tiefstpunkt horizontal ist, *so verschwindet an einer solchen Stelle die Ableitung der Funktion, d. h. sie wird Null.* Und zwar sehen wir beim Anblick der Abb. 51, daß bei einem Maximum links davon die Kurve ansteigt, die Ableitung der Funktion mithin positiv ist, daß die Kurve rechts davon sinkt und somit eine negative Ableitung besitzt. *Die abgeleitete Kurve geht daher bei einem Maximum fallend durch den Wert Null. Ebenso erkennt man daß sie bei einem Minimum der Stammkurve steigend durch Null hindurch geht.* Solange aber die abgeleitete Kurve fällt, muß deren Ableitung, d. i. die zweite Ableitung der gegebenen Funktion, negativ, wenn die abgeleitete Kurve steigt, muß die zweite Ableitung positiv sein. Zusammenfassend können wir also sagen:

Um die Maxima und Minima einer Funktion $f(x)$ zu finden, setzt man ihre erste Ableitung gleich Null und sucht jene x-Werte, welche die Gleichung $f'(x) = 0$ befriedigen, d. h. man löst die Gleichung $f'(x) = 0$ nach x auf. Dann setzt man die so erhaltenen Lösungen in die zweite Ableitung $f''x$ an Stelle von x ein. Ergibt sich ein negativer Wert, so besitzt die Funktion an der betreffenden Stelle ein Maximum, wird dagegen die zweite Ableitung an der betreffenden Stelle positiv, so hat die Funktion dort ein Minimum.

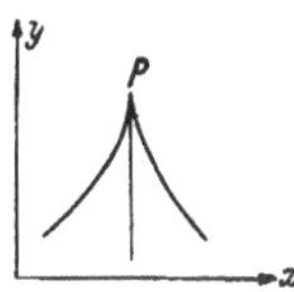

Abb. 60. Kurve mit einer Spitze.

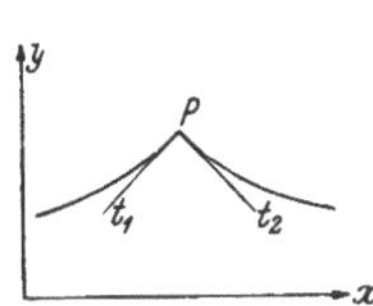

Abb. 61. Kurve mit einer Ecke.

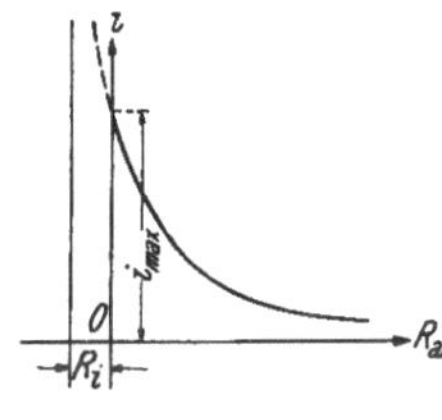

Abb. 62. Grenzmaximum.

Unsere Regel sagt nichts über den Fall aus, daß die zweite Ableitung an der in Betracht kommenden Stelle Null wird. Wir kommen auf ihn in der nächsten Nummer zurück. Erwähnt sei noch, daß extreme Werte auftreten können, ohne daß die erste Ableitung verschwindet. So besitzt z B. die Kurve in Abb. 60 im Punkte P eine *Spitze*, die Tangente ist dort vertikal, die Ableitung mithin unendlich groß. Die Abb. 61 zeigt eine Kurve mit zwei verschiedenen Tangenten in der *Ecke P*. In beiden Fällen sind die Funktionen zwar stetig, aber ihre Ableitungen sind unstetig; im ersten Fall durch Unendlichwerden, im zweiten Fall durch den Sprung der Tangente von der Lage t_1 in die Lage t_2. Derartige Fälle schließen wir aus.

Mitunter sucht man das Maximum oder Minimum einer Funktion, die nur in einem ein- oder auch zweiseitig begrenzten Intervall definiert ist. Nimmt die Funktion an der Grenze dieses Intervalls ihren höchsten oder tiefsten Wert an, so ist das kein Maximum oder Minimum in unserem Sinn, ihre Ableitung braucht daher auch dort nicht zu verschwinden. Soll z. B. die Stromstärke i als Funktion des äußeren Widerstandes R_a bei festem inneren Widerstand R_i und gegebener Spannung u graphisch dargestellt werden, so ist ihr Bild auf Grund der Funktionalgleichung $i = \dfrac{u}{R_i + R_a}$ der in Abb. 62 stark ausgezogene Teil einer gleichseitigen Hyperbel (§ 3, Üb. 4). Die Frage, für welchen Wert von $R_a \geq 0$ die Stromstärke ihr Maximum erreicht, beantwortet sich leicht, nämlich für $R_a = 0$. Ein solches Maximum wird häufig als *Grenzmaximum* bezeichnet, weil es an der Intervallsgrenze auftritt.

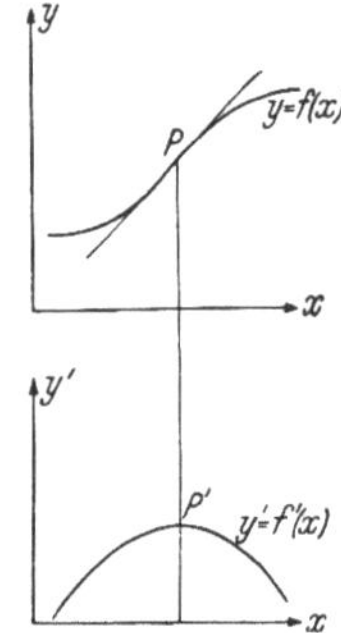

Abb. 63. Wendepunkt
mit maximaler Steigung.

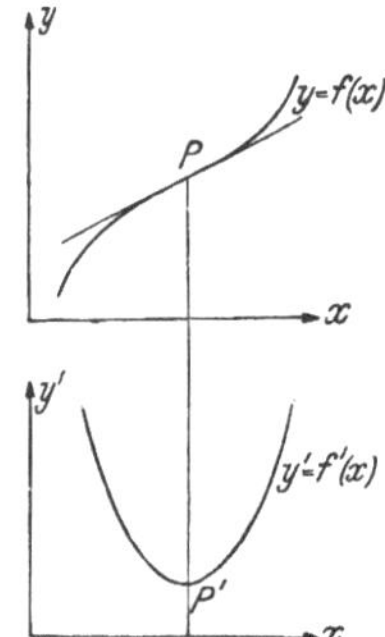

Abb. 64. Wendepunkt
mit minimaler Steigung.

2. Wendepunkte. Besitzt eine Kurve einen Wendepunkt (s. S. 17), so erreicht ihre Steigung dort entweder ein Maximum (Abb. 63) oder ein Minimum (Abb. 64). Ihre abgeleitete Kurve muß also eine der beiden darunter stehenden Formen zeigen, die zweite Ableitung wird somit an der betreffenden Stelle Null. Ganz ähnlich liegen die Verhältnisse, wenn die ursprüngliche Kurve in der Umgebung des Wendepunktes fällt. Wir erhalten daher das Ergebnis: *Die x-Stellen, an welchen sich Wendepunkte der Kurve $y = f(x)$ befinden, sind unter den Wurzeln der Gleichung $f''(x) = 0$ zu suchen.*

Aus dem Verschwinden der zweiten Ableitung darf aber keineswegs zwangsläufig auf das Vorhandensein eines Wendepunktes geschlossen werden. Das zeigt das Beispiel $y = x^4$. Die zweite Ableitung $y'' = 12\,x^2$ verschwindet für $x = 0$, die Kurve besitzt aber dort keinen Wendepunkt, sondern ein Minimum, wovon man sich durch eine Zeichnung sofort überzeugen kann. Dagegen hat die Kurve $y = x^3$ an der Stelle $x = 0$, wo die zweite Ableitung $y'' = 6\,x$ den Wert 0 annimmt, einen Wendepunkt mit horizontaler Wendetangente (Abb. 17). Man kann also bei jenen x-Werten, welche $f''(x)$ zum Verschwinden bringen, keinen verläßlichen Schluß auf die Kurvenform an den betreffenden Stellen ziehen, sondern muß nähere Untersuchungen anstellen. Man könnte dazu die höheren Ableitungen heranziehen, doch wollen wir wegen der Seltenheit, mit der solche Zweifelsfälle in der Praxis auftreten, nicht näher darauf eingehen. Im Notfall kann man links und rechts von der kritischen Stelle je einen Kurvenpunkt ermitteln oder die Entscheidung mit Hilfe der ersten Abteilung suchen. Meist liegt die Sache so, daß es bei den Anwendungen schon aus der Natur der Aufgabe selbst möglich ist, zu entscheiden, ob der gesuchte extreme Wert ein Maximum oder Minimum ist, so daß auf die Bildung der zweiten Ableitung überhaupt verzichtet werden kann.

3. Beispiele. 1. Die Parabel $y = a\,x^2 + b\,x + c$ (§ 3, Üb. 4) liegt so, daß ihre Achse parallel zur y-Achse ist. Es soll ihr Scheitel gefunden werden.

Die Kurve besitzt dort ihren höchsten oder tiefsten Punkt, je nachdem sie ihre hohle Seite nach unten oder oben kehrt. Aus

$$y' = 2\,a\,x + b = 0$$

findet man

$$x = -\frac{b}{2\,a}$$

und mit Hilfe der Parabelgleichung die zugehörige Ordinate $y = -\dfrac{b^2}{4\,a} + c$, so daß der Scheitel S die Koordinaten

$$S\left(-\frac{b}{2\,a},\; -\frac{b^2}{4\,a} + c\right)$$

hat. Bildet man nun die zweite Ableitung $y'' = 2\,a$, so kommt in ihr x gar nicht vor, man erspart somit das Einsetzen des gefundenen x-Wertes $-\dfrac{b}{2\,a}$. Das Vorzeichen von y'' hängt nur von dem Koeffizienten a ab. Wenn $a > 0$, so ist der Scheitel der tiefste Punkt und die Parabel kehrt ihre hohle Seite nach oben, wenn $a < 0$, so ist er der höchste Punkt und die Parabel öffnet sich nach unten. Man wird also, um eine solche Parabel zu skizzieren, vorerst ihren Scheitel bestimmen und dann genügen ein oder zwei Punkte mit ihren Spiegelbildern bezüglich der Parabelachse.

2. Beim Wurf nach oben die Wurfhöhe zu ermitteln.
Für den Wurf nach oben gilt (§ 1, Üb. 1. c):

$$s = v\,t - \frac{g}{2}\,t^2.$$

Die Wurfhöhe ist das Wegmaxium. Aus

$$\dot s = v - g\,t = 0$$

ergibt sich

$$t = \frac{v}{g} \quad \text{(Steigdauer)}$$

und daraus folgt die Steighöhe mit

$$s_{\max} = \frac{v^2}{2\,g}.$$

Die erste Ableitung stellt die Momentangeschwindigkeit vor, ihr Nullwert im höchsten Punkte bedeutet, daß dieser ein Umkehrpunkt ist. Die Geschwindigkeit geht von positiven Werten durch Null zu negativen über und bestätigt so das Vorhandensein eines Maximums. Im übrigen ist die zweite Ableitung, nämlich die Beschleunigung $-g$, tatsächlich negativ.

3. Wie ist das Verhältnis von Höhe und Radius eines geraden Kreiskegels mit der Mantellinie s zu wählen, wenn sein Volumen V ein Maximum werden soll?
Hier ist ebenso wie bei der vorigen Aufgabe von Haus aus zu erkennen, daß es sich nur um ein Maximum handeln kann. Denn für $r = 0$ oder $h = 0$ wäre auch $V = 0$, zwischen diesen Grenzfällen kann nur ein Maximum liegen. Zunächst ist V, das ein Maximum werden soll, als Funktion einer Veränderlichen darzustellen. $V = \dfrac{r^2\,\pi\,h}{3}$ hängt aber von den beiden Variablen r und h ab. Indessen besteht zwischen diesen beiden (Abb. 65) der Zusammenhang

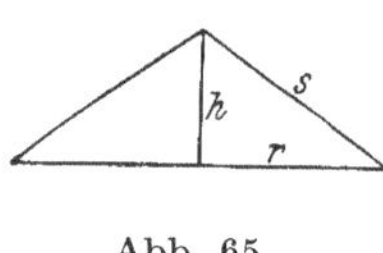

Abb. 65.

$$s^2 = r^2 + h^2,$$

so daß man mit Hilfe dieser Beziehung eine von ihnen eliminieren kann: $r^2 = s^2 - h^2$. Damit wird

$$V = \frac{\pi}{3}\,h\,(s^2 - h^2) = \frac{\pi}{3}\,(s^2\,h - h^3).$$

V hängt jetzt nur mehr von h ab. Die Ableitung von V nach h ist

$$V' = \frac{dV}{dh} = \frac{\pi}{3}\,(s^2 - 3\,h^2).$$

Sie verschwindet für $h = \dfrac{s}{\sqrt{3}}$, woraus $r = \sqrt{s^2 - h^2} = \dfrac{s\sqrt{2}}{\sqrt{3}}$.

V wird somit ein Maximum, wenn $r = h\sqrt{2}$.

Man konstruiere den in Abb. 65 dargestellten Kegelquerschnitt unter Berücksichtigung der gefundenen Maßverhältnisse bei gegebenem s.

Hätte man an Stelle von r die Größe h eliminiert, so hätte sich ergeben:

$$V = \frac{\pi}{3}\, r^2 \sqrt{s^2 - r^2}.$$

V ist jetzt als Funktion von r dargestellt, doch können wir mit unseren bisherigen Kenntnissen diese Funktion nicht ableiten. Aber mit V wird auch V^2 ein Maximum. Setzen wir $V^2 = W$, so wird

$$W = \frac{\pi^2}{9}\, r^4\,(s^2 - r^2);$$

die weitere Rechnung bietet nun keine Schwierigkeiten mehr und möge vom Studierenden durchgeführt werden.

4. Ein Körper vom Gewichte G auf einer schiefen Ebene mit dem Neigungswinkel α (Abb. 66) soll durch eine unter dem Winkel φ gegen die schiefe Ebene geneigte Kraft P hinaufgezogen werden. Für welchen Winkel φ wird P ein Minimum, wenn der Reibungskoeffizient zwischen Körper und schiefer Ebene μ ist?

Wir trachten zunächst für den Fall des Gleichgewichtes P als Funktion von φ darzustellen, so daß eine geringfügige Zunahme von P dann die Aufwärtsbewegung bewirkt. Im Schwerpunkt S greifen drei Kräfte an: P, G und die Reibungskraft R, von welchen für den

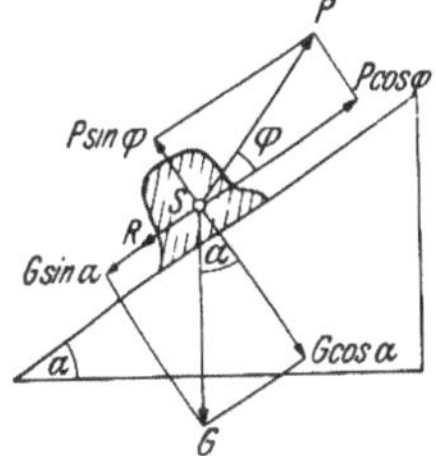

Abb. 66. Minimalkraft P zum Hinaufziehen eines Körpers.

Bewegungsvorgang nur die Komponenten parallel zur schiefen Ebene interessieren. Diese sind $P\cos\varphi$ nach einer Seite, $G\sin\alpha$ und R nach der anderen Seite. Es muß daher

$$P\cos\varphi = G\sin\alpha + R \tag{*}$$

sein. Nun ist aber R gleich der μ-fachen Normaldruckkraft N und diese ist wieder gleich $G\cos\alpha - P\sin\varphi$. Mit diesen Werten wird aus Gleichung (*)

$$P\cos\varphi = G(\sin\alpha + \mu\cos\alpha) - P\mu\sin\varphi$$

und damit

$$P = \frac{G(\sin\alpha + \mu\cos\alpha)}{\cos\varphi + \mu\sin\varphi}.$$

Dadurch ist zwar P als Funktion von φ dargestellt, ihre Ableitung ist aber etwas umständlich und mit unseren bisherigen Mitteln überhaupt nicht durchführbar. Wenn jedoch P für ein bestimmtes φ ein Minimum wird, so erreicht $\dfrac{1}{P} = Q$ für denselben Wert von φ ein Maximum. Um diesen Wert von φ zu finden, bilden wir von

$$Q = \frac{1}{G\,(\sin \alpha + \mu \cos \alpha)} \cdot (\cos \varphi + \mu \sin \varphi)$$

die Ableitung

$$Q' = \frac{dQ}{d\varphi} = \frac{1}{G\,(\sin \alpha + \mu \cos \alpha)}\,(-\sin \varphi + \mu \cos \varphi).$$

Sie wird gleich Null für
$$\operatorname{tg} \varphi = \mu.$$

An dem Ergebnis ist bemerkenswert, daß der Winkel φ von α unabhängig und gleich dem halben Öffnungswinkel des sogenannten *Reibungskegels* ist. Zur Kontrolle — denn bei P kann es sich nur um ein Minimum handeln — bilden wir noch die zweite Ableitung

$$Q'' = \frac{1}{G\,(\sin \alpha + \mu \cos \alpha)}\,(-\cos \varphi - \mu \sin \varphi)$$

und sehen, daß diese für den gefundenen Wert von φ sicher negativ ist, da α und φ spitz sind.

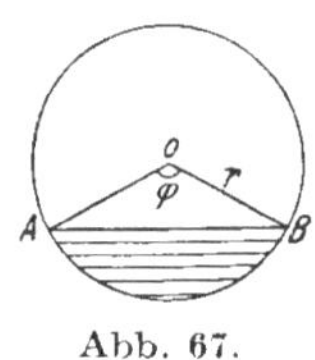

Abb. 67.

5. Die in einem waagrechten zylindrischen Rohr vom Radius r und der Länge l befindliche Wassermenge V soll als Funktion von φ graphisch dargestellt werden.

Die in Abb. 67 schraffierte Fläche ist gleich dem Sektor $\dfrac{r^2}{2}\,\varphi$ vermindert um das Dreieck $OAB =$

$$= \frac{r^2}{2}\sin \varphi.\ \text{Daher ist}$$

$$V = \frac{l\,r^2}{2}\,(\varphi - \sin \varphi).$$

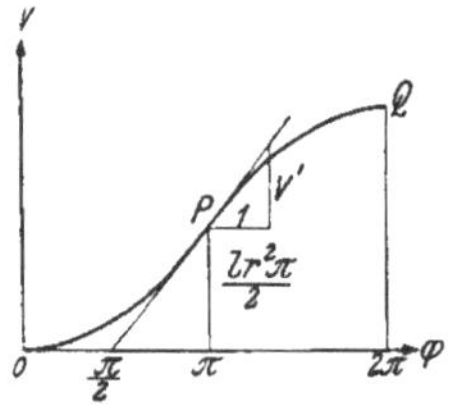

Für die graphische Darstellung kommen nur die Werte von φ zwischen 0 und $2\,\pi$ in Frage, der Verlauf unserer Funktion außerhalb dieses Intervalls ist für die Aufgabe belanglos. Zu den Werten $\varphi = 0$, π und $2\,\pi$ gehören der Reihe nach die Werte von $V = 0$, $\dfrac{l\,r^2\,\pi}{2}$ und

Abb. 68. Wassermenge V der Abb. 67 als Funktion von φ.

$l\,r^2\,\pi$, womit die Punkte O, P und Q unserer Kurve gefunden sind (Abb. 68). Wir bestimmen in ihnen die Tangenten mittels der Ableitung

$$V' = \frac{dV}{d\varphi} = \frac{l\,r^2}{2}\,(1 - \cos\varphi),$$

die für die angenommenen φ-Werte die Steigungen 0, $l \cdot r^2$, 0 ergibt. Zwischen O und Q vermuten wir einen Wendepunkt und setzen zu seiner Ermittlung die zweite Ableitung

$$V'' = \frac{l\,r^2}{2}\,\sin\varphi$$

gleich Null. Es ergibt sich

$$\varphi_1 = 0, \quad \varphi_2 = \pi, \quad \varphi_3 = 2\,\pi.$$

Der erste und der letzte Wert liegen an den Enden des Intervalls, O ist ein Grenzminimum, Q ein Grenzmaximum. Bei Fortsetzung der Funktion über die Intervallsgrenzen hinaus würde man allerdings erkennen, daß O und Q Wendepunkte mit horizontaler Wendetangente sind. Überlegt man, daß die Geschwindigkeit, mit welcher die Wassermenge bei zunehmendem φ wächst, ihr Maximum erreicht, wenn der Wasserspiegel die halbe Höhe des Rohres erreicht hat ($\varphi = \pi$), so ist damit klar gestellt, daß P ein Wendepunkt sein muß. Die Wendetangente mit der Steigung $m = lr^2$ läßt sich leicht finden, man braucht nur P mit $\left(\dfrac{\pi}{2},\,0\right)$ zu verbinden. Man begründe die Konstruktion.

4. Übungen. 1. Man bestimme von folgenden Parabeln den Scheitel und skizziere die Kurven:

    a) $y = 3\,x^2 - 1,$ **b)** $y = 3 - 2\,x^2,$ **c)** $y = -\,x^2 + 2\,x - 1,$

    d) $y = -\,\dfrac{1}{6}\,(x^2 + 10\,x + 7).$

Lösungen: **a)** $(0,\,-1),$ **b)** $(0,\,3),$ **c)** $(1,\,0),$ **d)** $(-5,\,3).$

2. Welches von allen Rechtecken mit gleichem Umfang hat den größten Inhalt?
Lösung: Quadrat.

3. Einem Kreis ist ein Rechteck von größtem Umfang einzuschreiben.
Lösung: Quadrat. Am bequemsten verwendet man den Winkel zwischen Diagonale und einer Rechteckseite als Argument.

4. Gegeben ist der Punkt $P\,(a,\,0)$ und die Gerade $y = mx$. Auf letzterer ist der Punkt Q mit der Abszisse $x < a$ so zu wählen, daß der Flächeninhalt des schraffierten Dreiecks ein Maximum wird (Abb. 69).

Lösung: $x = \dfrac{a}{2}.$

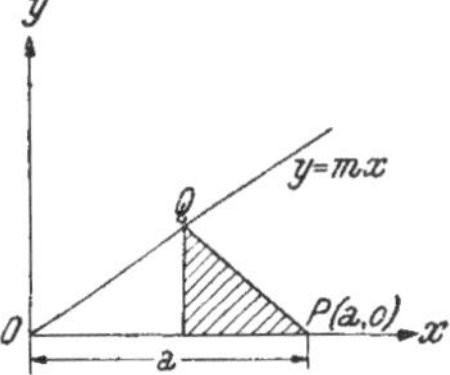

Abb. 69. Maximale Fläche des schraffierten Dreiecks.

5. Zu welchen Zeitpunkten erreicht die Leistung $N = u \cdot i$ eines elektrischen Stromes extreme Werte, wenn die Spannung $u = \overline{U}\sin\omega t$ und die Stromstärke $i = \overline{I}\sin(\omega t + \varphi)$ ist? Es sind die Wendepunkte des Schaubildes zu ermitteln.

Lösung: Maximum für $t = \dfrac{\pi - \varphi}{2\,\omega}, \quad \dfrac{3\,\pi - \varphi}{2\,\omega}, \quad \ldots$ (vgl. Abb. 92, S. 101);

Minimum für $t = \dfrac{2\,\pi - \varphi}{2\,\omega}, \quad \dfrac{4\,\pi - \varphi}{2\,\omega}, \quad \ldots;$

Wendepunkte an den Stellen $t = \dfrac{\dfrac{\pi}{2} - \varphi}{2\,\omega} \quad \dfrac{\dfrac{3\,\pi}{2} - \varphi}{2\,\omega}, \quad \ldots$

6. Von einem quadratischen Blechstück mit der Seitenlänge a werden die schraffierten Quadrate weggeschnitten (Abb. 70) und die übrig bleibenden Rechtecke längs der strichlierten Linien aufgebogen. Wie groß muß die Seite x der wegfallenden Quadrate sein, damit der Rauminhalt des entstehenden Prismas möglichst groß wird?

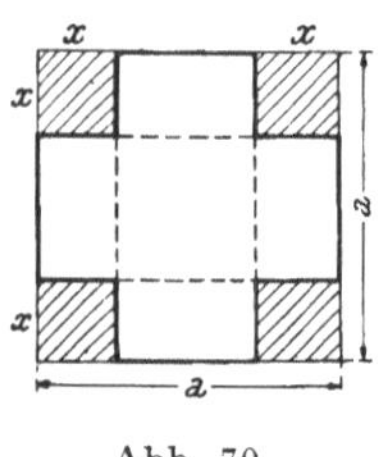
Abb. 70.

Lösung: $x = \dfrac{a}{6}$.

7. Eine unbekannte Größe wurde n-mal gemessen; infolge der unvermeidbaren Messungsfehler ergab sich nicht jedesmal dasselbe Resultat, sondern es wurden die von einander verschiedenen Werte x_1, x_2, x_3, $\ldots x_n$ gefunden. (Man nenne Beispiele derartiger Messungen.) Man ist also trotz der wiederholten Messungen nicht in der Lage, den genauen Wert der unbekannten Größe anzugeben, sondern nur ihren *wahrscheinlichsten* Wert x, der nach *Gauß* so bestimmt wird, daß die Summe der „*Fehlerquadrate*"

$$S = (x - x_1)^2 + (x - x_2)^2 + \ldots + (x - x_n)^2$$

möglichst klein ausfällt (*Methode der kleinsten Quadrate*). Man ermittle diesen wahrscheinlichsten Wert x aus den gemessenen Größen x_1, x_2, $\ldots x_n$.

Lösung: $x = \dfrac{x_1 + x_2 + \ldots + x_n}{n}$.

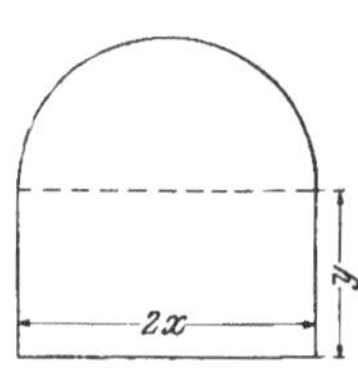
Abb. 71. Maximaler Querschnitt eines Kanals.

8. Der Querschnitt eines Entwässerungskanals wird aus einem Rechteck mit aufgesetztem Halbkreis gebildet (Abb. 71). Der (für die Materialkosten maßgebende) Umfang U ist gegeben. Wie müssen sich die Rechteckseiten zueinander verhalten und wie lang müssen sie sein, wenn der Querschnitt möglichs groß werden soll?

Lösung: $x = y = \dfrac{U}{4 + \pi}$, die Höhe ist gleich der halben Breite.

9. Man bestimme die Schnittpunkte folgender Kurven mit der x-Achse und die Winkel, unter welchen sie die x-Achse schneiden; außerdem ihre höchsten und tiefsten Punkte und ihre Wendetangenten. Dann zeichne man die Kurven. Welche von den unter **a)** bis **c)** genannten Funktionen sind gerade und welche ungerade?

a) $y = x^2 - 2\,x^4$,   **b)** $y = \dfrac{1}{8}\,x^3 - \dfrac{3}{2}\,x$,   **c)** $y = x^3 - 3\,x + 2$.

Lösungen: **a)** Schnittpunkte: $\left(\pm\dfrac{1}{\sqrt{2}},\ 0\right)$, Schnittwinkel: $\pm\,54^0\,44'$,

Min.: $(0, 0)$, Max.: $\left(\pm \dfrac{1}{2}, \dfrac{1}{8}\right)$, Wendepunkte: $\left(\pm \dfrac{1}{2\sqrt{3}}, \dfrac{5}{72}\right)$, Steigung der

Wendetangenten: $\pm \dfrac{2}{3\sqrt{3}}$. Die Funktion ist gerade.

b) Schnittpunkte: $(0, 0)$ und $(\pm 2\sqrt{3}, 0)$, Schnittwinkel im Ursprung: $123^0\,41\,\frac{1}{2}'$, in den beiden anderen Punkten: $71^0\,34'$, Max.: $(-2, 2)$, Min.: $(2, -2)$, Wendepunkt: $(0,0)$. Steigung der Wendetangente: $-\dfrac{3}{2}$. Die Funktion ist ungerade.

c) Schnittpunkte $(-2, 0)$ und $(1, 0)$; ermittelt nach § 3, 4. Der zweite Schnittpunkt entspricht einer Doppelwurzel, die Kurve berührt dort die x-Achse. Schnittwinkel im ersten Schnittpunkt: $83^0\,39\,\frac{1}{2}'$. Max.: $(-1, 4)$, Min.: $(1, 0)$. Wendepunkt: $(0, 2)$, Steigung der Wendetangete: -3.

10. Ein kugelförmiger Wasserbehälter hat den inneren Durchmesser $d = 9{\cdot}5$ m. Man stelle seinen Fassungsraum V als Funktion der Wasserhöhe h graphisch dar und konstruiere die auftretende Wendetangente. Durch Anbringung eines vertikalen Rohres in der Mitte des Behälters (Überlauf) wird sein vollständiges Füllen verhindert. Wie hoch muß dieses Rohr sein, wenn die maximale Wassermenge, die der Behälter jetzt zu fassen vermag, 400 m³ betragen soll?

Lösung: Die Wendetangente ist die Verbindung des Wendepunktes $\left(\dfrac{d}{2}, \dfrac{d^3\,\pi}{12}\right)$ mit $\left(\dfrac{d}{6}, 0\right)$. Die Bestimmung der Rohrhöhe H führt auf die Gleichung $H^3 - 14{\cdot}25\,H^2 + 382 = 0$, deren Lösung hier am einfachsten mit Hilfe des Schaubildes von $V = \dfrac{\pi}{3}\,h^2\left(\dfrac{3\,d}{2} - h\right)$ graphisch erfolgt; es ergibt sich $H = 7{\cdot}55$ m.

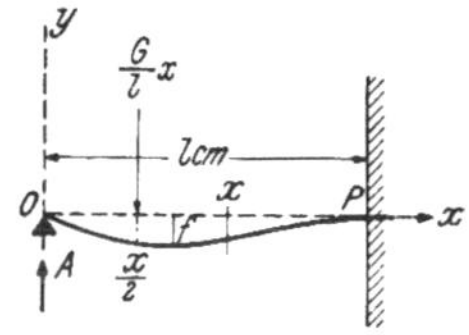

11. Ein gleichförmiger Stab vom Gewicht G kg liegt mit einem Ende O auf einer Stütze und ist am andern Ende P fest eingespannt. Infolge seines Gewichtes biegt er sich durch, seine „*neutrale Faser*" bildet eine Kurve, die *elastische Linie*. Sie ist in Abb. 72 unter Weglassung des Stabes angedeutet. Aus der Festigkeitslehre entnehmen wir die Gleichung der elastischen Linie

Abb. 72. Elastische Linie.

$$y = -k\left(x - \frac{3\,x^3}{l^2} + \frac{2\,x^4}{l^3}\right), \qquad \text{(vgl. S. 80 f.)}$$

wobei $k = \dfrac{Gl^2}{48\,EI}$. E ist der *Elastizitätsmodul* (kg/cm²) und I ist das *Trägheitsmoment* des Stabquerschnittes bezogen auf die neutrale Achse (cm⁴). Man soll den *Biegungspfeil f*, d. i. die größte Durchbiegung und die Wendetangente ermitteln. Zur Vereinfachung setze man $k = 1$, der richtige Wert des Faktors k kann dann nachträglich wieder eingesetzt werden.

Lösung: $y' = -1 + \dfrac{9\,x^2}{l^2} - \dfrac{8\,x^3}{l^3}$, daraus die Gleichung $8\,x^3 - 8\,l\,x^2 - l\,x^2 + l^3 = 0$ oder $(x - l)\,(8\,x^2 - l\,x - l^2) = 0$ mit den Wurzeln $x_1 = l$, $x_2 = 0{\cdot}4215\,l$. Die dritte Wurzel ist unbrauchbar. Die zweite Ableitung wird für x_1 negativ (Max.), für x_2 positiv (Min.); $|f| = 0{\cdot}26\,k\,l$. Wendepunkt: $\left(\dfrac{3}{4}\,l, -0{\cdot}12\,k\,l\right)$, Steigung der Wendetangente: $\dfrac{11\,k}{16}$.

§ 10. Näherungsweise Auflösung von Gleichungen.

1. Das Newtonsche Näherungsverfahren. In der Elementarmathematik lernt man die Auflösung einer Gleichung zweiten Grades $x^2 + ax + b = 0$, und zwar ist

$$x_{1,2} = -\frac{a}{2} \pm \sqrt{\left(\frac{a}{2}\right)^2 - b}.$$

Weil die beiden Lösungen mit Hilfe einer Wurzel dargestellt werden, nennt man sie auch die *Wurzeln* der Gleichung. In der Algebra wird gezeigt, daß sich ebenso die Lösungen einer Gleichung dritten Grades $x^3 + ax^2 + bx + c = 0$ und die einer Gleichung vierten Grades $x^4 + ax^3 + bx^2 + cx + d = 0$ durch Wurzelausdrücke darstellen lassen, daß aber bei Gleichungen höheren Grades eine solche Darstellung im allgemeinen unmöglich ist. Jedoch kann man mittels Näherungsverfahren die Wurzeln einer solchen Gleichung so genau errechnen wie man will, wenn die Koeffizienten besondere Zahlen sind. Diese Näherungsverfahren sind nicht nur bei der Auflösung von Gleichungen der obigen Form, die man *algebraische Gleichungen* nennt, brauchbar, sondern lassen sich auch auf *transzendente Gleichungen* anwenden, das sind Gleichungen, in welchen *transzendente Funktionen* der Unbekannten x, wie z. B. $\sin x$, $\lg x$, a^x, vorkommen.

Gewöhnlich braucht der Techniker nur die reellen Wurzeln einer Gleichung, die sich leicht auf graphischem Weg finden lassen. Soll z. B. $x^4 + ax^3 + bx^2 + cx + d = 0$ gelöst werden, so betrachtet man x als veränderlich, wodurch die linke Seite der Gleichung eine Funktion $f(x)$ von x wird. Man zeichnet nun das Bild von $y = f(x)$ und sucht jene x-Werte x_1, x_2, ..., für welche $y = 0$ wird, also die Abszissen der Schnittpunkte P_1, P_2, ... der Kurve $y = f(x)$ mit der x-Achse (Abb. 73). Damit sind schon angenähert die reellen Wurzeln der Gleichung gefunden; für viele Anwendungen genügt dieser Genauigkeitsgrad, besonders wenn man die Kurvenstücke in der Nähe der Schnittpunkte in größerem

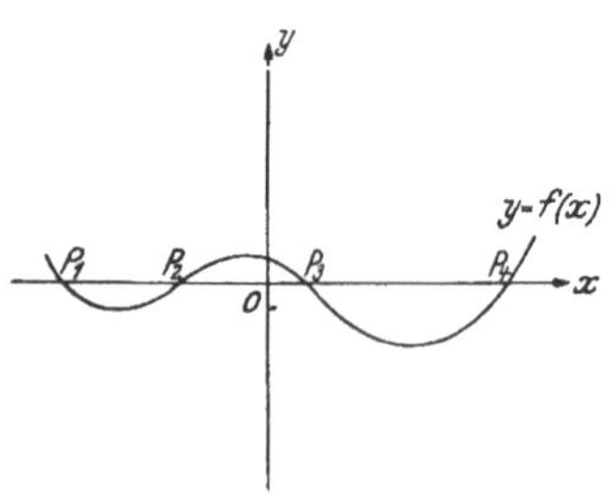

Abb. 73. Die reellen Wurzeln der Gleichung $f(x) = 0$ sind die Abszissen der Punkte P_1, P_2, ...

Maßstab herauszeichnet. Daß dieses allgemeine Verfahren in speziellen Fällen durch zweckmäßigere ersetzt werden kann, haben wir an dem Beispiel der kubischen Gleichung gesehen.

Wenn aber die so erzielte Genauigkeit nicht ausreicht, so sucht man die· gefundenen Lösungen solange zu verbessern, bis der gewünschte Genauigkeitsgrad erzielt ist. Von den verschiedenen Verfahren, die da angewendet werden können, wollen wir die Näherungsmethode von *Newton* kennen lernen.

Ist x_0 ein auf graphischem Weg gefundener Näherungswert einer Wurzel der Gleichung $f(x) = 0$, so wird $f(x)$ für $x = x_0$ nicht genau Null werden, sondern einen etwas davon verschiedenen Wert annehmen. Stellen wir diesen Sachverhalt (Abb. 74) übertrieben graphisch dar, so wird der Kurvenpunkt P_0 mit der Abszisse x_0 nicht die Ordinate 0 sondern etwa $y_0 = f(x_0)$ besitzen. Wir ziehen nun in P_0 die Kurventangente; die Abszisse x_1 ihres Schnittpunktes mit der x-Achse wird bei kleinem y_0 im allgemeinen einen besseren Näherungswert $f(x_1)$ für die gesuchte Wurzel x ergeben als x_0. Ist dieser noch nicht genügend genau, so zeichnen wir die Tangente in dem zu x_1 gehörigen Kurvenpunkt P_1 und suchen ihren Schnittpunkt mit der x-Achse, wodurch wir wieder einen besseren Näherungswert als x_1 erhalten usw.

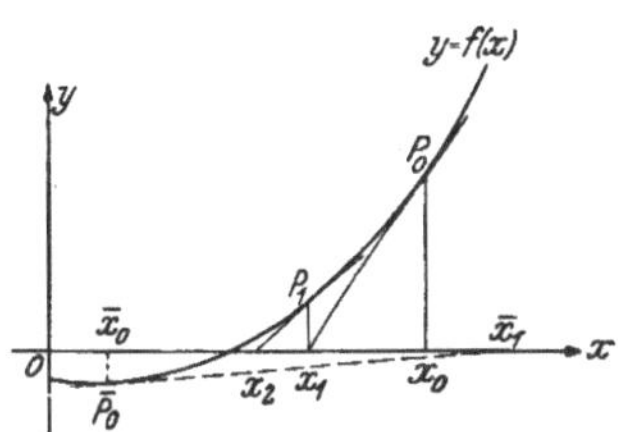

Abb. 74. Das Newtonsche Näherungsverfahren.

Verfolgen wir nun diesen Vorgang analytisch! Die Steigung der Kurventangente in P_0 ist y'_0, nämlich der Wert der Ableitung y' an der Stelle x_0. Somit lautet die Gleichung der Tangente in P_0 (s. S. 10)

$$y - y_0 = y'_0 (x - x_0).$$

Ihr Schnittpunkt mit der x-Achse hat die Koordinaten $(x_1, 0)$, welche die obige Gleichung befriedigen müssen:

$$- y_0 = y'_0 (x_1 - x_0).$$

Daraus findet man

$$x_1 = x_0 - \frac{y_0}{y'_0}$$

oder

$$\boxed{x_1 = x_0 - \frac{f(x_0)}{f'(x_0)}},$$

womit der bessere Näherungswert x_1 gefunden ist. Wendet man auf diesen dasselbe Verfahren an, so ergibt sich der nächste Näherungswert mit

$$\boxed{x_2 = x_1 - \frac{f(x_1)}{f'(x_1)}}$$

usw., bis die gewünschte Genauigkeit erreicht ist.

Unsere Figur zeigt aber außerdem, daß der nach obiger Formel gefundene x_1-Wert unter Umständen weniger gut sein kann als der ursprüngliche Näherungswert x_0. Wäre z. B. der Ausgangswert an der Stelle $\overline{x}_0$ gelegen mit dem zugehörigen Kurvenpunkt $\overline{P}_0$, so würde die Tangente in $\overline{P}_0$ einen schlechteren Wert $\overline{x}_1$ liefern als $\overline{x}_0$. In einem solchen Fall, der übrigens praktisch selten eintritt, wenn der Ausgangswert schon eine gute Annäherung an die gesuchte Wurzel darstellt, wird man sich mit Hilfe einer kleinen Zeichnung leicht weiterhelfen können.

2. Beispiel. Der praktische Rechner bedient sich der näherungsweisen Auflösung auch bei Gleichungen dritten und vierten Grades, weil die algebraischen Methoden für ihn ungeeignet sind. Als Beispiel wählen wir die Gleichung

$$x^3 - 10\,x - 5 = 0,$$

deren Wurzeln auf 4 Dezimalstellen berechnet werden sollen. Mittels des in § 3, 4. gezeigten Verfahrens finden wir für die drei reellen Wurzeln angenähert

$$x_0^{\mathrm{I}} = -0{\cdot}5, \qquad x_0^{\mathrm{II}} = 3{\cdot}4, \qquad x_0^{\mathrm{III}} = -3.$$

Wir berechnen zunächst für $x_0^{\mathrm{I}} = -0{\cdot}5$ die in der ersten Zeile der folgenden Tabelle stehenden Ausdrücke.

x^{I}	$f(x) = x^3 - 10\,x - 5$	$f'(x) = 3\,x^2 - 10$	$-\dfrac{f(x)}{f'(x)}$
$x_0^{\mathrm{I}} = -0{\cdot}5$	$-0{\cdot}125$	$-9{\cdot}25$	$-0{\cdot}0135$
$x_1^{\mathrm{I}} = -0{\cdot}5135$	$-0{\cdot}0004$	—	—

Der zuletzt gefundene Wert $-0{\cdot}0135$ gibt, zu x_0^{I} addiert, den besseren Näherungswert $x_1^{\mathrm{I}} = -0{\cdot}5135$. Der dazu gehörige Funktionswert $0{\cdot}0004$ liegt schon ziemlich nahe an Null, $f'(x_1^{\mathrm{I}})$ wird sich von dem in der ersten Zeile stehenden $f'(x_0^{\mathrm{I}}) = -9{\cdot}25$ nicht viel unterscheiden, so daß der Quotient $-\dfrac{f(x_1^{\mathrm{I}})}{f'(x_1^{\mathrm{I}})}$ die 4. Dezimalstelle von x_1^{I} nicht mehr beeinflussen wird. Wir ersparen daher die Berechnung für die letzten zwei Spalten.

Die zweite und dritte Wurzel sind in den beiden folgenden Tabellen berechnet, die wohl ohne Erklärung verständlich sind.

x^{II}	$f(x) = x^3 - 10\,x - 5$	$f'(x) = 3\,x^2 - 10$	$-\dfrac{f(x)}{f'(x)}$
$x_0^{\mathrm{II}} = 3{\cdot}4$	$0{\cdot}304$	$24{\cdot}68$	$-\,0{\cdot}0123$
$x_1^{\mathrm{II}} = 3{\cdot}3877$	$0{\cdot}002$	ungefähr 24	$-\,0{\cdot}0001$
$x_2^{\mathrm{II}} = 3{\cdot}3876$	—	—	—

x^{III}	$f(x) = x^3 - 10\,x - 5$	$f'(x) = 3\,x^2 - 10$	$-\dfrac{f(x)}{f'(x)}$
$x_0^{\mathrm{III}} = -\,3$	$-\,2$	17	$0{\cdot}12$
$x_1^{\mathrm{III}} = -\,2{\cdot}88$	$-\,0{\cdot}0879$	$14{\cdot}88$	$0{\cdot}0059$
$x_2^{\mathrm{III}} = -\,2{\cdot}8741$	$0{\cdot}0004$	ungefähr 14	$0{\cdot}0000$

Die drei Wurzeln sind hiemit auf vier Dezimalen bestimmt:

$$x^{\mathrm{I}} = -\,0{\cdot}5135, \qquad x^{\mathrm{II}} = 3{\cdot}3876, \qquad x^{\mathrm{III}} = -\,2{\cdot}8741.$$

Ihre Summe ist Null. Eine algebraische Gleichung mit den Wurzeln x_1, x_2, x_3 kann man nämlich in der Form schreiben:

$$(x - x_1)\,(x - x_2)\,(x - x_3) = 0.$$

Denn die Gleichung ist für diese drei Werte und nur für diese befriedigt. Die Ausführung der Multiplikation

$$x^3 - (x_1 + x_2 + x_3)\,x^2 + (x_1 x_2 + x_2 x_3 + x_3 x_1)\,x - x_1 x_2 x_3 = 0$$

zeigt, daß der Koeffizient des quadratischen Gliedes x^2 der negativen Summe der Wurzeln und daß das absolute Glied ihrem negativen Produkt gleich ist. Da in unserer Gleichung der Koeffizient des quadratischen Gliedes Null ist, hätte man nach Berechnung der ersten zwei Wurzeln die dritte unmittelbar finden können. Ist nur eine Wurzel berechnet, so ergeben die beiden oben angeführten Beziehungen zwischen den Wurzeln und den Koeffizienten einer kubischen Gleichung eine lineare und eine quadratische Gleichung, aus welchen die beiden unbekannten Wurzeln gefunden werden können.

3. Übungen. Man berechne die reellen Wurzeln folgender Gleichungen auf 4 Dezimalstellen (vgl. § 3, Übung 9.).

1. $x^3 - 2\,x - 5 = 0$,
2. $4\,x^3 - 5\,x = 12{\cdot}124$,
3. $x^3 - 2\,x^2 - 2 = 0$,
4. $2\,x^3 + x^2 - 4\,x - 2 = 0$,
5. $\cos x = x$,
6. $\ln x + x = 2{\cdot}7$,
7. $\lg x = 3 - x$,
8. $e^x + 2\,x = 0$.

Lösungen: **1.** $2{\cdot}0946$, **2.** $1{\cdot}7320$, **3.** $2{\cdot}3593$, **4.** $\pm\,1{\cdot}4142$, $-\,0{\cdot}5$, **5.** $0{\cdot}7391 = 42^0\,21'$, Schnitt von $y = \cos x$ mit $\overline{y} = x$, **6.** $2{\cdot}0046$, **7.** $2{\cdot}5872$, **8.** $-\,0{\cdot}3517$.

§ 11. Differential und Funktionsdifferenz.

1. Zusammenhang zwischen Differential und Funktionsdifferenz.

Wir haben als Ableitung einer Funktion $y = f(x)$ den Differentialquotienten $\dfrac{dy}{dx}$ kennengelernt, und zwar ist bei beliebiger Wahl der Strecke dx das zugehörige dy laut Formel (*) S. 45, bestimmt durch $dy = \operatorname{tg} \alpha \cdot dx$ oder wegen $\operatorname{tg} \alpha = y$:

$$\boxed{dy = y' \cdot dx = f'(x)\, dx}\,.$$

Das Differential dy einer Funktion $y = f(x)$ wird erhalten, indem man ihre Ableitung $y' = f'(x)$ mit dem Differential dx ihres Argumentes x multipliziert.

Es ist daher z. B.

$$d(x^n) = n\, x^{n-1}\, dx,$$
$$d \sin x = \cos x\, dx,$$
$$d \cos \omega t = - \omega \sin \omega t \cdot dt,$$
$$d \ln x = \frac{dx}{x}.$$

Abb. 75 zeigt, daß dx nichts anderes ist als die Differenz zweier Argumentswerte $\overline{x}$ und x, die wir auf Seite 4 mit $\varDelta x$ bezeichnet haben, so daß

$$\boxed{dx = \varDelta x = \overline{x} - x}\,.$$

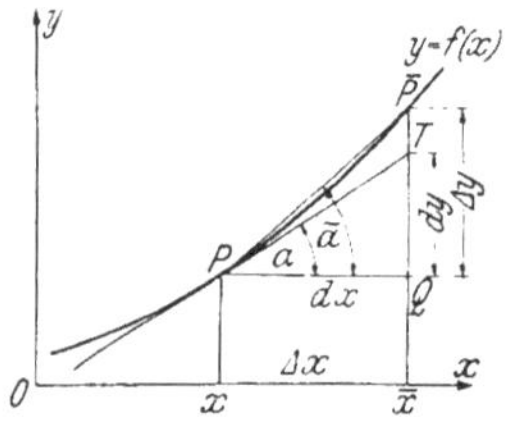

Anders verhält es sich mit der Differenz der zu $\overline{x}$ und x gehörigen Funktionswerte

$$\varDelta y = \overline{y} - y = \overline{Q\,P}.$$

Beachten wir, daß $dy = \overline{Q\,T}$, so sehen wir, daß

$$\varDelta y \gtrless dy,$$

außer in dem Fall einer linearen Funktion.

Abb. 75. Differential dy und Funktionsdifferenz $\varDelta y$.

Wählen wir aber dx klein, so wird auch der Unterschied zwischen $\varDelta y$ und dy sehr klein ausfallen; wir wollen diese Tatsache noch etwas schärfer zum Ausdruck bringen. Setzen wir den Winkel $Q\,P\,\overline{P} = \overline{\alpha}$, so wird $\varDelta y = \operatorname{tg} \overline{\alpha} \cdot dx$. Es wird sich aber bei kleinem dx der Wert von $\operatorname{tg} \overline{\alpha}$ nur wenig von $\operatorname{tg} \alpha = y'$ unterscheiden, so daß in dem Ansatz

$$\operatorname{tg} \overline{\alpha} = y' + \varepsilon$$

ε eine positive oder negative Größe mit kleinem Absolutbetrag bedeuten wird. Mit diesem Ansatz ist nun

$$\varDelta y = \operatorname{tg} \overline{\alpha} \cdot dx = (y' + \varepsilon)\, dx = y'\, dx + \varepsilon\, dx,$$

oder

$$\boxed{\varDelta y = dy + \varepsilon\, dx}\,. \tag{*}$$

In dieser wichtigen Grundformel ist ε zwar unbekannt, aber für ihre spätere Anwendung genügt es zu wissen, daß das Produkt $\varepsilon\,dx$ noch um vieles kleiner ist als jeder der beiden Faktoren (z. B. $0{\cdot}001 \cdot 0{\cdot}01 = 0{\cdot}00001$). Man sagt, $\varepsilon\,dx$ sei von *kleinerer Größenordnung* als ε oder dx. Damit lautet die Grundformel (*) in Worten: *Die Funktionsdifferenz Δy unterscheidet sich von dem Differential dy der Funktion $y = f(x)$ bei kleinem $\Delta x = dx$ nur um einen Wert kleinerer Größenordnung, so daß dy als ein Näherungswert von Δy betrachtet werden kann.*

2. Angenäherte Fehlerbestimmung. Im praktischen Rechnen hat man oft die zu einer kleinen Änderung $\Delta x = dx$ des Argumentes gehörige Änderung Δy der Funktion abzuschätzen. Ersetzt man Δy durch das meist einfacher zu berechnende Differential dy der Funktion, so hat man außerdem den Vorteil, *daß an ein und derselben Stelle x die zu verschiedenen dx-Werten gehörigen Werte von dy diesen proportional sind, und zwar mit dem Proportionalitätsfaktor y'.* Der hiebei begangene Fehler kleinerer Größenordnung kann vernachlässigt werden.

Beispiele: 1. Um wieviel ändert sich der Flächeninhalt eines Quadrates, wenn die Seite $a = 5{\cdot}25$ cm um $da = 0{\cdot}5$ mm größer wird?

$F = a^2$, daher $dF = 2\,a\,da$. Die Abb. 76 zeigt, daß diese angenäherte Änderung um die beiden schraffierten Rechteckstreifen erfolgt und daß das kleine Quadrat $(da)^2 = da^2$ vernachlässigt wird. Die Berechnung der genauen Änderung ΔF bestätigt dieses Ergebnis, denn $\Delta F = (a + da)^2 - a^2 = 2\,a\,da + da^2 = dF + da^2$. Für die angegebenen Werte findet man

$$dF = 10{\cdot}5 \cdot 0{\cdot}05 = 0{\cdot}525 \ \text{cm}^2,$$

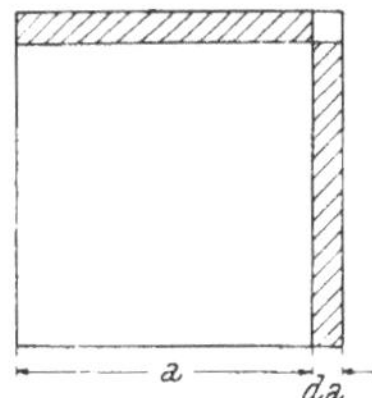

Abb. 76. Änderung der Quadratfläche bei Verlängerung von a um da.

ΔF wäre um $0{\cdot}05^2 = 0{\cdot}0025$ cm² größer.

Die Aufgabe hätte auch so formuliert werden können:

Welcher Fehler entsteht bei der Berechnung des Flächeninhaltes eines Quadrates, wenn bei der Messung der Quadratseite ein Fehler von $0{\cdot}5$ mm erwartet werden muß? Der Unterschied gegenüber früher besteht nur darin, daß jetzt bei da und dF beide Vorzeichen zu setzen sind, weil der Fehler sowohl positiv als auch negativ sein kann.

Außer diesem *absoluten Fehler* $\pm\, dF$ interessiert noch mehr der *relative Fehler* $\pm\, \dfrac{dF}{F}$ oder der *prozentuelle Fehler* $\pm\, 100\, \dfrac{dF}{F}$. Der relative Fehler ist in unserem Fall gleich

$$\frac{dF}{F} = \pm\, \frac{2\, a\, da}{a^2} = \pm\, \frac{2\, da}{a},$$

also dem Meßfehler direkt und der Seitenlänge indirekt proportional. Die Einsetzung der Zahlenwerte ergibt

$$\frac{dF}{F} = \pm\, \frac{2 \cdot 0 \cdot 05}{5 \cdot 25} = \pm\, 0 \cdot 019, \text{ das ist kaum } \pm\, 2\ \%.$$

2. Beim logarithmischen Rechenschieber ist die wichtigste Teilung die Funktionsskala $y = \lg x$ (s. S. 24). Beim Einstellen einer Zahl x ist mit einem *Einstellfehler* zu rechnen, der wohl kaum mehr als $0 \cdot 1$ mm betragen wird, durch optische Hilfsmittel (Lupenläufer) aber bis auf $0 \cdot 03$ mm herabgedrückt werden kann. Wie wirkt sich dieser Fehler beim Einstellen einer Zahl x aus?

Bilden wir das Differential $dy = \dfrac{dx}{x} \cdot \lg e$ (§ 8, 5., Beisp. 3.), so ist hier das Differential der Funktion dy bekannt und das Differential des Arguments dx ist gesucht. Nehmen wir einen Rechenschieber mit der Teilungslänge 250 mm, so entspricht diese Länge der Einheit von y. Von dieser Einheit ist $0 \cdot 1$ mm der 2500. Teil, also $dy = \dfrac{1}{2500}$ Einheiten. Damit wird

$$\frac{dx}{x} = \frac{1}{2500\ \lg e} = \frac{1}{2500 \cdot 0 \cdot 4343} = 0 \cdot 00092 \approx 1^0/_{00}.$$

Für den Einstellfehler $0 \cdot 03$ mm findet man $\dfrac{dx}{x} \approx 0 \cdot 3^0/_{00}.$

Wir haben nur den relativen Fehler berechnet, der, wie das Ergebnis zeigt, von der Größe der Zahl x unabhängig ist. *Die logarithmische Skala weist mithin an jeder Stelle dieselbe relative Genauigkeit auf.* (Bei der gleichförmigen Teilung ist die *absolute Genauigkeit* überall die gleiche.)

Selbstverständlich kann auch der Einstellfehler positiv oder negativ sein, die Vorzeichen werden aber der Einfachheit halber oft weggelassen. Die beiderlei Vorzeichen haben jedoch zur Folge, daß sich gelegentlich der Berechnung eines Ausdruckes, welche die Einstellung einer ganzen Reihe von Zahlen erfordert, die positiven und negativen Abweichungen zum Teil aufheben und dadurch die Genauigkeit des Resultates günstig beeinflussen werden, so daß der schließliche Endfehler im allgemeinen nicht wesentlich über den oben angeführten Grenzen liegt. Die Theorie führt zu exakteren Ergebnissen, doch ist ein näheres Eingehen darauf hier nicht möglich.

3. Höhere Differentiale. Das Differential einer Funktion $f(x)$ wird erhalten (S. 72), indem man ihre Ableitung mit dem Differential des Arguments dx multipliziert. Wollen wir von diesem Differential wieder das Differential bilden, so erhalten wir nach dieser Vorschrift

$$d(dy) = (dy)' \cdot dx. \qquad (*)$$

Nun ist

$$(dy)' = (y' \cdot dx)' = y'' \cdot dx,$$

wenn dx wie ein konstanter Faktor behandelt wird; dx ist ja in der Tat von x unabhängig.

Durch Einsetzen in Gleichung $(*)$ bei gleichzeitiger Schreibweise $d^2 y$ (sprich: „d zwei y") an Stelle von $d(dy)$ erhalten wir

$$\boxed{d^2 y = y'' \cdot dx^2}.$$

Man nennt d^2y das zweite Differential von y.

Genau so erhalten wir das dritte Differential

$$\boxed{d^3 y = y''' \, dx^3}$$

und schließlich das n^{te} Differential

$$\boxed{d^n y = y^{(n)} \, dx^n}.$$

Aus diesen Gleichungen leitet man eine andere Schreibweise für die höheren Ableitungen y'', y''', $\ldots\ldots y^{(n)}$ ab. Entsprechend der uns schon bekannten Form

$$y' = \frac{dy}{dx}$$

ergeben sich aus den obigen Gleichungen für die *höheren Ableitungen* der Reihe nach:

$$\boxed{\begin{aligned} y'' &= \frac{d^2 y}{dx^2} \\[1mm] y''' &= \frac{d^3 y}{dx^3} \\[1mm] &\cdots\cdots\cdots \\[1mm] y^{(n)} &= \frac{d^n y}{dx^n} \end{aligned}}.$$

4. Übungen. 1. Wie groß ist der prozentuelle Fehler bei der Inhaltsbestimmung eines Würfels mit der Seitenlänge $a = 28\cdot 5$ cm, wenn der Meßfehler ± 1 mm betragen kann?

Lösung: $V = a^3$, $\quad dV = 3\,a^2\,da$, $\dfrac{dV}{V} = \dfrac{3\,da}{a} = \dfrac{0\cdot 3}{28\cdot 5} \approx \pm\, 1\%$.

$\Delta V = (a + da)^3 - a^3 = 3\,a^2\,da + 3\,a\,da^2 + da^3$; $\quad dV = 3\,a^2\,da$ kann gedeutet werden als die Summe von drei Prismen mit der Grundfläche a^2 und der Höhe da; vernachlässigt werden drei Prismen mit den Kanten a, da und da, sowie ein Würfel mit der Seite da. Man entwerfe eine Zeichnung.

2. Wie groß ist angenähert der Flächeninhalt eines Kreisringes mit den Radien r und dr?

Lösung: Der Flächeninhalt eines Kreises ist $F = r^2 \pi$. Die angenäherte Fläche des Kreisringes $dF = 2\,r\,\pi\,dr = U \cdot dr$.

3. Man berechne analog der vorigen Aufgabe angenähert den Rauminhalt einer Kugelschale mit den Radien r und dr.

Lösung: $dV = 4\,r^2\,\pi \cdot dr = O \cdot dr$.

4. Um wieviel ändert sich angenähert die Basis a eines gleichschenkeligen Dreiecks mit der Schenkellänge b und dem Winkel a an der Spitze, wenn sich a um da ändert? Man untersuche den Einfluß der Größe des gegebenen Winkels a auf die absolute und relative Änderung der Basis a.

Lösung: $a = 2\,b \sin \dfrac{a}{2}$, $\quad d\,a = b \cos \dfrac{a}{2}\,d\,a$,

$$\frac{d\,a}{a} = \frac{b \cos \dfrac{a}{2}}{2\,b \sin \dfrac{a}{2}}\,d\,a = \frac{1}{2}\,\operatorname{ctg} \frac{a}{2}\,d\,a.$$

5. Der Flächeninhalt eines Kreissegmentes ist (Beispiel 5, S. 64)

$$F = \frac{r^2}{2}\,(\varphi - \sin \varphi).$$

Welcher absolute und prozentuelle Fehler ist bei der Flächenbestimmung zu erwarten, wenn $r = 5{\cdot}75$ cm, $\varphi = 134^0$ und der Meßfehler von φ 1^0 betragen kann?

Lösung: $dF = \dfrac{r^2}{2}\,(1 - \cos \varphi)\,d\varphi = r^2 \sin^2 \dfrac{\varphi}{2} \cdot \dfrac{\pi}{180} =$

$$= \left(\frac{5{\cdot}75 \cdot \sin 67^0 \cdot \sqrt{\pi}}{\sqrt{180}}\right)^2 = 0{\cdot}49\ \mathrm{cm}^2 \approx 2\% \quad (d\varphi \text{ im Bogenmaß!}).$$

6. Die Schwingungsdauer eines mathematischen Pendels beträgt $T = 2\,\pi \sqrt{\dfrac{l}{g}}$ Sek. Es soll gezeigt werden, daß einer Änderung von l um $p\%$ eine angenäherte Änderung von T um $\dfrac{1}{2}\,p\%$ entspricht (p klein). Man überprüfe das Ergebnis für $p = + 12\%$ durch Ermittlung von $\varDelta T$.

Lösung: $l = \dfrac{g\,T^2}{4\,\pi^2}$, $\quad dl = \dfrac{g\,T}{2\,\pi^2}\,d\,T$, $\quad d\,T = \dfrac{2\,\pi^2}{g\,T}\,dl$,

$$\frac{d\,T}{T} = \frac{2\,\pi^2}{g\,T^2}\,dl = \frac{1}{2}\,\frac{dl}{l}.$$

$$\varDelta T = 2\,\pi \sqrt{\frac{1{\cdot}12\,l}{g}} - 2\,\pi \sqrt{\frac{l}{g}} = 2\,\pi \sqrt{\frac{l}{g}} \cdot 0{\cdot}058, \quad \frac{100\,\varDelta T}{T} = 5{\cdot}8\% \approx 6\%.$$

§ 12. Das unbestimmte Integral.

1. Definition des unbestimmten Integrals. *Die Integralrechnung ist die Umkehrung zur Differentialrechnung. Eine Funktion $f(x)$*

integrieren heißt demnach, eine solche Funktion F (x) suchen, deren Ableitung f (x) oder deren Differential f (x) dx ist. Man nennt F (x) das Integral von f (x) dx und schreibt

$$\boxed{F\ (x) = \int f\ (x)\ dx}\,,$$

wobei $F'\ (x) = f\ (x)$ oder $dF\ (x) = f\ (x)\ dx$; *f (x) heißt Integrand.*

Da die Ableitung einer Konstanten Null ist, so kann man F (x) durch F (x) + C ersetzen, wenn C eine beliebig wählbare Konstante — die sogenannte *Integrationskonstante* — bedeutet. Die Integration liefert also nicht e i n e Funktion als Ergebnis, sondern u n z ä h l i g v i e l e, die sich aber alle nur um eine additive Konstante unterscheiden; daher der Name *unbestimmtes Integral.* Graphisch wird der Sachverhalt sofort klar, denn die Kurve $Y = F\ (x)$ und die um C in der Richtung der y-Achse verschobene Kurve $Y = F\ (x) + C$ besitzen dieselbe abgeleitete Kurve. Die Aufgabe, zur abgeleiteten Kurve die Stammkurve zu suchen, ergibt somit eine ganze *Kurvenschar* als Lösung. (Vgl. Abb. 9.)

B e i s p i e l:

$$\int (2\ x^2 - 1)\ dx = \frac{2\ x^3}{3} - x + C,$$

denn

$$\left(\frac{2\ x^3}{3} - x + C\right)' = 2\ x^2 - 1.$$

2. Grundformeln. Aus den bisher gelernten Ableitungsformeln ergeben sich unmittelbar die zugehörigen Integrationsformeln, deren Richtigkeit durch Ableitung der rechts vom Gleichheitszeichen stehenden Funktionen leicht zu überprüfen ist.

$$\int x^n\ dx = \frac{x^{n+1}}{n+1} + C \qquad (n \neq -1),$$

$$\int \frac{dx}{x} = \ln x + C, \qquad\qquad \int e^x\ dx = e^x + C,$$

$$\int \sin x\ dx = -\cos x + C, \qquad\qquad \int \cos x\ dx = \sin x + C,$$

$$\int \sin (\omega t + \varphi)\ dt = -\frac{1}{\omega} \cos (\omega t + \varphi) + C,$$

$$\int \cos (\omega t + \varphi)\ dt = \frac{1}{\omega} \sin (\omega t + \varphi) + C.$$

Ebenso unmittelbar ergeben sich die beiden folgenden Sätze:

Eine Summe von Funktionen kann gliedweise integriert werden,
    und:
Ein konstanter Faktor bleibt bei der Integration unverändert,
    oder mit anderen Worten:
Ein konstanter Faktor kann vor das Integralzeichen gesetzt werden.

Beispiele: 1. $\displaystyle\int a\,dx = a\int dx = a\,x + C.$

$$2. \int \frac{3\,x^2 - 2\,x + 1}{4}\,dx = \frac{3}{4}\int x^2\,dx - \frac{2}{4}\int x\,dx + \frac{1}{4}\int dx =$$
$$= \frac{x^3 - x^2 + x + C}{4}.$$

$$3. \int \sin^2 x\,dx = \frac{1}{2}\int (1 - \cos 2\,x)\,dx = \frac{1}{2}\left(x - \frac{1}{2}\sin 2\,x\right) + C.$$

$$4. \int \cos^2 \omega\,t\,dt = \frac{1}{2}\int (1 + \cos 2\,\omega\,t)\,dt =$$
$$= \frac{1}{2}\left(t + \frac{1}{2\,\omega}\sin 2\,\omega\,t\right) + C.$$

3. Anfangs- und Randbedingungen. Ist von einer Funktion nur
die Ableitung bekannt, sie sei etwa e^x, so findet man nach dem
Obigen die Funktion selbst durch Integration; diese lautet mithin
$e^x + C$. Tritt nun noch die Bedingung hinzu, daß ihr Bild durch
den Ursprung gehen soll, so muß in $y = e^x + C$ für $x = 0$ auch
$y = 0$, also $e^0 + C = 0$ sein, woraus sich C mit -1 ergibt. Die
Kurve hat daher die Gleichung $y = e^x - 1$.

Nun sind aber bei angewandten Aufgaben stets irgend welche
Bedingungen — die *Anfangs-* oder die *Randbedingungen* — mitge-
geben. Zu ihrer Erfüllung müssen den Integrationskonstanten, wie
eben gezeigt, bestimmte Werte erteilt
werden. Die folgenden Beispiele sollen
das näher erläutern.

1. Beispiel: Ein zylindrisches Gefäß
mit dem Radius r sei bis zur Höhe h mit
Flüssigkeit gefüllt. Welche Form nimmt
die Flüssigkeitsoberfläche bei einer Rotation um die Achse mit der Winkelgeschwindigkeit ω an? (Abb. 77.)

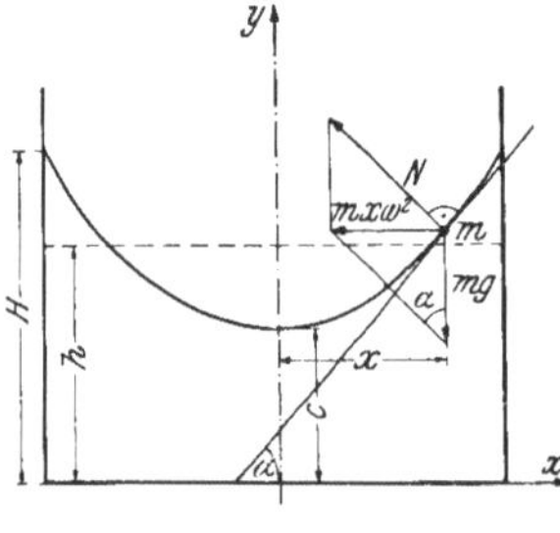

Abb. 77. Oberfläche einer
rotierenden Flüssigkeit.

Ein Flüssigkeitsteilchen m im Abstande x von der Achse beschreibt einen
horizontalen Kreis. Eine solche Kreisbewegung kommt aber nur
zustande, wenn eine Radial- oder Zentripetalkraft vom Betrage
$m\,x\,\omega^2$ vorhanden ist (vgl. Üb. **1.**, e), S. 6). **Nun wirkt auf m die**

Flüssigkeitsdruckkraft N der benachbarten Teilchen, die auf der Tangente senkrecht steht, und außerdem die Schwerkraft vom Betrage mg, deren Resultierende $m\,x\,\omega^2$ sein muß. Die Figur zeigt, daß

$$m\,x\,\omega^2 = m\,g\,\operatorname{tg}\alpha. \tag{1}$$

Wir wollen die Schnittkurve der Flüssigkeitsoberfläche mit der durch die Achse gelegten x, y-Ebene bestimmen, also ihre Gleichung $y = f(x)$ ermitteln. Wir wissen, daß $\operatorname{tg}\alpha = y'$ ist und erhalten durch Einsetzen in (1):

$$y' = \frac{\omega^2}{g}\,x. \tag{2}$$

Die Ableitung der gesuchten Funktion ist uns somit bekannt und wir finden die Funktion selbst durch Integration:

$$y = \int \frac{\omega^2}{g}\,x\,dx = \frac{\omega^2}{2\,g}\,x^2 + C. \tag{3}$$

Die Flüssigkeitsoberfläche entsteht daher durch Rotation einer Parabel um ihre Achse und heißt *Drehparaboloid*.

Die Lösung ist noch insoferne unbefriedigend, als die Größe C vorläufig willkürlich angenommen werden kann und man daher die richtige Lage der Parabel nicht kennt. Aber die gegebene Flüssigkeitshöhe h (Anfangsbedingung) wurde bisher noch gar nicht berücksichtigt; sie dient zur Bestimmung von C. Im Ruhezustande bildet die Flüssigkeitsmenge einen Zylinder vom Inhalte $r^2\,\pi\,h$, während der Rotation nimmt sie einen Raum ein, der gleich ist dem Volumen $V_1 = r^2\,\pi\,H$ eines Zylinders, vermindert um das Volumen V_2 des Paraboloides mit dem Basisradius r und der Höhe $H - C$. Dieses ist aber, wie wir in § 16 sehen werden, ebenso groß wie das halbe Volumen eines Zylinders mit derselben Basis und derselben Höhe, so daß

$$V_2 = \frac{r^2\,\pi}{2}\,(H - C). $$

Beachten wir noch, daß auf Grund von Gleichung (3)

$$H = \frac{\omega^2\,r^2}{2\,g} + C, \tag{4}$$

so erhalten wir, indem wir die Flüssigkeitsmenge im Ruhezustande gleich der rotierenden Flüssigkeitsmenge setzen:

$$r^2\,\pi\,h = r^2\,\pi\left(\frac{\omega^2\,r^2}{2\,g} + C\right) - \frac{1}{2}\,r^2\,\pi\,\frac{\omega^2\,r^2}{2\,g}$$

und daraus den gesuchten Wert von C:

$$C = h - \frac{\omega^2\,r^2}{4\,g}. \tag{5}$$

Setzen wir diesen Wert von C in (4) ein, so ergibt sich

$$H - h = \frac{\omega^2 r^2}{4 g} \qquad (6)$$

und der Vergleich mit (5) lehrt, daß

$$H - h = h - C,$$

daß sich also während der Rotation der Flüssigkeitsspiegel in der Mitte um eben so viel senkt, als er am Rande steigt.

Aus (6) folgt

$$\omega = \frac{2}{r} \sqrt{g \, (H - h)}.$$

Dieses Ergebnis gestattet, aus den gemessenen Werten von r, H und h die Winkelgeschwindigkeit ω zu ermitteln.

Kehren wir noch einmal zur Gleichung (2) zurück, die sich mit Hilfe des Differentialquotienten auch so schreiben läßt:

$$\frac{d y}{dx} = \frac{\omega^2}{g} \, x. \qquad (2^*)$$

Sie nimmt nach Multiplikation mit dx die Form an

$$dy = \frac{\omega^2}{g} \, x \, dx \qquad (2^{**})$$

Man nennt derartige Gleichungen wie (2), (2^*) oder (2^{**}) *Differentialgleichungen*. Die Form (2^{**}) zeichnet sich gegenüber den beiden anderen durch eine gewisse Symmetrie aus.

Integrieren wir (2^{**}) links und rechts:

$$\int dy = \int \frac{\omega^2}{g} \, x \, dx,$$

so erhalten wir als Ergebnis wieder Gleichung (3), wenn wir die links und rechts auftretende Integrationskonstante zu einer einzigen zusammenziehen.

2. Beispiel: In Übung **11.** auf S. 67 haben wir die Gleichung der elastischen Linie für einen Stab vom Gewichte G diskutiert, der an einem Ende gestützt, am anderen Ende fest eingespannt ist. Wir wollen nun diese Gleichung aus einem Differentialansatz gewinnen. In der Festigkeitslehre wird gezeigt, daß ganz allgemein die elastische Linie eines an den beiden Enden fixierten Trägers, auf welchen in vertikaler Richtung irgend welche Druckkräfte wirken, durch Lösung der Differentialgleichung

$$E \, I \cdot \frac{d^2 y}{dx^2} = M \qquad (1)$$

gefunden wird[1]. M bedeutet das *Biegungsmoment* an einer beliebigen

---

[1] Der in der Festigkeitslehre übliche Ansatz $E \, I \cdot \dfrac{d^2 y}{dx^2} = - M$ erklärt sich dadurch, daß dort die positive y-Achse nach unten orientiert ist.

Stelle x, nämlich die Summe der statischen Momente aller links von x wirkenden Druckkräfte, bezogen auf die neutrale Achse des Trägerquerschnittes an der Stelle x; E und I sind Elastizitätsmodul und Trägheitsmoment, wie in Übung **11.** schon angegeben wurde. Legen wir für unseren speziellen Fall in einem beliebigen Abstand x von O (Abb. 72) einen Querschnitt durch den Stab, so wirken links davon der Auflagerdruck A und das Gewicht $\frac{G}{l} \cdot x$ des Stabstückes von der Länge x, das wir uns im Schwerpunkt, also an der Stelle $\frac{x}{2}$ angreifend denken können. Das Biegungsmoment von A, bezogen auf die neutrale Achse des Querschnittes, ist $A \cdot x$, das des Gewichtes: $-\frac{G\,x}{l} \cdot \frac{x}{2} = -\frac{G\,x^2}{2\,l}$, weil es den linken Teil des Stabes entgegen dem Uhrzeigersinn zu drehen versucht. Das Biegungsmoment an der Stelle x ist daher

$$M = A \cdot x - \frac{G\,x^2}{2\,l}.$$

In (1) eingesetzt ergibt sich

$$\frac{d^2 y}{dx^2} = \frac{1}{E\,J} \left(A\,x - \frac{G\,x^2}{2\,l} \right).$$

Von der zu suchenden Funktion $y = f(x)$ ist somit die zweite Ableitung bekannt; einmalige Integration liefert die erste Ableitung $\frac{dy}{dx}$ und eine zweite Integration die gesuchte Funktion selbst. Wir erhalten so der Reihe nach:

$$\frac{d\,y}{dx} = \frac{1}{E\,J} \int \left(A\,x - \frac{G\,x^2}{2\,l} \right) dx = \frac{1}{E\,J} \left(\frac{A\,x^2}{2} - \frac{G\,x^3}{6\,l} + C_1 \right) \quad (2)$$

und

$$y = \frac{1}{E\,J} \int \left(C_1 + \frac{A\,x^2}{2} - \frac{G\,x^3}{6\,l} \right) dx =$$
$$= \frac{1}{E\,J} \left(C_1\,x + \frac{A\,x^3}{6} - \frac{G\,x^4}{24\,l} + C_2 \right) \quad (3)$$

Es treten hier zwei Integrationskonstanten C_1 und C_2 auf, weil zweimal integriert werden mußte. Die gegebene Differentialgleichung (1) enthält den zweiten Differentialquotienten $\frac{d^2 y}{d\,x^2}$ und wird daher als eine *Differentialgleichung zweiter Ordnung* bezeichnet, während eine solche, die nur die erste Ableitung enthält wie im vorigen Beispiel, eine *Differentialgleichung erster Ordnung* genannt wird. Wir gehen auf diese Dinge später noch etwas näher ein.

Es handelt sich jetzt darum, nicht nur die beiden willkürlichen Konstanten C_1 und C_2, sondern auch den noch unbekannten Auflagerdruck A zu bestimmen; es müssen also im ganzen drei Bedingungen vorhanden sein. Zunächst haben wir die beiden Randbedingungen, daß an den Stellen $x = 0$ und $x = l$ das zugehörige y jedesmal Null sein muß. Da der Stab am rechten Ende P fest eingespannt ist, so tritt er horizontal aus der Einspannstelle heraus, die erste Ableitung muß somit für $x = l$ verschwinden, was die dritte Bedingung ergibt. Die zugehörigen drei Bedingungsgleichungen lauten:

$$C_2 = 0 \qquad \text{(aus (3) für } x = 0),$$

$$C_1 l + \frac{Al^3}{6} - \frac{Gl^3}{24} = 0 \qquad \text{(aus (3) für } x = l),$$

$$C_1 + \frac{Al^2}{2} - \frac{Gl^2}{6} = 0 \qquad \text{(aus (2) für } x = l).$$

Aus der zweiten und dritten Gleichung errechnet man die Unbekannten

$$C_1 = - \frac{Gl^2}{48} \quad \text{und} \quad A = \frac{3\,G}{8}.$$

Die Einsetzung dieser drei Werte für C_1, C_2 und A in (3) ergibt

$$y = - \frac{Gl^2}{48\,E\,I} \left(x - \frac{3\,x^3}{l^2} + \frac{2\,x^4}{l^3} \right).$$

3. Beispiel: Welche Bewegungen sind in der vertikal gedachten x, y-Ebene möglich, wenn auf einen Massenpunkt m nur die Schwerkraft $-\,mg$ wirkt?

Es soll also die Bahnkurve dieses materiellen Punktes bestimmt werden; zur Zeit t seien seine Koordinaten x und y. Wir streben an, beide als Funktionen der Zeit t darzustellen:

$$x = \varphi\,(t) \quad \text{und} \quad y = \psi\,(t);$$

dann ist durch dieses Gleichungspaar die Bahnkurve in Parameterform bekannt (§ 6, 4., S. 41). Es bedeutet demnach x den in horizontaler Richtung in der Zeit t zurückgelegten Weg und $\ddot{x} = \dfrac{d^2 x}{dt^2}$ die Beschleunigung (§ 7, 3., S. 49), die entsprechende Bedeutung haben y und $\ddot{y} = \dfrac{d^2 y}{dt^2}$ in vertikaler Richtung. Die Mechanik liefert uns den Zusammenhang zwischen Kraft und Beschleunigung durch die Formel: Kraft ist gleich Masse mal Beschleunigung. Nun wirkt in horizontaler Richtung überhaupt keine Kraft, in vertikaler Richtung nur die Schwerkraft $-mg$. Damit erhalten wir die beiden Differentialgleichungen zweiter Ordnung

$$0 = m\,\frac{d^2 x}{dt^2} \qquad \text{und} \qquad -mg = m\,\frac{d^2 y}{dt^2}. \tag{I}$$

Einmalige Integration ergibt

$$\frac{dx}{dt} = A, \quad \text{bzw.} \quad \frac{dy}{dt} = -gt + B \tag{2}$$

mit den Integrationskonstanten A, bzw. B. Es sei in Erinnerung gebracht, daß $\frac{dx}{dt}$ die Momentangeschwindigkeit in horizontaler, $\frac{dy}{dt}$ in vertikaler Richtung bedeutet. Nochmalige Integration verschafft uns die Lösungen

$$x = At + C \quad \text{und} \quad y = -\frac{g}{2} t^2 + Bt + D \tag{3}$$

mit den neuen Integrationskonstanten C und D.

Das Gleichungspaar (3) stellt die allgemeinste Bahnkurve dar, die wegen der willkürlichen Integrationskonstanten noch reichlich unbestimmt ist. Wir wollen einige Sonderfälle durch Festlegung gewisser Anfangsbedingungen herausheben.

a) Zur Zeit $t = 0$ sei $x = y = 0$. Setzen wir diese Werte in (3) ein, so erhalten wir

$$C = D = 0.$$

Außerdem mögen die Anfangsgeschwindigkeiten Null sein, d. h. für $t = 0$ soll $\frac{dx}{dt} = \frac{dy}{dt} = 0$ sein. Aus (2) erhalten wir mit diesen Werten sofort

$$A = B = 0$$

und das Gleichungspaar (3) lautet jetzt

$$x = 0, \quad y = -\frac{g}{2} t^2. \qquad \text{(Freier Fall.)}$$

b) An den obigen Anfangsbedingungen werde nur das eine geändert, daß die vertikale Anfangsgeschwindigkeit $\frac{dy}{dt} = v_0$ sei. Dann ist wieder $C = D = A = 0$, aber $B = v_0$ und die Bahnkurve ist gegeben durch

$$x = 0, \quad y = v_0 t - \frac{g}{2} t^2. \qquad \text{(Wurf nach oben.)}$$

c) Ist die horizontale Anfangsgeschwindigkeit $\frac{dx}{dt} = u_0$, während die übrigen Anfangswerte wie in a) gleich Null sind, so findet man $A = u_0$, $B = C = D = 0$ und die Bahn ist bestimmt durch

$$x = u_0 t, \quad y = -\frac{g}{2} t^2. \quad \text{(Horizontaler Wurf.)}$$

Durch Elimination von t erhält man

$$y = -\frac{g}{2 u_0^2} x^2. \qquad \text{(Parabel.)}$$

d) Um schließlich noch den Fall des schiefen Wurfes zu erledigen, nehmen wir u_0 als horizontale, v_0 als vertikale Anfangsgeschwindigkeit und $x = y = 0$ für $t = 0$. Wir finden damit $C = D = 0$, $A = u_0$, $B = v_0$ und als Bahnkurve

$$x = u_0 t, \qquad y = - \frac{g}{2} t^2 + v_0 t.$$

Elimination von t liefert die explizite Darstellung der Wurfparabel

$$y = - \frac{g}{2 u_0^2} x^2 + \frac{v_0}{u_0} x.$$

4. Übungen. 1. Man berechne folgende Integrale:

a) $\int (a x + b)\, dx$;   b) $\int \left(\frac{x}{a} - 1 \right)^2 dx$;

c) $\int (a + x)(a - x)\, dx$;   d) $\int \frac{5 - 3x + 2x^2}{x}\, dx$;

e) $\int k\, e^{-x}\, dx$;   f) $\int (\sin x + \cos x)^2 dx$;

g) $\int \cos^2 x\, dx$;   h) $\int \sin^2 (\omega t - \varphi)\, dt$;

i) $\int \sin p x \cos q x\, dx\ (p \pm q)$;   k) $\int \sin \omega t \cos \omega t\, dt$;

l) $\int \sin p x \sin q x\, dx\ (p \pm q)$;   m) $\int \cos p x \cos q x\, dx\ (p \pm q)$.

Man erörtere in l) und **m)** den Fall $p = q$.

Lösungen: (Die Integrationskonstante ist überall weggelassen.)

a) $\frac{a x^2}{2} + b x$;   b) $\frac{x^3}{3 a^2} - \frac{x^2}{a} + x$;

c) $a^2 x - \frac{x^3}{3}$;   d) $5 \ln x - 3 x + x^2$;

e) $- k\, e^{-x}$;   f) $x - \frac{1}{2} \cos 2x$;

g) $\frac{1}{2} x + \frac{1}{4} \sin 2x$;   h) $\frac{1}{2} t - \frac{1}{4\omega} \sin (2 \omega t - 2 \varphi)$;

i) $- \frac{1}{2} \left(\frac{\cos (p+q) x}{p+q} + \frac{\cos (p-q) x}{p-q} \right)$; k) $- \frac{1}{4\omega} \cos 2 \omega t$;

l) $\frac{1}{2} \left(\frac{\sin (p-q) x}{p-q} - \frac{\sin (p+q) x}{p+q} \right)$; m) $\frac{1}{2} \left(\frac{\sin (p+q) x}{p+q} + \frac{\sin (p-q) x}{p-q} \right)$.

2. Welche Funktion hat die Ableitung $\cos \frac{x}{2}$ und nimmt für $x = \pi$ den Wert 1 an?

Lösung: $2 \sin \frac{x}{2} - 1$.

3. Bei welchen Kurven ist die Steigung der Abszisse a) direkt, b) indirekt proportional?

Lösungen: **a)** $y = \dfrac{k\,x^2}{2} + C$;   **b)** $y = k \cdot \ln x + C$.

4. Ein gleichförmiger Balken von der Länge l liegt an beiden Enden frei auf und trägt eine gleichmäßig verteilte Last von q kg pro Längeneinheit. Wie lautet die Gleichung seiner elastischen Linie?

Lösung: $EI \dfrac{d^2 y}{d x^2} = M = \dfrac{q\,l}{2} \cdot x - q\,x \cdot \dfrac{x}{2}.$

Zweimalige Integration liefert $y = \dfrac{1}{EJ}\left(\dfrac{q\,l\,x^3}{12} - \dfrac{q\,x^4}{24} + C_1\,x + C_2 \right).$ Aus den beiden Randbedingungen: $y = 0$ für $x = 0$ und $x = l$ findet man $C_2 = 0$, $C_1 = -\dfrac{q\,l^3}{24}$, mithin $y = -\dfrac{q\,l^3}{24\,EJ}\left(\dfrac{x^4}{l^3} - \dfrac{2\,x^3}{l^2} + x \right).$

5. Welche Kurve beschreibt ein dünner Wasserstrahl, der mit der Geschwindigkeit v_0 aus einem unter a gegen die Horizontale geneigten Röhrchen austritt? Die Austrittsstelle habe die Koordinaten $(0, h)$, vom Luftwiderstand werde abgesehen. Man bestimme den höchsten Punkt der Kurve für $v_0 = 4{\cdot}5$ m/Sek, $h = 0{\cdot}55$ m, $a = 40^0$ und $g = 9{\cdot}8$ m/Sek^2.

Lösung: $x = v_0 \cos a \cdot t$, $y = -\dfrac{g}{2} \cdot t^2 + v_0 \sin a \cdot t + h$, oder nach Elimination von t: $y = -\dfrac{g}{2\,v_0^2 \cos^2 a}\, x^2 + x\,\mathrm{tg}\,a + h$. Der höchste Punkt:

$S\left(\dfrac{v_0^2 \sin 2a}{2\,g},\ \dfrac{v_0^2 \sin^2 a}{2\,g} + h \right)$, speziell

$S\,(1{\cdot}02\ \mathrm{m},\ 0{\cdot}98\ \mathrm{m}).$

§ 13. Das bestimmte Integral.

1. Fläche unter einer Kurve. In Abb. 78 ist das Bild der Funktion $Y = F(x)$ und unterhalb ihre abgeleitete Kurve $Y' = F'(x)$, die wir auch mit $y = f(x)$ bezeichnen wollen, gezeichnet. Wir stellen uns die Aufgabe, *die Fläche Fl unter der Kurve $y = f(x)$* von $x_1 = a$ bis $x_{n+1} = b$ zu bestimmen. Darunter verstehen wir das Flächenstück, das einerseits von der Kurve und der x-Achse, andererseits von den beiden Ordinaten der Punkte P'_1 und P'_{n+1} mit den Abszissen $x_1 = a$ und $x_{n+1} = b$ begrenzt wird.

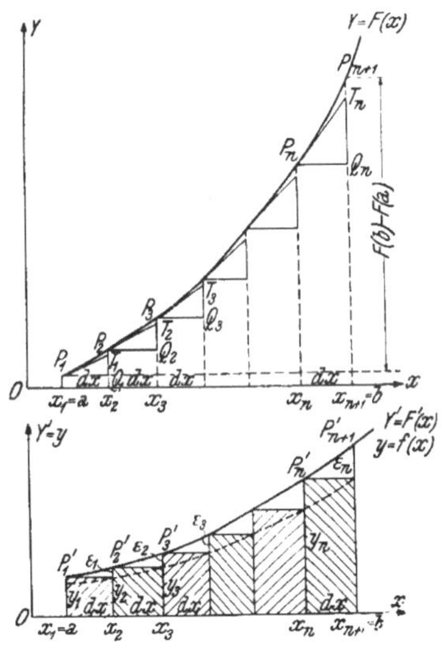

Abb. 78. Die Fläche unter der Kurve $y = f(x)$ ist $\int\limits_a^b f(x)\,dx = F(x)\,\Big|_a^b = F(b) - F(a).$

Einen Näherungswert stellen die n schraffierten Rechtecksstreifen von der Breite $dx = \dfrac{b-a}{n}$ und den Höhen $y_1 = f(x_1)$, $y_2 = f(x_2)$, $\ldots$

$\ldots y_n = f(x_n)$ dar, also

$$Fl \approx y_1\,dx + y_2\,dx + \ldots\ldots + y_n\,dx = \sum_{k=1}^{n} y_k\,dx = \sum_{k=1}^{n} f(x_k)\,dx. \qquad (1)$$

Vergrößern wir die Anzahl n der Rechtecke, so wird gleichzeitig damit die Rechtecksbreite kleiner, die strichlierte Kurve schiebt sich näher an $y = f(x)$ heran und der Näherungswert wird genauer. Das besagt, daß die Summe s_n der vernachlässigten Zwickelinhalte abnimmt, obwohl ihre Anzahl wächst.

Wir wollen in dieser Verfeinerung der Unterteilung fortfahren und jedes dx gegen Null streben, n also über alle Maßen groß werden lassen. Wir vermuten, daß damit der begangene Fehler s_n gegen Null streben wird. Diese Vermutung bestätigt sich in der Tat. Es ist nämlich sicherlich

$$s_n < \varepsilon_1\,dx + \varepsilon_2\,dx + \ldots\ldots + \varepsilon_n\,dx = \sum_{k=1}^{n} \varepsilon_k\,dx, \qquad (2)$$

wenn mit ε_1, ε_2, $\ldots\ldots$ ε_n die Höhen der einzelnen Zwickel bezeichnet werden. Jedes dieser Rechtecke $\varepsilon_k\,dx$ ist bei kleinem dx und damit auch kleinem ε_k von kleinerer Größenordnung als dx oder ε_k (S. 73). Diese ε_k, die wir zunächst alle positiv annehmen wollen, sind im allgemeinen voneinander verschieden, das größte unter ihnen sei mit ε bezeichnet. Dann gilt im verstärkten Maße die Ungleichung

$$s_n < \varepsilon\,dx + \varepsilon\,dx + \ldots\ldots + \varepsilon\,dx = n\,\varepsilon\,dx = \varepsilon \cdot (b - a) \qquad (2\,\text{a})$$

unter Beachtung, daß $n \cdot dx = b - a$ ist, unabhängig von der Anzahl der Rechtecke. Mit dx strebt aber auch ε und daher auch $\varepsilon \cdot (b - a)$ gegen Null. Wir erhalten so das wichtige Ergebnis:

Ersetzt man den Flächeninhalt unter einer Kurve $y = f(x)$ durch den Inhalt unter dem Treppenzug, der die obere Begrenzung der n-Rechtecke mit der Breite dx und den Höhen $y_1, y_2, \ldots\ldots y_n$ bildet, so strebt der dabei gegangene Fehler gegen Null, wenn die Anzahl der Rechtecke gegen ∞ strebt (oder die Breite dx nach 0).

Wir können diesem Ergebnis einen prägnanten mathematischen Ausdruck verleihen, wenn wir die angenähert richtige Gleichung (1) in der Form schreiben:

$$\boxed{\,Fl = \lim_{n \to \infty} \sum_{k=1}^{n} y_k\,dx = \lim_{n \to \infty} \sum_{k=1}^{n} f(x_k)\,dx\,}. \qquad (3)$$

Der Flächeninhalt ergibt sich somit als der Grenzwert einer Summe, bei welcher die Anzahl der Summanden immer mehr und mehr wächst, der Betrag ihrer einzelnen Glieder aber zugleich immer mehr und mehr abnimmt.

Es handelt sich jetzt darum, diesen Grenzwert zu finden. Mit unseren bisherigen Kenntnissen bliebe uns kein anderer Weg als der, den wir schon auf S. 21 und auf S. 33 beschritten haben, nämlich die Summe $\sum\limits_{k=1}^{n} y_k\,dx$ für immer größere Werte von n tatsächlich auszurechnen, bis wir eine genügende Anzahl von gleichbleibenden Dezimalstellen erhalten haben, die sich bei weiterer Vergrößerung von n nicht mehr ändern. Der Grenzwert wäre dann auf diese Anzahl von Dezimalen berechnet. Aber dieses Verfahren wäre zeitraubend und unbefriedigend.

Die folgenden Ausführungen werden dagegen einen Weg öffnen, der in überraschender Einfachheit zum gewünschten Ziel führt. Die Flächeninhalte der schraffierten Rechtecksstreifen
$$y_1\,dx,\; y_2\,dx,\; \ldots\ldots\; y_n\,dx,$$
von deren Summe wir den Grenzwert für unendlich großes n suchen, sind nichts anderes als *Differentiale der Stammfunktion* $Y = F(x)$. Denn aus $y = Y'$ folgt
$$y \cdot dx = Y'\,dx = dY.$$
Somit können wir statt $y_1\,dx,\; y_2\,dx,\; \ldots\ldots\; y_n\,dx$ auch
$$dY_1,\; dY_2,\; \ldots\ldots\; dY_n$$
schreiben; diese Größen sind im oberen Teil unserer Figur durch die Strecken
$$\overline{Q_1\,T_1},\; \overline{Q_2\,T_2},\; \ldots\ldots\; \overline{Q_n\,T_n}$$
dargestellt.

Die Summe
$$\sum_{k=1}^{n} y_k\,dx = \sum_{k=1}^{n} f(x_k)\,dx$$
in (1) geht damit über in
$$\sum_{k=1}^{n} d\,Y_k = \sum_{k=1}^{n} d\,F(x_k) = \sum_{k=1}^{n} Y'_k\,dx = \sum_{k=1}^{n} F'(x_k)\,dx.$$
Den **angenäherten** Wert dieser Summe können wir unmittelbar der Figur entnehmen, er ist gleich
$$F(b) - F(a),$$
also dem Wert der Stammfunktion $F(x)$ an der Stelle b, vermindert um ihren Wert an der Stelle a. Vernachlässigt werden dabei die Strecken
$$\overline{T_1\,P_2},\; \overline{T_2\,P_3},\; \ldots\ldots\; \overline{T_n\,P_{n+1}},$$
die von kleinerer Größenordnung als dx sind. Genau wäre

$$F\,(b) - F\,(a) = \overline{Q_1\,P_2} + \overline{Q_2\,P_3} + \ldots\ldots + \overline{Q_n\,P_{n+1}} =$$

$$= \Delta\,Y_1 + \Delta\,Y_2 + \ldots\ldots + \Delta\,Y_n = \sum_{k=1}^{n} \Delta\,Y_k$$

und die vernachlässigten Größen sind nichts anderes als die Unterschiede zwischen den einzelnen Funktionsdifferenzen und ihre Differentialen (Gleichung (*) S. 72).

Genau so wie auf S. 86 beweist man, daß sich die Summe der begangenen Fehler der Null nähert, wenn n gegen ∞ strebt, so daß

$$\lim_{n \to \infty} \sum_{k=1}^{n} d\,Y_k = \lim_{n \to \infty} \sum_{k=1}^{n} \Delta\,Y_k = F\,(b) - F\,(a). \tag{4}$$

Ersetzt man $\sum\limits_{k=1}^{n} d\,Y_k = \sum\limits_{k=1}^{n} F'\,(x_k)\,dx$ wieder durch $\sum\limits_{k=1}^{n} y_k\,dx = \sum\limits_{k=1}^{n} f\,(x_k)\,dx$, so gehen (3) und (4) über in

$$Fl = \lim_{n \to \infty} \sum_{k=1}^{n} f\,(x_k)\,dx = F\,(b) - F\,(a). \tag{5}$$

Die Fläche unter der Kurve $y = f\,(x)$ ist eben so groß wie die Differenz von End- und Anfangsordinate der Stammkurve $Y = F\,(x)$.

2. Das bestimmte Integral. Statt $\lim\limits_{n \to \infty} \sum\limits_{k=1}^{n} f\,(x_k)\,dx$ schreibt man kürzer

$$\int_a^b f\,(x)\,dx$$

und nennt den Grenzwert der Summe $\lim\limits_{n \to \infty} \sum\limits_{k=1}^{n} f\,(x_k)\,dx$ *ein bestimmtes Integral zwischen der unteren Grenze a und der oberen Grenze b.* In dem von *Leibniz* stammenden langgezogenen „S", das an „Summe" erinnern soll, erkennen wir unser Integralzeichen wieder in Übereinstimmung damit, daß die rechte Seite von (5) die Differenz zweier Funktionswerte der Stammfunktion $F\,(x) = \int f\,(x)\,dx$ vorstellt.

Diese Differenz bleibt ungeändert, wenn man $F\,(x)$ durch $F\,(x) + C$ ersetzt, denn

$$[F\,(b) + C] - [F\,(a) + C] = F\,(b) - F\,(a),$$

wie auch die Differenz zwischen End- und Anfangsordinate der Kurve $Y = F\,(x)$ die gleiche bleibt, wenn man diese um C in der Richtung der y-Achse verschiebt.

Wir gelangen damit zu der grundlegenden Formel

$$\boxed{\int_a^b f\,(x)\,dx = \lim_{n \to \infty} \sum_{k=1}^{n} f\,(x_k)\,dx = F\,(x)\,\Big/_a^b = F\,(b) - F\,(a)} \tag{6}$$

bzw. zu dem *Fundamentalsatz*:

Das bestimmte Integral $\int_a^b f(x)\,dx$ zwischen den Grenzen a und b ist der Grenzwert der Summe aller $f(x_k)\,dx$, wenn die Anzahl n der Glieder gegen ∞ strebt und damit der Betrag der einzelnen Glieder ständig abnimmt. Sein Wert wird gefunden, indem man vorerst die unbestimmte Integration (unter Weglassung der Integrationskonstanten) ausführt, in der so erhaltenen Stammfunktion an Stelle des Argumentes zunächst die obere Grenze b, dann die untere Grenze a einsetzt und den letzteren Wert von dem ersteren abzieht. Das bestimmte Integral ist somit eine von x unabhängige, genau festgelegte Zahl und stellt die Fläche zwischen der Kurve $y = f(x)$ und der x-Achse von $x = a$ bis $x = b$ dar.

Beispiel: Es soll die schraffierte Fläche OPQ unter der Parabel $y = a\,x^2$ ermittelt werden (Abb. 79).

Hier ist $a = 0$, $b = x_1$, daher

$$Fl = \int_0^{x_1} a\,x^2\,dx = \frac{a\,x^3}{3}\bigg|_0^{x_1} = \frac{a\,x_1^3}{3} = \frac{x_1\,y_1}{3},$$

da $ax_1^2 = y_1$ ist. Der Flächeninhalt beträgt somit $\frac{1}{3}$ der Rechtecksfläche $OPQR$.

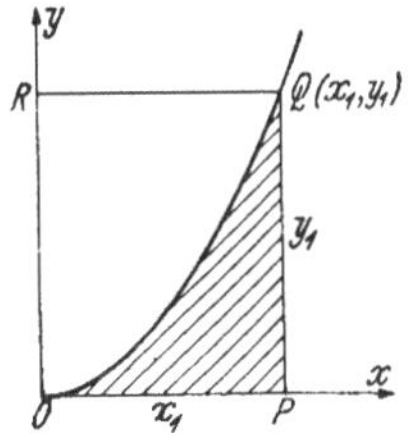

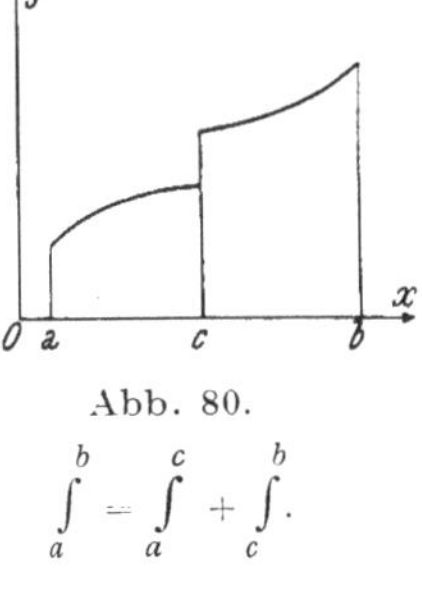

Abb. 79.

In Abb. 78 waren die Stammkurve und die abgeleitete Kurve durchwegs steigend angenommen worden. An den durchgeführten Überlegungen ändert sich jedoch nichts Wesentliches, wenn diese Beschränkung fallen gelassen wird, die Ergebnisse bleiben dieselben. Selbst eine Unstetigkeitsstelle wie in Abb. 80 bei c stört nicht, wenn man erst von a bis c, dann von c bis b integriert und die beiden Integrale addiert[1]. In Zeichen:

$$\boxed{\int_a^b = \int_a^c + \int_c^b}. \qquad (7)$$

In der Mathematik wird bei einer strengen Ableitung des Integralbegriffes außerdem gezeigt, daß man die einzelnen Funktionswerte y_k in der Summe $\sum_{k=1}^{n} y_k\,dx$ nicht, wie es hier geschehen ist, am Anfang eines jeden Intervalls dx nehmen muß, sondern daß man sie irgendwo innerhalb dieser Intervalle oder auch an ihren Enden

Abb. 80.

$$\int_a^b = \int_a^c + \int_c^b.$$

---

[1] Unstetigkeitsstellen, an welchen die Funktion unendlich groß wird, sind dabei ausgeschlossen; wir kommen später auf sie zurück.

wählen kann. Auch die Gleichheit der Intervalle ist nicht erforderlich, wenn sie nur alle gegen Null streben.

Die Glieder der Summe $\sum\limits_{k=1}^{n} y_k\, dx$ bestehen aus zwei Faktoren, nämlich y_k und dx. Wenn in allen Gliedern einer dieser Faktoren negativ ist, so wird es die ganze Summe und daher auch ihr Grenzwert. Wenn etwa alle dx negativ sind, so daß man also im negativen Sinn von b bis a integriert, so erhält man denselben Wert wie bei der Integration von a bis b mit negativem Vorzeichen.

$$\boxed{\int_b^a = -\int_a^b}\,. \qquad (8)$$

Tatsächlich ist

$$\int_b^a f(x)\, dx = F(x)\Big|_b^a = F(a) - F(b) = -[F(b) - F(a)] =$$
$$= -\int_a^b f(x)\, dx.$$

Bei einem bestimmten Integral kann man die Grenzen vertauschen, wenn man gleichzeitig das Vorzeichen ändert.

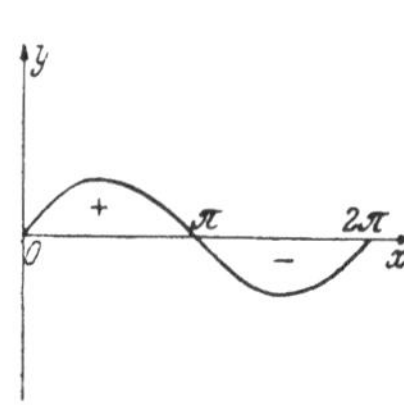

Abb. 81.

Ebenso ist das Ergebnis negativ, wenn sämtliche y_k negativ sind, wenn also $y = f(x)$ durchwegs unterhalb der x-Achse verläuft. So ist z. B. (Abb. 81)

$$\int_0^{2\pi} \sin x\, dx = -\cos x\Big|_0^{2\pi} = \cos x\Big|_{2\pi}^0 =$$
$$= \cos 0 - \cos 2\pi = 1 - 1 = 0.$$

Denn die Gesamtfläche besteht aus zwei kongruenten Teilen mit verschiedenem Vorzeichen. Dagegen ist

$$\int_0^{\pi} \sin x\, dx = \cos x\Big|_\pi^0 = 1 - (-1) = 2.$$

Der Wert eines bestimmten Integrals ist von der Bezeichnung der *Integrationsvariablen* unabhängig. So ist etwa

$$\int_1^2 \frac{dx}{x} = \int_1^2 \frac{dt}{t} = \ln 2 - \ln 1 = \ln 2 = 0{\cdot}693.$$

3. „Unendlich kleine" Größen. In Physik und Technik ist es üblich, von *unendlich kleinen Größen* zu sprechen. Diese Redeweise ist auch in der Mathematik zulässig, man muß aber mit ihrem Gebrauch einen klaren und wohl definierten Sinn verbinden. *Man kann eine Größe nur dann unendlich klein (infinitesimal) nennen, wenn sie veränderlich ist und gegen Null strebt. Eine konstante Größe darf also niemals als unendlich klein bezeichnet werden.* So ist z. B. das dx, das die Breite der Rechteckstreifen in Abb. 78 bedeutet, als infinitesimal zu betrachten[1].

Bei der Bestimmung des Flächeninhaltes begnügten wir uns in Gleichung (1) zunächst mit einem Näherungswert. Der bei jedem Glied begangene Fehler $\varepsilon_k\, dx$ $(k = 1, 2, \ldots\ldots n)$ war von kleinerer Größenordnung als ε_k oder dx. Wenn nun dx unendlich klein ist, so ist auch jedes ε_k unendlich klein und strebt nach Null. Man nennt das Produkt $\varepsilon_k\, dx$ *unendlich klein von höherer Ordnung*, wenn dx und ε_k als *unendlich klein von erster Ordnung* bezeichnet werden. Von diesen unendlich kleinen Größen höherer Ordnung strebt nicht nur jede für sich, sondern auch ihre Summe s_n mit wachsendem n der Null zu (S. 86). Die anfängliche Vernachlässigung der begangenen Fehler erwies sich dadurch als völlig belanglos, wir erhielten für den Flächeninhalt schließlich keinen Näherungs-, sondern einen vollständig genauen Wert. Ebenso konnten wir in Gleichung (4) die Funktionsdifferenzen durch die Differentiale ersetzen, um $F(b) - F(a)$ zu erhalten. Wir ziehen daraus den Schluß, *daß man neben unendlich kleinen Größen erster Ordnung solche höherer Ordnung vernachlässigen kann.*

In den Anwendungen werden daher bei Infinitesimalansätzen gewöhnlich Funktionsdifferenzen ohne jede nähere Erläuterung von Anfang an durch Differentiale ersetzt. Die Zulässigkeit dieses Ersatzes ist durch die obigen Erörterungen hinlänglich begründet. Man beachte jedoch die Ausführungen in § 11, 2, wo diese Größen nicht als infinitesimal angenommen wurden. Der Unterschied zwischen Funktionsdifferenz und Differential konnte daher dort höchstens für den praktischen Rechner als belanglos angesehen werden.

4. Übungen. 1. Man überzeuge sich, daß die Formel (7) auch dann gilt, wenn c außerhalb des Intervalles (a, b) liegt.

2. Bedeuten p und q $(p \neq q)$ ganze Zahlen, so haben die folgenden bestimmten Integrale den Wert 0:

---

[1] Man darf daher nicht in den Fehler verfallen, diese Streifenbreite dx gleich Null zu setzen; dann wäre ja dx eine Konstante! Es ist nicht 0, sondern es wird 0, d. h. dx wird immer kleiner und kleiner, ohne die Null je zu erreichen. Wie könnte man auch eine Fläche in „unendlich viele Rechteckstreifen von der Breite 0“ zerlegen!

$$\int_0^{2\pi} \sin p\,x\,dx, \qquad\qquad \int_0^{2\pi} \cos q\,x\,dx,$$

$$\int_0^{2\pi} \sin p\,x \cos p\,x\,dx, \qquad\qquad \int_0^{2\pi} \sin p\,x \cos q\,x\,dx,$$

$$\int_0^{2\pi} \sin p\,x \sin q\,x\,dx, \qquad\qquad \int_0^{2\pi} \cos p\,x \cos q\,x\,dx.$$

3.
$$\int_0^{2\pi} \sin^2 p\,x\,dx = \int_0^{2\pi} \cos^2 p\,x\,dx = \pi,$$

wenn p eine ganze Zahl ist.

Die Resultate in **2.** und **3.** bleiben die gleichen, wenn zwischen $-\pi$ und $+\pi$ integriert wird.

4. Man zeige, daß $\displaystyle\int_{-a}^{a} f(x)\,dx = \begin{cases} 0, \text{ wenn } f(x) \text{ ungerade ist,} \\[2ex] 2\displaystyle\int_0^{a} f(x)\,dx, \text{ wenn } f(x) \text{ gerade ist}. \end{cases}$

(Graphische Darstellung einer geraden und einer ungeraden Funktion!)

§ 14. Flächeninhalte, Arbeit und Mittelwerte.

1. Flächeninhalt bei Parameterdarstellung. Die Ermittlung des Flächeninhaltes bereitet keine Schwierigkeit, wenn die Kurve in Parameterform (S. 41)

$$x = u(\varphi)$$
$$y = v(\varphi)$$

gegeben ist. Das Verfahren soll an einem Beispiel gezeigt werden. Nehmen wir die Ellipse (S. 43)

$$x = a \cos \varphi$$
$$y = b \sin \varphi,$$

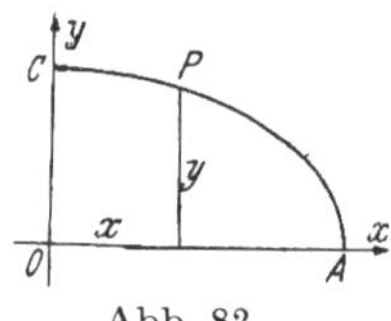

Abb. 82.

so genügt es, die Fläche des Ellipsenquadranten zu bestimmen (Abb. 82). Gehen wir von der uns bekannten Formel

$$F = \int_0^{a} f(x)\,dx = \int_0^{a} y\,dx \qquad (1)$$

aus, so bedeutet in ihr y die Ordinate des den Ellipsenbogen durchlaufenden Punktes P, die in unserem Falle gleich $b \sin \varphi$ ist; dx ist aber jetzt nicht mehr das Differential des Arguments, sondern das Differential der Funktion $x = a \cos \varphi$, somit ist $dx = -a \sin \varphi\,d\varphi$. Setzt man diese Werte in (1) ein, so erhält man

$$F = \int\limits_{\varphi=\frac{\pi}{2}}^{\varphi=0} b \sin \varphi \cdot (-a \sin \varphi)\, d\varphi = a\,b \int\limits_{0}^{\frac{\pi}{2}} \sin^2 \varphi\, d\varphi.$$

Die Grenzen haben sich geändert; denn sie beziehen sich in (1) auf die Integrationsvariable x (ausführlich geschrieben: $\int\limits_{x=0}^{x=a} y\, dx$), jetzt sind sie mit Hilfe von $x = a \cos \varphi$ für die Integrationsvariable φ umzuformen:

$$\text{Für } x = 0 \text{ ist } \varphi = \frac{\pi}{2}, \qquad \text{(vgl. Abb. 45)}$$
$$„\quad x = a \quad „ \quad \varphi = 0.$$

Diese neuen Integrationsgrenzen sind die oben angegebenen, wobei ihre nachfolgende Vertauschung wegen Änderung des Vorzeichens vorgenommen wurde. Führen wir die Rechnung weiter, so folgt:

$$F = \frac{a\,b}{2} \int\limits_{0}^{\frac{\pi}{2}} (1 - \cos 2\,\varphi)\, d\varphi = \frac{a\,b}{2} \left| \varphi - \frac{1}{2} \sin 2\,\varphi \right|_{0}^{\frac{\pi}{2}} = \frac{a\,b\,\pi}{4}.$$

Daher ist die Gesamtfläche der Ellipse $a\,b\,\pi$. Aus ihr ergibt sich für $b = a$ die des Kreises mit $a^2\,\pi$.

2. Polarkoordinaten. Statt durch seine rechtwinkeligen Koordinaten (x, y) kann ein Punkt P auch durch *Polarkoordinaten*, nämlich den *Radiusvektor* $\overrightarrow{OP} = r$ und den *Polarwinkel* φ festgelegt werden (Abb. 83), wobei $r > 0$ und φ von der Horizontalen durch *den Pol O*, der *Polarachse*, aus positiv gezählt wird, wenn sich r entgegen dem Uhrzeigersinn um O dreht. Durch ein gegebenes Wertepaar (r, φ) ist ein Punkt P eindeutig bestimmt. Der Abb. entnimmt man sofort, daß

$$\boxed{\begin{aligned} x &= r \cos \varphi \\ y &= r \sin \varphi \end{aligned}}, \qquad (2)$$

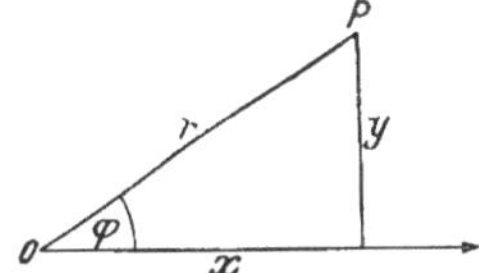

Abb. 83. Rechtwinkelige Koordinaten: x, y, Polarkoordinaten: r, φ.

wodurch der Übergang von Polarkoordinaten zu rechtwinkeligen vollzogen ist.

Bleibt r konstant und nimmt φ alle Werte zwischen 0 und $2\,\pi$ an, so beschreibt P einen Kreis um O, dessen *Polargleichung* mithin lautet:

$$r = \text{konst.}$$

Bei veränderlichem r und konstantem φ beschreibt P einen Halbstrahl durch O mit der Polargleichung

$$\varphi = \text{konst.}$$

Sind r und φ veränderlich und besteht zwischen ihnen eine Beziehung (Gleichung), so daß zu jedem Wert von φ ein Wert von r gehört, also r eine Funktion von φ ist:

$$r = f(\varphi),$$

so wird P eine Kurve beschreiben; $r = f(\varphi)$ heißt ihre Polargleichung.

Durchläuft z. B. P von O aus gleichförmig eine Gerade mit der Geschwindigkeit v, während sich diese um den Pol O mit der konstanten Winkelgeschwindigkeit ω dreht (Drehkran mit horizontalem Ausleger), so beschreibt P eine *Archimedische Spirale*. Da $r = vt$ und $\varphi = \omega t$, so erhält man durch Elimination von t:

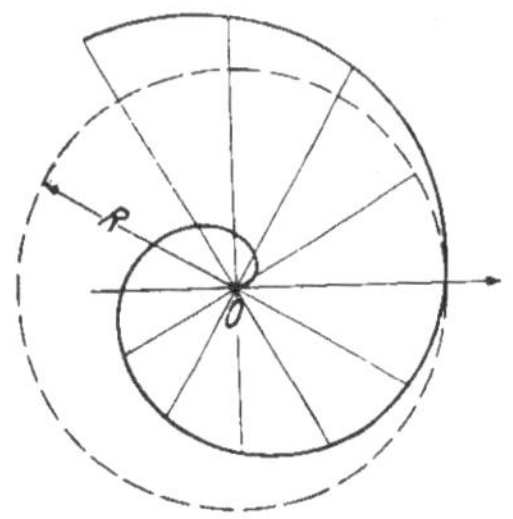

Abb. 84. Die Archimedische Spirale $r = k\varphi$.

$$\boxed{r = k\varphi} \qquad \left(k = \frac{v}{\omega}\right) \qquad (3)$$

als Gleichung der Archimedischen Spirale, in welcher sich r proportional dem φ ändert (Abb. 84). Mit wachsendem φ (über 2π hinaus) umkreist die Kurve in immer größeren Windungen den Pol O.

3. Sektorfläche. Eine Kurve $r = f(\varphi)$ und zwei beliebige Radien mit den zugehörigen Polarwinkeln α und β begrenzen eine *Sektorfläche* (Abb. 85), deren Inhalt wir nun bestimmen wollen. Wir zerlegen die Gesamtfläche F in schmale Kreissektoren mit dem Zentriwinkel $d\varphi$, deren Summe F ergibt, wenn wir $d\varphi$ nach Null streben lassen; denn die vernachlässigten Flächenstückchen sind offenbar unendlich klein von höherer Ordnung.

Greifen wir einen solchen Kreissektor, etwa den schraffierten heraus, so ist sein Flächeninhalt

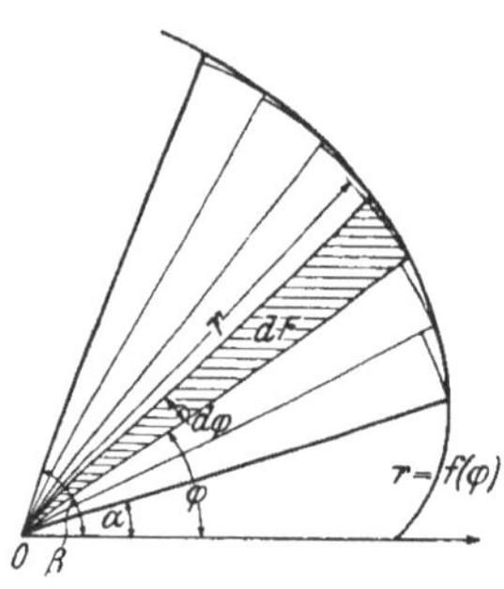

Abb. 85. Sektorfläche

$$F = \frac{1}{2} \int_a^\beta r^2 \, d\varphi.$$

$$dF = \frac{1}{2} r^2 \, d\varphi,$$

wobei hier r derjenige Wert ist, der vermöge $r = f(\varphi)$ zu dem in der Figur gewählten φ gehört. F ist dann der Grenzwert der Summe aller so gebildeten dF für $d\varphi \to 0$, mithin

$$F = \frac{1}{2} \int\limits_{\alpha}^{\beta} r^2 \, d\varphi \; . \tag{4}$$

Für die Archimedische Spirale ergibt sich

$$F = \frac{k^2}{2} \int\limits_{\alpha}^{\beta} \varphi^2 \, d\varphi = \frac{k^2}{6} \, \varphi^3 \, \Big|_{\alpha}^{\beta} = \frac{k^2}{6} \, (\beta^3 - \alpha^3).$$

Nimmt man speziell $\alpha = 0$ und $\beta = 2\,\pi$, so erhält man den Wert

$$\frac{4\,k^2}{3} \, \pi^3 = \frac{1}{3} \, (2\,k\,\pi)^2 \, \pi = \frac{1}{3} \, R^2 \, \pi,$$

also gleich dem dritten Teil des Kreises mit dem Radius $R = 2\,k\,\pi$ (Abb. 84).

4. Mechanische Arbeit. Summenbildungen von der Art, wie wir sie bei Flächenberechnungen kennen gelernt haben, mit der Bestimmung ihres Grenzwertes, wenn die Anzahl ihrer Glieder immer mehr zunimmt, treten aber noch bei vielen anderen Gelegenheiten auf. Der mathematische Kern unserer Überlegungen bleibt dabei immer derselbe. Wir wollen uns zunächst der Ermittlung der Arbeit zuwenden, die von einer Kraft P längs eines Weges s geleistet wird.

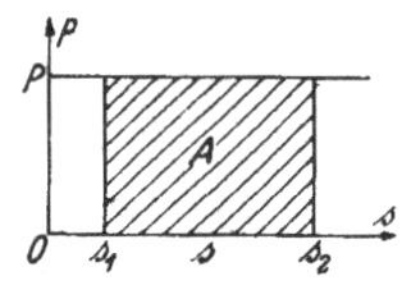

Abb. 86.
Arbeit $A = Ps$.

Bei konstantem P ist die von ihr geleistete Arbeit A längs des Wegstückes s von s_1 bis s_2:

$$A = Ps.$$

Ihre Maßzahl stimmt mit der in Abb. 86 schraffierten Fläche überein, wenn A z. B. in *kgm* angegeben wird, P in kg und s in *m* gemessen sind; sonst tritt nur ein Proportionalitätsfaktor hinzu.

Wenn sich aber P längs s ändert und eine gegebene Funktion von s ist:

$$P = f\,(s),$$

so zerlegen wir das Wegstück von s_1 bis s_2 in kleine Teile ds (Abb. 87). Nehmen wir an, daß P längs ds konstant bleibt (der dabei begangene Fehler darf vernachlässigt werden), so ist das *Arbeitsdifferential* an der Stelle s:

$$dA = P \cdot ds.$$

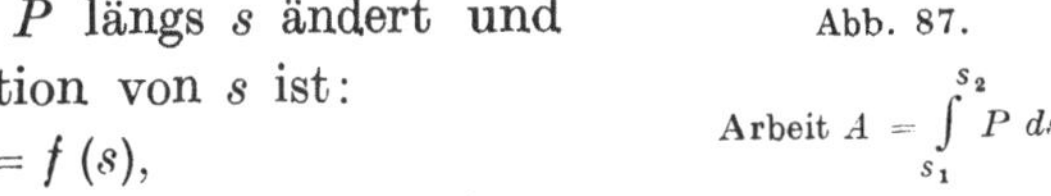

Abb. 87.

Arbeit $A = \int\limits_{s_1}^{s_2} P \, ds$.

Für P ist derjenige Wert der Funktion $f(s)$ einzusetzen, der zu dem angenommenen Wert von s gehört. Durch denselben Grenzübergang wie bisher erhalten wir die längs s geleistete Arbeit als die Maßzahl der Fläche unter $P = f(s)$ von s_1 bis s_2, so daß

$$\boxed{A = \int\limits_{s}^{s_2} P \cdot ds}.$$

Beispiel: Eine Schraubenfeder werde durch Spannen um das Stück l verlängert. Wie groß ist die geleistete Arbeit?

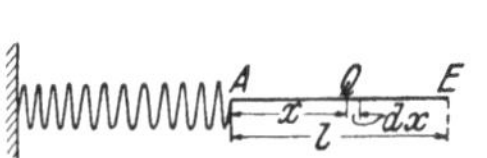

Abb. 88. Spannungsarbeit einer Feder.

Sei die Feder um das Stück x gespannt (Abb. 88), so ist ihr Endpunkt aus ihrer Anfangslage A in die Lage Q gelangt. Die Kraft P, die erforderlich ist, um die Feder jetzt noch um das kleine Stückchen dx weiter zu spannen, ist nach dem *Hookeschen* Gesetz gleich $k \cdot x$ und kann, solange sie längs dx wirkt, als konstant angesehen werden; das Arbeitsdifferential, das ist die längs dx geleistete Arbeit, ist daher

$$dA = P \, dx = k \, x \, dx,$$

die Gesamtarbeit A somit

$$A = \int\limits_{0}^{l} k \, x \, dx = \frac{k \, l^2}{2} = \frac{1}{2} \, P_E \cdot l.$$

Sie ist eben so groß wie die Arbeit, die von der halben (konstanten) Endkraft P_E längs l geleistet worden wäre. Man überprüfe das Ergebnis an einer graphischen Darstellung (Dreiecksfläche!). Ist z. B. $P_E = 16\,\text{kg}$, $l = 0{\cdot}25\,\text{m}$, so wird

$$A = 8 \cdot 0{\cdot}25 = 2\,\text{kgm} = 2 \cdot 9{\cdot}81 = 19{\cdot}62 \ \text{Wattsekunden}.$$

Diese geleistete Arbeit steckt in der gespannten Feder als potentielle Energie.

In Flüssigkeiten und Gasen ist die Kraft gleich dem Druck p mal der gedrückten Fläche F. Wird diese unter der Druckwirkung um die Strecke s verschoben, so ist bei konstantem Druck die Arbeit

$$A = p \cdot F \cdot s = pV,$$

wenn V das Volumen des Zylinders mit der Grundfläche F und der Höhe s bedeutet. Ist p veränderlich und eine Funktion von s, bzw. V, so ist das Arbeitsdifferential $dA = p \cdot dV$ und

$$A = \int\limits_{V_1}^{V_2} p \cdot dV.$$

Beispiel: Bei *isothermer* Ausdehnung (konst. Temperatur) gilt das *Boyle-Mariotte*sche Gesetz

$$p = \frac{k}{V}.$$

Die Ausdehnungsarbeit ist somit

$$A = \int_{V_1}^{V_2} \frac{k}{V}\, dV = k \ln V \Big|_{V_1}^{V_2} = k\,(\ln V_2 - \ln V_1) = k \ln \frac{V_2}{V_1}.$$

Dargestellt ist diese Arbeit durch die Fläche von V_1 bis V_2 unter der *Isotherme* $p = \dfrac{k}{V}$ (gleichseitige Hyperbel).

5. Technische Arbeit. Der Begriff der *technischen Arbeit*, an den sich auch einige mathematische Überlegungen knüpfen lassen, soll an dem Beispiel der *Expansionsmaschine* erklärt werden.

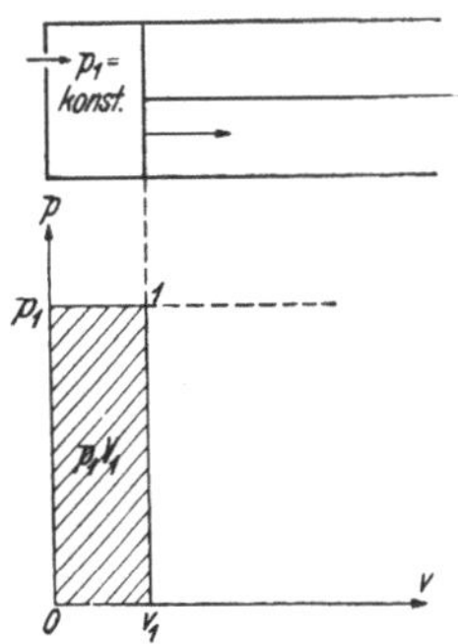

Abb. 89a. Der Kolben hat sich um $\overline{O\,V_1}$ nach rechts bewegt.

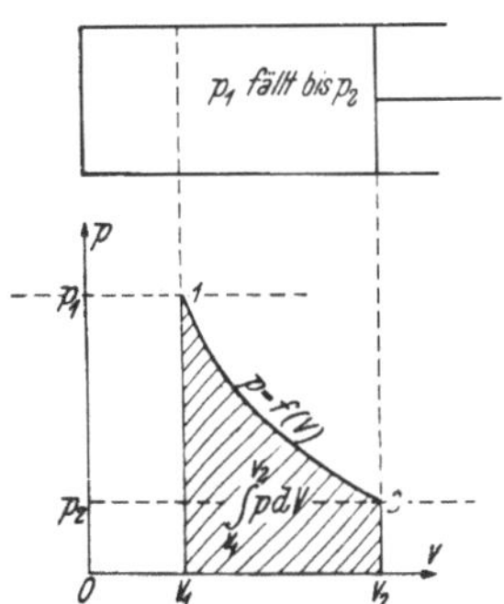

Abb. 89b. Der Kolben hat sich um die Strecke $\overline{V_1\,V_2}$ verschoben.

In den Zylinder einer Dampfmaschine strömt Dampf unter dem konstanten Druck p_1 ein und treibt den Kolben ein Stück vorwärts (Abb. 89a). Hat der Dampf den Raum V_1 eingenommen, so wird sein weiterer Zufluß gesperrt. Die von ihm geleistete Arbeit $p_1 V_1$ ist durch die schraffierte Fläche $O V_1\,1 p_1$ im unteren Teil der Abb. 89a dargestellt. Jetzt dehnt sich der Dampf aus, den Kolben weiter nach rechts schiebend, sein Druck sinkt von p_1 auf den Betrag p_2; das Dampfvolumen nimmt von V_1 bis V_2 zu. Die geleistete *Ausdehnungsarbeit* $\int_{V_1}^{V_2} p\,dV$ ist eben so groß wie die schraffierte Fläche unter der Kurve $p = f(V)$ in Abb. 89b. Im dritten Stadium kehrt der Kolben in die Anfangslage zurück, der Dampf strömt unter dem konstanten Druck p_2 aus, es wird Arbeit *verbraucht* (Integration von rechts nach links!) und ihrem Betrag daher das negative Vorzeichen vorgesetzt Diese Arbeit ist somit gleich $- p_2 V_2$, dargestellt durch die Fläche $V_2 O p_2\, 2$ in Abb. 89c. Damit ist eine Periode des ganzen Vorganges beendet, das Spiel beginnt von neuem.

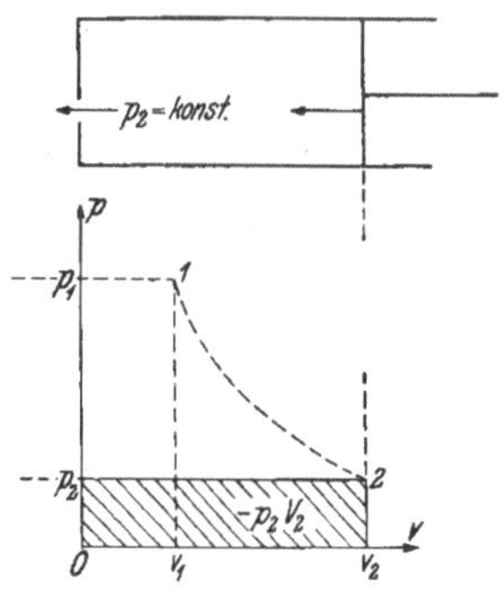

Abb. 89c. Der Kolben kehrt in seine Ausgangsstellung zurück.

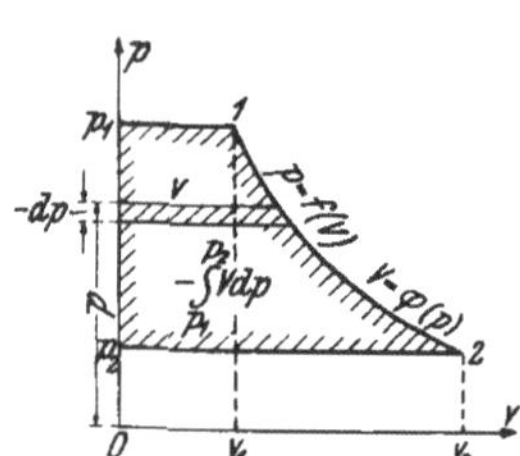

Abb. 89d. Gesamtarbeit.

Die nutzbare oder technische Arbeit (von Widerständen wurde abgesehen) während einer solchen Periode ist der Summe der drei eben angeführten Flächeninhalte gleich, das ist die Fläche $p_1 p_2\, 2\, 1$ der Abb. 89d:

$$A_{techn} = p_1\, V_1 + \int_{V_1}^{V_2} p\, dV - p_2\, V_2.$$

Zerlegt man diese Fläche in Streifen parallel zur V-Achse mit der Breite $- dp$ (entgegen der positiven Richtung!) und der Höhe $V = \varphi\,(p)$, so ist das Differential der technischen Arbeit

$$dA_{techn} = -\, Vdp$$

und die gesamte technische Arbeit

$$A_{techn} = - \int_{p_1}^{p_2} Vdp.$$

Die Umrahmung der Fläche $p_1 p_2\, 2\, 1$ weicht in Wirklichkeit von der schematischen Abb. 89d etwas ab, im wesentlichen durch Abrundung der Ecken. Dieses sogenannte *Indikatordiagramm* zeichnet die Maschine selbst. In einem solchen Fall kennt man die Funktionalgleichung der Kurve, unter der die Fläche bestimmt werden soll, nicht, und man kann daher die Integralrechnung nicht anwenden.

Man bedient sich dann mit Vorteil eines *Planimeters*; das ist ein Instrument, an dem sich eine Rolle dreht, während man mit einem Stift den Rand der Fläche umfährt; an der Rolle liest man die Maßzahl des Flächeninhaltes ab.

Als Ersatz ist das folgende Verfahren empfehlenswert, das beiläufig mit derselben Genauigkeit wie ein Planimeter arbeitet. Soll die Fläche $A B C D$ unter der in Abb. 90 gezeichneten Kurve ermittelt werden, so zerlegt man sie in Rechteckstreifen von 1 cm Breite. Die Höhen der einzelnen Rechtecke werden so gewählt, daß die über und unter der Kurve liegenden Zwickel in jedem Streifen dem Augenmaß nach gleich ausfallen. Mit Hilfe eines durchsichtigen Zeichendreiecks läßt sich diese Abschätzung ganz gut durchführen; die Fläche unter dem Treppenzug ist dann so ziemlich gleich groß mit der Fläche unter der Kurve. Dann trägt man auf einem

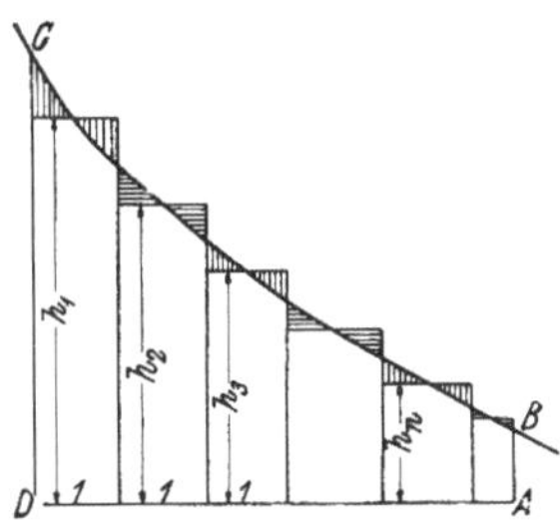

Abb. 90. Flächenbestimmung mittels eines Papierstreifens.

Papierstreifen die einzelnen Höhen mit Ausnahme der letzten, sie aneinanderreihend, auf und mißt die Entfernung $h_1 + h_2 + \ldots\ldots + h_n$ der beiden Endmarken, die mit der Maßzahl des Flächeninhaltes ausschließlich des letzten Streifens übereinstimmt. Dessen Breite wird gesondert gemessen, mit der zugehörigen Höhe multipliziert und dann zu dem vorigen Ergebnis addiert.

6. Arbeit eines elektrischen Stromes. Die von einem Gleichstrom i mit der konstanten Spannung u während der Zeit $t = t_2 - t_1$ geleistete Arbeit ist

$$A = uit \text{ Wattsekunden.}$$

Sind u und i veränderlich und Funktionen von t, so können beide während der kleinen Zeitspanne dt als konstant angesehen werden und das Arbeitsdifferential wird

$$dA = uidt.$$

Daher die Gesamtarbeit

$$A = \int_{t_1}^{t_2} uidt.$$

1. B e i s p i e l : Beim Schließen eines Stromkreises wächst die Stromstärke in der Zeit $\bar{t}$ von 0 bis $\bar{I}$ an. Welche Arbeit leistet i zur Überwindung der Spannung der Selbstinduktion $u_s = L\dfrac{di}{dt}$?

$$A = \int\limits_0^{\bar{t}} L \frac{di}{dt} \cdot i\, dt.$$

Nun ist aber $\frac{di}{dt} \cdot dt = di$, denn umgekehrt ist das Differential di gleich der Ableitung $\frac{di}{dt}$ mal dem Differential dt des Arguments (S. 72). Schreibt man jetzt in dem obigen Integral di an Stelle von $\frac{di}{dt} \cdot dt$, so ist damit die Integrationsvariable t durch die Integrationsvariable i ersetzt und daher müssen auch die Grenzen geändert werden.

$$\text{Zur Zeit } t = 0 \text{ ist } i = 0,$$
$$\text{,,} \quad \text{,,} \quad t = \bar{t} \text{ ,, } i = I.$$

Mithin

$$A = L \int\limits_0^{\bar{I}} i\, di = \frac{L\, i^2}{2} \Big|_0^{\bar{I}} = \frac{L\, \bar{I}^2}{2} \text{ Wattsekunden.}$$

2. **Beispiel:** Ein sinusförmiger Wechselstrom in einem Stromkreis ohne Selbstinduktion und Kapazität ($i = \bar{I} \sin \omega t$, $u = \bar{U} \sin \omega t$) leistet während einer Periode $T = \dfrac{2\,\pi}{\omega}$ die Arbeit

$$A = \int\limits_0^T \bar{U}\, \bar{I} \sin^2 \omega t\, dt = \frac{\bar{U}\, \bar{I}}{2} T = \frac{\bar{U}}{\sqrt{2}} \cdot \frac{\bar{I}}{\sqrt{2}}\, T \text{ Wattsekunden.}$$

Dieselbe Arbeit würde ein Gleichstrom mit den *Effektivwerten*

$$U_{eff} = \frac{\bar{U}}{\sqrt{2}} \text{ und } I_{eff} = \frac{\bar{I}}{\sqrt{2}} \text{ leisten.}$$

Die geleistete Arbeit erscheint wieder als Fläche unter der Kurve (Abb. 91)

$$y = \bar{U}\, \bar{I} \sin^2 \omega t = \frac{\bar{U}\, \bar{I}}{2} (1 - \cos 2\, \omega t) =$$

$$= \frac{\bar{U}\, \bar{I}}{2} + \frac{\bar{U}\, \bar{I}}{2} \sin\left(2\, \omega t - \frac{\pi}{2}\right),$$

das ist eine um $\dfrac{\bar{U}\, \bar{I}}{2}$ gehobene Sinuslinie mit der Amplitude $\dfrac{\bar{U}\, \bar{I}}{2}$ und der Periode $\dfrac{\pi}{\omega} = \dfrac{T}{2}$, die um $\dfrac{T}{8}$ nach rechts verschoben ist

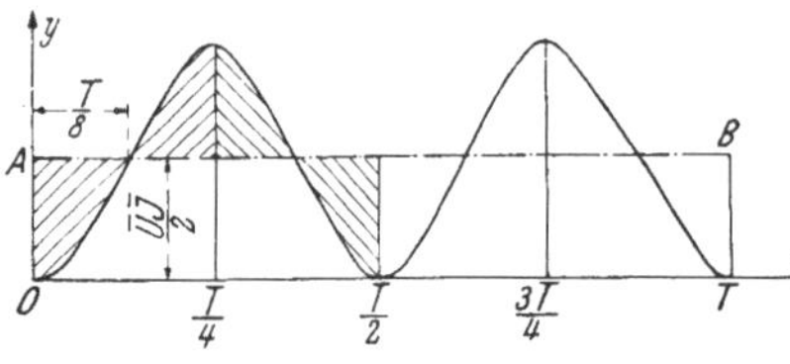

Abb. 91. Die Fläche unter der Kurve $y = \bar{U}\, \bar{I} \sin^2 \omega t = $ der Rechtecksfläche $A\,O\,T\,B$.

(§ 6, 3.). Sie schlängelt sich um die strichpunktierte Gerade $A\,B$ und die Fläche unter ihr ist eben so groß wie die Fläche des Rechteckes

$AOTB$ mit der Basis T und der Höhe $\dfrac{\overline{U}\,\overline{I}}{2}$, wodurch das obige Resultat bestätigt erscheint.

3. Beispiel: Ist in dem Stromkreis Selbstinduktion und Kapazität vorhanden, so sind Strom und Spannung gegeneinander phasenverschoben. Es sei $i = \overline{I} \sin \omega t$ und $u = \overline{U} \sin (\omega t + \varphi)$. Die während einer Periode $T = \dfrac{2\pi}{\omega}$ geleistete Arbeit ist zu berechnen.

$$A = \overline{U}\,\overline{I} \int_0^T \sin(\omega t + \varphi) \sin \omega t \, dt =$$

$$= \frac{\overline{U}\,\overline{I}}{2} \int_0^T [\cos \varphi - \cos(2\omega t + \varphi)]\, dt =$$

$$= \frac{\overline{U}\,\overline{I}}{2} \left| t \cdot \cos \varphi - \frac{1}{2\omega} \sin(2\omega t + \varphi) \right|_0^T =$$

$$= \frac{\overline{U}\,\overline{I}}{2} \left(T \cos \varphi - \frac{1}{2\omega} \sin \varphi + \frac{1}{2\omega} \sin \varphi \right) =$$

$$= \frac{\overline{U}\,\overline{I}}{2} T \cos \varphi \ \text{Wattsekunden.}$$

Zeichnet man wieder die Kurve (Abb. 92)

$$y = \overline{U}\,\overline{I} \sin(\omega t + \varphi) \sin \omega t = \frac{\overline{U}\,\overline{I}}{2} \cos \varphi +$$

$$+ \frac{\overline{U}\,\overline{I}}{2} \sin \left(2\omega t + \varphi - \frac{\pi}{2} \right),$$

so ergibt sich eine um $\dfrac{\overline{U}\,\overline{I}}{2} \cos \varphi$ in der Richtung der y-Achse verschobene Sinuslinie mit der Amplitude $\dfrac{\overline{U}\,\overline{I}}{2}$ und der Periode $\dfrac{\pi}{\omega} = \dfrac{T}{2}$; sie ist um $\dfrac{\pi}{4\omega} - \dfrac{\varphi}{2\omega}$ nach rechts gerückt. Die Fläche unter der Kurve ist gleich der Rechtecksfläche $APQR$, denn die am Rande schraffierten Flächenteile ober- und unterhalb der strichpunktierten Geraden AR, wie $ABCD$ und $BEFG$, sind einander gleich und die mit $+$ und $-$ bezeichneten Flächen heben sich gegenseitig auf. Die über der t-Achse liegenden Flächen stellen die

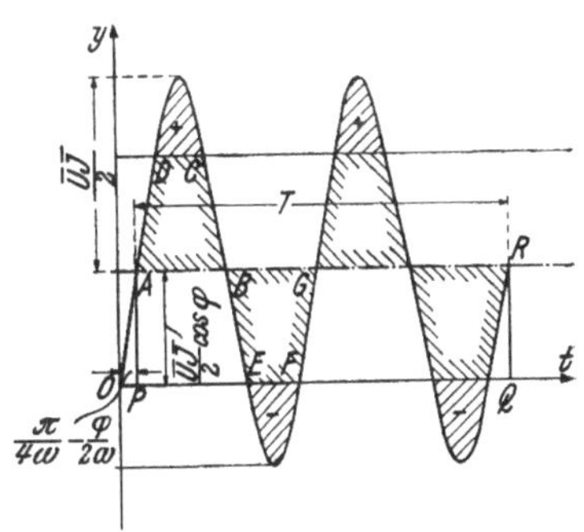

Abb. 92. Die Fläche unter der Kurve $y = \overline{U}\,\overline{I} \sin(\omega t + \varphi) \sin \omega t =$ der Rechtecksfläche $APQR$.

dem Stromkreis· entnommene, die unterhalb liegenden die zurück-gegebene Arbeit vor.

Ist $\varphi = 0$, so erhalten wir das vorige Beispiel, für $\varphi = \pm \dfrac{\pi}{2}$ (rein induktiver oder rein kapazitiver Widerstand) wird die Leistung $N = I_{eff}\, U_{eff} \cos \varphi$ Watt gleich 0 (wattloser Strom). Man entwerfe die entsprechende Zeichnung.

7. Mittelwerte. Es seien in gleichen Abständen dx die Ordinaten $y_1, y_2, \ldots y_n$ der Kurve $y = \mathrm{f}(x)$ gezogen (Abb. 93). Ihr *Mittelwert* (arithmetisches Mittel) ist dann

$$y_m = \frac{y_1 + y_2 + \cdots + y_n}{n} = \frac{y_1\, dx + y_2\, dx + \cdots + y_n\, dx}{n\, dx} =$$

$$= \frac{1}{b-a} \sum_{k=1}^{n} y_k\, dx.$$

Läßt man $n \to \infty$ und $dx \to 0$ streben, so definiert man

$$\boxed{\; Y_m = \frac{1}{b-a} \lim_{n \to \infty} \sum_{k=1}^{n} y_k\, dx = \frac{1}{b-a} \int_a^b y\, dx \;} \qquad (5)$$

als den *Mittelwert der Funktion $y = f(x)$ in dem Intervall (a, b).*

Beispiel: Man berechne den Mittelwert von $\sin x$ zwischen $x = 0$ und $x = \pi$.

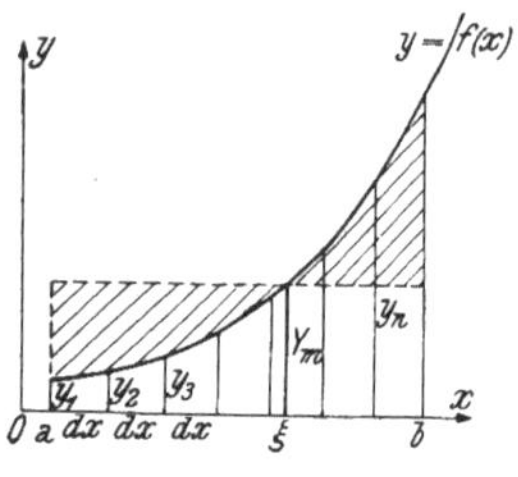

$$Y_m = \frac{1}{\pi} \int_0^\pi \sin x\, dx = \frac{2}{\pi} = 0\cdot 637.$$

In der Formel (5) bedeutet Y_m die Ordinate, die zu einer zwischen a und b gelegenen Abszisse ξ gehört, so daß $Y_m = f(\xi)$. Setzen wir diesen Ausdruck an Stelle von Y_m in (5) ein, so erhalten wir

$$f(\xi) = \frac{1}{b-a} \int_a^b f(x)\, dx,$$

Abb. 93. Mittelwert Y_m der Funktion $y = f(x)$. Die schraffierten Flächen sind einander gleich.

woraus der *Mittelwertsatz der Integralrechnung* folgt:

$$\int_a^b f(x)\, dx = (b-a)\, f(\xi). \qquad (a < \xi < b) \qquad (6)$$

Er kann dazu dienen, ein bestimmtes Integral abzuschätzen, wenn man es nicht auswerten kann. So ist z. B.

$$\int_2^3 \frac{\ln x}{x}\, dx = \frac{\ln \xi}{\xi}.$$

Da man ξ nicht genau kennt, sondern nur weiß, daß $2 < \xi < 3$, so liegt der Wert dieses bestimmten Integrals zwischen

$$\frac{\ln 2}{2} = 0{\cdot}347 \quad \text{und} \quad \frac{\ln 3}{3} = 0{\cdot}366.$$

Aus dem Mittelwertsatz der Integralrechnung ergibt sich sofort der *Mittelwertsatz der Differentialrechnung*. Ist nämlich

$$f(x) = F'(x) \quad \text{und} \quad \int_a^b f(x)\,dx = F(b) - F(a),$$

so geben diese Ausdrücke in (6) eingesetzt:

$$F(b) - F(a) = (b - a) \cdot F'(\xi),$$

oder

$$\frac{F(b) - F(a)}{b - a} = F'(\xi). \qquad (a < \xi < b).$$

Dieser Mittelwertsatz drückt die Tatsache aus, daß es zwischen den Kurvenpunkten A und B (Abb. 94) einen Punkt P gibt, dessen Tangente zur Sehne $A\,B$ parallel ist, wenn in jedem Punkt zwischen A und B eine Tangente existiert. Beide Mittelwertsätze spielen bei theoretischen Untersuchungen eine wichtige Rolle, sind aber für die Anwendungen von geringerer Bedeutung.

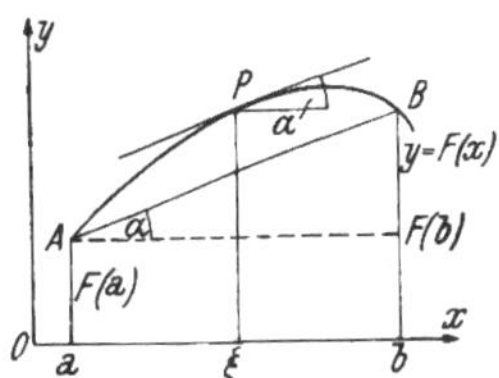

Abb. 94. Mittelwertsatz der Differentialrechnung.

8. Übungen. 1. Gesucht die Fläche zwischen $y = -x^2 + 7x - 10$ und der x-Achse.

Lösung: $F = 4{\cdot}5$.

2. Wie groß ist das gemeinschaftliche Flächenstück zwischen den beiden Parabeln $y^2 = 2px$ und $x^2 = 2py$? Man benutze das Ergebnis des Beispiels S. 89.

Lösung: $F = \dfrac{4}{3} p^2$.

3. Die Fläche unter der Sinuslinie $y = \sin x$ von $x = 0$ bis $x = \pi$ wird durch die Gerade $y = \dfrac{1}{2}$ in zwei Teile zerlegt. Man berechne sie.

Lösung: Der obere Teil $= \sqrt{3} - \dfrac{\pi}{3} = 0{\cdot}685$, der untere Teil $= 1{\cdot}315$.

4. Rollt ein Kreis k vom Radius a auf einer Geraden ohne zu gleiten (Wagenrad), so beschreibt ein beliebiger Punkt auf dem Umfang dieses Kreises eine *gemeine Zykloide* (Abb. 95). Man konstruiere sie, indem man den Kreis etwa stets um $\dfrac{1}{12}$ seines Umfanges weiter rollen läßt (vgl. die Konstruktion von *Kochansky*, § 6, 2.) und die Stellen markiert, an welchen sich der beschreibende Punkt jeweils befindet. Wenn der Kreis z. B. so weit gerollt ist, daß er die Gerade im Punkte B berührt, so ist der beschreibende Punkt, der in der Ausgangslage in o gewählt wurde, nach P gelangt, wobei der Bogen $\overset{\frown}{BP} = \overset{\frown}{OT} =$ der Strecke $\overline{OB}$ sein muß, da sich der Kreis ja auf der Geraden abgewälzt hat und der Punkt T auf den Punkt B gefallen ist.

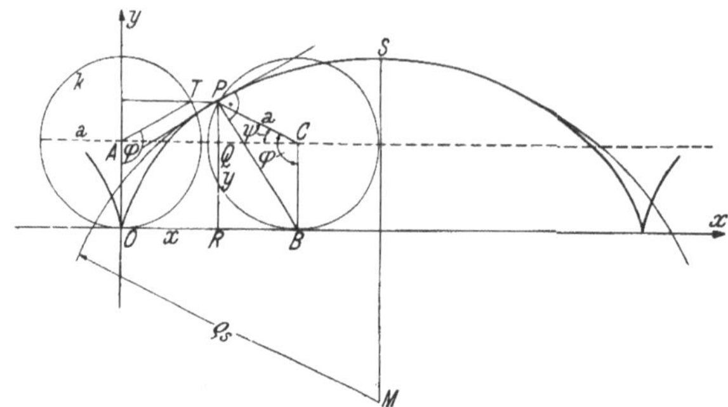

Abb. 95. Die gemeine Zykloide (Radlinie).

Bezeichnet man den *Wälzungswinkel* mit φ, so ist jede dieser drei genannten Größen gleich $a\,\varphi$. Bei der aus der Figur ersichtlichen Lage des Achsenkreuzes sind die Koordinaten (x, y) des Punktes P

$$x = \overline{O\,R} = \overline{O\,B} - \overline{R\,B} = a\,\varphi - a\cos\psi = a\,(\varphi - \sin\varphi),$$

da $\psi = \varphi - \dfrac{\pi}{2}$ ist, und

$$y = \overline{R\,P} = \overline{R\,Q} + \overline{Q\,P} = a + a\sin\psi = a\,(1 - \cos\varphi).$$

Die gemeine Zykloide ist demnach in Parameterform durch das Gleichungspaar

$$x = a\,(\varphi - \sin\varphi) \tag{*}$$
$$y = a\,(1 - \cos\varphi)$$

dargestellt mit dem Wälzungswinkel φ als Parameter.

Ist der Kreis einmal ganz abgerollt, so ist dadurch e in *Gang* der Zykloide beschrieben; beim Weiterrollen entstehen neue Gänge, die mit dem ersten kongruent sind.

Man berechne den Flächeninhalt zwischen einem Gang und der x-Achse.

Lösung: Da $y = a\,(1 - \cos\varphi)$ und $dx = a\,(1 - \cos\varphi)\,d\varphi$, so ist

$$F = a^2 \int\limits_0^{2\pi} (1 - \cos\varphi)^2\,d\varphi = 3\,a^2\,\pi,$$

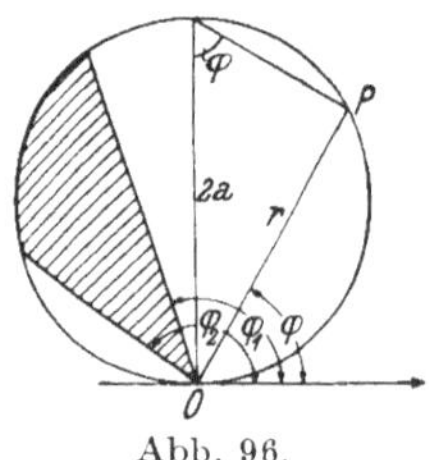

Abb. 96.

also dreimal so groß wie die Fläche des rollenden Kreises. Man messe die Fläche nach der Papierstreifenmethode aus.

5. Die Gleichung des Kreises mit dem Radius a der Abb. 96 lautet in Polarkoordinaten $r = 2a\sin\varphi$, wie man leicht nachweist (*Zeunerdiagramm* einer Sinusschwingung). Wie groß ist die Sektorfläche zwischen den Winkeln φ_1 und φ_2? Wie groß ist speziell die Fläche des Segmentes, die zu dem Winkel φ gehört? Man bestimme den Mittelwert von r für $0 \leq \varphi \leq \pi$.

Lösung:

$$F = 2\,a^2 \int\limits_{\varphi_1}^{\varphi_2} \sin^2 \varphi \, d\varphi = a^2 \, (\varphi_2 - \varphi_1) - \frac{a^2}{2} \, (\sin 2\,\varphi_2 - \sin 2\,\varphi_1).$$

Für die Segmentfläche ist $\varphi_1 = 0$, $\varphi_2 = \varphi$, daher $F = \dfrac{a^2}{2} \, (2\,\varphi - \sin 2\,\varphi)$. (Vgl. Beispiel 5, S. 64.)

$$r_m = \frac{2\,a}{\pi} \int\limits_0^{\pi} \sin \varphi \, d\varphi = \frac{4\,a}{\pi} = 1\cdot273\,a.$$

6. Man konstruiere die Kurve $r = \pm\, k \sqrt{\cos 2\,\varphi}$ und berechne ihren Flächeninhalt. Sie hat die Form eines liegenden Achters und heißt *Lemniskate*.

Lösung:

$$\frac{F}{4} = \frac{k^2}{2} \int\limits_0^{\frac{\pi}{4}} \cos 2\,\varphi \, d\varphi = \frac{k^2}{4} \sin 2\,\varphi \,\Big|_0^{\frac{\pi}{4}} = \frac{k^2}{4}.$$

7. Welche Arbeit muß geleistet werden, um einen Körper von der Ruhelage bis zur Geschwindigkeit $\overline{v}$ zu bringen?

Lösung: $d\,A = P\,ds$; die Kraft P dient dazu, den Körper zu beschleunigen und ist gleich $m\,\dot{v}$. Nun ist aber $v = \dfrac{ds}{dt}$, daher $ds = v\,dt$, $d\,A = m\,\dot{v}\,v\,dt$. Da $\dot{v}\,dt = dv$, so wird

$$A = \int\limits_0^{\overline{v}} m\,v\,dv = \frac{m\,\overline{v}^2}{2}. \qquad \text{(Kinetische Energie)}.$$

8. Ein Kondensator wird von der Ladung 0 auf die Ladung Q gebracht. Welche Arbeit ist dazu erforderlich?

Lösung: $d\,A = u\,i\,d\,t$; u und i sind veränderlich, weil nur eine Spannungssteigerung eine weitere Ladungserhöhung bewirken kann, wenn der Kondensator schon eine gewisse Ladung Q besitzt. Aus $Q = C\,u$ und $i = \dfrac{dQ}{d\,t} = C\,\dfrac{du}{d\,t}$ folgt $d\,A = C\,u\,\dfrac{du}{d\,t}\,d\,t = C\,u\,du.$ Daher

$$A = C \int\limits_0^{\overline{U}} u\,du = \frac{C\,\overline{U}^2}{2} = \frac{\overline{Q}\,\overline{U}}{2}. \qquad \text{(Elektrische Energie des Kondensators.)}$$

9. Es soll der Mittelwert der Funktion e^x in dem Intervall von -1 bis $+1$ gefunden werden.

Lösung:

$$Y_m = \frac{1}{2} \int\limits_{-1}^{+1} e^x \, dx = \frac{1}{2}\,e^x \,\Big|_{-1}^{+1} = 1\cdot175.$$

10. Unter der *spezifischen Wärme* c eines Stoffes versteht man jene Wärmemenge in kcal, die erforderlich ist, um 1 kg dieses Stoffes um 1^0 zu erwärmen. Sie ist von der Temperatur ϑ abhängig und z. B. bei Eisen durch die Formel gegeben

$$c = 0\cdot000142\,\vartheta + 0\cdot1053,$$

die für Temperaturen von 0° bis 200° C gültig ist. Wie groß ist die mittlere spezifische Wärme?

Lösung:

$$c_m = \frac{1}{200} \int_0^{200} (0 \cdot 000142\, \vartheta + 0 \cdot 1053)\, d\vartheta =$$

$$= \frac{1}{200} \left| 0 \cdot 000071\, \vartheta^2 + 0 \cdot 1053\, \vartheta \right|_0^{200} = 0 \cdot 1195 \text{ kcal.}$$

Warum ist hier $c_m = 0 \cdot 000142 \cdot 100 + 0 \cdot 1053$? Zeichnung!

§ 15. Näherungsweise Integration.

1. Graphische Integration. Wir wir zu einer gegebenen Kurve auf graphischem Weg die abgeleitete Kurve gefunden haben, so läßt sich auch umgekehrt zu einer beliebigen Kurve die *Stamm-* oder *Integralkurve* ermitteln. Diese *graphische Integration* kann, ähnlich wie das weiter unten besprochene Näherungsverfahren, dann angewendet werden, wenn die zu integrierende Funktion nur durch ihr Bild oder durch eine Reihe von Wertepaaren gegeben ist, aber auch in solchen Fällen, in welchen zwar die Funktionalgleichung bekannt ist, der verlangten Integration jedoch sehr große oder überhaupt unüberwindliche Schwierigkeiten entgegenstehen.

Um die Lösung der Aufgabe eindeutig zu machen — zu einer gegebenen Kurve gehören bekanntlich unendlich viele Stammkurven — wählen wir jene Integralkurve aus, deren Ordinate die Fläche unter der gegebenen Kurve angibt. Oder mit anderen Worten: Ist $y = f(x)$ die gegebene Kurve, so suchen wir durch **Zeichnung** die Kurve

$$Y = \int_a^x f(x)\, dx,$$

so daß die zur Abszisse[1] x gehörige Ordinate Y eben so groß ist, wie die Fläche unter der Kurve $y = f(x)$ von $x = a$ bis zur beliebig gewählten Stelle x.

Beginnen wir mit der gegebenen Funktion $y = m$ (Abb. 97), so ist

$$\int_a^x m\, dx = m\,(x - a).$$

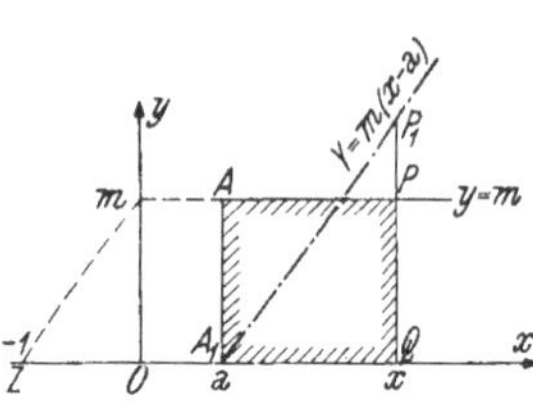

Abb. 97. Graphische Integration von $y = m$.

Das Bild der Integralfunktion $Y = m\,(x - a)$ ist eine Gerade mit der Steigung m parallel zu $\overline{Zm}$, wobei $Z\,(-1, 0)$; die Ordinate des

---

[1] Dieses x darf mit der Integrationsvariablen x nicht verwechselt werden.

Punktes P_1 besitzt dieselbe Maßzahl wie die Rechteckfläche $A_1\,Q\,P\,A = m\,(x - a)$.

Durch wiederholte Anwendung dieses Verfahrens können wir nun die Integralkurve konstruieren, wenn die gegebene (unstetige) Funktion durch eine Reihe von horizontalen Strecken $\overline{A\,B}$, $C\,D$, $\overline{E\,F}$, $\overline{G\,H}$, ... dargestellt ist (Abb. 98). Wir verbinden $Z\,(-1,0)$ mit den Punkten 1, 2, 3, 4 auf der y-Achse, die in gleicher Höhe liegen wie diese waagrechten Strecken und ziehen zu diesen Verbindungslinien die Parallelen

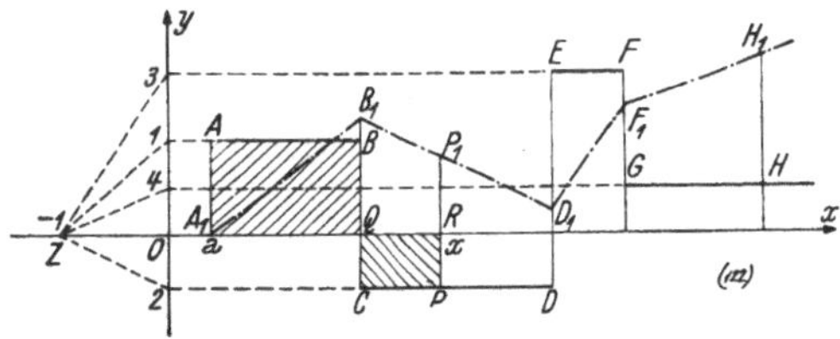

Abb. 98. Die Integralkurve $A_1\,B_1\,D_1\,F_1\,H_1$ zu dem unstetigen Linienzug $A\,B\,C\,D\,E\,F\,G\,H$.

$$\overline{A_1\,B_1} \parallel \overline{Z\,1}, \quad \overline{B_1\,D_1} \parallel \overline{Z\,2}, \quad \overline{D_1\,F_1} \parallel \overline{Z\,3}, \quad \overline{F_1\,H_1} \parallel \overline{Z\,4}.$$

Der so erhaltene gebrochene Linienzug $A_1\,B_1\,D_1\,F_1\,H_1$ (in der Figur strichpunktiert) ist die gesuchte Integralkurve. An jeder Stelle x gibt die Ordinate $\overline{R\,P_1}$ die bis hieher reichende Fläche unter dem Treppenzug $A\,B\,C\,D$ ..... an (in der Figur die Fläche $A_1\,Q\,B\,A - C\,P\,R\,Q$).

Ist nun im allgemeinen Fall $y = f\,(x)$ eine beliebige Kurve, so kann man diesen auf den eben besprochenen Fall zurückführen, daß man die Kurve durch einen flächengleichen Treppenzug ersetzt, ähnlich wie wir bei der Papierstreifenmethode vorgegangen sind. Der Unterschied besteht nur darin, daß man jetzt die Zwickel, die in den Schnittpunkten der Kurve mit den vertikalen Strecken aneinanderstoßen, flächengleich macht, wie z. B. $A\,B\,S$ und $S\,C\,P$ in Abb. 99, was natürlich wieder nur dem Augenmaß nach geschieht, und daß auch die Breiten der auftretenden Streifen nicht gleich sein können.

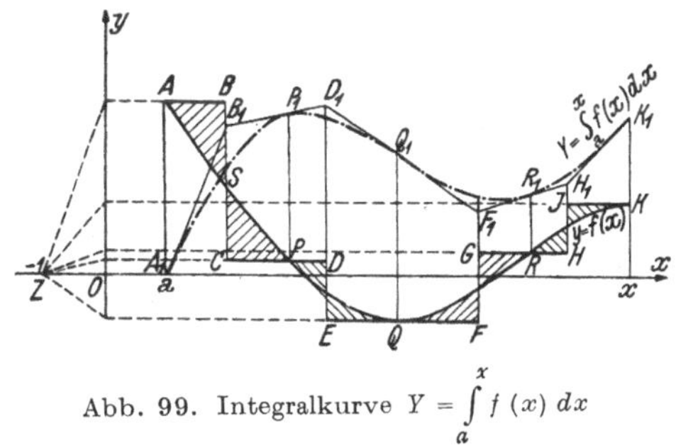

Abb. 99. Integralkurve $Y = \int\limits_a^x f\,(x)\,dx$

zur Kurve $y = f\,(x)$.

Wir konstruieren vorerst die Integralkurve $A_1\,B_1\,D_1\,F_1\,H_1\,K_1$ zu dem Treppenzug $A\,B\,C\,D\,E\,F\,G\,H$. Wir behaupten dann, daß die gesuchte Integralkurve

$$Y = \int_a^x f(x)\, dx \qquad \text{(in der Figur strichpunktiert)}$$

den eben erwähnten Linienzug in den Punkten A_1, P_1, Q_1, R_1 und K_1 berührt. Zunächst gehören diese Punkte der gesuchten Integralkurve sicher an, denn ihre Ordinaten stimmen mit den Maßzahlen der entsprechenden Flächenteile unter der gegebenen Kurve überein. So ist z. B. die Fläche unter dem Treppenzug $A\,B\,C\,P$ gleich der Ordinate von P_1 und eben so groß, wie die Fläche unter dem Bogenstück $A\,\overset{\frown}{S\,P}$ der gegebenen Kurve. Bedenkt man ferner, daß diese die abgeleitete Kurve zur Integralkurve Y ist, so lehrt ein Vergleich mit Abb. 50, wo die abgeleitete Kurve konstruiert wurde, daß die Steigungen in den Punkten A_1, P_1, Q_1, R_1 und K_1 den Ordinaten der Punkte A, P, Q, R und K gleich sein müssen. Die gesuchte Integralkurve ist somit durch eine Reihe von Tangenten — der Integralkurve des Treppenzuges — mit ihren Berührungspunkten bestimmt. Letztere besitzen dieselben Abszissen wie die Schnittpunkte (Berührungspunkte) der horizontalen Strecken des Treppenzuges mit der gegebenen Kurve.

Die Stufen des Treppenzuges sollen nicht zu groß gezeichnet werden, um die Abschätzung der flächengleichen Zwickel nicht zu erschweren, aber auch nicht zu klein, da sich sonst eine Summierung zu vieler Einzelfehler ergibt. Nur die praktische Erfahrung lehrt, hier die richtige Mitte zu halten. In der Figur wurde mit Absicht eine so große Stufenhöhe angenommen, um dadurch an Deutlichkeit zu gewinnen.

Wird der *Integrationspol* Z nicht in der Entfernung -1 von O, sondern in einer k-mal so großen Entfernung gewählt, so werden dadurch die Steigungen der Tangenten an die Integralkurve k-mal so klein, damit aber auch die Ordinaten der letzteren. Der Zweck einer solchen Wahl besteht darin, ein zu hohes Anwachsen der Integralkurve zu vermeiden; man darf nur nicht vergessen, zum Schluß die Ordinaten noch mit k zu multiplizieren, um ihre wahren Werte zu erhalten.

2. Die Keplersche Regel. *Ist y eine Funktion von höchstens 3. Grad:*

$$y = a_3\, x^3 + a_2\, x^2 + a_1\, x + a_0, \tag{1}$$

so ist das bestimmte Integral dieser Funktion — erstreckt über das Intervall $2\,h$ — gleich dem 6. Teil dieses Intervalls mal: Funktionswert y_A am Anfang des Intervalls, plus 4-fachem Funktionswert y_M

in der Mitte, plus Funktionswert y_E am Ende des Intervalls (Abb. 100).
Es ist also, wenn die Intervallsgrenzen mit $m - h$ und $m + h$ bezeichnet werden:

$$\int_{m-h}^{m+h} (a_3 x^3 + a_2 x^2 + a_1 x + a_0)\, dx =$$

$$= \frac{2h}{6}\,(y_A + 4\,y_M + y_E).$$

Der Beweis ist durch tatsächliche Ausrechnung leicht zu führen. Es ist nämlich einerseits

$$\int_{m-h}^{m+h} (a_3 x^3 + a_2 x^2 + a_1 x + a_0)\, dx =$$

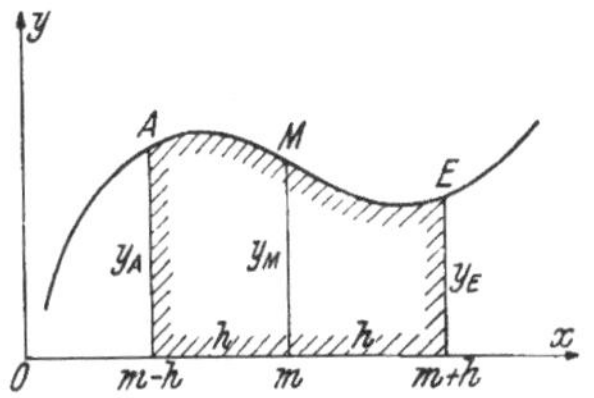

Abb. 100.
Die Keplersche Regel:
$$F = \frac{h}{3}\,(y_A + 4\,y_M + y_E).$$

$$= \left| \frac{a_3 x^4}{4} + \frac{a_2 x^3}{3} + \frac{a_1 x^2}{2} + a_0 x \right|_{m-h}^{m+h},$$

und andererseits ist

$$\frac{2h}{6}\,(y_A + 4\,y_M + y_E) = \frac{h}{3}\,[a_3\,(m - h)^3 + a_2\,(m - h)^2 + a_1\,(m - h) +$$
$$+ a_0 + 4\,(a_3\,m^3 + a_2\,m^2 + a_1\,m + a_0) + a_3\,(m + h)^3 + a_2\,(m + h)^2 +$$
$$+ a_1\,(m + h) + a_0].$$

Der Studierende möge durch Weiterführung der Rechnung selbst bestätigen, daß in beiden Fällen dasselbe Resultat

$$2\,a_3\,(m^3 h + m h^3) + 2\,a_2\left(m_2 h + \frac{1}{3}\,h^3\right) + 2\,a_1\,m h + 2\,a_0\,h$$

herauskommt; es stellt die in Abb. 100 am Rande schraffierte Fläche dar.

Diese Regel gilt auch für Funktionen niedrigeren Grades, da einzelne der Koeffizienten $a_3, a_2, \ldots$ gleich 0 sein können. Für $a_3 = 0$ erhalten wir die quadratische Funktion

$$y = a_2 x^2 + a_1 x + a_0, \tag{2}$$

die eine Parabel vorstellt, deren Achse zur y-Achse parallel ist (Üb. 4., S. 18). Dieser Sonderfall ist wegen seiner Häufigkeit für uns der wichtigste und wir wollen für ihn die *Keplersche Regel* nochmals als Formel anschreiben:

$$\boxed{\int_{m-h}^{m+h} (a_2 x^2 + a_1 x + a_0)\, dx = \frac{h}{3}\,(y_A + 4\,y_M + y_E)} \tag{3}$$

Der Ausdruck auf der rechten Seite in (3) gibt nur dann die Fläche unter einer Kurve genau wieder, wenn diese eine Gleichung

von der Form (2) (allgemeiner von der Form (1)) besitzt. Wendet man
die Keplersche Regel auf eine beliebige Funktion $y = f(x)$ an (Abb. 101),
so stellt der Ausdruck

$$\frac{h}{3}\,(y_A + 4\,y_M + y_E)$$

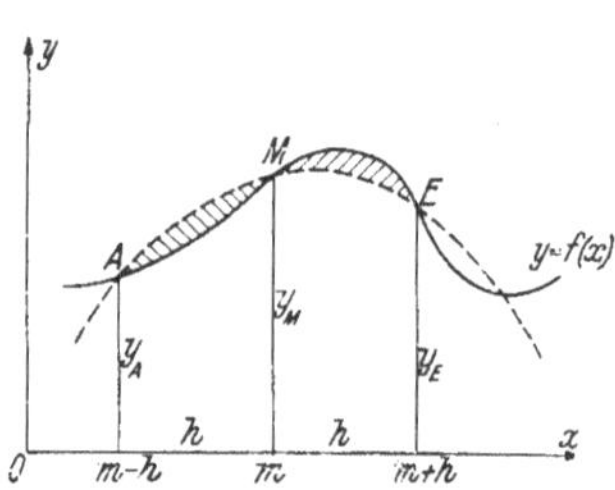

nicht die Fläche **unter dieser Kurve**,
sondern unter der **Parabel** (in der Figur
strichliert) dar, die **durch die drei Punkte**
A, M und E auf $y = f(x)$ gelegt werden
kann. Diese Parabel, welche die Kurve
$y = f(x)$ in dem **gegebenen Intervall**
ersetzt, ist durch **die drei Punkte vollkommen bestimmt**; denn führt man
deren Koordinaten **in die Parabelgleichung**
$y = a_2 x^2 + a_1 x + a_0$ an Stelle von x und y

Abb. 101. Näherungsweise
Integration mittels der
Keplerschen Regel.

ein, so lassen sich die Koeffizienten aus den drei so erhaltenen
Gleichungen berechnen. Es ist somit näherungsweise

$$\int\limits_{m-h}^{m+h} f(x)\,dx \approx \frac{h}{3}\,(y_A + 4\,y_M + y_E)$$

und diese Gleichung wird nur dann exakt, wenn zufälligerweise die
beiden in der Figur schraffierten Flächenteile einander gleich werden.

1. **Beispiel:** Es ist

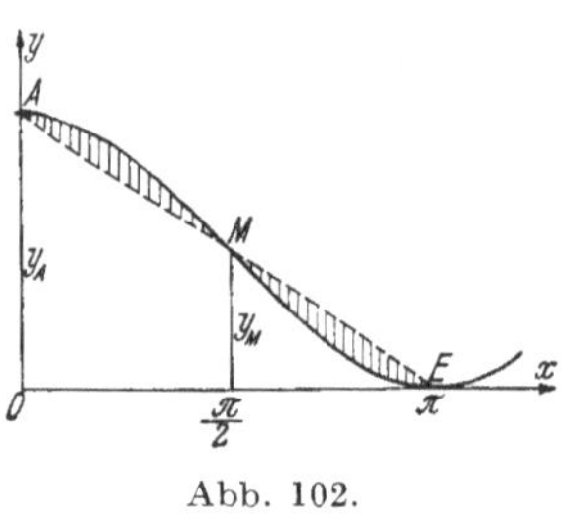

$$\int\limits_0^{\pi} (1 + \cos x)\,dx = \Big|\, x + \sin x \,\Big|_0^{\pi} = \pi.$$

Nach der Keplerschen Regel ergibt sich
für dieses Integral derselbe Wert, denn aus
$2h = \pi$, $y_A = 2$, $y_M = 1$ und $y_E = 0$ folgt

$$\frac{\pi}{6}\,(2 + 4 + 0) = \pi. \qquad \text{(Abb. 102)}.$$

Abb. 102.

Die Ersatzparabel durch A, M und E
wird hier eine Gerade, die beiden schraffierten Flächenteile sind einander gleich.

2. **Beispiel:** Dagegen liefert die Keplersche Regel für die Fläche
des Halbkreises vom Radius 1 einen ziemlich schlechten Näherungswert, nämlich

$$\frac{1}{3}\,(0 + 4 + 0) = \frac{4}{3} = 1\dot{\cdot}3,$$

der vom richtigen Wert $\dfrac{\pi}{2} = 1\cdot5708$ um $15\cdot1\,\%$ abweicht. Zeichnet man den Halbkreis $y = \sqrt{1 - x^2}$ und die Ersatzparabel mittels ihrer leicht zu findenden Gleichung $y = 1 - x^2$, so wird bei der beträchtlichen Abweichung im Verlauf der beiden Kurven dieser Fehler ohne weiters verständlich.

3. Die Simpsonsche Regel. In derartigen Fällen, in welchen die Keplersche Regel einen unbefriedigenden Näherungswert liefert, kann diesem Übelstand leicht abgeholfen werden, indem man das ganze Intervall in eine Anzahl gleicher Teile teilt und auf jedes Teilintervall die Keplersche Regel anwendet. Denn dadurch fallen die Kurvenstücke, die durch Parabeln zu ersetzen sind, kleiner aus und ermöglichen ein besseres Anschmiegen. Diese wiederholt angewendete Keplersche Regel führt den Namen *Simpsonsche Regel*. Sie soll an dem letzten Beispiel der vorigen Nummer erörtert werden.

Wir teilen das Intervall von -1 bis $+1$ z. B. in 5 gleiche Teile (Abb. 103) von der Breite $2\,h = \dfrac{2}{5}$ (die Mittelordinaten sind strichliert) und bezeichnen die Ordinaten der Reihe nach mit $y_1, y_2, \ldots\ldots$, wobei wir die gleichen unter ihnen der Einfachheit halber mit demselben Index versehen. Dann ergibt sich:

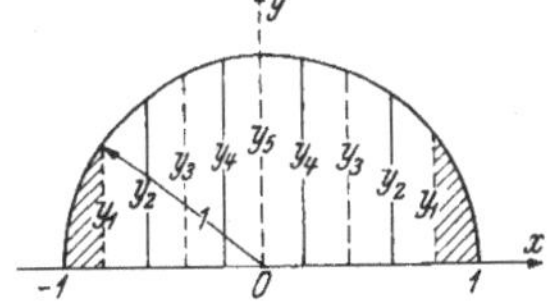

Abb. 103. Berechnung der Halbkreisfläche mit Hilfe der Simpsonschen Regel.

$$F \approx \frac{1}{15}\left[(0 + 4\,y_1 + y_2) + (y_2 + 4\,y_3 + y_4) + (y_4 + 4\,y_5 + y_4) + \right.$$
$$\left. + (y_4 + 4\,y_3 + y_2) + (y_2 + 4\,y_1 + 0)\right] = \frac{1}{15}\left[8\,(y_1 + y_3) + \right.$$
$$\left. + 4\,(y_2 + y_4 + y_5)\right].$$

Nun ist: $\qquad y_1 = \dfrac{3}{5} = 0{\cdot}6, \qquad\qquad y_2 = \dfrac{4}{5} = 0{\cdot}8,$

$$y_3 = \frac{1}{5}\sqrt{21} = 0{\cdot}91652, \qquad y_4 = \frac{1}{5}\sqrt{24} = 0{\cdot}97980, \qquad\qquad y_5 = 1.$$

Setzt man diese Werte oben ein, so wird

$$F \approx 1{\cdot}5501,$$

der Fehler beträgt $1{\cdot}3\,\%$.

Weil aber der Halbkreis die x-Achse rechtwinkelig schneidet, so werden die Kreisbogenstücke, die an diese Schnittpunkte anschließen, besser durch Parabeln ersetzt, deren Achse die x-Achse ist, als durch Parabeln mit lotrechter Achse. Man wendet also auf die schraffierten Segmente vorteilhaft das in dem Beispiel S. 89 gefundene Ergebnis an, wonach jedes dieser Segmente gleich $\dfrac{2}{3} \cdot \dfrac{1}{5} \cdot y_1$

ist und berechnet die übrig bleibende Fläche mit Hilfe der Simpsonschen Regel. (Jetzt sind die voll ausgezogenen Ordinaten die Mittelordinaten.) Dadurch erhält man

$$F \approx \frac{4}{3} \cdot \frac{1}{5} \cdot y_1 + \frac{2}{15}\,(y_1 + 4\,y_2 + 2\,y_3 + 4\,y_4 + y_5) = 1{\cdot}5670$$

mit einem Fehler von $0{\cdot}24\,\%$.

Durch fortgesetzte Teilung ergäbe sich übrigens ein Weg, die Zahl π so genau, wie erwünscht, zu berechnen.

| Bei jeder Näherungsrechnung ist es unerläßlich, sich über den erzielten Genauigkeitsgrad zu orientieren. Denn welchen Sinn hätte ein Ergebnis, von dem man nicht weiß, wieviele Stellen davon richtig sind? Bei der Simpsonschen Regel ist eine Fehlerabschätzung in der Weise durchführbar, daß man das ganze Intervall einmal in $2\,n$, dann in $4\,n$ gleiche Teile zerlegt, wodurch man zwei Ergebnisse erhält. Der 15. Teil ihres Unterschiedes ergibt angenähert den Fehler des zweiten Resultates. Auf den Beweis muß hier verzichtet werden[1].

Es soll z. B. ln 2 mit Hilfe der Simpsonschen Regel berechnet werden. Da

$$\ln 2 = \int\limits_1^2 \frac{1}{x}\,dx,$$

so braucht man nur dieses Integral numerisch auszuwerten, um ln 2 mit beliebiger Genauigkeit zu ermitteln. Wählen wir $n = 1$, so ist auf das Intervall von 1 bis 2 zunächst die Keplersche Regel anzuwenden. Sie ergibt

$$\ln 2 \approx \frac{1}{6}\left(1 + 4 \cdot \frac{2}{3} + \frac{1}{2}\right) = 0{\cdot}69444.$$

Teilen wir jetzt das Intervall von 1 bis 2 in 4 gleiche Teile, so wird

$$\ln 2 \approx \frac{1}{12}\left(1 + \frac{16}{5} + \frac{4}{3} + \frac{16}{7} + \frac{1}{2}\right) = 0{\cdot}69325.$$

Der Fehler f des letzteren Ergebnisses ist somit ungefähr

$$f \approx \frac{0{\cdot}69444 - 0{\cdot}69325}{15} = 0{\cdot}00008.$$

Das zweite Resultat war kleiner als das erste, wir schließen daraus mit Rücksicht auf den monotonen Verlauf der Funktion innerhalb des Intervalls, daß mit zunehmender Genauigkeit die Werte weiter abnehmen und daß infolgedessen

$$\ln 2 \approx 0{\cdot}69325 - 0{\cdot}00008 = 0{\cdot}69317$$

---

[1] Näheres bei Runge und König, Numerisches Rechnen, Berlin 1924 (Julius Springer), S. 239 und 245.

sein wird. Die letzte Stelle ist allerdings unsicher, schon deswegen, weil der Fehler nur ungefähr bekannt ist. Der richtige Wert von ln 2 auf 5 Dez. ist 0·69315.

4. Übungen. 1. Man zeige elementar (ohne Integralrechnung), daß die Keplersche Regel bei Anwendung auf die Funktionen $y = a_1 x + a_0$ und $y = a_0$ genaue Ergebnisse liefert (Zeichnung!).

2. Das Geschwindigkeits-Zeitdiagramm eines Aufzuges sei für die ersten drei Sekunden durch Abb. 104a gegeben. Es soll mittels graphischer Integration das Weg—Zeitdiagramm gefunden werden. Was für eine Kurve ist der gekrümmte Teil dieses Diagramms und welche Koordinaten hat der Punkt, wo der krummlinige in den geradlinigen Teil übergeht? Wie lauten seine Koordinaten, wenn die speziellen Angaben in der Figur ($t = 1·5$ Sek und $v = 1$ m/Sek) durch die allgemeinen t und $\overline{v}$ ersetzt werden? Wie groß ist die Beschleunigung während des Anfahrens?

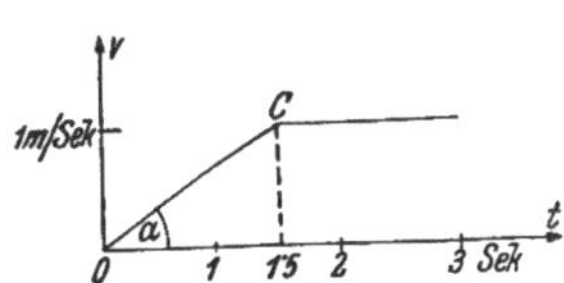

Abb. 104a. Geschwindigkeit-
Zeitdiagramm eines Aufzuges.

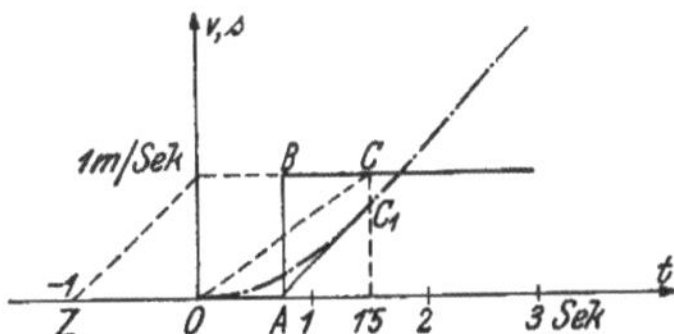

Abb. 104b. Weg—Zeitdiagramm
zu Abb. 104a.

Lösung (Abb. 104b): Der ansteigende Teil $\overline{OC}$ wird zunächst durch den Streckenzug $OABC$ ersetzt und dann ist nach den Ausführungen des Textes zu verfahren. Der krummlinige Teil ist eine Parabel, die $\overline{OA}$ in O und $\overline{AC_1}$ in C_1 berührt, wobei C_1 (1·5, 0·75) bzw. $C_1\left(\overline{t}, \dfrac{b}{2}\overline{t}^2\right)$. Die Beschleunigung

$$b = \frac{\overline{v}}{\overline{t}}, \quad \text{speziell} \quad b = \frac{2}{3} \text{ m/Sek}^2.$$

3. Aus § 14, 6 folgt, daß die Arbeit eines elektrischen Stromes $A = \displaystyle\int_0^t N\, dt$, worin A die Arbeit in Kilowattstunden und $N = u\,i$ die Leistung in Kilowatt bedeuten mögen. Wenn nun von einem Elektrizitätswerk in der Zeit von 0^h bis 8^h folgende Energiemengen abgegeben wurden:

um	0^h	1^h	2^h	3^h	4^h	5^h	6^h	7^h	8^h	
	500	450	400	300	200	500	800	2000	2750	kW,

so sollen die abgegebenen Kilowattstunden graphisch und rechnerisch ermittelt werden. (Für die graphische Durchführung: $1^h = 1$ cm, 500 kW $= 1$ cm, $ZO = 2$ cm.)

Lösung: 6350 Kilowattstunden.

4. Von einem Elektrizitätswerk wurden an Lichtstrom abgegeben:

um	12^h	13^h	14^h	15^h	16^h	17^h	18^h	19^h	20^h	21^h	22^h	23^h	24^h	
	70	70	100	300	1000	2000	2300	2200	1800	1400	1100	600	400	A.

Hossner, Höhere Mathematik.

Man ermittle wieder graphisch und rechnerisch die verbrauchten Ampere-
stunden ($1^{\mathrm{h}} = 1$ cm, $400\,\mathrm{A} = 1$ cm, $\overline{ZO} = 5$ cm; $Q = \int\limits_{0}^{t} i\,dt$).

     Lösung: 13120 Amperestunden.

5. Man berechne die natürlichen Logarithmen von 3, 5 und 7 (4 Dezimalen)
und überprüfe die Ergebnisse angenähert durch Zeichnen der Integralkurve;
hiezu empfiehlt es sich, die Ordinaten der Kurve $y = \dfrac{1}{x}$ in vergrößertem Maßstab zu zeichnen.

     Lösung: $\ln 3 = 1{\cdot}0986$, $\ln 5 = 1{\cdot}6094$, $\ln 7 = 1{\cdot}9459$.

6. Man zeichne die Kurve $y = \dfrac{\sin x}{x}$ von $x = 0$ bis $x = \pi$ (vgl. S. 33)
und bestimme die Fläche unter ihr nach der Simpsonschen Regel mit Fehlerabschätzung; man wähle $n = 1$.

     Lösung: $F_1 = 1{\cdot}8569$, $F_2 = 1{\cdot}8522$, Fehler $\approx 0{\cdot}0003$, daher $F \approx 1{\cdot}852$.

7. Dieselbe Aufgabe für das Intervall von $x = 0$ bis $x = 2$, wenn $y = 2^{-x^2}$
($n = 2$).

     Lösung: $F_1 = 1{\cdot}0445$, $F_2 = 1{\cdot}0447$, Fehler $\approx 0{\cdot}00001$, daher $F \approx 1{\cdot}0447$.

§ 16. Rauminhalte, Bogenlängen und Oberflächen.

1. Rauminhalte. Abb. 105 zeigt einen Körper, der an der
Stelle x durch eine Ebene senkrecht zur x-Achse geschnitten wird.
Der Inhalt dieses Querschnittes F ändert sich mit x und ist daher
eine Funktion von x. Wenn diese Funktion bekannt ist, so kann auf
folgende Weise das Volumen des Körpers
berechnet werden. Man legt parallel zu F
im Abstande dx einen zweiten Schnitt und
erhält damit eine „unendlich" dünne Scheibe,
die unter Vernachlässigung von Größen
höherer Kleinheitsordnung (vgl. S. 91) als
Zylinder aufgefaßt werden kann mit der
Grundfläche F und der Höhe dx. Ihr Rauminhalt ist daher

$$dV = F\,dx.$$

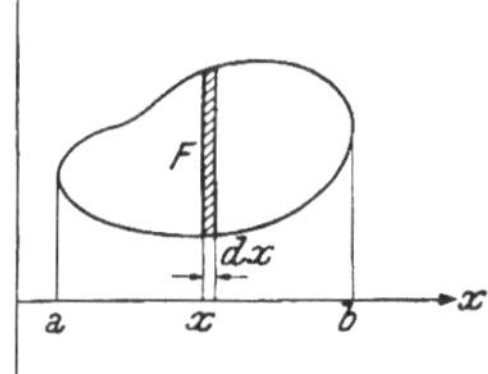

Abb. 105. Volumen eines
Körpers $V = \int\limits_{a}^{b} F\,dx.$

Der Gesamtinhalt des Körpers ist somit gleich der Summe[1] aller dV
oder

$$\boxed{\,V = \int\limits_{a}^{b} F\,dx\,}.$$

---

[1] Genauer: Dem Grenzwert der Summe, wenn dx (und damit dV) $\longrightarrow 0$.

1. Beispiel: Es soll das Volumen der in Abb. 106 schematisch dargestellten Pyramide (Kegel) berechnet werden, wenn die Grundfläche G und die Höhe h gegeben sind.

Der im Abstand x vom Scheitel S gelegte Querschnitt F berechnet sich mit Hilfe des elementaren Lehrsatzes:

$$F : G = x^2 : h^2,$$

woraus

$$F = \frac{G}{h^2} \cdot x^2.$$

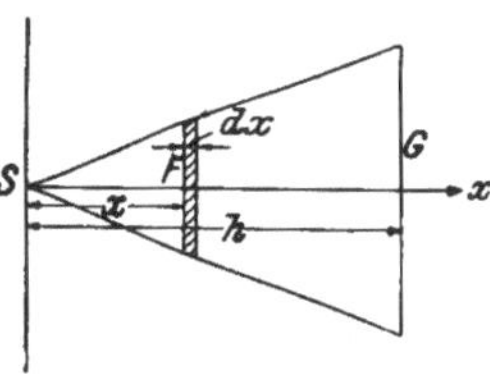

F ist damit als Funktion von x dargestellt; es ist weiter

$$d\,V = \frac{G}{h^2}\, x^2\, dx$$

Abb. 106. Volumen einer Pyramide.

und

$$V = \int_0^h \frac{G}{h^2}\, x^2\, dx = \frac{G}{h^2} \cdot \frac{x^3}{3}\Big|_0^h = \frac{G\,h}{3}.$$

Der Querschnitt F ist in unserem Fall eine quadratische Funktion von x, wir hätten demnach die Integration ersparen und die Keplersche Regel anwenden können; y_A und y_M sind hier die Querschnitte durch den Scheitel S und durch den Mittelpunkt der Höhe, y_E ist die Grundfläche G. Da $y_A = 0$ und $y_M = \dfrac{G}{4}$, so ergibt sich

$$V = \frac{h}{6}\,(0 + G + G) = \frac{G \cdot h}{3}.$$

2. Beispiel: In Abb. 107 sind Auf-, Grund- und Kreuzriß eines *Ellipsoides* mit den Halbachsen a, b und c gezeichnet. Der im Abstand x vom Mittelpunkt gelegte Querschnitt projiziert sich im Auf- und Grundriß als Strecke, im Kreuzriß in seiner wahren Gestalt, d. i. eine Ellipse mit den Halbachsen β und γ. Ihr Inhalt ist (S. 93)

$$F = \beta\,\gamma\,\pi.$$

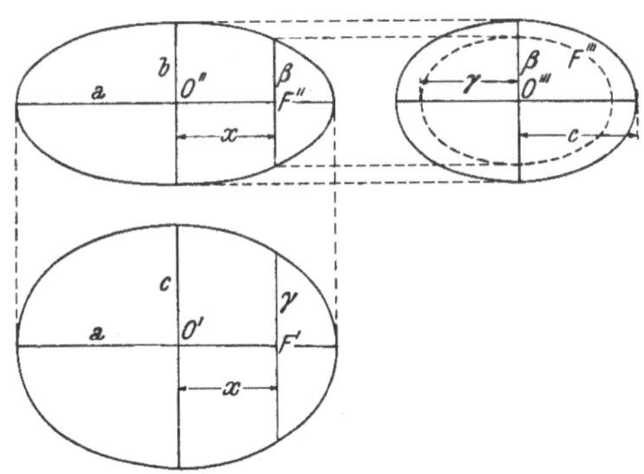

Abb. 107. Volumen eines Ellipsoides.

$$V = \frac{4}{3}\, a\,b\,c\,\pi.$$

F ist nun als Funktion von x darzustellen. Wählt man die Achsen der Aufrißellipse als Koordinatenachsen, so lautet ihre Gleichung

$$\frac{x^2}{a^2} + \frac{y^2}{b^2} = 1 \qquad \text{oder} \qquad y = \frac{b}{a}\sqrt{a^2 - x^2}.$$

Für den in der Figur eingezeichneten Wert von x wird $y = \beta$, so daß

$$\beta = \frac{b}{a}\sqrt{a^2 - x^2}.$$

Für die Grundrißellipse braucht man nur b durch c zu ersetzen, um

$$\gamma = \frac{c}{a}\sqrt{a^2 - x^2}$$

zu erhalten. Der Querschnitt F ist daher

$$F = \frac{b\,c}{a^2}\,(a^2 - x^2)\,\pi$$

und

$$V = 2\,\frac{b\,c\,\pi}{a^2}\int_0^a (a^2 - x^2)\,dx = \frac{2\,b\,c\,\pi}{a^2}\,\left| a^2 x - \frac{x^3}{3} \right|_0^a = \frac{4}{3}\,a\,b\,c\,\pi.$$

Da F wieder eine quadratische Funktion von x ist, so liefert die Keplersche Regel dasselbe Resultat:

$$V = \frac{2\,a}{6}\,(0 + 4\,b\,c\,\pi + 0) = \frac{4}{3}\,a\,b\,c\,\pi.$$

Wenn eine Ellipse um ihre Hauptachse rotiert, so entsteht ein *eiförmiges Rotationsellipsoid*, für welches $b = c$ und $V = \frac{4}{3}\,a\,b^2\,\pi$ wird. Man zeichne die drei Normalrisse eines solchen Ellipsoides und schneide zwei gleich große Segmente links und rechts ab; es bleibt ein faßähnlicher Körper übrig. Die Keplersche Regel, die auch „Faßregel" genannt wird, gibt somit den Rauminhalt eines Fasses ziemlich genau an, wenn dieses nicht allzusehr von der Form eines abgeschnittenen Rotationsellipsoides abweicht.

Läßt man eine Ellipse um ihre Nebenachse rotieren, so entsteht ein *abgeplattetes Rotationsellipsoid* mit $a = c$ und $V = \frac{4}{3}\,b\,c^2\,\pi$. Für $a = b = c$ entsteht eine Kugel, deren Volumen somit

$$V = \frac{4}{3}\,a^3\,\pi$$

ist.

2. Das Prismatoid. Unter einem *Prismatoid* verstehen wir einen Körper mit nur geradlinigen Kanten, dessen parallele Grundflächen G und g von zwei beliebigen Vielecken gebildet werden. In Abb. 108a sind $ABCD$ und XYZ diese Grundflächen; eine von ihnen könnte auch zu einer Strecke oder einem Punkt ausarten. Jede Ebene parallel zu den Grundflächen schneidet ein Prismatoid in einem geradlinig begrenzten Vieleck, ob jetzt die Seitenflächen durchwegs eben sind (Dreiecke oder Trapeze), oder ob auch gekrümmte Seitenflächen auftreten, wie z. B. $CDZY$ in der Figur. Man kann sich diese gekrümmte Fläche dadurch entstanden denken, daß eine Gerade — stets horizontal bleibend — längs der Kanten CY und DZ gleitet[1].

Einfache Prismatoide sind Pyramide, Prisma, Pyramidenstumpf, Ponton usw.; in den Anwendungen treten Prismatoide z. B. als Stützpfeiler, bei Dachkonstruktionen oder Erdbauten (Auffahrtsrampen, Böschungskörpern) auf.

Wir wollen nun beweisen, daß sich der Rauminhalt eines Prismatoides mit Hilfe der Keplerschen Regel berechnen läßt. Dazu genügt es, nachzuweisen, daß ein im Abstande x von der unteren Grundfläche G parallel zu ihr gelegter Querschnitt $F = IKLMN$ eine quadratische Funktion von x ist. Projizieren wir das Prismatoid orthogonal auf die Ebene der unteren Grundfläche, so erscheinen G, F und g in wahrer Gestalt (Abb. 108b). Um den Flächeninhalt von F zu erhalten, haben wir von G gewisse Figuren abzuziehen, wie $A'B'K'I'$ oder $B'C'L'K'$ usw. Beginnen wir mit dem Dreieck $D'N'M' =$

$$= \frac{1}{2}\,\overline{D'N'}\cdot\overline{D'M'}\sin\alpha,$$ so sind die

beiden Dreieckseiten $\overline{D'N'}$ und $\overline{D'M'}$ proportional x, wobei der Proportionalitätsfaktor nur von der Neigung der entsprechenden Seitenkanten des Prismatoides abhängt; man kann also $\overline{D'N'}$ etwa durch nx und $\overline{D'M'}$ durch mx ersetzen; somit ist der Flächeninhalt dieses Dreiecks eine quadratische Funktion von x.

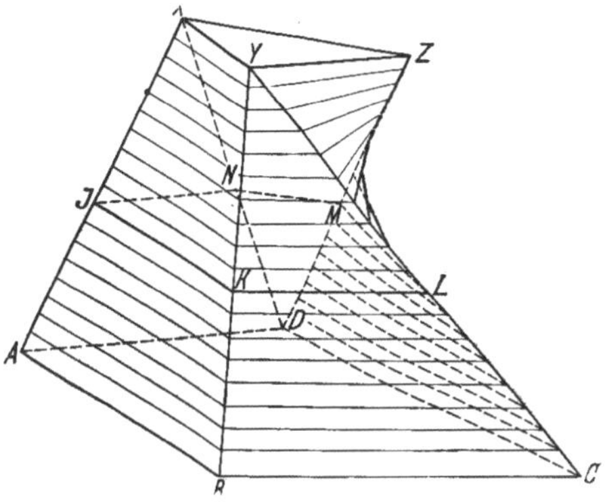

Abb. 108a. Prismatoid.

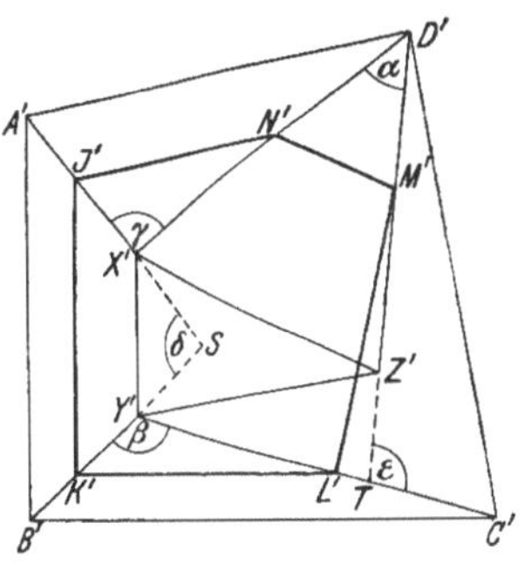

Abb. 108b. Grundriß des Prismatoides in Abb. 108a.

---

[1] Derartige Flächen heißen *windschiefe Regelflächen*. Gleitet die Gerade z. B. längs einer Schraubenlinie und ihrer Achse, so entsteht eine *Schraubenfläche* (Wendeltreppe!).

Das gleiche gilt von den Trapezen $B'C'L'K'$, $D'A'I'N'$ und $A'B'K'I'$; man braucht sie nur als Differenz von je zwei Dreiecken zu betrachten, die im ersten Fall den Winkel β, im zweiten den Winkel γ und im dritten Fall den Winkel δ gemeinsam haben. Beim letzten Trapez müssen die Grundrisse der Prismatoidkanten erst bis zu ihrem Schnittpunkt S verlängert werden. Die Seiten $\overline{Y'K'}$ und $\overline{Y'L'}$, dann $\overline{X'J'}$ und $\overline{X'N'}$ sowie $\overline{SJ'}$ und $\overline{SK'}$ der kleineren Dreiecke sind allerdings nicht mehr dem x proportional sondern lineare Funktionen von x (wieso? Man entwerfe eine Skizze!), ihr Produkt ist aber natürlich wieder eine quadratische Funktion von x.

Es bleibt schließlich nur noch das Viereck $C'D'M'L'$, das sich aus den beiden Dreiecken $TC'D'$ und $TM'L'$ zusammensetzt. $\overline{TM'}$ und $\overline{TL'}$ sind wieder lineare Funktionen von x, somit ist F gleich G, vermindert um eine Summe von Funktionen zweiten Grades, daher selbst eine quadratische Funktion von x, womit der Beweis erbracht ist.

Hat das Prismatoid eine andere Gestalt, so ändert sich in der Projektion nur die Art der Zusammensetzung aus Teilfiguren, die anzustellenden Überlegungen bleiben im wesentlichen dieselben. Es gilt also ganz allgemein für das Volumen eines Prismatoides mit der Höhe h, den Grundflächen G und g und dem Mittelschnitt M parallel den Grundflächen die Formel:

$$\boxed{\; V = \frac{h}{6}\,(G + 4\,M + g) \;}\,.$$

Man wende die Formel auf einen Pyramidenstutz an und zeige, daß $V = \dfrac{h}{3}\,(G + \sqrt{G\,g} + g)$.

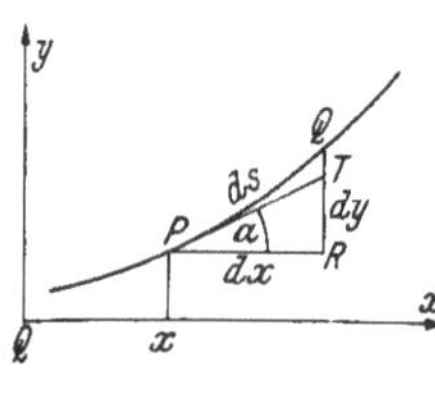

Abb. 109. Das Bogen-
element
$$ds = \sqrt{dx^2 + dy^2}\,.$$

3. Bogenlänge. Um die Bogenlänge s einer Kurve zu bestimmen, zerlegen wir diese in kleine Bogenelemente ds, deren Summe dann die Gesamtlänge um so genauer ergibt, je kleiner ds ist. Es handelt sich nur darum, für das *Bogendifferential* oder *Linienelement* ds den entsprechenden Ausdruck zu finden, wenn die Kurve durch ihre Gleichung gegeben ist.

Wir ersetzen zu diesem Zweck den kleinen Bogen $ds = \overarc{PQ}$ durch die geradlinige Strecke $\overline{PT}$ auf der Tangente in P (Abb. 109). Wir begehen damit zwar einen Fehler, aber die

Anschauung läßt uns einen Fehler höherer Kleinheitsordnung vermuten. Genauere Untersuchungen bestätigen diese Vermutung, wir können hier aber nicht näher darauf eingehen. Wir erhalten somit für ds nach dem pythagoreischen Lehrsatz:

$$\boxed{ds = \sqrt{dx^2 + dy^2} = \sqrt{1 + y'^2}\, dx}\,. \tag{*}$$

Die erste Form verwenden wir, wenn die Kurve in Parameterdarstellung, die zweite, wenn sie durch eine explizite Gleichung gegeben ist. Die zweite Form geht aus der ersten durch Herausheben von dx hervor, nämlich:

$$\sqrt{dx^2 + dy^2} = \sqrt{dx^2\left[1 + \left(\frac{dy}{dx}\right)^2\right]} = \sqrt{1 + y'^2}\, dx.$$

Die Quadratwurzel erhält das positive Vorzeichen. Die Gesamtlänge s der Kurve von der Abszisse $x = a$ bis $x = b$ wird demnach

$$s = \int_{x=a}^{x=b} ds = \int_a^b \sqrt{1 + y'^2}\, dx.$$

Beispiel: Es sei die Länge der Durchhangsparabel (Üb. 6, S. 57) durch die Punkte A und B mit der Pfeilhöhe f zu berechnen (Abb. 110), wenn die Entfernung der beiden Masten (A und B sind die Mastspitzen) $l = 40$ m und $f = 0{\cdot}04\ l$ ist.

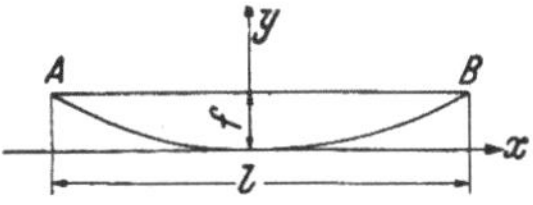

Abb. 110. Bogenlänge der Durchhangsparabel

$$s \approx l + \frac{8\,f^2}{3\,l}.$$

Wir legen das Achsenkreuz durch den Scheitel der Parabel und erhalten damit für sie eine Gleichung von der Form $y = ax^2$. Zu $x = \dfrac{l}{2}$ gehört $y = f$, so daß $a = \dfrac{4\,f}{l^2}$ wird. Die Ableitung $y' = 2\,ax$, in die Formel für das Bogendifferential eingesetzt, ergibt

$$ds = \sqrt{1 + 4\,a^2\,x^2}\, dx.$$

Da wir diesen Ausdruck nicht integrieren können, suchen wir eine Näherungslösung, die hier leicht zu finden ist. Es ist nämlich mit Rücksicht darauf, daß $a = \dfrac{4\,f}{l^2} = \dfrac{4 \cdot 0{\cdot}04}{l}$ eine sehr kleine Zahl ist,

$$\sqrt{1 + 4\,a^2\,x^2} \approx 1 + 2\,a^2\,x^2.$$

Denn

$$(1 + 2\,a^2\,x^2)^2 = 1 + 4\,a^2\,x^2 + 4\,a^4\,x^4 \approx 1 + 4\,a^2\,x^2,$$

weil $4\,a^4\,x^4$ auf Grund der Angaben für die in Frage kommenden Werte von x so klein ausfällt, daß seine Vernachlässigung einen kaum merklichen Fehler nach sich zieht. Mit diesem Näherungswert wird

$$s = 2 \int\limits_{0}^{\frac{l}{2}} (1 + 2\,a^2\,x^2)\,dx = 2 \left| x + \frac{2\,a^2\,x^3}{3} \right|_{0}^{\frac{l}{2}} = l + \frac{8\,f^2}{3\,l},$$

eine in der Praxis häufig verwendete Formel.

Setzt man die gegebenen Zahlen ein, so wird

$$s = 40{\cdot}17\ m.$$

4. Oberfläche eines Rotationskörpers. Wir beschränken uns auf *Dreh- oder Rotationsflächen*, weil der allgemeine Fall einer Oberflächenbestimmung (wie der einer allgemeinen Rauminhaltsberechnung) auf mehrfache Integrale führen würde. Eine Drehfläche entsteht durch Rotation einer Kurve $y = f(x)$ etwa um die x-Achse (Abb. 111).

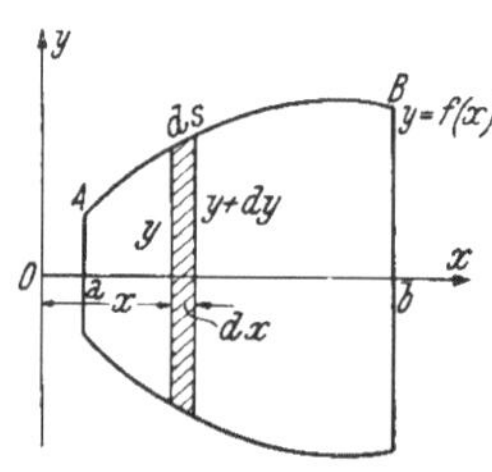

Abb. 111. Oberfläche eines Rotationskörpers

$$O = 2\pi \int\limits_{a}^{b} y\,ds.$$

Schneiden wir im Abstand x von O ein *Oberflächenelement* dO heraus, so kann dieses als der Mantel eines Kegelstumpfes aufgefaßt werden, da wir nach der vorhergehenden Nummer ds durch eine Strecke ersetzen dürfen. Die Mantelfläche ΔO eines Kegelstumpfes kann als Differenz (Funktionsdifferenz!) der Mantelflächen von zwei Kegeln berechnet werden, von welchen der eine den Radius y und die Seite s, der andere den Radius $(y + dy)$ und die Seite $(s + ds)$ besitzt:

$$\Delta O = \pi\,(y + dy)\,(s + ds) - \pi\,y\,s = \pi\,(y\,ds + s\,dy + dy \cdot ds).$$

Bezeichnet man den halben Öffnungswinkel mit α, so ist (Abb. 112)

$$s = \frac{y}{\sin \alpha} \quad \text{und} \quad dy = \sin \alpha \cdot ds$$

mithin $s\,dy = y\,ds$, so daß

$$\Delta O = \pi\,(2\,y\,ds + dy \cdot ds).$$

Aus der Funktionsdifferenz ΔO erhält man nach § 11 das Differential dO durch Weglassung der Größen höherer Kleinheitsordnung, also hier des Gliedes $dy \cdot ds$, wodurch für dO der Ausdruck

$$dO = 2\,\pi\,y\,ds$$

gefunden wird.

Dasselbe Ergebnis erhält man weit einfacher durch direkte Bildung des Differentials. Ist $O = \pi\, y\, s = \pi\, s^2 \sin \alpha$ der Kegelmantel, so wird

$$d O = 2\,\pi\, s \sin \alpha \cdot ds = 2\,\pi\, y\, ds.$$

Die Gesamtoberfläche O des Rotationskörpers ist dann die Summe aller dO (genauer: der Grenzwert dieser Summe), also

$$\boxed{O = 2\,\pi \int_{x=a}^{x=b} y\, ds}. \tag{*}$$

Noch eine Bemerkung mag hier nützlich sein. Der Anfänger ist vielleicht versucht, dO als *Zylindermantel* aufzufassen in der Meinung, was für die Volumsberechnung erlaubt war, sei auch bei der Oberflächenbestimmung gestattet. Die Fehlerhaftigkeit dieser Schlußweise ergibt sich sofort aus folgendem: Nimmt man nämlich den Zylindermantel

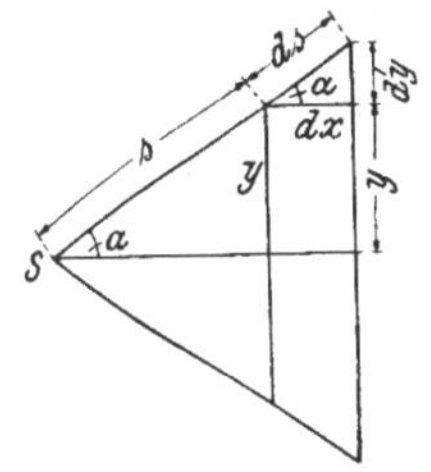

Abb. 112, Mantel eines Kegelstumpfes als Differenz von zwei Kegelmänteln.

$$d O_z = 2\,\pi\, y\, dx$$

statt des eben berechneten

$$d O = 2\,\pi\, y ds,$$

so vernachlässigt man die Größe

$$d O - d O_z = 2\,\pi\, y\, (ds - dx),$$

die aber nicht von höherer Kleinheitsordnung ist. Denn aus

$$dx = \cos \alpha \cdot ds \qquad \text{(Abb. 112)}$$

folgt

$$ds - dx = (1 - \cos \alpha)\, ds,$$

also eine Größe 1. Kleinheitsordnung, da sich der Faktor $1 - \cos \alpha$ nicht ändert, wenn $ds \to 0$; sie kann infolgedessen **nicht** vernachlässigt werden.

Auf den Einwand, daß man dann auch bei der Volumsberechnung die herausgeschnittene Scheibe als Kegelstutz annehmen müßte, ist zu erwidern, daß bei dieser Annahme

$$\varDelta V = \frac{\pi}{3}\, [(y + dy)^2 + y\,(y + dy) + y^2]\, dx =$$
$$= \pi \left(y^2 + y\, dy + \frac{1}{3}\, dy^2 \right) dx$$

wäre. Hier ergeben aber das zweite und dritte Glied des Klammerausdruckes nach Multiplikation mit dx Größen höherer Kleinheitsordnung, so daß $\varDelta V$ durch $\pi\, y^2\, dx$ ersetzt werden darf; das ist aber tatsächlich das Volumen eines Zylinders von der Basis $\pi\, y^2$ und der Höhe dx.

Die eben angestellten Betrachtungen wurden nur aus dem Grunde so ausführlich gehalten, um zu zeigen, wie vorsichtig man bei der Vernachlässigung „unendlich kleiner Größen" zu Werke gehen muß.

Beispiel: Es soll die Oberfläche einer Kugelzone von der Höhe h berechnet werden, wenn der Kugelradius r ist.

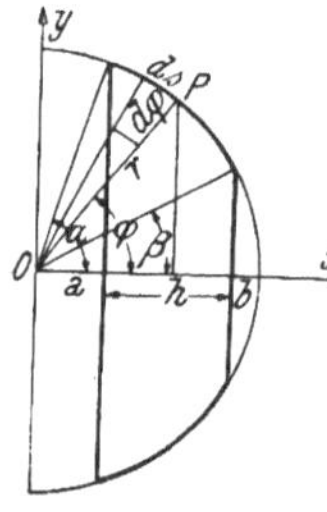

Abb. 113. Oberfläche einer Kugelzone $O = 2\,r\,\pi\,h$.

Zur Ermittlung von ds nehmen wir den Kreis in Abb. 113, der den Kugelumriß vorstellt, in Parameterdarstellung an:

$$x = r \cos \varphi$$
$$y = r \sin \varphi; \quad \text{(vgl. Üb. 8, S. 42).}$$

φ bedeutet den Winkel, den $\overline{O\,P}$ mit der x-Achse einschließt, wobei P die Koordinaten (x, y) hat. Dann ist

$$dx = -\,r \sin \varphi \, d\varphi$$
$$dy = \quad r \cos \varphi \, d\varphi,$$

somit

$$ds = \sqrt{dx^2 + dy^2} = r \, d\varphi,$$

was wir auch ohne Rechnung unmittelbar der Figur hätten entnehmen können.

Setzt man die Werte für y und ds in die Oberflächenformel ein, so ist zu beachten, daß φ die Integrationsvariable ist und wir daher von β bis α integrieren müssen; wir erhalten also:

$$O = 2 \pi r^2 \int_{\beta}^{\alpha} \sin \varphi \, d\varphi = 2 \pi r^2 \cos \varphi \Big/_{\alpha}^{\beta} = 2 \pi r \, (r \cos \beta - r \cos \alpha) =$$
$$= 2 \pi r \, (b - a) = 2 \pi r \, h.$$

Ist $\beta = 0$, so ergibt sich für die Oberfläche der Kugelkappe mit der Höhe h der Wert $2\,r\,\pi\,h$; wenn $h = 2\,r$, so erhält man die Oberfläche der Kugel mit

$$O = 4\,r^2\,\pi.$$

5. Übungen. Bei den Aufgaben 1. bis 3. wende man außer dem Integrationsverfahren auch die Keplersche Regel an; ihr Ergebnis ist in den Lösungen nur im Falle einer Abweichung vom ersteren Resultat vermerkt.

1. Das Volumen eines Kugelsegmentes vom Kugelradius r und der Höhe h zu berechnen. Es ist zu zeigen, daß es eben so groß ist wie das Volumen eines Zylinders von derselben Grundfläche und der halben Höhe, vermehrt um das Volumen einer Kugel, deren Durchmesser gleich h ist.

Lösung: $V = \dfrac{\pi h^2}{3} (3\,r - h) = \varrho^2\,\pi \cdot \dfrac{h}{2} + \dfrac{h^3\,\pi}{6}$, wenn ϱ den Halbmesser der Segmentgrundfläche bedeutet.

2. Der Rauminhalt eines Drehparaboloides ist halb so groß wie der eines Zylinders von derselben Grundfläche und derselben Höhe.

3. Der im 1. Quadranten (zwischen der positiven x- und y-Achse) liegende Teil der Kurven

a) $y = \sin x,$ **b)** $y = \cos x,$ **c)** $y = 1 + \cos x$

rotiert um die x-Achse. Gesucht ist jedesmal das Volumen des entstehenden Rotationskörpers.

Lösungen: **a)** $V = \dfrac{\pi^2}{2}, V \approx \dfrac{2\,\pi^2}{3}$; **b)** $V = \dfrac{\pi^2}{4}$; **c)** $V = \dfrac{3\,\pi^2}{2}, V \approx \dfrac{4\,\pi^2}{3}$.

Wie ist es zu erklären, daß sich im Fall **c)** zwei verschiedene Resultate ergeben, obwohl bei der Bestimmung der Fläche unter der Kurve $y = 1 + \cos x$ die Keplersche Regel ein genaues Ergebnis lieferte ? (1. Beispiel, S. 110.)

4. Das Prinzip von *Cavalieri* lautet: Wenn zwei Körper zwischen denselben parallelen Ebenen die Eigenschaft haben, daß jede zu diesen Ebenen parallele Ebene beide nach flächengleichen Figuren schneidet, so haben die Körper gleiches Volumen. Man begründe dieses Prinzip.

5. Es ist zu zeigen, daß das Volumen des in Abb. 114 darge- stellten *Zylinderhufes* ebenso groß ist wie das der Pyramide $ABCDS$. Warum liefert die Keplersche Re- gel ein genaues Ergebnis, wenn man das Dreieck OTS als Mittel- querschnitt wählt und warum nur Näherungswerte, wenn der Mittel- querschnitt senkrecht zur y-Achse oder parallel zur xy-Ebene gelegt wird ? Man zeige ferner, daß die Volumsgleichheit des Zylinderhufes mit der Pyramide $ABCDS$ auch dadurch begründet ist, daß diese beiden Körper die Voraussetzungen des Cavalierischen Prinzips erfüllen.

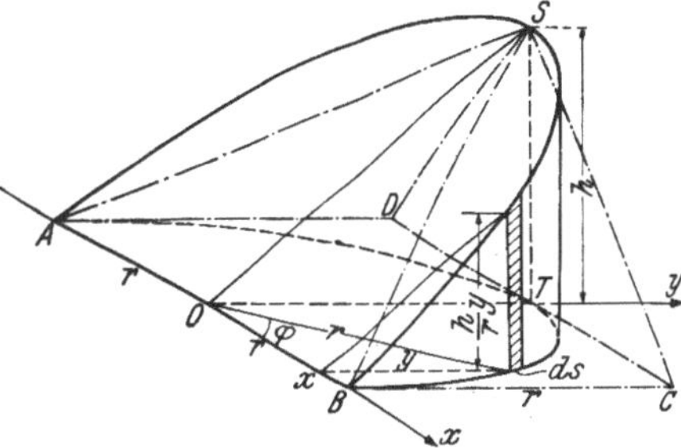

Abb. 114. Volumen des Zylinderhufes = Volumen der Pyramide $ABCDS = \dfrac{2}{3}\, r^2 h.$

Lösung: Das Volumen des Zylinderhufes ist $\left(\text{Querschnitt } F \text{ an der Stelle } x\right.$ ist das rechtwinkelige Dreieck mit den Katheten y und $\left.\dfrac{h}{r}\,y\right)$:

$$V = 2 \int\limits_0^r \frac{h}{2\,r}\,(r^2 - x^2)\,dx = \frac{2}{3}\,r^2\,h = V \text{ der Pyramide.}$$

Der parallel zu OTS gelegte Querschnitt $F = \dfrac{h}{2\,r}\,(r^2 - x^2)$ ist eine quadrati- sche Funktion von x, bei den Querschnitten senkrecht zur y-Achse und parallel zur xy-Ebene ergeben sich keine Funktionen 1., 2. oder 3. Grades. Der Zylinder- huf und die Pyramide liegen zwischen den beiden auf der x-Achse senkrecht stehenden Ebenen durch BC bzw. AD. Ein an der Stelle x geführter Parallel- schnitt ergibt beim Zylinderhuf ein Dreieck, bei der Pyramide ein Trapez (in der Figur nicht eingezeichnet) von gleichem Flächeninhalt $\dfrac{h}{2\,r}\,(r^2 - x^2)$.

6. Man berechne den Mantel des Zylinderhufes. (Volumen und Mantel des Hufes spielen z. B. bei der Berechnung von Gewölberäumen und ihren Leibungs- flächen eine Rolle.)

Lösung: Zerlegt man den Mantel des Hufes in schmale Streifen zwischen je zwei Zylindererzeugenden, wie es die Figur andeutet, so kann ein solcher als Rechteck mit der Grundlinie $ds = r\,d\varphi$ und der Höhe $\dfrac{h}{r}\,y$ aufgefaßt werden; daher ist

$$dO = h\,r \sin\varphi\,d\varphi \quad \text{und} \quad O = h\,r \int_0^{\pi} \sin\varphi\,d\varphi = 2\,r\,h.$$

7. Man berechne das Volumen des in Abb. 115 dargestellten Drehkörpers nach der Simpsonschen Regel; man wende auch die Keplersche Regel an.

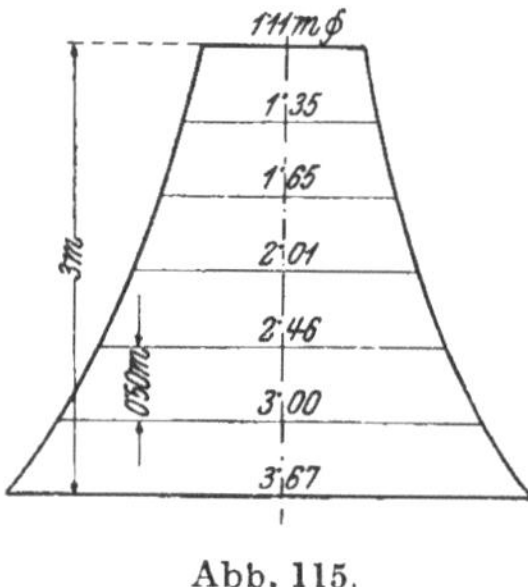

Abb. 115.

Es ist außerdem der Flächeninhalt des in einer beliebigen Höhe x liegenden Kreisschnittes als Funktion von x graphisch darzustellen und das Volumen mittels graphischer Integration zu bestimmen.

Lösung: $V = 12{\cdot}00$ m³. Die Keplersche Regel liefert $12{\cdot}12\ m^3$.

8. Ist ein Behälter bis zur Höhe x mit Flüssigkeit gefüllt, so ist die (waagrechte) Flüssigkeitsoberfläche $F(x) = \dfrac{dV}{dx}$, wenn V das Volumen der Flüssigkeit bedeutet.

Lösung: Das Volumen der Flüssigkeit bis zur Höhe x ist eine Funktion $V(x)$ von x und ist bestimmt durch $V(x) = \int_0^{x} F(x)\,dx$. Daraus folgt, daß $F(x)$ die Ableitung von $V(x)$ ist (S. 77). Man überlege genau die Bedeutung von x als Integrationsvariable und als obere Grenze. V ist eine Funktion *dieser oberen Grenze* x.

9. Wie groß ist die Bogenlänge eines Zykloidenganges? (Übung **4**, S. 103.)

Lösung: Die Zykloide ist gegeben durch

$$x = a\,(\varphi - \sin\varphi), \qquad y = a\,(1 - \cos\varphi).$$

Daraus folgt

$$dx = a\,(1 - \cos\varphi)\,d\varphi, \qquad dy = a\sin\varphi\,d\varphi.$$

Daher

$$ds = \sqrt{dx^2 + dy^2} = 2\,a \sin\frac{\varphi}{2}\,d\varphi \quad \text{und} \quad s = \int_0^{2\pi} 2\,a \sin\frac{\varphi}{2}\,d\varphi = 8\,a.$$

§ 17. Schwerpunktsbestimmungen.

1. „Schwerpunkt" einer Linie. Erste Guldinsche Regel. Wenn man vom „Schwerpunkt" einer Linie oder einer Fläche spricht, so meint man den Grenzfall, der sich durch Idealisierung etwa einer Draht- oder Blechform ergibt. Es sei z. B. $\overset{\frown}{AB}$ in Abb. 116 ein Drahtstück von der Länge s, das in kleine Teile von der Länge ds zerlegt ist. Jeder solche Teil kann angenähert als ein dünner Zylinder betrachtet werden, in dessen Mittelpunkt die Schwerkraft, nämlich sein Gewicht $\mu\,ds$ angreift, wenn μ das Gewicht der Längeneinheit bedeutet. Der Schwerpunkt S des ganzen Drahtstückes $\overarc{AB}$ ist der Angriffspunkt der Resultierenden aller dieser Einzelkräfte, d. i. des Gesamtgewichtes $\mu\,s$. Seine Koordinaten ξ und η können durch folgende Überlegung gefunden werden.

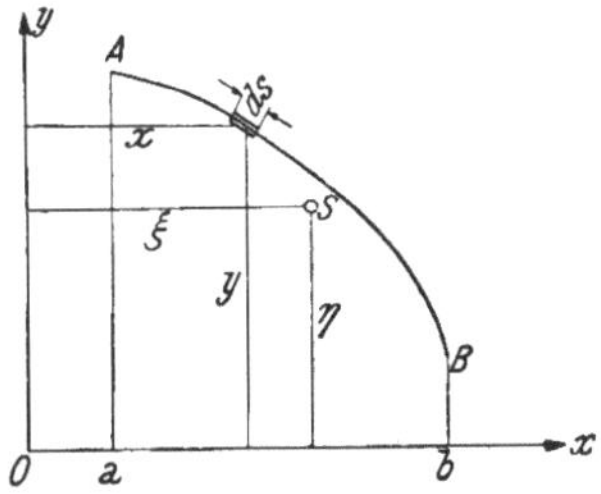

Wir denken uns das Drahtstück in der horizontalen x, y-Ebene liegend und diese gewichtslos und um die y-Achse drehbar. Die Summe der Drehmomente (statischen Momente) aller Einzelkräfte bezogen auf die y-Achse muß nun gleich sein dem Moment der Resultierenden, woraus sich der Ansatz ergibt[1]

$$\sum x \cdot \mu\,ds \approx \xi \cdot \mu\,s,$$

oder

$$\xi\,s \approx \sum x\,ds,$$

Abb. 116. „Schwerpunkt" S eines Kurvenbogens $\overarc{A\,B} = s$:

$$\xi = \frac{1}{s}\int\limits_{a}^{b} x\,ds,\quad \eta = \frac{1}{s}\int\limits_{a}^{b} y\,ds.$$

da das konstante μ in allen Gliedern der Summe vorkommt und sich daher wegkürzt. Eine analoge Gleichung ergibt sich, wenn die x, y-Ebene um die x-Achse drehbar gedacht wird, nämlich

$$\eta\,s \approx \sum y\,ds.$$

Führt man nun den oben angedeuteten Idealisierungsprozeß durch und läßt außerdem ds gegen Null streben, wodurch die Summe in ein bestimmtes Integral übergeht, so ergeben sich für die Koordinaten des Schwerpunktes eines Kurvenbogens $\overarc{AB}$ die beiden Bestimmungsgleichungen:

$$\boxed{\begin{aligned} \xi \cdot s &= \int\limits_{x=a}^{x=b} x\,ds \\ \eta \cdot s &= \int\limits_{x=a}^{x=b} y\,ds \end{aligned}} \tag{1}$$

Multipliziert man die zweite Gleichung mit $2\,\pi$:

$$2\,\pi\,\eta \cdot s = 2\,\pi \int\limits_{a}^{b} y\,ds,$$

so bedeutet die rechte Seite den Inhalt der Oberfläche, die durch

---

[1] Das Summenzeichen Σ ist dadurch begründet, daß ds *vorläufig* noch eine endliche Größe ist.

Rotation der Kurve $\overset{\frown}{A\,B}$ um die x-Achse entsteht (Gleichung (*), S. 121), die linke Seite ist das Produkt aus dem Kreisumfang vom Radius η und der Bogenlänge s. Damit erhalten wir die erste *Guldinsche Regel:*

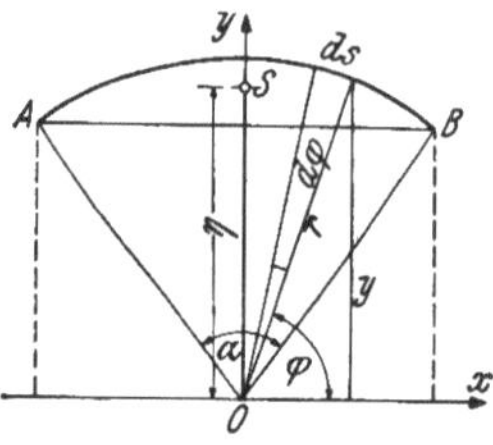

Abb. 117. Schwerpunkt eines Kreisbogens:
$$\eta = \frac{\overline{A\,B}}{a}.$$

Der Inhalt einer Drehfläche ist gleich dem Produkt aus der Länge der erzeugenden Kurve und dem Weg ihres Schwerpunktes.

Beispiel: Es soll der Schwerpunkt des Kreisbogens $\overset{\frown}{AB}$ (r, α) gefunden werden (Abb. 117). Dieser liegt aus Symmetriegründen auf der y-Achse, es braucht also nur sein Abstand η von O berechnet zu werden. Da $s = r\,\alpha$ und $ds = r\,d\varphi$, so ist nach der 2. Gleichung (1):

$$\eta\,r\,\alpha = \int\limits_a^b y\,ds = r^2 \int\limits_{\frac{\pi}{2}-\frac{a}{2}}^{\frac{\pi}{2}+\frac{a}{2}} \sin\varphi\,d\varphi = r \cdot 2\,r \sin\frac{a}{2} = r \cdot \overline{A\,B}.$$

Schreibt man das Ergebnis in der Form

$$\eta : r = \overline{A\,B} : r\,\alpha,$$

so kann man es folgendermaßen formulieren:

Der Schwerpunkt eines Kreisbogens liegt auf der Halbierungslinie des zugehörigen Zentriwinkels α derart, daß sich sein Abstand vom Kreismittelpunkt zum Radius r so verhält wie die Länge der zu α gehörigen Sehne zur Länge des Kreisbogens.

Rascher hätte man dieses Resultat mit Hilfe der 1. Guldinschen Regel erhalten. Die Oberfläche der Kugelzone, die durch Rotation von $\overset{\frown}{A\,B}$ um die x-Achse entsteht, ist gleich $2\,r\,\pi\,h$, wenn $h = \overline{A\,B}$. Nach Guldin ist somit

$$2\,\pi\,\eta \cdot r\,\alpha = 2\,\pi\,r \cdot \overline{A\,B},$$

woraus man dieselbe Proportion bilden kann wie oben.

Speziell ist für den Halbkreis $\eta = \dfrac{2\,r}{\pi}$.

2. „Schwerpunkt" einer ebenen Fläche. Zweite Guldinsche Regel.
Um den „Schwerpunkt" $S\,(\xi, \eta)$ der Fläche $F = a\,b\,B\,A$ (Abb. 118) zu erhalten, zerlegen wir diese wieder in Elementarstreifen dF von der Breite dx. Wenn $dx \longrightarrow 0$, so streben die Koordinaten des

Schwerpunktes R eines im Abstand x von O gelegten Streifens gegen x und $\frac{y}{2}$. Die Momentengleichungen bezüglich der y-Achse und der x-Achse liefern unter Beachtung, daß die auftretenden „Gewichte" den betreffenden Flächeninhalten gleich gesetzt werden können, die beiden Ansatzgleichungen:

$$\xi \cdot F = \int_a^b x \cdot dF$$
$$\eta \cdot F = \int_a^b \frac{y}{2} \cdot dF$$
$$(dF = y\,dx), \qquad (2)$$

aus welchen ξ und η berechnet werden können.[1]

Setzt man in die 2. Gleichung $y\,dx$ an Stelle von dF ein und multipliziert beiderseits mit $2\,\pi$, so erhält man

$$2\,\pi\,\eta \cdot F = \int_a^b y^2\,\pi \cdot dx.$$

Da die rechte Seite das Volumen des Drehkörpers vorstellt, der durch Rotation der Fläche $ab\,BA$ unter der Kurve $y = f(x)$ um die x-Achse entsteht, so wird aus dieser Gleichung die zweite *Guldinsche Regel* erhalten:

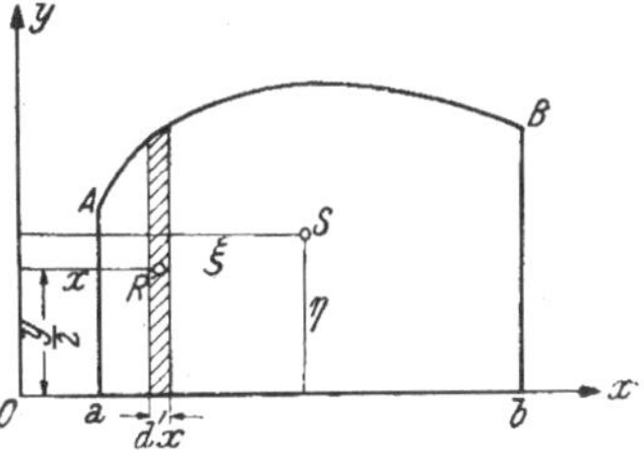

Abb. 118. „Schwerpunkt" S der Fläche $ab\,BA$:
$$\xi = \frac{1}{F}\int_a^b x\,dF, \quad \eta = \frac{1}{F}\int_a^b \frac{y}{2}\,dF.$$

Der Inhalt eines Rotationskörpers ist gleich dem Produkt aus der erzeugenden Fläche und dem Weg ihres Schwerpunktes.

1. Beispiel: Gesucht sind die Koordinaten ξ und η des Schwerpunktes S der Fläche OQP unter der Parabel $y = ax^2$ (Abb. 119).

In diesem Fall lauten die Gleichungen (2):

$$F \cdot \xi = \int_0^{x_1} x \cdot a\,x^2\,dx = \frac{a\,x_1^4}{4}$$

$$F \cdot \eta = \frac{1}{2}\int_0^{x_1} a^2\,x^4\,dx = \frac{a^2\,x_1^5}{10}.$$

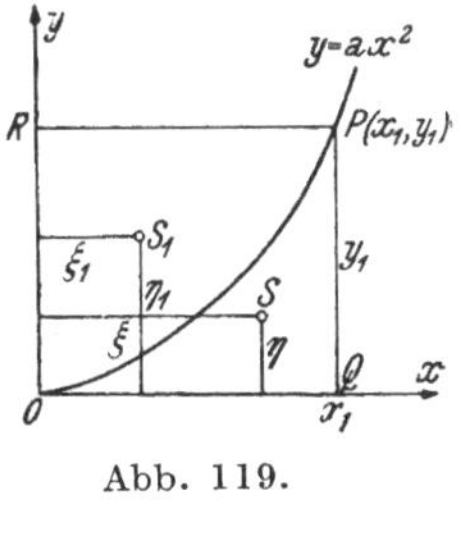

Abb. 119.

---

[1] Wie in den vorangegangenen Fällen beziehen sich auch hier die Integrationsgrenzen auf die Variable x. Wir wenden von jetzt ab die übliche vereinfachte Schreibweise $\int_a^b$ an.

Da $F = \dfrac{x_1\,y_1}{3}$ (S. 89), so erhält man unter Berücksichtigung, daß $y_1 = ax^2$ ist,

$$\xi = \frac{3\,a\,x_1{}^4}{4\,a\,x_1{}^3} = \frac{3}{4}\,x_1$$

$$\eta = \frac{3\,a^2\,x_1{}^5}{10\,a\,x_1{}^3} = \frac{3}{10}\,y_1.$$

Läßt man die Parabel um die x-Achse rotieren, so wird das Volumen V des entstehenden Rotationskörpers nach Guldin

$$V = \frac{x_1\,y_1}{3}\cdot 2\,\pi\cdot\frac{3}{10}\,y_1 = \frac{x_1\,y_1{}^2\,\pi}{5} = \frac{G\cdot h}{5},$$

wenn mit G seine Grundfläche und mit h seine Höhe bezeichnet werden. Bei Rotation der Fläche $O\,Q\,P$ um die y-Achse erhält man

$$V_1 = \frac{x_1\,y_1}{3}\cdot 2\,\pi\cdot\frac{3}{4}\,x_1 = x_1{}^2\,\pi\cdot\frac{y_1}{2},$$

was die uns schon bekannte Tatsache bestätigt, daß das Drehparaboloid den Zylinder von derselben Grundfläche und Höhe halbiert.

Aus den Koordinaten ξ und η von S lassen sich leicht die Koordinaten ξ_1 und η_1 von S_1, dem Schwerpunkt der Fläche $F_1 = O\,P\,R$, ermitteln. Denn es muß nach dem Momentensatz

$$F_1\,\xi_1 + F\,\xi = x_1\,y_1\cdot\frac{x_1}{2}$$

sein, nämlich dem Moment der im Schwerpunkt des Rechtecks $O\,Q\,P\,R$ angreifenden Schwerkraft. Setzt man für F_1 und F, sowie für ξ die betreffenden Werte ein, so erhält man

$$\frac{2}{3}\,x_1\,y_1\cdot\xi_1 + \frac{1}{3}\,x_1\,y_1\cdot\frac{3}{4}\,x_1 = \frac{x_1{}^2\,y_1}{2}$$

und daraus $\xi_1 = \dfrac{3}{8}\,x_1$; ebenso erhält man $\eta_1 = \dfrac{3}{5}\,y_1.$

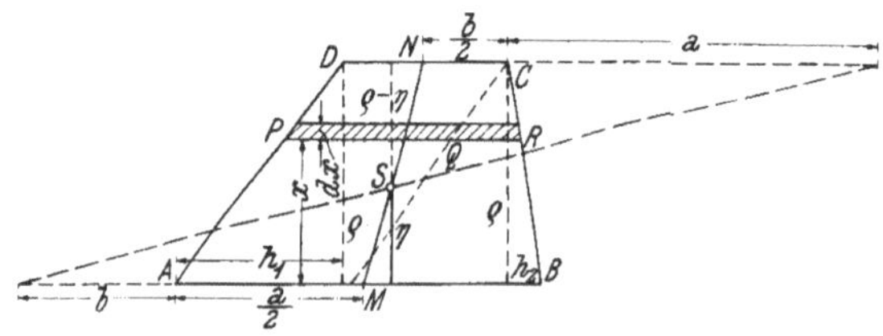

Abb. 120. Schwerpunkt einer Trapezfläche.

2. Beispiel: Es soll der Schwerpunkt S der Trapezfläche $A\,B\,C\,D$ in Abb. 120 ermittelt werden. Dazu genügt die Berechnung seines

Abstandes η von $A\,B$, da S sicherlich auf der Verbindungslinie $M\,N$ der Seitenmitten von $\overline{A\,B} = a$ und $\overline{C\,D} = b$ liegt.

Am schnellsten führt die Guldinsche Regel zum Ziel. Lassen wir das Trapez um $A\,B$ rotieren, so entsteht ein Drehkörper, der sich aus einem Zylinder und zwei Kegeln zusammensetzt. Sein Volumen V ist gleich

$$V = \varrho^2 \pi b + \frac{\varrho^2 \pi}{3}(h_1 + h_2) = \frac{\varrho^2 \pi}{3}(a + 2\,b)$$

wegen $h_1 + h_2 = a - b$.

Dieses Volumen ist gleich dem Schwerpunktsweg $2\,\pi\,\eta$ multipliziert mit der Fläche $F = (a + b)\,\dfrac{\varrho}{2}$, so daß

$$\frac{\varrho^2 \pi}{3}(a + 2\,b) = 2\,\pi\,\eta\,(a + b)\,\frac{\varrho}{2},$$

woraus

$$\eta = \frac{a + 2\,b}{a + b} \cdot \frac{\varrho}{3}$$

und daraus

$$\varrho - \eta = \frac{2\,a + b}{a + b} \cdot \frac{\varrho}{3}.$$

Aus diesen beiden Gleichungen ergibt sich

$$\eta : (\varrho - \eta) = (a + 2\,b) : (2\,a + b) = \left(\frac{a}{2} + b\right) : \left(a + \frac{b}{2}\right)$$

und da $\eta : (\varrho - \eta)$ sich verhält wie $\overline{M\,S} : \overline{S\,N}$, so ist dadurch die in der Figur angezeigte Konstruktion des Schwerpunktes S bewiesen. Wie ergibt sich daraus der Schwerpunkt eines Dreiecks?

Zur direkten Berechnung von η zerlegt man die Trapezfläche zweckmäßig in Streifen parallel zur Seite $A\,B$. Der im Abstande x von $A\,B$ eingezeichnete Streifen $d\,F$ von der Höhe dx ist gleich $(\overline{P\,Q} + \overline{Q\,R})\,dx$ mit $\overline{P\,Q} = b$ und $\overline{Q\,R} = \dfrac{(\varrho - x)(a - b)}{\varrho}$. Die erste Formel der Gleichungen (2) ergibt nach Einsetzen (ξ ist durch η zu ersetzen) und einer kleinen Zwischenrechnung

$$\eta\,(a + b)\,\frac{\varrho}{2} = \frac{1}{\varrho}\int_0^{\varrho}[a\,\varrho\,x - (a - b)\,x^2]\,dx = \frac{1}{6}(a\,\varrho^2 + 2\,b\,\varrho^2),$$

so daß $\eta = \dfrac{a + 2\,b}{a + b} \cdot \dfrac{\varrho}{3}$ in Übereinstimmung mit dem vorigen Ergebnis.

3. Schwerpunkt von krummen Oberflächen und von Körpern. Die Ermittlung des Schwerpunktes erfolgt in diesen Fällen ganz analog den bisherigen Gedankengängen, so daß je ein Beispiel genügen wird, um das Verfahren klar zu machen.

1. Beispiel: In welcher Entfernung vom Kugelmittelpunkt liegt der Schwerpunkt einer Halbkugelfläche? Zerlegen wir die Oberfläche in schmale Zonen von der Höhe dx, so daß $dO = 2\,r\,\pi\,dx$ (Abb. 121), so gilt der Ansatz

$$\xi \cdot O = \int_0^r x \cdot dO$$

oder

$$\xi \cdot 2\,r^2\,\pi = 2\,r\,\pi \int_0^r x\,dx = r^3\,\pi.$$

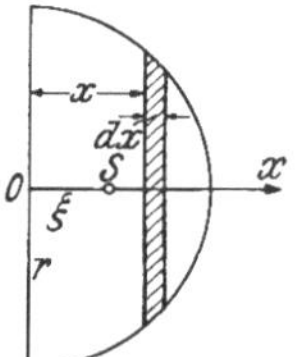

Abb. 121. Schwerpunkt einer Halbkugeloberfläche:

$$\xi = \frac{r}{2}.$$

Daraus findet man $\xi = \dfrac{r}{2}$. Wieso folgt das Ergebnis aus der Tatsache, daß $dO = 2\,r\,\pi\,dx$ von x nicht abhängt, ohne jede Rechnung?

2. Beispiel: Gesucht der Schwerpunkt eines Rotationsparaboloidkörpers von der Höhe h (Abb. 122).

Das Paraboloid entstehe durch Rotation der Parabel $y = \sqrt{2\,p\,x}$ um ihre Achse. Durch Zerlegung in dünne Scheiben $dV = F\,dx = 2\,p\,\pi\,x\,dx$ erhalten wir

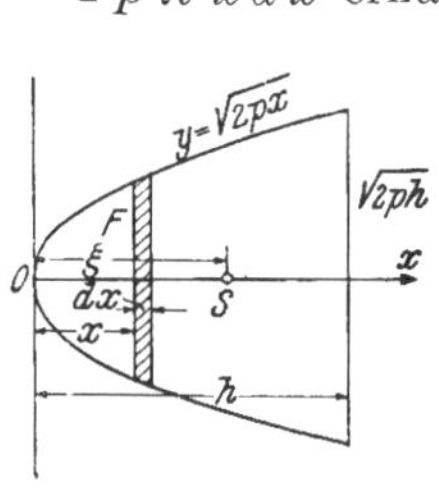

$$\xi \cdot V = \int_0^h x\,dV, \quad \text{wobei} \quad V = p\,h^2\,\pi.$$

Durch Einsetzen ergibt sich

$$\xi \cdot p\,h^2\,\pi = \int_0^h 2\,p\,\pi\,x^2\,dx = \frac{2}{3}\,p\,\pi\,h^3$$

und daher

Abb. 122.

$$\xi = \frac{2}{3}\,h. \qquad \text{(Abstand vom Scheitel.)}$$

4. Übungen. 1. Man bestimme die Schwerpunktsabstände eines Viertelkreisbogens von seinen Begrenzungsradien, **a)** mittels Integralrechnung, **b)** nach Guldin, **c)** durch Spezialisierung des Ergebnisses im Beispiel S. 126.

$$\text{Lösung:} \quad \xi = \eta = \frac{2\,r}{\pi}.$$

2. Rotiert ein Kreis (r) um eine Achse A in seiner Ebene, so entsteht eine *Ring- oder Wulstfläche*, auch *Torus* genannt (Abb. 123). Man berechne Oberfläche und Volumen mit Hilfe der Guldinschen Regeln, wenn der Kreismittelpunkt M den Abstand a von der Achse besitzt.

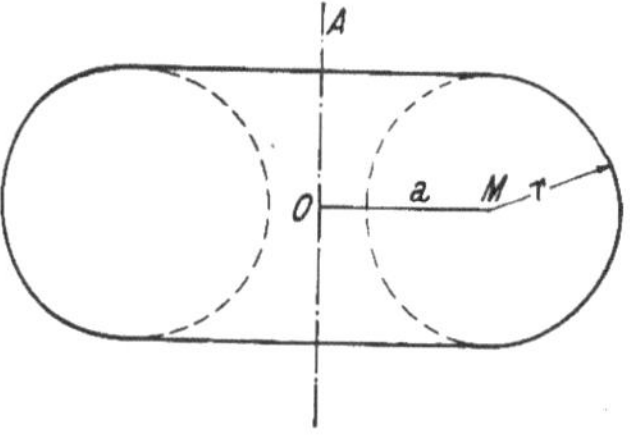

Abb. 123. Ringfläche oder Torus.

$$\text{Lösung:} \quad O = 4\,\pi^2\,a\,r, \quad V = 2\,\pi^2\,a\,r^2.$$

3. Gesucht ist der Schwerpunkt einer Viertelkreisfläche. Wie findet man aus dem Ergebnis rasch den Schwerpunkt einer Halbkreisfläche? Man benutze die Guldinsche Regel nur zur Kontrolle.

Lösung: Viertelkreis: $\xi = \eta = \dfrac{4\,r}{3\,\pi}$, Halbkreis: $\xi = 0$, $\eta = \dfrac{4\,r}{3\,\pi}$.

4. Es ist der Schwerpunkt der schraffierten Fläche unter dem Viertelkreis in Abb. 124 zu ermitteln, **a)** mit Hilfe des Ergebnisses in **3**, **b)** nach Guldin. Wie groß ist das Volumen des Rotationskörpers, der durch Rotation der schraffierten Fläche um die x-Achse entsteht?

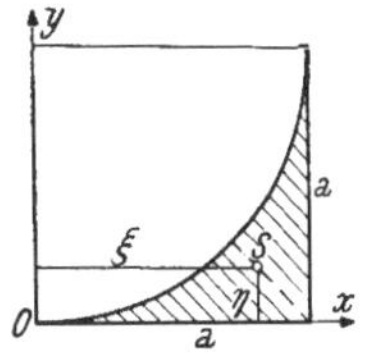

Lösung: $\xi = \dfrac{2\,a}{12 - 3\,\pi}$, $\eta = a\,\dfrac{10 - 3\,\pi}{12 - 3\,\pi}$;

$$V = \frac{1}{6}\,a^3\,\pi\,(10 - 3\,\pi).$$

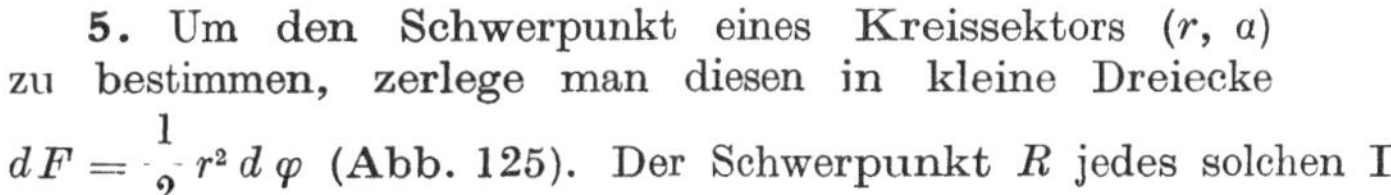

Abb. 124.

5. Um den Schwerpunkt eines Kreissektors (r, a) zu bestimmen, zerlege man diesen in kleine Dreiecke $dF = \dfrac{1}{2}\,r^2\,d\varphi$ (Abb. 125). Der Schwerpunkt R jedes solchen Dreiecks liegt in der Entfernung $\dfrac{2}{3}\,r$ von O, die Ordinate y von R ist somit $\dfrac{2}{3}\,r \sin\varphi$. Aus der Ansatzgleichung

$$\eta \cdot F = \int\limits_{\frac{\pi}{2} - \frac{a}{2}}^{\frac{\pi}{2} + \frac{a}{2}} y \cdot \frac{1}{2}\,r^2\,d\varphi$$

bestimme man η und berechne nach Guldin das Volumen der Kugelschichte von der Höhe $h = \overline{A\,B}$ und dem Grundflächenradius $\varrho = r \cos\dfrac{a}{2}$.

Lösung: $\eta = \dfrac{4\,r \sin\dfrac{a}{2}}{3\,a} = \dfrac{2\,\overline{A\,B}}{3\,a}$.[1]

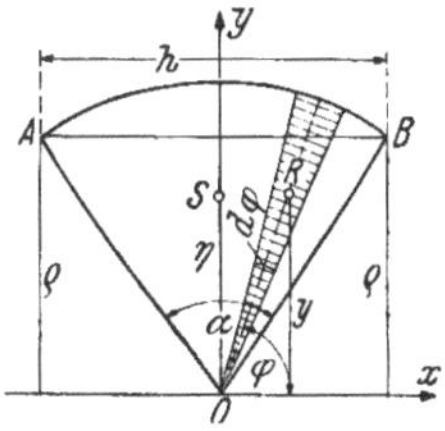

Abb. 125. Schwerpunkt eines Kreissektors: $\eta = \dfrac{2\,h}{3\,a}$.

Rotiert der Sektor um die x-Achse, so ist das Volumen v des entstehenden Drehkörpers

$$v = 2\,\pi\,\eta \cdot \frac{r^2}{2}\,a = \frac{4}{3}\,\pi\,r^3 \sin\frac{a}{2}.$$

Um die Kugelschichte zu erhalten, müssen noch zwei Kegel dazugezählt werden, deren Basisradius ϱ und deren Höhe $\dfrac{h}{2}$ ist. Damit wird das Volumen V der Kugelschichte

$$V = v + \frac{2}{3}\,r^3\,\pi \cos^2\frac{a}{2}\sin\frac{a}{2} = \frac{2}{3}\,\pi\,r^3 \sin\frac{a}{2}\left(2 + \cos^2\frac{a}{2}\right) =$$

$$= \frac{2}{3}\,\pi\,r^3 \sin\frac{a}{2}\left(2\sin^2\frac{a}{2} + 3\cos^2\frac{a}{2}\right) = \frac{4}{3}\,\pi\left(\frac{h}{2}\right)^3 + \pi\,\varrho^2\,h,$$

also gleich dem Rauminhalt einer Kugel vom Durchmesser $\overline{A\,B}$ plus dem eines Zylinders mit dem Basisradius ϱ und der Höhe $\overline{A\,B}$. Läßt man nur das Kreissegment rotieren, so hat daher der entstehende Drehkörper (zylindrisch

---

[1] Wie zu erwarten war, deckt sich der Schwerpunkt des Kreissektors mit dem Schwerpunkt des zu $\overset{\frown}{A\,B}$ konzentrischen Bogens durch R.

durchbohrte Kugel) dasselbe Volumen wie die Kugel mit dem Durchmesser AB. Für den Schwerpunkt des Kreissegmentes findet man daraus, daß sein

Abstand von O gleich $\dfrac{4}{3}\, r\, \dfrac{\sin^3 \dfrac{\alpha}{2}}{\alpha - \sin \alpha}$ ist; man führe die Rechnung durch und überprüfe das Ergebnis mittels der bekannten Abstände der Schwerpunkte des $\varDelta\, O\, A\, B$ und des Sektors (vgl. 1. Beispiel, S. 127).

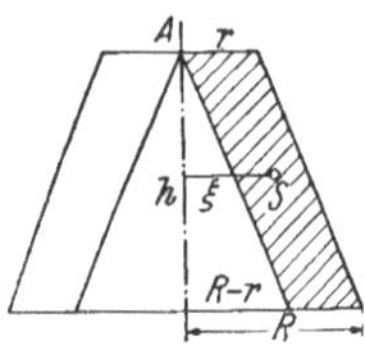

Abb. 126. Volumen eines Kegelstutzes nach Guldin.

6. Man berechne das Volumen eines geraden Kegelstutzes, indem man zu dem Rauminhalt des Kegels von derselben Höhe h mit dem Radius $(R - r)$ das Volumen des Drehkörpers addiert, der durch Rotation des schraffierten Parallelogramms um die Achse A entsteht (Abb. 126).

$$\text{Lösung:} \quad V = \frac{\pi h}{3}\, (R^2 + R\, r + r^2).$$

7. Das Volumen eines schief abgeschnittenen Zylinders mit beliebigem Normalschnitt ist gleich diesem Normalschnitt F multipliziert mit der durch den Schwerpunkt S von F gehenden Höhe H des Zylinders (Abb. 127). Man weise das nach und berechne mit Hilfe dieser Regel das Volumen des Zylinderhufes in Übung 5, S. 123. (Vgl. Übung 3, S. 130.)

Lösung: Das gesuchte Volumen V setzt sich aus dem eines geraden Zylinders $v = F\, h$ und den Rauminhalten v_1 und v_2 von zwei Zylinderhufen zusammen;

$$v_1 = \int\limits_0^b x\,\operatorname{tg}\alpha_1\, dF = \operatorname{tg}\alpha_1 \int\limits_0^b x\, dF = \operatorname{tg}\alpha_1 \cdot \xi\, F. \qquad \text{(1. Formel von (2), S. 127.)}$$

Ebenso ist $v_2 = F\, \xi\, \operatorname{tg}\alpha_2$, daher $V = F\, (h + \xi\,\operatorname{tg}\alpha_1 + \xi\,\operatorname{tg}\alpha_2) = F\, H$.

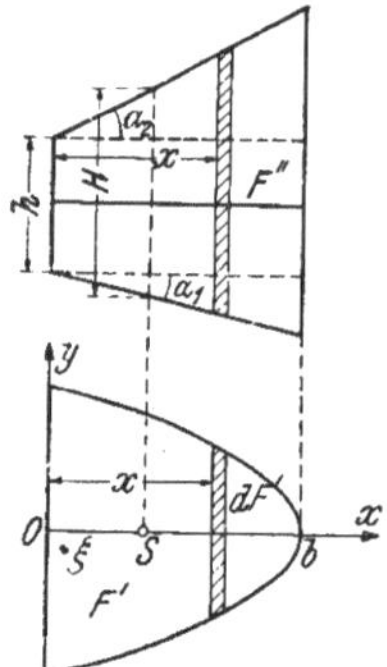

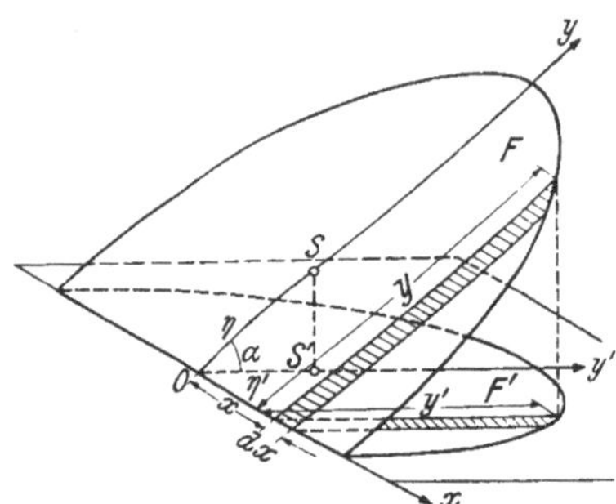

Abb. 127. Grund- und Aufriß eines schief abgeschnittenen Zylinders mit dem Normalschnitt F.

Abb. 128. Der Schwerpunkt S einer geneigten Fläche F projiziert sich im Schwerpunkt S' von F'.

8. Man zeige, daß die Höhe H der vorigen Aufgabe durch die Schwerpunkte der Deckflächen geht. Man kann diesen Sachverhalt auch so ausdrücken, daß der Schwerpunkt der Projektion einer ebenen Figur F erhalten wird, indem man den Schwerpunkt von F projiziert. Man ermittle danach den Schwerpunkt einer halben Ellipsenfläche.

Lösung: Es sei F eine beliebige unter α geneigte ebene Figur und F' ihre Projektion (Abb. 128), deren Schwerpunkte S und S' die Abstände η und η' von der x-Achse haben mögen. Der Satz ist bewiesen, wenn gezeigt werden kann, daß $\eta' = \eta \cos \alpha$ ist. Bekanntlich ist $F' = F \cos \alpha$, denn aus $y' = y \cos \alpha$ folgt

$$F' = \int\limits_a^b y' \, dx = \cos \alpha \int\limits_a^b y \, dx = F \cos \alpha.$$

Nun ist

$$\eta' = \frac{\int\limits_a^b \frac{1}{2} y'^2 \, dx}{F'} = \frac{\cos^2 \alpha \int\limits_a^b \frac{1}{2} y^2 \, dx}{F \cos \alpha} = \eta \cos \alpha,$$

was zu beweisen war.

Ist F eine Halbellipse mit der halben Achse a und der Achse $2b$ und ihre Projektion ein Kreis vom Radius $b = a \cos \alpha$, so folgt aus 3., daß $\eta = \dfrac{4\,a}{3\,\pi}$; ist F ein Halbkreis (a) und F' eine Halbellipse mit der Achse $2\,a$ und der halben Achse b, so wird $\eta' = \dfrac{4\,b}{3\,\pi}$.

9. Man bestimme den Schwerpunkt folgender Oberflächen:
 a) einer Kugelzone von der Höhe $h = x_2 - x_1$ (vgl. 1. Beispiel, S. 130),
 b) des Mantels eines Drehkegels (r, h).

Lösungen: **a)** Mittelpunktsabstand $\xi = \dfrac{x_1 + x_2}{2}$, **b)** $\xi = \dfrac{2\,h}{3}$. (Abstand vom Scheitel.)

10. Gesucht der Schwerpunkt folgender Körper:
 a) einer Pyramide (G, h),
 b) einer Halbkugel (r),
 c) eines halben Ellipsoides mit den Achsen $2b$ und $2c$ und der halben Achse a.

Lösungen: **a)** Scheitelabstand: $\dfrac{3}{4}\,h$, **b)** Mittelpunktsabstand: $\dfrac{3}{8}\,r$, **c)** Mittelpunktsabstand: $\dfrac{3}{8}\,a$.

11. Man ermittle den Schwerpunkt eines ganzen Zykloidenbogens und außerdem die Oberfläche, die durch Rotation dieses Zykloidenganges um die x-Achse entsteht (Übung 9, S. 124).

Lösung:

$$8\,a\,\eta = 2\,a^2 \int\limits_0^{2\pi} (1 - \cos \varphi) \sin \frac{\varphi}{2} \, d\varphi =$$

$$= 2\,a^2 \int\limits_0^{2\pi} \left[\sin \frac{\varphi}{2} - \frac{1}{2} \left(\sin \frac{3\varphi}{2} - \sin \frac{\varphi}{2} \right) \right] d\varphi =$$

$$= 2\,a^2 \int\limits_0^{2\pi} \left(\frac{3}{2} \sin \frac{\varphi}{2} - \frac{1}{2} \sin \frac{3\varphi}{2} \right) d\varphi = 2\,a^2 \left| 3 \cos \frac{\varphi}{2} - \frac{1}{3} \cos \frac{3\varphi}{2} \right|_{2\pi}^{0} = \frac{32}{3}\,a^2.$$

Daher $\eta = \dfrac{4}{3}\,a$ und $O = \dfrac{64}{3}\,\pi\,a^2.$

§ 18. Trägheitsmomente.

1. Achsiale Trägheitsmomente. *Unter dem Trägheitsmoment eines „unendlich" kleinen Massenteilchens dm bezogen auf eine Achse g versteht man das Produkt $x^2\,dm$ aus dm und dem Quadrat seines Abstandes x von g. ($x\,dm$ wäre das uns schon bekannte statische Moment.)*

Um daraus das Trägheitsmoment I eines Körpers von der Masse m zu gewinnen, der von $x = a$ bis $x = b$ reicht, braucht man nur alle diese Produkte zu summieren und für $dm \to 0$ zur Grenze überzugehen. Es ist also[1]

$$\boxed{I = \int_a^b x^2\,dm}\,.$$

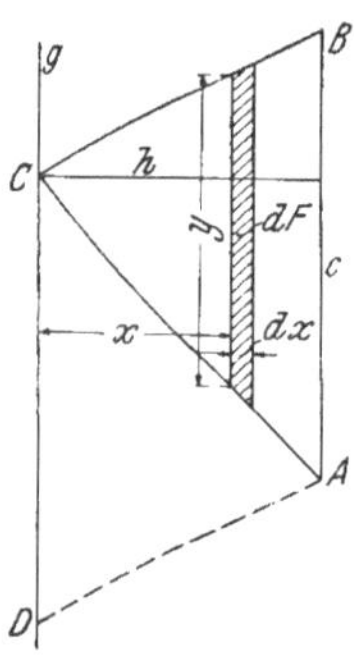

Abb. 129.
Trägheitsmoment
des Dreiecks $A\,B\,C$:

$$I_g = \frac{1}{4}\,c\,h^3,$$

$$I_c = \frac{1}{12}\,c\,h^3.$$

Ist μ die Masse der Volumseinheit, so wird $dm = \mu\,dV$; im Fall eines dünnen Plättchens ist $dm = \mu\,dF$, wenn μ die Masse der Flächeneinheit ist. Sieht man von der Masse ab, so spricht man auch wohl von *geometrischen Trägheitsmomenten*; man erhält für das Trägheitsmoment eines Körpers:

$$\boxed{I = \int_a^b x^2\,d\,V}\,,$$

für das einer Fläche:

$$\boxed{I = \int_a^b x^2\,d\,F}\,.$$

Es sei z. B. das Trägheitsmoment eines Dreiecks $A\,B\,C$ für die zur Seite c parallele Achse g durch C zu ermitteln (Abb. 129).

Ein Flächenstreifen $dF = y\,dx$ im Abstande x von g besitzt das Trägheitsmoment $x^2\,y\,dx$; y hängt von x ab, und zwar findet man aus $y : c = x : h$, daß $y = \dfrac{c}{h}\,x$ ist. Das Trägheitsmoment I_g des Dreiecks ist daher

$$I_g = \frac{c}{h}\int_0^h x^3\,dx = \frac{1}{4}\,c\,h^3.$$

---

[1] Im allgemeinen führt diese Summation zu *mehrfachen*, nur in besonderen Fällen zu *einfachen* Integralen. Wir beschränken uns auf letztere.

Will man das Trägheitsmoment I_c in bezug auf die Seite c finden, so hat man nur zu beachten, daß dF jetzt den Abstand $h - x$ von der Achse c besitzt, so daß

$$I_c = \frac{c}{h} \int_0^h (h - x)^2\, x\, dx = \frac{1}{12}\, c\, h^3.$$

Ergänzt man das Dreieck zu dem Parallelogramm $A\,B\,C\,D$, so ist dessen Trägheitsmoment bezogen auf g ebenso groß wie in bezug auf c und gleich der Summe der eben gefundenen Trägheitsmomente I_g und I_c (man begründe das genauer), mithin gleich $\frac{1}{3}\,c\,h^3$. Das gleiche gilt für ein Rechteck, sein Trägheitsmoment bezogen auf eine Seite ist daher gleich dem 3. Teil dieser Seite multipliziert mit der 3. Potenz der zugehörigen Höhe. Dieses Ergebnis kann man natürlich auch sehr leicht durch direkte Berechnung erhalten, die der Studierende zur Übung durchführen möge.

2. Das polare Trägheitsmoment. Man kann das Trägheitsmoment auch auf einen Punkt (Pol) beziehen. So besitzt das Flächenteilchen dF in Abb. 130 in bezug auf O das *polare Trägheitsmoment* $r^2\, dF$. Nun ist $r^2 = x^2 + y^2$, daher $r^2\, dF = x^2\, dF + y^2\, dF$, d. h.:

Das polare Trägheitsmoment eines Flächenelementes dF, bezogen auf einen Pol O, ist gleich der Summe der achsialen Trägheitsmomente für zwei zueinander senkrechte Achsen durch O.

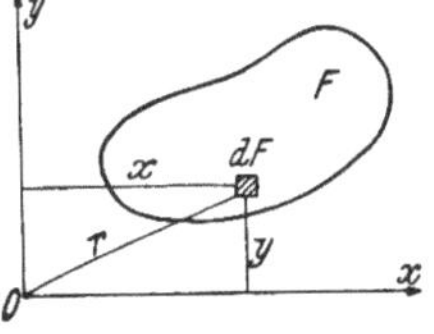

Abb. 130. Das polare Trägheitsmoment von dF in bezug auf O ist $r^2\, dF$.

Der Satz gilt aber auch für die Gesamtfläche F, da man bei der Summenbildung über alle $(x^2 + y^2)\, dF$ zuerst die Glieder mit x^2 und dann die mit y^2 zusammenfassen kann[1]. Bezeichnet man das polare Trägheitsmoment mit I_o, das für die x- und für die y-Achse mit I_x bzw. mit I_y, so ist

$$\boxed{I_o = I_x + I_y}.\tag{*}$$

Es sei z. B. das polare Trägheitsmoment einer Kreisfläche (R) in bezug auf den Mittelpunkt O zu berechnen und daraus das achsiale Trägheitsmoment für einen Durchmesser zu bestimmen.

---

[1] Hiebei handelt es sich allerdings um die Bildung einer *Doppelsumme*, was aber die Richtigkeit des Schlusses nicht beeinträchtigt; dF ist in Abb. 130 unendlich klein von 2. Ordnung. Beschränken wir uns auf solche Fälle, in welchen eine Zerlegung in Flächenelemente von 1. Kleinheitsordnung möglich ist, so stoßen wir nur auf einfache Summen (einfache Integrale).

Man zerlegt den Kreis in konzentrische Kreisringe dF, von welchen einer in Abb. 131 eingezeichnet ist mit den Radien r und $r + dr$. Es ist dann

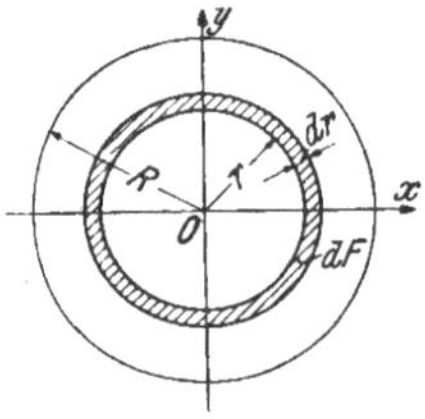

$$I_o = \int\limits_0^R r^2\, dF = \int\limits_0^R r^2 \cdot 2\,r\,\pi\,dr,$$

wenn man für dF den schon auf S. 76, Üb. **2** erhaltenen Wert $2\,r\,\pi\,dr$ einsetzt. Rechnet man das Integral aus, so erhält man

$$I_o = \frac{\pi}{2}\,R^4.$$

Abb. 131.

Auf Grund der Gleichung (*) ist wegen der Gleichheit von I_x und I_y

$$I_x = I_y = \frac{\pi}{4}\,R^4.$$

Errichtet man über dem Kreis einen geraden Zylinder von der Höhe h, so braucht man diesen nur in zylindrische Röhren $dV = 2\,r\,\pi\,h\,dr$ zu zerlegen, um analog dem polaren Trägheitsmoment des Kreises für das achsiale Trägheitsmoment des Zylinders bezogen auf seine Achse den Wert $\frac{\pi}{2}\,R^4\,h = \frac{1}{2}\,V\,R^2$ zu erhalten. Ist μ die Masse der Volumseinheit, so ist die Masse des Zylinders $m = \mu\,V$ und das Trägheitsmoment des Zylinders wird, weil $dm = \mu\,d\,V$ an Stelle von $d\,V$ tritt,

$$I = \frac{1}{2}\,m\,R^2.$$

3. Der Satz von Steiner. In Abb. 132 sei s eine *Schwerachse*, d. i. eine durch den Schwerpunkt S der Fläche F gehende Gerade. Das Trägheitsmoment I_s von F bezogen auf s ist gleich

$$I_s = \int\limits_a^b x_s^2\, dF. \tag{1}$$

(Die untere Grenze a ist negativ!). Parallel zu s sei im Abstand d die Achse g gezogen. Das Trägheitsmoment von F für diese Achse ist

$$I_g = \int\limits_a^{b_1} x^2\, dF. \tag{2}$$

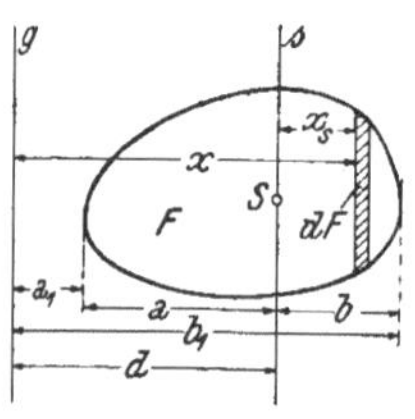

Abb. 132.
Der Steinersche Satz:
$I_g = I_s + F\,d^2.$

Setzt man in (2) für x den aus der Figur ablesbaren Wert $x_s + d$ ein, so wird

$$I_g = \int\limits_a^b (x_s + d)^2\, dF. \tag{3}$$

Die Grenzen lauten jetzt wieder a und b, denn die Integrationsvariable ist x_s und

$$\text{für } x = a_1 \text{ ist } x_s = a_1 - d = a,$$
$$\text{,, } x = b_1 \text{ ,, } x_s = b_1 - d = b.$$

Quadriert man aus und integriert gliedweise, so geht (3) über in

$$I_g = \int_a^b x_s^2 \, dF + 2d \int_a^b x_s \, dF + d^2 \int_a^b dF.$$

Das 1. Glied auf der rechten Seite ist I_s. Das 2. Glied ist gleich 0,
denn

$$\int_a^b x_s \, dF = \xi F, \qquad (1.\ \text{Gl. (2), S. 127})$$

wobei ξ den Abstand des Schwerpunktes S von s bedeutet, der hier
Null ist. Das 3. Glied ist Fd^2.

Mit diesen Werten wird

$$I_g = I_s + Fd^2.$$

Diese Formel bildet den Inhalt des *Satzes von Steiner*:

*Das Trägheitsmoment für eine beliebige Achse ist gleich demjenigen
für die parallele Schwerachse, vermehrt um das Produkt aus der Fläche
und dem Quadrat des Abstandes d beider Achsen.*

Unter allen auf parellele Achsen bezogenen Trägheitsmomenten
ist also dasjenige für die Schwerachse das kleinste.

Nach diesem Satz erhält man z. B. für das Trägheitsmoment I_m
eines Rechtecks (a, b) in bezug auf die zu a parallele Mittellinie aus
dem Schlußergebnis des Beispiels S. 134:

$$I_m = \frac{1}{3}\, a\, b^3 - a\, b \left(\frac{b}{2}\right)^2 = \frac{1}{12}\, a\, b^3.$$

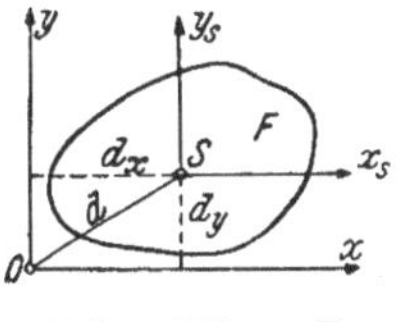

Das polare Trägheitsmoment I_0 des Rechtecks in
bezug auf den Mittelpunkt ergibt sich daraus
nach der Formel (*) S. 135 mit

$$I_0 = \frac{1}{12}\, a\, b\, (a^2 + b^2).$$

Der Steinersche Satz gilt auch für polare
Trägheitsmomente, so daß

$$I_0 = I_S + Fd^2,$$

Abb. 133. Der
Steinersche Satz
für das polare
Trägheitsmoment:
$I_0 = I_s + F\, d^2$.

wenn I_0 das polare Trägheitsmoment für den Pol O, I_S dasjenige für
den Schwerpunkt S bedeutet und $d = \overline{OS}$ ist. Dem Studierenden
wird es nicht schwer fallen, den Nachweis an Hand der Abb. 133

selbst zu erbringen. (Man wende den Steinerschen Satz einmal auf das Achsenpaar x_s und x, dann auf y_s und y an.)

So ist z. B. das polare Trägheitsmoment einer Kreisfläche (R) für einen Punkt P im Abstande d vom Mittelpunkt O auf Grund des Beispiels in 2., S. 135:

$$I_P = \frac{\pi}{2}\,R^4 + \pi\,R^2\,d^2 = \frac{\pi}{2}\,R^2\,(R^2 + 2\,d^2).$$

Liegt speziell P auf dem Umfang des Kreises, so ergibt sich der Wert $\frac{3}{2}\,\pi\,R^4$.

Errichtet man wieder über dem Kreis einen Zylinder von der Höhe h und der Masse $m = \mu\,V$, so erhält man sein Trägheitsmoment I_g für eine zur Rotationsachse parallele Achse g im Abstande d nach dem Ergebnis am Schlusse der vorigen Nummer:

$$I_g = \frac{1}{2}\,\mu\,V\,R^2 + \mu\,V\,d^2 = m\left(\frac{1}{2}\,R^2 + d^2\right).$$

4. Übungen. Zum Abschluß dieses Kapitels mögen noch einige Aufgaben aus verschiedenen Gebieten folgen, um den Anfänger in die Aufstellung von *Infinitesimalansätzen* einzuführen. Nur durch Übung erlangt man mit der Zeit die erforderliche Gewandtheit.

1. Ein prismatisches Gefäß, dessen innere Grundfläche ein Quadrat von der Seite $a = 4{\cdot}2$ dm ist, wird bis zur Höhe $H = 7$ dm mit Wasser (spez. Gewicht $\gamma = 1$ kg/dm³) gefüllt. Wie groß ist die gesamte Wasserdruckkraft P auf eine Seitenwand?

Lösung: Man zerlegt eine solche rechteckige Seitenwand in Horizontalstreifen dF. Die Druckkraft dP auf einen Streifen im Abstande x von der Oberfläche ist nach einem Satz aus der Hydrostatik gleich $x \cdot dF$ (wäre γ von 1 verschieden, so träte noch der Faktor γ hinzu). Hat dieser Flächenstreifen die Höhe dx, so daß $dF = a \cdot dx$, so ist die Gesamtdruckkraft

$$P = \int\limits_0^H a\,x\,dx = \frac{1}{2}\,a\,H^2 = 102{\cdot}9 \text{ kg.}$$

2. Die Seitenfläche in der vorigen Aufgabe ist durch eine waagrechte Gerade so zu teilen, daß sich die Druckkraft auf den oberen Teil zu der auf den unteren Teil wie $m : n$ (speziell $1 : 1$) verhält. In welchem Abstand h von der Oberfläche liegt die Gerade?

Lösung: Es muß die Proportion bestehen

$$a \int\limits_0^h x\,dx : a \int\limits_h^H x\,dx = m : n$$

oder

$$h^2 : (H^2 - h^2) = m : n,$$

woraus

$$h = H\sqrt{\frac{m}{m+n}}\,; \quad \text{speziell: } h = \frac{H}{\sqrt{2}} = 4{\cdot}95 \text{ dm.}$$

3. Die Rechteckfläche der beiden vorhergehenden Aufgaben sei unter dem Winkel a gegen die Horizontale geneigt (Ufermauer). Wie groß ist die

Druckkraft auf die untere Hälfte der benetzten Rechteckfläche, wenn ihre waagrechte Seite a und die Wasserhöhe H ist?

Lösung: Die Druckkraft auf einen Elementarstreifen dF in der Tiefe h (Abb. 134) ist $dP = h \cdot dF$. Aus $x = \dfrac{h}{\sin \alpha}$ folgt $dx = \dfrac{dh}{\sin \alpha}$ und damit $dP = a\,h\,dx = \dfrac{a}{\sin \alpha}\,h\,dh$. Die Druckkraft auf die untere Hälfte wird daher

$$P = \frac{a}{\sin \alpha} \int_{\frac{1}{2}H}^{H} h\,dh = \frac{3\,a\,H^2}{8 \sin \alpha}.$$

4. In Abb. 135 sei F eine ebene bezüglich der x-Achse symmetrische Fläche, die vertikal in eine Flüssigkeit vom spez. Gewicht γ getaucht ist. Man zeige, daß die gesamte Flüssigkeitsdruckkraft P auf eine Seite dieser Fläche gleich $\gamma F \xi$ ist, wenn ξ den Abstand des Schwerpunktes S von der Schnittlinie g der Flüssigkeitsoberfläche mit der (erweiterten) Ebene F bedeutet, und daß der Angriffspunkt M (der *Druckmittelpunkt*) dieser

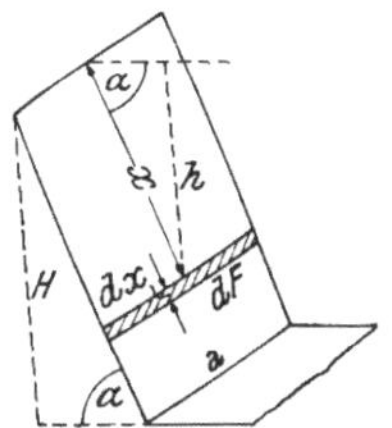

Abb. 134.

Resultierenden P auf der Symmetrieachse in der Entfernung $e = \dfrac{I_s}{F\,\xi}$ von der horizontalen Schwerachse s liegt, wenn mit I_s das auf s bezogene Trägheitsmoment von F bezeichnet wird. Wo liegt demnach der Druckmittelpunkt M in Aufgabe 1?

Lösung: Zunächst ist

$$P = \gamma \int_{a_1}^{b_1} x\,dF = \gamma\,\xi\,F. \qquad \text{(Formel (2), S. 127)}$$

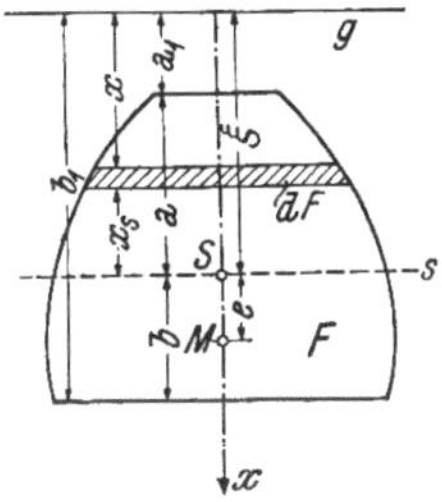

Ferner ist nach dem Momentensatz für die Achse g:

$$P(e + \xi) = \gamma \int_{a_1}^{b_1} x^2\,dF = \gamma\,I_g,$$

daher

$$P\,e = \gamma\,(I_g - \xi^2\,F) = \gamma\,I_s \quad \text{(nach dem Steinerschen Satz)},$$

woraus

$$e = \frac{\gamma\,I_s}{P} = \frac{I_s}{F\,\xi}$$

Abb. 135.

folgt. Man führe die Rechnung auch durch mittels Momentenbildung für die Achse s (s. Figur). In Aufgabe 1 liegt M in der Entfernung $\dfrac{2}{3}H$ von der Wasseroberfläche.

5. Eine l cm lange Eisenstange mit dem Querschnitt F cm² und dem spez. Gewicht γ kg/dm³ sei am oberen Ende aufgehängt. Welche Verlängerung λ erfährt die Stange durch ihr Eigengewicht G? (Nach dem *Hookeschen* Gesetz bewirkt die Kraft P eine Verlängerung $\lambda = \dfrac{P\,l}{F\,E}$, worin E den Elastizitätsmodul bedeutet, der z. B. für Schweißeisen ungefähr $2 \cdot 10^6$ kg/cm² ist.)

Lösung: Auf ein horizontales Scheibchen im Abstande x vom oberen Stangenende und der Dicke dx wirkt das Gewicht des unterhalb befindlichen

Stangenteiles von der Länge $l - x$. Es erfährt somit eine Längenänderung

$$d\lambda = \frac{\gamma \cdot F\,(l - x)\,dx}{1000\,F\,E} = \frac{\gamma\,(l - x)\,dx}{1000\,E}.$$

Der Faktor 1000 im Nenner tritt deswegen auf, weil sich γ auf dm³ bezieht, die Längen aber in cm angegeben sind.

Die Gesamtverlängerung λ ist daher

$$\lambda = \frac{\gamma}{1000\,E} \int_0^l (l - x)\,dx = \frac{\gamma}{1000\,E} \cdot \frac{l^2}{2} = \frac{1}{2}\,\frac{G\,l}{F\,E} \text{ cm,}$$

wenn $G = \dfrac{F\,l\,\gamma}{1000}$ kg das Gesamtgewicht der Stange ist; λ ist also halb so groß wie die Dehnung, die eine gewichtlose Stange durch ein am unteren Ende angehängtes Gewicht G erfahren würde.

Ist die Stange außerdem noch durch ein unten angebrachtes Gewicht P belastet, so wäre die Gesamtverlängerung

$$\lambda = \frac{l}{F\,E}\left(P + \frac{1}{2}\,G\right).$$

6. In Flüssigkeiten nimmt der Druck proportional der Tiefe zu, weil infolge der ganz geringen Zusammendrückbarkeit die Dichte in allen Tiefen gleich groß angenommen werden kann. Bei Gasen werden dagegen die unteren Schichten durch das Gewicht der oberen stark zusammengedrückt, und zwar ist die Dichte oder auch das spez. Gewicht γ jeder einzelnen Schicht dem in ihr herrschenden Druck p proportional, also $\gamma = kp$. Ist ein zusammengehöriges Wertepaar p_0 und γ_0 gemessen, so folgt daraus $k = \dfrac{\gamma_0}{p_0}$, mithin $\gamma = \dfrac{\gamma_0}{p_0}\,p$. Nach welchem Gesetz nimmt nun der Druck bei zunehmender Höhe ab?

Lösung: Ist p der Druck auf eine horizontale Fläche von 1 m² in der Höhe h Meter, so ist er in der Höhe $h + dh$ um das Gewicht der dazwischen liegenden Gasschichte kleiner. Bei „unendlich" kleinem dh kann γ als konstant angesehen werden, mithin ist das Gewicht dieser dünnen Schichte

$$\gamma\,dh = \frac{\gamma_0}{p_0}\,p\,dh. \qquad\qquad \text{(Grundfläche = 1!)}$$

Wächst also die Höhe um dh, so nimmt der Druck um $- dp$ zu, so daß

$$\frac{\gamma_0}{p_0}\,p\,dh = -\,dp$$

oder

$$dh = -\,\frac{p_0}{\gamma_0} \cdot \frac{1}{p}\,dp.$$

Wir haben als Ansatz eine Differentialgleichung erhalten, wie wir sie schon auf S. 80 kennen gelernt haben. Beiderseitige Integration ergibt

$$h = -\,\frac{p_0}{\gamma_0}\,\ln p + C$$

mit der Integrationskonstanten C. Gehören die Wertepaare h_1 und p_1 und ebenso h_2 und p_2 zusammen, so daß

$$h_1 = -\,\frac{p_0}{\gamma_0}\,\ln p_1 + C \quad\text{und}\quad h_2 = -\,\frac{p_0}{\gamma_0}\,\ln p_2 + C,$$

so ergibt die **Subtraktion** beider Gleichungen

$$h_2 - h_1 = \frac{p_0}{\gamma_0} \ln \frac{p_1}{p_2}. \qquad (*)$$

Dasselbe Ergebnis hätten wir kürzer erhalten, wenn wir zwischen zusammengehörigen Grenzen integriert hätten:

$$\int_{h_1}^{h_2} dh = -\frac{p_2}{\gamma_0} \int_{p_1}^{p} \frac{dp}{p}$$

oder

$$h \Big|_{h_1}^{h_2} = -\frac{p_0}{\gamma_0} \ln p \Big|_{p_1}^{p_2},$$

was wieder Gleichung (*) ergibt[1].

7. Hat man an zwei Orten von der Höhe h_1 bzw. h_2 über dem Meeresspiegel die Barometerstände b_1 und b_2 gemessen so zeige man auf Grund der Gleichung (*) in der vorigen Aufgabe, daß für den Höhenunterschied die Beziehung gilt:

$$h_2 - h_1 = 18.400 \lg \frac{b_1}{b_2} \text{ Meter.}$$

Diese Formel für die *barometrische Höhenmessung* ist nur angenähert richtig, da die störenden Einflüsse wie Änderung der Temperatur oder der Erdbeschleunigung, die Luftfeuchtigkeit usw. nicht berücksichtigt erscheinen. Bei 0° C und dem Druck $p_0 = 10.330$ kg/m^2 ist das spez. Gewicht der Luft $\gamma_0 = 1{\cdot}293$ kg/m^3:

Lösung: Barometerstand und Luftdruck sind einander proportional, man kann also $\dfrac{p_1}{p_2}$ durch $\dfrac{b_1}{b_2}$ ersetzen. Mit den angegebenen Werten wird

$$\frac{p_0}{\gamma_0} \ln \frac{p_1}{p_2} = 2{\cdot}3026 \frac{p_0}{\gamma_0} \lg \frac{b_1}{b_2} = 18\,400 \lg \frac{b_1}{b_2}. \quad \text{(Gl. (2), S. 29)}$$

8. Eine Last Q soll durch eine Kraft P mittels eines über eine feste Welle (r) laufenden Seiles aufgezogen werden (Abb. 136). P hat außer der Last Q noch den Reibungswiderstand R zwischen Seil und Welle längs des Bogens $\overset{\frown}{AB} = r\,\alpha$ zu überwinden. Man berechne P, wenn der Reibungskoeffizient μ ist, das Seil vollkommen biegsam angenommen und seine Dicke (Gewicht) vernachlässigt wird.

Lösung: Wir betrachten zunächst die Grenze, bei der gerade noch Gleichgewicht v o r der Aufwärtsbewegung von Q herrscht. Wir schneiden ein Bogenelement $\overset{\frown}{CD} = ds = r\,d\varphi$ heraus, in dessen Endpunkten C und D tangential die beiden Spannungen S und $S + dS$ wirken; dS ist jener Zuwachs von S, der die Reibung längs ds zu überwinden hat. Diese ist $\mu\,dN$, wenn dN die Normaldruckkraft bezeichnet; dN wird erhalten, indem man die

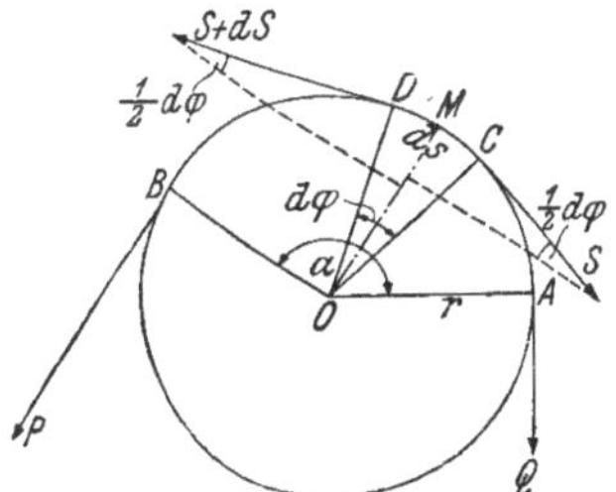

Abb. 136. Die Eulersche Treibriemenformel: $P = Q\,e^{\mu a}$.

---

[1] Entspricht dem Druck p_0 die Höhe $h = 0$ und dem Druck p die Höhe h, so ist $p = p_0\,e^{-\frac{\gamma_0}{p_0} h}$, womit p als Funktion von h dargestellt ist.

in OM liegenden Komponenten von S und $S + dS$ addiert. Sie sind $S \sin \frac{1}{2} d\varphi$

bzw. $(S + dS) \sin \frac{1}{2} d\varphi$. Da $d\varphi$ nach Null streben soll und

$$\lim_{d\varphi \to 0} \frac{\sin \frac{1}{2} d\varphi}{\frac{1}{2} d\varphi} = 1 \text{ ist,} \qquad (\text{S. 33})$$

so kann man $\sin \frac{1}{2} d\varphi$ durch $\frac{1}{2} d\varphi$ ersetzen. Damit wird $dN = (2\,S + dS) \frac{1}{2} d\varphi$

und nach Vernachlässigung von $dS \cdot \frac{1}{2} d\varphi$ (2. Kleinheitsordnung!) ergibt sich

$$dN = S\, d\varphi.$$

Da nun $dS = \mu\, dN$, so erhalten wir die Differentialgleichung

$$dS = \mu\, S\, d\varphi.$$

Wir dividieren durch S (sonst hätten wir auf der rechten Seite zwei Variable) und integrieren unter Beachtung, daß $\varphi = 0$ und $S = Q$, sowie $\varphi = \alpha$ und $S = P$ zusammengehören:

$$\int_Q^P \frac{dS}{S} = \int_0^\alpha \mu\, d\varphi,$$

woraus

$$\ln \frac{P}{Q} = \mu\, \alpha$$

und weiter

$$P = Q\, e^{\mu\, \alpha} \qquad (\textit{Eulersche} \text{ Treibriemenformel})$$

folgt.

Das Ergebnis ist von r unabhängig, die Werte von P steigen mit α sehr rasch. So ist z. B. für $\mu = 0{\cdot}4$ und $\alpha = \frac{2\,\pi}{3}$ (120°)

$$P = 2{\cdot}31\, Q.$$

Für $\alpha = 5\,\pi$ (900°) ist

$$P = 535\, Q.$$

Ist $P > Q\, e^{\mu\, \alpha}$, so wird Q gehoben. Soll Q herabgelassen werden, so muß $Q > P\, e^{-\mu\, \alpha}$ oder $P < Q\, e^{-\mu\, \alpha}$ sein, so daß für jede Kraft P, für welche

$$Q\, e^{-\mu\, \alpha} \leqq P \leqq Q\, e^{\mu\, \alpha}$$

gilt, Gleichgewicht herrscht.

9. Beim *radioaktiven Zerfall* ist die Abnahme dN der zerfallenden Atome in der Zeit dt (Sek.) der Anzahl der noch vorhandenen Atome N proportional. Es ist also $-dN = \lambda\, N\, dt$. Wieviel Atome sind nach t Sekunden noch vorhanden, wenn anfänglich N_0 Atome vorhanden waren, und wie groß ist die *Halbwertszeit*, d. i. diejenige Zeit, während welcher die Zahl der Atome auf die Hälfte sinkt, bei Radiumemanation, wenn $\lambda = 2{\cdot}085 \cdot 10^{-6}$ ist?

Lösung:

$$\int_{N_0}^N \frac{dN}{N} = -\lambda \int_0^t dt, \quad \text{daher} \quad N = N_0\, e^{-\lambda\, t}.$$

Für die Halbwertszeit T findet man $T = \dfrac{\ln 2}{\lambda} = 3{\cdot}85$ Tage.

10. Läßt man Joddampf über eine Silberplatte streichen, so belegt sich diese mit einer immer höher werdenden Schichte von Jodsilber. Die Geschwindigkeit, mit der die Höhe dieser Schichte wächst, ist der augenblicklichen Höhe h der schon vorhandenen Schichte umgekehrt proportional. Wie hoch wird die Schicht nach t Sekunden sein?

Lösung: Es gilt der Ansatz $\dfrac{dh}{dt} = \dfrac{k}{h}$. Wir *trennen die Variablen*, so daß auf jeder Seite nur eine von ihnen auftritt und erhalten $h\,dh = k\,dt$.

Nun integrieren wir diese Differentialgleichung zwischen zwei zusammengehörigen Grenzen:

$$\int\limits_0^h h\,dh = k \int\limits_0^t dt$$

und erhalten als Ergebnis

$$h = \sqrt{2\,k\,t}.$$

11. Nach dem ersten Hauptsatz der Wärmetheorie ist die Zunahme der inneren Energie dU eines Gases gleich der Summe der **zugeführten** Wärmemenge dQ und der **zugeführten** Arbeit $dA = -p\,dv$ (das Volumen wird verkleinert), so daß

$$dU = dQ - p\,dv. \tag{1}$$

In dieser Gleichung sind dQ und $p\,dv$ selbstverständlich auf dasselbe Maßsystem zu beziehen. Der Druck p ist für ein ideales Gas nach dem *Mariotte-Gay-Lussacschen* Gesetz

$$p = \frac{RT}{v}, \tag{2}$$

in welchem R die *Gaskonstante*, T die *absolute Temperatur* ($T = 273 + t^0$ C) und v das *spezifische Volumen* bedeuten (Volumen der Masseneinheit).

Andererseits lehrt die Physik, daß, wenn die spez. Wärme bei konstantem Volumen mit c_v bezeichnet wird,

$$dU = c_v\,dT. \tag{3}$$

Setzt man (2) und (3) in (1) ein, so folgt

$$dQ = c_v\,dT + \frac{RT}{v}\,dv. \tag{4}$$

Hier liegt eine uns ungewohnte infinitesimale Beziehung zwischen den drei variablen Größen Q, T und v vor. Wenn wir auch auf derartige Beziehungen erst später etwas näher eingehen, so können wir doch hier schon einige Spezialfälle behandeln.

a) Bei einem *adiabatischen Prozeß* wird Wärme weder zu- noch abgeführt, mithin ist $dQ = 0$. Gleichung (4) geht für diesen Fall über in

$$c_v\,\frac{dT}{T} = -R\,\frac{dv}{v}. \tag{5}$$

Man integriere diese Differentialgleichung zwischen zwei zusammengehörigen Grenzen und zeige, daß die Temperatur bei adiabatischer Ausdehnung sinkt, bei Kompression steigt.

b) Ist der Druck p konstant, so ist

$$dQ = c_p\,dT, \tag{6}$$

wenn c_p die spezifische Wärme bei konstantem Druck bedeutet. Schreibt man (2) in der Form

$$v = \frac{R}{p}\,T,$$

so folgt bei konstantem p:

$$dv = \frac{R}{p}\,dT. \tag{7}$$

Setzt man (6) und (7) in (4) ein, so ergibt sich

$$c_p - c_v = R.$$

Man leite durch Einsetzen dieses Wertes von R in die Lösung der Differential-gleichung (5) die beiden Beziehungen

$$\frac{T_2}{T_1} = \left(\frac{v_1}{v_2}\right)^{\varkappa-1} = \left(\frac{p_2}{p_1}\right)^{\frac{\varkappa-1}{\varkappa}} \quad \text{und} \quad p \cdot v^{\varkappa} = \text{konst.} \quad (\textit{Poissonsches Gesetz})$$

ab, wenn $\varkappa = \dfrac{c_p}{c_v}$ ist.

$$\text{L ö s u n g: a)} \qquad c_v \int\limits_{T_1}^{T_2} \frac{dT}{T} = - R \int\limits_{v_1}^{v_2} \frac{dv}{v}$$

ergibt

$$c_v \ln \frac{T_2}{T_1} = R \ln \frac{v_1}{v_2}.$$

Für $v_2 > v_1$ wird $T_2 < T_1$ und umgekehrt.

b) Für $R = c_p - c_v$ erhält man aus der letzten Gleichung

$$c_v \ln \frac{T_2}{T_1} = (c_p - c_v) \ln \frac{v_1}{v_2}$$

oder

$$\left(\frac{T_2}{T_1}\right)^{c_v} = \left(\frac{v_1}{v_2}\right)^{c_p - c_v}$$

und daraus

$$\frac{T_2}{T_1} = \left(\frac{v_1}{v_2}\right)^{\varkappa-1} = \left(\frac{p_2}{p_1}\right)^{\frac{\varkappa-1}{\varkappa}} \quad \text{unter Beachtung, daß} \quad \begin{cases} v_1 = \dfrac{R\,T_1}{p_1} \\[2mm] v_2 = \dfrac{R\,T_2}{p_2} \end{cases}.$$

Daher

$$\left(\frac{v_1}{v_2}\right)^{\varkappa} = \frac{p_2}{p_1} \quad \text{oder} \quad p_1 v_1^{\varkappa} = p_2 v_2^{\varkappa}, \quad \text{also das Poissonsche Gesetz.}$$

12. Beim adiabatischen Prozeß ändert sich die innere Temperatur ohne Wärmezu- oder -abfuhr. Ist jedoch die Wärmeisolation nicht ausreichend, so ist jede Temperaturänderung im Inneren mit einer (positiven oder negativen) Wärmezufuhr verbunden. Erfolgt diese proportional der Temperaturänderung $(dQ = c \cdot dT)$[1], so nennt man den so ablaufenden Prozeß *polytropisch*. Man führe in Gleichung (4) der vorigen Übung $c \cdot dT$ für dQ ein und leite daraus die für eine polytropische Zustandsänderung charakteristische Beziehung

$$p \cdot v^n = \text{konst.} \quad \text{ab, wenn} \quad n = \frac{c - c_p}{c - c_v} \quad \text{ist.}$$

L ö s u n g: Aus

$$c \cdot dT = c_v\,dT + R\,T\,\frac{dv}{v}$$

folgt durch Integration

---

[1] c bedeutet die spezifische Wärme für eine polytropische Zustandsänderung.

$$(c - c_v) \ln \frac{T_1}{T_2} = R \ln \frac{v_1}{v_2}, \text{ wobei } R = c_p - c_v,$$

oder

$$\frac{T_1}{T_2} = \left(\frac{v_1}{v_2}\right)^{\dfrac{c_p - c_v}{c - c_v}}.$$

Setzt man für $\dfrac{T_1}{T_2}$ den aus dem Mariotte-Gay-Lussacschen Gesetz folgenden Wert $\dfrac{p_1 v_1}{p_2 v_2}$ ein, so erhält man die zu beweisende Beziehung.

Die Kurve $n = \dfrac{c - c_p}{c - c_v}$ ist eine gleichseitige Hyperbel (S. 18; n wird als Funktion von c betrachtet). Da $n \to \infty$, wenn $c \to c_v$ und $n \to 1$, wenn $c \to \infty$

$$\left(\text{man schreibe die Kurvengleichung in der Form } n = \frac{1 - \dfrac{c_p}{c}}{1 - \dfrac{c_v}{c}} \right), \text{ so sind da-}$$

durch die Asymptoten bestimmt (Abb. 137). Bei steigender Temperatur im Innern wird wegen der mangelhaften Wärmeisolation Wärme nach außen abgeführt und umgekehrt, c muß daher auf Grund der Gleichung $dQ = c \cdot dT$ negativ sein. Aus der Figur ist ersichtlich, daß in diesem Fall $1 < n < \varkappa$ ist. Die Grenzfälle

$$n = \left\{ \begin{matrix} 1 \\ \varkappa \end{matrix} \right. \text{ entsprechen der } \left\{ \begin{matrix} \text{isothermen} \\ \text{adiabatischen} \end{matrix} \right. \text{Zustandsänderung.}$$

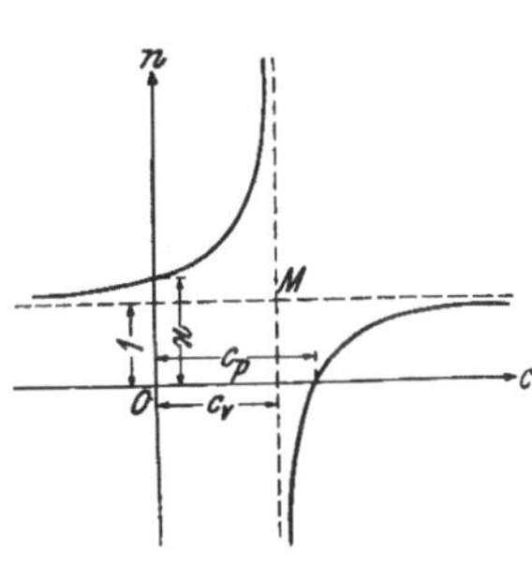

Abb. 137.

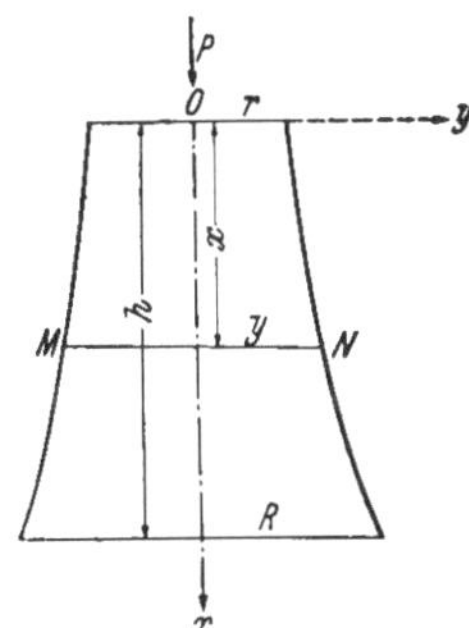

Abb. 138. Säule von gleichem Widerstand.

13. Ein Rotationskörper (etwa ein Brückenpfeiler) trage die Last P. Auf jeden Querschnitt wirkt eine Druckkraft, die sich aus dem Gewicht des oberen Körperteiles und der Last P zusammensetzt. Welche Form muß der Rotationskörper haben, wenn dieser Druck pro cm² den konstanten Wert k haben soll? (Abb. 138.)

Es sei speziell $P = 60\,000$ kg, $k = 20$ kg/cm² und das spez. Gewicht des Baumaterials $\gamma = 2 \cdot 5$ kg/dm³.

Lösung: Gesucht ist die Gleichung der Kurve $y = f(x)$, durch deren Rotation um die x-Achse der Körper entsteht. Auf den Querschnitt MN wirkt die Druckkraft

$$k \pi y^2 = P + \gamma V_x,$$

wobei V_x das Volumen des oberhalb MN befindlichen Teiles bedeutet. Setzt man für V_x den Wert $\int_0^x \pi\, y^2\, dx$ in die obere Gleichung ein und differenziert, so hat man zu beachten, daß die Ableitung von V_x nach der oberen Grenze x gleich $\pi\, y^2$ ist. Man erhält so

$$2\, k\, \pi\, y \cdot y' = \pi\, \gamma\, y^2$$

oder

$$\frac{dy}{y} = \frac{\gamma}{2\, k}\, dx,$$

woraus

$$y = C\, e^{\dfrac{\gamma}{2\, k}\, x}$$

folgt. Für $x = 0$ ist $y = r$; man findet aus $k\,\pi\,r^2 = P$:

$$r = \sqrt{\frac{P}{k\,\pi}} = C,$$

so daß

$$y = \sqrt{\frac{P}{k\,\pi}}\; e^{\dfrac{\gamma}{2\, k}\, x}.$$

Mit den speziellen Angaben wird

$$y = 30{\cdot}9\, e^{0{\cdot}0000625\, x} \qquad\qquad \text{(Maße in cm).}$$

Man sieht, wie langsam der Radius der einzelnen Querschnitte nach unten hin zunimmt. Bei einer Höhe von 12 m wird der untere Basisradius erst das $1{\cdot}078$-fache des oberen.

III. Differential- und Integralrechnung.

Zweiter Teil.

§ 19. Der Differentialquotient als Grenzwert des Differenzenquotienten.

1. Definition des Differentialquotienten. Wir fanden im 1. Teil die Ableitung (den Differentialquotienten) $y' = \dfrac{d\,y}{d\,x}$ einer Funktion $y = f(x)$ an einer bestimmten Stelle x, indem wir in dem Kurvenpunkt mit der Abszisse x so gut wie möglich die Tangente zogen und ihre Steigung $\operatorname{tg} \alpha = y'$ aus der Zeichnung bestimmten. Dieses Verfahren ist, abgesehen von seiner Ungenauigkeit, in erster Linie aus dem Grunde unbefriedigend, weil man nur in einzelnen Fällen aus dem Bild der abgeleiteten Kurve auf ihre Gleichung schließen kann.

Die historische Entwicklung ging auch den umgekehrten Weg, aus der rechnerisch ermittelten Ableitung die Steigung der Tangente zu finden, um durch die genau festgelegte Tangente ein wertvolles Hilfsmittel für das Zeichnen einer Kurve zu gewinnen. Dieses Tangentenproblem führte *Leibniz* (1646 bis 1716) zur Entdeckung der Differential- und Integralrechnung, nachdem sich schon seine Vorgänger mit teilweisem Erfolg damit beschäftigt hatten.

Um die Steigung der Tangente an die Kurve $y = f(x)$ in einem Punkt $P(x, y)$ zu erhalten, wählt man auf ihr einen zweiten Punkt $\overline{P}(\overline{x}, \overline{y})$ (Abb. 139) und zieht die Sekante $P\overline{P}$; sie besitzt die Steigung

$$\operatorname{tg} \overline{\alpha} = \frac{\Delta y}{\Delta x} = \frac{\overline{y} - y}{\overline{x} - x}.$$

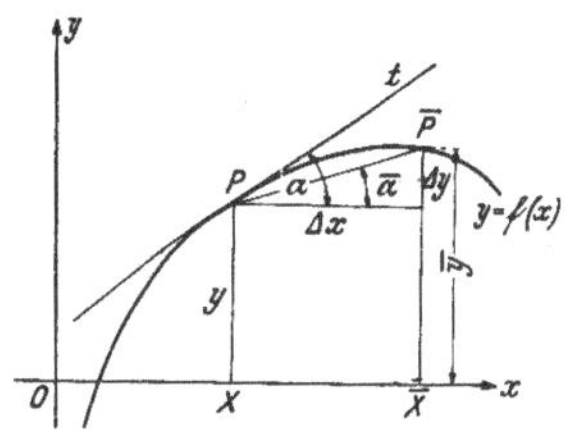

Abb. 139. Der Differentialquotient als Grenzwert des Differenzenquotienten.

Dieser Quotient heißt aus einem leicht ersichtlichen Grund *Differenzenquotient*.

Die Tangente in P ist dann die Grenzlage der Sekante $P\overline{P}$, wenn $\overline{P}$ längs der Kurve gegen P rückt, d. h., wenn $\Delta x \to 0$ und damit (bei stetigen Funktionen) auch $\Delta y \to 0$. Dabei nähert sich $\frac{\Delta y}{\Delta x} = \operatorname{tg} \overline{\alpha}$ allmählich der Steigung der Kurventangente $\operatorname{tg} \alpha = y'$, mit anderen Worten:

Die Ableitung oder der Differentialquotient y' einer Funktion $y = f(x)$ ist der Grenzwert des Differenzenquotienten $\frac{\Delta y}{\Delta x}$, wenn Δx gegen Null strebt, vorausgesetzt, daß dieser Grenzwert existiert[1]. In der Formelsprache:

$$y' = f'(x) = \lim_{\Delta x \to 0} \frac{\Delta y}{\Delta x} = \lim_{\overline{x} \to x} \frac{\overline{y} - y}{\overline{x} - x}. \tag{1}$$

Für $\Delta x = \overline{x} - x$ wird häufig der Buchstabe h gebraucht, dann ist $\overline{x} = x + h$ und wegen $y = f(x)$ kann $\overline{y} = f(\overline{x})$ mit $f(x + h)$ bezeichnet werden. Mit diesen Bezeichnungen wird aus (1):

$$y' = f'(x) = \lim_{h \to 0} \frac{f(x + h) - f(x)}{h}. \tag{1*}$$

Schreibt man $\frac{dy}{dx} \left(= \frac{df(x)}{dx} = \frac{d}{dx} f(x) \right)$ statt y', so darf aus

$$\lim_{\Delta x \to 0} \frac{\Delta y}{\Delta x} = \frac{dy}{dx}$$

aber keineswegs geschlossen werden, daß vielleicht $\Delta x \to dx$ und $\Delta y \to dy$ gehen; *Δx und Δy streben bei stetigen Funktionen, die wir*

---

[1] Die Existenz dieses Grenzwertes ist keineswegs selbstverständlich, auch bei stetigen Funktionen nicht; vgl. z. B. Abb. 60 und 61, S. 59.

immer voraussetzen wollen, nach Null, sind also nach unseren Erklärungen in § 13, 3. „unendlich klein", oder infinitesimal.[1] Zu jedem Δx kann man die zugehörige Funktionsdifferenz Δy aus der gegebenen Funktionalgleichung allein berechnen, zu einem gegebenen dx das zugehörige dy erst dann, wenn die Ableitung bekannt ist, vermöge der Beziehung

$$dy = y'\, dx.$$

(Vgl. § 11, wo auch der Zusammenhang zwischen Δy und dy dargelegt ist.)

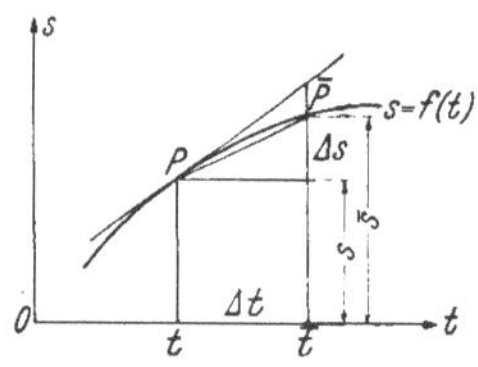

Abb. 140. Die Momentangeschwindigkeit als Grenzwert der Durchschnittsgeschwindigkeit.

Newton (1642 bis 1727), der zweite Begründer der Differential- und Integralrechnung, ging vom Geschwindigkeitsproblem aus. Wird bei einer ungleichförmigen Bewegung in der Zeit Δt der Weg Δs zurückgelegt, so bedeutet $\dfrac{\bar{s} - s}{\bar{t} - t} = \dfrac{\Delta s}{\Delta t}$ die *durchschnittliche Geschwindigkeit*, mit welcher bei einer gleichförmigen Ersatzbewegung (in Abb. 140 die Sehne $P\bar{P}$) in derselben Zeit Δt derselbe Weg Δs durchlaufen würde. Je kleiner nun Δt wird, desto mehr nähert sich diese Durchschnittsgeschwindigkeit der momentanen Geschwindigkeit v, so daß

$$\boxed{\; v = \lim_{\bar{t} \to t} \frac{\bar{s} - s}{\bar{t} - t} = \lim_{\Delta t \to 0} \frac{\Delta s}{\Delta t} = \frac{ds}{dt} = \dot{s}\;}.$$

Ebenso findet man nach demselben Schlußverfahren für die Beschleunigung b („Geschwindigkeitszuwachs pro Sekunde"):

$$\boxed{\; b = \lim_{\bar{t} \to t} \frac{\bar{v} - v}{\bar{t} - t} = \lim_{\Delta t \to 0} \frac{\Delta v}{\Delta t} = \frac{dv}{dt} = \dot{v} = \frac{d^2 s}{dt^2} = \ddot{s}\;}. \quad \text{(S. 75.)}$$

2. Wachsende und abnehmende Funktionen. Um also die Ableitung einer Funktion $y = f(x)$ zu erhalten, hat man vorerst

---

[1] $\dfrac{dy}{dx}$ wird häufig gar nicht als ein echter Quotient, sondern nur als ein Symbol für den Grenzwert von $\dfrac{\Delta y}{\Delta x}$ oder als eine andere Schreibweise für y' erklärt. Wir haben nach den Ausführungen auf S. 45 keinen Grund, uns dieser Auffassung anzuschließen; $\dfrac{\Delta y}{\Delta x}$ *strebt* eben gegen denselben Wert, den $\dfrac{dy}{dx}$ *besitzt.*

den Differenzenquotienten $\dfrac{\overline{y} - y}{\overline{x} - x} = \dfrac{\varDelta y}{\varDelta x}$ zu bilden. Ist $\overline{x} > x$, mithin $\varDelta x > 0$, so hängt das Vorzeichen des Differenzenquotienten nur davon ab, ob $\overline{y}$ größer oder kleiner als y, bzw. ob $\varDelta y$ positiv oder negativ ist. Wenn die Funktion in dem Intervall von x bis $\overline{x}$ *monoton* verläuft, d. h. beständig zu- oder abnimmt, so behält der Differenzenquotient sein Vorzeichen auch während des Grenzüberganges und die Ableitung wird positiv, wenn die Funktion (Kurve) wächst, sie wird negativ, wenn die Funktion fällt. Aber auch die Umkehrung ist richtig:

Eine Funktion $y = f(x)$ nimmt an einer gewissen Stelle zu oder ab, je nachdem ihre Ableitung dort positiv oder negativ ist.

Beim Übergang von positiven zu negativen Werten geht die Ableitung durch Null, an einer solchen Stelle hört die wachsende Stammfunktion auf, weiter zuzunehmen, sie erreicht dort ihren Höchstwert (Maximum). Ebenso erreicht sie ihr Minimum an einer Stelle, wo die Ableitung, von negativen zu positiven Werten übergehend, Null wird.

Diese Verhältnisse haben wir bereits im 1. Teil anschaulich überblickt, sie bereiten aber bei Bewegungsvorgängen dem Anfänger erfahrungsgemäß einige Schwierigkeiten. Es bedeutet eine negative Momentangeschwindigkeit, daß der Weg abnimmt ($\overline{s} < s$); da wir zwischen einem positiven und einem negativen Bewegungssinn unterscheiden, so kann eine negative Geschwindigkeit ein Zurückkehren zum Ausgangspunkt, aber auch ein Fortbewegen von ihm, jedesmal in negativer Richtung bedeuten; in beiden Fällen nimmt der Weg von größeren zu kleineren Werten ab. Ebenso schließt man im Fall einer positiven Beschleunigung auf eine Zunahme der Geschwindigkeit, im Fall einer negativen Beschleunigung auf ihre Abnahme. Schwingt z. B. ein an einer Schraubenfeder hängender Massenpunkt vertikal auf und ab, so kehrt sich seine Bewegungsrichtung im höchsten Punkt seiner Bahn, wo seine augenblickliche Geschwindigkeit Null ist, um, seine Beschleunigung ist dort negativ, denn seine Geschwindigkeit nimmt dort von Null zu negativen Werten ab. Man wird aber in einem derartigen Fall den Ausdruck „Verzögerung" besser vermeiden, um nicht in einen zu großen Gegensatz zum Sprachgebrauch im täglichen Leben oder im elementaren Physikunterricht zu geraten. Man durchdenke gründlich die Bedeutung der Vorzeichen in den einzelnen Zeitabschnitten bei der Sinusschwingung an Hand des Beispiels 4, S. 52, man wird dann auch bei anderen Bewegungsvorgängen vor Mißverständnissen bewahrt bleiben.

3. Numerische Grenzwertbestimmung. Die bisherigen Überlegungen sind wohl begrifflich leicht zu erfassen, sie weisen aber keinen Weg, wie der Grenzübergang vom Differenzenquotienten zum Differentialquotienten rechnerisch durchgeführt werden soll. Würde man nämlich in dem Ausdruck $\dfrac{\overline{y}-y}{\overline{x}-x}$ einfach $\overline{x}=x$ setzen, was $\overline{y}=y$ zur Folge hätte, so erhielte man den völlig unbestimmten Ausdruck $\dfrac{0}{0}$, welcher der geometrischen Tatsache entspricht, daß die Lage einer Geraden durch zwei Punkte vollkommen unbestimmt wird, wenn diese Punkte zusammenfallen.

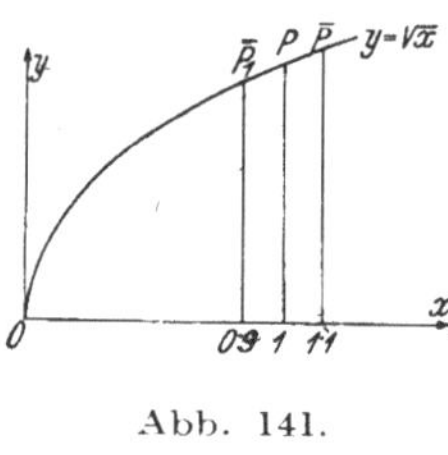

Abb. 141.

Wir können zweifellos ebenso vorgehen wie in § 4, 2 oder § 6, 1. Wir berechnen für immer näher an P heranrückende Lagen von $\overline{P}$ in Abb. 141 die Steigungen $m_1, m_2, m_3, \ldots$ der zugehörigen Sekanten und sehen nach, welchem Grenzwert m sie zustreben. Diesen Weg wollen wir tatsächlich einschlagen, aber vorerst den Begriff eines Grenzwertes etwas genauer definieren, als wir es bisher getan haben.

Eine Zahlenfolge $m_1, m_2, m_3, \ldots$ besitzt einen Grenzwert, wenn es eine Zahl m gibt,[1] der sich die Glieder dieser Folge immer mehr nähern, so daß der absolute Betrag ihres Unterschiedes gegen m schließlich nach Null strebt.

Wir zeigen das oben angedeutete Verfahren am besten an einem Beispiel. Es soll die Ableitung der Funktion $y=\sqrt{x}$ an der Stelle $x=1$ berechnet werden. Wir wählen für $\overline{P}$ die Abszisse $\overline{x}=1·10$ und berechnen für diese und ebenso für die kleineren Abszissen $1·08 \ldots 1·02$ die Werte der zugehörigen Differenzenquotienten, die wir oben mit $m_1, m_2, \ldots$ bezeichnet haben; sie stehen in der Tabelle daneben. Wenn nun in P eine Tangente existiert, so muß die Sekante $P\overline{P}$ derselben Grenzlage zustreben, ob sich $\overline{P}$ von rechts oder von links dem Punkt P nähert. Wir sagen auch von einer Funktion, daß sie nur dann an einer bestimmten

$\overline{x}$	$\dfrac{\overline{y}-y}{\overline{x}-x}$
1·10	0·488
1·08	0·490
1·06	0·493
1·04	0·495
1·02	$\boxed{0·497}$
0·90	0·513
0·92	0·510
0·94	0·508
0·96	0·505
0·98	$\boxed{0·502}$

---

[1] Diese Zahl ist natürlich von Haus aus meist unbekannt.

Stelle eine Ableitung besitzt, wenn sich beim rechts- oder linksseitigen Grenzübergang derselbe Grenzwert ergibt; man nennt eine solche Funktion *differenzierbar*.

Wir gehen also jetzt von $\overline{x} = 0\!\cdot\!90$ aus (P_1 in Abb. 141) und erhalten weiter für $\overline{x} = 0\!\cdot\!92 \ldots 0\!\cdot\!98$ die in der Tabelle weiter unten stehenden Werte der zugehörigen Differenzenquotienten. Wir sehen, daß bei der Annäherung von rechts her die Differenzenquotienten zu-, bei der linksseitigen Annäherung abnehmen und schließen daraus, daß der gesuchte Grenzwert zwischen den beiden letzten Gliedern $0\!\cdot\!497$ und $0\!\cdot\!502$, wo wir die Folgen abgebrochen haben, liegen wird. Für die Ableitung von $y = \sqrt{x}$ an der Stelle $x = 1$ können wir mithin den Wert $5\!\cdot\!000 \ldots$ annehmen; die letzte Dezimalstalle ist unsicher, die folgenden sind unbekannt. Bei weiterer Fortsetzung der Folgen hätten wir immer mehr und mehr Stellen erhalten können.

Die obige Definition eines Grenzwertes, deren Verständnis durch die eben durchgeführte Rechnung unterstützt wurde, gestattet uns, die Formeln (1) und (1*) in ganz anderer Form zu schreiben, nämlich:

$$\boxed{\frac{\varDelta y}{\varDelta x} = y' + \varepsilon}, \qquad\qquad (1^{**})$$

wo ε eine (positive oder negative) „unendlich kleine" Größe ist, die gegen Null strebt, wenn $\varDelta x \to 0$. Der Anfänger durchdenke diese Formel und setze beispielsweise die rechtseitigen Annäherungen unserer Tabelle durch Wahl von $\overline{x} = 1\!\cdot\!01,\ 1\!\cdot\!001,\ \ldots$ fort. Er wird sich überzeugen, daß der Unterschied der zugehörigen Werte von $\dfrac{\varDelta y}{\varDelta x}$ gegenüber $0\!\cdot\!5$ unter jede angebbare Größe heruntergedrückt werden kann. Er vergleiche auch die Formel (1**) mit der Formel (*) auf S. 72 und mache sich die Übereinstimmung beider klar.

4. Die Ableitung von $\sqrt{x}$, einer Konstanten und eines konstanten Faktors. Wie wir aus dem ersten Teil wissen, ist die Ableitung einer Funktion von x wieder eine Funktion von x, die wir jedoch nach dem eben geschilderten Verfahren nicht erhalten. Außerdem lastet es uns eine Rechenarbeit auf, die für jeden Wert von x aufs neue geleistet werden muß. Diesen Mißständen ist aber in dem vorhin behandelten Beispiel durch einen einfachen Kunstgriff abzuhelfen.

Wir bilden zunächst den Differenzenquotienten $\dfrac{\overline{y} - y}{\overline{x} - x}$, der für die Funktion $y = \sqrt{x}$ den Wert $\dfrac{\sqrt{\overline{x}} - \sqrt{x}}{\overline{x} - x}$ annimmt. Schreiben wir ihn in der Form

$$\frac{\sqrt{\overline{x}} - \sqrt{x}}{(\sqrt{\overline{x}} + \sqrt{x})\,(\sqrt{\overline{x}} - \sqrt{x})}$$

und kürzen durch $\sqrt{\overline{x}} - \sqrt{x}$, so erhalten wir $\dfrac{1}{\sqrt{\overline{x}} + \sqrt{x}}$.

Um daraus die Ableitung zu gewinnen, lassen wir $\overline{x}$ gegen x streben, woraus sich die Formel ergibt

$$\boxed{(\sqrt{x})' = \frac{1}{2\sqrt{x}}}, \tag{2}$$

die z. B. für $x = 1$ den Wert $\dfrac{1}{2} = 0{\cdot}5$ liefert.

In manchen anderen Fällen gelangt man sogar noch leichter ans Ziel. Ist beispielsweise $y = k$, also gleich einer Konstanten, so wird

$$\frac{\Delta y}{\Delta x} = \frac{k - k}{\Delta x} = 0.$$

An diesem Wert 0 ändert sich nichts, wenn Δx immer kleiner wird, so daß sich auch für den Grenzwert das Ergebnis 0 einstellt; wir erhalten mithin die uns schon bekannte Formel

$$\boxed{k' = 0}.$$

Ebenso leicht läßt sich zeigen, daß ein konstanter Faktor k bei der Ableitung unverändert bleibt. Denn für $y = k\,f(x)$ ist $\overline{y} = k\,f(\overline{x})$, mithin

$$\frac{\overline{y} - y}{\overline{x} - x} = \frac{k\,f(\overline{x}) - k\,f(x)}{\overline{x} - x} = k\,\frac{f(\overline{x}) - f(x)}{\overline{x} - x}.$$

Der Bruch rechts strebt aber gegen $f'(x)$, wenn $\overline{x} \to x$, daher

$$\boxed{(k\,f(x))' = k\,f'(x)}.$$

5. Übungen. 1. Man übertrage die Überlegungen im Text bezüglich Geschwindigkeit und Beschleunigung auf eine ungleichförmige Drehbewegung, bei welcher der von einem Radius überstrichene Winkel φ eine Funktion der Zeit ist und zeige, daß die augenblickliche Winkelgeschwindigkeit ω durch

$$\dot{\varphi} = \frac{d\varphi}{dt}$$

und die momentane Winkelbeschleunigung durch

$$\dot{\omega} = \frac{d\omega}{dt} = \ddot{\varphi} = \frac{d^2\varphi}{dt^2}$$

gegeben ist.

2. Fließt durch einen Leiter in der Zeit Δt die Elektrizitätsmenge ΔQ $(Q = f(t))$, so ist die durchschnittliche Stromstärke $\dfrac{\Delta Q}{\Delta t}$, die momentane Stromstärke

$$i = \frac{dQ}{dt}.$$

3. Wenn in der Zeit Δt die Arbeit ΔA geleistet wird $(A = f(t))$, so ist die Leistung in einem bestimmten Zeitpunkt t:

$$N = \frac{dA}{dt}.$$

4. Wenn die Erwärmung eines Stoffes um $\Delta \vartheta^0$ die Wärmemenge ΔQ erfordert $(Q = f(t))$, so ist die spezifische Wärme für eine gegebene Temperatur ϑ bestimmt durch

$$c = \frac{dQ}{d\vartheta}.$$

5. Die Senkrechte, die man in einem Kurvenpunkt $P(x, y)$ auf die Tangente fällen kann, heißt *Kurvennormale* (Abb. 142). Schneidet man die x-Achse mit der Tangente in T, mit der Normalen in N, und bezeichnet man die Projektion von P auf die x-Achse mit Q, so heißt der Abschnitt $\overline{QT} = t$ *Subtangente*, der Abschnitt $\overline{QN} = n$ *Subnormale*. Man zeige, daß

$$t = \frac{y}{y'} \quad \text{und} \quad n = y \cdot y'$$

ist.

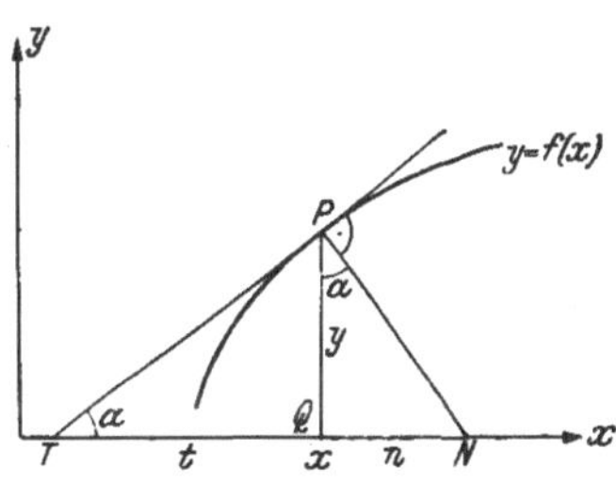

Abb. 142.

Subtangente $t = \dfrac{y'}{y}$,

Subnormale $n = y \cdot y'$.

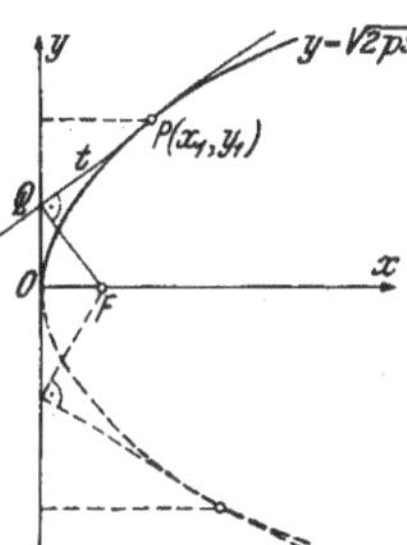

Abb. 143.   Parabel als Eingehüllte ihrer Tangenten.

6. Man berechne t und n für die Parabel $y = \sqrt{2px}$ und leite daraus eine Tangentenkonstruktion im Parabelpunkt $P(x_1, y_1)$ ab.

Lösung: $t = 2x_1$, $n = p$, mithin konstant.

7. Welche Koordinaten hat der Brennpunkt F der Parabel $y^2 = 2px$? (Vgl. Beispiel 3, S. 51.)

Lösung: Man sucht den Berührungspunkt der unter 45^0 geneigten Tangente. $F\left(\dfrac{p}{2}, 0\right)$.

8. Schneidet die Parabeltangente t im Punkt $P(x_1, y_1)$ die Scheiteltangente in Q (Abb. 143), so zeige man, daß $QF \perp t$ ist und leite daraus durch Wahl verschiedener Punkte Q eine Konstruktion der Parabel als *Eingehüllte* ihrer Tangenten ab. Wie findet man die Berührungspunkte dieser Tangenten?

9. Man berechne die Ableitung von x und von x^2 mit Hilfe des Differenzenquotienten.

§ 20. Die Ableitung von Summe, Produkt und Quotient und der trigonometrischen Funktionen.

1. Ableitung einer Summe. Es seien u und v differenzierbare Funktionen von x, und zwar sei

$$u = \varphi(x), \; v = \psi(x).$$

Dann ist

$$y = u + v = \varphi(x) + \psi(x) = f(x)$$

ebenfalls eine Funktion von x. An der Stelle $\overline{x}$ nehmen diese drei Funktionen die Werte an

$$\overline{u} = \varphi(\overline{x}), \quad \overline{v} = \psi(\overline{x}), \quad \overline{y} = f(\overline{x})$$

mit der Beziehung $\overline{y} = \overline{u} + \overline{v}$.

Der Differenzenquotient

$$\frac{\overline{y} - y}{\overline{x} - x} = \frac{(\overline{u} + \overline{v}) - (u + v)}{\overline{x} - x}$$

kann auch geschrieben werden

$$\frac{\overline{u} - u}{\overline{x} - x} + \frac{\overline{v} - v}{\overline{x} - x}.$$

Strebt nun $\overline{x} \rightarrow x$, so strebt das 1. Glied dieser Summe gegen u', das 2. Glied gegen v', womit wir die Regel

$$\boxed{(u + v)' = u' + v'}$$

von S. 51 wiedergewonnen haben.

Das Differential einer Funktion von x wird bekanntlich erhalten, indem man ihre Ableitung mit dx multipliziert. Daher ist das Differential von $u + v$:

$$d(u + v) = (u' + v')\,dx = u'\,dx + v'\,dx.$$

Beachtet man aber, daß $u'\,dx = du$ und $v'\,dx = dv$ ist, so erhält man

$$\boxed{d(u + v) = du + dv}.$$

Diese Formel läßt sich leicht auf mehrere Summanden und auch auf Differenzen ausdehnen.

2. Ableitung eines Produktes. Es mögen u und v wieder dieselben Funktionen von x wie oben sein; y sei das Produkt dieser beiden Funktionen:

$$y = u \cdot v = \varphi(x) \cdot \psi(x) = f(x),$$
$$\overline{y} = f(\overline{x}) = \varphi(\overline{x}) \cdot \psi(\overline{x}) = \overline{u} \cdot \overline{v}.$$

Wie findet man die Ableitung y' von y nach x?

Wir bilden wieder zunächst den Differenzenquotienten

$$\frac{\overline{y} - y}{\overline{x} - x} = \frac{\overline{u}\,\overline{v} - u\,v}{\overline{x} - x}.$$

Um den Grenzwert dieses Ausdruckes für $\overline{x} \rightarrow x$ zu erhalten, wenden wir folgenden Kunstgriff an. Wir addieren und subtrahieren im Zähler $\overline{u}v$, wodurch sein Wert ungeändert bleibt. Der Differenzenquotient nimmt dann folgende Form an:

$$\frac{\overline{u}\,\overline{v} - u\,v}{\overline{x} - x} = \frac{u\,\overline{v} - u\,v + \overline{u}\,v - u\,v}{\overline{x} - x} =$$

$$= \frac{\overline{u}\,\overline{v} - \overline{u}\,v}{\overline{x} - x} + \frac{\overline{u}\,v - u\,v}{\overline{x} - x} = \overline{u}\,\frac{\overline{v} - v}{\overline{x} - x} + \frac{\overline{u} - u}{\overline{x} - x}\,v.$$

Gehen wir jetzt zur Grenze über, so strebt $\overline{u} \rightarrow u$, $\dfrac{\overline{v} - v}{\overline{x} - x} \rightarrow v'$ und $\dfrac{\overline{u} - u}{\overline{x} - x} \rightarrow u'$, so daß

$$\boxed{(uv)' = uv' + u'v} \tag{1}$$

Beispiel:

$$(x\sqrt{x})' = x(\sqrt{x})' + x'\sqrt{x} = \frac{x}{2\sqrt{x}} + \sqrt{x} = \frac{3}{2}\sqrt{x}. \qquad (x' = 1)$$

Das Differential von uv ist nach (1):

$$d(uv) = (uv' + u'v)\,dx = uv'\,dx + vu'\,dx,$$

oder wegen $v'\,dx = dv$ und $u'\,dx = du$:

$$\boxed{d(uv) = u\,dv + v\,du}. \tag{1*}$$

Ist außer u und v noch eine dritte Funktion $w = \chi(x)$ gegeben und ist

$$y = uvw = (uv)\,w,$$

wobei die Klammer andeuten soll, daß wir (uv) als e i n e n Faktor auffassen, so wird

$$y' = (uv)\,w' + (uv)'\,w.$$

Wenden wir jetzt auf $(uv)'$ Regel (1) an, so ergibt sich

$$y' = (uv)\,w' + (uv' + u'v)\,w$$

oder

$$\boxed{(uvw)' = uvw' + uv'w + u'vw}. \tag{2}$$

Die Ausdehnung auf vier und mehr Faktoren bereitet nun keine Schwierigkeit mehr. Man merke sich folgende Gedächtnisregel:

Die Ableitung eines Produktes $uvw\ldots$ aus n Faktoren erhält man, indem man dieses Produkt n-mal als Summand anschreibt und gleichzeitig jedesmal einen anderen Faktor ableitet.

Im Falle $x^n = x \cdot x \ldots x$ ergibt diese Regel n Summanden von der Größe x^{n-1}, daher ist

$$\boxed{(x^n)' = nx^{n-1}}.\tag{3}$$

Dabei ist vorausgesetzt, daß n eine positive und **ganze** Zahl ist, denn nur **dann** läßt sich x^n als Produkt von n Faktoren darstellen.

3. Ableitung eines Quotienten. Mit derselben Bedeutung von u und v wie in 1. und 2. sei

$$y = \frac{u}{v}.$$

Gesucht ist die Ableitung von y nach x; ausgeschlossen sind jene Stellen, an welchen $v = 0$ wird. Der Differenzenquotient

$$\frac{\bar{y} - y}{\bar{x} - x} = \frac{\dfrac{\bar{u}}{\bar{v}} - \dfrac{u}{v}}{\bar{x} - x} = \frac{1}{v\bar{v}} \cdot \frac{\bar{u}v - u\bar{v}}{\bar{x} - x}$$

gestattet in dieser Form wieder keinen unmittelbaren Grenzübergang. Um ihn zu ermöglichen, addieren und subtrahieren wir im Zähler uv und erhalten

$$\frac{\bar{y} - y}{\bar{x} - x} = \frac{1}{v\bar{v}} \cdot \frac{\bar{u}v - u\bar{v} + uv - uv}{\bar{x} - x} = \frac{1}{v\bar{v}}\left(v\,\frac{\bar{u} - u}{\bar{x} - x} - u\,\frac{\bar{v} - v}{\bar{x} - x}\right).$$

Für $\bar{x} \to x$ streben $\bar{v} \to v$, $\dfrac{\bar{u} - u}{\bar{x} - x} \longrightarrow u'$ und $\dfrac{\bar{v} - v}{\bar{x} - x} \longrightarrow v'$, somit ist

$$\boxed{\left(\frac{u}{v}\right)' = \frac{v\,u' - u\,v'}{v^2}}.\tag{4}$$

Beispiel: Unter der Voraussetzung eines positiven und ganzzahligen n ist

$$\left(\frac{1}{x^n}\right)' = \frac{x^n \cdot 0 - 1 \cdot n\,x^{n-1}}{x^{2n}} = -\frac{n}{x^{n+1}}.$$

Schreibt man x^{-n} statt $\dfrac{1}{x^n}$ und ebenso $x^{-(n+1)}$ statt $\dfrac{1}{x^{n+1}}$, so kommt

$$(x^{-n})' = -n\,x^{-n-1}$$

und nach Ersatz von $-n$ durch m:

$$(x^m)' = mx^{m-1}.$$

Man erhält also Formel (3) wieder, die somit auch für ganzzahlige negative Exponenten gilt.

4. Ableitung der trigonometrischen Funktionen. Wir beginnen mit $y = \sin x$ und bilden vorerst den Differenzenquotienten

$$\frac{\varDelta y}{\varDelta x} = \frac{\overline{y} - y}{\overline{x} - x} = \frac{\sin \overline{x} - \sin x}{\overline{x} - x} = \frac{2 \sin \dfrac{\overline{x} - x}{2} \cos \dfrac{\overline{x} + x}{2}}{\overline{x} - x}.$$

Der besseren Übersichtlichkeit halber setzen wir $\overline{x} - x = h$, womit $\overline{x} + x = 2x + h$ wird und erhalten für den rechtsstehenden Bruch nach Erweiterung mit $\dfrac{1}{2}$ den Ausdruck

$$\frac{\sin \dfrac{h}{2}}{\dfrac{h}{2}} \cdot \cos \left(x + \frac{h}{2} \right),$$

von welchem wir den Grenzwert für $h \longrightarrow 0$ zu suchen haben; $\dfrac{\sin \dfrac{h}{2}}{\dfrac{h}{2}}$ strebt bekanntlich nach 1, wenn der Winkel im Bogenmaß gemessen wird, $\cos \left(x + \dfrac{h}{2} \right) \longrightarrow \cos x$, daher ist

$$\boxed{(\sin x)' = \cos x}.$$

Ganz analog findet man

$$\boxed{(\cos x)' = -\sin x}.$$

Die Durchführung der Rechnung sei dem Studierenden überlassen.

Die Ableitungen von $\operatorname{tg} x$ und $\operatorname{ctg} x$ ergeben sich leicht mittels der Formel (4):

$$(\operatorname{tg} x)' = \left(\frac{\sin x}{\cos x} \right)' = \frac{\cos x \cdot \cos x + \sin x \cdot \sin x}{\cos^2 x} = \frac{1}{\cos^2 x},$$

$$(\operatorname{ctg} x)' = \left(\frac{\cos x}{\sin x} \right)' = \frac{-\sin x \cdot \sin x - \cos x \cdot \cos x}{\sin^2 x} = -\frac{1}{\sin^2 x}.$$

Also

$$\boxed{(\operatorname{tg} x)' = \frac{1}{\cos^2 x}} \qquad \boxed{(\operatorname{ctg} x)' = -\frac{1}{\sin^2 x}}.$$

5. Übungen. 1. Man bilde von folgenden Funktionen die erste Ableitung:

a) $x \sin x$;   b) $x^2 \cos x$;   c) $\dfrac{1}{x}$;   d) $\dfrac{3}{(x^2 - 2)^2}$;   e) $\dfrac{x}{\sin x}$;   f) $\dfrac{\cos x}{x}$;

g) $\dfrac{a - b \cos x}{a + b \cos x}$;   h) $\dfrac{a \sin x + b \cos x}{a \sin x - b \cos x}$.

Lösungen: a) $\sin x + x \cos x$;   b) $-x^2 \sin x + 2 x \cos x$;   c) $-\dfrac{1}{x^2}$;

d) $\dfrac{-12 x}{(x^2 - 2)^3}$;   e) $\dfrac{\sin x - x \cos x}{\sin^2 x}$;   f) $\dfrac{-x \sin x - \cos x}{x^2}$;   g) $\dfrac{2 a b \sin x}{(a + b \cos x)^2}$;

h) $\dfrac{-2 a b}{(a \sin x - b \cos x)^2}$.

2. Man bestimme den Neigungswinkel der Tangenten an die Kurve $y = \operatorname{tg} x$ in den Punkten mit der Abszisse $x = 0$, $\dfrac{\pi}{6}$, $\dfrac{\pi}{4}$ und $\dfrac{\pi}{3}$.

Lösung: $a = 45^0$, $53^0\,8'$, $63^0\,26'$, $75^0\,58'$.

3. $d\left(\dfrac{u}{v}\right) = \,?$

Lösung: $\dfrac{v\,du - u\,dv}{v^2}$.

4. Wie würden die Ableitungsformeln der trigonometrischen Funktionen lauten, wenn der Winkel im Gradmaß gemessen wäre?

Lösung: Sie wären mit dem Faktor $\dfrac{\pi}{180}$ zu multiplizieren (Übung 6., S. 42).

5. $\left(\dfrac{a\,x + b}{c\,x + d}\right)' = \,?$ Welcher Wert ergibt sich für $a\,d = b\,c$? Geometrische Deutung!

Lösung: Die Ableitung ist $\dfrac{a\,d - b\,c}{(c\,x + d)^2}$; sie wird gleich 0, wenn $a\,d = b\,c$ ist. Die Kurve $y = \dfrac{a\,x + b}{c\,x + d}$ ist eine gleichseitige Hyperbel (Übung 4., S. 18). Im Falle $a = \dfrac{b\,c}{d}$ lautet ihre Gleichung $y = \dfrac{b\,(c\,x + d)}{d\,(c\,x + d)}$. Für $x \neq -\dfrac{d}{c}$ kann man durch $c\,x + d$ kürzen und die Gleichung $y = \dfrac{b}{d}$ stellt eine Gerade mit der Steigung Null dar. Für $x = -\dfrac{d}{c}$ ist die Kürzung nicht erlaubt (Division durch 0), y kann jeden beliebigen Wert annehmen, die Funktion ist an dieser Stelle gar nicht definiert. Die Hyperbel *zerfällt* für $a\,d = b\,c$ in ein Geradenpaar, nämlich in ihre beiden Asymptoten $y = \dfrac{b}{d} = \dfrac{a}{c}$ und $x = -\dfrac{d}{c}$.

6. Man berechne die Subtangente der gleichseitigen Hyperbel $y = \dfrac{a}{x}$ an der Stelle x_1 und leite daraus eine Tangentenkonstruktion ab.

Lösung: $t = x_1$. (Vom Vorzeichen wurde abgesehen.)

7. Man zeige, daß die im Punkte $P\,(x,\,y)$ errichtete Normale der Zykloide
$$x = a\,(\varphi - \sin \varphi)$$
$$y = a\,(1 - \cos \varphi)$$
die x-Achse in demselben Punkte B schneidet, wo diese von dem durch P gehenden Rollkreis berührt wird. (Man berechne die Subnormale.)

Lösung: $n = y \cdot y' = y\,\dfrac{dy}{dx} = a\,(1 - \cos \varphi)\,\dfrac{\sin \varphi}{1 - \cos \varphi} = a \sin \varphi$, denn $dx = a\,(1 - \cos \varphi)\,d\varphi$ und $dy = a \sin \varphi\,d\varphi$ (vgl. S. 104).

Addiert man n zur Abszisse x von P, so erhält man $a\,\varphi$, das ist die Abszisse des Berührungspunktes des rollenden Kreises (Abb. 95).

8. Man berechne die kleinste positive Lösung der beiden Gleichungen:

     a) $\operatorname{tg} x = x$;   **b)** $x \operatorname{tg} x = 1$

auf 4 Dezimalen nach dem Newtonschen Verfahren. Den ersten Näherungswert ermittle man graphisch.

Lösungen: **a)** $4 \cdot 4934 = 257^0\ 27'$, Schnitt von $y = \operatorname{tg} x$ mit $y = x$; **b)** $0 \cdot 8603 = 49^0\ 17 \cdot 5'$, Schnitt von $y = \operatorname{ctg} x$ mit $y = x$.

9. Von einem geraden Hohlzylinder ist das Volumen V gegeben. Wie ist das Verhältnis der Höhe h zum Radius r zu wählen, damit die Oberfläche O ein Minimum wird (geringster Materialaufwand), wenn der Zylinder

a) oben offen, **b)** geschlossen ist?

Lösung: **a)** $O = 2\pi r h + r^2 \pi$, worin $h = \dfrac{V}{r^2 \pi}$; Min. für $h = r$; **b)** Min. für $h = 2\,r$.

10. Aus einem Kreis ist ein Filter (Kegel) von größtem Inhalt V auszuschneiden. Wie groß ist der Zentriwinkel φ des ausgeschnittenen Kreissektors? (Man stelle V^2 als Funktion von φ dar.)

Lösung: $\varphi = \dfrac{2\pi}{3}\sqrt{6} = 294^0$.

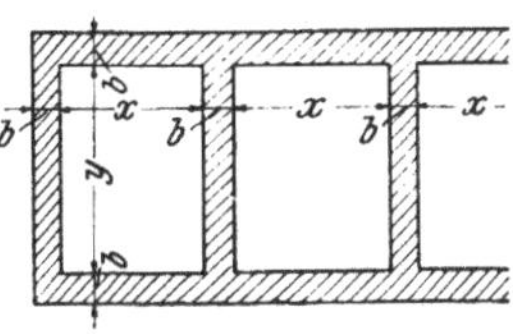

Abb. 144.

11. Ein Behälter mit der Mauerstärke b soll aus n gleichen rechteckigen Kammern bestehen, deren Gesamtgrundfläche F gegeben ist (Abb. 144). Für welches Seitenverhältnis $x : y$ der Kammern werden die Baukosten möglichst klein? (Die Querschnittsfläche F_M des Mauerwerks soll ein Minimum werden.)

Lösung: $F_M = 2\,n\,b\,x + (n + 1)\,(y + 2\,b)\,b$, wobei $y = \dfrac{F}{n\,x}$;

Min. für $x = \sqrt{\dfrac{n+1}{2\,n^2}\,F}$ $\quad y = \sqrt{\dfrac{2\,F}{n+1}}$; $x : y = (n + 1) : 2\,n$.

12. Die Leistung N eines galvanischen Elementes mit dem inneren Widerstand R_i und dem äußeren Widerstand R_a ist

$$N = U J = J\,(R_i + R_a)\,J = J^2\,R_i + J^2\,R_a.$$

Die Leistung im äußeren Stromkreis $N_a = J^2\,R_a = \dfrac{U^2\,R_a}{(R_i + R_a)^2}$ wird ein Maximum für $R_a = R_i$. Man weise das nach $\left(\dfrac{1}{N_a}\ \text{ein Min.}\right)$ und zeichne N_a als Funktion von R_a.

13. Von n Elementen einer Batterie seien x **hintereinander**, $\dfrac{n}{x}$ solcher Zweige **parallel** geschaltet (man entwerfe eine Skizze!). Wie groß muß x gewählt werden, damit bei gegebenem äußeren Widerstand R_a die Stromstärke J am größten wird? Jedes Element besitze die Spannung U und den inneren Widerstand R.

Lösung: Der innere Widerstand eines Zweiges x hintereinander geschalteter Elemente ist $R\,x$, die Spannung ist $U\,x$. Beim Parallelschalten dieser Zweige addieren sich nur die *Leitwerte* (Reziprokwerte der Widerstände), die Spannung bleibt $U\,x$, so daß der gesamte innere Widerstand der Batterie R_i mit R durch die Gleichung zusammenhängt:

$$\dfrac{1}{R_i} = \dfrac{n}{x} \cdot \dfrac{1}{R\,x}, \quad \text{woraus } R_i = \dfrac{R\,x^2}{n}.$$

Nach dem *Ohmschen* Gesetz ist $J = \dfrac{U\,x}{R_a + R_i} = \dfrac{U\,x}{R_a + \dfrac{R\,x^2}{n}}$.

J wird ein Maximum $\left(\dfrac{1}{J}\ \text{ein Min.}\right)$ für $R_a = \dfrac{R\,x^2}{n} = R_i$, wenn also der innere Gesamtwiderstand gleich dem äußeren Widerstand wird. Da x eine ganze Zahl sein muß, so wird man sie so bestimmen, daß sie dem aus der obigen Beziehung folgenden Wert von $x = \sqrt{\dfrac{n\,R_a}{R}}$, der im allgemeinen irrational sein wird, möglichst nahe kommt.

§ 21. Ableitung zusammengesetzter Funktionen.

1. Die Kettenregel. Es sei $u = \varphi\,(x)$ eine differenzierbare Funktion von x und y eine ebensolche Funktion von u:

$$y = f\,(u) = f\,(\varphi\,(x)) = F\,(x);$$

dann nennt man y *eine Funktion von einer Funktion* oder auch eine *zusammengesetzte Funktion von x.* Ein solcher Fall liegt z. B. vor, wenn in $\sqrt{x}$ der Radikand durch eine Funktion von x, etwa $u = a^2\,x^2 + b^2$ ersetzt wird, so daß $y = \sqrt{u} = \sqrt{a^2\,x^2 + b^2}$ wird.

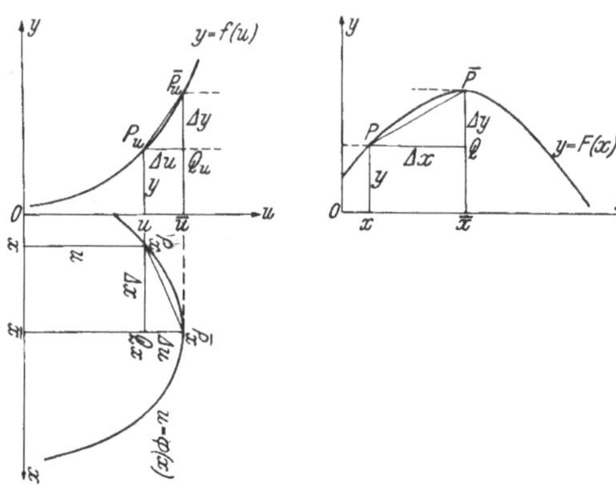

In Abb. 145 ist dieser Sachverhalt graphisch dargestellt. Es gehört zu jedem angenommenen Wert von x durch Vermittlung des zugehörigen u-Wertes (die beiden Figuren links) derselbe y-Wert wie in der Figur rechts an der Stelle x. Man kann so punktweise zu den gegebenen Funktionen $u = \varphi\,(x)$ und $y = f\,(u)$ das Bild der Funktion $y = F\,(x)$ konstruieren.

Es soll nun die Ableitung y' von $y = F\,(x)$ nach x gefunden werden. Es ist (Figur links unten) nach (1**) S. 151:

$$\varDelta u = \overline{Q_x\,P_x} = u'\,\varDelta x + \varepsilon\,\varDelta x, \tag{1}$$

wenn u' die Ableitung von u nach x bedeutet. Andererseits ist (Figur links oben):

$$\varDelta y = \overline{Q_u\,P_u} = \frac{dy}{du} \cdot \varDelta u + \eta\,\varDelta u, \tag{2}$$

wobei ε und η in (1) und (2) nach 0 streben, wenn $\varDelta x$ bzw. $\varDelta u \to 0$. Setzt man den Wert von $\varDelta u$ aus (1) in (2) ein, so erhält man

$$\varDelta y = \frac{dy}{du}\left(u'\,\varDelta x + \varepsilon\,\varDelta x\right) + \eta\left(u'\,\varDelta x + \varepsilon\,\varDelta x\right) =$$
$$= \frac{dy}{du}\,u'\,\varDelta x + \left(\frac{dy}{du}\,\varepsilon + u'\,\eta + \varepsilon\,\eta\right)\varDelta x.$$

Daher

$$\frac{\varDelta y}{\varDelta x} = \frac{dy}{du}\cdot u' + \left(\frac{dy}{du}\,\varepsilon + u'\,\eta + \varepsilon\,\eta\right).$$

Gehen wir nun zur Grenze über, so wird aus $\dfrac{\varDelta y}{\varDelta x}$ die Ableitung y' von y nach x und der Klammerausdruck strebt gegen Null. Damit haben wir unser Ziel erreicht, es ist

$$\boxed{\,y' = \frac{dy}{du}\cdot u'\,} \tag{3}$$

Diese ungemein wichtige Formel, die die Differenziermöglichkeiten unbegrenzt erweitert, heißt *Kettenregel* und lautet in Worten:

Will man die Ableitung einer Funktion y von einer Funktion $u = \varphi(x)$ nach x erhalten, so bildet man zuerst die Ableitung von y nach u genau so, wie wenn u unabhängig veränderlich wäre und multipliziert sie mit der Ableitung von u nach x (der „inneren" Ableitung).

In unserem Beispiel $y = \sqrt{a^2 x^2 + b^2} = \sqrt{u}$ findet man nach dieser Regel:

$$y' = \frac{1}{2\sqrt{u}}\cdot u' = \frac{1}{2\sqrt{a^2 x^2 + b^2}}\cdot 2\,a^2 x = \frac{a^2 x}{\sqrt{a^2 x^2 + b^2}}\,.$$

Wenn u eine Funktion von t ist, deren Ableitung nach t wir mit einem Punkt bezeichnen, etwa

$$y = a\sin(\omega t + \varphi) = a\sin u,$$

so ist

$$\dot y = a\,\frac{dy}{du}\cdot \dot u = a\,\omega \cos(\omega t + \varphi).$$

Man wird bald die nötige Übung besitzen, auf die Bezeichnung der Zwischenfunktion mit u verzichten zu können. Die Regel läßt sich leicht auf den Fall ausdehnen, daß mehrere Zwischenfunktionen vorhanden sind. Wenn z. B. die Funktion

$$y = \sin^2 2x$$

vorliegt, so ist zunächst $y = u^2$ für $u = \sin 2x$, also $y' = 2u\cdot u'$. Nun ist aber u selbst wieder eine Funktion von einer Funktion und ihre Ableitung ist nach der Kettenregel $u' = 2\cos 2x$. Daher

$$y' = 2\sin 2x\cdot 2\cos 2x = 2\sin 4x.$$

Schreibt man (3) in der Form
$$dy = y'_u \cdot u'\, dx,$$
wobei der Index u bei y'_u andeuten soll, daß es sich um die Ableitung von y nach u handelt, so stellt $u'\, dx$ das Differential du von u dar und man erhält

$$\boxed{dy = y'_u\, du}\, . \tag{3*}$$

Diese Formel besagt:

Das Differential einer Funktion ist immer gleich ihrer Ableitung multipliziert mit dem Differential der Variablen, nach welcher abgeleitet wurde, gleichgültig, ob diese Variable unabhängig oder selbst eine Funktion ist.

Oder anders ausgedrückt:

Das Differential $dy = y'_u \cdot du$ bleibt ungeändert (invariant), wenn die urspünglich unabhängige Variable u nachträglich als Funktion einer neuen Veränderlichen aufgefaßt wird.

2. Differenzieren einer Gleichung. Bisher haben wir fast ausnahmslos Funktionsgleichungen in *expliziter (entwickelter)* Form $y = f(x)$ angenommen; sie sind aber auch häufig in *impliziter (unentwickelter)* Form gegeben, wie z. B. die Gleichung eines Kreises $x^2 + y^2 = r^2$. Hier kann man leicht zur expliziten Form $y = \sqrt{r^2 - x^2}$ übergehen, wobei eine Auflösung in zwei Zweige entsprechend den beiden Vorzeichen der Wurzel erfolgt (vgl. S. 14).

Tritt aber y in einer impliziten Gleichung in einer höheren als in der zweiten Potenz auf, so ist nach den Bemerkungen S. 68 die explizite Darstellung, welche die Auflösung nach y erfordert, nur sehr umständlich oder überhaupt nicht zu erreichen. Die Frage, ob auch in solchen Fällen y stets als Funktion von x betrachtet werden kann, würde eingehendere Untersuchungen erfordern, ist aber für diejenigen Fälle, die dem Praktiker unterkommen, zu bejahen.

Ist demnach eine implizite Gleichung
$$F(x, y) = 0$$
gegeben, so ist $F(x, y)$ als eine zusammengesetzte Funktion von x mit der Zwischenfunktion y anzusehen. Die Ableitung F' dieser Funktion nach x läßt sich mithin nach der Kettenregel bilden und muß gleich Null sein, weil $F(x, y)$ selbst gleich einer Konstanten (hier 0) ist.

Nehmen wir z. B. die Kreisgleichung $x^2 + y^2 = r^2$, so ist hier $F(x, y) = x^2 + y^2$ gleich einer Konstanten r^2. Die Ableitung $F'(x, y)$

wird gliedweise gebildet, wobei zu beachten ist, daß y eine Funktion von x ist, so daß y^2 erst nach y abzuleiten und dann noch mit y' (unserem früheren u') zu multiplizieren ist. Wir erhalten somit:

$$2\,x + 2\,y \cdot y' = 0$$

und daraus

$$y' = -\frac{x}{y}.$$

Wieso erkennt man aus diesem Resultat sofort, daß die Tangente im Punkte $P\,(x, y)$ auf dem Radius durch P senkrecht steht? Man leite die Gleichung auch in der expliziten Form ab und überzeuge sich von der Übereinstimmung beider Ergebnisse.

Wir hätten auch nach (3*) das Differential dF von F bilden können, das wegen des Verschwindens der Ableitung ebenfalls gleich Null sein muß, und hätten erhalten

$$2\,x\,d\,x + 2\,y\,d\,y = 0,$$

woraus wieder $\dfrac{d\,y}{d\,x} = y' = -\dfrac{x}{y}$ gefolgt wäre.

Diese beiden Methoden des *Ableitens*, bzw. des *Differenzierens* sind besonders dann brauchbar, wenn die Darstellung einer durch eine implizite Gleichung gegebenen Funktion in expliziter Form nicht möglich ist und wir mit unseren bisherigen Kenntnissen gar nicht in der Lage wären, die Ableitung zu bilden. Es sei z. B.

$$y^5 - 2\,x^2\,y - 3 = 0.$$

Die Ableitung ergibt

$$5\,y^4\,y' - 2\,(x^2\,y' + 2\,x\,y) = 0,$$

woraus man

$$y' = \frac{4\,x\,y}{5\,y^4 - 2\,x^2}$$

findet.

3. Die Ableitung einer Potenz mit gebrochenem Exponenten. Die Formel $(x^n)' = n x^{n-1}$ ist bisher nur für den Fall bewiesen worden, daß n eine positive oder negative ganze Zahl ist. Welche Formel gilt, wenn n gleich einem Bruch $\dfrac{p}{q}$ ist?

Aus $y = x^{\frac{p}{q}}$ folgt

$$y^q - x^p = 0,$$

worin p und q ganze Zahlen sind.

Leitet man ab, so erhält man

$$q\,y^{q-1}\,y' - p\,x^{p-1} = 0$$

oder

$$y' = \frac{p}{q}\frac{x^{p-1}}{y^{q-1}} = \frac{p}{q}\frac{x^{p-1}}{x^{p-\frac{p}{q}}} = \frac{p}{q}\,x^{\frac{p}{q}-1}.$$

Setzt man für $\frac{p}{q}$ wieder n ein, so sieht man, daß die Formel $(x^n)' = n x^{n-1}$ auch für gebrochene Exponenten gilt.

Differenziert man die Gleichung $y^q - x^p = 0$, so ergibt sich aus $q\,y^{q-1}\,d y - p\,x^{p-1}\,d x = 0$ für $\frac{dy}{dx}$ dasselbe Resultat.

Das Beispiel § 20, 2, S. 155, kann demnach auch so behandelt werden:

$$y = x\sqrt{x} = x^{\frac{3}{2}}, \quad \text{daher } y' = \frac{3}{2}x^{\frac{1}{2}} = \frac{3}{2}\sqrt{x}.$$

Man leite auch Formel (2), S. 152, auf diesem Wege ab.

4. Übungen. 1. Man zeichne die Kurve

a) $y = a\sin(\omega t + \varphi)$ mit Hilfe von $u = \omega t + \varphi$ nach Art der Abb. 145;

b) $y = \pm\, x^{\frac{3}{2}}$ (*Neilsche* oder *semikubische* Parabel), natürlich ohne Zwischenkonstruktion; wie lautet die Gleichung der Tangente im Punkte $(0, 0)$?

2. Folgende Funktionen sind abzuleiten:

a) $\sqrt[3]{x}$;   b) $\dfrac{1}{\sqrt{x}}$;   c) $\dfrac{1}{\sqrt[3]{x^2}}$;   d) $x\sqrt{x\sqrt{x}}$;   e) $\sqrt{a + bx}$;   f) $\sqrt{1 - x^2}$;

g) $(ax + b)^5$;   h) $(px + q)\sqrt{ax + b}$;   i) $\sqrt{\dfrac{1+x}{1-x}}$;   k) $\operatorname{ctg}\dfrac{x}{2} - \operatorname{tg}\dfrac{x}{2}$;

l) $\operatorname{tg} x + \dfrac{1}{3}\operatorname{tg}^3 x$;   m) $\dfrac{1}{3}\operatorname{tg}^3 x - \operatorname{tg} x + x$;   n) $\sin x - \dfrac{1}{3}\sin^3 x$;

o) $2\sin\sqrt{x} - 2\sqrt{x}\cos\sqrt{x}$.

Lösungen: a) $\dfrac{1}{3\sqrt[3]{x^2}}$;   b) $-\dfrac{1}{2x\sqrt{x}}$;   c) $-\dfrac{2}{3x\sqrt[3]{x^2}}$;   d) $\dfrac{7}{4}\sqrt[4]{x^3}$;

e) $\dfrac{b}{2\sqrt{a + bx}}$;   f) $\dfrac{x}{\sqrt{1 - x^2}}$;   g) $5\,a\,(ax + b)^4$;

h) $\dfrac{3apx + aq + 2bp}{2\sqrt{ax + b}}$;   i) $\dfrac{1}{(1 - x)\sqrt{1 - x^2}}$;   k) $-\dfrac{2}{\sin^2 x}$;   l) $\dfrac{1}{\cos^4 x}$;

m) $\operatorname{tg}^4 x$;   n) $\cos^3 x$;   o) $\sin\sqrt{x}$.

3. Man zeichne die Isotherme $p = \dfrac{p_0 v_0}{v}$ und die Adiabate $p = \dfrac{p_0 v_0^{1\cdot4}}{v^{1\cdot4}}$ mit den Tangenten im gemeinsamen Punkt (Übung **11** und **12**, S. 143).

Lösung: $\operatorname{tg} a_I = -\dfrac{p_0}{v_0}$, $\operatorname{tg} a_A = -1\cdot4\dfrac{p_0}{v_0}$.

4. Man zeige, daß die Subtangente für den Punkt $P\,(x, y)$ der Ellipse $b^2 x^2 + a^2 y^2 = a^2 b^2$ von der Länge der Nebenachse unabhängig ist. Wie findet man die Ellipsentangente in P mit Hilfe des Kreises über der Hauptachse als Durchmesser?

Lösung: $b^2\, x + a^2\, y\, y' = 0$, woraus $y' = -\dfrac{b^2 x}{a^2 y}$ und

$$t = \frac{y}{y'} = -\frac{a^2\, y^2}{b^2 x} = -\frac{a^2\, b^2 - b^2\, x^2}{b^2 x} = \frac{x^2 - a^2}{x}\,.$$

5. Unter welchem Winkel schneiden die Kurven

     a) $y^2 - a\, x = 0$ und $x^2 - a\, y = 0$,

     b) $x^2 - y^2 = a^2$ und $x\, y = k$,

     c) $y^2 - 2\, a\, x - a^2 = 0$ und $y^2 + 2\, b\, x - b^2 = 0$

einander? Man bestimme die Brennpunkte der Parabeln in **c)**.

Lösungen: **a)** 90^0 bzw. $36^0\ 52'$, **b)** 90^0, **c)** 90^0. $F\,(0,0)$ ist beiden Parabeln gemeinsam, sie sind *konfokal*. Warum kann man in **b)** die Ermittlung der Schnittpunkte ersparen?

6. Einem Kreis vom Durchmesser d soll ein Rechteck mit den Seiten x und y eingeschrieben werden, so daß der Ausdruck $x\, y^n$ ein Maximum wird. Welche Bedeutung hat dieser Ausdruck für $n = 1,\ 2$ und 3? Wie konstruiert man das Rechteck im allgemeinen Fall? (Man drücke x und y mittels des Winkels φ zwischen Diagonale und Rechteckseite aus.)

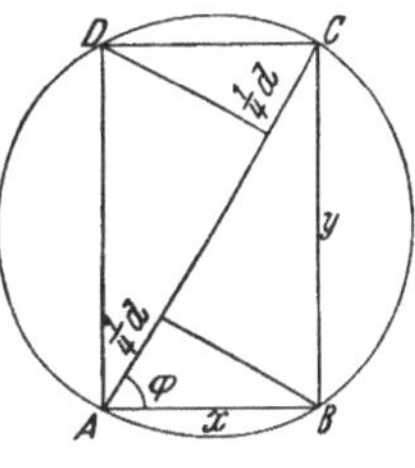
Abb. 146.

Lösung: Max. für $\operatorname{tg}\varphi = \sqrt{n}$. Der Ausdruck $x\, y^n$ bedeutet für $n = 1$ die Fläche; der aus einem zylindrischen Baumstamm herausgesägte Balken mit quadratischem Querschnitt besitzt — vertikal gestellt — die größte Druckfestigkeit; für $n = 2$ ist der Ausdruck dem Widerstandsmoment proportional (horizontaler Balken mit größter Tragfähigkeit), für $n = 3$ ist er dem Trägheitsmoment des Rechtecks proportional (horizontaler Balken mit geringster Durchbiegung). Zur Konstruktion teilt man den Durchmesser in $n + 1$ gleiche Teile und schneidet den Kreis mit den Loten in den äußersten Teilungspunkten, wie Abb. 146 für $n = 3$ zeigt; hier ist übrigens $\varphi = 60^0$.

7. Eine punktförmige Lichtquelle L läßt sich längs der vertikalen Geraden BL beliebig verschieben (Zugpendel). In welcher Höhe h wird sie die Stelle A am besten beleuchten, wenn $\overline{AB} = a$ ist? (Abb. 147). Die Beleuchtungsstärke ist $\sin\varphi$ direkt und r^2 indirekt proportional.

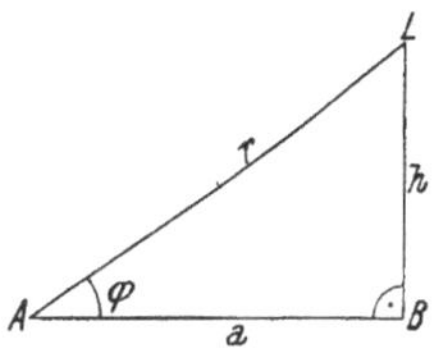

Abb. 147.

Lösung: Die Beleuchtungsstärke $I = \dfrac{k \sin\varphi \cos^2\varphi}{a^2}$ wird ein Maximum,

wenn $\operatorname{tg}\varphi = \dfrac{1}{\sqrt{2}}$, [also $h = \dfrac{a}{\sqrt{2}} \approx 0{\cdot}7\, a$.

8. Man stelle den Weg $P_1 Q P_2$ eines reflektierten Lichtstrahls (Abb. 148) bei gegebenem a, p_1 und p_2 als Funktion von x dar und zeige, daß er am kleinsten wird, wenn $\alpha = \beta$ ist. Wie findet man Q durch Konstruktion?

Lösung: $\overline{P_1 Q} + \overline{Q P_2} = \sqrt{p_1^2 + x^2} + \sqrt{p_2^2 + (a - x)^2}$.

Die Ableitung dieses Ausdruckes gleich 0 gesetzt ergibt

$$\frac{x}{\sqrt{p_1^2 + x^2}} - \frac{a - x}{\sqrt{p_2^2 + (a - x)^2}} = 0,$$

woraus sofort $\cos\alpha = \cos\beta$ und daraus $\alpha = \beta$ folgt.

9. In Abb. 149 trennt $R_1\,R_2$ zwei Medien, in welchen das Licht die Geschwindigkeit v_1 bzw. v_2 besitzt. Welchen Weg muß ein Lichtstrahl nehmen, um bei gegebenem a, p_1 und p_2 in der kürzesten Zeit von P_1 nach P_2 zu gelangen?

L ö s u n g: Die Zeit $t = \dfrac{\sqrt{p_1^2 + x^2}}{v_1} + \dfrac{\sqrt{p_2^2 + (a - x)^2}}{v_2}$. Die geometrische Deutung der Gleichung $\dfrac{dt}{dx} = 0$, ähnlich wie in **8.**, liefert das *Snelliussche* Brechungsgesetz: $\sin \varepsilon = \dfrac{v_1}{v_2} \sin \delta$. Die Ergebnisse in **8.** und **9.** sind in Übereinstimmung mit dem *Fermatschen* Prinzip vom schnellsten Lichtweg.

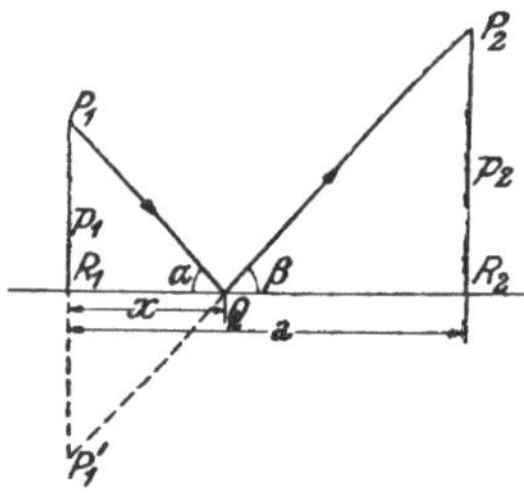

Abb. 148. Schnellster. Weg
des reflektierten Lichtstrahls
$P_1\,Q\,P_2$.

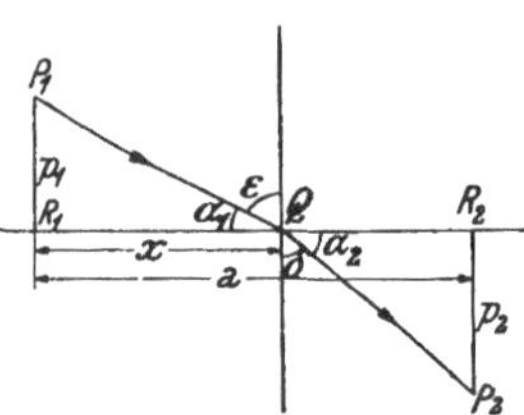

Abb. 149. Schnellster Weg
des gebrochenen Lichtstrahls
$P_1\,Q\,P_2$.

10. In der Mechanik wird gezeigt, daß der Wirkungsgrad η einer Schraube mit dem Steigungswinkel α

$$\eta = \frac{\text{geleistete Nutzarbeit}}{\text{aufgewendete Arbeit}} = \frac{\operatorname{tg} \alpha}{\operatorname{tg}(\alpha + \varphi)} \text{ ist,}$$

wenn φ den Reibungswinkel, also $\operatorname{tg}\varphi$ den Reibungskoeffizienten μ bedeutet. Für welchen Winkel α wird η bei gegebenem φ ein Maximum?

L ö s u n g: Wird $\dfrac{d\eta}{d\alpha} = 0$ gesetzt, ergibt sich die Gleichung

$$\sin 2(\alpha + \varphi) = \sin 2\alpha$$

mit der brauchbaren Lösung $2(\alpha + \varphi) = 180 - 2\alpha$, aus welcher

$$\alpha = 45^0 - 0{\cdot}5\,\varphi \text{ folgt.}$$

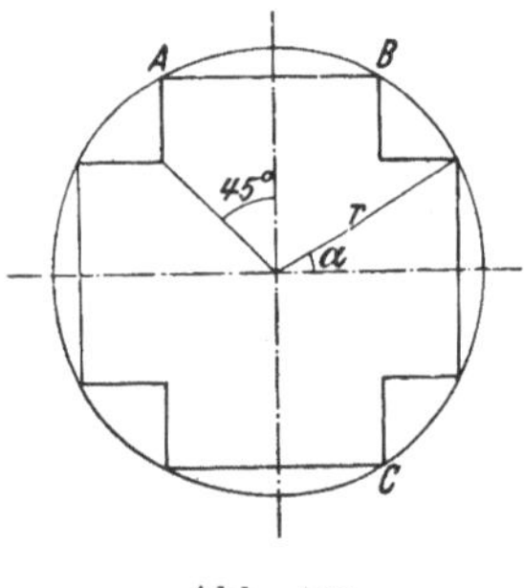

Abb. 150.

11. Das Innere einer Spule von kreisförmigem Querschnitt soll durch einen kreuzähnlichen Eisenkern möglichst ausgefüllt werden. Wieviel Prozent beträgt die maximale Kernfläche F von der Kreisfläche? (Man stelle F als Funktion von α dar. Abb. 150).

L ö s u n g: F wird ein Maximum für $\operatorname{tg} 2\alpha = 2$, oder $\alpha = 31^0\,43'$. $F = 78{\cdot}7\%$ der Kreisfläche.

12. Das Querprofil eines offenen Gerinnes bilde ein gleichschenkeliges Trapez von gegebenem Flächeninhalt F und dem Böschungswinkel α. Für welche Tiefe t wird der benetzte Trapezumfang U (von dem der Reibungswiderstand abhängig ist) ein Minimum? (Man drücke U durch x, a und t aus und eliminiere x mittels F. Abb. 151.)

Lösung: $U = \dfrac{F}{t} - \dfrac{t}{\operatorname{tg} a} + \dfrac{2\,t}{\sin a}$ wird ein Minimum, wenn

$$t = \sqrt{\frac{F \sin a}{2 - \cos a}}.$$

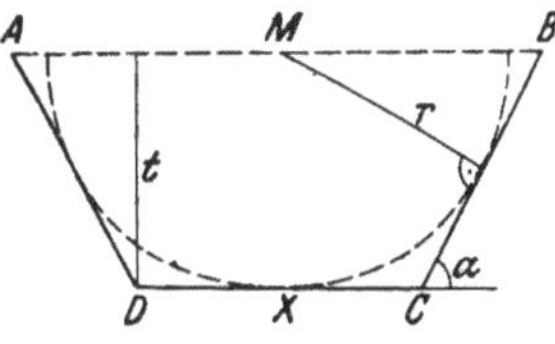

Abb. 151. Minimalumfang eines offenen Gerinnes.

13. Man zeige, daß die Wasserspiegelbreite AB der vorigen Aufgabe für den gefundenen Wert von t doppelt so groß ist wie die Böschungslinie $\overline{BC}$ und daß der Halbkreis aus M mit dem Radius t außer der Sohle auch die Böschungslinie berührt. Man konstruiere das Trapez aus F und a. Welcher Winkel a bewirkt unter den berechneten Verhältnissen den kleinsten benetzten Umfang U?

Lösung: $U = \dfrac{2\,F}{t}$ (wobei für t der in **12.** gefundene Wert einzusetzen ist) wird ein Minimum für $a = 60^0$.

14. Beim Kurbelgetriebe durchläuft der eine Endpunkt Z (Kurbelzapfen) der Pleuelstange mit der Länge l einen Kreis vom Radius r mit der konstanten Winkelgeschwindigkeit ω, während sich der andere Endpunkt, der Kreuzkopf K, auf der Geraden OA hin- und herbewegt (Abb. 152). Man berechne die Momentangeschwindigkeit v des Kreuzkopfes K, wenn sein Weg s von A (Extremlage des Kreuzkopfes) aus gerechnet wird und zeige, daß $v = \omega \cdot \overline{OB}$ ist. B bedeutet den jeweiligen Schnittpunkt der verlängerten Pleuelstange mit

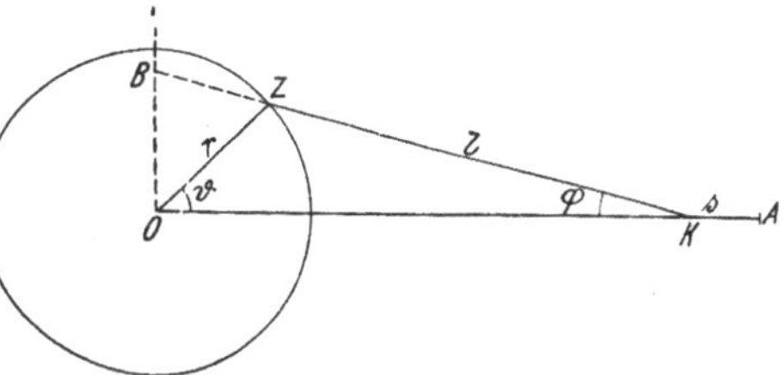

Abb. 152. Kurbelgetriebe.

dem Lot durch O auf OA. Man berechne speziell die Werte von v für:

a) $\vartheta = \dfrac{\pi}{2}$ (höchste Lage des Kurbelzapfens),

b) $\vartheta = 0$ und π (Totlagen),

c) $\varphi = \dfrac{\pi}{2} - \vartheta$ (die Pleuelstange tangiert den Kreis).

Lösung: Der Weg ist
$$s = r + l - r \cos \vartheta - l \cos \varphi, \tag{1}$$
wobei $\vartheta = \omega\, t$ ist und φ mit ϑ durch die Gleichung
$$r \sin \vartheta = l \sin \varphi \tag{2}$$
zusammenhängt, mithin ebenfalls eine Funktion von t ist.

Ableitung von (1) ergibt $v = \dot{s} = \dfrac{ds}{dt} = r \sin \vartheta \cdot \dot{\vartheta} + l \sin \varphi \cdot \dot{\varphi}$. $\tag{3}$

Nun ist $\dot{\vartheta} = \dfrac{d\vartheta}{dt} = \omega$; $\dot{\varphi} = \dfrac{d\varphi}{dt}$ findet man durch Ableiten der Gleichung (2) nach der Zeit:
$$r\,\omega \cos \vartheta = l \cos \varphi \cdot \dot{\varphi},$$

so daß die Winkelgeschwindigkeit der Pleuelstange

$$\dot{\varphi} = \frac{d\varphi}{dt} = \frac{r\,\omega\,\cos\vartheta}{l\,\cos\varphi} \quad \text{ist.}$$

Setzt man diesen Wert in (3) ein und eliminiert φ mit Hilfe von (2), so erhält man

$$v = r\,\omega\left(\sin\vartheta + \frac{r\,\sin 2\vartheta}{2\sqrt{l^2 - r^2\sin^2\vartheta}}\right).$$

In den angegebenen Spezialfällen wird die Geschwindigkeit: **a)** $v = r\,\omega$, **b)** $v = 0$, **c)** $v = \dfrac{r\,\omega}{l}\sqrt{r^2 + l^2}$. Das letzte Ergebnis erhält man mit Hilfe der im Fall **c)** gültigen Beziehung $\operatorname{tg}\vartheta = \dfrac{l}{r}$.

§ 22. Die Ableitung des Logarithmus und der Exponential-funktion.

1. Die Ableitung von $\ln x$. Um diese zu erhalten, schreiben wir den Differenzenquotienten in der Form (1*), S. 147,

$$\frac{f(x+h) - f(x)}{h}.$$

Für $f(x) = \ln x$ ergibt sich:

$$\frac{\ln(x+h) - \ln x}{h} = \frac{1}{h}\ln\left(1 + \frac{h}{x}\right) = \ln\left(1 + \frac{h}{x}\right)^{\frac{1}{h}}.$$

Setzt man $h = \dfrac{x}{n}$, mithin $\dfrac{1}{h} = \dfrac{n}{x}$, so wird

$$\ln\left(1 + \frac{h}{x}\right)^{\frac{1}{h}} = \ln\left(1 + \frac{1}{n}\right)^{\frac{n}{x}} = \ln\left[\left(1 + \frac{1}{n}\right)^{n}\right]^{\frac{1}{x}} = \frac{1}{x}\ln\left(1 + \frac{1}{n}\right)^{n}.$$

Wegen der Beziehung $h = \dfrac{x}{n}$ strebt $n \longrightarrow \infty$, wenn $h \to 0$. Es ist somit zur Gewinnung der Ableitung der Grenzwert von $\ln\left(1 + \dfrac{1}{n}\right)^{n}$ für $n \longrightarrow \infty$ zu ermitteln. Nun ist aber (Formel (*), S. 22)

$$\lim_{n \longrightarrow \infty}\left(1 + \frac{1}{n}\right)^{n} = e$$

und wegen $\ln e = 1$ strebt $\dfrac{1}{x}\ln\left(1 + \dfrac{1}{n}\right)^{n} \longrightarrow \dfrac{1}{x}$, daher

$$\boxed{(\ln x)' = \frac{1}{x}}.$$

Für die Ableitung des dekadischen Logarithmus vgl. Beispiel (3), S. 55.

Beispiel: Die Ableitung von $\ln \operatorname{tg}\left(\dfrac{x}{2} + \dfrac{\pi}{4}\right)$ ergibt sich mit

$$\frac{1}{\operatorname{tg}\left(\dfrac{x}{2} + \dfrac{\pi}{4}\right)} \cdot \frac{1}{\cos^2\left(\dfrac{x}{2} + \dfrac{\pi}{4}\right)} \cdot \frac{1}{2} = \frac{1}{\cos x}.$$

2. Die Ableitung von e^x und a^x. Aus $y = e^x$ folgt $x = \ln y$. Differenzieren wir diese Gleichung, so erhalten wir

$$dx = \frac{1}{y} \cdot dy, \text{ mithin } \frac{dy}{dx} = y = e^x, \text{ also}$$

$$\boxed{(e^x)' = e^x}.$$

Die Ableitung von a^x finden wir daraus, wenn wir beachten, daß $a^x = e^{x \ln a}$ ist, daher auf Grund der Kettenregel

$$\boxed{(a^x)' = a^x \ln a}.$$

3. Übungen. 1. Folgende Funktionen sind abzuleiten:

a) $\ln(a - x)$;　　　b) $\ln x^n$;　　　c) $(\ln x)^n$;　　　d) $x \ln x$;

e) $\dfrac{\ln x}{x}$;　　　f) $\ln \operatorname{ctg} x$;　　　g) $\ln(x + \sqrt{x^2 + a^2})$;

h) $10 \sqrt{x} - 20 \ln(2 + \sqrt{x})$;　　　i) $\ln \sqrt[n]{\dfrac{x - a}{x + a}}$;

man schreibe die letzte Funktion in der Form

$$\frac{1}{n}[\ln(x - a) - \ln(x + a)].$$

Lösungen:　a) $\dfrac{-1}{a - x}$;　　　b) $\dfrac{n}{x}$;　　　c) $\dfrac{n}{x}(\ln x)^{n-1}$;

d) $1 + \ln x$;　　e) $\dfrac{1 - \ln x}{x^2}$;　　f) $\dfrac{-2}{\sin 2x}$;　　g) $\dfrac{1}{\sqrt{x^2 + a^2}}$;

h) $\dfrac{5}{2 + \sqrt{x}}$;　　i) $\dfrac{2a}{n(x^2 - a^2)}$.

2. Unter welchem Winkel schneidet die Kurve $y = \lg x$ die x-Achse? Lösung: $\alpha = 23^0\ 28\cdot5'$.

3. Man zeige, daß die Subtangente der Kurve $y = ka^x$ konstant ist. Wie groß ist sie für $y = e^x$? Tangentenkonstruktion!

4. Von folgenden Funktionen ist die Ableitung zu bilden:

a) e^{-x};　b) $x^2 e^x$;　c) $\dfrac{e^x - a}{e^x + a}$;　d) $a^x \cdot x^a$;　e) $(a^x)^n$;　f) $e^{ax} \cos bx$;　g) e^{-x^2};

h) $\dfrac{1}{e^x}(x^3 + 3x^2 + 6x + 6)$.

Lösungen:　　a) $-e^{-x}$;　　b) $x e^x(x + 2)$;　　c) $\dfrac{2a e^x}{(e^x + a)^2}$;

d) $a^x x^{a-1}(x \ln a + a)$;　　e) $n a^{nx} \ln a$;　　f) $e^{ax}(a \cos bx - b \sin bx)$;

g) $-2x\, e^{-x^2}$;　h) $-x^3 e^{-x}$.

5. Die *logarithmische Spirale* hat die Polargleichung

$$r = k a^\varphi,$$

die man auch in der Form $r = k e^{m\varphi}$ schreiben kann, wenn $e^m = a$ ist. In Parameterdarstellung ergibt sich das Gleichungspaar

$$x = k a^\varphi \cos \varphi$$
$$y = k a^\varphi \sin \varphi.$$

Man konstruiere diese Spirale und berechne die Steigung der in P gezogenen Tangente $\operatorname{tg} a = \dfrac{dy}{dx}$ (Abb. 153). Was ergibt sich für $\operatorname{tg} \vartheta$, wobei $\vartheta = a - \varphi$ ist, speziell im Falle $a = e$?

$$\text{Lösung:} \quad \operatorname{tg} a = \frac{\ln a \, \sin \varphi + \cos \varphi}{\ln a \, \cos \varphi - \sin \varphi}.$$

Aus $\operatorname{tg} \vartheta = \operatorname{tg}(a - \varphi) = \dfrac{\operatorname{tg} a - \operatorname{tg} \varphi}{1 + \operatorname{tg} a \, \operatorname{tg} \varphi}$ folgt $\operatorname{tg} \vartheta = \dfrac{1}{\ln a}$.

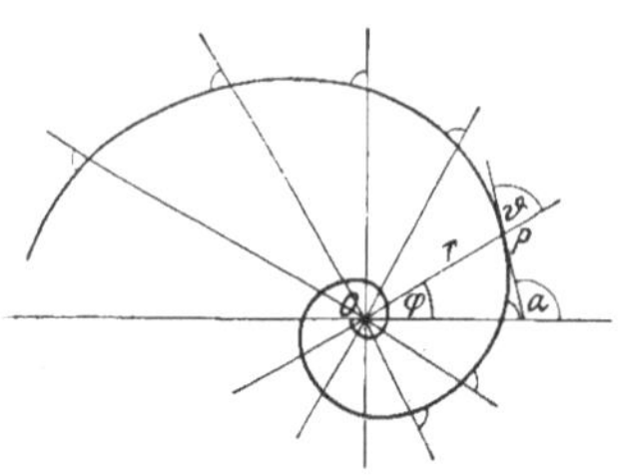

Abb. 153. Die logarithmische Spirale: $r = k \, a^{\varphi}$. Die Kurve umkreist für negative φ in immer kleiner werdenden Windungen den Pol O.

Die logarithmische Spirale schneidet die vom Pol O ausgehenden Strahlen unter gleichen Winkeln. (Für $a = e$ ist $\vartheta = 45^0$.) Wegen dieser Eigenschaft findet die hyperbolische Spirale in der Technik, z. B. im Werkzeugmaschinenbau, Verwendung, wird aber dort, wo man nur kleine Bogenstücke braucht, meist durch die Archimedische Spirale ersetzt, die bei kleinem φ eine gute Annäherung darstellt. Denn aus $e^x \approx 1 + x$ für kleine x (Tabelle S. 22) folgt

$$k \, e^{m \varphi} \approx k \, (1 + m \, \varphi) = k_1 \, (\varphi - \beta),$$

wenn km durch k_1 und k durch $-k_1 \beta$ ersetzt wird. Aus $r = k \, e^{m \varphi}$ folgt dann für kleine Winkel $r \approx k_1 \, (\varphi - \beta)$, das ist aber eine um β gedrehte Archimedische Spirale. Wieso genügt für ein kleines Bogenstück an irgend einer Stelle die Beschränkung auf kleine φ?

§ 23. Die Hyperbelfunktionen.

1. Definition. *Die hyperbolischen Funktionen von x werden mit*
$$\mathfrak{Sin}\, x, \quad \mathfrak{Cof}\, x, \quad \mathfrak{Tg}\, x, \quad \mathfrak{Ctg}\, x$$
bezeichnet[1] *und hyperbolischer Sinus, Kosinus, Tangens und Kotangens genannt.* Sie werden durch folgende Gleichungen definiert:

$$\mathfrak{Sin}\, x = \frac{e^x - e^{-x}}{2}, \quad \mathfrak{Cof}\, x = \frac{e^x + e^{-x}}{2},$$
$$\mathfrak{Tg}\, x = \frac{\mathfrak{Sin}\, x}{\mathfrak{Cof}\, x} = \frac{e^x - e^{-x}}{e^x + e^{-x}}, \quad \mathfrak{Ctg}\, x = \frac{\mathfrak{Cof}\, x}{\mathfrak{Sin}\, x} = \frac{e^x + e^{-x}}{e^x - e^{-x}}. \tag{1}$$

Ihre Einführung rechtfertigt sich durch die Vereinfachung, die man in gewissen Rechnungen mit ihrer Hilfe erzielt. Die Bilder dieser Funktionen zeigen die Abb. 154, 155 u. 156. Ihre Benennung mit Sinus usw. rührt von ihrem Zusammenhang mit den trigonometrischen Funktionen her, auf den wir später zu sprechen kommen.

2. Beziehungen zwischen den Hyperbelfunktionen. Zwischen den Hyperbelfunktionen bestehen ähnliche Beziehungen wie

---

[1] Auch die Bezeichnung sh x, ch x, tgh x, ctgh x sind gebräuchlich.

zwischen den trigonometrischen Funktionen. Manche von ihnen lauten bei beiden Gruppen gleich, bei anderen tritt ein Unterschied im Vorzeichen auf. Der innere Grund hiefür wird später geklärt werden.

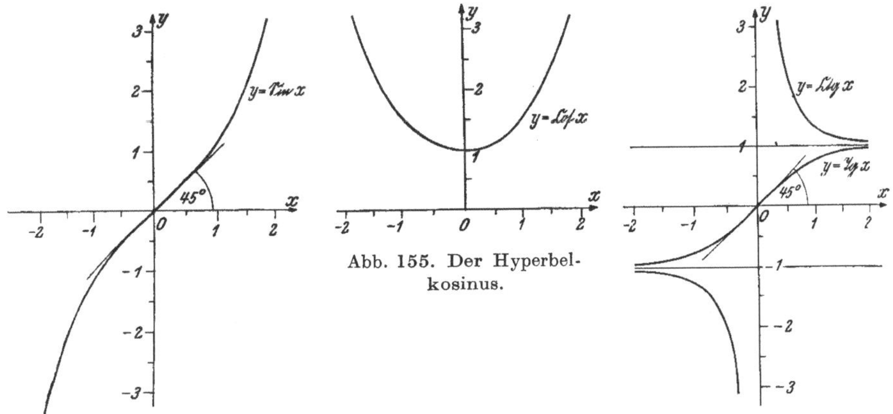

Abb. 155. Der Hyperbel-
kosinus.

Abb. 154. Der Hyperbel-
sinus.

Abb. 156. Der hyper-
bolische Tangens und
Kotangens.

So gilt die wichtige Formel

$$\boxed{\mathfrak{Cof}^2\, x - \mathfrak{Sin}^2\, x = 1}. \tag{2}$$

Ihre Richtigkeit ergibt sich durch Einsetzen der Werte von Gleichung (1):

$$\mathfrak{Cof}^2\, x - \mathfrak{Sin}^2\, x = \frac{e^{2x} + 2 + e^{-2x}}{4} - \frac{e^{2x} - 2 + e^{-2x}}{4} = 1.$$

Ebenso findet man

$$\mathfrak{Cof}^2\, x + \mathfrak{Sin}^2\, x = \frac{e^{2x} + e^{-2x}}{2} = \mathfrak{Cof}\, 2\, x.$$

Für $\mathfrak{Sin}\, 2\, x$ erhält man

$$\mathfrak{Sin}\, 2\, x = \frac{e^{2x} - e^{-2x}}{2} = 2 \cdot \frac{e^{x} - e^{-x}}{2} \cdot \frac{e^{x} + e^{-x}}{2} = 2\, \mathfrak{Sin}\, x\, \mathfrak{Cof}\, x,$$

die genau der Formel bei den trigonometrischen Funktionen entspricht.

So wie das Gleichungspaar

$$x = \cos \varphi$$
$$y = \sin \varphi$$

eine Kurve, nämlich den Kreis $x^2 + y^2 = 1$ darstellt, so wird auch das Gleichungspaar

$$x = \mathfrak{Cof}\, \psi$$
$$y = \mathfrak{Sin}\, \psi$$

eine Kurve darstellen. Quadriert und subtrahiert man die beiden Gleichungen, so liefert Formel (2)

$$x^2 - y^2 = 1.$$

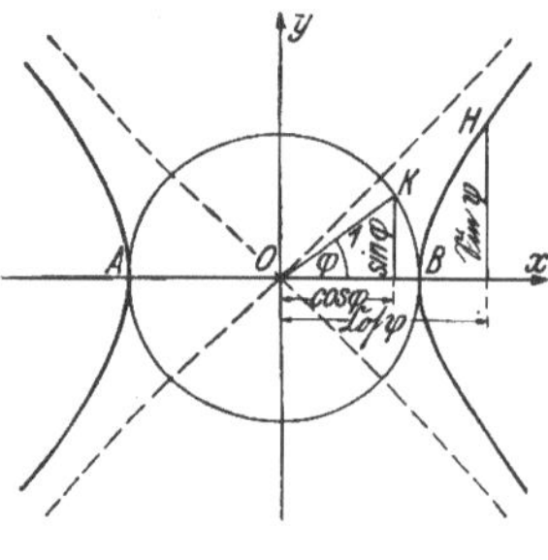

Das ist eine gleichseitige Hyperbel (Abb. 157); $\mathfrak{Cof}\,\psi$ und $\mathfrak{Sin}\,\psi$ sind genau so Abszisse und Ordinate eines Hyperbelpunktes H wie $\cos\varphi$ und $\sin\varphi$ eines Kreispunktes K, womit der Name „Hyperbelfunktionen" geklärt ist[1]. Jedoch bedeutet das Argument ψ keineswegs einen Winkel wie bei den Kreisfunktionen.

Abb. 157.

3. Die Ableitung der Hyperbelfunktionen.
Leitet man die Gleichungen (1) ab, so erhält man leicht folgende Resultate:

$$\boxed{\begin{aligned}(\mathfrak{Sin}\,x)' &= \mathfrak{Cof}\,x, & (\mathfrak{Cof}\,x)' &= \mathfrak{Sin}\,x \\ (\mathfrak{Tg}\,x)' &= \frac{1}{\mathfrak{Cof}^2\,x}, & (\mathfrak{Ctg}\,x)' &= -\frac{1}{\mathfrak{Sin}^2\,x}\end{aligned}}$$

Man bestätige mit Hilfe dieser Ableitungen, daß die Tangente in O an $y = \mathfrak{Sin}\,x$ und $y = \mathfrak{Tg}\,x$ unter 45^0 geneigt ist.

Beispiel: Die Gleichung der Kettenlinie lautet, wie wir später erfahren werden,

$$y = m\,\mathfrak{Cof}\,\frac{x}{m}.$$

Die Abb. 155 stellt hiemit die spezielle Kettenlinie mit $m = 1$ dar. Die allgemeine Kettenlinie schneidet auf der y-Achse das Stück m ab und verläuft umso flacher, je größer m ist. Das erkennt man deutlich aus der Ableitung

$$y' = \mathfrak{Sin}\,\frac{x}{m},$$

denn an einer bestimmten Stelle x wird $\mathfrak{Sin}\,\dfrac{x}{m}$ umso kleiner, je größer m ist.

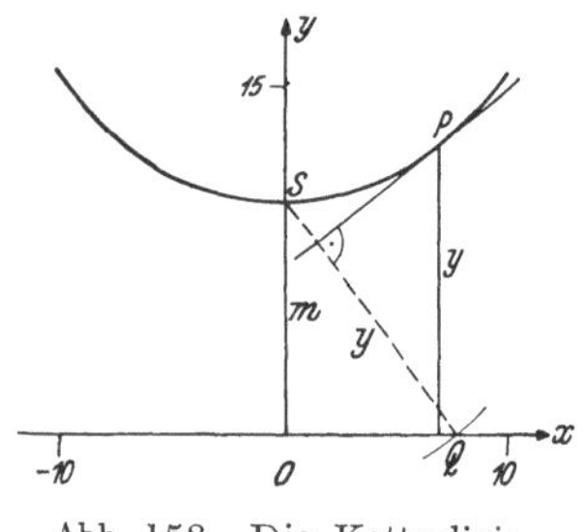

Abb. 158. Die Kettenlinie

$$y = m\,\mathfrak{Cof}\,\frac{x}{m}.$$

Die Tangente in einem Punkt der Kettenlinie läßt sich auf folgende Art konstruieren (Abb. 158, wo $m = 10$ ist). Ermittelt man Q auf der x-Achse so, daß $\overline{SQ}$ gleich der Ordinate y des Punktes P ist, so steht die

---

[1] Um beide Hyperbeläste zu bekommen, muß man in der Parameterdarstellung $x = \pm\,\mathfrak{Cof}\,\psi$ setzen.

Tangente in P auf SQ senkrecht. Denn

$$\overline{OQ} = \sqrt{y^2 - m^2} = \sqrt{m^2\,\mathfrak{Cof}^2\,\frac{x}{m} - m^2} = m\,\mathfrak{Sin}\,\frac{x}{m}.$$

Die Steigung von $\overline{SQ}$ ist daher $-\dfrac{1}{\mathfrak{Sin}\dfrac{x}{m}}$, also tatsächlich negativ

reziprok zur Steigung der Tangente.

4. Übungen. 1. Welche von den Hyperbelfunktionen sind gerade und welche ungerade?

Lösung: $\mathfrak{Cof}\,x$ ist gerade, die übrigen sind ungerade.

2. Man weise die Richtigkeit folgender Gleichung nach:

$$\mathfrak{Sin}\,x\,\mathfrak{Cof}\,z \pm \mathfrak{Cof}\,x\,\mathfrak{Sin}\,z = \mathfrak{Sin}\,(x \pm z).$$

3. Was erhält man aus der Beziehung in 2., wenn man sie nach x unter der Voraussetzung eines konstanten z ableitet?

Lösung: $\mathfrak{Cof}\,x\,\mathfrak{Cof}\,z \pm \mathfrak{Sin}\,x\,\mathfrak{Sin}\,z = \mathfrak{Cof}\,(x \pm z).$

4. Wie kann man zeigen, daß $\mathfrak{Cof}^2\,x$ und $\mathfrak{Sin}^2\,x$ gleiche Ableitungen besitzen, ohne diese wirklich zu bilden?

Lösung: Aus der Beziehung $\mathfrak{Cof}^2\,x - \mathfrak{Sin}^2\,x = 1.$

5. Man drücke $\mathfrak{Cof}^2\,x$ und $\mathfrak{Sin}^2\,x$ mittelst Funktionen des doppelten Argumentes aus.

Lösung: $\mathfrak{Cof}^2\,x = \dfrac{\mathfrak{Cof}\,2\,x + 1}{2}, \quad \mathfrak{Sin}^2\,x = \dfrac{\mathfrak{Cof}\,2\,x - 1}{2}.$

§ 24. Die Arkus- und die Areafunktionen.

1. Die Umkehrung der trigonometrischen Funktionen. Wir haben in § 3, 2. den Begriff der Umkehrfunktion kennen gelernt und in § 5, 3. gesehen, daß $\ln x$ die Umkehrfunktion zu e^x ist. Die Umkehrungen zu den trigonometrischen Funktionen heißen *Arkusfunktionen (zyklometrische Funktionen)*.

In der Gleichung $y = \sin x$ bedeutet x einen Winkel im Bogenmaß; will man nun den Winkel x als Funktion des Sinuswertes darstellen, so schreibt man

$$x = \operatorname{arc\,sin} y \quad \text{(lies: Arkus Sinus } y; \text{ arcus = Bogen)}.$$

Weil wir aber gewohnt sind, für die Funktion den Buchstaben y und für das Argument x zu gebrauchen, so vertauschen wir x und y miteinander und erhalten

$$y = \operatorname{arc\,sin} x.$$

Es ist mithin arc sin x jener Winkel im Bogenmaß, dessen Sinus den Wert x hat.

Entsprechend lauten die Umkehrungen der übrigen trigonometrischen Funktionen

$$\text{arc cos } x \qquad \text{arc tg } x, \qquad \text{arc ctg } x.$$

Das Bild der Umkehrfunktion erhält man bekanntlich, indem man das der ursprünglichen Funktion an der Geraden $y = x$ spiegelt. Daraus ergeben sich die in den Abb. 159—162 gezeichneten Kurven. Sie zeigen, daß zu jedem x-Wert unendlich viele y-Werte gehören, entsprechend der Tatsache, daß die Bestimmung des Winkels aus dem vorgegebenem Wert einer trigonometrischen Funktion unzählige Lösungen zuläßt.

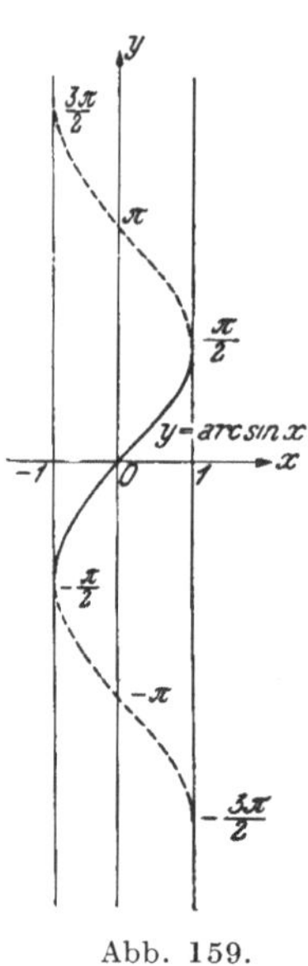

Abb. 159.

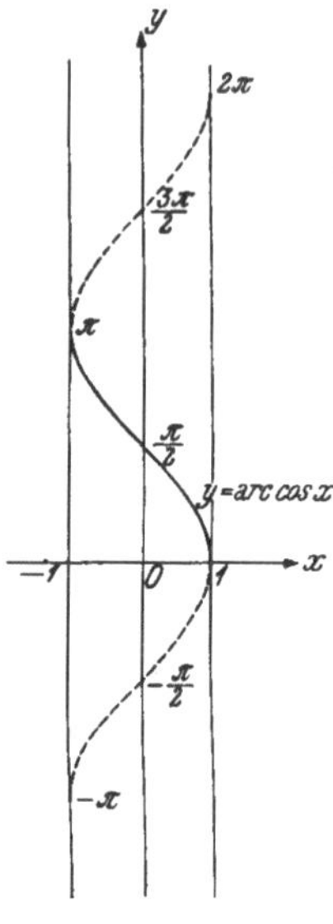

Abb. 160.

Um die Arkusfunktionen eindeutig zu machen, greift man die in den Abbildungen voll ausgezogenen Kurvenstücke heraus und beschränkt die Definition der Arkusfunktionen auf diese *Hauptwerte*. Damit ergibt sich unter Zusammenfassung des bisher Gesagten:

$$y = \text{arc sin } x \text{ ist gleichbedeutend mit } x = \sin y, \quad \left\{ \begin{matrix} -1 \,.\,.\, x \,.\,.\, +1 \\ -\dfrac{\pi}{2} \,.\,.\, y \,.\,.\, +\dfrac{\pi}{2} \end{matrix} \right\}$$

$$\text{wobei}$$

$$y = \text{arc cos } x \text{ ,, ,, ,, } x = \cos y, \quad \left\{ \begin{matrix} -1 \,.\,.\, x \,.\,.\, +1 \\ \pi \,.\,.\, y \,.\,.\, 0 \end{matrix} \right\}$$

$$\text{wobei}$$

$$y = \text{arc tg } x \text{ ,, ,, ,, } x = \text{tg } y, \quad \left\{ \begin{matrix} -\infty \,.\, x \,.\,.\, +\infty \\ -\dfrac{\pi}{2} \,.\,.\, y \,.\,.\, +\dfrac{\pi}{2} \end{matrix} \right\}$$

$$\text{wobei}$$

$$y = \text{arc ctg } x \text{ ,, ,, ,, } x = \text{ctg } y, \quad \left\{ \begin{matrix} -\infty \,.\, x \,.\,.\, +\infty \\ \pi \,.\,.\, y \,.\,.\, 0 \end{matrix} \right\}$$

$$\text{wobei}$$

Wenn wir bei dieser Gelegenheit die Frage aufwerfen, wann die Umkehrfunktion zu einer gegebenen Funktion eindeutig sein wird, so ist diese leicht dahin zu beantworten: in allen Fällen, in welchen die gegebene Funktion monoton verläuft (beständig steigt oder fällt). Nur dann wird nämlich das Bild der gegebenen Funktion von jeder

Parallelen zur x-Achse in einem Punkt geschnitten und daher auch
das Bild der Umkehrfunktion von jeder Parallelen zur y-Achse.
Man überzeugt sich leicht, daß den Hauptwerten der Arkusfunktionen
solche Intervalle bei den trigonometrischen Funktionen entsprechen,
in welchen diese monoton sind.

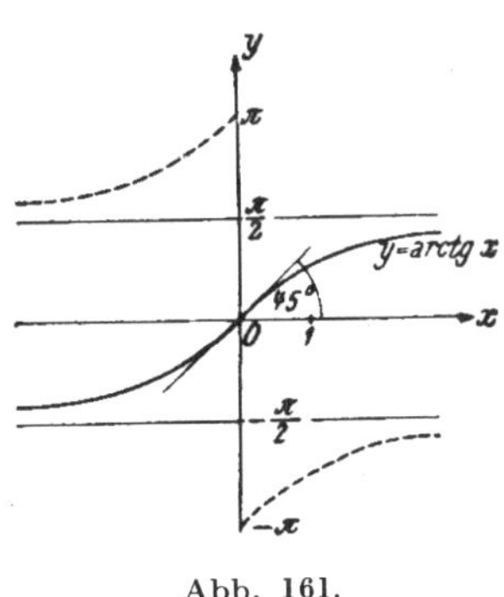

Abb. 161.

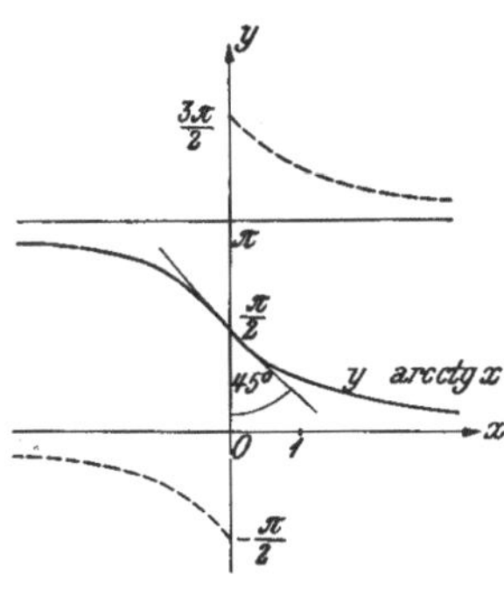

Abb. 162.

2. Die Ableitungen der Arkusfunktionen. Schreiben wir
$y = \mathrm{arc\,sin}\,x$ in der Form $x = \sin y$, so ergibt die Differentiation
der letzten Gleichung

$$dx = \cos y\,dy,$$

woraus

$$\frac{dy}{dx} = \frac{1}{\cos y} = \frac{1}{\sqrt{1-x^2}}$$

folgt.

Der Wurzel erteilen wir das positive Vorzeichen in Übereinstim-
mung damit, daß $\mathrm{arc\,sin}\,x$ von $-\dfrac{\pi}{2}$ bis $+\dfrac{\pi}{2}$ beständig steigt. Genau
so erhält man die Ableitungen der übrigen Funktionen, die Durch-
führung der Rechnung kann dem Studierenden überlassen werden;
es gelten folgende Formeln:

$$\boxed{\begin{aligned}
(\mathrm{arc\,sin}\,x)' &= \frac{1}{\sqrt{1-x^2}}, & (\mathrm{arc\,cos}\,x)' &= \frac{-1}{\sqrt{1-x^2}}, \\
(\mathrm{arc\,tg}\,x)' &= \frac{1}{1+x^2}, & (\mathrm{arc\,ctg}\,x)' &= \frac{-1}{1+x^2}
\end{aligned}}$$

Aus ihnen ersieht man sofort, daß die Bilder der Arkusfunktionen
die y-Achse unter $\pm\,45^0$ schneiden.

Beispiel: $\left(\mathrm{arc\,tg}\,\dfrac{1}{x}\right)' = -\dfrac{1}{1+\dfrac{1}{x^2}}\cdot\dfrac{1}{x^2} = -\dfrac{1}{1+x^2}$. Die Ab-

leitung von $\mathrm{arc\,tg}\,\dfrac{1}{x}$ ist somit gleich der von $\mathrm{arc\,ctg}\,x$. Dieses Ergebnis ist nicht auffällig, denn setzt man $\text{arc tg}\ \dfrac{1}{x} = y$, so ist $\dfrac{1}{x} = \text{tg}\ y$, daher $x = \text{ctg}\ y$, woraus sich y mit $\text{arc ctg}\ x$ ergibt, so daß also

$$\text{arc tg}\ \frac{1}{x} = \text{arc ctg}\ x.$$

So ließe sich zu jeder Beziehung zwischen trigonometrischen Funktionen eine solche zwischen Arkusfunktionen finden.

3. Die Areafunktionen. Die Umkehrungen der Hyperbelfunktionen heißen *Areafunktionen* (area = Fläche), weil sie mit dem Flächeninhalt eines Hyperbelsektors zusammenhängen[1]. Sie werden bezeichnet mit

$$\mathfrak{Ar\ Sin}\ x, \quad \mathfrak{Ar\ Cof}\ x, \quad \mathfrak{Ar\ Tg}\ x, \quad \mathfrak{Ar\ Ctg}\ x.$$

Setzen wir $\mathfrak{Sin}\ x = y$, so ist, um die Umkehrfunktion zu erhalten, die Gleichung

$$y = \frac{e^x - e^{-x}}{2}$$

nach x aufzulösen. Für $e^x = z$, also $e^{-x} = \dfrac{1}{z}$ geht sie über in

$$2\,y = z - \frac{1}{z}$$

oder

$$z^2 - 2\,y\,z - 1 = 0.$$

Die Lösung lautet

$$z = y \pm \sqrt{y^2 + 1} = e^x,$$

woraus

$$x = \ln\,(y + \sqrt{y^2 + 1}).$$

Das negative Vorzeichen muß weggelassen werden, weil das Argument des Logarithmus nicht negativ sein darf. Vertauscht man jetzt noch x und y miteinander, so ist die Umkehrfunktion von $\mathfrak{Sin}\ x$ gefunden:

$$\mathfrak{Ar\ Sin}\ x = \ln\,(x + \sqrt{x^2 + 1}). \tag{1}$$

Auf genau demselben Weg erhält man

$$\mathfrak{Ar\ Cof}\ x = \ln\,(x \pm \sqrt{x^2 - 1}). \tag{2}$$

Hier sind beide Vorzeichen zulässig, die Funktion ist zweiwertig. Wir lösen sie daher in zwei Zweige auf, von welchen einer dem positiven, der andere dem negativen Vorzeichen entspricht.

Dasselbe Verfahren auf $y = \mathfrak{Tg}\ x$ angewendet, ergibt

$$\frac{e^x - e^{-x}}{e^x + e^{-x}} = y$$

---

[1] Es ist nämlich $\mathfrak{Ar\ Cof}\ \psi$ die doppelte Fläche des Hyperbelsektors OBH in Abb. 157. (In der Figur nicht eingezeichnet.)

oder
$$e^x (1 - y) = e^{-x} (1 + y).$$
Daraus
$$e^{2x} = \frac{1 + y}{1 - y}$$
bzw.
$$2x = \ln \frac{1 + y}{1 - y},$$
und schließlich
$$x = \ln \sqrt{\frac{1 + y}{1 - y}}.$$

Nach Vertauschung von x und y erhält man als Umkehrfunktion von $\mathfrak{Tg}\, x$:
$$\mathfrak{Ar}\,\mathfrak{Tg}\, x = \ln \sqrt{\frac{1 + x}{1 - x}}. \tag{3}$$
Ebenso findet man
$$\mathfrak{Ar}\,\mathfrak{Ctg}\, x = \ln \sqrt{\frac{x + 1}{x - 1}}. \tag{4}$$
Die Bilder der Areafunktionen können leicht als Spiegelbilder zu denjenigen der Hyperbelfunktionen gezeichnet werden.

4. Die Ableitung der Areafunktionen. Die Ableitungen der Areafunktionen lauten:
$$(\mathfrak{Ar}\,\mathfrak{Sin}\, x)' = \frac{1}{\pm\sqrt{x^2 + 1}}, \qquad (\mathfrak{Ar}\,\mathfrak{Cof}\, x)' = \frac{1}{\pm\sqrt{x^2 - 1}}$$
$$(\mathfrak{Ar}\,\mathfrak{Tg}\, x)' = \frac{1}{1 - x^2}, \qquad (\mathfrak{Ar}\,\mathfrak{Ctg}\, x)' = \frac{1}{1 - x^2}. \tag{5}$$
Man gewinnt sie entweder direkt durch Ableiten der Gleichungen (1) bis (4), oder auch auf dem Weg, wie wir in **2.** die Ableitung der Arkusfunktionen gefunden haben. Das soll beispielsweise für $\mathfrak{Ar}\,\mathfrak{Tg}\, x$ gezeigt werden, die übrigen Fälle möge der Studierende selbst erledigen. Nach (3) ist
$$\mathfrak{Ar}\,\mathfrak{Tg}\, x = \frac{1}{2}\left[\ln(1 + x) - \ln(1 - x)\right].$$
Daher ist
$$(\mathfrak{Ar}\,\mathfrak{Tg}\, x)' = \frac{1}{2}\left(\frac{1}{1 + x} + \frac{1}{1 - x}\right) = \frac{1}{1 - x^2}.$$

Andererseits läßt sich $y = \mathfrak{Ar}\,\mathfrak{Tg}\, x$ in der Form $x = \mathfrak{Tg}\, y$ schreiben. Differenziert man letztere Gleichung, so erhält man
$$dx = \frac{1}{\mathfrak{Cof}^2\, y}\, dy,$$
daher
$$\frac{d y}{d x} = \mathfrak{Cof}^2\, y = \frac{\mathfrak{Cof}^2\, y}{\mathfrak{Cof}^2\, y - \mathfrak{Sin}^2\, y} = \frac{1}{1 - \mathfrak{Tg}^2\, y} = \frac{1}{1 - x^2}.$$

5. Übungen. 1. Man leite folgende Funktionen ab:

$$\text{a)}\; y = \arccos(x^n), \qquad\qquad \text{b)}\; y = (\operatorname{arc\,tg} x)^2,$$

$$\text{c)}\; y = \arccos\frac{a}{x}, \qquad\qquad \text{d)}\; y = a \arcsin\frac{x}{a} - \sqrt{a^2 - x^2},$$

$$\text{e)}\; y = 2\sqrt{3}\,\operatorname{arc\,tg}\frac{x}{\sqrt{3}} + \frac{1}{2}\ln(x^2 + 3), \quad \text{f)}\; y = x\,\operatorname{arc\,tg} x - \ln\sqrt{1 + x^2}.$$

$$\text{Lösungen: a)}\; \frac{-n\,x^{n-1}}{\sqrt{1 - x^{2n}}}, \qquad \text{b)}\; \frac{2\,\operatorname{arc\,tg} x}{1 + x^2}, \qquad \text{c)}\; \frac{a}{x\sqrt{x^2 - a^2}},$$

$$\text{d)}\; \sqrt{\frac{a + x}{a - x}}, \qquad \text{e)}\; \frac{x + 6}{x^2 + 3}, \qquad \text{f)}\; \operatorname{arc\,tg} x.$$

2. Bei der Spiegelablesung mit Skala und Fernrohr F wird der Ausschlag x abgelesen, der einer Drehung des Spiegels S um den Winkel φ entspricht (Abb. 163; warum ist dort $\sphericalangle F S A = 2\,\varphi$?). Wie beeinflußt ein kleiner Meßfehler $d\,x = 2\,\text{mm}$ von x den Wert des zu bestimmenden Ausschlagwinkels φ, wenn $a = 2\,\text{m}$ und $x = 250\,\text{mm}$ ist? (Vgl. § 11, 2.)

Lösung: Es ist $\operatorname{tg} 2\varphi = \dfrac{x}{a}$, daher $\varphi = \dfrac{1}{2}\operatorname{arc\,tg}\dfrac{x}{a}$, somit

$$d\varphi = \frac{1}{2}\cdot\frac{a\,dx}{a^2 + x^2} = \frac{1}{2}\cdot\frac{2000\cdot 2}{4062500} = 0{\cdot}000492 = \pm\, 1'\,42''.$$

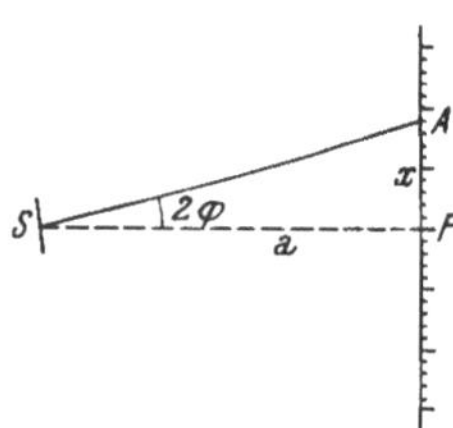

Abb. 163. Spiegelablesung.

Nimmt man die Funktionsdifferenz $\Delta\varphi = \varphi_2 - \varphi_1$ an Stelle des Differentials $d\varphi$, so ist die Rechnung umständlicher. Aus $\operatorname{tg} 2\varphi_1 = \dfrac{250}{2000}$ und $\operatorname{tg} 2\varphi_2 = \dfrac{252}{2000}$ (wenn wir uns auf $d\,x = +2\,\text{mm}$ beschränken) erhält man $\varphi_2 = 3^0\,35'\,26''$ und $\varphi_1 = 3^0\,33'\,45''$, somit $\Delta\varphi = 1'\,41''$. Der prozentuelle Fehler beträgt

$$\frac{100\,d\varphi}{\varphi} \approx \frac{0{\cdot}0492}{0{\cdot}0622} \approx 0{\cdot}8\,\%.$$

3. Die Kurve $y = \mathfrak{Cof}\,x$ ist bezüglich der y-Achse symmetrisch, daher $y = \mathfrak{Ar\,Cof}\,x$ bezüglich der x-Achse. Mithin muß $-\ln(x + \sqrt{x^2 - 1}) = \ln(x - \sqrt{x^2 - 1})$ sein (Gleichung (2), S. 176). Man weise die Richtigkeit dieser Beziehung durch Rechnung nach.

$$\text{Lösung: } -\ln(x + \sqrt{x^2 - 1}) = \ln\frac{1}{x + \sqrt{x^2 - 1}} =$$

$$= \ln\frac{x - \sqrt{x^2 - 1}}{x^2 - (x^2 - 1)} = \ln(x - \sqrt{x^2 - 1}).$$

§ 25. Die Krümmung.

1. Definition. Denkt man sich eine Kurve gleichförmig durchlaufen (gekrümmte Straße), so daß in gleichen Zeiten gleiche Bogenlängen zurückgelegt werden, so wird sich die Richtung mit einer bestimmten Geschwindigkeit ändern, und zwar mit einer um so größeren Geschwindigkeit, je stärker die Kurve gekrümmt ist. *Diese*

Änderungsgeschwindigkeit der Richtung ist das Maß für die Stärke der Krümmung an der betreffenden Stelle.

Die Richtung ist durch den Winkel α angegeben (Abb. 164). Die Änderungsgeschwindigkeit einer Funktion ist nach S. 44 ihre Ableitung nach ihrem Argument. Als dieses könnten wir die Zeit t nehmen, wodurch aber ein Element hinein käme, das rein geometrischen Betrachtungen fremd ist. Nun werden aber nach unserer Annahme in gleichen Zeiten gleiche Bogenlängen beschrieben, so daß wir bei geeigneter Wahl der Maßeinheiten $t = s$ setzen können und damit eine Abhängigkeit des Winkels α von der Bogenlänge s erhalten. Somit kann die Änderungsgeschwindigkeit von α durch $\dfrac{d\alpha}{ds}$ erklärt und die Krümmung k als

$$k = \frac{d\alpha}{ds}$$

definiert werden.

Hat die Kurve die Gleichung $y = f(x)$, so sind α und s zusammengesetzte Funktionen von x. Zunächst folgt aus $y' = \operatorname{tg} \alpha$, daß

$$\alpha = \operatorname{arc\ tg} y',$$

wobei beachtet werden muß, daß y' eine Funktion von x ist. Differenziert man diese Gleichung, so kommt

$$d\alpha = \frac{1}{1 + y'^2} \cdot y'' \, dx.$$

Weiter ist

$$ds = \sqrt{1 + y'^2} \, dx. \qquad \text{(Gl. (*), S. 119.)}$$

Daher wird

$$k = \frac{d\alpha}{ds} = \frac{y''}{(1 + y'^2)^{\frac{3}{2}}}. \tag{1}$$

2. Der Krümmungsradius. Wenden wir die Formel $k = \dfrac{d\alpha}{ds}$ auf den Kreis mit dem Radius ϱ an, so ist $ds = \varrho \, d\alpha$, daher

$$\frac{d\alpha}{ds} = \frac{1}{\varrho}.$$

Die Krümmung des Kreises hat in jedem Punkt denselben Wert und ist dem Radius verkehrt proportional.

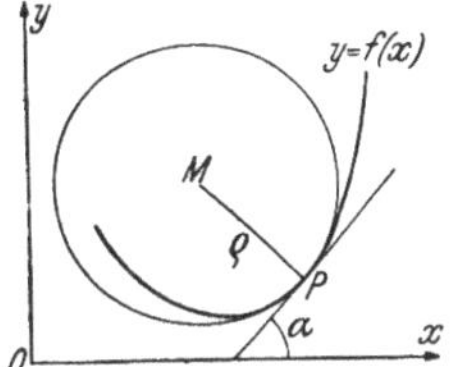

Abb. 164. Der Krümmungskreis einer Kurve.

Zeichnet man nun im Punkte P der Kurve $y = f(x)$ denjenigen Kreis, der die Kurve in P berührt und dessen Krümmung genau so groß ist wie die Krümmung der Kurve an dieser Stelle, so wird sich dieser Kreis besonders gut an die Kurve anschmiegen. Er heißt deshalb *Schmiegungskreis* oder *Krümmungskreis*; sein Radius ϱ, der *Krümmungsradius der Kurve*, ist nach dem Obigen gleich $\frac{1}{k}$, d. h.

$$\boxed{\varrho = \frac{(1 + y'^2)^{\frac{3}{2}}}{y''}} \,. \tag{2}$$

Der Krümmungskreis berührt und schneidet gleichzeitig die Kurve in P, denn wenn deren Krümmung z. B. wie in Abb. 164 in der Umgebung von P von links nach rechts stetig abnimmt, so muß sie links von P innerhalb, rechts davon·außerhalb des Kreises verlaufen. Nur wenn P ein *Scheitelpunkt* der Kurve ist, wo die Krümmung beiderseits entweder nur zu- oder nur abnimmt, findet kein Schneiden statt.

Nähert sich y'' beim Heranrücken an eine bestimmte Stelle dem Wert Null, so wird ϱ immer größer, im Grenzfall wird der Kreis zu einer Geraden. Ein solcher Punkt heißt Wendepunkt, die Bedingung $y'' = 0$ wurde schon in § 9, 2. abgeleitet. Für sehr flache Kurven, deren Tangentenrichtung nur wenig von der Horizontalen abweicht, kann $y'^2 = \operatorname{tg}^2 \alpha$ wegen seiner Kleinheit vernachlässigt werden, so daß in solchen Fällen die Formel

$$\varrho \approx \frac{1}{y''}$$

ausreicht.

3. Beispiele. 1. Es soll der Krümmungsradius in den Scheiteln der Ellipse $b^2 x^2 + a^2 y^2 = a^2 b^2$ berechnet werden.

Zunächst sind y' und y'' zu bilden. Aus

$$b^2 x \, dx + a^2 y \, dy = 0$$

erhält man

$$y' = - \frac{b^2 x}{a^2 y}$$

und durch Ableitung dieser Gleichung

$$y'' = - \frac{b^2}{a^2} \cdot \frac{y - x y'}{y^2} \,.$$

Hier ist für y' der obige Wert einzusetzen, womit sich ergibt

$$y'' = - \frac{b^2}{a^2 y^2} \left(y + \frac{b^2 x^2}{a^2 y} \right) = - \frac{b^2}{a^2 y^2} \cdot \frac{a^2 y^2 + b^2 x^2}{a^2 y} = - \frac{b^4}{a^2 y^3} ,$$

da $a^2 y^2 + b^2 x^2 = a^2 b^2$ ist.

Der Krümmungsradius ϱ nimmt für einen beliebigen Punkt $P(x, y)$ somit den Wert an

$$\varrho = \left(1 + \frac{b^4}{a^4} \cdot \frac{x^2}{y^2}\right)^{\frac{3}{2}} \cdot \frac{a^2 y^3}{b^4}.$$

Das negative Vorzeichen von y'' wurde unterdrückt, weil uns nur der absolute Wert von ϱ interessiert. Bringt man nun den Klammerausdruck auf gleichen Nenner und potenziert diesen aus, so wird

$$\varrho = \frac{(a^4 y^2 + b^4 x^2)^{\frac{3}{2}}}{a^6 y^3} \cdot \frac{a^2 y^3}{b^4} = \frac{(a^4 y^2 + b^4 x^2)^{\frac{3}{2}}}{a^4 b^4}.$$

Für den Scheitel $B(a, 0)$ ist $\varrho_B = \dfrac{(a^2 b^4)^{\frac{3}{2}}}{a^4 b^4} = \dfrac{b^2}{a}$,

für den Scheitel $C(0, b)$ ist $\varrho_C = \dfrac{(a^4 b^2)^{\frac{3}{2}}}{a^4 b^4} = \dfrac{a^2}{b}$.

Die Konstruktion der *Krümmungsmittelpunkte* M und N zeigt Abb. 165, die sich aus den gefundenen Werten von ϱ_B und ϱ_C mit Hilfe ähnlicher Dreiecke leicht beweisen läßt.

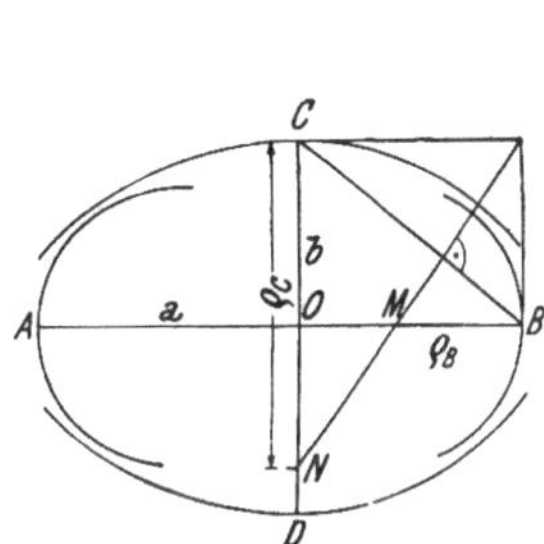

Abb. 165. Scheitelkrümmungs-
kreise der Ellipse.

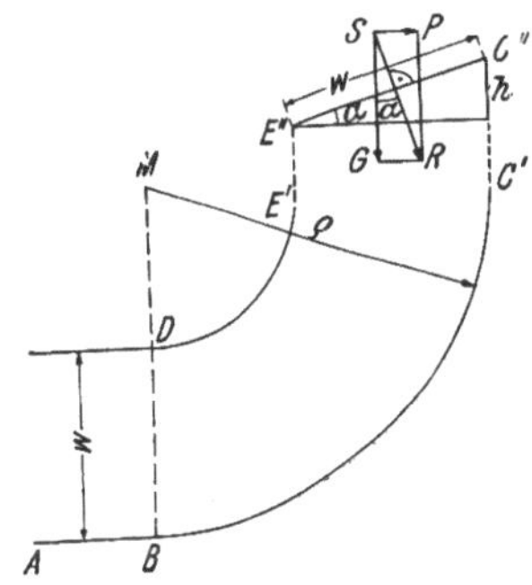

Abb. 166. Schematische Darstellung eines gekrümmten Schienen-
weges. Der vertikale Schnitt EC
ist im Aufriß hinzugefügt.

2. Ist der Schienenweg einer Eisenbahn gekrümmt, so wird die äußere Schiene BC' gegenüber der inneren um den Betrag h überhöht, um den Druck auf beide gleichmäßig zu verteilen (Entgleisungsgefahr), und zwar entnimmt man der schematischen Abb. 166, daß

$$\sin \alpha = \frac{h}{w}, \tag{1}$$

wenn w die Spurbreite $\overline{E''C''}$ bedeutet. Ist ferner S der Schwerpunkt eines Eisenbahnwagens, so greifen dort das Gewicht $\overrightarrow{SG}$ des Wagens und die Fliehkraft $\overrightarrow{SP}$ an, deren Resultierende $\overrightarrow{SR}$ auf $E''C''$ senkrecht stehen soll, woraus sich

$$\operatorname{tg}\alpha = \frac{\overline{SP}}{\overline{SG}} \tag{2}$$

ergibt.

Wäre der gekrümmte Teil ein Kreisbogen mit dem Radius ϱ und wird er mit der (höchsten) Geschwindigkeit v durchfahren, so ist die Fliehkraft $\overline{SP} = \dfrac{m\,v^2}{\varrho}$, das Gewicht $\overline{SG} = mg$, so daß (2) übergeht in

$$\operatorname{tg}\alpha = \frac{v^2}{\varrho\,g} \approx \sin\alpha.$$

(Für kleine Winkel ist $\operatorname{tg}\alpha \approx \sin\alpha$).

Setzt man diesen Wert in (1) ein, so erhält man

$$h = \frac{w\,v^2}{\varrho\,g}. \tag{3}$$

Würde man an die geradlinige Schiene AB unmittelbar die gekrümmte mit dem Radius ϱ ansetzen, so müßte die äußere Schiene bei B eine Stufe aufweisen[1]. Es muß daher (Abb. 167) zwischen der geradlinig verlaufenden Schiene AO und der kreisförmig gebogenen BC mit dem Radius r ein *Übergangsbogen* $\overset{\frown}{OB}$ eingeschaltet werden, bei welchem die Krümmung von 0 bis $\dfrac{1}{r}$ stetig zunimmt, um ein gleichmäßiges Ansteigen der Überhöhung von 0 bis zu derjenigen Überhöhung zu erzielen, die nach (3)

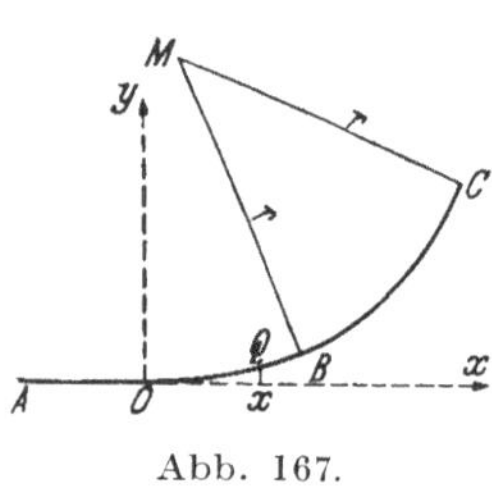

Abb. 167.

dem Wert $\dfrac{w\,v^2}{g\,r}$ entspricht und die wir mit H bezeichnen wollen. Es muß also längs dieses Übergangsbogens der Krümmungsradius ϱ von ∞ bis r abnehmen.

Wie lautet nun die Gleichung des Übergangsbogens für das in Abb. 167 angedeutete Achsenkreuz?

Sei Q ein Punkt der gesuchten Kurve mit den Koordinaten (x, y), so verhält sich bei gleichmäßigem Anstieg die Überhöhung h an dieser Stelle zur Überhöhung H an der Stelle B wie der Bogen $\overset{\frown}{OQ}$ zur Gesamtlänge l des Bogens $\overset{\frown}{OB}$; ersetzt man mit Rücksicht auf die schwache Krümmung des Übergangsbogens, $\overset{\frown}{OQ}$ angenähert durch x, so ergibt sich die Proportion

$$h : H = x : l,$$

---

[1] Die Linie ABC' ist zwar stetig in bezug auf ihre Punkte und ihre Tangenten, aber unstetig in bezug auf die Krümmung.

woraus

$$h = \frac{H}{l} \cdot x \tag{4}$$

folgt.

Für die Gleichung (3) brauchen wir aber noch den Ausdruck für den Krümmungsradius ϱ an der Stelle Q; er lautet

$$\varrho = \frac{(1 + y'^2)^{\frac{3}{2}}}{y''},$$

worin y' und y'' die Ableitungen der gesuchten Ordinate von Q bedeuten; y' kann vernachlässigt werden, weil die Neigungswinkel der Tangenten an die Übergangskurve gegen die x-Achse sehr klein sind, so daß $\varrho \approx \dfrac{1}{y''}$.

Setzt man diesen und den Wert von h aus (4) in (3) ein, so ergibt sich

$$\frac{H}{l} x = \frac{w\,v^2}{g} \cdot y'',$$

oder für $\dfrac{g\,H}{l\,w\,v^2} = \dfrac{1}{l\,r} = a$:

$$y'' = ax.$$

Wir haben für die Übergangskurve eine Differentialgleichung zweiter Ordnung erhalten. Nach einmaliger Integration findet man

$$y' = \frac{ax^2}{2} + C_1.$$

Für $x = 0$ ist auch $y' = 0$, daher $C_1 = 0$.

Eine zweite Integration liefert

$$y = \frac{a}{6} \cdot x^3,$$

da auch hier die Integrationskonstante verschwinden muß, weil $x = 0$ und $y = 0$ zusammengehören.

Damit ist die Gleichung des Übergangsbogens gefunden, er ist eine kubische Parabel. In einem konkreten Fall ist a aus $a = \dfrac{1}{l\,r}$ zu berechnen (l ist genormt); die kubische Parabel läßt sich dann mit Hilfe ihrer Gleichung leicht abstecken.

4. Übungen. 1. Man berechne den Krümmungsradius in den Scheiteln der Hyperbel $b^2\,x^2 - a^2\,y^2 = a^2\,b^2$ und beweise folgende Konstruktion des Krümmungsmittelpunktes: Errichtet man im Schnittpunkt der Scheiteltangente mit einer Asymptote auf letztere das Lot, so ist der Schnittpunkt dieses Lotes mit der verlängerten Hauptachse der Krümmungsmittelpunkt.

Lösung: $\varrho = \dfrac{b^2}{a}$.

2. Man zeige, daß der Krümmungsmittelpunkt für den Scheitel der Parabel $y = a\,x^2$ die doppelte Entfernung des Brennpunktes vom Scheitel besitzt. Man berechne den Krümmungsradius und konstruiere den Krümmungskreis für den Punkt P (2, 1) der Parabel $y = \frac{1}{4} x^2$.

Lösung: $\varrho = 5{\cdot}656$.

3. Gesucht die Koordinaten des Krümmungsmittelpunktes für den Scheitel der Kettenlinie $y = m\,\mathfrak{Cof}\,\dfrac{x}{m}$. Wie lautet die Gleichung jener Parabel mit demselben Scheitel und demselben Krümmungsmittelpunkt?

Lösung: $M\,(0,\,2\,m)$; $y = \dfrac{x^2}{2\,m} + m$.

4. Die Entfernung der beiden gleich hohen Aufhängepunkte einer Kettenlinie sei $2\,l$, ihre Pfeilhöhe $f = \dfrac{1}{4}\,l$ (vgl. das Beispiel in § 16, 3., S. 119). Wie groß ist m in der Gleichung der Kettenlinie und um wieviel weicht die Ersatzparabel der vorigen Übung an den Abszissen der Aufhängepunkte von der Kettenlinie ab?

Lösung: Wir schreiben die Gleichung der Kettenlinie in der Form $\dfrac{y}{m} = \mathfrak{Cof}\,\dfrac{m}{x}$ und setzen

$$\frac{y}{m} = \overline{y}, \qquad \frac{x}{m} = \overline{x}. \tag{1}$$

Die Kettenlinie $\overline{y} = \mathfrak{Cof}\,\overline{x}$ ist der gesuchten ähnlich mit $(0,0)$ als Ähnlichkeitszentrum. Wir ermitteln auf ihr jenen Punkt $\overline{P}\,(\overline{x},\,\overline{y})$, für welchen $\overline{y} = 1 + \dfrac{1}{4}\,\overline{x}$ wird, d. h., wir haben die Gleichung zu lösen

$$\mathfrak{Cof}\,\overline{x} - 1 = \frac{1}{4}\,\overline{x},$$

was am einfachsten mit Hilfe einer Tabelle der Hyperbelfunktionen geschieht.[1] Wir finden angenähert

$$\overline{x} = 0{\cdot}49.$$

Kehren wir wieder zur ursprünglichen Kettenlinie zurück, so ist für $x = l$ auf Grund von (1)

$$\frac{l}{m} = 0{\cdot}49 \quad \text{oder} \quad m = \frac{l}{0{\cdot}49}.$$

An der Stelle l hat der Aufhängepunkt der Kettenlinie die Ordinate $y_K = m + \dfrac{l}{4}$, der Punkt auf der Parabel die Ordinate $y_P = m + \dfrac{l^2}{2\,m}$. Die Differenz beträgt hiemit

$$\frac{l}{4} - \frac{l^2}{2m} = \frac{l}{4} - \frac{0{\cdot}49\,l}{2} = 0{\cdot}005\,l.$$

Wie wir später sehen werden, nimmt dieser Unterschied rasch ab, wenn m größer wird.

5. Welcher Punkt der Kurve $y = \ln x$ besitzt den kleinsten Krümmungsradius?

---

[1] Z. B. *A. Velten*, Mathem.-techn. Zahlentafeln, Springer-Verlag, 1945 oder *Jelinek*, 5-stellige Tafeln, Hölder-Pichler-Tempsky 1946.

Lösung: Soll $\varrho = \dfrac{(1 + x^2)^{\frac{3}{2}}}{x}$ ein Minimum werden, so muß

$$\frac{d\varrho}{dx} = \frac{(2\,x^2 - 1)\sqrt{1 + x^2}}{x^2}$$

verschwinden. Der gesuchte Punkt hat die Koordinaten $\left(\dfrac{1}{\sqrt{2}}, \; -\dfrac{1}{2}\ln 2\right)$ und

zwar wird $\varrho_{min} = \dfrac{3}{2}\sqrt{3} = 2{\cdot}6$.

6. Wird ein auf einer kreisförmigen Spule vom Radius a aufgewickelter Faden abgewickelt, so beschreibt das Ende A des undehnbaren und fortwährend gespannten Fadens eine *Kreisevolvente* (Abb. 168). Das Fadenstück $\overline{QP}$, das auf dem Bogen $\overset{\frown}{QA}$ aufgewickelt war, hat die Länge $a\,\varphi$. Man zeige, daß P die Koordinaten

$$x = a \cos \varphi + a\,\varphi \sin \varphi$$
$$y = a \sin \varphi - a\,\varphi \cos \varphi$$

besitzt und daß Q der Krümmungsmittelpunkt für P ist.

Lösung: Die obigen Gleichungen ergeben sich unmittelbar aus der Figur. Aus ihnen folgt:

$$dy = a\,\varphi \sin \varphi\,d\varphi$$
$$dx = a\,\varphi \cos \varphi\,d\varphi. \qquad (1)$$

Daher $y' = \operatorname{tg} \varphi$, womit gezeigt ist, daß die Tangente in P parallel OQ ist. Leiten wir diese Gleichung mit Hilfe der Kettenregel nach x ab, so erhalten wir

$$y'' = \frac{1}{\cos^2 \varphi} \cdot \frac{d\varphi}{dx};$$

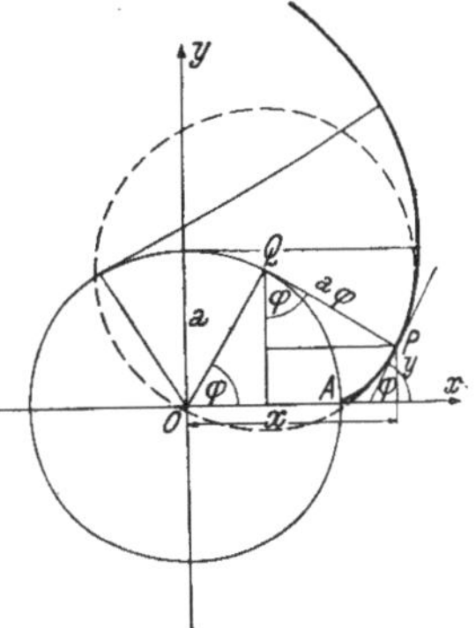

Abb. 168. Die Kreisevolvente.

$\dfrac{d\varphi}{dx}$ kann aus der zweiten Gleichung (1) berechnet und eingesetzt werden, womit

$$y'' = \frac{1}{a\,\varphi \cos^3 \varphi}$$

wird. Daher ist

$$\varrho = (1 + \operatorname{tg}^2 \varphi)^{\frac{3}{2}} \cdot a\,\varphi \cos^3 \varphi = \frac{1}{\cos^3 \varphi} \cdot a\,\varphi \cos^3 \varphi = a\,\varphi.$$

7. Man zeige, daß bei der Zykloide der Krümmungsradius doppelt so groß ist wie die Länge der Normalen vom Kurvenpunkt bis zum Schnittpunkt mit der x-Achse (vgl. § 20, Übung 7.).

Lösung:

$$\frac{dy}{dx} = \frac{\sin \varphi}{1 - \cos \varphi} = \frac{2 \sin \dfrac{\varphi}{2} \cos \dfrac{\varphi}{2}}{2 \sin^2 \dfrac{\varphi}{2}} = \operatorname{ctg} \frac{\varphi}{2}.$$

Die Weiterrechnung ist einfach und ergibt schließlich $\left(y'' = -\dfrac{1}{2 \sin^2 \dfrac{\varphi}{2}} \cdot \dfrac{d\varphi}{dx}\right)$

$$\varrho = 4\,a \sin \frac{\varphi}{2}.$$

Für den Scheitel ist $\varrho_s = 4\,a$ (Abb. 95).

§ 26. Funktionen von zwei Veränderlichen.

1. Definition. In § 1 betrachteten wir als erstes Beispiel die Funktionalgleichung

$$N = R\,I^2,$$

die bei konstantem Widerstand R die Leistung N als Funktion der Stromstärke I definiert. Wenn nun aber R ebenfalls veränderlich ist, *so erklärt man N als Funktion von zwei Veränderlichen*, nämlich R und I.

Wir nennen einige andere Beispiele:

Der Druck p eines idealen Gases ist eine Funktion des Volumens V und der absoluten Temperatur T:

$$p = \frac{R\,T}{V} \qquad (R = \text{Gaskonstante});$$

die Wucht W eines bewegten Körpers ist eine Funktion seiner Masse m und seiner Geschwindigkeit v:

$$W = \frac{1}{2}\,m\,v^2;$$

die Oberfläche O eines Zylinders ist eine Funktion des Radius r und der Höhe h:

$$O = 2\,r^2\,\pi + 2\,\pi\,r\,h \qquad \text{usw.}$$

Schon diese wenigen Beispiele lassen erkennen, daß derartige Funktionen keineswegs selten auftreten, und daß es daher notwendig sein wird, sich wenigstens mit den grundlegenden Begriffen vertraut zu machen[1].

Wir gehen am besten von einem Beispiel aus, etwa

$$z = \sqrt{x^2 + y^2}. \tag{1}$$

Die Größen x und y heißen die *unabhängigen Veränderlichen* und können jeden beliebigen Wert annehmen. Irgend einen Wert x_1 von x und einen ganz beliebigen Wert y_1 von y fassen wir zu einem Wertepaar (x_1, y_1) zusammen. Auf Grund der Gleichung (1) gehört zu jedem solchen Wertepaar ein ganz bestimmter Wert von z, denn wir bleiben bei unserer Verabredung, der Wurzel nur das positive Vorzeichen zu erteilen; wir nennen (1) wieder eine Funktionalgleichung, die z als Funktion von x und y bestimmt.

Allgemein definiert jede Gleichung von der Form

$$z = F(x, y),$$

---

[1] Eingehend werden diese Funktionen sowie die Funktionen von mehr als zwei Veränderlichen in den ausführlicheren Lehrbüchern, von welchen einige am Schlusse genannt werden, behandelt.

aus welcher sich zu jedem Wertepaar (x, y) ein zugehöriger Wert von z ergibt, z als Funktion von x und y.

2. Darstellung durch eine Fläche. Wir haben in den einleitenden Paragraphen die Darstellung einer Funktion von einer Variablen durch eine Kurve kennen gelernt und fragen, ob eine analcge geometrische Darstellung auch bei Funktionen von zwei Veränderlichen möglich ist. Wir können diese Frage bejahen und auf folgende Weise zu einer groben Versinnbildlichung gelangen. Wir denken uns in der waagrechten x, y-Ebene eine Unzahl von Wertepaaren (x, y) durch dicht nebeneinander liegende Punkte mit den Koordinaten (x, y) dargestellt und in jedem Punkt ein vertikales Stäbchen befestigt, dessen Länge dem jeweiligen Wert von z gleichkommt. Wenn $z = F(x, y)$ *stetig* ist, d. h. wenn kleinen Änderungen von x und y auch kleine Änderungen von z entsprechen (vgl. § 1, 2.), so werden benachbarte Stäbchen nur kleine Längenunterschiede aufweisen. Breiten wir nun über diese Stäbchen ein Tuch, so daß es überall auf deren Endpunkten aufliegt, so nimmt dieses Tuch im allgemeinen die Form einer gekrümmten Fläche an.

Verfeinern wir nun diese Versinnbildlichung und drücken uns dabei geometrisch aus, so kommen wir zu folgendem Ergebnis: *Jedem Wertetripel (x, y, z) entspricht in einem räumlichen von drei aufeinander senkrecht stehenden Achsen gebildeten Achsenkreuz (Abb. 169) ein Punkt P mit den Koordinaten (x, y, z). Ist z eine Funktion von x und y, so erfüllen sämtliche Punkte P eine Fläche.* Dabei verwenden wir ein *rechtshändiges* Achsenkreuz, bei welchem die positive x-, y- und z-Achse der Reihe nach durch Daumen, Zeige- und Mittelfinger der rechten Hand dargestellt werden können.

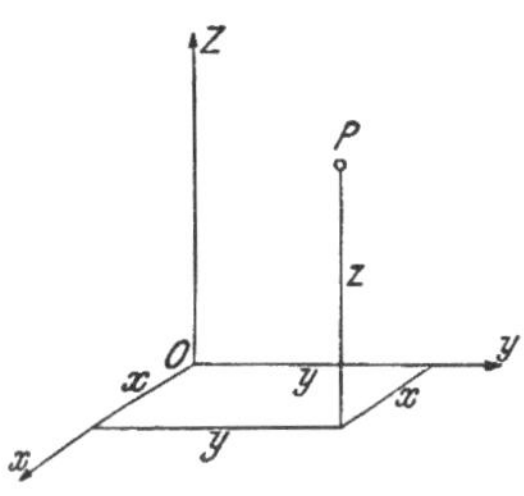

Abb. 169. Rechtshändiges Achsenkreuz.

Wollten wir zu Gleichung (1) nach dem eben geschilderten Verfahren in Gedanken die zugehörige Fläche konstruieren, so würden wir nur mühselig zu einer Vorstellung von ihr gelangen; wir schlagen daher einen anderen Weg ein. Wir nehmen eine Reihe von z-Werten, $z = 1, 2, 3 \ldots$, an. Jedem solchen z-Wert entspricht eine Ebene parallel zur x, y-Ebene im Abstande $1, 2, 3 \ldots$ von ihr. Wir kehren nun gewissermaßen das anfänglich geschilderte Verfahren um, indem wir nicht zu beliebigen Wertepaaren (x, y) das zugehörige z

suchen, sondern die Gesamtheit aller Wertepaare (x, y) zu erfassen trachten, die zunächst den Wert $z = 1$ ergeben. Diesen Wertepaaren entsprechen die Punkte eines Kreises, und zwar

$$x^2 + y^2 = 1.$$

Ebenso erhalten wir für den nächsten Wert $z = 2$ den Kreis

$$x^2 + y^2 = 2^2,$$

für $z = 3$ den Kreis

$$x^2 + y^2 = 3^2 \quad \text{usw.}$$

Diese Kreise sind aber nichts anderes als die Schnitte der horizontalen Ebenen $z = 1, 2, 3 \ldots$ mit unserer gesuchten Fläche. Nehmen wir schließlich noch $z = 0$ hinzu, so gibt es nur das eine Wertepaar $(0,0)$, das der Gleichung $x^2 + y^2 = 0$ genügt.

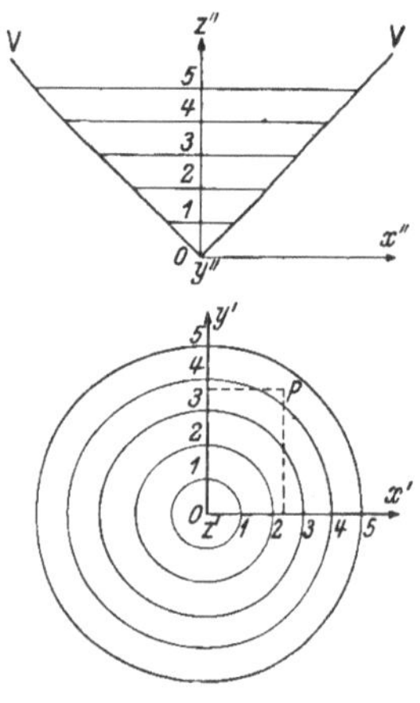

Abb. 170. Darstellung der Fläche $z = \sqrt{x^2 + y^2}$ mittels ihrer Schichtenlinien.

Diese Kreise sind in Abb. 170 im Grund- und Aufriß gezeichnet und mit der Länge ihrer Radien, die zugleich die Höhenlage angibt, beschrieben. Die Fläche wird leicht als Drehkegel erkannt, dessen Erzeugende unter 45^0 zur Horizontalen geneigt sind.

Im allgemeinen Fall

$$z = F(x, y)$$

können wir genau so vorgehen. Einem bestimmten Wert von z, etwa $z = 5$, entspricht eine in der Ebene $z = 5$ gelegenen Kurve mit der impliziten Gleichung

$$F(x, y) = 5.$$

Wir gelangen auf diesem Weg zu einer bequemen Darstellung der Fläche $z = F(x, y)$ mit Hilfe ihrer *Schichtelinien*, wie sie bei Landkarten üblich ist (Abb. 171).

3. Darstellung durch eine Kurvenschar. Netztafeln. Projizieren wir diese Schichtenlinien auf die x, y-Ebene, so erhalten wir eine Schar von Kurven, die ebenfalls als Darstellung der Funktion $z = F(x, y)$ aufgefaßt werden kann. Jede einzelne Kurve entspricht einem bestimmten z-Wert, der zur Kurve dazu geschrieben wird. Die Punkte der betreffenden Kurve sind die Bilder sämtlicher Wertepaare (x, y), die den konstanten z-Wert ergeben. So ist im Grundriß der Abb. 170 die Funktion $z = \sqrt{x^2 + y^2}$ durch eine Schar konzentrischer Kreise dargestellt.

Praktische Bedeutung gewinnt diese Darstellung durch die Möglichkeit, mit ihrer Hilfe die Ergebnisse gewisser Rechenoperationen unmittelbar ablesen zu können. Abb. 170 liefert z. B. für $x = 2\cdot4$ und $y = 3\cdot7$ den Punkt P, der zwischen $z = 4$ und $z = 5$ liegt, so daß durch Schätzung $\sqrt{2\cdot4^2 + 3\cdot7^2} = 4\cdot4$ gefunden wird. Zur bequemeren Benutzung einer solchen graphischen Rechentafel (eines sogenannten *Nomogramms*) zeichnet man außer den Kurven $z =$ konst. auch die Geradenschar $x =$ konst. und $y =$ konst., so daß ein ganzes *Netz* von Kurven ent-

steht (*Netztafel*). So ergibt die Schar gleich-
seitiger Hyperbeln

$$z = x\,y$$

für eine Reihe gewählter z-Werte auf Millimeter-papier gezeichnet eine Netztafel, die für Multi-plikationen und Divi-sionen brauchbar ist. Wir wollen einige angewandte Beispiele für Netztafeln bringen.

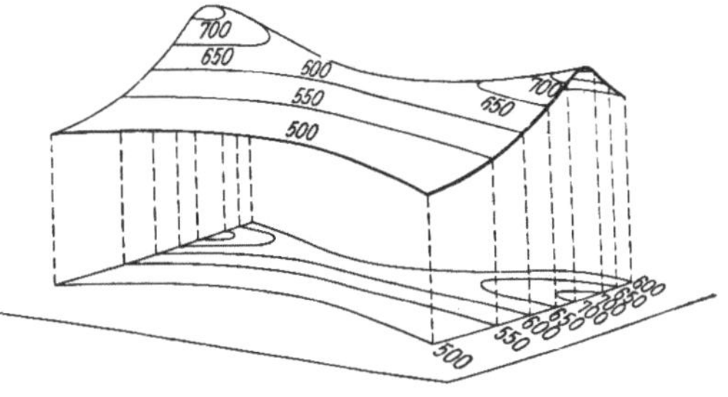

Abb. 171. Geländefläche mit Schichtenlinien.

4. Beispiele. 1. Nach dem Gesetz für ideale Gase besteht die Gleichung

$$pV = RT. \tag{1}$$

Wir wollen eine Netztafel anfertigen, die uns gestattet; für je 1 Mol eines beliebigen idealen Gases die zusammengehörigen Werte von Druck p in technischen Atmosphären (kg/cm²), Volumen V in Litern (dm³) und Temperatur in C⁰ abzulesen.

Unter einem *Mol* versteht man jene Gasmenge, deren Masse in g dem sogenannten *Molekulargewicht* des betreffenden Gases gleich-kommt. Nun nimmt 1 Mol eines idealen Gases bei einem Druck von $1\cdot033$ kg/cm² und 0^0 C $(T = 273^0)$ einen Raum von $22\cdot41$ dm³ ein. Aus diesen Angaben läßt sich die Gaskonstante R für dieses Maßsystem aus (1) berechnen:

$$R = \frac{1\cdot033\,.\,22\cdot41}{273} = 0\cdot0848.$$

Durch Einsetzen verschiedener Werte von T (in der Figur in C⁰ eingetragen) ergeben sich dann leicht die in Abb. 172 gezeichneten Hyperbeln. Man findet aus der Tafel z. B. aus $p = 1\cdot8$ at und $V = 25\,l$ den Punkt A und schließt aus seiner Lage auf eine Temperatur von 260^0 C. Oder aus $V = 17\,l$, $\vartheta = -\,125^0$ C findet man mit Hilfe des Punktes B für p den Wert 0.74 at.

Hätte man die Zustandsgleichung vorerst logarithmiert:

$$\lg p + \lg V = \lg (RT),$$

so hätten sich die gleichseitigen Hyperbeln auf ganzlogarithmischem Papier zu Geraden unter -45^0 gestreckt (§ 5, 2.). Von dieser Vereinfachung wollen wir beim folgenden Beispiel Gebrauch machen.

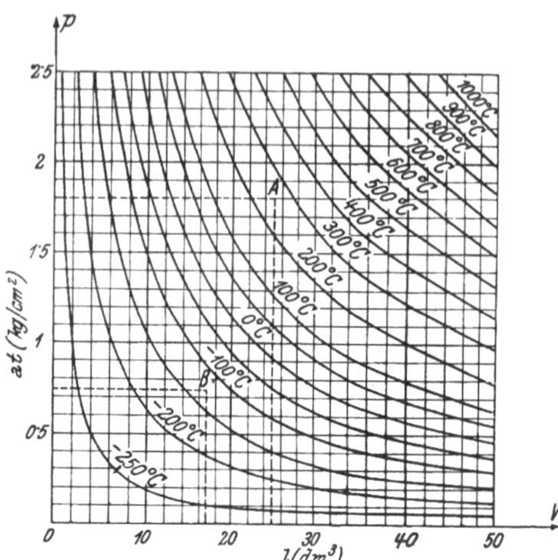

Abb. 172. Netztafel für das Gasgesetz: $pV = RT$.

2. Die Spindel einer Drehbank gestatte folgende minutlichen Drehzahlen: (Üb. **5**, S. 30):

$$n = 20,\ \ 27.5,\ \ 37.5,\ \ 51.5,\ 70.5, 96.5, 132, 181, 248, 340.$$

Ist s der *Vorschub* in mm je Umdrehung und t die *Laufzeit* für 10 mm Drehlänge in Minuten, so ist ns die *Vorschubgeschwindigkeit* in mm/Min und daher

$$nst = 10 \quad \text{oder} \quad st = \frac{10}{n}.$$

Logarithmieren wir diese Gleichung, so erhalten wir

$$\lg t = -\lg s + \lg \frac{10}{n}.$$

Diese Gleichung ergibt auf doppelt logarithmischem Papier für jeden der oben genannten Werte von n eine Gerade unter 135^0, die alle gleichen Abstand voneinander haben. (Warum?) Aus Abb. 173 kann man sofort z. B. für $s = 2.5$ mm/Umdr.

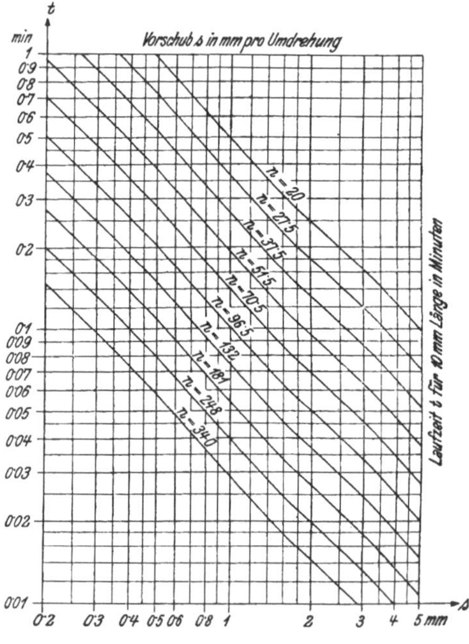

Abb. 173. Netztafel für den Zusammenhang von Vorschub s, Laufzeit t und Drehzahl n.

und $n = 20$, $27\cdot5$ ..... die zugehörigen Laufzeiten

$$t = 0\cdot2,\ 0\cdot145,\ 0\cdot107,\ 0\cdot077 \ldots \text{Minuten ablesen.}$$

3. Die **Auflösung der kubischen Gleichung**

$$z^3 + a\,z + b = 0, \tag{2}$$

die wir schon in § 3, 4., besprochen haben, kann auch mit Hilfe einer Netztafel erfolgen. Gleichung (2) definiert z als Funktion der Koeffizienten a und b, wenn sie auch nicht in expliziter Form gegeben ist. Denn zu jedem Wert von a und b gehört ein Wert von z, nämlich die reelle Wurzel von (2), wenn sie nur eine solche besitzt. Wir werden aber sehen, daß im Falle von drei reellen Wurzeln alle aus dem Nomogramm erhalten werden können. Deutet man a und b als Abszisse und Ordinate eines Punktes, so entspricht jedem Wert von z vermöge (2) die Gerade

$$b = -z\,a - z^3.$$

In Abb. 174 sind für $z = 0$, $\pm 0\cdot1$, $\pm 0\cdot2 \ldots \pm 1\cdot5$ die zugehörigen Geraden innerhalb des Quadrates eingezeichnet und mit den betreffenden z-Werten

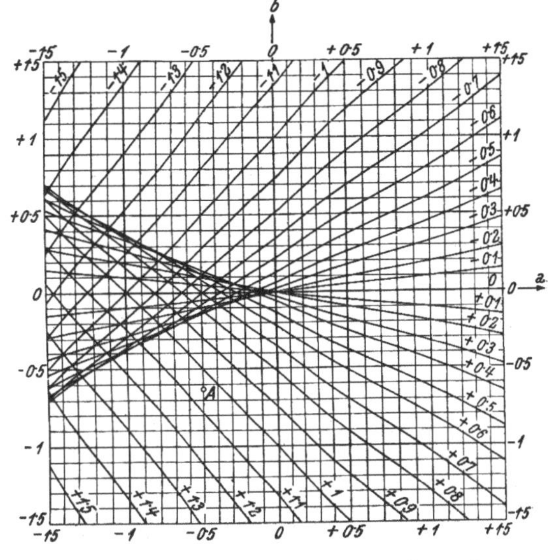

Abb. 174. Netztafel zur Ermittlung der reellen Wurzeln einer kubischen Gleichung.

beschrieben. Trägt man in das Nomogramm für eine gegebene kubische Gleichung, in welcher die Koeffizienten a und b bekannt sind, den Punkt (a, b) ein, so kann man aus seiner Lage den zugehörigen Wert von z ablesen oder zumindest abschätzen.

Käme der Punkt (a, b) außerhalb des Quadrates zu liegen, so setzt man

$$z = k\,\overline{z},$$

wodurch (2) übergeht in

$$k^3\,\overline{z}^3 + a\,k\,\overline{z} + b = 0$$

oder

$$\overline{z}^3 + \frac{a}{k^2}\,\overline{z} + \frac{b}{k^3} = 0. \tag{3}$$

Man findet leicht einen brauchbaren Wert von k, so daß $\left|\dfrac{a}{k^2}\right|$ und $\left|\dfrac{b}{k^3}\right| < 1{\cdot}5$ werden. Dann erhält man mittels der Netztafel die Lösung $\bar{z}$ der Gleichung (3) und daraus z, indem man $\bar{z}$ mit k multipliziert.

Es sei z. B. $z^3 - 2z - 5 = 0$ gegeben (Üb. **9**, S. 18). Wir setzen $z = 2\,\bar{z}$ und erhalten

$$\bar{z}^3 - 0{\cdot}5\,\bar{z} - 0{\cdot}625 = 0.$$

Der Punkt A ($-0{\cdot}5$, $-0{\cdot}625$) liegt in der Mitte zwischen $z = 1$ und $z = 1{\cdot}1$. Mithin ist

$$\bar{z} = 1{\cdot}05 \text{ und } z = 2{\cdot}1.$$

Fällt der Punkt (a, b) innerhalb der dreiecksförmigen Fläche in der linken Hälfte des Nomogramms, wo sich in jedem Punkt drei z-Geraden schneiden, so hat die kubische Gleichung drei reelle Wurzeln. So führt die Gleichung

$$z^3 - 21z - 20 = 0$$

mittels

$$z = 5\,\bar{z}$$

auf

$$\bar{z}^3 - 0{\cdot}84\,\bar{z} - 0{\cdot}16 = 0$$

und der Punkt ($-0{\cdot}84$, $-0{\cdot}16$) fällt in den Schnittpunkt der z-Geraden $-0{\cdot}2$, $-0{\cdot}8$, $+1$, so daß

$$z_1 = -1,\; z_2 = -4,\; z_3 = 5 \text{ ist.}$$

5. Fluchtentafeln. Übersichtlicher im Gebrauch als die Netztafeln sind die *Leitertafeln*, das sind Nomogramme, die mit Hilfe von Funktionsleitern hergestellt werden (§ 1, 1.). Wir müssen uns bei ihrer Besprechung ebenso wie bei den Netztafeln mit der Darlegung einiger Grundgedanken begnügen, denn die Nomographie ist heute schon so weit entwickelt, daß sie eine umfangreiche Spezialliteratur umfaßt[1]. Wir beschränken uns auf den Fall von drei Funktionsleitern, die sich in einem Punkt schneiden und beginnen mit drei parallelen Leitern, bei welchen also der gemeinsame Schnittpunkt unendlich fern liegt.

Am häufigsten werden logarithmische Teilungen auf drei parallelen Trägern verwendet, die gleich weit voneinander abstehen.

---

[1] Als erste Einführung sei empfohlen: *Luckey*, Einführung in die Nomographie, Teubners math. phys. Bibliothek, Bd. **37**, oder *Pirani-Runge*, Graph. Darst. in Wissenschaft u. Technik, Samml. Göschen, Bd. **728**; in beiden ist weitere Literatur angegeben.

Die auf ihnen befindlichen Funktionsleitern mögen die Funktionen

$$u = \lg x, \quad v = \lg y, \quad w = \lg z$$

darstellen (Abb. 175). Die drei Marken x, y, z haben von den mit 1 bezifferten Anfangspunkten A, B, C, die in einer Geraden liegen, die Entfernungen $\lg x$, $\lg y$, $\lg z$. Wählen wir die drei Marken so aus, daß sie ebenfalls auf einer Geraden oder „in einer Flucht" liegen (daher der Name *Fluchtentafeln* oder *Fluchtlinientafeln*), so wird zwischen den drei Zahlen x, y und z eine Beziehung bestehen, wodurch z als Funktion von x und y erscheint. Diese Beziehung ergibt sich sehr leicht aus dem Satz, daß die Mittellinie eines Trapezes das arithmetische Mittel der beiden Parallelseiten ist, mit

$$\lg z = \frac{1}{2}(\lg x + \lg y)$$

oder

$$\lg z = \lg (x\,y)^{\frac{1}{2}}$$

und schließlich

$$z = \sqrt{x\,y}.$$

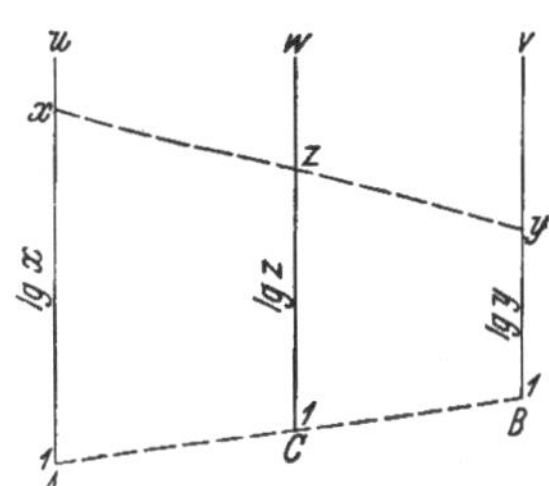

Abb. 175. Fluchtentafel für $z = \sqrt{x\,y}$.

Aus einer solchen Fluchttafel kann man also mittels eines „Weisers" $x\,y\,z$ (Lineal, gespannter Faden, Gerade auf einem Blatt Pauspapier usw.) das geometrische Mittel $\sqrt{x\,y}$ von zwei Zahlen x und y ermitteln. Das Nomogramm stellt aber nicht nur die Funktion $\sqrt{x\,y}$, sondern auch die Funktion $\dfrac{z^2}{x}$ dar, wie man erkennt, wenn man x und z als unabhängige Variable betrachtet und y aus der Gleichung $z = \sqrt{x\,y}$ berechnet.

Werden die Teilungen in verschiedenen Maßstäben aufgetragen, so daß

$$u = \lambda \lg x, \quad v = \mu \lg y, \quad w = \nu \lg z$$

ist, so kann man je nach Wahl der Faktoren λ, μ, ν schon eine große Mannigfaltigkeit von Funktionen zur Darstellung bringen. Z. B. für $\lambda = \mu = 1$, $\nu = \dfrac{1}{2}$ erhält man $z = x\,y$ oder auch $y = \dfrac{z}{x}$, also eine Multiplikations- und Divisionstafel;

für $\lambda = n$, $\mu = 1$, $\nu = \dfrac{1}{2}$ ergibt sich $z = x^n y$, oder $y = \dfrac{z}{x^n}$ oder auch $x = \sqrt[n]{\dfrac{z}{y}}$;

für $\lambda = \mu = 1$, $\nu = -1$ (d. h., die logarithmische Teilung auf dem mittleren Träger ist gegenläufig) erhält man die Funktion $z = \dfrac{1}{\sqrt{x\,y}}$, oder auch $y = \dfrac{1}{x\,z^2}$ usw.

Verwendet man andere Funktionsleitern auf den Trägern, z. B. quadratische Teilungen

$$u = x^2, \quad v = y^2, \quad w = \frac{1}{2}\,z^2,$$

so liefert dieses Nomgoramm eine Darstellung der Funktion

$$\frac{1}{2}\,z^2 = \frac{1}{2}\,(x^2 + y^2)$$

oder

$$z = \sqrt{x^2 + y^2}.$$

Ganz allgemein ergeben irgend drei Funktionsleitern in beliebigen Maßstäben aufgetragen

$$u = \lambda\,\varphi\,(x), \quad v = \mu\,\psi\,(y), \quad w = \nu\,\chi\,(z)$$

die Beziehung

$$2\,\nu\,\chi\,(z) = \lambda\,\varphi\,(x) + \mu\,\psi\,(y). \tag{4}$$

Wenn sich die drei Träger u, v und w in einem Punkt O schneiden (Abb. 176), so ergeben sich andere Beziehungen als Gleichung (4). Der einfachste Fall liegt vor, wenn wir die Winkel zwischen den drei Trägern mit 60^0 annehmen und auf ihnen gleichmäßige Teilungen auftragen, also

$$u = x, \quad v = y, \quad w = z.$$

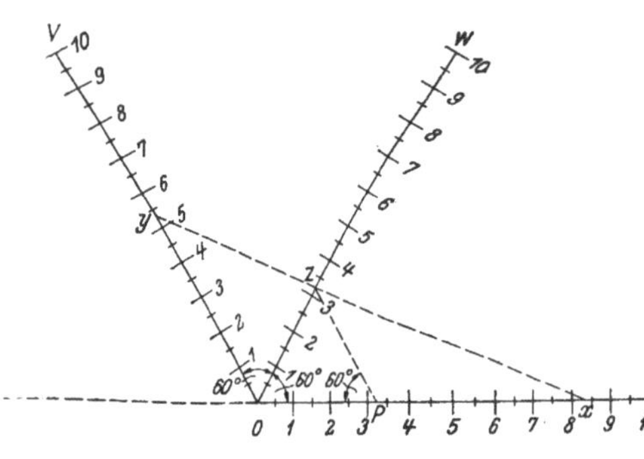

Abb. 176. Fluchtentafel für $\dfrac{1}{z} = \dfrac{1}{x} + \dfrac{1}{y}$.

Drei auf einem Weiser liegende Zahlen x, y und z genügen dann einer Gleichung, die man mittels der Hilfsgeraden $z\,P$ leicht findet. Es besteht nämlich die Proportion

$$\overline{P\,x} : \overline{O\,x} = \overline{P\,z} : \overline{O\,y}$$

oder

$$(x - z) : x = z : y,$$

woraus die Beziehung

$$\frac{1}{z} = \frac{1}{x} + \frac{1}{y}$$

folgt. In der Figur gehört auf Grund des eingezeichneten Weisers zu $x = 8{\cdot}3$ und $y = 5{\cdot}3$ der Wert $z = 3{\cdot}2$.

Dieses Nomogramm kann somit zur Berechnung des Ersatzwiderstandes z von zwei nebeneinander geschalteten Widerständen x und y verwendet werden, es kann aber auch auf die Linsenformel

$$\frac{1}{g} + \frac{1}{b} = \frac{1}{f}$$

angewendet werden ($g =$ Gegenstandsweite, $b =$ Bildweite, $f =$ Brennweite).

Werden die drei Träger mit beliebigen Funktionsleitern versehen

$$u = \lambda\,\varphi\,(x), \quad v = \mu\,\psi\,(y), \quad w = \nu\,\chi\,(z),$$

so läßt sich mittels eines solchen Nomogramms die Beziehung

$$\frac{1}{\nu\,\chi\,(z)} = \frac{1}{\lambda\,\varphi\,(x)} + \frac{1}{\mu\,\psi\,(y)}$$

herstellen.

6. Beispiele. 1. Der Widerstand von 1 m Drahtlänge ist durch die Formel

$$R = \varrho : \frac{\pi\,d^2}{4} \qquad (5)$$

gegeben, wenn ϱ den *spezifischen* Widerstand des Materials und d den Drahtdurchmesser in mm bedeuten. R ist mithin eine Funktion von ϱ und d. Es soll eine Fluchtentafel hergestellt werden, die gestattet, zu gegebenen Werten von ϱ und d das zugehörige R abzulesen. Logarithmiert man die Gleichung (5), so erhält man

$$\lg R = \lg \varrho - 2 \lg d - \lg \frac{\pi}{4}$$

oder

$$2 \lg d = \left(\lg \varrho + \lg \frac{4}{\pi}\right) - \lg R.$$

Das ist eine Gleichung von der Form (4) mit $\lambda = \nu = 1$, $\mu = -1$, nur daß die Teilung für $\lg \varrho$ um $\lg \dfrac{4}{\pi}$ nach oben verschoben ist

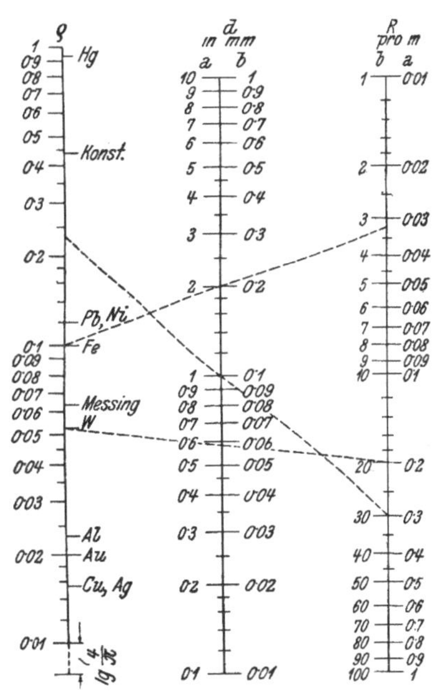

Abb. 177. Zusammenhang zwischen spezifischem Widerstand ϱ, Drahtdurchmesser d und Widerstand R für 1 m Länge.

(Abb. 177). Um einen größeren Anwendungsbereich zu erzielen, sind die mittlere und die rechte Teilung doppelt beziffert, wobei die unter a bzw. b stehenden Bezifferungen zusammengehören. Auf der linken Teilung sind noch die Marken für die spezifischen Widerstände einiger Drahtmaterialien angebracht. Die eingezeichneten Weiserlinien, die beim praktischen Gebrauch natürlich nicht ausgezogen werden, zeigen, daß für einen Draht von 1 m Länge

    a) aus Eisen ($\varrho = 0{\cdot}1$) mit dem Durchmesser $d = 2$ mm, $R =$ $= 0{\cdot}032\ \varOmega$,

    b) aus Wolfram ($\varrho = 0{\cdot}053$) und dem Widerstand $R = 20\ \varOmega$, $d = 0{\cdot}058$ mm,

    c) aus irgend einer Legierung vom Durchmesser $d = 1$ mm und dem Widerstand $R = 0{\cdot}3\ \varOmega$ der spez. Widerstand $\varrho = 0{\cdot}235$ ist.

Das Nomogramm ist übrigens mit anderer Bezifferung auch zur Gewichtsbestimmung von 1 m Draht mit dem Durchmesser d vom spez. Gewicht R verwendbar.

2. Nach dem *Poisson*schen Gesetz ist

$$p \cdot V^{\varkappa} = \text{konst.} \tag{6}$$

Nehmen wir für $\varkappa$ den Wert $1{\cdot}4$ und nennen die Konstante auf der rechten Seite w^2, so lautet das Gesetz

$$p \cdot V^{1{\cdot}4} = w^2. \tag{7}$$

Die Größe w ist nur so lange konstant, als es sich um dieselbe Gasmenge handelt. Ändert sich diese, so ändert sich auch w, so daß w in (7) als Funktion von p und V aufgefaßt werden kann.

Das zugehörige Nomogramm erhalten wir, wenn wir (7) logarithmieren:

$$2\,\lg w = \lg p + 1{\cdot}4\,\lg V.$$

Denken wir uns auf drei gleich weit voneinander abstehenden parallelen Leitern, die wir mit p, w und V bezeichnen wollen, logarithmische Teilungen aufgetragen, und zwar auf p und w in gleichem Maßstab, auf V in einem $1{\cdot}4$-mal so großem Maßstab, so liegen zusammengehörige Wertetripel p_1, W, V_1 oder p_2, W, V_2 für ein und dieselbe Gasmenge je in einer Flucht. Die Weiserlinien $p_1 V_1$ und $p_2 V_2$ schneiden sich mithin in einem Punkte W auf w (in Abb. 178 wurde für p_2 und für V_1 jedesmal der Wert 1 angenommen). In der Praxis geht man meist von einem vorgegebenen Anfangszustand mit bekanntem p und V aus und sucht verschiedene zusammen-

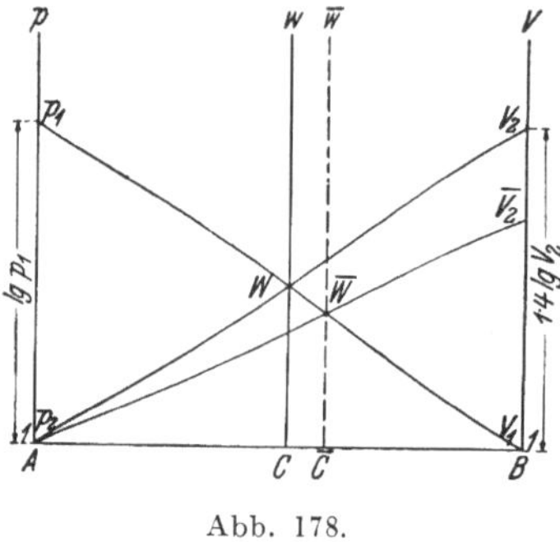

Abb. 178.

gehörige Werte dieser Zustandsgrößen; für den Wert von w interessiert man sich nicht und erspart daher die Teilung auf w. Man hat nur mit Hilfe der Anfangsgrößen von p und V den Punkt W auf w zu markieren und durch ihn die erforderlichen Weisergeraden zu legen.

Für einen anderen Wert von $\varkappa$ als 1·4 wäre ein neues Nomogramm anzufertigen, da die V-Teilung in einem anderen Maßstab aufzutragen wäre. Diese Unannehmlichkeit läßt sich jedoch auf folgende Weise vermeiden. Man nimmt für die V-Teilung denselben Maßstab wie für die p-Teilung, wodurch die Marke V_2 in die Lage $\overline{V}_2$ kommt, so daß sich

$$B\,\overline{\overline{V}}_2 : \overline{B\,V}_2 = 1 : 1{\cdot}4$$

verhält. Dann schneiden sich die beiden Weiserlinien nicht in einem Punkt W auf w, sondern in einem Punkt $\overline{W}$ auf $\overline{w}$, so daß

$$\overline{\overline{BC}} : \overline{CA} = 1 : 1{\cdot}4$$

ist, wie man mittels der ähnlichen Dreiecke $B\,\overline{W}\,\overline{V}_2$ und $p_1\,\overline{W}A$ leicht bestätigt. Damit ergibt sich das in Abb. 179 gezeichnete Nomogramm, in welchem die zusammengehörigen Wertepaare

$$p_1 = 4, \qquad V_1 = 3,$$
$$p_2 = 2{\cdot}5, \qquad V_2 = 4{\cdot}2,$$
$$V_3 = 6, \qquad p_3 = 1{\cdot}5$$

ersichtlich gemacht wurden. Die Einheiten für p und V sind dabei beliebig wählbar.

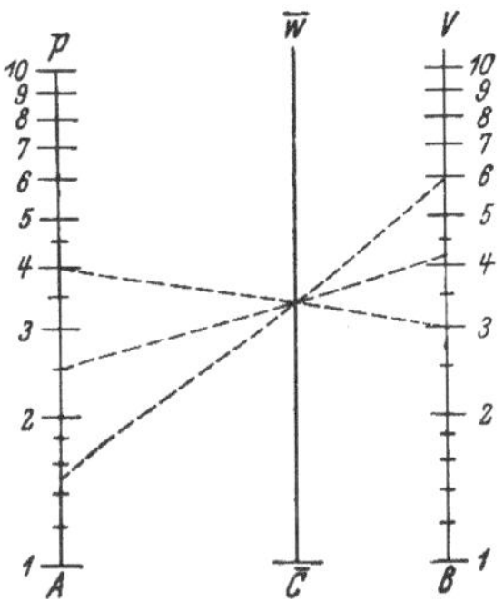

Für andere Werte von $\varkappa$ braucht man nur die entsprechenden $\overline{w}$-Träger so einzuzeichnen, daß sich jedesmal

$$\overline{B\,\overline{C}} : \overline{CA} = 1 : \varkappa$$

Abb. 179. $p \cdot V^{1{\cdot}4} = \text{konst.}$

verhält. Man hat damit eine Fluchtentafel, die für verschiedene Gase verwendbar ist.

3. In Abb. 180 ist ein Nomogramm für den Wechselstromwiderstand (Scheinwiderstand)

$$R_s = \sqrt{R^2 + \omega^2\,L^2}$$

für $\omega = 314\ \text{Sek}^{-1}$ (50 Perioden pro Sekunde) gezeichnet. R bedeutet den Ohmschen Widerstand und L den in *Henry* gemessenen Selbstinduktionskoeffizienten der Spule. Auf dem linken Träger ist die Funktionsskala $u = R^2$, auf dem mittleren die Skala $w = \frac{1}{2}\,R_s^2$

und auf dem rechten $v = (314\,L)^2$ aufgetragen. Für drei in einer Flucht liegende Punkte herrscht demnach die Beziehung

$$\frac{1}{2}\,R_s^2 = \frac{1}{2}\,(R^2 + 314^2\,L^2),$$

woraus die obige Gleichung folgt. Die Bezifferungen über a bzw. b gehören zusammen. Aus der Figur entnimmt man zu $L = 0{\cdot}4\,H$, $R = 310\,\Omega$, den Wert $R_s = 335\,\Omega$; ebenso zu $R_s = 5900\,\Omega$ und $R = 3900\,\Omega$ den Wert $L = 14{\cdot}1\,H$.

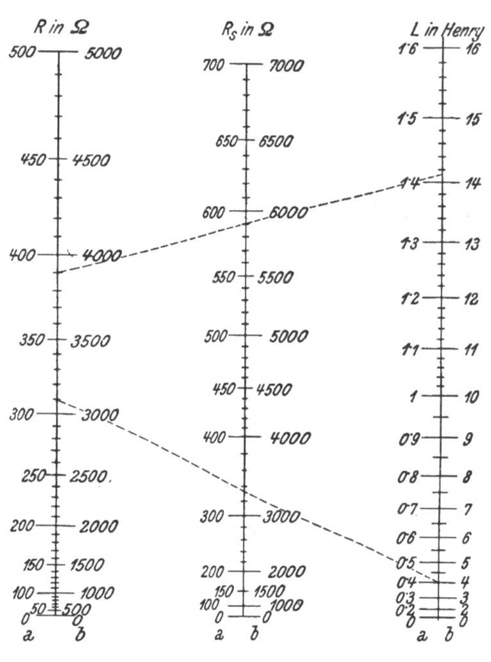

Abb. 180. $R_s = \sqrt{R^2 + \omega^2\,L^2}$.

(Es bringt natürlich wenig Nutzen, die gezeigten Nomogramme bloß anzuschauen, man muß sie schon selbständig zeichnen.)

7. Partielle Ableitungen. Wir haben gelernt, eine Funktion von einer Veränderlichen abzuleiten und wollen nun erfahren, ob diese Operation auch auf Funktionen von zwei Veränderlichen anwendbar ist. Wir können dieses neue Problem sofort auf das ursprüngliche zurückführen, wenn wir einer der beiden unabhängigen Variablen einen konstanten Wert erteilen. Halten wir z. B. in der Funktionalgleichung

$$z = F\,(x,\,y)$$

y konstant, so ist z nur mehr eine Funktion von x allein und kann daher, wenn sie differenzierbar ist, nach x abgeleitet werden. Ebenso kann man bei konstantem x die Funktion nach y ableiten. Im ersten Fall hat man es mit einer *partiellen Ableitung nach x*, im zweiten mit einer *partiellen Ableitung nach y* zu tun. Zu ihrer Bezeichnung verwendet man nicht das bisher gebräuchliche „d", sondern ein geschwungenes „∂".

Ist z. B.

$$z = \sqrt{xy},$$

so ist die partielle Ableitung von z nach x:

$$\frac{\partial z}{\partial x} = \frac{\sqrt{y}}{2\sqrt{x}}.$$

(Sprich: „z partiell nach x".)

Analog die partielle Ableitung von z nach y:

$$\frac{\partial z}{\partial y} = \frac{\sqrt{x}}{2\sqrt{y}}.$$

Die partielle Ableitung von z nach x kann man nun bei konstantem y neuerdings nach x ableiten und erhält die zweite partielle Ableitung von z nach x:

$$\frac{\partial^2 z}{\partial x^2} = -\frac{\sqrt{y}}{4} \cdot \frac{1}{x^{\frac{3}{2}}}.$$

Ganz entsprechend findet man für die zweite partielle Ableitung von z nach y:

$$\frac{\partial^2 z}{\partial y^2} = -\frac{\sqrt{x}}{4} \cdot \frac{1}{y^{\frac{3}{2}}}.$$

Kehren wir noch einmal zur ersten partiellen Ableitung

$$\frac{\partial z}{\partial x} = \frac{\sqrt{y}}{2\sqrt{x}}$$

zurück, so sehen wir, daß sie eine Funktion von x und y ist. Wir können in ihr zwecks Bildung einer neuen Ableitung ebenso gut x konstant lassen und $\frac{\sqrt{y}}{2\sqrt{x}}$ partiell nach y ableiten. Man schreibt diesen zweiten Differentialquotienten $\frac{\partial^2 z}{\partial x\,\partial y}$ und erhält für ihn

$$\frac{\partial^2 z}{\partial x\,\partial y} = \frac{1}{4\sqrt{x\,y}}. \tag{8}$$

Bildet man in ähnlicher Weise die partielle Ableitung von

$$\frac{\partial z}{\partial y} = \frac{\sqrt{x}}{2\sqrt{y}}$$

nach x und schreibt dafür $\frac{\partial^2 z}{\partial y\,\partial x}$, so ergibt sich

$$\frac{\partial^2 z}{\partial y\,\partial x} = \frac{1}{4\sqrt{x\,y}}. \tag{9}$$

Ein Vergleich von (8) und (9) zeigt, daß in beiden Fällen derselbe Wert herauskommt. Es läßt sich beweisen, daß unter gewissen Voraussetzungen das Ergebnis immer dasselbe ist, ob man erst nach x

und dann nach y oder umgekehrt erst nach y und dann nach x abgeleitet, daß also

$$\frac{\partial^2 z}{\partial x\,\partial y} = \frac{\partial^2 z}{\partial y\,\partial x}.$$

Wir brauchen auf diese Voraussetzungen nicht weiter einzugehen, da sie bei den uns unterkommenden Funktionen ohnehin erfüllt sind.

Zur Festigung der eben gelernten Begriffe wollen wir noch die Ableitungen der Funktion

$$w = p \cdot V^\varkappa$$

bilden:

$$\frac{\partial w}{\partial p} = V^\varkappa, \quad \frac{\partial w}{\partial V} = \varkappa\, p\, V^\varkappa {}^{1},$$

$$\frac{\partial^2 w}{\partial p^2} = 0, \quad \frac{\partial^2 w}{\partial V^2} = \varkappa\,(\varkappa-1)\,p\,V^{\varkappa-1}, \quad \frac{\partial^2 w}{\partial p\,\partial V} = \frac{\partial^2 w}{\partial V\,\partial p} = \varkappa\, V^{\varkappa-1}.$$

Man kann natürlich noch weiter zu höheren Ableitungen fortschreiten, doch kommen solche für uns nicht in Betracht.

8. Vollständiges Differential. Die partiellen Ableitungen lassen sich in einfacher Weise geometrisch deuten. Betrachtet man $z = F\,(x,\, y)$ bei konstantem y nur als Funktion von x, so ist diese Funktion durch die Schnittkurve der Fläche $z = F\,(x,\, y)$ mit jener zur y-Achse senkrechten Ebene dargestellt, die dem konstanten y-Wert entspricht. Bildet man also die partielle Ableitung $\dfrac{\partial z}{\partial x}$ an einer bestimmten Stelle $(x,\, y)$, so gibt sie die Steigung $\operatorname{tg} \alpha$ dieser Schnittkurve $P\,K$ im Punkt P an (Abb. 181).

Schreitet man von dem Flächenpunkt $P\,(x,\, y,\, z)$ um das Stück h in der positiven x-Richtung fort, so ist analog den Ausführungen des § 11 das Stück $\overline{Q\,T} = \dfrac{\partial z}{\partial x} \cdot h$ das *partielle Differential* der Funktion bei konstantem y, das angenähert die *Änderung* $\overline{Q\,K}$ der Funktion längs h angibt. Ebenso ist $\overline{R\,S} = \dfrac{\partial z}{\partial y} \cdot k$ das partielle Differential längs k in der positiven y-Richtung bei konstantem x.

Geht man nun insgesamt von $P\,(x,\, y,\, z)$ erst um h in der positiven x-Richtung, dann um k in der positiven y-Richtung weiter, so gelangt

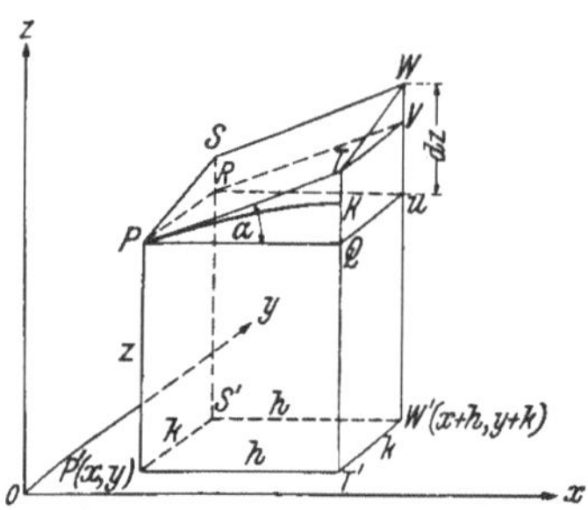

Abb. 181. Geometrische Darstellung des vollständigen Differentials:
$$dz = \frac{\partial z}{\partial x}\,h + \frac{\partial z}{\partial y}\,k.$$

man zu dem Punkte U; ist W der vierte Eckpunkt des Parallelogramms $TPSW$, so nennt man $\overline{UW} = dz$ das *vollständige Differential* der Funktion $z = F(x, y)$. Die Figur zeigt, daß sich $\overline{UW}$ aus den partiellen Differentialen $\overline{UV} = \overline{QT} = \dfrac{\partial z}{\partial x} \cdot h$ und $\overline{VW} = \overline{RS} = \dfrac{\partial z}{\partial y} \cdot k$ zusammensetzt, so daß

$$dz = \frac{\partial z}{\partial x} h + \frac{\partial z}{\partial y} k$$

ist.

Schreibt man dx für h und dy für k, so lautet das vollständige Differential

$$\boxed{\; dz = \frac{\partial z}{\partial x}\, dx + \frac{\partial z}{\partial y}\, dy \;}.$$

Das vollständige Differential dz gibt angenähert die Änderung Δz von z an, welche die Funktion bei Änderung von x um $dx = h$ und von y um $dy = k$ erfährt. In mathematischer Zeichensprache:

$$dz \approx \Delta z = F(x + h, y + k) - F(x, y).$$

Aus der Tatsache, daß PT die Tangente an die Schnittkurve PK und PS die Tangente an die (nicht eingezeichnete) Schnittkurve der Fläche mit der Ebene $PSS'P'$ ist, folgt übrigens, daß die Ebene $PTWS$ die Tangentialebene an die Fläche $z = F(x, y)$ im Punkte P ist. Daraus schließt man, daß entsprechend den Verhältnissen bei Funktionen **einer** Veränderlichen *bei kleinem $h = dx$ und $k = dy$ der Unterschied von dz und Δz von höherer Kleinheitsordnung ist. Es gelten mithin für den Ersatz der Funktionsdifferenz Δz durch das Differential dz dieselben Überlegungen wie bei Funktionen einer Veränderlichen.*

Es sei z. B. $z = x^2 - y^2$; dann ist

$$dz = 2\,x\,dx - 2\,y\,dy.$$

Oder für $T = \dfrac{p \cdot V}{R}$ ist (*Gay-Lussacsches* Gesetz)

$$dT = \frac{V}{R}\,dp + \frac{p}{R}\,dV; \qquad (R = \text{Gaskonstante!})$$

$\dfrac{dT}{T}$ gibt angenähert die relative Änderung von T, wenn sich p um dp und V um dV ändern. Sie ist auf Grund der beiden obigen Gleichungen:

$$\frac{dT}{T} = \frac{dp}{\dfrac{RT}{V}} + \frac{dV}{\dfrac{RT}{p}} = \frac{dp}{p} + \frac{dV}{V},$$

d. h.: Die relative Änderung der absoluten Temperatur ist angenähert gleich der Summe der relativen Änderungen von Druck und Volumen.

In dem Ausdruck für das vollständige Differential

$$d z = \frac{\partial z}{\partial x} d x + \frac{\partial z}{\partial y} d y$$

sind $\frac{\partial z}{\partial x}$ und $\frac{\partial z}{\partial y}$ Funktionen von x und y, wie die partiellen Ableitungen der vorangegangenen Beispiele gezeigt haben. Man darf aber nicht glauben, daß jeder Ausdruck von der Form

$$\varphi (x, y) d x + \psi (x, y) d y$$

ein vollständiges Differential sei. Das trifft nur dann zu, wenn $\varphi (x, y)$ die partielle Ableitung irgend einer Funktion $z = F (x, y)$ nach x und ebenso $\psi (x, y)$ die partielle Ableitung derselben Funktion nach y ist. Ob zwei gegebene Funktionen $\varphi (x, y)$ und $\psi (x, y)$ diese Bedingung erfüllen, erkennt man, wenn man $\frac{\partial \varphi}{\partial y}$ und $\frac{\partial \psi}{\partial x}$ bildet. Ist nämlich

$$\varphi (x, y) = \frac{\partial z}{\partial x}, \text{ so ist } \frac{\partial \varphi}{\partial y} = \frac{\partial^2 z}{\partial x \, \partial y}$$

und wenn

$$\psi (x, y) = \frac{\partial z}{\partial y}, \text{ so ist } \frac{\partial \psi}{\partial x} = \frac{\partial^2 z}{\partial y \, \partial x}.$$

Diese beiden zweiten partiellen Ableitungen sind aber nach der vorigen Nummer einander gleich. *Infolgedessen ist*

$$\varphi (x, y) d x + \psi (x, y) d y$$

nur dann ein vollständiges Differential, wenn

$$\frac{\partial \varphi}{\partial y} = \frac{\partial \psi}{\partial x}$$

ist.

So ist z. B. der Ausdruck für $d Q$ in Gleichung (4), Üb. 11, S. 143

$$c_v \, d T + \frac{R T}{v} d v$$

kein vollständiges Differential. Denn

$$\frac{\partial c_v}{\partial v} = 0 \qquad\qquad (c_v \text{ ist konstant})$$

und

$$\frac{\partial \left(\dfrac{R T}{v} \right)}{\partial T} = \frac{R}{v};$$

$d Q$ ist mithin nicht das Differential einer Funktion Q von T und v und sollte daher auch folgerichtig nicht mit $d Q$ bezeichnet werden, sondern etwa mit $d'Q$, was sich aber nicht allgemein eingebürgert hat. Dagegen ist

$$\frac{dQ}{T} = \frac{c_v}{T}\, dT + \frac{R}{v}\, dv$$

ein vollständiges Differential, weil

$$\frac{\partial\left(\dfrac{c_v}{T}\right)}{\partial v} = \frac{\partial\left(\dfrac{R}{v}\right)}{\partial T} = 0$$

ist.

Es ist mithin $\dfrac{\partial Q}{T} = dS$ das vollständige Differential einer Funktion S, die *Entropie* genannt wird. Die Tatsache, daß diese ein vollständiges Differential besitzt, ist von fundamentaler Bedeutung für die Thermodynamik.

9. Übungen. 1. Man stelle die Funktionen

$$\textbf{a)}\ z = x \pm y, \quad \textbf{b)}\ z = a\sqrt{x^2 + y^2}$$

mit Hilfe von Schichtenlinien dar und bilde die ersten und zweiten partiellen Ableitungen.

Lösungen: a) Ebenen; $\dfrac{\partial z}{\partial x} = 1$, $\dfrac{\partial z}{\partial y} = \pm 1$, die zweiten Ableitungen verschwinden;

b) Kegel; $\dfrac{\partial z}{\partial x} = \dfrac{a\,x}{\sqrt{x^2 + y^2}}$, $\dfrac{\partial z}{\partial y} = \dfrac{a\,y}{\sqrt{x^2 + y^2}}$,

$$\frac{\partial^2 z}{\partial x^2} = \frac{a\,y^2}{(x^2 + y^2)^{\frac{3}{2}}}, \quad \frac{\partial^2 z}{\partial y^2} = \frac{a\,x^2}{(x^2 + y^2)^{\frac{3}{2}}}, \quad \frac{\partial^2 z}{\partial x\,\partial y} = \frac{\partial^2 z}{\partial y\,\partial x} =$$

$$= -\frac{a\,x\,y}{(x^2 + y^2)^{\frac{3}{2}}}.$$

2. Man entwerfe eine Netztafel für die Funktion $z = \sqrt{100 - x^2 - y^2}$. Wie lautet ihr vollständiges Differential?

Lösung: Konzentrische Kreise mit dem Mittelpunkt O. Schreibt man die Gleichung in der Form $x^2 + y^2 + z^2 = 10^2$, so erkennt man, daß sie, als Fläche gedeutet, eine Kugel um O mit dem Radius 10 vorstellt.

$$dz = -\frac{x}{z}\, dx - \frac{y}{z}\, dy.$$

3. Schreibt man das *Ohmsche* Gesetz einmal in der Form $U = R\,I$, dann in der Form $I = \dfrac{U}{R}$, so läßt es sich jedesmal durch eine Netztafel darstellen, in der nur gerade Linien zu ziehen sind; man führe das durch. Wie lautet das vollständige Differential von U und von I?

Lösung: Im 1. Fall verwendet man doppelt logarithmisches Papier, im 2. Fall gewöhnliches Millimeterpapier.

$$dU = R\,dI + I\,dR, \quad dI = \frac{1}{R}\, dU - \frac{U}{R^2}\, dR.$$

4. Im Anschluß an das 2. Beispiel auf S. 190 stelle man die Schnittgeschwindigkeit v in m/Min als Funktion des Drehdurchmessers d (in mm) und der minutlichen Drehzahl n mit Hilfe einer Netztafel dar.

Lösung: $v = 0\cdot001\,\pi\,d\,n$; Geradenschar auf doppelt logarithmischem Papier.

5. Gesucht sind die reellen Wurzeln folgender Gleichungen:

a) $z^3 + z + 1\cdot5 = 0$; **b)** $z^3 - 1\cdot2\,z + 0\cdot5 = 0$; **c)** $z^3 + 3\cdot6\,z - 4 = 0$;

d) $z^3 - 13\cdot45\,z - 10\cdot25 = 0$.

Lösungen: **a)** $-0\cdot86$; **b)** $0\cdot7$, $0\cdot6$, $-1\cdot26$; **c)** $0\cdot9$, **d)** 4, $-0\cdot8$, $-3\cdot2$.

6. Es sollen folgende Funktionen mit Hilfe einer Fluchtentafel dargestellt werden:

a) $z = \sqrt{x^3\,y}$; **b)** $z = \dfrac{a\,x}{\sqrt{y}}$; **c)** $z = \sqrt[3]{x\,y}$; **d)** $z = \sqrt{2\,g\,x + y^2}$.

Wie lautet in jedem Fall das vollständige Differential?

Lösungen: **a)** $dz = \dfrac{3}{2}\sqrt{x\,y}\,dx + \dfrac{\sqrt{x^3}}{2\sqrt{y}}\,dy$; **b)** $dz = a\left(\dfrac{dx}{\sqrt{y}} - \dfrac{1}{2}\dfrac{x\,dy}{\sqrt{y^3}}\right)$;

c) $dz = \dfrac{1}{3}\left(\sqrt[3]{\dfrac{y}{x^2}}\,dx + \sqrt[3]{\dfrac{x}{y^2}}\,dy\right)$; **d)** $dz = \dfrac{g}{z}\,dx + \dfrac{y}{z}\,dy$.

7. Bringt man auf der Verlängerung von u in Abb. 176 über O hinaus ebenfalls eine gleichmäßige Teilung an, so kann man mit Hilfe dieses Nomogramms den Ersatzwiderstand R zu beliebig vielen parallel geschalteten Widerständen nach der Beziehung

$$\frac{1}{R} = \frac{1}{R_1} + \frac{1}{R_2} + \frac{1}{R_3} + \ldots$$

finden; man erläutere das Verfahren.

Lösung: Wird die neu hinzu gekommene Teilung mit x bezeichnet, so markiert man auf der w-Teilung mit Benutzung der u- und v-Teilungen den Wert R' (ohne ihn abzulesen), für welchen

$$\frac{1}{R'} = \frac{1}{R_1} + \frac{1}{R_2},$$

dann auf der v-Teilung unter Verwendung der w- und x-Teilungen den Wert R'', für welchen

$$\frac{1}{R''} = \frac{1}{R'} + \frac{1}{R_3} \quad \text{usw.}$$

8. Was ist zur Darstellung der Beziehung $\dfrac{1}{z} = \dfrac{1}{x} + \dfrac{1}{y}$ an den Teilungen der Abb. 176 zu ändern, wenn die 3 Leitern unter dem Winkel a gegeneinander geneigt sind und was, wenn sie zueinander parallel sind?

Lösung: Im 1. Fall ist statt $w = z$ die Skala $w = \dfrac{z}{2\cos a}$ aufzutragen; im 2. Fall sind 3 Reziprokteilungen anzubringen.

9. Zwischen der Höhe h eines rechtwinkeligen Dreiecks und den beiden Katheten x und y besteht der Zusammenhang

$$\frac{1}{h^2} = \frac{1}{x^2} + \frac{1}{y^2}.$$

Man beweise diese Beziehung und entwerfe ein Nomogramm für sie.

10. Welche Beziehung herrscht zwischen den drei in einer Flucht liegenden Marken x, y, z auf drei parallelen Trägern u, v, w mit gleichmäßigen Teilungen, wenn w den Abstand der beiden andern Träger im Verhältnis $m : n$ teilt?

Lösung: $z = \dfrac{n\,x + m\,y}{m + n}$.

11. Man stelle eine Fluchtentafel für die *Thomsonsche* Formel $T = 2\,\pi\,\sqrt{LC}$ eines elektrischen Schwingungskreises her. ($T =$ Schwingungsdauer, $L =$ Selbstinduktionskoeffizient, $C =$ Kapazität.)

12. Welche von den folgenden Ausdrücken sind vollständige Differentiale?

a) $y\,dx + x\,dy$;   **b)** $y\,dx - x\,dy$;   **c)** $x\,dx - 2\,y\,dy$;

d) $\cos(x - y)\,dx + \cos(x - y)\,dy$.

Lösung: **a)** und **c)** sind vollständige Differentiale.

§ 27. Integrationsmethoden.

1. Grundintegrale. Durch Umkehrung der Ableitungsformeln ergeben sich folgende Grundintegrale; die Integrationskonstante ist überall weggelassen.

$$\int x^n\,dx = \frac{x^{n+1}}{n+1}\ (n \neq -1), \qquad \int \frac{dx}{x} = \ln x,$$

$$\int a^x = \frac{a^x}{\ln a}, \qquad \int e^x\,dx = e^x,$$

$$\int \sin x\,dx = -\cos x, \quad \int \cos x\,dx = \sin x, \quad \int \frac{dx}{\cos^2 x} = \operatorname{tg} x,$$

$$\int \frac{dx}{\sin^2 x} = -\operatorname{ctg} x,$$

$$\int \operatorname{\mathfrak{Sin}} x\,dx = \operatorname{\mathfrak{Cof}} x, \quad \int \operatorname{\mathfrak{Cof}} x\,dx = \operatorname{\mathfrak{Sin}} x, \quad \int \frac{dx}{\operatorname{\mathfrak{Cof}}^2 x} = \operatorname{\mathfrak{Tg}} x,$$

$$\int \frac{dx}{\operatorname{\mathfrak{Sin}}^2 x} = -\operatorname{\mathfrak{Ctg}} x,$$

$$\int \frac{dx}{\sqrt{1 - x^2}} = \arcsin x, \qquad \int \frac{dx}{1 + x^2} = \operatorname{arc\ tg} x.$$

Die beiden letzten Formeln könnten auch lauten:

$$\int \frac{dx}{\sqrt{1 - x^2}} = -\arccos x, \qquad \int \frac{dx}{1 + x^2} = -\operatorname{arc\ ctg} x.$$

Es wäre selbstverständlich falsch, daraus auf die Gleichheit von $\arcsin x$ und $-\arccos x$ oder von $\operatorname{arc\ tg} x$ und $-\operatorname{arc\ ctg} x$ zu schließen, da die Integrationskonstante ja weggelassen wurde. Es ist nur der Schluß berechtigt, daß sich die beiden Ergebnisse jedesmal um eine Konstante unterscheiden. Tatsächlich bestehen die folgenden Beziehungen:

$$\operatorname{arc\,sin} x = \frac{\pi}{2} - \operatorname{arc\,cos} x \quad \text{und} \quad \operatorname{arc\,tg} x = \frac{\pi}{2} - \operatorname{arc\,ctg} x,$$

wie man aus den Schaubildern der Funktionen auf S. 174 und 175 leicht erkennt.

In der ersten Formel ist zu beachten, daß n jede positive und negative, ganze oder gebrochene Zahl sein kann. Z. B. ist

$$\int \sqrt{x}\, dx = \int x^{\frac{1}{2}}\, dx = \frac{2\,x^{\frac{3}{2}}}{3},$$

oder

$$\int \frac{1}{\sqrt[n]{x}}\, dx = \frac{x^{-\frac{1}{n}+1}}{-\frac{1}{n}+1} = \frac{n\sqrt[n]{x^{n-1}}}{n-1}.$$

2. Uneigentliche Integrale. Ein besonderes Augenmerk wollen wir dem bestimmten Integral

$$\int_{x_1}^{x_2} \frac{dx}{x^n} = \frac{x^{-n+1}}{-n+1}\Bigg|_{x_1}^{x_2} = \frac{1}{n-1}\left(\frac{1}{x_1{}^{n-1}} - \frac{1}{x_2{}^{n-1}}\right) \tag{1}$$

für ein positives n zuwenden. Lassen wir die untere Grenze x_1 gegen 0 streben, so gilt

$$\frac{1}{x_1{}^{n-1}} \longrightarrow \infty \text{ für } n > 1,$$

dagegen

$$\frac{1}{x_1{}^{n-1}} = x_1{}^{1-n} \to 0 \text{ für } n < 1.$$

Im Falle $n = 1$ erhalten wir

$$\int_{x_1}^{x_2} \frac{dx}{x} = \ln x_2 - \ln x_1 \to \infty, \text{ wenn } x_1 \to 0.$$

Es ist somit

$$\int_0^{x_2} \frac{dx}{x^n} = \frac{x_2{}^{1-n}}{1-n} \text{ für } n < 1; \tag{2}$$

für $n \geq 1$ *wird der Wert des Integrals unendlich groß.*

So ist z. B.

$$\int_0^1 \frac{dx}{\sqrt{x}} = 2\sqrt{x}\,\Bigg|_0^1 = 2.$$

Dagegen ist $\displaystyle\int_0^1 \frac{dx}{x^2} = \infty$ und daher muß auch $\displaystyle\int_{-1}^{+1} \frac{dx}{x^2} = \infty$ sein

(Abb. 182). Würde man dieses Integral ohne jede Überlegung mechanisch auswerten und folgendermaßen rechnen:

$$\int\limits_{-1}^{+1} \frac{dx}{x^2} = \frac{x^{-1}}{-1}\Bigg|_{-1}^{+1} = -2,$$

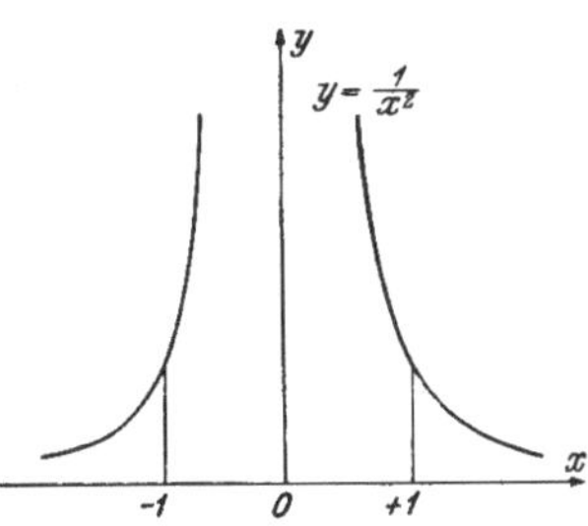

Abb. 182. Die Integration von — 1 bis + 1 ist unstatthaft.

so erhielte man ein ganz falsches Resultat. Der Fehler besteht darin, daß man über eine Unstetigkeitsstelle, an welcher der Integrand $\frac{1}{x^2}$ unendlich wird und daher dort gar nicht existiert, hinwegintegriert hat. Wir haben daher in der Fußnote auf S. 89 solche Unstetigkeitsstellen ausdrücklich ausgeschlossen.

Lassen wir nun in Gleichung (1) die obere Grenze $x_2 \to \infty$ streben, so ergibt sich, daß

$$\frac{1}{x_2^{n-1}} \longrightarrow 0 \ \text{für} \ n > 1,$$

dagegen

$$\frac{1}{x_2^{n-1}} \longrightarrow \infty \ \text{für} \ n < 1.$$

Im Falle $n = 1$ erhalten wir

$$\int\limits_{x_1}^{x_2} \frac{dx}{x} = \ln x_2 - \ln x_1 \to \infty, \ \text{wenn} \ x_2 \to \infty.$$

Es ist somit

$$\int\limits_{x_1}^{\infty} \frac{dx}{x^n} = \frac{1}{(n-1)\, x_1^{n-1}} \ \text{für} \ n > 1, \tag{3}$$

für $n \leqq 1$ wird der Wert des Integrals unendlich groß.

So ist z. B.

$$\int\limits_{1}^{\infty} \frac{dx}{x^2} = \frac{1}{x}\Bigg|_{\infty}^{1} = 1, \tag{4}$$

dagegen

$$\int\limits_{1}^{\infty} \frac{dx}{\sqrt{x}} = 2\sqrt{x}\,\Bigg|_{1}^{\infty} = \infty. \tag{5}$$

Eine anschauliche Darstellung dieser beiden Ergebnisse (Abb. 183a u. 183b) lehrt folgendes: Die Fläche unter der Kurve $y = \frac{1}{x^2}$ ist nach (4)

$$F = F_1 + F_2 + F_3 + \ldots = 1,$$

die unter der Kurve $y = \dfrac{1}{\sqrt{x}}$ nach (5)

$$\overline{F} = \overline{F}_1 + \overline{F}_2 + \overline{F}_3 + \ldots = \infty.$$

Wir ersehen daraus, daß eine Reihe mit unendlich vielen Gliedern, die beständig abnehmen, einen bestimmten Wert besitzen **kann**, aber nicht besitzen **muß**.

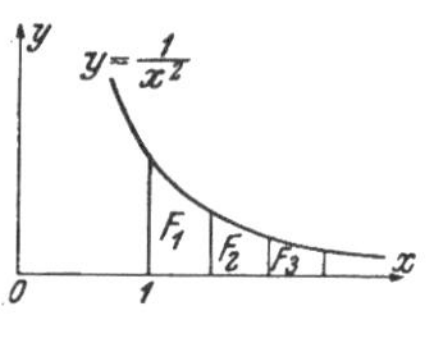

Abb. 183a.
$F_1 + F_2 + F_3 + \ldots$
ist konvergent.

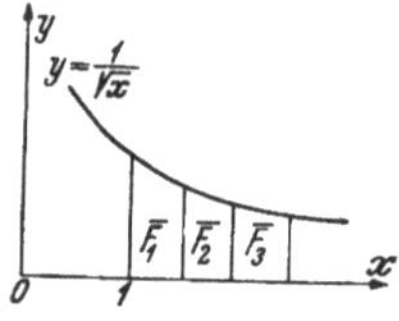

Abb. 183b.
$\overline{F}_1 + \overline{F}_2 + \overline{F}_3 + \ldots$
ist divergent.

Diese Beobachtung wird uns im nächsten Kapitel von Nutzen sein.

Man nennt eine Reihe, deren Summe einen bestimmten endlichen Wert besitzt, *konvergent*, im andern Fall *divergent* und überträgt diese Bezeichnung auch auf Integrale von der Form, wie wir sie in dieser Nummer betrachtet haben und die man *uneigentliche Integrale* nennt. *Man versteht darunter solche Integrale, bei welchen entweder der Integrand an einer der beiden Grenzen über alle Maßen groß wird oder eine der beiden Grenzen unendlich wird*[1]. *Hat ein solches Integral einen bestimmten endlichen Wert, so nennt man es konvergent, sonst divergent.*

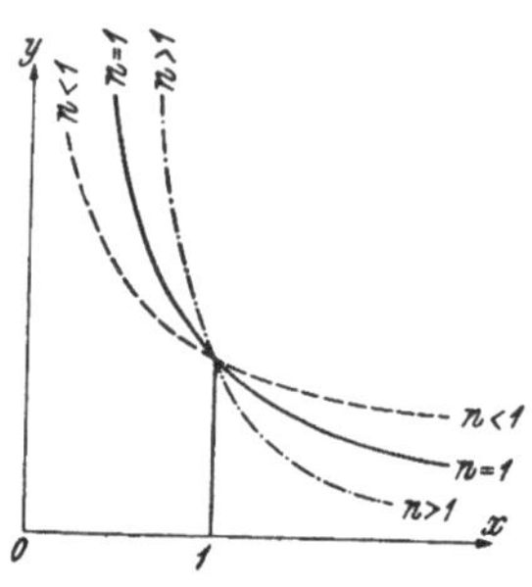

Abb. 184. Die typischen Bilder der Funktion
$$y = \frac{1}{x^n} \ (n > 0).$$

In Abb. 184 sind die typischen Bilder der Kurve $y = \dfrac{1}{x^n}$ für $n \lessgtr 1$ gezeichnet. Sie lassen erkennen, daß die Konvergenz oder Divergenz der uneigentlichen Integrale (2) und (3) von der schnelleren oder langsameren Annäherung der Kurve an die Asymptoten abhängt und veranschaulicht die in (2) und (3) aufgestellten Konvergenzbedingungen $n < 1$ bzw. $n > 1$ in einprägsamer Form.

3. Produktintegration. Während in der Differentialrechnung die Kenntnis von gewissen Formeln und Regeln genügt, um das rechnungsmäßige Differenzieren zu beherrschen, sind die Verhältnisse in der Integralrechnung weit verwickelter. Dem Ziele dieses Buches entsprechend, den Studierenden mit sparsamsten Mitteln auf eine

---

[1] Es kann auch die eine Grenze $-\infty$, die andere $+\infty$ sein.

angemessene Stufe zu führen, soll er nur mit jenen Integrations-
methoden vertraut gemacht werden, die er für die auf dieser Stufe
in Betracht kommenden Anwendungen benötigt.[1]

Wir gehen zunächst von der Formel (1*) in § 20

$$d\,(uv) = u\,dv + v\,du$$

aus. Integriert man diese Gleichung beiderseits, so erhält man

$$uv = \int u\,dv + \int v\,du$$

oder

$$\boxed{\int u\,dv = uv - \int v\,du}. \tag{6}$$

Diese Formel, die unter dem Namen *Produkt-* oder auch *Teilinte-
gration* bekannt ist, ist keineswegs auf jedes Produkt anwendbar,
es ist auch nicht möglich, den Anwendungsbereich von vornherein
in übersichtlicher Weise zu umgrenzen, nur durch Übung erzielt
man mit der Zeit einen gewissen Überblick. Wir lassen einige Beispiele folgen.

1. Beispiel: Gesucht $\int \ln x\,dx$.
Um die Übereinstimmung mit Formel (6) herzustellen, setzen wir

$$\ln x = u, \quad dx = dv.$$

Aus diesem Ansatz folgt

$$du = \frac{1}{x}\,dx, \quad v = x.$$

Die Anwendung von (6) auf unser Integral ergibt

$$\int \ln x\,dx = x \cdot \ln x - \int x \cdot \frac{1}{x}\,dx = x \cdot \ln x - x + C.$$

2. Beispiel: $\int x^2 \sin x\,dx = ?$
Wir setzen analog dem vorigen Beispiel

$$x^2 = u, \quad \sin x\,dx = dv,$$
$$du = 2\,x\,dx, \quad v = -\cos x,$$

somit

$$\int x^2 \sin x\,dx = -x^2 \cos x + 2 \int x \cos x\,dx.$$

Es scheint zunächst, als hätten wir nichts erreicht, weil das Integral
auf der rechten Seite kein Grundintegral ist; aber einen gewissen
Fortschritt können wir doch feststellen: der Grad des ersten Faktors
hat sich um 1 erniedrigt, so daß wir bei neuerlicher Anwendung
der Formel (6) eine weitere Erniedrigung des Grades zu erwarten
haben. Wir setzen also

$$x = u, \quad \cos x\,dx = dv,$$
$$du = dx, \quad v = \sin x$$

---

[1] Eine zusammenfassende Darstellung findet man in *W. Gröbner* und
N. Hofreiter, Integraltafel, Springer-Verlag, Wien, 1949.

und erhalten

$$\int x \cos x \, dx = x \sin x - \int \sin x \, dx,$$

womit wir unser Ziel, auf ein Grundintegral zu stoßen, erreicht haben. Das ursprüngliche Integral hat demnach den Wert

$$\int x^2 \sin x \, dx = - x^2 \cos x + 2 x \sin x + 2 \cos x + C.$$

3. Beispiel: $\int \cos^2 x \, dx = \, ?$

Wir setzen

$$\cos x = u, \quad \cos x \, dx = dv,$$
$$du = - \sin x, \quad v = \sin x.$$

Daher

$$\int \cos^2 x \, dx = \sin x \cdot \cos x + \int \sin^2 x \, dx.$$

Auch hier scheint zunächst kein Fortschritt erzielt zu sein. Schreiben wir aber in dem rechten Integral $1 - \cos^2 x$ an Stelle von $\sin^2 x$, so erhalten wir

$$\int \cos^2 x \, dx = \sin x \cdot \cos x + \int dx - \int \cos^2 x \, dx.$$

Das ist eine Gleichung mit der Unbekannten $\int \cos^2 x \, dx$, nach der sie aufgelöst werden kann. Es ergibt sich

$$2 \int \cos^2 x \, dx = \sin x \cdot \cos x + x$$

und daraus

$$\int \cos^2 x \, dx = \frac{1}{2} (x + \sin x \cdot \cos x) + C$$

in Übereinstimmung mit dem auf S. 84 auf kürzerem Wege gefundenen Resultat.

4. Beispiel: $\int\limits_0^1 x \, e^x \, dx = \, ?$

$$x = u, \quad e^x \, dx = dv,$$
$$du = dx, \quad v = e^x,$$
$$\int\limits_0^1 x \, e^x \, dx = x \, e^x \Big|_0^1 - \int\limits_0^1 e^x \, dx = e - e^x \Big|_0^1 = 1.$$

4. Integration durch Substitution. Läßt sich ein Integral auf die Form bringen

$$\int f(u) \cdot u' \, dx, \tag{7}$$

worin u eine Funktion von x bedeutet, so kann nach Ersatz von $u' \, dx$ durch du (vgl. die Kettenregel und den Satz von der Invarianz des Differentials auf S. 162) das Integral

$$\int f(u) \, du \tag{7*}$$

geschrieben werden. Ist $f(u)$ eine Funktion, die wir integrieren können, so ist die Aufgabe gelöst. Die folgenden Beispiele werden rascher als eingehende Erklärungen diese Methode verständlich machen.

1. **Beispiel:** $\int e^{-ax}\, dx = ?$

Wir setzen $-ax = u$, so daß in diesem Fall $f(u) = e^u$ ist; es müßte nun noch der Faktor $u' = -a$ vorkommen, um eine Übereinstimmung mit Form (7) feststellen zu können. Das ist aber leicht zu erzielen, weil $-a$ konstant ist:

$$\int e^{-ax}\, dx = -\frac{1}{a} \int e^{-ax} \cdot -a \cdot dx =$$
$$= -\frac{1}{a} \int e^u\, du = -\frac{1}{a} e^u = -\frac{1}{a} e^{-ax} + C.$$

Auf genau demselben Weg findet man mittels $\omega t + \varphi = u$:

$$\int \sin(\omega t + \varphi)\, dt = -\frac{1}{\omega} \cos(\omega t + \varphi) + C.$$

2. **Beispiel:** $\int \sin^2 x \cos x\, dx = ?$

Setzen wir $u = \sin x$, so ist $f(u) = u^2$ und $du = \cos x\, dx$; das Integral nimmt durch diese Substitution die Form (7*) an und wir erhalten

$$\int \sin^2 x \cos x\, dx = \int u^2\, du = \frac{1}{3} u^3 = \frac{1}{3} \sin^3 x + C.$$

3. **Beispiel:** $\int \frac{\varphi'(x)}{\varphi(x)}\, dx = ?$

Setzt man hier $\varphi(x) = u$, so ist $du = \varphi'(x)\, dx$ und unser Integral hat die Form (7*) mit $f(u) = \frac{1}{u}$. Daher wird

$$\int \frac{\varphi'(x)}{\varphi(x)}\, dx = \int \frac{du}{u} = \ln u = \ln \varphi(x) + C.$$

In Worten: *Ist in einem Bruch der Zähler die Ableitung des Nenners, so ergibt das Integral dieses Ausdruckes den natürlichen Logarithmus des Nenners.*

Z. B. $\quad\displaystyle \int \frac{dx}{a - bx} = -\frac{1}{b} \int \frac{-b\, dx}{a - bx} = -\frac{1}{b} \ln(a - bx) + C.$

Oder

$$\int \operatorname{tg} x\, dx = -\int \frac{-\sin x}{\cos x}\, dx = -\ln \cos x + C.$$

4. **Beispiel:** Es soll die Fläche unter der Kurve $y = \dfrac{1}{a^2 + x^2}$ von $x = 0$ bis $x = a$ ermittelt werden (Abb. 185).

$$F = \int_0^a \frac{dx}{a^2 + x^2} = \frac{1}{a^2} \int_0^a \frac{dx}{1 + \left(\dfrac{x}{a}\right)^2}.$$

Für $u = \dfrac{x}{a}$ erhalten wir $du = \dfrac{1}{a}\,dx$. Werden diese Werte oben eingeführt, so ist zu beachten, daß die neue Integrationsvariable u heißt und daß daher die Integrationsgrenzen dementsprechend zu ändern sind. (Vor diesem beliebten Anfängerfehler, die Änderung zu übersehen, sei ausdrücklich gewarnt; vgl. auch § 14, 1.)

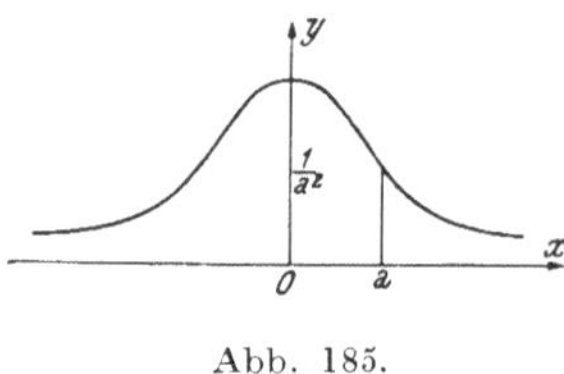

Abb. 185.

Für $x = 0$ ist $u = 0$,
„ $x = a$ „ $u = 1$,

wie aus der Gleichung $u = \dfrac{x}{a}$ folgt.

Man erhält daher

$$F = \frac{1}{a} \int\limits_0^1 \frac{du}{1 + u^2} = \frac{1}{a}\,\text{arc tg}\,u\ \Big|_0^1 = \frac{\pi}{4\,a}.^{[1]}$$

Auf ganz ähnliche Weise findet man

$$\int \frac{dx}{\sqrt{a^2 - x^2}} = \text{arc sin}\ \frac{x}{a} + C.$$

Dieses Integral hätte man auch mit **Hilfe** der Substitution $x = a \sin u$ vereinfachen können. Setzt man diesen Ausdruck mit dem daraus folgenden $dx = a \cos u\,du$ in das obige Integral ein, so erhält man

$$\int \frac{dx}{\sqrt{a^2 - x^2}} = \int \frac{a \cos u\,du}{\sqrt{a^2 - a^2 \sin^2 u}} = \int du = u.$$

Um dieses Resultat wieder durch x auszudrücken, berechnet man u aus $x = a \sin u$ und findet $u = \text{arc sin}\ \dfrac{x}{a}$, was mit dem obigen Ergebnis übereinstimmt.

Für Substitutionen solcher Art, die eine Erweiterung unserer ursprünglichen Ausführungen darstellen, sind auch die hyperbolischen Funktionen sehr geeignet; wir bringen ein Beispiel hiezu.

5. **Beispiel:** $\displaystyle\int \frac{dx}{\sqrt{x^2 - a^2}} = ?$

Wir setzen $x = a\,\mathfrak{Cof}\,u$, $dx = a\,\mathfrak{Sin}\,u\,du$ und erhalten mit Hilfe der Beziehungen zwischen den hyperbolischen Funktionen (§ 23)

$$\int \frac{dx}{\sqrt{x^2 - a^2}} = \int \frac{a\,\mathfrak{Sin}\,u\,du}{\sqrt{a^2\,\mathfrak{Cof}^2\,u - a^2}} = \int \frac{\mathfrak{Sin}\,u\,du}{\sqrt{\mathfrak{Cof}^2\,u - 1}} = \int du = u.$$

$^{[1]}\ \displaystyle\int\limits_0^\infty \frac{du}{1 + u^2} = \frac{\pi}{2},\ \int\limits_{-\infty}^{+\infty} \frac{du}{1 + u^2} = \pi$: vgl. Gleichung (3), S. 207.

Aus $x = a \, \mathfrak{Cos} \, u$ findet man (§ 24, 3, Gl. (2))

$$u = \mathfrak{Ar} \, \mathfrak{Cos} \, \frac{x}{a} = \ln \left(\frac{x}{a} \pm \sqrt{\frac{x^2}{a^2} - 1} \right).$$

Von den beiden Vorzeichen kommt hier nur das positive in Frage, weil wir auch beim Integranden das positive Vorzeichen voraussetzen. Somit ist

$$\int \frac{dx}{\sqrt{x^2 - a^2}} = \ln \frac{x + \sqrt{x^2 - a^2}}{a} + C' = \ln \left(x + \sqrt{x^2 - a^2} \right) + C.$$

5. Zerlegung in Partialbrüche. Häufig treten Integrale von der Form

$$\int \frac{a \, x + b}{(x - p)(x - q)} \, dx$$

auf. In einem solchen Fall zerlegt man den Integranden in *Partialbrüche*, d. h. man bringt

$$\frac{a \, x + b}{(x - p)(x - q)} \quad \text{auf die Form} \quad \frac{P}{x - p} + \frac{Q}{x - q}.$$
$$(P, \ Q \text{ konstante Zahlen.})$$

Wie diese Zerlegung durchzuführen ist, zeigen wir an einem Beispiel. Es sei

$$\int \frac{3 \, x - 1}{(x - 2)(x + 3)} \, dx$$

zu berechnen. Wir setzen

$$\frac{3 \, x - 1}{(x - 2)(x + 3)} = \frac{P}{x - 2} + \frac{Q}{x + 3}$$

und befreien die Gleichung von Brüchen:

$$3 \, x - 1 = P(x + 3) + Q(x - 2)$$

oder

$$x(P + Q) + 3 \, P - 2 \, Q = 3 \, x - 1.$$

Soll der Ausdruck auf der linken Seite mit dem auf der rechten identisch sein, d. h. der Koeffizient von x und das absolute Glied beiderseits einander gleich sein, so muß

$$P + Q = 3 \quad \text{und} \quad 3 \, P - 2 \, Q = -1 \quad \text{sein.}$$

Aus diesen beiden Gleichungen findet man

$$P = 1 \quad \text{und} \quad Q = 2.$$

Daher ist

$$\frac{3 \, x - 1}{(x - 2)(x + 3)} = \frac{1}{x - 2} + \frac{2}{x + 3}$$

und

$$\int \frac{3\,x-1}{(x-2)\,(x+3)}\,dx = \int \frac{dx}{x-2} + 2 \int \frac{dx}{x+3} =$$
$$= \ln\,(x-2) + 2\ln\,(x+3) + C.$$

Sind die beiden Größen p und q einander gleich, so lautet die Zerlegung:

$$\frac{a\,x+b}{(x-p)^2} = \frac{P}{(x-p)^2} + \frac{Q}{x-p}.$$

Es liege z. B. das Integral

$$\int \frac{x\,dx}{(x-4)^2}$$

vor. Wir machen den Ansatz

$$\frac{x}{(x-4)^2} = \frac{P}{(x-4)^2} + \frac{Q}{x-4}$$

und erhalten nach Multiplikation mit $(x-4)^2$:

$$x = P + Q\,(x-4)$$

oder

$$Q\,x + P - 4\,Q = x,$$

woraus die beiden Gleichungen

$$Q = 1 \quad \text{und} \quad P - 4\,Q = 0$$

folgen, so daß $P = 4$ ist.

Daher ist

$$\frac{x}{(x-4)^2} = \frac{4}{(x-4)^2} + \frac{1}{x-4}$$

und

$$\int \frac{x\,dx}{(x-4)^2} = 4 \int \frac{dx}{(x-4)^2} + \int \frac{dx}{x-4} = - \frac{4}{x-4} + \ln\,(x-4) + C.$$

Zur Berechnung des ersten Integrals nach dem Gleichheitszeichen braucht man nur $x-4 = u$ zu setzen, womit man $4 \int u^{-2}\,du$ erhält.

6. Übungen. 1. Man berechne folgende Integrale mittels Produktintegration:

a) $\int x \sin x\,dx$;   **b)** $\int x \ln x\,dx$;   **c)** $\int x^2\,e^x\,dx$;   **d)** $\int_0^1 x\,a^{-x}\,dx$;   **e)** $\int \operatorname{arctg} x\,dx$;

f) $\int \operatorname{arc\,sin} x\,dx$;   **g)** $\int e^{a\,x} \cos b\,x\,dx$;   **h)** $\int e^{a\,x} \sin b\,x\,dx$.

Lösungen: (Die Integrationskonstante ist überall weggelassen.)

a) $- x \cos x + \sin x$;   **b)** $\frac{x^2}{2} \ln x - \frac{x^2}{4}$;   **c)** $(x^2 - 2\,x + 2)\,e^x$;

d) $-\left(\frac{1}{a \ln a} + \frac{1-a}{a\,(\ln a)^2} \right)$;   **e)** $x \operatorname{arctg} x - \frac{1}{2} \ln\,(1 + x^2)$;

f) $x \operatorname{arc\,sin} x + \sqrt{1 - x^2}$;   **g)** $\frac{e^{ax}}{a^2 + b^2}\,(a \cos b\,x + b \sin b\,x)$;

h) $\frac{e^{ax}}{a^2 + b^2}\,(a \sin b\,x - b \cos b\,x)$. Zu **g)** und **h)** vgl. § 32, 3.

2. Auf folgende Integrale ist die Substitutionsmethode anzuwenden:

a) $\int \dfrac{dx}{\sqrt{a + bx}}$;　**b)** $\int (a - bx)^n \, dx$;　**c)** $\int \sin(a - b\varphi) \, d\varphi$;

d) $\int \dfrac{d\varphi}{\cos^2(\omega\varphi + a)}$;　**e)** $\int \dfrac{dt}{\sin^2\left(\dfrac{\pi}{3} - kt\right)}$;　**f)** $\int e^{-at + b} \, dt$;

g) $\displaystyle\int_0^{\frac{\pi}{2}} \cos^n x \sin x \, dx$;　**h)** $\int \dfrac{x}{a^2 - x^2} \, dx$;　**i)** $\int \dfrac{x^2 - 2x + 3}{x^3 - 3x^2 + 9x - 1} \, dx$;

k) $\int \dfrac{\cos x \, dx}{a + b \sin x}$;　**l)** $\int \sin^3 x \, dx$;　**m)** $\int \dfrac{dx}{\sin x}$;　**n)** $\displaystyle\int_0^{\frac{\pi}{6}} \dfrac{dx}{\cos x}$;

o) $\int x \sqrt{x^2 - a^2} \, dx$;　**p)** $\displaystyle\int_0^a \dfrac{x \, dx}{\sqrt{a^2 + x^2}}$;　**q)** $\int \dfrac{dx}{\sqrt{a^2 + x^2}}$;

r) $\int \sqrt{a^2 - x^2} \, dx$;　**s)** $\int \sqrt{x^2 - a^2} \, dx$;　**t)** $\int \sqrt{x^2 + a^2} \, dx$.

Lösungen:　**a)** $\dfrac{2}{b}\sqrt{a + bx}$;　**b)** $-\dfrac{(a - bx)^{n+1}}{b(n + 1)}$;

c) $\dfrac{1}{b}\cos(a - b\varphi)$;　**d)** $\dfrac{1}{\omega}\operatorname{tg}(\omega\varphi + a)$;　**e)** $\dfrac{1}{k}\operatorname{ctg}\left(\dfrac{\pi}{3} - kt\right)$;

f) $-\dfrac{1}{a}e^{-at + b}$;　**g)** $\dfrac{1}{n + 1}$;　**h)** $-\dfrac{1}{2}\ln(a^2 - x^2)$;

i) $\ln \sqrt[3]{x^3 - 3x^2 + 9x - 1}$;　**k)** $\dfrac{1}{b}\ln(a + b \sin x)$;

l) $\int \sin^3 x \, dx = \int (1 - \cos^2 x) \sin x \, dx = -\cos x + \dfrac{1}{3}\cos^3 x$;

m) $\int \dfrac{dx}{\sin x} = \int \dfrac{dx}{2 \sin \dfrac{x}{2} \cos \dfrac{x}{2}} = \dfrac{1}{2} \int \dfrac{\dfrac{dx}{\cos^2 \dfrac{x}{2}}}{\operatorname{tg} \dfrac{x}{2}} = \ln \operatorname{tg} \dfrac{x}{2}$;

n) $\ln \operatorname{tg}\left(\dfrac{x}{2} + \dfrac{\pi}{4}\right)\Big|_0^{\frac{\pi}{6}} = \ln \sqrt{3}$ $\left(\text{man ersetze } \cos x \text{ durch } \sin\left(x + \dfrac{\pi}{2}\right)\right)$;

o) $\dfrac{1}{3}(x^2 - a^2)^{\frac{3}{2}}$;　**p)** $a(\sqrt{2} - 1)$;　**q)** $\ln(x + \sqrt{a^2 + x^2})$ (Subst.: $x = a \operatorname{\mathfrak{Sin}} u$);

r) $\dfrac{x}{2}\sqrt{a^2 - x^2} + \dfrac{a^2}{2}\arcsin\dfrac{x}{a}$ (Subst.: $x = a \sin u$);

s) $\dfrac{x}{2}\sqrt{x^2 - a^2} - \dfrac{a^2}{2}\ln(x + \sqrt{x^2 - a^2})$ (Subst.: $x = a \operatorname{\mathfrak{Cof}} u$);

t) $\dfrac{x}{2}\sqrt{x^2 + a^2} + \dfrac{a^2}{2}\ln(x + \sqrt{x^2 + a^2})$ (Subst.: $x = a \operatorname{\mathfrak{Sin}} u$).

3. Folgende Integrale sind mittels Partialbruchzerlegung auszuwerten:

$$\textbf{a)}\ \int \frac{x\,dx}{(1-x)(x-2)}; \quad \textbf{b)}\ \int \frac{dx}{a^2-x^2}; \quad \textbf{c)}\ \int_1^2 \frac{dx}{x^2+x};$$

$$\textbf{d)}\ \int \frac{4x-3}{(x+1)^2}; \quad \textbf{e)}\ \int \frac{x+a}{x^2-2ax+a^2}\,dx; \quad \textbf{f)}\ \int \frac{dx}{x^2+5x+6}.$$

Lösungen: **a)** $\ln(x-1)-2\ln(x-2)$; **b)** $\dfrac{1}{2a}\ln\dfrac{a+x}{a-x}$;

c) $\ln\dfrac{4}{3}$; **d)** $\dfrac{7}{x+1}+4\ln(x+1)$; **e)** $\dfrac{-2a}{x-a}+\ln(x-a)$;

f) $\ln\dfrac{x+2}{x+3}$ $\left(\text{man zerlege } x^2+5x+6 \text{ in } (x+2)(x+3)\right).$

4. Gegeben: **a)** $y=\operatorname{ctg}\left(x+\dfrac{\pi}{4}\right)$; **b)** $y=\ln\left(x+\dfrac{1}{2}\right).$ Man ermittle in beiden Fällen die Fläche zwischen Kurve und den Koordinatenachsen.

Lösungen: **a)** $0{\cdot}3466$; **b)** $-0{\cdot}1534$.

5. Man berechne die Bogenlänge der Kettenlinie $y=m\,\mathfrak{Cof}\,\dfrac{x}{m}$ von $x=0$ bis $x=x_1$.

Lösung: $s=\displaystyle\int_0^x \sqrt{1+\mathfrak{Sin}^2\dfrac{x}{m}}\,dx = m\,\mathfrak{Sin}\,\dfrac{x_1}{m}=\overline{OQ}$ in Abb. 158.

6. Es soll die mittlere Länge y_m aller positiven Ordinaten der Ellipse $b^2x^2+a^2y^2=a^2b^2$ bestimmt werden.

Lösung: $y_m=\dfrac{1}{2a}\displaystyle\int_{-a}^{+a} \dfrac{b}{a}\sqrt{a^2-x^2}\,dx=\dfrac{\pi}{4}b=0{\cdot}785\,b.$

7. Die Geschwindigkeit des Kreuzkopfes beim Kurbelgetriebe ist (vgl. Übung **14**, S. 167).

$$v=r\,\omega\left(\sin\vartheta+\frac{r\sin 2\vartheta}{2\sqrt{l^2-r^2\sin^2\vartheta}}\right).$$

Wie groß ist die mittlere Geschwindigkeit des Kreuzkopfes für das Intervall von $\vartheta=0$ bis $\vartheta=\pi$?

$$\text{Lösung: } v_m=\frac{r\,\omega}{\pi}\left(\int_0^\pi \sin\vartheta\,d\vartheta+\int_0^\pi \frac{r\sin\vartheta\cos\vartheta}{\sqrt{l^2-r^2\sin^2\vartheta}}\,d\vartheta\right).$$

Setzt man in dem zweiten Integral $\sqrt{l^2-r^2\sin^2\vartheta}=u$, so findet man, daß es den Wert 0 hat; daher ist $v_m=\dfrac{2r\,\omega}{\pi}$.

8. Ein trichterförmiges Gefäß (Kegel mit R als Radius und H als Höhe in cm, Abb. 186), das mit Flüssigkeit gefüllt ist, besitzt unten an der Spitze eine kleine Ausflußöffnung vom Querschnitt f cm². In welcher Zeit wird das Gefäß entleert sein, wenn von Widerständen und von der Einschnürung des ausfließenden Strahles abgesehen wird, wenn also für die Ausflußgeschwindigkeit v_a einer h cm hohen Flüssigkeitsmenge das *Torricellische* Gesetz $v_a=\sqrt{2\,gh}$ gilt? Wann wird die halbe Flüssigkeitsmenge ausgeflossen sein?

Lösung: In der kleinen Zeitspanne dt fließt die Flüssigkeitsmenge $dV = f v_a dt$ aus. Gleichzeitig nimmt die Flüssigkeitsmenge im Gefäß um dV ab, der Flüssigkeitsspiegel (Kreis mit dem Radius r) sinkt mit der Geschwindigkeit v, so daß dV auch gleich sein muß $r^2 \pi v dt$. Es ist mithin $r^2 \pi v dt = f v_a dt$, woraus

$$v = \frac{f}{r^2 \pi} v_a$$

folgt. Nun ist $v = -\dfrac{dh}{dt}$, $r = \dfrac{R}{H} \cdot h$, wie man aus der Figur entnimmt; setzt man außerdem für v_a den Wert $\sqrt{2\,gh}$ in die obige Gleichung ein, so geht sie über in

$$-\frac{dh}{dt} = \frac{f H^2}{\pi R^2 h^2} \sqrt{2\,gh}$$

oder

$$-dh = \frac{f H^2 \sqrt{2\,g}}{\pi R^2} h^{-\frac{3}{2}} dt.$$

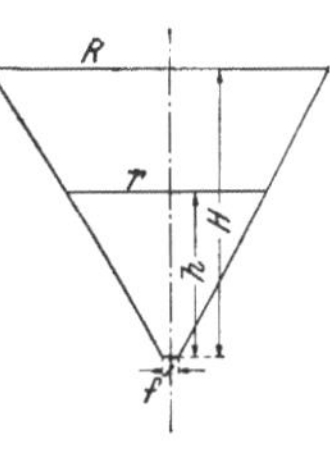

Abb. 186.

Trennt man in dieser Differentialgleichung die Variablen und integriert zwischen zusammengehörigen Grenzen, so erhält man

$$\int_0^T dt = -\int_H^0 \frac{\pi R^2}{f H^2 \sqrt{2\,g}} h^{\frac{3}{2}} dh,$$

woraus sich ergibt

$$T = \frac{2\pi R^2}{5 f H^2 \sqrt{2\,g}} h^{\frac{5}{2}} \Big|_0^H = \frac{2\pi R^2 \sqrt{H}}{5 f \sqrt{2\,g}} = 0{\cdot}0284\,\frac{R^2 \sqrt{H}}{f}\ \text{Sek.}$$

In Wirklichkeit kann die Zeitdauer der Entleerung fast das Doppelte erreichen.

Für die Höhe H_1 der halben Flüssigkeitsmenge gilt die Gleichung

$$\pi \left(\frac{R H_1}{H}\right)^2 \cdot \frac{H_1}{3} = \frac{1}{2}\,\pi R^2 \cdot \frac{H}{3}.$$

Daraus findet man $H_1 = \dfrac{H}{\sqrt[3]{2}}$. Mithin wird

$$T_1 = \frac{2\pi R^2}{5 f H^2 \sqrt{2\,g}} h^{\frac{5}{2}} \Big|_{\frac{H}{\sqrt[3]{2}}}^{H} = \frac{2\pi R^2 \sqrt{H}}{5 f \sqrt{2\,g}} \left(1 - \frac{1}{2^{\frac{5}{6}}}\right) = 0{\cdot}0124\,\frac{R^2 \sqrt{H}}{f}\ \text{Sek.}$$

9. Ein Körper von der Anfangstemperatur $\vartheta_0^{\,0}$ C befinde sich in einem Raum von der konstanten Temperatur $\vartheta_1^{\,0}$ C. Seine Abkühlungsgeschwindigkeit sei der Differenz aus seiner momentanen Temperatur ϑ und der Außentemperatur proportional. Es soll das Erkaltungsgesetz gefunden werden.

Lösung: Aus der Ansatzgleichung $\dfrac{d\vartheta}{dt} = -k(\vartheta - \vartheta_1)$ ergibt sich $\vartheta - \vartheta_1 = C\,e^{-kt}$. Die Anfangsbedingung $\vartheta = \vartheta_0$ für $t = 0$ liefert $C = \vartheta_0 - \vartheta_1$; daher ist $\vartheta = \vartheta_1 + (\vartheta_0 - \vartheta_1)\,e^{-kt}$.

10. Wenn zwei gelöste Stoffe chemisch aufeinander einwirken, so hängt die *Reaktionsgeschwindigkeit* von der Konzentration ab, d. i. von der Anzahl der Mole in 1 Liter. Es seien a Mole von einem Stoff A, b Mole von einem

Stoff B in je 1 Liter enthalten; zur Zeit t mögen sich x Mole von A mit x Molen von B vereinigt haben. Dann ist die momentane Reaktionsgeschwindigkeit $\dfrac{dx}{dt} = k\,(a - x)\,(b - x)$, also proportional dem Produkt der zur Zeit t noch vorhandenen Mole. Es soll t als Funktion von x dargestellt werden. Man zeige auch, daß sich das Resultat bei Vertauschung von a und b nicht ändert.

$$\text{Lösung: } t = \frac{1}{k\,(a - b)}\ln\frac{a - x}{b - x} + C.$$

Aus der Anfangsbedingung $x = 0$ für $t = 0$ findet man $C = -\dfrac{1}{k\,(a - b)}\ln\dfrac{a}{b}$.

11. Eine elektrische Ladung Q, die auf einer sehr kleinen Fläche verteilt ist, erzeugt bekanntlich in einem außerhalb befindlichen Punkt A dem sogenannten *Aufpunkt*, das *Potential* $\dfrac{Q}{r}$, wenn die gegenseitige Entfernung r ist. Welches Potential erzeugt eine geladene Kugel vom Radius R und der Flächendichte σ in einem Aufpunkt A, der die Entfernung r vom Kugelmittelpunkt besitzt? $(Q = 4\,R^2\,\pi\,\sigma.)$

Lösung: Wir zerlegen die Kugel in schmale Zonen dO (Abb. 187). Bezeichnen wir die Strecke $\overline{BC}$ mit h, so ist die Oberfläche der zu dieser Höhe h gehörigen Kappe $O = 2\,\pi\,R\,h = 2\,R^2\,\pi\,(1 - \cos\varphi)$, mithin $dO = 2\,R^2\,\pi\,\sin\varphi\,d\varphi$ (Ersatz der Funktionsdifferenz durch das Differential). Die auf ihr sitzende Ladung hat den Betrag $dQ = 2\,\pi\,R^2\,\sigma\,\sin\varphi\,d\varphi$ und erzeugt im Punkte A das Potential

$$d\,\Phi_A = \frac{2\,\pi\,R^2\,\sigma\,\sin\varphi\,d\varphi}{\varrho}.$$

Daher ist das Potential der ganzen Kugel

$$\Phi_A = \int\limits_{\varphi\,=\,0}^{\pi} \frac{2\,\pi\,R^2\,\sigma\,\sin\varphi\,d\varphi}{\varrho}.$$

Nun folgt aus dem $\Delta\,OAP$ nach dem Kosinussatz

$$\varrho^2 = R^2 + r^2 - 2\,R\,r\cos\varphi,$$

daher erhält man durch Differentiation

$$2\,\varrho\,d\varrho = 2\,R\,r\,\sin\varphi\,d\varphi.$$

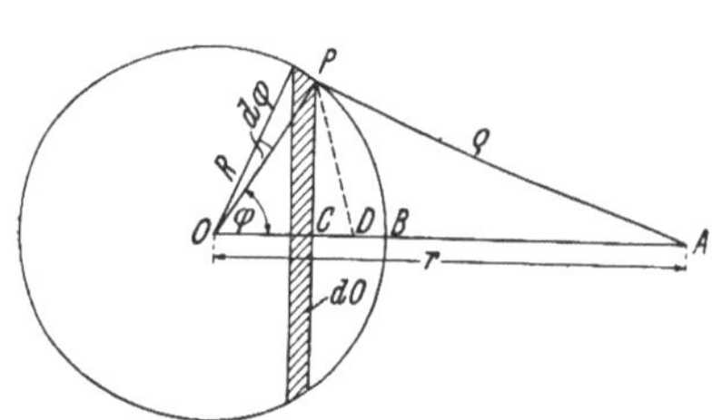
Abb. 187. Potential einer Kugel.

Setzt man in den Integralausdruck für Φ_A an Stelle von $R\sin\varphi\,d\varphi$ den aus dieser Gleichung sich ergebenden Wert $\dfrac{\varrho}{r}\,d\varrho$ ein, so ergibt sich

$$\Phi_A = \frac{2\,\pi\,R\,\sigma}{r}\int\limits_{\varrho\,=\,r\,-\,R}^{r\,+\,R} d\varrho = \frac{4\,\pi\,R^2\,\sigma}{r} = \frac{Q}{r}.$$

Dieses Ergebnis besagt: Das Potential einer geladenen Kugel auf einen außerhalb gelegenen Punkt A ist eben so groß, als ob die Gesamtladung im Kugelmittelpunkt vereinigt wäre.

Rückt der Punkt A in den Punkt B auf der Kugel, so erhält man Φ_B aus Φ_A, wenn man r durch R ersetzt, also $\Phi_B = 4\,\pi\,R\,\sigma$; es hat für jeden Punkt der Kugel denselben Wert.

Für einen Punkt D im Innern der Kugel gilt dieselbe Rechnung wie oben, es ändert sich nur die untere Grenze des letzten Integrals in $R - r$; somit wird $\Phi_D = 4\,\pi\,R\,\sigma = \Phi_B$.

Leitet man die Potentialfunktion $\dfrac{Q}{r}$, als Funktion von r betrachtet, nach r ab und multipliziert mit -1, so erhält man $\dfrac{Q}{r^2}$, das ist die auf den mit der Ladung 1 versehenen Aufpunkt ausgeübte Kraft[1]. Die Anwendung auf Φ_B oder Φ_D ergibt für die Ableitung den Wert 0, auf B oder D wird daher keine Kraft ausgeübt.

12. Wie groß ist das Potential einer Kreisscheibe vom Radius R, welche die Ladung $Q = R^2 \pi \sigma$ besitzt, im Aufpunkt A auf der zur Scheibe senkrecht stehenden Achse im Abstand r vom Scheibenmittelpunkt?

Lösung: $\Phi_A = 2 \pi \sigma (\sqrt{R^2 + r^2} - r)$. (Die Scheibe wird in konzentrische Kreisringe zerlegt.)

13. Ein biegsames und unausdehnbares Seil mit dem konstanten Querschnitt q und vom spez. Gewicht γ wird mit den Enden in zwei Punkten A und B aufgehängt und der Wirkung der Schwerkraft überlassen. Welche Kurvenform nimmt das Seil an? (Abb. 188.)

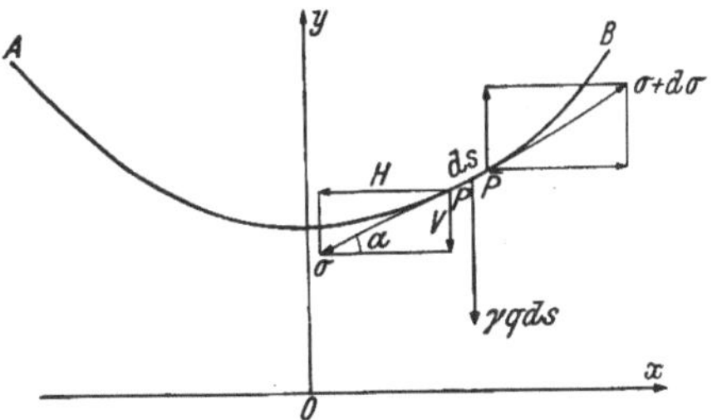

Abb. 188. Die Kettenlinie. Herleitung ihrer Gleichung.

Lösung: Denken wir uns das Seil an einer Stelle durchschnitten, so müßten dort tangential zwei entgegengesetzt gerichtete gleich große Kräfte angebracht werden, um das Gleichgewicht wieder herzustellen. Es herrschen somit an jeder Stelle des Seiles gewisse Spannungen. Schneiden wir ein Bogenelement $\overset{\frown}{P\overline{P}} = ds$ heraus, so herrscht in P tangential eine Spannung σ und in $\overline{P}$ eine davon etwas verschiedene Spannung $\sigma + d\sigma$.

Die Kraft $S = q \sigma$ im Punkt P hat die

      Horizontalkomponente $- q \sigma \cos \alpha$ und die
      Vertikalkomponente $- q \sigma \sin \alpha$.

Die Kraft $S + dS = q(\sigma + d\sigma)$ im Punkt $\overline{P}$ hat die

      Horizontalkomponente $q \sigma \cos \alpha + d(q \sigma \cos \alpha)$ und die
      Vertikalkomponente $q \sigma \sin \alpha + d(q \sigma \sin \alpha)$.

Außerdem wirkt noch auf das Bogenelement ds die vertikale Schwerkraft $- \gamma\, qds$.

---

[1] In der Potentialtheorie wird das Potential geradezu als jene Funktion definiert, deren negative Ableitung nach r die in die Richtung von r fallende Kraftkomponente P ergibt. Umgekehrt gelangt man durch Integration von Pdr längs r zu der von oder gegen P geleisteten Arbeit und damit zum Begriff der Potentialdifferenz. Wird z. B. ein Körper von der Masse m um h gehoben, so hat das Potential der Schwerkraft (potentielle Energie) den Wert mgh; die Schwerkraft selbst ist die negative Ableitung nach h, d. i. $- mg$. Oder die potentielle Energie einer gespannten Feder ist $\dfrac{k\, l^2}{2}$ (§ 14, 4.), die negative Ableitung $- k\, l$ ist die Federkraft.

Im Gleichgewichtsfalle muß die Summe der Horizontal- und die Summe der Vertikalkomponenten verschwinden. Es ergeben sich somit folgende Gleichungen:

$$d\,(q\,\sigma\cos a) = 0 \tag{1}$$
$$d\,(q\,\sigma\sin a) - \gamma\,q\,ds = 0.$$

Die konstante Größe q fällt aus den beiden Gleichungen heraus, die Kurvenform ist daher vom Querschnitt unabhängig.

Aus der ersten der beiden Gleichungen folgt

$$\sigma\cos a = H, \tag{2}$$

wobei H eine Konstante ist, denn nur von einer Konstanten ist die Ableitung und daher auch das Differential Null. Die Horizontalkomponente H hat infolgedessen in jedem Kurvenpunkt denselben Wert.

Ersetzen wir in der zweiten Gleichung von (1) $\sin a$ durch $\cos a \cdot \operatorname{tg} a$, so erhalten wir

$$d\,(\sigma\cos a \cdot \operatorname{tg} a) = \gamma\,ds. \tag{3}$$

Hier kann man $\sigma\cos a$ wegen (2) durch H ersetzen, für $\operatorname{tg} a$ kann man y' schreiben, wenn $y = f(x)$ die gesuchte Kurvengleichung ist, und an Stelle von ds kann man $\sqrt{1 + y'^2}\,dx$ einführen. Damit geht (3) über in

$$d\,(Hy') = \gamma\,\sqrt{1 + y'^2}\,dx. \tag{4}$$

Schreiben wir für y', das eine Funktion von x ist, den Buchstaben z, so erhalten wir nach Trennung der Variablen

$$\frac{H\,dz}{\sqrt{1 + z^2}} = \gamma\,dx.$$

Die Integration führen wir mittels der Substitution $z = \mathfrak{Sin}\,u$ durch und bekommen nach § 24, 3.

$$\mathfrak{Ar}\,\mathfrak{Sin}\,z = \frac{\gamma}{H}\,x + C,$$

oder, wenn wir z wieder durch y' ersetzen,

$$y' = \mathfrak{Sin}\left(\frac{\gamma}{H}\,x + C\right).$$

Wird die y-Achse so gelegt, daß in ihrem Schnittpunkt mit der Kurve die Tangente horizontal verläuft, so ist

$$y' = 0 \quad \text{für } x = 0, \quad \text{daher } C = 0.$$

Integrieren wir nun $y' = \mathfrak{Sin}\,\dfrac{\gamma}{H}\,x$, so erhalten wir für $\dfrac{\gamma}{H} = \dfrac{1}{m}$:

$$y = m\,\mathfrak{Cof}\,\frac{x}{m},$$

wenn die x-Achse so gelegt wird, daß die Kurve auf der y-Achse das Stück m abschneidet. Das ist die von uns schon mehrmals verwendete Gleichung der Kettenlinie. In der *Variationsrechnung* wird gezeigt, daß bei dieser Kurvenform der Schwerpunkt am tiefsten liegt entsprechend dem *Dirichletschen* Prinzip, nach welchem eine stabile Gleichgewichtslage durch ein Minimum der potentiellen Energie gekennzeichnet ist.

Ist die Kurve sehr flach, so kann man in Gleichung (4) y'^2 wegen seiner Kleinheit vernachlässigen und erhält

$$d\,(Hy') = \gamma\,dx, \tag{5}$$

nach einmaliger Integration

$$y' = \frac{\gamma}{H}\,x + C_1$$

und nach nochmaliger Integration

$$y = \frac{\gamma}{2\,H}\,x^2 + C_1\,x + C_2,$$

also eine Parabel (Durchhangsparabel).

Gleichung (5) ergibt sich exakt in dem Fall, daß das Seil einer Belastung unterworfen ist, die sich auf seine Horizontalprojektion gleichmäßig verteilt (z. B. bei einer Hängebrücke). Denn ist die auf das Bogenelement ds wirkende Vertikalkraft gleich $k\,q\,dx$ ($dx =$ Projektion von ds), so resultiert die Parabel $y = \dfrac{k}{2\,H}\,x^2$, wenn das Achsenkreuz entsprechend gewählt wird. H läßt sich aus der Pfeilhöhe und der Entfernung der beiden Aufhängepunkte leicht berechnen.

Diese Parabel und die Kettenlinie spielen auch in der Gewölbetheorie eine gewisse Rolle, natürlich kehren sie dort ihre hohle Seite nach unten.

IV. Reihenentwicklungen.

§ 28. Der binomische Lehrsatz.

1. Entwicklung von $(1 + x)^n$. Aus

$$(1 + x)^2 = 1 + 2\,x + x^2,$$
$$(1 + x)^3 = 1 + 3\,x + 3\,x^2 + x^3,$$

$$\dotfill$$

schließen wir, daß für ein ganzzahliges positives n die Entwicklung

$$(1 + x)^n = 1 + a_1\,x + a_2\,x^2 + a_3\,x^3 + a_4\,x^4 + \ldots + x^n \qquad (1)$$

mit vorläufig noch unbekannten Koeffizienten a_1, a_2, $\ldots\ldots$ gelten wird.

Um diese Koeffizienten zu bestimmen, leiten wir die Gleichung (1) ab:

$$n\,(1 + x)^{n-1} = a_1 + 2\,a_2\,x + 3\,a_3\,x^2 + 4\,a_4\,x^3 + \ldots\ldots$$

Diese Gleichung muß für jedes x, also auch für $x = 0$ gelten. Damit ergibt sich

$$a_1 = \frac{n}{1}.$$

Leiten wir neuerlich ab:

$$n\,(n - 1)\,(1 + x)^{n-2} = 2\,a_2 + 3 \cdot 2\,a_3\,x + 4 \cdot 3\,a_4\,x^2 + \ldots\ldots,$$

so erhalten wir für $x = 0$:

$$a_2 = \frac{n\,(n - 1)}{1 \cdot 2}.$$

Nach nochmaliger Ableitung ergibt sich

$$n\,(n - 1)\,(n - 2)\,(1 + x)^{n-3} = 3 \cdot 2\,a_3 + 4 \cdot 3 \cdot 2\,a_4\,x + \ldots\ldots,$$

woraus durch Nullsetzen von x

$$a_3 = \frac{n\,(n-1)\,(n-2)}{1\cdot 2\cdot 3}$$

folgt. Durch Fortsetzung des Verfahrens finden wir mit Hilfe der k^{ten} Ableitung von (1):

$$a_k = \frac{n\,(n-1)\,(n-2)\ldots\ldots(n-k+1)}{1\cdot 2\cdot 3\ldots\ldots k}.$$

Man nennt diese Koeffizienten a_1, a_2, $\ldots\ldots$ *Binomialkoeffizienten* und bezeichnet $\dfrac{n\,(n-1)\,(n-2)\ldots\ldots(n-k+1)}{1\cdot 2\cdot 3\ldots\ldots k}$ kurz mit $\binom{n}{k}$. (Lies: „n über k".)

Der letzte von ihnen lautet

$$\binom{n}{n} = \frac{n\,(n-1)\,(n-2)\ldots\ldots\ldots 2\cdot 1}{1\cdot 2\ldots\ldots\ldots(n-1)\,n}$$

und hat tatsächlich den Wert 1.

Setzt man die eben gefundenen Koeffizienten in (1) ein, so erhält man

$$(1+x)^n = 1 + \frac{n}{1}\,x + \frac{n\,(n-1)}{1\cdot 2}\,x^2 + \frac{n\,(n-1)\,(n-2)}{1\cdot 2\cdot 3}\,x^3 + \ldots + x^n,$$

oder kürzer geschrieben:

$$\boxed{(1+x)^n = 1 + \binom{n}{1}\,x + \binom{n}{2}\,x^2 + \binom{n}{3}\,x^3 + \ldots\ldots\ldots + x^n}.$$

Für $x = \dfrac{b}{a}$ geht diese Gleichung nach Befreiung von Brüchen über in:

$$\boxed{(a+b)^n = a^n + \binom{n}{1}\,a^{n-1}\,b + \binom{n}{2}\,a^{n-2}\,b^2 + \ldots\ldots + b^n}.$$

Das ist der *binomische Lehrsatz*.

Beispiel: $(a-b)^5 = a^5 - \binom{5}{1}\,a^4\,b + \binom{5}{2}\,a^3\,b^2 - \binom{5}{3}\,a^2\,b^3 +$
$+ \binom{5}{4}\,a\,b^4 - b^5 = a^5 - 5\,a^4\,b + 10\,a^3\,b^2 - 10\,a^2\,b^3 + 5\,a\,b^4 - b^5.$
(Ersatz von b durch $-b$.)

2. Das Pascalsche Dreieck. Zwischen den Binomialkoeffizienten besteht die Beziehung

$$\binom{n}{k} + \binom{n}{k+1} = \binom{n+1}{k+1}.$$

Tatsächlich ist

$$\binom{n}{k} + \binom{n}{k+1} = \frac{n\,(n-1)\ldots\ldots(n-k+1)}{1\cdot 2\ldots\ldots k} + \frac{n\,(n-1)\ldots\ldots(n-k)}{1\cdot 2\ldots\ldots(k+1)} =$$

$$= \frac{(n\,(n-1)\ldots\ldots(n-k+1))\,(k+1) + n\,(n-1)\ldots\ldots(n-k)}{1\cdot 2\ldots\ldots k\,(k+1)}.$$

Hebt man aus den beiden Gliedern im Zähler $n\,(n-1)\ldots(n-k+1)$ heraus, so erhält man

$$\frac{[n(n-1)\ldots(n-k+1)]\,(k+1+n-k)}{1\cdot 2\ldots.(k+1)} = \frac{(n+1)\,n\ldots.(n-k+1)}{1\cdot 2\ldots.(k+1)} =$$

$$= \binom{n+1}{k+1},$$

womit unsere Behauptung bewiesen ist.

Aus dieser Beziehung möge der Studierende selbständig herleiten, daß die Binomialkoeffizienten auch mit Hilfe des *Pascalschen Dreiecks*

$$
\begin{array}{ccccccccccc}
 & & & & & 1 & & & & & \\
 & & & & 1 & & 1 & & & & \\
 & & & 1 & & 2 & & 1 & & & \\
 & & 1 & & 3 & & 3 & & 1 & & \\
 & 1 & & 4 & & 6 & & 4 & & 1 & \\
1 & & 5 & & 10 & & 10 & & 5 & & 1
\end{array}
$$

$$\cdots\cdots\cdots\cdots\cdots\cdots\cdots$$

gefunden werden können. Dieses Dreieck wird von den Koeffizienten in den Entwicklungen von

$$(a+b)^0 = 1$$
$$(a+b)^1 = a+b$$
$$(a+b)^2 = a^2 + 2\,a\,b + b^2$$

$$\cdots\cdots\cdots\cdots\cdots\cdots\cdots$$

gebildet. Aus irgend einer Zeile des Dreiecks erhält man die folgende, indem man mit 1 beginnt und dann immer je zwei nebeneinander stehende Zahlen der ersteren addiert; z. B. $5 = 1 + 4$, $10 = 4 + 6$ usw. Die Zeile schließt dann wieder mit 1.

Aus der Symmetrie dieses Dreiecks folgt die Beziehung

$$\binom{n}{k} = \binom{n}{n-k},$$

die auch für $k = n$ gilt, wenn man definitionsweise $\binom{n}{0} = 1$ setzt.

3. Übungen. 1. Man entwickle nach dem binomischen Lehrsatz:

a) $(x+a)^6$; **b)** $(1+x)^7 + (1-x)^7$; **c)** $\left(x+\dfrac{1}{x}\right)^8$; d) $(2-\sqrt{2})^9$.

Lösungen: a) $x^6 + 6\,x^5\,a + 15\,x^4\,a^2 + 20\,x^3\,a^3 + 15\,x^2\,a^4 + 6\,x\,a^5 + a^6$;
b) $2 + 42\,x^2 + 70\,x^4 + 14\,x^6$;

c) $x^8 + 8\,x^6 + 28\,x^4 + 56\,x^2 + 70 + \dfrac{56}{x^2} + \dfrac{28}{x^4} + \dfrac{8}{x^6} + \dfrac{1}{x^8}$;

d) $16\sqrt{2}\,(985\sqrt{2} - 1393)$.

2. Man zeige, daß

a) $\binom{n}{0} + \binom{n}{1} + \binom{n}{2} + \ldots\ldots + \binom{n}{n} = 2^n$,

b) $\binom{n}{0} - \binom{n}{1} + \binom{n}{2} - \ldots\ldots + (-1)^n \binom{n}{n} = 0.$

Lösung: Man setze in $(a \pm b)^n$ für a und b den Wert 1 ein.

3. Man berechne auf **4** Dezimalstellen

$$\text{a) } 1{\cdot}03^{10}; \quad \text{b) } 1{\cdot}04^{11}.$$

Lösungen: a) $1{\cdot}3439$;   b) $1{\cdot}5395$.

4. Bezeichnet man $1.\,2.\,3.\ldots\ldots k$ mit $k!$ (lies: „k - Faktorielle" oder „k - Fakultät"), so ist $\displaystyle \binom{n}{k} = \frac{n!}{k!\,(n-k)!}$

§ 29. Geometrische Reihen.

1. Entwicklung von $\dfrac{1}{1-x}$**.** Wir haben uns in der Binomialentwicklung in § 28 auf ganzzahlige positive n beschränkt. Einige Ergebnisse in der Bildung der Binomialkoeffizienten waren an diese Voraussetzung gebunden, wie z. B. $\dbinom{n}{n} = 1$ oder $\dbinom{n}{n-k} = \dbinom{n}{k}$. Ebenso würde sich in diesem Fall ergeben, daß bei formaler Weiterbildung der Binomialkoeffizienten

$$\binom{n}{n+1}, \; \binom{n}{n+2}, \ldots\ldots = 0$$

wären, weil im Zähler stets der Faktor Null aufträte. Dieser Umstand deckt sich übrigens mit der Tatsache, daß die Entwicklung eine endliche Zahl von Gliedern aufweist. In der **Herleitung** des Bildungsgesetzes für die Koeffizienten wurde aber von der Voraussetzung eines positiven ganzzahligen n nirgends Gebrauch gemacht, so daß die Vermutung nahe liegt, daß dieses Bildungsgesetz auch für beliebige Werte von n gilt.

Wenden wir es einmal versuchsweise auf ein negatives n an, etwa auf $(1-x)^{-1}$, so erhalten wir

$$(1-x)^{-1} = \frac{1}{1-x} = 1 - \binom{-1}{1}x + \binom{-1}{2}x^2 - \binom{-1}{3}x^3 + \ldots$$

Die Berechnung der Binomialkoeffizienten ergibt:

$$\binom{-1}{1} = -1, \quad \binom{-1}{2} = \frac{-1 \cdot -2}{1 \cdot 2} = 1,$$

$$\binom{-1}{3} = \frac{-1 \cdot -2 \cdot -3}{1 \cdot 2 \cdot 3} = -1, \ldots\ldots$$

Somit wird

$$\frac{1}{1-x} = 1 + x + x^2 + x^3 + \ldots\ldots \tag{1}$$

Wir sehen, daß die Reihe nicht abbricht, sondern aus unendlich vielen Gliedern besteht, weil in keinem Zähler der Binomialkoeffizienten der Faktor Null auftreten kann. Es ist leicht nachzuprüfen, daß sich bei der Division $1 : (1-x)$ dieselbe Reihe einstellt. Für einen besonderen Wert von x, z. B. $x = \frac{1}{10}$ erhalten wir auf der linken Seite von (1) $\frac{10}{9}$, auf der rechten Seite $1 + \frac{1}{10} + \frac{1}{100} + \ldots = 1 \cdot \dot{1}$; es scheint alles in Ordnung zu sein, denn $1 \cdot \dot{1}$ ist tatsächlich gleich $\frac{10}{9}$.

Setzen wir aber für x einen anderen Wert, etwa $x = 2$ ein, so ergibt sich auf der linken Seite -1, auf der rechten Seite $1 + 2 + + 4 + 8 + \ldots$ Dieser offenbare Widerspruch gibt uns zu denken. Er ist ein eindringliches Warnungssignal für den Anfänger, unbekümmert Exkursionen ins „Unendliche" zu unternehmen. Das angeführte Beispiel zeigt deutlich die Notwendigkeit, auf den Begriff und das Wesen einer unendlichen Reihe näher einzugehen und zunächst die Frage zu beantworten, was man eigentlich unter der *Summe* oder dem *Wert* einer solchen Reihe[1] zu verstehen hat.

2. Konvergenz- und Divergenzbegriff. Man kann natürlich von einer unendlichen Reihe

$$u_1 + u_2 + u_3 + \ldots ,$$

in welcher u_1, u_2, $u_3 \ldots$ besondere Zahlen bedeuten mögen, immer nur eine endliche Anzahl von Gliedern summieren. Bildet man die *Teilsummen*

$$s_1 = u_1$$
$$s_2 = u_1 + u_2$$
$$s_3 = u_1 + u_2 + u_3$$
$$\ldots \ldots \ldots \ldots \ldots$$
$$s_n = u_1 + u_2 + u_3 + \ldots + u_n$$
$$\ldots \ldots \ldots \ldots \ldots \ldots$$

so bilden diese Teilsummen eine unendliche Folge von Zahlen

$$s_1, \; s_2, \; s_3, \; \ldots$$

Strebt diese Zahlenfolge einem bestimmten endlichen Grenzwert s *zu, ist also* $\lim\limits_{n \to \infty} s_n = s$, *so heißt* s *die Summe oder auch der Wert der Reihe, und diese selbst wird eine konvergente Reihe genannt. In jedem andern Fall wird die Reihe als divergent bezeichnet.*

So ist z. B. die Reihe $1 + \frac{1}{10} + \frac{1}{100} + \ldots$ *konvergent,* denn die Folge der Teilsummen

$$1, \; 1 \cdot 1, \; 1 \cdot 1\dot{1}, \; 1 \cdot 11\dot{1}, \; \ldots$$

---

[1] Das Wort „Reihe" sollte eigentlich nur für unendliche Reihen reserviert bleiben. Eine endliche Reihe heißt *Summe* oder *Polynom*. Diese Unterscheidung ist jedoch in der Literatur nicht überall konsequent durchgeführt.

strebt dem Grenzwert $\dfrac{10}{9}$ zu. Dagegen ist $1 + 2 + 4 + 8 + \ldots$ *divergent*, denn die Summe dieser Reihe ist unendlich groß, da die Teilsummen

$$1,\ 3,\ 7,\ 15,\ \ldots$$

beständig zunehmen. Aber auch eine Reihe wie

$$1 - 1 + 1 - 1 + 1 - \ldots$$

ist divergent. Denn die Teilsummen bilden hier die Folge

$$1,\ 0,\ 1,\ 0,\ 1,\ \ldots$$

und diese nähert sich keinem bestimmten Wert, so weit man sie auch fortsetzen mag.

3. Konvergenz der geometrischen Reihe. Die in Gleichung (1) erhaltene Reihe

$$1 + x + x^2 + x^3 + \ldots$$

ist eine *geometrische Reihe*, der Quotient aus irgend einem Glied und dem vorangehenden Glied hat stets denselben Wert x. Um für die n^{te} Teilsumme

$$s_n = 1 + x + x^2 + \ldots + x^{n-1} \tag{2}$$

einen einfachen Ausdruck zu erhalten, multiplizieren wir beiderseits mit x:

$$s_n\, x = x + x^2 + x^3 + \ldots + x^n$$

und subtrahieren diese Gleichung von (2). Damit erhalten wir

$$s_n - s_n\, x = 1 - x^n.$$

Daraus ergibt sich

$$s_n = \frac{1 - x^n}{1 - x} = \frac{1}{1 - x} - \frac{x^n}{1 - x}. \tag{2*}$$

Es ist nun zu untersuchen, ob s_n mit wachsendem n einem Grenzwert zustrebt oder nicht. Das hängt davon ab, was aus x^n wird, wenn $n \to \infty$ strebt. Hier sind aber mehrere Fälle zu unterscheiden:

1. Fall: Ist x ein positiver oder ein negativer echter Bruch, so strebt $x^n \to 0$, wenn $n \to \infty$; $\left(\text{man denke etwa an } x = \pm\dfrac{1}{2}\right)$.

2. Fall: Ist $x > 1$, so strebt $x^n \to \infty$, und wenn $x < -1$, so wechselt x^n mit wachsendem n ständig das Vorzeichen, der absolute Betrag wird über alle Maßen groß; in beiden Fällen strebt also x keinem endlichen Grenzwert zu.

3. Fall: Ist $x = -1$, so schwankt x^n fortwährend zwischen $+1$ und -1, und besitzt daher ebenfalls keinen Grenzwert. Der Wert $x = 1$ ist in dem Ausdruck für s_n wegen der dadurch auftretenden Division durch Null unzulässig, doch sieht man sofort

durch Einsetzen in die Reihe selbst, daß $1 + 1 + 1 + \ldots$ divergiert.

Es ergibt sich mithin nur im Falle $|x| < 1$ für x^n ein endlicher Grenzwert, nämlich der Wert Null und wir können das Ergebnis folgendermaßen formulieren:

Die unendliche geometrische Reihe
$$1 + x + x^2 + x^3 + \ldots$$
konvergiert nur dann, wenn der Quotient x ein echter Bruch ist, und zwar ist

$$\boxed{1 + x + x^2 + x^3 + \ldots = \frac{1}{1-x} \qquad \left(|x| < 1\right)} \qquad (3)$$

Die Verhältnisse lassen sich klar in der Abb. 189 überblicken. Die Streckensumme $\overline{AA_1} + \overline{A_1A_2} + \overline{A_2A_3} + \ldots$ stellt die Reihe $1 + x + x^2 + \ldots$, die Strecke $\overline{AB}$ deren Summe dar. Wenn die beiden Geraden AC und A_1C einen Schnittpunkt C besitzen (konvergieren), so ergibt sich für die Summe $\overline{AA_1} + \overline{A_1A_2} + \overline{A_2A_3} + \ldots$ eine endliche Strecke $\overline{AB}$. Dazu ist notwendig, daß $\alpha < 45^0$ und damit $x < 1$ ist. Im Falle $\alpha = 45^0\,(x = 1)$ sind die Geraden AC und A_1C parallel, im Falle $\alpha > 45^0$ divergieren sie.

Durch die eben gefundene Konvergenzbedingung für die geometrische Reihe klärt sich auch der Widerspruch auf S. 225. Die Reihe $1 + x + x^2 + \ldots$ ist eben nur dann gleich einer Zahl $\frac{1}{1-x}$, wenn man in sie für x einen echten Bruch einsetzt. Gleichung (1) gilt nur für $|x| < 1$ und besteht in jedem andern Fall überhaupt nicht. Daher ist die Einsicht, für welche Werte von x eine unendliche Reihe konvergiert, die erste Voraussetzung für das Operieren mit solchen Reihen.

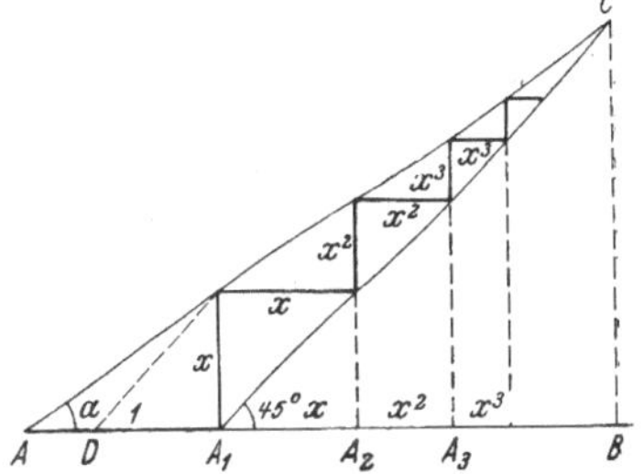

Abb. 189. $1 + x + x^2 + \ldots = \overline{AB}$.
Da $\overline{AD} : \overline{AA_1} = \overline{AA_1} : \overline{AB}$, so ist wegen $\overline{AA_1} = 1$ und $\overline{AD} = 1 - x$ die Summe $\overline{AB} = \dfrac{1}{1-x}$.

Als Anwendung der Formel (3) wollen wir einen periodischen Dezimalbruch in einen gemeinen Bruch verwandeln. Z. B.

$$0\cdot 5\overset{..}{8}1 = 0\cdot 5 + \left(\frac{81}{10^3} + \frac{81}{10^5} + \ldots\right) = 0\cdot 5 + \frac{81}{10^3}\left(1 + \frac{1}{100} + \ldots\right) =$$

$$= 0\cdot 5 + \frac{81}{1000} \cdot \frac{1}{1 - \frac{1}{100}} = \frac{5}{10} + \frac{81}{990} = \frac{32}{55}.$$

4. Übungen. 1. Man verwandle

a) $0.\dot9$; **b)** $0.\dot6\dot3$; **c)** $0.1\dot2\dot4$

in gemeine Brüche.

Lösungen: **a)** 1; **b)** $\dfrac{7}{11}$; **c)** $\dfrac{28}{225}$.

2. Man ermittle $s_1 + s_2 + s_3 + \ldots$ und $s_1 + s_3 + s_5 + \ldots$ in Abb. 190, wenn $\overline{OA} = a = 5.85$ cm und $a = 26^0\, 50'$ ist.

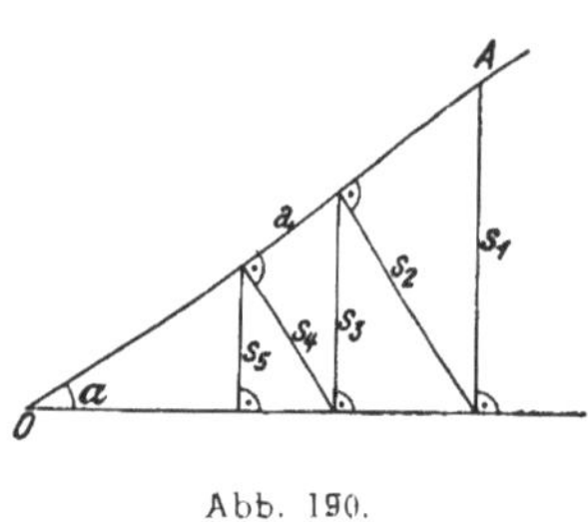

Abb. 190.

Lösung: $s_1 + s_2 + s_3 + \ldots = a \operatorname{ctg} \dfrac{a}{2} =$

$= 24.53$ cm, $s_1 + s_3 + s_5 + \ldots = \dfrac{a}{\sin a} = 12.96$ cm.

Aus der Figur ersieht man übrigens sofort, daß $s_1 \sin a + s_3 \sin a + s_5 \sin a + \ldots = a$.

3. Nimmt man in der Reihe $1 + x + x^2 + \ldots$ nur die Glieder $1 + x + x^2 + \ldots + x^n$, so stellt dieser Ausdruck die Werte der Funktion $\dfrac{1}{1-x}$ zwischen -1 und $+1$ umso genauer dar, je größer n gewählt wird[1]. Man bestätige das graphisch, indem man die Hyperbel $y = \dfrac{1}{1-x}$ zeichnet und dann die Kurven $y_0 = 1$, $y_1 = 1 + x$, $y_2 = 1 + x + x^2, \ldots$ hinzufügt. Diese Kurven schmiegen sich innerhalb des genannten Intervalls im Punkte $(0, 1)$ immer besser an die Hyperbel an und werden daher *Schmiegungsparabeln* genannt. Die Zeichnung soll auch zum Ausdruck bringen, daß außerhalb dieses Intervalls, ja schon an den Grenzen keine fortschreitende Annäherung der Schmiegungsparabeln an die Hyperbel stattfindet. Man überzeuge sich außerdem, daß $y = \dfrac{1}{1-x}$ und $y_n = 1 + x + x^2 + \ldots + x^n$ an der Stelle $x = 0$ auch in den ersten n Ableitungen übereinstimmen, daß also

$y'_n(0) = y'(0)$, $y''_n(0) = y''(0)$, $\ldots$

(Vgl. Abb. 191, S. 244).

§ 30. Konvergenzbedingungen.

1. Notwendige Konvergenzbedingung. Setzen wir in $1 + x + x^2 + \ldots$ für x eine Zahl ein, so erhalten wir eine Zahlenreihe, die nach einem bestimmten Gesetz gebildet ist. Solche Zahlenreihen können aber auch nach beliebig anderen Gesetzen aufgestellt werden. Wir geben einige Beispiele:

$$\frac{1}{2} + \frac{2}{2^2} + \frac{3}{2^3} + \ldots + \frac{n}{2^n} + \ldots,$$

---

[1] Für kleine Werte von x genügen schon die Annäherungen $\dfrac{1}{1-x} \approx 1 + x$ und $\dfrac{1}{1+x} \approx 1 - x$.

$$1 - \frac{1}{2} + \frac{1}{3} - \frac{1}{4} + \ldots + (-1)^{n-1} \cdot \frac{1}{n} + \ldots,$$

$$\frac{1}{1 \cdot 3} + \frac{1}{3 \cdot 5} + \frac{1}{5 \cdot 7} + \ldots + \frac{1}{(2n-1)(2n+1)} + \ldots$$

Es entsteht die Frage, wann eine solche, nach einem beliebigen Gesetz gebildete Reihe konvergiert. Zunächst ist klar, daß eine *notwendige Bedingung für die Konvergenz einer derartigen Reihe darin
besteht, daß ihre Glieder, wenigstens von einer bestimmten Stelle an
ihrem absoluten Betrage nach abnehmen.* Daß diese Bedingung allein
nicht immer genügt[1], dafür haben wir schon auf S. 208 ein Beispiel
kennen gelernt. Ein anderes wichtiges Beispiel ist die *harmonische
Reihe*

$$1 + \frac{1}{2} + \frac{1}{3} + \ldots + \frac{1}{n} + \ldots,$$

die ihren Namen daher hat, daß die Saitenlängen $1, \frac{1}{2}, \frac{1}{3}, \ldots$
die Reihe der harmonischen Obertöne ergeben. Vergleichen wir die
harmonische Reihe mit der Reihe

$$1 + \frac{1}{2} + \left(\frac{1}{4} + \frac{1}{4}\right) + \left(\frac{1}{8} + \frac{1}{8} + \frac{1}{8} + \frac{1}{8}\right) + \left(\frac{1}{16} + \ldots + \frac{1}{16}\right) + \ldots,$$

die aus der harmonischen dadurch entsteht, daß $\frac{1}{3}$ durch $\frac{1}{4}$;
$\frac{1}{5}, \frac{1}{6}, \frac{1}{7}$ durch $\frac{1}{8}$; $\frac{1}{9}, \frac{1}{10} \ldots \frac{1}{15}$ durch $\frac{1}{16}$ usw. ersetzt werden,
so kann die Summe der harmonischen Reihe nicht kleiner sein als
die Summe dieser Vergleichsreihe. Rechnet man in ihr die Klammerausdrücke aus, so entsteht die Reihe

$$1 + \frac{1}{2} + \frac{1}{2} + \frac{1}{2} + \ldots,$$

die augenscheinlich divergiert, daher muß auch die harmonische
Reihe divergieren. Bei diesem Schlußverfahren haben wir still-
schweigend von dem *Prinzip der Reihenvergleichung* Gebrauch gemacht, das oft angewendet werden kann. *Eine vorgelegte Reihe ist
nämlich sicherlich* $\begin{cases} konvergent, \\ divergent, \end{cases}$ *wenn die absoluten Beträge ihrer Glieder*
$\begin{cases} \leqq \\ \geqq \end{cases}$ *als die entsprechenden Glieder einer* $\begin{cases} konvergenten \\ divergenten \end{cases}$ *Vergleichsreihe
mit positiven Gliedern sind.*

Ein allgemeines Kriterium, um die Konvergenz einer beliebigen
Reihe festzustellen, gibt es nicht. Wir finden mit den beiden
folgenden unser Auslangen.

---

[1] Für die geometrische Reihe haben wir diese Bedingung allerdings
auch als *hinreichend* erkannt.

2. Konvergenzbedingung von d'Alembert. Verwandelt man in einer konvergenten Reihe mit nur positiven Gliedern gewisse (oder auch alle) Glieder in negative, so erhält man selbstverständlich wieder eine konvergente Reihe. Man macht sich das rasch klar, indem man horizontale Strecken nach rechts und links aneinander reiht, deren Längen und Richtungen den aufeinander folgenden, positiv oder negativ bezeichneten Gliedern der Reihe entsprechen. Es ist daher wichtig, zunächst eine Konvergenzbedingung für Reihen mit nur positiven Gliedern zu besitzen. Die von *d'Alembert* lautet:

Wenn in einer Reihe

$$u_1 + u_2 + u_3 + \ldots\ldots$$

mit nur positiven Gliedern $\lim\limits_{n \to \infty} \dfrac{u_{n+1}}{u_n} < 1$ *ist, so konvergiert die*

Reihe; ist dagegen $\lim\limits_{n \to \infty} \dfrac{u_{n+1}}{u_n} = 1$, *so versagt das Kriterium und*

liefert keine Entscheidung.

Beweis: Wenn der Grenzwert von $\dfrac{u_{n+1}}{u_n} = g$ ist $(g < 1)$, so muß sich nach unserer Definition eines Grenzwertes auf S. 150 von einer bestimmten Stelle an jeder weitere so gebildete Quotient beliebig wenig von g unterscheiden. Es muß daher einen echten Bruch k geben (zwischen g und 1 lassen sich unendlich viele solcher Brüche einschalten), daß von einem bestimmten n an

$$\frac{u_{n+1}}{u_n} \leqq k, \quad \frac{u_{n+2}}{u_{n+1}} \leqq k, \quad \frac{u_{n+3}}{u_{n+2}} \leqq k, \quad \ldots\ldots$$

ist, oder es muß, anders geschrieben

$$\begin{aligned}
u_{n+1} &\leqq k\,u_n \\
u_{n+2} &\leqq k\,u_{n+1} \leqq k^2\,u_n \\
u_{n+3} &\leqq k\,u_{n+2} \leqq k^3\,u_n,
\end{aligned}$$

$$\ldots\ldots\ldots\ldots\ldots\ldots\ldots$$

d. h. aber, daß von einem bestimmten n an

$$u_n + u_{n+1} + u_{n+2} + \ldots\ldots \leqq u_n\,(1 + k + k^2 + \ldots\ldots).$$

Nun ist $1 + k + k^2 + \ldots\ldots$ eine konvergente geometrische Reihe, weil k laut Voraussetzung ein echter Bruch ist; daraus schließen wir aber, daß auch die ursprüngliche Reihe konvergiert.

Wenn der Quotient $\dfrac{u_{n+1}}{u_n}$ *von einem bestimmten n an immer größer als 1 bleibt, so ist jedes Glied größer als das vorangehende, die Reihe daher divergent.*

1. Beispiel: Die Reihe

$$\frac{1}{2} + \frac{2}{2^2} + \frac{3}{2^3} + \ldots\ldots + \frac{n}{2^n} + \frac{n+1}{2^{n+1}} + \ldots\ldots$$

ist auf ihre Konvergenz zu untersuchen. Wir bilden

$$\frac{u_{n+1}}{u_n} = \frac{n+1}{2^{n+1}} : \frac{n}{2^n} = \frac{1}{2} \cdot \frac{n+1}{n} = \frac{1}{2}\left(1 + \frac{1}{n}\right).$$

Dieser Ausdruck strebt für $n \longrightarrow \infty$ gegen $\frac{1}{2}$, die Reihe ist daher konvergent.

2. Beispiel: Untersuchen wir die Reihe

$$\frac{1}{1 \cdot 3} + \frac{1}{3 \cdot 5} + \ldots\ldots + \frac{1}{(2n-1)(2n+1)} + \ldots\ldots,$$

so ergibt sich

$$\frac{u_{n+1}}{u_n} = \frac{1}{(2n+1)(2n+3)} : \frac{1}{(2n-1)(2n+1)} = \frac{2n-1}{2n+3} =$$

$$= \frac{2 - \dfrac{1}{n}}{2 + \dfrac{3}{n}} \longrightarrow 1 \ \text{für} \ n \longrightarrow \infty.$$

Wir erhalten keine Entscheidung und müssen sie auf einem andern Weg suchen. Wir schreiben die Reihe in der Form

$$\frac{1}{2}\left(\left(\frac{1}{1} - \frac{1}{3}\right) + \left(\frac{1}{3} - \frac{1}{5}\right) + \ldots\ldots + \left(\frac{1}{2n-1} - \frac{1}{2n+1}\right) + \ldots\ldots\right)$$

und bilden die n^{te} Teilsumme

$$s_n = \frac{1}{2}\left(1 - \frac{1}{2n+1}\right).$$

Diese strebt für $n \longrightarrow \infty$ gegen $\frac{1}{2}$, die Reihe ist mithin konvergent und wir haben sogar ihre Summe $s = \frac{1}{2}$ erhalten.

Falsch wäre folgende Rechnung:

$$\frac{1}{1 \cdot 3} + \frac{1}{3 \cdot 5} + \frac{1}{5 \cdot 7} + \ldots = \left(1 - \frac{2}{3}\right) + \left(\frac{2}{3} - \frac{3}{5}\right) +$$

$$+ \left(\frac{3}{5} - \frac{4}{7}\right) + \ldots \longrightarrow 1, \ \text{weil} \ -\frac{2}{3} + \frac{2}{3}, \ -\frac{3}{5} + \frac{3}{5}, \ \ldots\ldots \text{Null}$$

ergeben.

Es ist vielmehr notwendig, die n^{te} Teilsumme s_n tatsächlich zu bilden und dann erst zur Grenze überzugehen. Also:

$$s_n = \left(1 - \frac{2}{3}\right) + \left(\frac{2}{3} - \frac{3}{5}\right) + \ldots\ldots + \left(\frac{n}{2n-1} - \frac{n+1}{2n+1}\right) =$$

$$= 1 - \frac{1 + \dfrac{1}{n}}{2 + \dfrac{1}{n}} \longrightarrow \frac{1}{2}.$$

Daß sich $\lim\limits_{n \to \infty} \frac{u_{n+1}}{u_n} = 1$ auch bei divergenten Reihen einstellen kann, dafür bietet die harmonische Reihe ein Beispiel.

3. Konvergenzbedingung für alternierende Reihen. Unter einer *alternierenden Reihe* versteht man eine solche, bei welcher positive und negative Glieder abwechseln. *Eine solche Reihe konvergiert schon, wenn die absoluten Beträge der Glieder beständig abnehmen, wenn also* $\lim\limits_{n \to \infty} u_n = 0$ *ist.*

Beweis: Wir fassen je zwei Glieder der alternierenden Reihe zusammen:

$$u_1 - u_2 + u_3 - u_4 + u_5 - \ldots = (u_1 - u_2) + (u_3 - u_4) + (u_5 - u_6) + \ldots,$$

wodurch wir eine Reihe mit nur positiven Gliedern erhalten, wenn wir uns die Klammerausdrücke als einzelne Zahlen denken. Denn laut Voraussetzung werden die Glieder immer kleiner, die Differenzen in den Klammern sind daher durchwegs positiv. Eine Reihe mit positiven Gliedern kann nur eine (endliche oder unendliche) positive Summe besitzen.

Schreiben wir aber die Reihe in der Form

$$u_1 - (u_2 - u_3) - (u_4 - u_5) - \ldots,$$

so sind auch hier die Klammerausdrücke positiv und die Summe der Reihe muß daher kleiner als u_1 sein, weil u_1 fortwährend vermindert wird. Die Summe muß aber wegen des obigen Ergebnisses positiv ausfallen und kann daher nur einen endlichen Wert besitzen, die Reihe konvergiert tatsächlich.

So ist z. B.

$$1 - \frac{1}{2} + \frac{1}{3} - \frac{1}{4} + \ldots \tag{1}$$

konvergent, während sich

$$1 + \frac{1}{2} + \frac{1}{3} + \frac{1}{4} + \ldots$$

als divergent erwiesen hat. Eine solche Reihe wie (1) heißt *bedingt konvergent*, weil ihre Konvergenz an die Bedingung geknüpft ist, daß die Vorzeichen abwechseln. Dagegen ist z. B. die Reihe

$$\frac{1}{1 \cdot 3} - \frac{1}{3 \cdot 5} + \frac{1}{5 \cdot 7} - \frac{1}{7 \cdot 9} + \ldots$$

unbedingt konvergent, weil sie konvergent bleibt, wenn man die negativen Vorzeichen in positive umwandelt.

4. Übungen. 1. Man bestätige die Konvergenz der Reihe

$$\frac{1}{1!} + \frac{1}{2!} + \frac{1}{3!} + \ldots$$

mit Hilfe des Kriteriums von d'Alembert.

2. Man untersuche die Reihe

$$\frac{1}{1\cdot 2}+\frac{1}{2\cdot 3}+\frac{1}{3\cdot 4}+\cdots$$

auf ihre Konvergenz.

Lösung: Die Konvergenzprobe von d'Alembert ergibt keine Entscheidung. Nun ist

$$\frac{1}{1\cdot 2}+\frac{1}{2\cdot 3}+\cdots+\frac{1}{n(n+1)}=\left(\frac{1}{1}-\frac{1}{2}\right)+\left(\frac{1}{2}-\frac{1}{3}\right)+\cdots+$$
$$+\left(\frac{1}{n}-\frac{1}{n+1}\right),$$

somit $s_n = 1 - \dfrac{1}{n+1} \to 1$ für $n \to \infty$, die Reihe konvergiert.

3. Wieso folgt aus der Konvergenz der Reihe in **2.**, daß auch die Reihe

$$\frac{1}{1^2}+\frac{1}{2^2}+\frac{1}{3^2}+\cdots$$

konvergiert?

Lösung: $\dfrac{1}{2^2}<\dfrac{1}{1\cdot 2}$, $\dfrac{1}{3^2}<\dfrac{1}{2\cdot 3}$, $\cdots$

4. Warum ist $\dfrac{1}{\sqrt{1}}+\dfrac{1}{\sqrt{2}}+\dfrac{1}{\sqrt{3}}+\cdots$ divergent?

5. Die Summe einer bedingt konvergenten Reihe ändert sich, wie sich beweisen läßt, wenn die Glieder umgestellt werden. Man bestätige diesen Sachverhalt an den beiden Reihen

$$\textbf{a) } 1-\frac{1}{2}+\frac{1}{3}-\frac{1}{4}+\frac{1}{5}-\frac{1}{6}+\frac{1}{7}-\cdots$$
$$\textbf{b) } 1+\frac{1}{3}-\frac{1}{2}+\frac{1}{5}+\frac{1}{7}-\frac{1}{4}+\cdots,$$

indem man den Wert jeder Reihe auf graphischem Weg durch Aneinanderfügen von Strecken angenähert ermittelt.

Lösungen: **a)** 0·69; **b)** 1·04. Der Vorsprung von **b)** wird durch **a)** nicht mehr eingeholt.

§ 31. Die binomische und die logarithmische Reihe.

1. Rest einer Reihe. Bevor wir zu der noch unerledigten Binomialformel zurückkehren, wollen wir noch eine Frage von grundlegender Bedeutung behandeln. Wir haben in § 29 gesehen, daß die Funktion $f(x) = \dfrac{1}{1-x}$ zwischen -1 und $+1$ durch die Teilsummen von $1 + x + x^2 + \cdots$ um so genauer dargestellt wird, je mehr Glieder wir berücksichtigen. (Vgl. Übung 3, § 29.) Setzen wir

$$1 + x + x^2 + \cdots x^{n-1} = \varphi(x),$$

so wird auf Grund von Gleichung (2*) auf S. 226, in welcher s_n an Stelle von $\varphi(x)$ steht,

$$f(x) = \varphi(x) + \frac{x^n}{1-x}.$$

Der Wert der Funktion $\varphi(x)$ an einer bestimmten Stelle x zwischen -1 und $+1$ unterscheidet sich von dem Funktionswert $f(x)$ an derselben Stelle nur um $\dfrac{x^n}{1-x}$, und dieser Unterschied wird mit wachsendem n immer kleiner, weil $x^n \to 0$ strebt. Man nennt diesen Unterschied den *Rest* der Reihe $1 + x + x^2 + \ldots$, eine Bezeichnung, die aus

$$\underbrace{\frac{1}{1-x}}_{f(x)} = \underbrace{1 + x + x^2 + \ldots + x^{n-1}}_{\varphi(x)} + \underbrace{x^n + x^{n+1} + \ldots}_{\text{Rest}}$$

unmittelbar verständlich wird. Statt die Konvergenz einer Reihe $u_1 + u_2 + u_3 + \ldots$ so zu definieren, daß die n^{te} Teilsumme

$$s_n = u_1 + u_2 + u_3 + \ldots + u_n$$

mit wachsendem n einem endlichen Grenzwert zustrebt, wie wir es auf S. 225 getan haben, kann man die Definition der Konvergenz einer Reihe auch so fassen, *daß ihr Rest*

$$u_{n+1} + u_{n+2} + u_{n+3} + \ldots$$

gegen Null streben soll. Denn das Streben von s_n nach einem Grenzwert bedeutet, daß der Unterschied zwischen s_n und diesem Grenzwert, d. i. nichts anderes als der Rest der Reihe, beliebig klein gemacht werden kann, wenn nur n genügend groß gewählt wird. So ist z. B. der Unterschied von

$$\frac{7}{10} + \frac{7}{100} + \frac{7}{1000} + \frac{7}{100000} = 0{\cdot}7777$$

gegenüber $0{\cdot}7 = \dfrac{7}{9}$ kleiner als $0{\cdot}00008$; er wird bei Berücksichtigung von mehr Dezimalstellen von $0{\cdot}7$ immer kleiner und strebt schließlich gegen Null.

Wenn es nun für die Funktion $\dfrac{1}{1-x}$ auch als überflüssig erscheinen mag, eine solche Annäherung, wie wir sie in

$$1 + x + x^2 + \ldots + x^{n-1}$$

erhalten haben, zu besitzen, weil man den Wert von $\dfrac{1}{1-x}$ für jedes x leicht direkt berechnen kann, so gilt das keineswegs allgemein. Für viele Funktionen ist eine solche Annäherung, mit deren Hilfe man die Funktionswerte mit jedem beliebigen Genauigkeitsgrad ermitteln kann, sehr willkommen. Man denke nur an die Logarithmen oder an die Winkelfunktionen.

2. Die Taylorsche Reihe. Wir stellen uns daher die Frage, ob es möglich ist, eine beliebig vorgegebene Funktion $f(x)$ innerhalb eines gewissen Intervalls, ganz entsprechend wie in § 29, durch ein Polynom von der allgemeinen Form

$$\varphi(x) = a_0 + a_1 x + a_2 x^2 + \ldots + a_n x^n$$

angenähert derart wiederzugeben, daß nicht nur $\varphi(x)$ und $f(x)$ an der Stelle $x = 0$, sondern daß dort auch die ersten n Ableitungen beider Funktionen übereinstimmen[1], daß also

$$\varphi(0) = f(0)$$
$$\varphi'(0) = f'(0)$$
$$\ldots\ldots\ldots$$
$$\varphi^{(n)}(0) = f^{(n)}(0).$$

(1)

Man sieht sofort, daß die $(n+1)$ Bedingungen (1) für die Bestimmung der $(n+1)$ unbekannten Koeffizienten a_0, a_1, $\ldots$ a_n gewisse Funktionen wie $\ln x$ oder $\operatorname{ctg} x$ ausschließen, weil diese an der Stelle $x = 0$ gar nicht existieren, sondern unendlich werden. Aber auch z. B. $f(x) = \sqrt{x}$ bleibt ausgeschlossen, denn von dieser Funktion existieren die Ableitungen bei $x = 0$ nicht. Eingehendere Untersuchungen ergeben allerdings noch weitere Ausnahmsfälle, doch können wir diese übergehen, weil sie bei uns nicht auftreten. Wir werden also, wie die weitere Folge zeigen wird, in der Lage sein, eine vorgegebene Funktion $f(x)$, die nicht unter die genannten Ausnahmsbestimmungen fällt, durch ein Polynom

$$\varphi(x) = a_0 + a_1 x + a_2 x^2 + \ldots + a_n x^n$$

angenähert darzustellen.

Da die Werte von $\varphi(x)$ samt den ersten n Ableitungen an der Stelle $x = 0$ vollständig übereinstimmen sollen mit den Werten von $f(x)$ und ihren Ableitungen bei $x = 0$, so bilden wir zunächst jene und erhalten:

$$\varphi(x) = a_0 + a_1 x + a_2 x^2 + a_3 x^3 + \ldots + a_n x^n,$$
$$\varphi'(x) = 1\, a_1 + 2\, a_2 x + 3\, a_3 x^2 + \ldots + n\, a_n x^{n-1},$$
$$\varphi''(x) = 2 \cdot 1\, a_2 + 3 \cdot 2\, a_3 x + \ldots + n(n-1)\, a_n x^{n-2},$$
$$\ldots\ldots\ldots\ldots\ldots\ldots\ldots\ldots\ldots\ldots\ldots\ldots$$
$$\varphi^{(n)}(x) = n(n-1)(n-2) \ldots 2 \cdot 1\, a_n.$$

---

[1] Wie sich zeigen läßt, gewährleisten diese Bedingungen ein immer besseres Anschmiegen der Schmiegungsparabeln

$$y_1 = a_0 + a_1 x, \quad y_2 = a_0 + a_1 x + a_2 x^2, \quad y_3 = a_0 + a_1 x + a_2 x^2 + a_3 x^3, \ldots$$

an die Kurve $y = f(x)$ bei $x = 0$. Denn Übereinstimmung von $\varphi(0)$ mit $f(0)$ und $\varphi'(0)$ mit $f'(0)$ bedeutet, daß die Bilder von $\varphi(x)$ und $f(x)$ an der Stelle $x = 0$ dieselbe Tangente besitzen. Tritt noch $\varphi''(0) = f''(0)$ hiezu, so haben sie dort dieselbe Krümmung (§ 25) usw.

Aus diesen Gleichungen folgt für $x = 0$:

$$\varphi(0) = a_0$$
$$\varphi'(0) = 1\,a_1$$
$$\varphi''(0) = 2 \cdot 1\,a_2 \qquad\qquad (2)$$
$$\cdot \cdot \cdot \cdot \cdot \cdot \cdot \cdot \cdot \cdot \cdot \cdot$$
$$\varphi^{(n)}(0) = n\,(n-1)\,(n-2)\,\ldots\ldots 2 \cdot 1\,a_n.$$

Ersetzt man in dem Gleichungssystem (2) $\varphi(0)$, $\varphi'(0)$, $\ldots\ldots$ durch $f(0)$, $f'(0)$, $\ldots\ldots$, so lassen sich die unbekannten Koeffizienten a_0, a_1, $\ldots\ldots$ aus den bekannten Werten von $f(0)$, $f'(0)$, $\ldots\ldots$ berechnen:

$$a_0 = f(0),\ a_1 = \frac{f'(0)}{1!},\ a_2 = \frac{f''(0)}{2!},\ \ldots\ldots a_n = \frac{f^{(n)}(0)}{n!}.$$

Damit wird

$$\varphi(x) = f(0) + \frac{f'(0)}{1!}\,x + \frac{f''(0)}{2!}\,x^2 + \ldots\ldots + \frac{f^{(n)}(0)}{n!}\,x^n.$$

Lassen wir in dieser Entwicklung n immer größer werden, so wird der Unterschied zwischen $f(x)$ und $\varphi(x)$ für einen bestimmten Wert von x im allgemeinen nur unter der Bedingung gegen Null streben, daß die Reihe

$$f(0) + \frac{f'(0)}{1!}\,x + \frac{f''(0)}{2!}\,x^2 + \ldots\ldots$$

für diesen Wert von x konvergiert. (Vgl. jedoch § 33, 2.)

Man schreibt dann einfach

$$\boxed{f(x) = f(0) + \frac{f'(0)}{1!}\,x + \frac{f''(0)}{2!}\,x^2 + \ldots\ldots} \qquad (3)$$

und bezeichnet diese Entwicklung von $f(x)$ als *Taylorsche Entwicklung* oder auch als *Taylorsche Reihe*.[1]

Man nennt eine Reihe von der Form

$$a_0 + a_1\,x + a_2\,x^2 + \ldots\ldots$$

---

[1] Hätten wir die Übereinstimmung von $\varphi(x)$ und $f(x)$ und ihrer ersten n Ableitungen an der Stelle $x = a$ gefordert statt an der Stelle $x = 0$ wie im Text, so hätte die Formel (3) die Gestalt angenommen

$$f(x) = f(a) + \frac{f'(a)}{1!}\,(x - a) + \frac{f''(a)}{2!}\,(x - a)^2 + \ldots\ldots,$$

die auch aus (3) leicht direkt ableitbar ist. Ersetzt man in der obigen Entwicklung x durch $a + x$, so erhält man

$$f(a + x) = f(a) + \frac{f'(a)}{1!}\,x + \frac{f''(a)}{2!}\,x^2 + \ldots\ldots$$

Beide Entwicklungen führen ebenfalls den Namen Taylorsche Reihe, während (3) oft, wenn auch nicht ganz zutreffend, als *Mac Laurinsche Reihe* bezeichnet wird.

eine *Potenzreihe* und sagt, die Formel (3) gestatte, $f(x)$ durch eine Potenzreihe darzustellen.

3. Die binomische Reihe. Wir kehren jetzt zur Binomialentwicklung zurück. Wenden wir Formel (3) auf

$$f(x) = (1 + x)^n$$

an, so erhalten wir (vgl. S. 221) die Werte

$$\begin{aligned}
f(0) &= 1 \\
f'(0) &= n \\
f''(0) &= n(n-1) \\
f'''(0) &= n(n-1)(n-2)
\end{aligned}$$

. . . .

und damit

$$(1+x)^n = 1 + \frac{n}{1!}\,x + \frac{n(n-1)}{2!}\,x^2 + \frac{n(n-1)(n-2)}{3!}\,x^3 + \ldots$$

oder

$$(1+x)^n = 1 + \binom{n}{1}x + \binom{n}{2}x^2 + \binom{n}{3}x^3 + \ldots$$

Sie ist eine unendliche Reihe, wenn n keine ganze positive Zahl ist und heißt *binomische Reihe*. Wir haben nun noch ihre Konvergenz zu untersuchen. Wir denken uns ein bestimmtes x gewählt und bilden nach d'Alembert den Quotienten:[1]

$$\left|\frac{u_{k+1}}{u_k}\right| = \left|\binom{n}{k}x^k : \binom{n}{k-1}x^{k-1}\right| =$$

$$= \left|\frac{n(n-1)\ldots(n-k+1)}{1\cdot 2\ldots(k-1)\cdot k} \cdot \frac{1\cdot 2\ldots k-1}{n(n-1)\ldots(n-k+2)} \cdot x\right| =$$

$$= \left|\frac{n+1-k}{k}\cdot x\right| = \left|\left(\frac{n+1}{k}-1\right)x\right|.$$

Lassen wir k gegen ∞ streben, so wird das erste Glied in der Klammer 0 und der Ausdruck strebt gegen $|x|$. Für die Konvergenz ist erforderlich, daß der Grenzwert von $\left|\dfrac{u_{k+1}}{u_k}\right|$ kleiner als 1 ist, daher konvergiert die binomische Reihe für $|x| < 1$.

Ob sie auch für $|x| = 1$ konvergiert, entscheidet unser angewandtes Kriterium nicht. Genauere Untersuchungen zeigen, daß sie für $x = 1$ im Falle $n > -1$, für $x = -1$ im Falle $n > 0$ noch kon-

---

[1] Hier ist der absolute Wert von $\dfrac{u_{k+1}}{u_k}$ zu nehmen, weil in der binomischen Reihe auch negative Glieder auftreten können. Der Index k steht hier an Stelle von n auf S. 230.

vergent ist. Doch spielen diese Grenzfälle in der Praxis keine Rolle und wir merken uns daher

$$\boxed{(1 + x)^n = 1 + \binom{n}{1} x + \binom{n}{2} x^2 + \ldots \ldots \quad \left(|x| < 1 \right)}.$$

Die seinerzeitige Entwicklung von $\dfrac{1}{1 - x}$ ist ein Spezialfall dieser Reihe, die dort gefundene Konvergenzbedingung deckt sich mit der obigen.

Beispiel: $\sqrt{1 + x} = (1 + x)^{\frac{1}{2}} = 1 + \binom{\frac{1}{2}}{1} x + \binom{\frac{1}{2}}{2} x^2 + \ldots \ldots$

Nun ist

$$\binom{\frac{1}{2}}{1} = \frac{1}{2}, \qquad \binom{\frac{1}{2}}{2} = \frac{\frac{1}{2} \cdot -\frac{1}{2}}{1 \cdot 2} = -\frac{1}{2 \cdot 4},$$

$$\binom{\frac{1}{2}}{3} = \frac{\frac{1}{2} \cdot -\frac{1}{2} \cdot -\frac{3}{2}}{1 \cdot 2 \cdot 3} = \frac{1 \cdot 3}{2 \cdot 4 \cdot 6}, \qquad \binom{\frac{1}{2}}{4} = \frac{\frac{1}{2} \cdot -\frac{1}{2} \cdot -\frac{3}{2} \cdot -\frac{5}{2}}{1 \cdot 2 \cdot 3 \cdot 4} =$$

$$= -\frac{1 \cdot 3 \cdot 5}{2 \cdot 4 \cdot 6 \cdot 8}, \ldots \ldots$$

Daher

$$\sqrt{1 + x} = 1 + \frac{1}{2} x - \frac{1}{2 \cdot 4} x^2 + \frac{1 \cdot 3}{2 \cdot 4 \cdot 6} x^3 - \frac{1 \cdot 3 \cdot 5}{2 \cdot 4 \cdot 6 \cdot 8} x^4 +$$
$$+ \ldots \ldots \left(|x| < 1 \right).$$

Aus dieser Entwicklung folgt die häufig angewendete Näherungsformel

$$\sqrt{1 \pm x} \approx 1 \pm \frac{1}{2} x.$$

Mit Hilfe der binomischen Reihe läßt sich aus einer beliebigen Zahl die Wurzel ziehen. Es sei z. B. $\sqrt{23}$ zu berechnen. Um 23 als Binom $1 + x$ mit $|x| < 1$ darzustellen, nimmt man eine der beiden Umformungen vor:

$$\sqrt{23} = \sqrt{16 + 7} = 4\sqrt{1 + \frac{7}{16}}$$

oder

$$\sqrt{23} = \sqrt{25 - 2} = 5\sqrt{1 - \frac{2}{25}},$$

von welchen die zweite besser ist, weil die mit $x = \dfrac{2}{25}$ gebildete Reihe rascher konvergiert. Wir erhalten also

$$\sqrt{1 - \frac{2}{25}} = 1 - \frac{1}{2} \cdot \frac{2}{25} - \frac{1}{2 \cdot 4} \left(\frac{2}{25} \right)^2 - \frac{1 \cdot 3}{2 \cdot 4 \cdot 6} \left(\frac{2}{25} \right)^3 - \ldots \ldots$$

Die Berechnung der einzelnen Glieder ergibt:

$$\frac{1}{2} \cdot \frac{2}{25} = 0{\cdot}04$$

$$\frac{1}{2 \cdot 4} \cdot \left(\frac{2}{25}\right)^2 = 0{\cdot}04 \cdot \frac{1}{4} \cdot \frac{2}{25} = 0{\cdot}0008$$

$$\frac{1 \cdot 3}{2 \cdot 4 \cdot 6} \cdot \left(\frac{2}{25}\right)^3 = 0{\cdot}0008 \cdot \frac{1}{2} \cdot \frac{2}{25} = 0{\cdot}00003$$

Wir brechen ab und erhalten

$$\sqrt{23} = 5\,(1 - 0{\cdot}04 - 0{\cdot}008 - 0{\cdot}0003) = 4{\cdot}79585.$$
$$\text{(Tafelwert: } 4{\cdot}79583.)$$

4. Die logarithmische Reihe. Wir haben schon auf S. 235 den Grund kennen gelernt, warum sich $\ln x$ nicht in eine Reihe entwickeln läßt; er fällt aber bei $\ln (1 + x)$ weg und daher können wir auf diese Funktion Formel (3) anwenden. Wir bilden die aufeinander folgenden Ableitungen von $\ln (1 + x)$ und bestimmen ihre Werte für $x = 0$:

$$
\begin{aligned}
f(x) &= \ln (1 + x) & \qquad f(0) &= 0 \\
f'(x) &= (1 + x)^{-1} & f'(0) &= 1 \\
f''(x) &= -1\,(1 + x)^{-2} & f''(0) &= -1 \\
f'''(x) &= 2 \cdot 1\,(1 + x)^{-3} & f'''(0) &= 1 \cdot 2 \\
f^{\mathrm{IV}}(x) &= -3 \cdot 2 \cdot 1\,(1 + x)^{-4} & f^{\mathrm{IV}}(0) &= -1 \cdot 2 \cdot 3
\end{aligned}
$$

$\ldots\ldots\ldots\ldots\ldots\ldots\ldots\qquad\ldots\ldots\ldots\ldots\ldots\ldots$

Daher ist

$$\ln (1 + x) = \frac{x}{1} - \frac{x^2}{2} + \frac{x^3}{3} - \frac{x^4}{4} + \ldots\ldots \tag{4}$$

Von dieser alternierenden Reihe wissen wir, daß sie für $0 \leqq x \leqq 1$ konvergiert. Ersetzen wir aber in (4) x durch $-x$, so erhalten wir die Reihe

$$\ln (1 - x) = -\left(\frac{x}{1} + \frac{x^2}{2} + \frac{x^3}{3} + \ldots\ldots\right), \tag{5}$$

von der wir die Konvergenz erst untersuchen müssen. Wir bilden

$$\frac{u_{n+1}}{u_n} = \frac{x^{n+1}}{n+1} : \frac{x^n}{n} = \frac{n}{n+1} \cdot x = \frac{1}{1 + \dfrac{1}{n}} \cdot x.$$

Für $n \to \infty$ strebt $\dfrac{1}{1 + \dfrac{1}{n}} \to 1$, der obige Ausdruck nähert sich also nur für $x < 1$ einem Grenzwert, der kleiner als 1 ist; für $x = 1$ geht die eingeklammerte Reihe in (5) in die harmonische Reihe über, von der wir die Divergenz schon nachgewiesen haben. *Die logarithmische Reihe* (4) *konvergiert mithin nur für* $-1 < x \leqq 1$.

Setzt man in (4) an Stelle von x den Wert 1 ein, so erhält man die Entwicklung

$$\ln 2 = 1 - \frac{1}{2} + \frac{1}{3} - \frac{1}{4} + \ldots\ldots,$$

die aber sehr langsam konvergiert und daher für die Berechnung von $\ln 2$ ungeeignet ist. Eine besser konvergente Reihe erhält man, wenn man (5) von (4) abzieht:

$$\ln \frac{1+x}{1-x} = 2 \left(\frac{x}{1} + \frac{x^3}{3} + \frac{x^5}{5} + \ldots\ldots \right). \tag{6}$$

Setzt man hier $x = \frac{1}{3}$, so entsteht die Reihe

$$\ln 2 = 2 \left(\frac{1}{3} + \frac{1}{3} \cdot \frac{1}{3^3} + \frac{1}{5} \cdot \frac{1}{3^5} + \ldots\ldots \right),$$

die jedenfalls rascher konvergiert als die vorige. Wir wollen mit ihrer Hilfe $\ln 2$ tatsächlich berechnen.

Auf 5 Dez. abgerundet:

$$\frac{1}{3} = 0{\cdot}33333$$

$$\frac{1}{3} \cdot \frac{1}{3^3} = 0{\cdot}01235$$

$$\frac{1}{5} \cdot \frac{1}{3^5} = 0{\cdot}01235 \cdot \frac{1}{15} \, (= 0{\cdot}000823) = 0{\cdot}00082$$

$$\frac{1}{7} \cdot \frac{1}{3^7} = 0{\cdot}000823 \cdot \frac{5}{63} \, (= 0{\cdot}0000653) = 0{\cdot}00007$$

$$\frac{1}{9} \cdot \frac{1}{3^9} = 0{\cdot}0000653 \cdot \frac{7}{81} = 0{\cdot}00001$$

$$0{\cdot}34658.$$

Von der dritten Zeile angefangen, kann man schon mit dem Rechenschieber rechnen; man schreibt nur den abgerundeten Wert $0{\cdot}00082$ an und läßt die genauere Zahl $0{\cdot}000823$, die man auf dem Rechenschieber erhalten hat, eingestellt; mit ihr rechnet man weiter und geht in der nächsten Zeile genau so vor usw. Die auf dem Rechenschieber erhaltenen Resultate, die beim praktischen Rechnen nicht vollständig angeschrieben werden, sind in der obigen Ausführung eingeklammert.

Das erhaltene Ergebnis $0{\cdot}34658$ ist noch mit 2 zu multiplizieren, mithin $\ln 2 = 0{\cdot}69316$ (Tafelwert: $0{\cdot}69315$; vgl. S. 112). Die Entwicklung (6) gestattet die Berechnung der Logarithmen der positiven ganzen Zahlen. Handelt es sich z. B. um die ganze Zahl a, so ergibt sich aus $\frac{1+x}{1-x} = a$ für x stets ein Wert < 1, nämlich $x = \frac{a-1}{a+1}$. Allerdings erhält man für große Werte von a schon recht schlecht

konvergente Reihen. Aus den natürlichen Logarithmen ergeben sich
bekanntlich die dekadischen durch Multiplikation mit $\lg e = 0\cdot43429$.

5. Übungen. 1. Man entwickle

a) $\dfrac{1}{(1+x)^2}$,   b) $\dfrac{1}{\sqrt{1-x}}$,   c) $\sqrt[3]{1+x}$,   d) $\dfrac{1}{\sqrt{1+x}\,^3}$.

in eine Reihe.

Lösungen: a) $1 - 2x + 3x^2 + 3x^2 - 4x^3 + \ldots\ldots$

b) $1 + \dfrac{1}{2}x + \dfrac{1\cdot3}{2\cdot4}x^2 + \dfrac{1\cdot3\cdot5}{2\cdot4\cdot6}x^3 + \ldots\ldots$

c) $1 + \dfrac{1}{3}x - \dfrac{2}{3\cdot6}x^2 + \dfrac{2\cdot5}{3\cdot6\cdot9}x^3 - \dfrac{2\cdot5\cdot8}{3\cdot6\cdot9\cdot12}x^4 + \ldots\ldots$

d) $1 - \dfrac{3}{2}x + \dfrac{3\cdot5}{2\cdot4}x^2 - \dfrac{3\cdot5\cdot7}{2\cdot4\cdot6}x^3 + \ldots\ldots$

2. Man berechne mittels Reihenentwicklung auf 4 Dezimalen:

a) $\sqrt[3]{1\cdot1}$,   b) $\dfrac{1}{\sqrt{14}}$,   c) $\sqrt[3]{29}$,   d) $\sqrt[5]{234}$.

Lösungen: a) $1\cdot0323$; b) $0\cdot2673$; c) $3\cdot0723$; d) $2\cdot9774$.

3. Man ermittle durch Reihenentwicklung folgende Grenzwerte:

a) $\lim\limits_{x\to0} \dfrac{\sqrt{1+x}-\sqrt{1-x}}{x}$,   b) $\lim\limits_{x\to0} \dfrac{1-\sqrt{1-x^2}}{x}$.

Lösungen: a) 1, b) 0.

4. Man gebe Näherungsformeln für $\sqrt[n]{1\pm x}$ und für $\dfrac{1}{\sqrt[n]{1\mp x}}$ an.

Lösung: $\sqrt[n]{1\pm x} \approx 1 \pm \dfrac{1}{n}x$, $\dfrac{1}{\sqrt[n]{1\pm x}} \approx 1 \mp \dfrac{1}{n}x$.

5. Man berechne $\ln 3$ und $\ln 5$ auf 5 Dezimalen.
Lösung: $\ln 3 = 1\cdot09861$, $\ln 5 = 1\cdot60944$.

6. Man ermittle angenähert die Anzahl der Jahre, in welchen sich ein Kapital verdoppelt, wenn es zu $p\%$ auf Zins und Zinseszins angelegt ist.

Lösung:
$$n = \frac{\ln 2}{\ln\left(1 + \dfrac{p}{100}\right)} = \frac{0\cdot69}{\dfrac{p}{100} + \ldots\ldots} \approx \frac{69}{p}\ \text{Jahre}.$$

7. Es läßt sich zeigen, daß eine konvergente Potenzreihe innerhalb ihres Konvergenzbereiches gliedweise abgeleitet oder integriert werden darf. Was erhält man, wenn man

$$\frac{1}{1+x} = 1 - x + x^2 - x^3 + \ldots.$$

und
$$-1 < x \leq 1.$$

$$\frac{1}{1+x^2} = 1 - x^2 + x^4 - x^6 + \ldots$$

integriert?

Hossner, Höhere Mathematik.

16

$$\text{L ö s u n g:}\quad \ln(1+x) = \frac{x}{1} - \frac{x^2}{2} + \frac{x^3}{3} - \frac{x^4}{4} + \cdots$$

und
$$-1 < x < 1.$$

$$\operatorname{arc\ tg} x = \frac{x}{1} - \frac{x^3}{3} + \frac{x^5}{5} - \frac{x^7}{7} + \cdots$$

Beide Reihenentwicklungen gelten auch noch für $x = 1$. Speziell ergibt die letzte für $x = 1$ die *Leibnizsche* Reihe

$$\frac{\pi}{4} = 1 - \frac{1}{3} + \frac{1}{5} - \frac{1}{7} + \cdots$$

die aber sehr langsam konvergiert. Schneller konvergiert die arc tg-Reihe für $x = \dfrac{1}{\sqrt{3}}$; man erhält wegen $\operatorname{arc\ tg} \dfrac{1}{\sqrt{3}} = \operatorname{arc} 30^0 = \dfrac{\pi}{6}$:

$$\pi = 2\sqrt{3}\left(1 - \frac{1}{3}\cdot\frac{1}{3} + \frac{1}{5}\cdot\frac{1}{3^2} \cdots\right).$$

Der Studierende möge sie benützen, um π auf 4 Dezimalen zu berechnen. Durch gewisse Umformungen kann man eine noch weit bessere Konvergenz erzielen. Mit Hilfe einer solchen umgeformten Reihe hat *Shanks* die Zahl π auf 707 Dezimalstellen berechnet.

§ 32. Beständig konvergente Potenzreihen.

1. Entwicklung von e^x und a^x. Ist $f(x) = e^x$, so sind alle Ableitungen ebenfalls gleich e^x und haben an der Stelle $x = 0$ den Wert 1. Die Taylorsche Reihe für e^x lautet demnach:

$$\boxed{\,e^x = 1 + \frac{x}{1!} + \frac{x^2}{2!} + \frac{x^3}{3!} + \cdots\cdots \quad (-\infty < x < +\infty)\,} \qquad (7)$$

Daß diese Reihe tatsächlich — wie oben angegeben — für alle Werte von x konvergiert, erkennt man wieder aus

$$\left|\frac{u_{n+1}}{u_n}\right| = \left|\frac{x^n}{n!} : \frac{x^{n-1}}{(n-1)!}\right| = \left|\frac{1\cdot 2\,\cdots\,(n-1)}{1\cdot 2\,\cdots\,(n-1)\cdot n}\cdot x\right| = \left|\frac{1}{n}\cdot x\right|.$$

Dieser Ausdruck strebt aber für jeden Wert von x mit wachsendem n gegen Null. Man nennt solche Potenzreihen *beständig konvergent*. Für $x = 1$ ergibt sich

$$\boxed{\,e = 1 + \frac{1}{1!} + \frac{1}{2!} + \frac{1}{3!} + \cdots\cdots\,}.$$

Wegen $a^x = e^{x\,\ln a}$ läßt sich aus (7) die Entwicklung von a^x sofort angeben:

$$a^x = 1 + \frac{\ln a}{1!}\,x + \frac{(\ln a)^2}{2!}\,x^2 + \frac{(\ln a)^3}{3!}\,x^3 + \cdots\quad (-\infty < x < +\infty).$$

Subtrahiert und addiert man die beiden Reihen

$$e^x = 1 + \frac{x}{1!} + \frac{x^2}{2!} + \frac{x^3}{3!} + \frac{x^4}{4!} + \frac{x^5}{5!} + \cdots\cdots$$

$$e^{-x} = 1 - \frac{x}{1!} + \frac{x^2}{2!} - \frac{x^3}{3!} + \frac{x^4}{4!} - \frac{x^5}{5!} + \cdots\cdots,$$

so erhält man nach Division durch 2:

$$\mathfrak{Sin}\, x = \frac{x}{1!} + \frac{x^3}{3!} + \frac{x^5}{5!} + \ldots \ldots \tag{8}$$

$$- \infty < x < + \infty$$

$$\mathfrak{Cof}\, x = 1 + \frac{x^2}{2!} + \frac{x^4}{4!} + \ldots \ldots , \tag{9}$$

woraus man übrigens sofort ersieht, daß $\mathfrak{Sin}\, x$ eine ungerade, $\mathfrak{Cof}\, x$ eine gerade Funktion ist.

2. Entwicklung von sin x und cos x. Um die Entwicklung von $f(x) = \sin x$ zu erhalten, bilden wir die Ableitungen und berechnen ihre Werte für $x = 0$.

$$
\begin{aligned}
f(x) &= \sin x & f(0) &= 0 \\
f'(x) &= \cos x & f'(0) &= 1 \\
f''(x) &= - \sin x & f''(0) &= 0 \\
f'''(x) &= - \cos x & f'''(0) &= -1 \\
f^{IV}(x) &= \sin x & f^{IV}(0) &= 0.
\end{aligned}
$$

Mit der letzten Zeile beginnt die Wiederholung der schon vorhandenen Werte, somit können wir die Taylorsche Reihe für sin x aufstellen:

$$\sin x = \frac{x}{1!} - \frac{x^3}{3!} + \frac{x^5}{5!} - \ldots \ldots \; (-\infty < x < +\infty) \tag{10}$$

Daß diese ebenfalls beständig konvergent ist, folgt unmittelbar aus (7). Auch liest man aus ihr ohne weiteres ab, daß $\sin x \approx x$ für kleine x und daß $\sin x$ eine ungerade Funktion ist.

Wir wollen (10) benützen, um $\sin 19^0\, 38'$ zu berechnen. Dazu müssen wir vorerst den Winkel in das Bogenmaß umwandeln:

$$19^0\, 38' = 0\cdot34266;$$

diesen Wert haben wir in (10) an Stelle von x einzusetzen. Wir berechnen die einzelnen Glieder:

$$\frac{x}{1!} = 0\cdot34266, \qquad -\frac{x^3}{3!} = -0\cdot00670,$$

$$\frac{x^5}{5!} = 0\cdot00670 \cdot \frac{x^2}{20} = 0\cdot00004$$

$$\overline{0\cdot34270}$$

Das vierte und die folgenden Glieder werden keinen Einfluß mehr auf die 5. Dezimalstelle ausüben (vgl. die Fehlerabschätzung im nächsten Paragraphen). Wir erhalten somit

$$\sin 19^0\, 38' = 0\cdot34270 - 0\cdot00670 = 0\cdot33600,$$

was mit dem Tafelwert übereinstimmt.

Auf demselben Weg, auf dem wir die Entwicklung von $\sin x$ erhalten haben, gewinnen wir auch die von $\cos x$. Wir geben sofort das Ergebnis an. (Abb. 191 zeigt die ersten vier Schmiegungsparabeln.)

$$\cos x = 1 - \frac{x^2}{2!} + \frac{x^4}{4!} - \ldots \ldots \quad (-\infty < x < +\infty) \qquad (11)$$

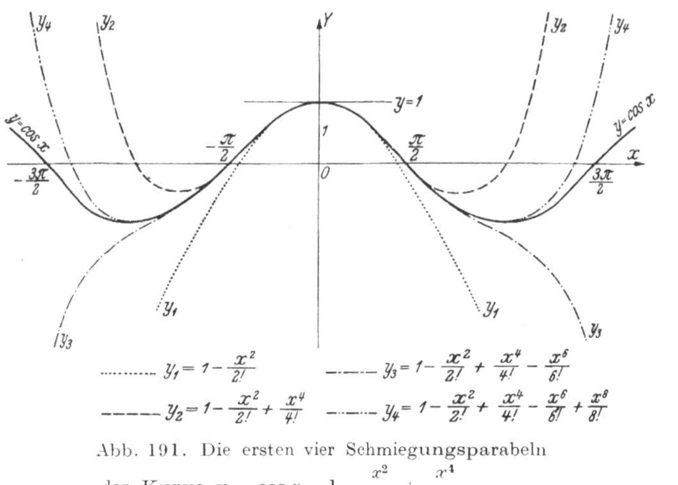

$$\ldots\ldots\ldots \; y_1 = 1 - \frac{x^2}{2!} \qquad\qquad \mathbf{-\cdot-\cdot-} \; y_3 = 1 - \frac{x^2}{2!} + \frac{x^4}{4!} - \frac{x^6}{6!}$$

$$\mathbf{------} \; y_2 = 1 - \frac{x^2}{2!} + \frac{x^4}{4!} \qquad \mathbf{-\cdot\cdot-} \; y_4 = 1 - \frac{x^2}{2!} + \frac{x^4}{4!} - \frac{x^6}{6!} + \frac{x^8}{8!}$$

Abb. 191. Die ersten vier Schmiegungsparabeln
der Kurve $y = \cos x = 1 - \dfrac{x^2}{2!} + \dfrac{x^4}{4!} - \ldots\ldots$

3. Die Eulersche Formel. Die Ähnlichkeit der Reihenentwicklungen in (8) und (9) mit jenen von (10) und (11) lassen einen Zusammenhang zwischen den hyperbolischen und trigonometrischen Funktionen vermuten, der leicht zu finden ist. Ersetzt man nämlich in (8) und (9) x durch jx $(j = \sqrt{-1}$, vgl. Anhang B. 2.), so erhält man

$$\mathfrak{Sin}\, j\,x = j\left(\frac{x}{1!} - \frac{3!}{x^3} + \frac{x^5}{5!} - \ldots\ldots\right) = j \sin x \qquad (12)$$

$$\mathfrak{Cof}\, j\,x = 1 - \frac{x^2}{2!} + \frac{x^4}{4!} - \ldots\ldots = \cos x. \qquad (13)$$

Da $\mathfrak{Sin}\, j\,x = \dfrac{e^{jx} - e^{-jx}}{2}$ und $\mathfrak{Cof}\, j\,x = \dfrac{e^{jx} + e^{-jx}}{2}$, so folgt aus (12) und (13):

$$\boxed{\;\begin{aligned} j\sin x &= \frac{e^{jx} - e^{-jx}}{2}\\[1mm] \cos x &= \frac{e^{jx} + e^{-jx}}{2} \end{aligned}\;} \qquad (14)$$

Durch Addition und Subtraktion ergibt sich

$$\boxed{\;\begin{aligned} \cos x + j\sin x &= e^{jx}\\ \cos x - j\sin x &= e^{-jx} \end{aligned}\;} \qquad (15)$$

Das Gleichungspaar (15) wird gewöhnlich als *Eulersche Formel* bezeichnet. Potenziert man jede der beiden Gleichungen mit n:

$$(\cos x + j\sin x)^n = e^{jnx} = \cos nx + j\sin nx,$$
$$(\cos x - j\sin x)^n = e^{-jnx} = \cos nx - j\sin nx,$$

so erhält man das *Moivresche Theorem*

$$\boxed{(\cos x \pm j\sin x)^n = \cos nx \pm j\sin nx}, \qquad (16)$$

das für beliebige Werte von n gilt.

Wir haben die vorstehenden Beziehungen rein rechnerisch abgeleitet, ohne näher darauf einzugehen, was man sich eigentlich unter e^{jx} usw. vorzustellen hat; (15) läßt nur erkennen, daß e^{jx} jedenfalls eine *komplexe Größe* ist. Die begriffliche Erklärung der hier auftretenden Funktionen mit imaginärem Argument gehört in das Gebiet der *Funktionentheorie* und muß daher hier unterbleiben.

In den Anwendungen, namentlich in der Elektrotechnik, werden diese Formeln häufig gebraucht, da sich mit ihrer Hilfe viele Rechnungen wesentlich einfacher gestalten, und auch wir werden uns ihrer im folgenden Abschnitt oft bedienen. Wem das Rechnen mit komplexen Zahlen nicht geläufig ist, der möge daher Abschnitt B im Anhang durcharbeiten, ehe er mit dem Studium des V. Abschnittes beginnt.

Um ein Beispiel für die durch komplexe Rechnung erzielbaren Vereinfachungen zu geben, wollen wir die beiden Integrale

$I_1 = \int e^{ax}\cos bx\,dx$ und $I_2 = \int e^{ax}\sin bx\,dx$ (Übung **1**, g) u. h), S. 214) folgenderweise auswerten. Wir bilden

$$I_1 + jI_2 = \int e^{ax}\cos bx\,dx + \int j\,e^{ax}\sin bx\,dx = \int e^{ax}(\cos bx + j\sin bx)\,dx =$$

$$= \int e^{ax}e^{jbx}\,dx = \int e^{(a+bj)x}\,dx = \frac{1}{a+bj}\cdot e^{(a+bj)x} =$$

$$= \frac{a-bj}{(a+bj)(a-bj)}\cdot e^{ax}e^{jbx} = \frac{e^{ax}}{a^2+b^2}(a-bj)(\cos bx + j\sin bx).$$

Multipliziert man den letzten Ausdruck aus und zieht die reellen und die imaginären Glieder zusammen, so erhält man

$$I_1 + jI_2 = \frac{e^{ax}}{a^2+b^2}(a\cos bx + b\sin bx) +$$

$$+ j\frac{e^{ax}}{a^2+b^2}(a\sin bx - b\cos bx),$$

woraus durch Vergleich der reellen und der imaginären Bestandteile die auf S. 214 angegebenen Resultate folgen.

4. Übungen. 1. Man bilde von sämtlichen Reihen dieses Paragraphen die Ableitung und überzeuge sich, daß man damit die Ableitung der durch sie dargestellten Funktionen erhält; man verfahre analog mit den Formeln (12) bis (15).

2. Man berechne mittels Reihenentwicklung:

a) $e^{\mu a}$ für $\mu = 0{\cdot}2$ und $a = 108^0$ (3 Dezimalen); **b)** $\sqrt{e}$; **c)** $\dfrac{1}{e}$; **d)** $\mathfrak{Coj}\ 0{\cdot}455$ (4 Dezimalen); **e)** $\cos 9^0\ 40'\ 30''$ (5 Dezimalen).

Lösungen: **a)** $1{\cdot}458$; **b)** $1{\cdot}6487$; **c)** $0{\cdot}3679$; **d)** $1{\cdot}1053$; **e)** $0{\cdot}98578$.

3. Man zeige, daß der Abstand des Schwerpunktes eines Kreisbogens (r, a) von der Sehne angenähert $\dfrac{2}{3}$ der Bogenhöhe ist.

Lösung: Der Abstand des Schwerpunktes von der Sehne (S. 126) ist

$$\frac{2\,r\,\sin\dfrac{a}{2}}{a} - r\cos\frac{a}{2};$$

die Reihenentwicklung ergibt dafür angenähert den Wert $\dfrac{r\,a^2}{12}$. Für die Bogenhöhe $r - r\cos\dfrac{a}{2}$ findet man auf demselben Weg den Näherungswert $\dfrac{r\,a^2}{8}$, woraus der behauptete Zusammenhang folgt.

4. Man zeige mittels Reihenentwicklung, daß

$$\textbf{a) } \lim_{x \to 0} \frac{1 - \cos x}{x^2} = \frac{1}{2}; \qquad \textbf{b) } \lim_{x \to \infty} \frac{e^x}{x^n} = \infty$$

5. Man berechne $\displaystyle\int \frac{e^x}{x}\,dx$ angenähert, indem man $\dfrac{e^x}{x}$ durch die ersten n Glieder der zugehörigen Reihenentwicklung darstellt.

Lösung:

$$\int \frac{e^x}{x}\,dx \approx \ln x + x + \frac{1}{2!}\cdot\frac{x^2}{2} + \frac{1}{3!}\cdot\frac{x^3}{3} + \dots + \frac{1}{(n-1)!}\cdot\frac{x^{n-1}}{n-1} + C.$$

6. Dieselbe Aufgabe für $\displaystyle\int e^{-x^2}\,dx$.

Lösung:

$$\int e^{-x^2}\,dx \approx x - \frac{x^3}{3} + \frac{1}{2!}\cdot\frac{x^5}{5} - \frac{1}{3!}\cdot\frac{x^7}{7} + \dots + (-1)^{n-1}\cdot\frac{1}{(n-1)!}\cdot\frac{x^{2n-1}}{2n-1} + C.$$

7. Man leite die Formeln (14) aus den Reihen für e^{jx} und e^{-jx} her.

8. Man drücke $\sin jx$ und $\cos jx$ durch $\mathfrak{Sin}\ x$ bzw. $\mathfrak{Coj}\ x$ aus.

Lösung: $\sin jx = j\,\mathfrak{Sin}\ x$, $\cos jx = \mathfrak{Coj}\ x$.

Man beachte, daß der Kosinus eines imaginären Winkels reell und > 1, der hyperbolische Kosinus eines imaginären Arguments ebenfalls reell aber < 1 ist [Formel (13)].

9. Es sollen mit Hilfe der Ergebnisse in Übung **8** die in § 23 angeführten Beziehungen zwischen den Hyperbelfunktionen aus den entsprechenden Beziehungen zwischen den trigonometrischen Funktionen hergeleitet werden.

10. Welchen Wert hat **a)** $e^{2\pi j}$, **b)** $e^{\pi j}$, **c)** $e^{\frac{\pi}{2}j}$?
Lösung: **a)** 1, **b)** -1, **c)** j.

11. Für welche Werte von x ist $e^{jx} = 1$ und für welche $= -1$?

Lösung: $x = 0,\ \pm\, 2\,\pi,\ \pm\, 4\,\pi,\ \ldots\,$ ergibt 1,

$\qquad\quad x = \pm\,\pi,\ \pm\, 3\,\pi,\ \pm\, 5\,\pi,\ \ldots\,$ ergibt -1.

§ 33. Fehlerabschätzung.

1. Fehlerabschätzung bei alternierenden Reihen. *Bricht man eine konvergente alternierende Reihe $u_1 - u_2 + u_3 - \ldots$ bei einem bestimmten Glied ab, so ist der durch Vernachlässigung aller folgenden Glieder entstehende Fehler ein Bruchteil desjenigen Gliedes, vor dem die Reihe abgebrochen wurde.*

Beweis: Es sei

$$u_{n+1} - u_{n+2} + u_{n+3} - \ldots$$

die vernachlässigte Restsumme, also

$$s_n = u_1 - u_2 + u_3 - \ldots - u_n$$

die tatsächlich errechnete Teilsumme. Dann ist diese gegenüber der Gesamtsumme um

$$u_{n+1} - (u_{n+2} - u_{n+3}) - (u_{n+4} - u_{n+5}) - \ldots$$

zu klein. Die Summe dieser Restglieder ist aber kleiner als u_{n+1} (vgl. S. 232), der Fehler somit tatsächlich ein Bruchteil von u_{n+1}. Hat u_{n+1} ein negatives Vorzeichen, so führen dieselben Überlegungen zu dem Ergebnis, daß s_n gegenüber der Gesamtsumme um einen Bruchteil von u_{n+1} zu groß ist.

Aus dieser Fehlerabschätzung ersieht man z. B., daß man von

$$\ln 2 = 1 - \frac{1}{2} + \frac{1}{3} - \frac{1}{4} + \ldots$$

etwa 100 Glieder berechnen müßte, um den Fehler unter eine Einheit der 2. Dezimalstelle herabzudrücken.

Beispiel: Es soll der Fehler geschätzt werden, den man bei Ersatz eines Kreisbogens $(r,\ \alpha)$ durch die Sehne begeht. Der Fehler f ist die Differenz des Bogens $r\,\alpha$ und der Sehne $2\,r\sin\dfrac{\alpha}{2}$. Durch Reihenentwicklung erhält man

$$f = r\,\alpha - 2\,r\sin\frac{\alpha}{2} = 2r\left(\frac{\alpha}{2} - \left(\frac{\alpha}{2} - \frac{1}{6}\left(\frac{\alpha}{2}\right)^3 + \ldots\right)\right) < \frac{r}{3}\left(\frac{\alpha}{2}\right)^3.$$

Der prozentuelle Fehler ist kleiner als $\dfrac{50}{3}\left(\dfrac{\alpha}{2}\right)^2\,\%$, wobei α im Bogenmaß ausgedrückt werden muß. Ist α im Gradmaß gegeben, so ist der prozentuelle Fehler $< \dfrac{50}{3}\left(\dfrac{\pi}{180}\right)^2\left(\dfrac{\alpha}{2}\right)^2 \approx 0{\cdot}005\left(\dfrac{\alpha}{2}\right)^2\,\%$, also bei einem Bogen von 20^0 beiläufig $\dfrac{1}{2}\,\%$.

2. Das Lagrangesche Restglied. Wir haben in § 31, 2. eine Funktion $f(x)$ durch das Polynom $\varphi(x) = f(0) + \dfrac{f'(0)}{1!} x + \ldots +$

$+ \dfrac{f^{(n)}(0)}{n!} x^n$ angenähert dargestellt, so daß also

$$f(x) = f(0) + \frac{f'(0)}{1!} x + \ldots + \frac{f^{(n)}(0)}{n!} x^n + R$$

geschrieben werden kann. Um den Unterschied zwischen $f(x)$ und $\varphi(x)$, das sogenannte *Restglied R*, näher bestimmen zu können, hätten wir eigentlich R untersuchen müssen. Wir haben es deshalb unterlassen, weil diese Untersuchungen ziemlich umständlich sind und weil in den von uns behandelten Fällen R sowieso mit wachsendem n gegen Null strebt. Unsere durch die Reihenentwicklungen erhaltenen Ergebnisse sind also richtig, wenn sie auch nicht ganz exakt gewonnen wurden.

Dem Restglied R hat *Lagrange* die Form

$$R = \frac{f^{(n+1)}(\xi)}{(n+1)!} \cdot x^{n+1} \qquad (0 < \xi < x)$$

gegeben. Bricht man eine Taylorsche Entwicklung nach $\dfrac{f^{(n)}(0)}{n!} \cdot x^n$ ab, so liegt nach dieser Formel von Lagrange der begangene Fehler zwischen $\dfrac{f^{(n+1)}(0)}{(n+1)!} \cdot x^{n+1}$ und $\dfrac{f^{(n+1)}(x)}{(n+1)!} \cdot x^{n+1}$, ist somit kleiner als der größere von beiden Werten.

1. Beispiel: Mit welcher Genauigkeit wird die Zahl e durch die ersten zehn Glieder der Reihe

$$e = 1 + \frac{1}{1!} + \frac{1}{2!} + \frac{1}{3!} + \ldots$$

dargestellt?

Um R zu finden, hat man von

$$e^x = 1 + \frac{x}{1!} + \frac{x^2}{2!} + \ldots$$

auszugehen. Da sämtliche Ableitungen von e^x gleich e^x sind, so ist in unserem Fall $(n+1 = 10, f^{(n+1)}(\xi) = e^\xi)$:

$$R = \frac{e^\xi}{10!} \cdot x^{10}.$$

Nun ist $10! = 3628800$, x hat in der Reihe für e den Wert 1, mithin ist

$$R = \frac{e^\xi}{3628800}, \qquad (0 < \xi < 1)$$

also sicher kleiner als $0 \cdot 000001$.

Außerdem sind aber, von den ersten drei Gliedern abgesehen, alle folgenden unvollständige Dezimalzahlen. Rundet man auf sechs Stellen ab, so ist bei jedem dieser sieben Glieder der Fehler nicht ganz eine halbe Einheit der 6. Dezimalstelle, der Gesamtfehler einschließlich des oben geschätzten Wertes von R kleiner als 4·5 Einheiten der 6. Dezimalstelle. Wir erhalten somit fünf richtige Dezimalstellen der Zahl e. Die Rechnung ist im folgenden durchgeführt.

$$1 + \frac{1}{1!} = 2$$

$$\frac{1}{2!} = 0{\cdot}5$$

$$\frac{1}{3!} = 0{\cdot}166667$$

$$\frac{1}{4!} = \frac{1}{3!} : 4 = 0{\cdot}041667$$

$$\frac{1}{5!} = \frac{1}{4!} : 5 = 0{\cdot}008333$$

$$\frac{1}{6!} = 0{\cdot}001389$$

$$\frac{1}{7!} = 0{\cdot}000198$$

$$\frac{1}{8!} = 0{\cdot}000025$$

$$\frac{1}{9!} = 0{\cdot}000003$$

$$e = 2{\cdot}718282$$

2. Beispiel: Die Gleichung der Kettenlinie lautet

$$y = m\,\mathfrak{Cof}\,\frac{x}{m} = m + \frac{x^2}{2\,m} + \frac{x^4}{24\,m^3} + \ldots\ldots$$

Wie groß ist der Fehler an der Stelle $x = l$, wenn man die Kettenlinie durch die Parabel $y = m + \dfrac{x^2}{2\,m}$ ersetzt? (Vgl. Übung 3 und 4, S. 184.) Um R abzuschätzen, brauchen wir die vierte Ableitung von $m\,\mathfrak{Cof}\,\dfrac{x}{m}$; sie ist gleich $\dfrac{1}{m^3}\,\mathfrak{Cof}\,\dfrac{x}{m}$, daher ist

$$R = \frac{\mathfrak{Cof}\,\dfrac{\xi}{m}}{24\,m^3}\cdot l^4 < \frac{\mathfrak{Cof}\,\dfrac{l}{m}}{24\,m^3}\cdot l^4.$$

Für $\dfrac{l}{m} = 0{\cdot}49$ wird

$$R < \frac{1{\cdot}1225 \cdot 0{\cdot}49^3}{24}\cdot l \approx 0{\cdot}0055\,l.$$

Ist $\dfrac{l}{m} = 0{\cdot}2$, so ist $R < 0{\cdot}00034\,l$, also viel kleiner als vorher.

3. Übungen. 1. Mit welcher Genauigkeit erhält man $\sqrt[3]{10\cdot4}$, wenn man die Näherungsformel $\sqrt[3]{1+x} \approx 1 + \frac{1}{3}\,x$ anwendet?

Lösung: $\sqrt[3]{10\cdot4} = \sqrt[3]{8+2\cdot4} = 2\sqrt[3]{1+0\cdot3} \approx 2\left(1 + \frac{1}{3}\cdot 0\cdot3\right) = 2\cdot2.$

Dieses Resultat ist um weniger als $2\cdot\dfrac{2}{3\cdot6}\cdot 0\cdot3^2 = 0\cdot02$ zu groß, der richtige Wert liegt somit zwischen $2\cdot18$ und $2\cdot20$.

2. Bei der Spiegelablesung mit Skala und Fernrohr ist der Drehungswinkel φ des Spiegels

$$\varphi = \frac{1}{2}\,\text{arc tg}\,\frac{x}{a} = \frac{x}{2\,a} - \frac{x^3}{6\,a^3} + \ \ldots. \quad (\text{Übung } \mathbf{2} \text{ S. 178 und Übung } \mathbf{7}$$

S. 241), woraus sich für kleine Winkel der Näherungswert $\varphi \approx \dfrac{x}{2\,a}$ ergibt. Bis zu welcher Winkelgröße bleibt der hiebei begangene Fehler unter 1% des Näherungswertes?

Lösung: Es soll $\dfrac{x^3}{6\,a^3} < 0\cdot01 \cdot \dfrac{x}{2\,a}$ sein oder $\left(\dfrac{x}{a}\right)^2 < 0\cdot03$. Da $\dfrac{x}{2\,a} \approx \varphi$, kann die letzte Ungleichung auch geschrieben werden: φ (im Bogenmaß) $< \dfrac{\sqrt{0\cdot03}}{2}$ oder φ (im Gradmaß) $< \dfrac{90\sqrt{0\cdot03}}{\pi} \approx 5^0$.

3. Zwischen welchen Werten liegt $\dfrac{1}{\sqrt{13\cdot6}}$, wenn man in der Entwicklung nur die ersten zwei Glieder berücksichtigt?

Lösung:

$$\frac{1}{\sqrt{13\cdot6}} = \frac{1}{4\sqrt{1-0\cdot15}} \approx \frac{1}{4}\left(1 + \frac{1}{2}\cdot 0\cdot15\right) \approx 0\cdot269.$$

Hier ist $f(x) = \dfrac{1}{\sqrt{1-x}}$, $f''(x) = \dfrac{1}{2}\cdot\dfrac{3}{2}(1-x)^{-\frac{5}{2}}$.

Das Restglied nach Lagrange ist daher gleich $\dfrac{1\cdot3}{2\cdot4}(1-\xi)^{-\frac{5}{2}}\cdot x^2$. Nehmen wir $\xi = x$ (in unserem Fall $0\cdot15$) so ist der Fehler kleiner als der vierte Teil von

$$\frac{1\cdot3\cdot 0\cdot15^2}{2\cdot4\cdot 0\cdot85^2\sqrt{0\cdot85}} \approx 0\cdot003.$$

Daher liegt der Wert von $\dfrac{1}{\sqrt{13\cdot6}}$ zwischen $0\cdot269$ und $0\cdot272$.

4. Ein Kapital K_0 wächst durch stetige Verzinsung zu $p\%$ in 1 Jahr auf

$$k_1 = K_0\,e^{\frac{p}{100}}$$

an (§ 4, 2). Wie groß ist der Fehler, wenn man k_1 dem um die einfachen Zinsen vermehrten Kapital gleich setzt, also k_1 durch $K_1 = K_0\left(1 + \dfrac{p}{100}\right)$ annähert?

Lösung: Ersetzt man k_1 durch K_1 so bricht man die Reihe

$$k_1 = K_0\left(1 + \frac{p}{100} + \frac{1}{2!}\left(\frac{p}{100}\right)^2 + \ \ldots\right)$$

nach dem zweiten Glied ab. Hier ist

$$f(p) = K_0\, e^{\frac{p}{100}}, \quad f''(p) = \frac{1}{10\,000}\, K_0\, e^{\frac{p}{100}} = \frac{k_1}{10\,000} \approx \frac{K_1}{10\,000}.$$

Nimmt man in der Formel für das Restglied p an Stelle von ξ, so ist der begangene Fehler $\approx \dfrac{p^2}{20\,000} \cdot K_1$.

§ 34. Zusammensetzung von Schwingungen.

1. Harmonische Oberschwingungen. In der Technik hat man häufig mit periodischen Vorgängen zu tun, d. h. mit Vorgängen, die sich nach Ablauf einer gewissen Zeit, der Periode T, ständig wiederholen (Kolbenbewegungen einer Dampfmaschine, Wechselstrommaschinen, Schwingungen usw.). Ihnen entsprechen periodische Funktionen der Zeit. Wir haben derartige Funktionen schon in den trigonometrischen Funktionen kennen gelernt. So haben $\sin \omega t$ und $\cos \omega t$ die primitive Periode $T = \dfrac{2\pi}{\omega}$. Die Periodizität drückt sich in den Gleichungen aus

$$\sin(\omega t + 2k\pi) = \sin \omega t, \quad \cos(\omega t + 2k\pi) = \cos \omega t,$$

worin k eine ganze positive oder negative Zahl bedeutet.

Im Anhang wird gezeigt, daß die Überlagerung zweier oder mehrerer Sinuswellen von gleicher Kreisfrequenz wieder eine Sinuswelle derselben Kreisfrequenz ergibt. Was für Kurven entstehen aber, wenn Sinuslinien ungleicher Kreisfrequenz oder — was dasselbe bedeutet — ungleicher Periode zusammengesetzt werden? Wir wollen aus der unübersehbaren Zahl von Kombinationsmöglichkeiten einige Beispiele herausgreifen.

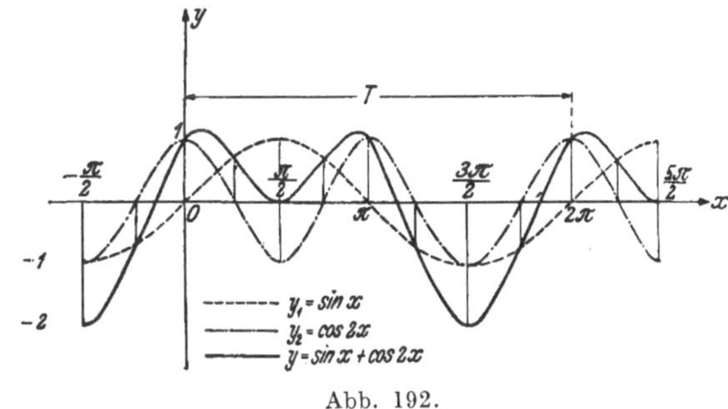

Abb. 192.

1. Beispiel: Es sei

$$y_1 = \sin x \;(T_1 = 2\pi), \quad y_2 = \cos 2x \;(T_2 = \pi).$$

Gesucht

$$y = y_1 + y_2 = \sin x + \cos 2x.$$

Wir zeichnen die beiden Kurven y_1 und y_2 und addieren sie graphisch. Das Ergebnis ist, wie Abb. 192 zeigt, eine periodische Kurve mit der Periode $T = 2\pi$, aber keine Sinuslinie mehr.

2. Beispiel: Es sollen die Einzelschwingungen

$$y_1 = \sin x, \quad y_2 = \frac{1}{3}\sin 3x, \quad y_3 = \frac{1}{5}\sin 5x, \quad y_4 = \frac{1}{7}\sin 7x$$

zusammengesetzt werden. In Abb. 193 a wurden y_1 und y_2 gezeichnet und addiert, es ergibt sich die Kurve

$$y_\mathrm{I} = \sin x + \frac{1}{3}\sin 3x;$$

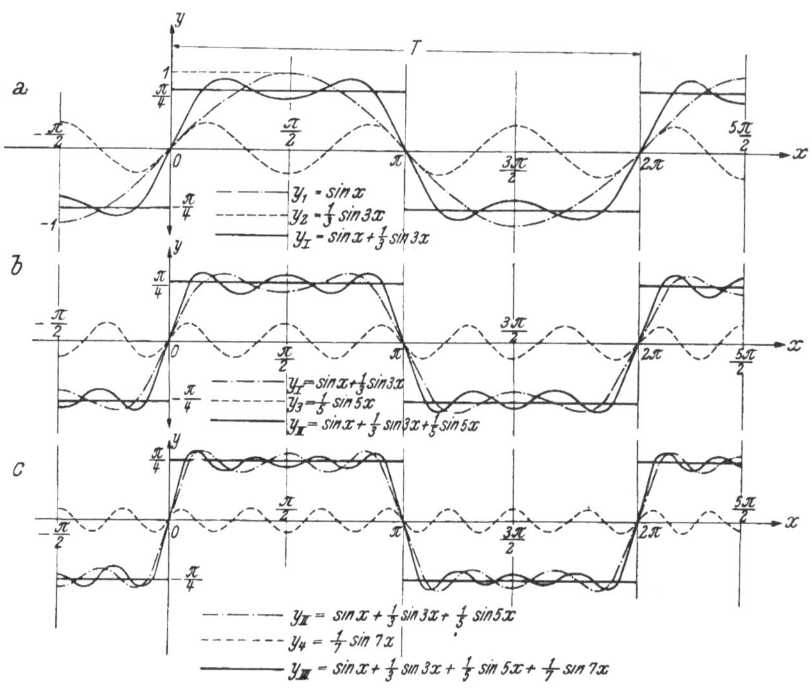

Abb. 193.

in Abb. 193 b wurden sodann y_I und y_3 zusammengesetzt mit dem Ergebnis

$$y_\mathrm{II} = \sin x + \frac{1}{3}\sin 3x + \frac{1}{5}\sin 5x$$

und schließlich liefert die Summe von y_II und y_4 in Abb. 193 c die Kurve

$$y_\mathrm{III} = \sin x + \frac{1}{3}\sin 3x + \frac{1}{5}\sin 5x + \frac{1}{7}\sin 7x$$

mit derselben Periode 2π wie die Kurven y_I und y_II. Die voll gezeichneten Kurven y_I, y_II und y_III schlängeln sich um die stark ausgezogenen horizontalen Strecken in der Höhe $\pm\frac{\pi}{4}$, und zwar paßt sich jedesmal die folgende besser an diese Strecken an als die vorhergehende.

Wir schließen nun durch Verallgemeinerung der vorangegangenen Beispiele, daß die Funktion

$$y = a_0 + a_1 \cos \omega t + a_2 \cos 2\,\omega t + \ldots\ldots + a_n \cos n\,\omega t + \qquad (*)$$
$$+ b_1 \sin \omega t + b_2 \sin 2\,w\,t + \ldots\ldots + b_n \sin n\,w\,t$$

eine periodische Funktion mit der primitiven Periode $T = \dfrac{2\,\pi}{\omega}$ sein wird. Denn $y_0 = a_0$ kann als eine periodische Funktion mit beliebiger Periode betrachtet werden und dazu werden Funktionen addiert mit den primitiven Perioden $\dfrac{2\,\pi}{\omega}, \dfrac{2\,\pi}{2\,\omega}, \dfrac{2\,\pi}{3\,\omega},$ so daß allen diesen Funktionen die Periode $\dfrac{2\,\pi}{\omega}$ gemeinsam ist und ihre Summe keine kleinere Periode besitzen kann als diese gemeinsame $\dfrac{2\,\pi}{\omega}$.

Nennt man die Schwingung mit der Schwingungsdauer $T = \dfrac{2\,\pi}{\omega}$ die *Grundschwingung*, so heißt diejenige mit der halben Schwingungsdauer $\dfrac{T}{2} = \dfrac{2\,\pi}{2\,\omega}$, also mit der doppelten Schwingungszahl, die *erste harmonische Oberschwingung*, diejenige mit der Schwingungsdauer $\dfrac{T}{3} = \dfrac{2\,\pi}{3\,\omega}$, also mit der dreifachen Schwingungszahl, die *zweite harmonische Oberschwingung* usw.[1]

Unsere zusammengesetzte Schwingung (*) *ist also eine Überlagerung von Grund- und Oberschwingungen; ihre Periode ist gleich der Periode der Grundschwingung.* Wir kommen auf diese Dinge im nächsten Paragraphen wieder zurück.

2. Schwebungen. Es sollen jetzt in Fortsetzung unserer Beispiele die beiden Schwingungen

$$y_1 = a \sin \omega_1 t \quad \text{und} \quad y_2 = a \sin \omega_2 t$$

unter der Annahme zusammengesetzt werden, daß ω_1 nur wenig größer als ω_2 ist. Bilden wir also

$$y = y_1 + y_2 = a\,(\sin \omega_1 t + \sin \omega_2 t),$$

so ergibt sich durch Anwendung des Additionstheorems

$$y = 2\,a \cos \frac{\omega_1 - \omega_2}{2}\,t \cdot \sin \frac{\omega_1 + \omega_2}{2}\,t.$$

---

[1] In der Elektrotechnik heißt die Schwingung mit der Periodendauer $T = \dfrac{2\,\pi}{\omega}$ wohl auch die „erste Harmonische", die mit der Periodendauer $T = \dfrac{2\,\pi}{2\,\omega}$ die „zweite Harmonische" usw.

Setzen wir

$$\frac{\omega_1 - \omega_2}{2} = \delta, \quad \frac{\omega_1 + \omega_2}{2} = \omega \quad \text{und} \quad 2\,a\cos\delta\,t = y_a,$$

so erhalten wir für y den Ausdruck

$$y = y_a \sin \omega\,t. \tag{1}$$

Wir können Gleichung (1) als eine Schwingung mit der Kreisfrequenz ω auffassen, bei welcher die *Amplitude* $y_a = 2\,a\cos\delta\,t$ *nicht konstant bleibt, sondern eine Funktion der Zeit ist.*

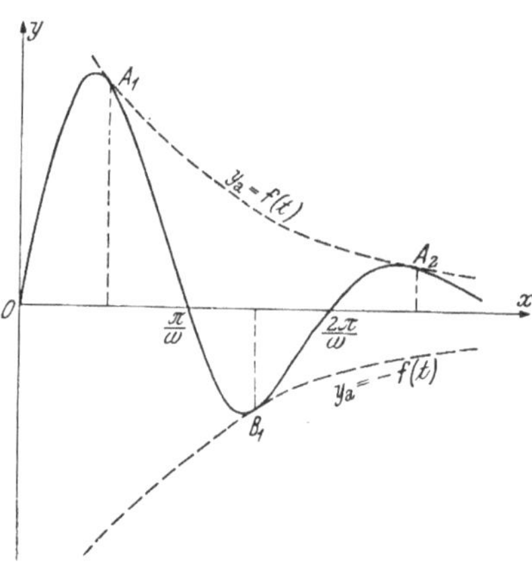

Abb. 194. Die Kurve $y = f(t)\sin\omega\,t$.

Solche veränderliche Amplituden werden uns noch öfter begegnen und wir wollen daher einige Bemerkungen über die Darstellung der Funktionen von der Form

$$y = f(t)\sin\omega\,t \tag{2}$$

einflechten. Um rasch das Bild der Kurve (2) zu erhalten, verfährt man folgendermaßen:

1. Man zeichnet die beiden Kurven $y_a = \pm\,f(t)$ (Abb. 194).

2. Man bestimmt die Schnittpunkte der Kurve (2) mit der t-Achse, d. h., jene t-Werte, für welche y Null wird (Nullstellen).

Sehen wir von eventuellen Nullstellen der Kurve $y_a = f(t)$ ab, so ergeben sich aus $\sin\omega\,t = 0$ die positiven Werte

$$t = 0,\ \frac{\pi}{\omega},\ \frac{2\pi}{\omega},\ \dots. \tag{3}$$

3. Man zieht durch die Mitten der Nullstellen vertikale Hilfslinien und sucht abwechselnd ihre Schnittpunkte mit $y_a = +\,f(t)$ und mit $y_a = -\,f(t)$. In diesen Punkten A_1, B_1, A_2, ... berührt die gesuchte Kurve (2) die gezeichneten Kurven $y_a = \pm\,f(t)$. Denn für

$$t = \frac{\pi}{2\,\omega},\ \frac{3\pi}{2\,\omega},\ \frac{5\pi}{2\,\omega},\ \dots \tag{4}$$

wird nicht nur $y = y_a$, weil $\sin\omega\,t$ dort ± 1 wird, sondern auch $\frac{dy}{dt} = \frac{dy_a}{dt}$. Aus (2) folgt nämlich

$$\frac{dy}{dt} = \overset{\cdot}{y} = \omega\,f(t)\cos\omega\,t + f(t)\sin\omega\,t.$$

Für die in (4) angegebenen Werte von t wird aber das 1. Glied der rechten Seite Null und das 2. Glied gleich $\pm\,f(t) = \overset{\cdot}{y}_a$.

4. Man zeichnet schließlich eine „sinusförmige" Kurve so ein, daß sie durch die Nullstellen (3) geht und die Kurven $y_a = \pm f(t)$ in den Punkten A_1, B_1, A_2, ... berührt.

Die höchsten und tiefsten Punkte der Kurve (2) liegen demnach im allgemeinen nicht in diesen Berührungspunkten, sondern etwas weiter links oder rechts, je nachdem $y_a = f(t)$ dort fällt oder steigt.

Kehren wir nach dieser Abschweifung zu unserem Ausgangsfall $y_a = f(t) = 2a \cos \delta t$ zurück, so haben wir zunächst die Kosinuslinien

$$y_a = \pm 2a \cos \delta t$$

mit der Amplitude $2a$ und der Periode $\dfrac{2\pi}{\delta}$ zu zeichnen. Abb. 195 entspricht der Annahme

$$a = 0.2,\ \omega_1 = 13,\ \omega_2 = 11,\ \text{somit } \delta = \frac{\omega_1 - \omega_2}{2} = 1,\ \omega = \frac{\omega_1 + \omega_2}{2} = 12.$$

Dann werden die Nullstellen markiert, die auf Grund der oben getroffenen Annahmen durch Teilung von π in 12 gleiche Teile erhalten werden, worauf man nach Bestimmung der Berührungspunkte die gesuchte Kurve schon ganz gut einzeichnen kann.

Bei kleinem δ ergibt sich ein langsames An- und Abschwellen der Amplituden y_a, wie es beim Zusammenklang von zwei Tönen beobachtet werden kann, deren Tonhöhen fast gleich sind. Diese rhythmische Amplitudenschwingung nennt man eine *Schwebung*; ihre Kreisfrequenz ist $\omega_1 - \omega_2 = 2\delta$ und nicht δ, wie man aus $y_a = 2a \cos \delta t$ vielleicht vermuten könnte. Die Verdoppelung der Kreisfrequenz entsteht durch das Zusammenspiel der Kurven $y_a = +2a \cos \delta t$ und $y_a = -2a \cos \delta t$, wie Abb. 195 deutlich zeigt.

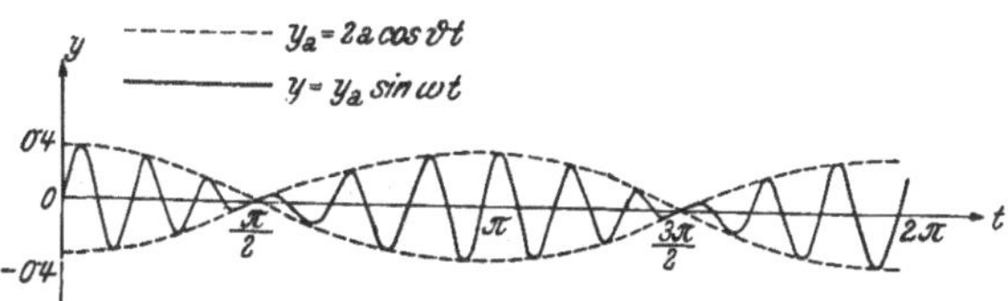

Abb. 195. Die Schwebung.

Für die Schwebungserscheinung ist die Gleichheit der Amplituden bei den Einzelschwingungen $y_1 = a \sin \omega_1 t$ und $y_2 = a \sin \omega_2 t$ unwesentlich, nur ergibt sich im Fall ungleicher Amplituden für y_a keine Kosinuslinie mehr. Ebenso würde eine Phasenverschiebung zwischen den gegebenen Einzelschwingungen nichts Wesentliches ändern.

3. Modulierte Schwingung.[1] Die *modulierte Schwingung* entsteht aus der Zusammensetzung von drei Einzelschwingungen:

$$y_1 = a_1 \sin \omega_1 t, \quad y_2 = \frac{a_2}{2} \cos (\omega_1 - \omega_2) t, \quad y_3 = -\frac{a_2}{2} \cos (\omega_1 + \omega_2) t,$$

wobei jetzt ω_1 erheblich größer als ω_2 sein soll. Die Rechnung ergibt bei Zusammenziehung · von y_2 und y_3:

$$y = y_1 + y_2 + y_3 = a_1 \sin \omega_1 t + a_2 \sin \omega_1 t \cdot \sin \omega_2 t,$$

oder

$$y = (a_1 + a_2 \sin \omega_2 t) \sin \omega_1 t = y_a \sin \omega_1 t,$$

wobei $y_a = a_1 + a_2 \sin \omega_2 t$ eine um $\pm a_1$ in der Richtung der y-Achse verschobene Sinuslinie mit der Amplitude a_2 und der Kreisfrequenz ω_2 ist. In Abb. 196 wurde $\omega_2 = 1$, $\omega_1 = 8$ gewählt; sie dürfte wohl ohne nähere Erklärung verständlich sein. Das Bild ähnelt dem einer Schwebung bei ungleichen Amplituden der Einzelschwingungen.

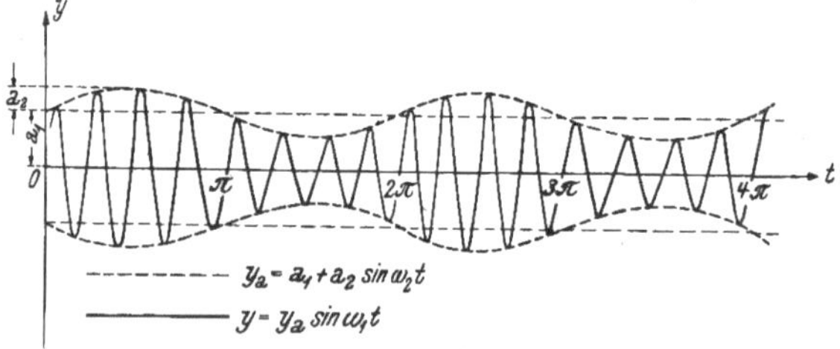

Abb. 196. Amplitudenmodulierte Schwingung.

4. Übungen. 1. Man zeichne eine Periode der Kurve
$$y = \sin x + \sin 2x.$$

2. Dieselbe Aufgabe für **a)** $y = \cos 2x + 2 \sin x$, **b)** $y = \cos 2x + 4 \sin x + 1$. Außerdem ermittle man die extremen Werte der beiden Funktionen.

Lösungen: **a)** Maximum: $\left(\dfrac{\pi}{6}, \dfrac{3}{2}\right)$ und $\left(\dfrac{5\pi}{6}, \dfrac{3}{2}\right)$; Minimum: $\left(\dfrac{\pi}{2}, 1\right)$ und $\left(\dfrac{3\pi}{2}, -3\right)$; **b)** Maximum: $\left(\dfrac{\pi}{2}, 4\right)$, Minimum: $\left(\dfrac{3\pi}{2}, -4\right)$.

3. Ein nicht sinusförmiger Wechselstrom sei gegeben durch
$$i = b_1 \sin \omega t + b_2 \sin 2\omega t + \ldots + b_n \sin n\omega t = \sum_{k=1}^{n} b_k \sin k\omega t.$$
Man berechne die *effektive Stromstärke* für das Intervall von $t = 0$ bis $t = T = \dfrac{2\pi}{\omega}$ (vgl. Beispiel 2, S. 100).

---

[1] Genauer: „Amplituden - modulierte Schwingung".

Lösung: $I^2{}_{\text{eff}}$ ist der Mittelwert aller i^2, also

$$I^2_{\text{eff}} = \frac{1}{T} \int_0^T (b_1 \sin \omega t + b_2 \sin 2\,\omega t + \dots + b_n \sin n\,\omega t)^2 \, dt.$$

Quadriert man aus, so entstehen Glieder entweder von der Form $b_k^2 \sin^2 k\,\omega t$ oder von der Form $2\,b_k\,b_l \sin k\,\omega t \sin l\,\omega t$. Nun ist

$$\int_0^T b_k^2 \sin^2 k\,\omega t \, dt = b_k^2 \cdot \frac{T}{2}, \qquad (k = 1,\, 2,\, \dots n)$$

jedes Glied der zweiten Form ergibt integriert den Wert 0 (vgl. Üb. 2. u. 3., S. 91). Daher ist $I^2_{\text{eff}} = \frac{1}{T}\left(b_1^2 \cdot \frac{T}{2} + b_2^2 \cdot \frac{T}{2} + \dots b_n^2 \cdot \frac{T}{2}\right)$ und

$$I_{\text{eff}} = \frac{1}{\sqrt{2}}\,\sqrt{b_1^2 + b_2^2 + \dots + b_n^2}.$$

4. Dieselbe Aufgabe, wenn

$$i = a_0 + a_1 \cos \omega t + a_2 \cos 2\,\omega t + \dots + a_n \cos n\,\omega t = \sum_{k=0}^{n} a_k \cos k\,\omega t.$$

Lösung: $\quad I_{\text{eff}} = \dfrac{1}{\sqrt{2}}\sqrt{2\,a_0^2 + a_1^2 + a_2^2 + \dots + a_n^2}.$

5. Ist

$$i = a_0 + \sum_{k=1}^{n} (a_k \cos k\,\omega t + b_k \sin k\,\omega t),$$

so ergibt sich

$$I_{\text{eff}} = \frac{1}{\sqrt{2}}\sqrt{2\,a_0^2 + a_1^2 + a_2^2 + \dots + a_n^2 + b_1^2 + b_2^2 + \dots + b_n^2}.$$

6. Man zeichne $y_1 = 0\cdot5 \sin 13\,t$ und $y_2 = 0\cdot2 \sin 11\,t$ und ermittle graphisch ihre Summe.

7. Man zeichne $y = t \cdot \sin t$, insbesondere bestimme man die Tangente im Punkte $(0,\,0)$.

§ 35. Trigonometrische Reihen.

1. Annäherung „im Mittel". Wir haben im vorigen Paragraphen Grund- und Oberschwingungen zu einer resultierenden Schwingung zusammengesetzt und es entsteht nun die Frage, ob und wie man umgekehrt eine beliebige Schwingung oder allgemein eine beliebige periodische Funktion in Grund und Oberschwingungen wenigstens angenähert zerlegen kann.

Sehen wir uns vorerst noch einmal das zweite Beispiel auf S. 252 an! Dort hat sich gezeigt, daß die Kurve

$$y_{\text{III}} = \sin x + \frac{1}{3} \sin 3\,x + \frac{1}{5} \sin 5\,x + \frac{1}{7} \sin 7\,x$$

sich um die in der Abb. 193 stark ausgezogenen Strecken schlängelt oder, anders ausgedrückt, daß dieser Treppenzug durch die Kurve y_{III} angenähert dargestellt wird.

Diese Annäherung ist aber von ganz anderer Art, als wir sie bei den durch die Taylorsche Entwicklung ermittelten Näherungskurven beobachten konnten (Abb. 191). Dort stimmt die Funktion mit ihren ersten n Ableitungen an der Stelle 0 mit der Näherungsfunktion und ihren Ableitungen überein. Je weiter wir uns von 0 entfernen, desto mehr weichen bei vorgegebener Gliederzahl der Näherungsfunktion deren Werte von den Werten der gegebenen Funktion ab. In Abb. 193 dagegen beobachten wir eine gleichmäßiger verteilte Annäherung. Wir stellen nun geradezu die Forderung, daß die erstrebte Annäherung bei gegebener Gliederzahl n die beste „im Mittel" sein soll.[1] Man versteht darunter folgendes:

Ist $f(x)$ die gegebene Funktion und $\psi(x)$ die gesuchte Näherungsfunktion, so weichen beide an einer bestimmten Stelle x um $f(x) - \psi(x)$ voneinander ab. Diese Abweichung kann positiv oder negativ sein. Berechnet man sie an sehr vielen Stellen, so könnte die Summe dieser Unterschiede ein Maß für die Güte der Annäherung sein, wenn alle gleiches Vorzeichen hätten. Bei verschiedenen Vorzeichen kann aber die Summe trotz großer Differenzen zwischen den beiden Funktionen sehr klein ausfallen und ist daher für eine Fehlerabschätzung nicht geeignet. Nimmt man aber die Quadrate der Abweichungen, wodurch die negativen Vorzeichen verschwinden, *so kann man von einer bestmöglichen Annäherung dann sprechen, wenn die Summe sämtlicher Fehlerquadrate* $(f(x) - \psi(x))^2$ *in einem bestimmten Intervall ein Minimum ist (Methode der „kleinsten Quadrate"*; vgl. Übung 7, S. 66). Statt der Summe der Fehlerquadrate, kann man auch ihren Mittelwert nehmen und erhält damit die beste Annäherung „im Mittel".

2. Bestimmung der Fourierkoeffizienten. Wir wollen nun eine Funktion $f(x)$ durch eine Summe $\psi(x)$ von trigonometrischen Funktionen des Argumentes x im obigen Sinn angenähert darstellen und zunächst von der Funktion $f(x)$ voraussetzen, daß sie die Periode 2π besitzt und daß sie ungerade sei. Dann muß auch $\psi(x)$ die Periode 2π haben und darf nur ungerade Glieder enthalten, es können also in ihr nur Sinusglieder vorkommen. Wir machen daher den Ansatz:

---

[1] Stellt man dieselbe Forderung bei den Funktionen, die wir nach Taylor entwickelt haben, so erhält man natürlich andere Näherungsfunktionen als dort, die in den Anwendungen ebenfalls eine wichtige Rolle spielen.

$$\psi(x) = b_1 \sin x + b_2 \sin 2x + \ldots + b_n \sin n x = \sum_{k=1}^{n} b_k \sin k x.$$

Die Koeffizienten sind so zu bestimmen, daß der Mittelwert aller Fehlerquadrate in dem Intervall von 0 bis 2π, der nach § 14, 7. gleich

$$\frac{1}{2\pi} \int_0^{2\pi} (f(x) - \psi(x))^2 \, dx \tag{1}$$

ist, ein Minimum wird. Die Bedingung für ein Minimum wird durch den Faktor $\frac{1}{2\pi}$ nicht beeinflußt, wir lassen ihn daher weiterhin weg. Nun ist

$$\int_0^{2\pi} (f(x) - \psi(x))^2 \, dx = \int_0^{2\pi} \Big(f(x) - \sum_{k=1}^{n} b_k \sin k x\Big)^2 \, dx =$$

$$= \int_0^{2\pi} f^2(x) \, dx - 2 \int_0^{2\pi} f(x) . \sum_{k=1}^{n} b_k \sin k x \cdot dx + \int_0^{2\pi} \Big(\sum_{k=1}^{n} b_k \sin k x\Big)^2 dx.$$

Schreiben wir die Summen ausführlich, so geht der Ausdruck rechts vom Gleichheitszeichen über in (vgl. Übung **3**, S. 256)

$$\int_0^{2\pi} f^2(x) \, dx - 2 \Big\{ b_1 \int_0^{2\pi} f(x) \sin x \, dx + b_2 \int_0^{2\pi} f(x) \sin 2x \, dx + \ldots +$$

$$+ b_n \int_0^{2\pi} f(x) \sin n x \, dx \Big\} + \Big\{ b_1^2 \int_0^{2\pi} \sin^2 x \, dx + b_2^2 \int_0^{2\pi} \sin^2 2x \, dx + \ldots +$$

$$+ b_n^2 \int_0^{2\pi} \sin^2 n x \, dx \Big\}. \tag{2}$$

Greifen wir nun in der ersten Klammer von (2) das Glied

$$b_k \int_0^{2\pi} f(x) \sin k x \cdot dx$$

heraus, so erhält man bei der Auswertung des Integrals eine bestimmte Zahl, nennen wir sie p_k; es sei also

$$\int_0^{2\pi} f(x) \sin k x \, dx = p_k. \tag{3}$$

Das k^{te} Glied in der zweiten Klammer hat den Wert

$$b_k^2 \int_0^{2\pi} \sin^2 k x \, dx = b_k^2 \cdot \pi. \tag{4}$$

Behalten wir von dem Ausdruck (2) nur diese herausgegriffenen

Glieder und setzen die in (3) und (4) gefundenen Werte ein, so erhalten wir unter Mitführung des 1. Gliedes in (2):

$$\int_0^{2\pi} f^2(x)\,dx - 2\,b_k\,p_k + b_k^2\,\pi = \int_0^{2\pi} f^2(x)\,dx - 2\,b_k\,p_k + b_k^2\,\pi +$$

$$+ \frac{p_k^2}{\pi} - \frac{p_k^2}{\pi} = \int_0^{2\pi} f^2(x)\,dx + \left(\frac{p_k}{\sqrt{\pi}} - b_k\sqrt{\pi}\right)^2 - \frac{p_k^2}{\pi}.$$

Für die übrigen Glieder der Summen in den beiden Klammern in (2) ergeben sich analoge Ausdrücke wie oben, so daß wir nach Einsetzen in (2) erhalten:

$$\int_0^{2\pi} f^2(x)\,dx + \sum_{k=1}^n \left(\frac{p_k}{\sqrt{\pi}} - b_k\sqrt{\pi}\right)^2 - \sum_{k=1}^n \frac{p_k^2}{\pi}. \qquad (2*)$$

Es soll nun jedes b_k so bestimmt werden, daß der Ausdruck $(2*)$ am kleinsten wird. Das ist offenbar der Fall, wenn jedes Glied $\left(\frac{p_k}{\sqrt{\pi}} - b_k\sqrt{\pi}\right)$ verschwindet, wenn also $b_k = \frac{1}{\pi}\,p_k$ oder nach (3), wenn

$$b_k = \frac{1}{\pi}\int_0^{2\pi} f(x)\sin k x\,dx. \qquad (k = 1, 2, \ldots n) \qquad (5\,\mathrm{a})$$

Das Quadrat des *mittleren Fehlers*[1], d. i. der Mittelwert aller Fehlerquadrate, ist nach (1) und $(2*)$ wegen $b_k = \frac{p_k}{\pi}$ gleich

$$\frac{1}{2\pi}\int_0^{2\pi} f^2(x)\,dx - \frac{1}{2}\sum_{k=1}^n b_k^2. \qquad (6)$$

Dieser Ausdruck gibt jedoch nur ein Maß für die Güte der Annäherung im Mittel und sagt nichts über den Grad der Annäherung an einer bestimmten Stelle aus.

Nehmen wir nun $f(x)$ als eine gerade Funktion mit der Periode 2π an, so kann $\psi(x)$ keine Sinusglieder enthalten. Wir machen daher den Ansatz:

$$\psi(x) = a_0 + a_1\cos x + a_2\cos 2x + \ldots + a_n\cos n x = \sum_{k=0}^n a_k\cos k x.$$

Lassen wir zunächst a_0 unberücksichtigt, so haben wir genau dieselbe Rechnung wie vorhin, nur daß a_k an Stelle von b_k und $\cos kx$ an Stelle von $\sin kx$ tritt. Wir erhalten demnach (vgl. Übung 4, S. 257)

---

[1] Diese Bezeichnung stammt von *Gauß*, dem Begründer der Methode der kleinsten Quadrate.

$$a_k = \frac{1}{\pi} \int_0^{2\pi} f(x) \cos k\,x \cdot dx. \qquad (k = 1, 2, \ldots n) \qquad (5\,b)$$

Im Falle $k = 0$ hat man zu beachten, daß in der entsprechenden Gleichung zu (4), mämlich

$$a_0^2 \int_0^{2\pi} dx = a_0^2 \cdot 2\pi$$

der Faktor 2π statt π vorkommt, so daß

$$a_0 = \frac{1}{2\pi} \int_0^{2\pi} f(x)\, dx \qquad (5\,c)$$

wird; a_0 ist mithin der Mittelwert der gegebenen Funktion $f(x)$.

Ist schließlich $f(x)$ weder gerade noch ungerade, so wird $\psi(x)$ die Form haben

$$\psi(x) = a_0 + a_1 \cos x + \ldots + a_n \cos n\,x +$$

$$+ b_1 \sin x + \ldots + b_n \sin n\,x = a_o + \sum_{k=1}^{n} (a_k \cos k\,x + b_k\, \sin k\,x).$$

Die Koeffizienten haben wieder die Werte (5a), (5b) und (5c), da die Überlegungen, die wir für die Sinus- und Kosinusglieder getrennt durchgeführt haben, auch für ihre Summe richtig bleiben und die Integrale über die Produkte der Sinus- und Kosinusglieder ebenfalls verschwinden. Das Quadrat des mittleren Fehlers m^2 findet man auf demselben Weg wie den speziellen Wert (6) für eine ungerade Funktion, und zwar ist[1]

$$m^2 = \frac{1}{2\pi} \int_0^{2\pi} f^2(x)\, dx - a_0^2 - \frac{1}{2} \sum_{k=1}^{n} \left(a_k^2 + b_k^2 \right). \qquad (7)$$

Die gefundenen Koeffizienten

$$a_0 = \frac{1}{2\pi} \int_n^{2\pi} f(x)\, dx$$

$$a_k = \frac{1}{\pi} \int_0^{2\pi} f(x) \cos k\,x\, dx \qquad (5)$$

$$(k = 1, 2, \ldots n)$$

$$b_k = \frac{1}{\pi} \int_0^{2\pi} f(x) \sin k\,x\, dx$$

---

[1] Vgl. Übung **5.**, S. 257.

heißen *Fourierkoeffizienten* nach dem Mathematiker *Fourier*; sie waren aber schon *Euler* bekannt. Läßt man n gegen ∞ streben, so entsteht aus der Näherungsfunktion $\psi\,(x)$ eine *trigonometrische (Fouriersche) Reihe*. Auf die Konvergenzfragen brauchen wir nicht näher einzugehen, da für unsere Zwecke nur die Näherungsfunktionen mit gegebener Gliederzahl n, die zwar ebenfalls häufig als Fouriersche Reihen bezeichnet werden, von Interesse sind. Nebenbei bemerkt, konvergieren alle bei uns auftretenden trigonometrischen Reihen.

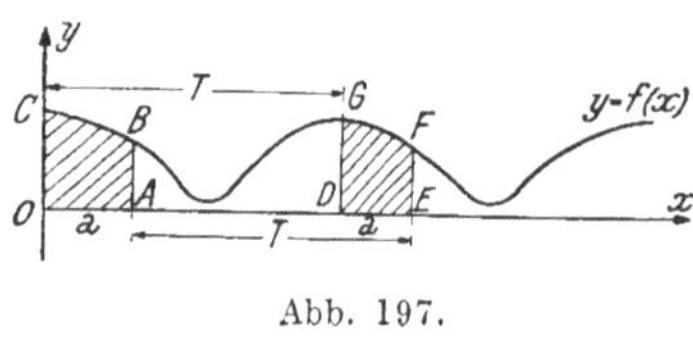

Abb. 197.

Die Formeln (5) können auch mit anderen Integrationsgrenzen geschrieben werden. Es gilt nämlich der Satz:

Das über eine ganze Periode T erstreckte Integral einer periodischen Funktion behält seinen Wert, wenn man das Integrationsintervall beliebig verschiebt. In Gleichungsform:

$$\int\limits_0^T f\,(x)\,dx = \int\limits_a^{a+T} f\,(x)\,dx.$$

Die Richtigkeit des Satzes erhellt aus Abb. 197, denn die Fläche $ODGC$ ist gleich der Fläche $AEFB$. Die beiden Flächen entsprechen aber den obigen Integralen. Hat die Funktion die Periode $2\,\pi$, so gilt insbesondere

$$\int\limits_0^{2\pi} f\,(x)\,dx = \int\limits_{-\pi}^{+\pi} f\,(x)\,dx,$$

so daß die Fourierkoeffizienten auch in der manchmal vorteilhafteren Form

$$a_0 = \frac{1}{2\,\pi}\int\limits_{-\pi}^{+\pi} f\,(x)\,dx$$

$$a_k = \frac{1}{\pi}\int\limits_{-\pi}^{+\pi} f\,(x)\cos k\,x\,dx \qquad\qquad (5^*)$$

$$(k = 1,\, 2,\, \ldots\, n)$$

$$b_k = \frac{1}{\pi}\int\limits_{-\pi}^{+\pi} f\,(x)\sin k\,x\,dx$$

dargestellt werden können (vgl. die Beispiele weiter unten). Den Fall, daß $f\,(x)$ eine andere Periode als $2\,\pi$ besitzt, erörtern wir später.

Da die Fourierkoeffizienten durch Integration gewonnen werden, sind Sprungstellen bei $f(x)$ zulässig, doch darf $f(x)$ nirgends unendlich groß werden.

In der Praxis kommt es häufig vor, daß die Funktion $f(x)$ nur durch Zeichnung gegeben ist (Oszillogramm). Soll diese Funktion angenähert durch

$$\psi(x) = a_0 + a_1 \cos x + a_2 \cos 2x + \ldots + a_n \cos nx +$$
$$+ b_1 \sin x + b_2 \sin 2x + \ldots + b_n \sin nx$$

dargestellt werden, so teilt man die Periode 2π in m gleiche Teile, wobei $m > 2n$ sein muß, und mißt die zu den einzelnen Teilungspunkten $x_1, x_2, \ldots$ gehörigen Ordinaten $y_1, y_2, \ldots$ ab. Zur Ermittlung der Koeffizienten

$$a_0, a_1, a_2, \ldots, b_1, b_2, \ldots$$

beachte man, daß in den Formeln (5) a_0 den Mittelwert der Funktion $f(x)$, a_k und b_k die doppelten Mittelwerte der Funktionen $f(x) \cos kx$, bzw. $f(x) \sin kx$ für das Intervall 2π sind. Auch jetzt sind die gesuchten Koeffizienten die entsprechenden Mittelwerte unter Berücksichtigung, daß nur m Funktionswerte bekannt sind. Daher ist

$$a_0 = \frac{y_1 + y_2 + \ldots + y_m}{m},$$

$$\left.\begin{array}{l} a_k = \dfrac{2(y_1 \cos k\,x_1 + y_2 \cos k\,x_2 + \ldots + y_m \cos k\,x_m)}{m}, \\[2mm] b_k = \dfrac{2(y_1 \sin k\,x_1 + y_2 \sin k\,x_2 + \ldots + y_m \cos k\,x_m)}{m} \end{array}\right\} k = 1, 2, \ldots n.$$

Die exakte Begründung dieser Formeln und die Ausnützung der möglichen Rechenvorteile findet man z. B. bei *C. Runge und H. König*, Numerisches Rechnen, §§ 66—69 (J. Springer, Berlin). Die Zerlegung einer empirisch gegebenen Funktion in ihre Grund- und Oberschwingungen, ihre *harmonische Analyse*, kann übrigens auch auf graphischem Weg durchgeführt werden, am bequemsten ist wohl die Verwendung eigener Apparate, sogenannter *Analysatoren*.[1]

3. Beispiele. 1. Es sei
$$f(x) = c \qquad \text{für } 0 \ldots x \ldots \pi,[2]$$
$$f(x) = -c \ \text{ für } \pi \ldots x \ldots 2\pi,$$
$$f(x + 2\pi) = f(x), \qquad f(-x) = -f(x).$$

(Vgl. Abb. 193, wo c den Wert $\dfrac{\pi}{4}$ hat.)

---

[1] Vgl. *A. Galle*, Mathematische Instrumente (Teubner), wo auch Apparate beschrieben werden, welche die Zusammensetzung oder Synthese von Schwingungen ermöglichen.

[2] **Man** schreibt auch: für $0 < x \leq \pi$.

Die Funktion ist ungerade und daher durch eine Summe von Sinusfunktionen angenähert darstellbar. Wir schreiben der Einfachheit halber = statt $\approx$ und machen den Ansatz:

$$f(x) = b_1 \sin x + b_2 \sin 2x + \ldots + b_n \sin nx.$$

Wegen der Unstetigkeit an der Stelle π muß zur Bestimmung der Koeffizienten das Integrationsintervall in zwei Teile zerlegt werden:

$$\pi\, b_k = \int_0^{\pi} c \sin k\,x\,dx - \int_{\pi}^{2\pi} c \sin k\,x\,dx = \frac{c}{k}\cos k\,x\Big|_{\pi}^{0} + \frac{c}{k}\cos kx\Big|_{\pi}^{2\pi} =$$

$$= \frac{c}{k}\left(1 - (-1)^k + 1 - (-1)^k\right) = \frac{2c}{k}\left(1 - (-1)^k\right) = \begin{cases} 0, \text{ wenn } k \text{ gerade,} \\ \dfrac{4c}{k}, \text{ wenn } k \text{ ungerade.} \end{cases}$$

Wir erhalten daher für $f(x)$:

$$f(x) = \frac{4c}{\pi}\left(\frac{\sin x}{1} + \frac{\sin 3x}{3} + \ldots + \frac{\sin (2n-1)x}{2n-1}\right).$$

(Vgl. für $c = \dfrac{\pi}{4}$ das 2. Beispiel, S. 252.)

Setzt man $x = \dfrac{\pi}{2}$, so strebt für $n \to \infty$ die Reihe (Übung 7, S. 242)

$$f\left(\frac{\pi}{2}\right) = \frac{4c}{\pi}\left(1 - \frac{1}{3} + \frac{1}{5} - \ldots\right) \longrightarrow \frac{4c}{\pi}\cdot\frac{\pi}{4} = c.$$

An den Sprungstellen 0, π, 2π, ... nimmt die Näherungsfunktion den Wert 0 an. Es läßt sich beweisen, daß ganz allgemein die Näherungsfunktion stets durch den Mittelwert der beiden Funktionswerte an einer (endlichen!) Sprungstelle hindurchgeht.

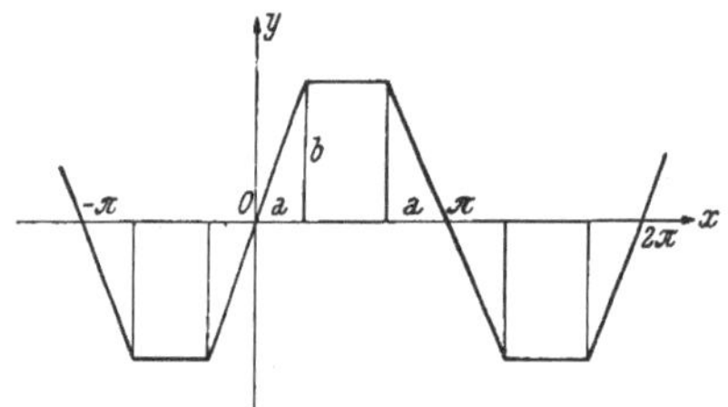

Abb. 198. Die „Trapezkurve":

$$f(x) = \frac{4b}{a\pi}\left(\frac{\sin a}{1^2}\sin x + \frac{\sin 3a}{3^2}\sin 3x + \ldots\right).$$

2. Die zu entwickelnde Funktion sei gegeben durch (Abb. 198):

$$f(x) = \frac{b}{a}x \qquad \text{für} \qquad 0 \ldots x \ldots a,$$

$$f(x) = b \qquad\qquad \text{,,} \qquad a \ldots x \ldots \pi - a,$$

$$f(x) = -\frac{b}{a}(x - \pi) \qquad \text{,,} \qquad \pi - a \ldots x \ldots \pi,$$

$$f(\pi + x) = -f(x), \qquad f(-x) = -f(x).$$

Auch hier ist $f(x)$ ungerade und daher müssen alle a_k verschwinden, Verwenden wir zur Koeffizientenbestimmung die Formeln (5*), so ist

$$b_k = \frac{1}{\pi} \int_{-\pi}^{+\pi} f(x) \sin k\,x\,dx = \frac{2}{\pi} \int_0^{\pi} f(x) \sin k\,x\,dx,$$

weil $f(x) \cdot \sin kx$ eine gerade Funktion ist (Übung **4**, S. 92). Dieses Intervall von 0 bis π ist in drei Teilintervalle zu zerlegen, denn in jedem von ihnen ist $f(x)$ anders definiert.

$$\int_0^{\pi} = \int_0^a + \int_a^{\pi-a} + \int_{\pi-a}^{\pi} = I_1 + I_2 + I_3.$$

Das Integral $I_1 = \dfrac{b}{a} \displaystyle\int_0^a x \sin k\,x\,dx$ wird mittels Produktintegration ausgewertet. Wir setzen

$$x = u, \qquad \sin kx\,dx = dv,$$
$$dx = du, \qquad v = -\frac{1}{k} \cos kx.$$

Die Rechnung ergibt:

$$I_1 = \frac{b}{a} \left\{ \frac{x}{k} \cos k\,x \Big|_a^0 + \frac{1}{k} \int_0^a \cos k\,x\,dx \right\} =$$
$$= \frac{b}{a\,k} \left\{ -a \cos k\,a + \frac{1}{k} \sin k\,a \right\}.$$

Für I_2 erhalten wir:

$$I_2 = b \int_a^{\pi-a} \sin k\,x\,dx = \frac{b}{k} \cos k\,x \Big|_{\pi-a}^a = \frac{b}{k} \left\{ \cos k\,a - \cos (k\pi - ka) \right\}$$

und schließlich mittels Produktintegration

$$I_3 = -\frac{b}{a} \left\{ \frac{x-\pi}{k} \cos k\,x \Big|_{\pi}^{\pi-a} + \frac{1}{k^2} \sin k\,x \Big|_{\pi-a}^{\pi} \right\} =$$
$$= -\frac{b}{a} \left\{ -\frac{a}{k} \cos (k\pi - k\,a) + \frac{1}{k^2} \sin k\pi - \frac{1}{k^2} \sin (k\pi - k\,a) \right\} =$$
$$= -\frac{b}{a} \left\{ -\frac{a}{k} \cos (k\pi - k\,a) + \frac{(-1)^k}{k^2} \sin k\,a \right\}.$$

Die Addition der drei Resultate ergibt

$$I_1 + I_2 + I_3 = \frac{b}{a} \left\{ \frac{1}{k^2} \sin k\,a - \frac{(-1)^k}{k^2} \sin k\,a \right\} = \begin{cases} 0, \text{ wenn } k \text{ gerade,} \\ \dfrac{2\,b}{a} \cdot \dfrac{\sin ka}{k^2}, \text{wenn} \\ k \text{ ungerade.} \end{cases}$$

Also ist

$$f(x) = \frac{4\,b}{a\,\pi}\left(\frac{\sin a}{1^2} \cdot \sin x + \frac{\sin 3\,a}{3^2}\sin 3\,x + \dots\right). \qquad (8)$$

Spezialfälle:

α) Für $a = \dfrac{\pi}{2}$ ergibt sich Abb. 199 und die Entwicklung lautet

$$f_\alpha(x) = \frac{8\,b}{\pi^2}\left(\frac{\sin x}{1^2} - \frac{\sin 3\,x}{3^2} + \frac{\sin 5\,x}{5^2} - \dots\right).$$

β) Wenn $a = 0$ (Beispiel 1 für $c = b$), so ist ein Grenzübergang notwendig. Schreiben wir die Entwicklung von $f(x)$ in (8) in der Form

$$f(x) = \frac{4\,b}{\pi}\left(\frac{1}{1} \cdot \frac{\sin a}{a}\sin x + \frac{1}{3} \cdot \frac{\sin 3\,a}{3a}\sin 3\,x + \dots\right),$$

so streben für $a \to 0$ die Ausdrücke $\dfrac{\sin a}{a}$, $\dfrac{\sin 3\,a}{3\,a}$, $\dots$ gegen 1 und wir erhalten

$$f_\beta(x) = \frac{4\,b}{\pi}\left(\frac{\sin x}{1} + \frac{\sin 3\,x}{3} + \dots\right)$$

in Übereinstimmung mit dem Ergebnis des vorigen Beispiels.

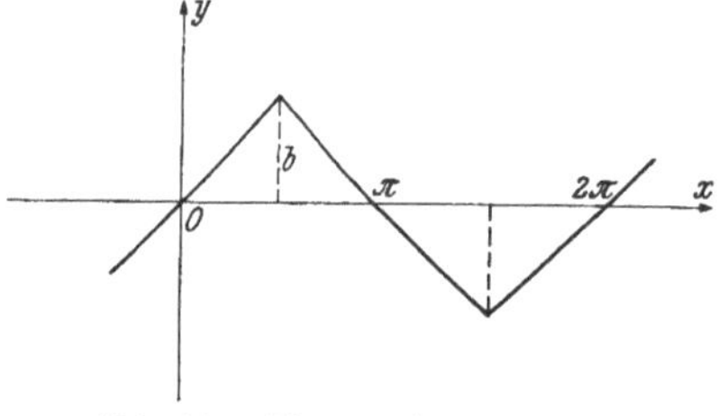

Abb. 199. Die „Dreieckskurve":
$$f(x) = \frac{8\,b}{\pi^2}\left(\frac{\sin x}{1^2} - \frac{\sin 3\,x}{3^2} + \dots\right).$$

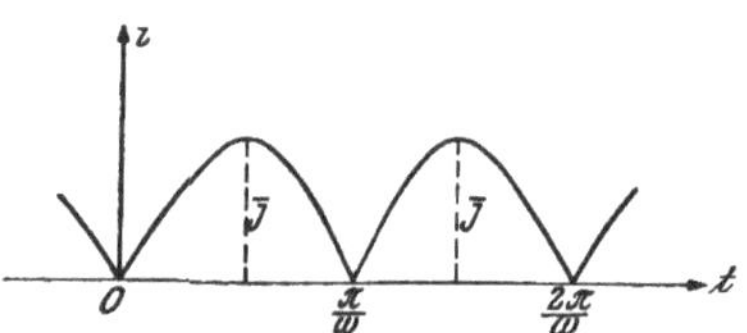

Abb. 200. Kommutierter Sinusstrom:
$$i = \overline{I}\sin \omega\,t.$$

3. In Abb. 200 ist $i = \overline{I}\,|\sin \omega\,t|$, also eine Funktion mit der Periode $\dfrac{2\,\pi}{\omega}$. Um auf die Periode $2\,\pi$ zu kommen, setzen wir $\omega\,t = x$ und entwickeln zunächst die Funktion $f(x) = |\sin x|$.

Hier handelt es sich augenscheinlich um eine gerade Funktion, daher treten keine Sinusglieder auf. Zur Bestimmung der Koeffizienten verwenden wir zweckmäßig wieder die Formeln (5*). Zunächst ist

$$2\,\pi\,a_0 = \int_{-\pi}^{+\pi} |\sin x|\,dx = 2\int_0^\pi \sin x\,dx = 4; \quad \text{daher } a_0 = \frac{2}{\pi}.^{[1]}$$

---

[1] Man beachte, daß $|\sin x|$ gerade ist; in dem Intervall von 0 bis π ist $\sin x = \sin x$.

Weiter erhalten wir für $k = 1, 2, \ldots n$:

$$\pi\, a_k = \int\limits_{-\pi}^{+\pi} |\sin x|\cos k\, x\, dx = 2\int\limits_0^{\pi} \sin x \cos k\, x\, dx =$$

$$= \int\limits_0^{\pi} (\sin (k+1)\, x - \sin (k-1)\, x)\, dx =$$

$$= -\frac{\cos (k+1)\, x}{k+1}\bigg|_{\pi}^{0} + \frac{\cos (k-1)\, x}{k-1}\bigg|_0^{\pi} = \frac{1}{k+1} - \frac{(-1)^{k+1}}{k+1} +$$

$$+ \frac{(-1)^{k+1}}{k-1} - \frac{1}{k-1} = \begin{cases} 0, & \text{wenn } k \text{ ungerade}^1, \\ \dfrac{-4}{(k-1)(k+1)}, & \text{wenn } k \text{ gerade.} \end{cases}$$

Daher ist

$$f(x) = \frac{2}{\pi} - \frac{4}{\pi}\left(\frac{\cos 2x}{1\cdot 3} + \frac{\cos 4x}{3\cdot 5} + \ldots\right).$$

Ersetzt man x wieder durch ωt und fügt den konstanten Faktor $\overline{I}$ hinzu, so erhält man für den *kommutierten Sinusstrom* $i = \overline{I}\,|\sin \omega t|$ die Entwicklung

$$i = \frac{2\,\overline{I}}{\pi} - \frac{4\,\overline{I}}{\pi}\left(\frac{\cos 2\,\omega t}{1\cdot 3} + \frac{\cos 4\,\omega t}{3\cdot 5} + \ldots\right).$$

4. Es sei gegeben (Abb. 201, Einweggleichrichter):

$i = \overline{I}\sin \omega t \quad$ für $0 \ldots \omega t \ldots \pi,$

$i = 0 \qquad\qquad$ für $\pi \ldots \omega t \ldots 2\,\pi.$

Wir ersetzen wie im vorigen Bei-spiel ωt durch x und entwickeln zunächst

$f(x) = 0 \qquad$ für $\pi \ldots x \ldots 2\,\pi.$

$f(x) = \sin x \quad$ für $0 \ldots x \ldots \pi,$

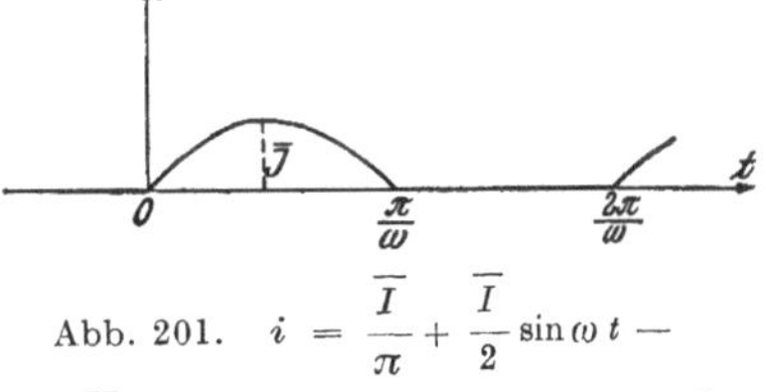

Abb. 201. $\quad i = \dfrac{\overline{I}}{\pi} + \dfrac{\overline{I}}{2}\sin \omega t -$

$$- \frac{2\,\overline{I}}{\pi}\left(\frac{\cos 2\,\omega t}{1\cdot 3} + \frac{\cos 4\,\omega t}{3\cdot 5} + \ldots\right).$$

Bei periodischer Fortsetzung sehen wir, daß die Funktion weder gerade noch ungerade ist; wir haben daher mit Kosinus- und Sinusgliedern zu rechnen. Beginnen wir mit a_0 unter Verwendung der Formeln (5), so ist

$$2\,\pi\, a_0 = \int\limits_0^{\pi} \sin x\, dx + \int\limits_{\pi}^{2\,\pi} 0\cdot dx = 2, \text{ daher } a_0 = \frac{1}{\pi}.$$

---

^{1} Man erörtere den Fall $k = 1$.

Weiter ist

$$\pi\, a_k = \int_0^{\pi} \sin x \cos k\,x\,dx = \begin{cases} 0, \text{ wenn } k \text{ ungerade} \\ \dfrac{-2}{(k-1)(k+1)}, \text{ wenn } k \text{ gerade} \end{cases}$$

und schließlich

$$\pi\, b_k = \int_0^{\pi} \sin x \sin k\,x\,dx = \begin{cases} \dfrac{\pi}{2} \text{ für } k = 1 \\ 0 \text{ für } k > 1. \end{cases}$$

Daher

$$f(x) = \frac{1}{\pi} + \frac{1}{2}\sin x - \frac{2}{\pi}\left(\frac{\cos 2x}{1\cdot 3} + \frac{\cos 4x}{3\cdot 5} + \dots\right)$$

und

$$i = \frac{\overline{I}}{\pi} + \frac{\overline{I}}{2}\sin \omega t - \frac{2\,\overline{I}}{\pi}\left(\frac{\cos 2\,\omega t}{1\cdot 3} + \frac{\cos 4\,\omega t}{3\cdot 5} + \dots\right).$$

4. Übungen. 1. Was ergibt sich, wenn man in der Entwicklung von $f(x)$ des letzten Beispiels auf der rechten Seite $x = \dfrac{\pi}{2}$ bzw. $\dfrac{3\pi}{2}$ setzt?

Lösung: Für $x = \dfrac{\pi}{2}$ lautet die rechte Seite:

$$\frac{1}{\pi} + \frac{1}{2} + \frac{1}{\pi}\left(\frac{2}{1\cdot 3} - \frac{2}{3\cdot 5} + \frac{2}{5\cdot 7} - \dots\right) =$$

$$= \frac{1}{\pi} + \frac{1}{2} + \frac{1}{\pi}\left(\left(\frac{1}{1} - \frac{1}{3}\right) - \left(\frac{1}{3} - \frac{1}{5}\right) + \left(\frac{1}{5} - \frac{1}{7}\right) - \dots\right) =$$

$$= \frac{1}{2} + \frac{2}{\pi}\left(1 - \frac{1}{3} + \frac{1}{5} - \dots\right).$$

Der Klammerausdruck ist die Leibnizsche Reihe für $\dfrac{\pi}{4}$ (S. 242), daher strebt die rechte Seite gegen **1**, wie es wegen $f\left(\dfrac{\pi}{2}\right) = 1$ sein soll. Genau so ergibt sich für $x = \dfrac{3\pi}{2}$ der Wert Null.

2. Wie lauten die Formeln für die Fourierkoeffizienten einer Funktion mit der Periode $T = \dfrac{2\pi}{\omega}$?

Lösung: Setzt man in die Formeln (5) ωt an Stelle von x ein, so erhält man mittels $x = \omega t$, $dx = \omega\,dt$ und $T = \dfrac{2\pi}{\omega}$:

$$a_0 = \frac{1}{T}\int_0^{T} f(\omega t)\,dt$$

$$a_k = \frac{2}{T}\int_0^{T} f(\omega t)\cos k\,\omega t\,d t$$

$$(k = 1,\, 2,\, \dots n)$$

$$b_k = \frac{2}{T}\int_0^{T} f(\omega t)\sin k\,\omega t\,dt.$$

3. Man entwickle folgende Funktionen in Fouriersche Polynome (Abb. 202 bis 205):

$$
\begin{aligned}
\textbf{a)}\ & f(x) = 0 && \text{für} && 0 \ldots x \ldots \pi \\
& f(x) = c && \text{für} && \pi \ldots x \ldots 2\pi; \\
\textbf{b)}\ & f(x) = x && \text{für} && -\pi \ldots x \ldots +\pi; \\
\textbf{c)}\ & f(x) = -x && \text{für} && -\pi \ldots x \ldots 0 \\
& f(x) = x && \text{für} && 0 \ldots x \ldots +\pi; \\
\textbf{d)}\ & f(x) = \pi - x && \text{für} && 0 \ldots x \ldots 2\pi.
\end{aligned}
$$

Könnte man die Funktion in **c)** auch durch eine Gleichung festlegen?

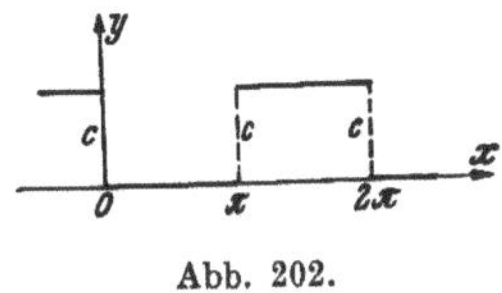

Abb. 202.

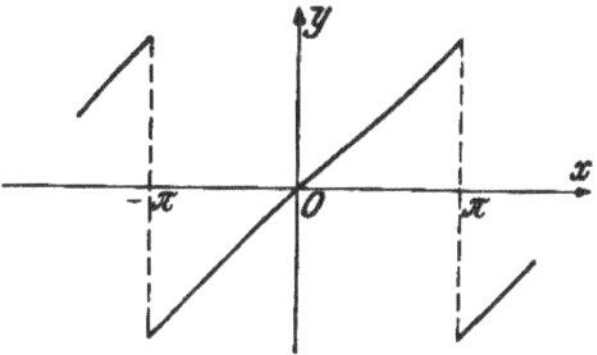

Abb. 203.

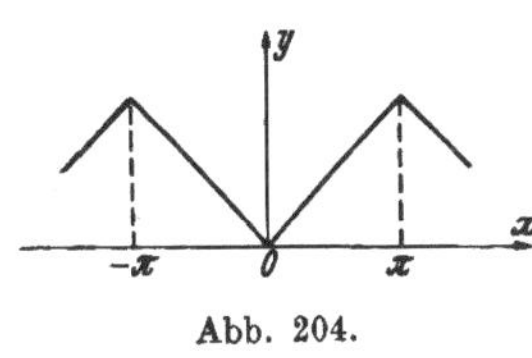

Abb. 204.

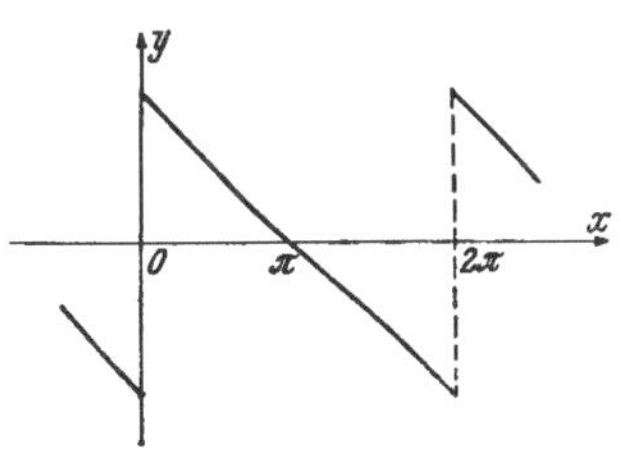

Abb. 205.

Lösungen:

$$
\textbf{a)}\ \frac{c}{2} - \frac{2c}{\pi}\left(\frac{\sin x}{1} + \frac{\sin 3x}{3} + \frac{\sin 5x}{5} + \cdots\right);
$$

$$
\textbf{b)}\ 2\left(\frac{\sin x}{1} - \frac{\sin 2x}{2} + \frac{\sin 3x}{3} - \cdots\right);
$$

$$
\textbf{c)}\ \frac{\pi}{2} - \frac{4}{\pi}\left(\frac{\cos x}{1^2} + \frac{\cos 3x}{3^2} + \frac{\cos 5x}{5^2} + \cdots\right);
$$

$$
\textbf{d)}\ 2\left(\frac{\sin x}{1} + \frac{\sin 2x}{2} + \frac{\sin 3x}{3} + \cdots\right).
$$

4. Man zeichne in Übung **3 c)** die Näherungsfunktion

$$
\psi(x) = \frac{\pi}{2} - \frac{4}{\pi}\left(\cos x + \frac{\cos 3x}{9}\right)
$$

und berechne den mittleren Fehler.

Lösung: Nach (7) ist

$$
m^2 = \frac{1}{2\pi}\int_{-\pi}^{+\pi} x^2\, dx - \frac{\pi^2}{4} - \frac{8}{\pi^2}\left(1 + \frac{1}{81}\right) \approx 0{\cdot}002,
$$

daher $m \approx 0{\cdot}045$.

5. Man zeige, daß

$$\sum_{k=1}^{n} (a_k \cos k\,\omega\,t + b_k \sin k\,\omega\,t) = \sum_{k=1}^{n} c_k \sin (k\,\omega\,t + \varphi_k),$$

wenn

$$\begin{matrix} a_k = c_k \sin \varphi_k \\ b_k = c_k \cos \varphi_k \end{matrix} \quad \text{wobei } c_k = \sqrt{a_k^2 + b_k^2}, \ \operatorname{tg} \varphi_k = \frac{a_k}{b_k}.$$

Demnach kann jede Fourierentwicklung in der **Form**

$$c_0 + c_1 \sin (\omega\,t + \varphi_1) + c_2 \sin (2\,\omega\,t + \varphi_2) + \dots$$

geschrieben werden.

V. Einführung in die Schwingungslehre.

§ 36. Lineare Differentialgleichungen.

1. Definition. Eine gewöhnliche Differentialgleichung ist eine Gleichung, in der Ableitungen (Differentiale) einer unbekannten Funktion $y = f(x)$ auftreten. Wir haben in den vorhergehenden Abschnitten Beispiele dafür kennen gelernt. Tritt keine höhere als die erste Ableitung auf, hat man es mit einer Differentialgleichung erster Ordnung zu tun; sie ist von zweiter Ordnung, wenn keine höhere als die zweite Ableitung vorkommt usw.

Eine Differentialgleichung lösen oder integrieren heißt, die gesuchte Funktion $y = f(x)$ so ermitteln, daß sie mit ihren Ableitungen die Differentialgleichung befriedigt. Wir haben schon gesehen, daß die Lösung einer Differentialgleichung erster Ordnung e i n e Integrationskonstante, eine solche zweiter Ordnung z w e i Integrationskonstanten usw. enthält (S. 81). Die allgemeine Lösung mit sämtlichen Integrationskonstanten nennt man das *allgemeine Integral* der Differentialgleichung. Erteilt man den Integrationskonstanten spezielle Werte, so heißt jede solche spezialisierte Lösung ein *partikuläres Integral*.

So ist z. B. $y = \dfrac{x^2}{2} + C$ das *allgemeine* Integral der Differentialgleichung $y' = x$; $y = \dfrac{x^2}{2}$ oder $y = \dfrac{x^2}{2} - 1$ usw. sind *partikuläre* Integrale.

Die Schwingungsprobleme führen, soweit wir sie behandeln wollen, auf *lineare Differentialgleichungen*. Man versteht darunter solche Differentialgleichungen, in welchen die gesuchte Funktion y und ihre Ableitungen höchstens in der ersten Potenz auftreten. So ist

$$y' + \varphi \cdot y = F, \tag{1}$$

in welcher φ und F gegebene Funktionen von x (oder auch Konstante) bedeuten, die allgemeine Form einer linearen Differentialgleichung erster Ordnung; sie heißt *vollständig*, weil sie alle Glieder enthält, die nach entsprechender Reduktion in einer solchen Gleichung auftreten können. Ist das sogenannte *Störungsglied* $F = 0$, so erhält man aus (1)

$$y' + \varphi \cdot y = 0, \tag{1*}$$

d. i. die zu (1) gehörige *unvollständige* oder *verkürzte*[1] lineare Differentialgleichung. Unter den schon vorher behandelten Differentialgleichungen ist z. B. (Übung **9**, S. 142)

$$- d N = \lambda N \, dt$$

eine unvollständige lineare Differentialgleichung erster Ordnung. Schreibt man x statt t und y statt N, so kann sie tatsächlich auf die Form $y' + \lambda y = 0$ gebracht werden. Dagegen ist (Übung **10**, S. 143) $\dfrac{dh}{dt} = \dfrac{k}{h}$ keine lineare Differentialgleichung; denn mit x und y geschrieben lautet sie $y' = \dfrac{k}{y}$ und diese Gleichung ist eben so wenig linear wie z. B. die Gleichung $y = \dfrac{k}{x}$.

Eine vollständige lineare Differentialgleichung zweiter Ordnung hat die Form

$$y'' + \varphi \cdot y' + \psi \cdot y = F, \tag{2}$$

die verkürzte lautet

$$y'' + \varphi \cdot y' + \psi \cdot y = 0. \tag{2*}$$

Die Größen φ, ψ, F sind wieder gegebene Funktionen von x oder auch Konstante. So kann z. B. die auf S. 81 behandelte Gleichung

$$\frac{d^2 y}{dx^2} = \frac{1}{E J} \left(A x - \frac{G x^2}{2 l} \right)$$

als eine vollständige lineare Differentialgleichung zweiter Ordnung aufgefaßt werden -mit

$$\varphi = 0, \; \psi = 0, \; F = \frac{1}{E J} \left(A x - \frac{G x^2}{2 l} \right).$$

Ganz analog sind die linearen Differentialgleichungen höherer Ordnung gebaut, doch brauchen wir sie für die Behandlung der Schwingungsprobleme nicht.

2. Einige Sätze über lineare Differentialgleichungen. *Satz* 1: *Sind* $y_1 = f_1 (x)$ *und* $y_2 = f_2 (x)$ *Lösungen einer verkürzten linearen*

---

[1] Man bezeichnet sie auch häufig als eine „homogene" Differentialgleichung zum Unterschied von der „unhomogenen" vollständigen Gleichung.

Differentialgleichung, so ist auch $y = k_1 y_1 + k_2 y_2$ eine Lösung, wenn k_1 und k_2 konstante Faktoren bedeuten.

Wir führen den Beweis für eine Differentialgleichung zweiter Ordnung. Wenn y_1 und y_2 die Gleichung (2*) befriedigen, wenn also

$$\text{und} \qquad \begin{aligned} y_1'' + \varphi\, y_1' + \psi\, y_1 &\equiv 0^{1} \\ y_2'' + \varphi\, y_2' + \psi\, y_2 &\equiv 0, \end{aligned} \qquad (3)$$

so braucht man nur y' und y'' zu bilden, um die Richtigkeit des Satzes sogleich einzusehen. Setzt man nämlich

$$y = k_1 y_1 + k_2 y_2, \qquad y' = k_1 y_1' + k_2 y_2', \qquad y'' = k_1 y_1'' + k_2 y_2''$$

in die linke Seite von (2*) ein, so erhält man

$$\begin{aligned} k_1 y_1'' + k_2 y_2'' &+ \varphi \cdot (k_1 y_1' + k_2 y_2') + \psi \cdot (k_1 y_1 + k_2 y_2) = \\ &= k_1 (y_1'' + \varphi\, y_1' + \psi\, y_1) + k_2 (y_2'' + \varphi\, y_2' + \psi\, y_2). \end{aligned}$$

Nun verschwinden aber die Klammerausdrücke nach (3) identisch, y genügt tatsächlich der Differentialgleichung (2*). Der Gang der Rechnung läßt die allgemeine Richtigkeit des Satzes für verkürzte Differentialgleichungen beliebiger Ordnung unmittelbar erkennen.

Bemerkung. Der Satz gilt aber nicht mehr für vollständige Differentialgleichungen. Doch wollen wir auf einem ähnlichen Weg ein für solche Gleichungen gültiges Ergebnis gewinnen, die Ableitung aber wieder nur für Differentialgleichungen zweiter Ordnung durchführen.

Es seien die beiden Funktionen y_1 und y_2 die Lösungen von zwei Differentialgleichungen der Form (2), die sich nur in den Störungsgliedern F_1 und F_2 voneinander unterscheiden. Es ist also

$$\begin{aligned} y_1'' + \varphi\, y_1' + \psi\, y_1 &= F_1, \\ y_2'' + \varphi\, y_2' + \psi\, y_2 &= F_2, \end{aligned}$$

d. h., die linken Seiten stimmen für jedes x mit den rechten überein. Die Addition beider Gleichungen ergibt

$$(y_1'' + y_2'') + \varphi\, (y_1' + y_2') + \psi\, (y_1 + y_2) = F_1 + F_2.$$

Diese Gleichung besagt aber, daß $y = y_1 + y_2$ die Lösung der Differentialgleichung

$$y'' + \varphi\, y' + \psi\, y = F_1 + F_2$$

ist. Daraus ergibt sich die Möglichkeit, eine Differentialgleichung von der Form

$$y'' + \varphi\, y' + \psi\, y = F_1 + F_2 + F_3 + \dots \qquad (4)$$

---

^{1} $\equiv$ bedeutet „identisch gleich", die Glieder der linken Seite heben sich auf.

in der Weise zu lösen, daß man die einfacheren Gleichungen

$$y'' + \varphi\, y' + \psi\, y = F_1$$
$$y'' + \varphi\, y' + \psi\, y = F_2$$
$$\dots\dots\dots\dots\dots\dots\dots$$

löst und dann die gefundenen Lösungen addiert.

Für die Lösung einer vollständigen linearen Differentialgleichung ist oft folgender Satz von Nutzen:

Satz 2: Gelingt es, ein partikuläres Integral einer vollständigen linearen Differentialgleichung zu finden, so braucht man nur dieses zur allgemeinen Lösung der zugehörigen verkürzten Gleichung zu addieren, um das allgemeine Integral der vollständigen Differentialgleichung zu erhalten.

Ein solches partikuläres Integral kann manchmal durch Probieren oder kurze Rechnung, manchmal — bei Anwendungen — durch physikalische Überlegungen gefunden werden. Wir führen wieder den Beweis dieses allgemein gültigen Satzes für eine Differentialgleichung 2. Ordnung.

Es sei $y_p = f_p(x)$ ein partikuläres Integral der Differentialgleichung (2), somit

$$y_p'' + \varphi\, y_p' + \psi\, y_p \equiv F. \qquad (5)$$

Die allgemeine Lösung der zu (2) gehörigen verkürzten Differentialgleichung (2*) sei $y_0 = f_0(x)$; sie enthält schon zwei Integrationskonstanten. Es sei also

$$y_0'' + \varphi\, y_0' + \psi\, y_0 \equiv 0. \qquad (6)$$

Dann ist nach unserem Satz

$$y = y_0 + y_p \qquad (7)$$

das allgemeine Integral der vollständigen Differentialgleichung.

Zunächst läßt sich leicht zeigen, daß y der vollständigen Gleichung genügt. Setzen wir zu diesem Zweck y und die ersten zwei Ableitungen in die linke Seite von (2) ein, so erhalten wir

$$(y_o'' + y_p'') + \varphi \cdot (y_o' + y_p') + \psi \cdot (y_0 + y_p) = (y_o'' + \varphi\, y_o' + \psi\, y_o) +$$
$$+ (y_p'' + \varphi\, y_p' + \psi\, y_p).$$

Der erste Klammerausdruck ist nach (6) gleich 0, der zweite nach (5) gleich F, die Gleichung (2) ist hiemit befriedigt. Damit ist gezeigt, daß die Lösung (7) sicher ein Integral der vollständigen Differentialgleichung ist; daß es das allgemeine Integral ist, schließt man aus dem Umstand, daß die Lösung (7) schon die zwei erforderlichen Integrationskonstanten enthält.

3. Lineare Differentialgleichungen 1. Ordnung. Die verkürzte lineare Differentialgleichung 1. Ordnung ist durch Trennung der Variablen lösbar. Aus

$$y' + \varphi\, y = 0$$

folgt nämlich

$$\frac{dy}{y} = -\,\varphi \cdot dx$$

und daher[1]

$$\ln y = \int -\varphi\, dx + \ln K$$

oder

$$y = K\, e^{-\int \varphi\, dx} = K\, e^{-\Phi(x)}, \quad \text{wenn} \quad \int \varphi(x)\, dx = \Phi(x) \text{ ist.}$$

Die Lösung der vollständigen Gleichung zeigen wir an Beispielen, ein allgemeines Verfahren benötigen wir nicht.

Beispiele: 1. Es sei gegeben

$$y' - y = e^{-x}.$$

Wir lösen zunächst die dazugehörige verkürzte Gleichung

$$y' - y = 0$$

oder

$$\frac{dy}{y} = dx$$

und finden

$$y = K\, e^{x}.$$

Es handelt sich nun darum, ein partikuläres Integral der Gleichung

$$y' - y = e^{-x}$$

zu ermitteln. Bei einiger Übung überblickt man leicht, daß

$$y = -\frac{1}{2}\, e^{-x}$$

ein solches partikuläres Integral ist. Die Bestätigung ergibt sich durch Einsetzen in $y' - y = e^{-x}$.

Das allgemeine Integral dieser Gleichung ist also nach Satz 2 der vorigen Nummer

$$y = -\frac{1}{2}\, e^{-x} + K\, e^{x}$$

mit der Integrationskonstanten K.

2. Ausschalten eines Gleichstromes.

Durch eine Spule[2] fließe ein Gleichstrom von der Intensität I. Beim Abschalten vergeht eine gewisse Zeit, ehe die Stromstärke auf

---

[1] Wir bezeichnen hier die Integrationskonstante mit K, um später eine Verwechslung mit der Kapazität C zu vermeiden.

[2] Wir wählen eine Spule, um die Selbstinduktion stärker zu betonen.

Null sinkt. Während dieser Zeit ist also die Stromstärke i veränderlich und hat daher das Auftreten der Selbstinduktionswirkung zur Folge. Nach dem *Ohmschen* Gesetz (Spannung $u_s = R \cdot i$) erhalten wir als Ansatz eine verkürzte lineare Differentialgleichung 1. Ordnung, nämlich

$$- L \frac{di}{dt} = Ri,$$

die nach obigem die Lösung

$$i = K\,e^{-\frac{R}{L}t} \tag{8}$$

ergibt. Aus der Anfangsbedingung $i = I$ für $t = 0$ findet man $K = I$ und daher

$$i = I\,e^{-\frac{R}{L}t}.$$

Theoretisch wird also die vollständige Stromlosigkeit erst nach unendlich langer Zeit erreicht. Praktisch sinkt nach ganz kurzer Zeit die Stromstärke unter jeden meßbaren Betrag. Außerdem muß berücksichtigt werden, daß der Ansatz gewisse den Vorgang beeinflussende Erscheinungen, wie z. B. die Funkenbildung, vernachlässigt.

3. Einschalten eines Gleichstromes.

Hier steigt die Stromstärke von Null bis zum Betrage $I = \dfrac{U}{R}$, die Summe der Spannungen $U + u_s$ muß gleich Ri sein, somit

$$U - L \frac{di}{dt} = Ri$$

oder

$$\frac{di}{dt} + \frac{R}{L}\,i = \frac{U}{L}. \tag{9}$$

Wir vermuten aus physikalischen Gründen, daß $i = I = \dfrac{U}{R}$ ein partikuläres Integral dieser vollständigen linearen Differentialgleichung ist und finden diese Vermutung durch Einsetzen bestätigt. Nach dem Satz 2 der vorigen Nummer ist mithin das allgemeine Integral von (9) unter Berücksichtigung von (8):

$$i = K\,e^{-\frac{R}{L}t} + I.$$

Für $t = 0$ ist $i = 0$, daher $K = -I$, so daß schließlich

$$i = I - I\,e^{-\frac{R}{L}t}. \tag{10}$$

4. Einschalten eines Wechselstromes.

Wird an eine Spule eine Wechselspannung $u = \overline{U} \sin \omega t$ angelegt, so haben wir in Gleichung (9) U durch $\overline{U} \sin \omega t$ zu ersetzen und erhalten

$$L \frac{di}{dt} + R\,i = \overline{U} \sin \omega t. \tag{11}$$

Um ein partikuläres Integral von (11) zu finden, wenden wir die komplexe Rechnung an. Wir gehen statt von (11) von dem Gleichungspaar

$$L \frac{dy}{dt} + R\,y = \overline{U} \sin \omega t \tag{12}$$

$$L \frac{dx}{dt} + R\,x = \overline{U} \cos \omega t \tag{13}$$

aus, multiplizieren die erste mit j und addieren sie zur zweiten. Unter Anwendung der Eulerschen Formel (15), S. 244, erhalten wir

$$L \left(\frac{dx}{dt} + j \frac{dy}{dt} \right) + R\,(x + j\,y) = \overline{U}\, e^{j\omega t}.$$

Setzen wir

$$x + j\,y = z, \text{ also } \frac{dx}{dt} + j\,\frac{dy}{dt} = \frac{dz}{dt},$$

so geht die letzte Gleichung über in

$$L \frac{dz}{dt} + R\,z = \overline{U}\, e^{j\omega t}. \tag{14}$$

Man beachte, daß (14) aus (11) hervorgeht, indem man i durch z und $\sin \omega t$ durch $e^{j\omega t}$ ersetzt. Man kann dadurch die obige Zwischenrechnung bei dieser häufig vorkommenden Umformung ersparen.

Wir versuchen für ein partikuläres Integral der Gleichung (14) den Ansatz

$$z = I\, e^{j\omega t}, \tag{15}$$

wobei I auch eine komplexe (konstante) Größe sein kann. Denn nur eine Funktion der Form (15) kann (14) befriedigen. Die Ableitung von (15) ergibt

$$\frac{dz}{dt} = j\,\omega\, I\, e^{j\omega t}.$$

Setzt man diesen und den Wert (15) in (14) ein, so erhält man nach Kürzung durch $e^{j\omega t}$:

$$I\,(R + j\,\omega\,L) = \overline{U},$$

woraus

$$I = \frac{\overline{U}}{R + j\,\omega\,L} = \frac{\overline{U}}{r\, e^{j\varphi}} = \frac{\overline{U}}{r} \cdot e^{-j\varphi} \tag{16}$$

folgt, wobei (vgl. **VI. B. 2.**)

$$r = \left| R + j\,\omega\,L \right| = \sqrt{R^2 + \omega^2\,L^2}\,,$$

$$\varphi = \mathrm{arc\ tg}\ \frac{\omega\,L}{R}\ \text{oder tg}\ \varphi = \frac{\omega\,L}{R}\ \text{ist.}$$

Es ist mithin nach (15)

$$z = \frac{\overline{U}}{r}\,e^{\,j\,(\omega t - \varphi)} \tag{17}$$

ein partikuläres Integral von (14).

Schreiben wir (17) in der Form

$$x + j\,y = \frac{\overline{U}}{\sqrt{R^2 + \omega^2\,L^2}}\,\Big(\cos(\omega\,t - \varphi) + j\,\sin(\omega\,t - \varphi)\Big), \tag{18}$$

so ist

$$x = \frac{\overline{U}}{\sqrt{R^2 + \omega^2 L^2}}\cos(\omega\,t - \varphi)\ \ \text{eine partikuläre Lösung von (13)}$$

und

$$y = \frac{\overline{U}}{\sqrt{R^2 + \omega^2 L^2}}\sin(\omega\,t - \varphi)\ \ \text{eine solche von (12).}$$

Ersetzen wir in der letzten Gleichung y wieder durch i, so erhalten wir ein partikuläres Integral von (11) und durch Hinzufügen der allgemeinen Lösung (8) der verkürzten Gleichung das allgemeine Integral von (11):

$$i = \frac{\overline{U}}{\sqrt{R^2 + \omega^2 L^2}}\sin(\omega\,t - \varphi) + K\,e^{-\frac{R\,t}{L}}\qquad\left(\text{tg}\ \varphi = \frac{\omega\,L}{R}\right) \tag{19}$$

Für $t = 0$ ist $i = 0$, mithin $K = \dfrac{\overline{U}\sin\varphi}{\sqrt{R^2 + \omega^2 L^2}}$, welcher Wert in (19) für die endgültige Lösung einzusetzen ist.

Um das Bild der Lösung (19) zu erhalten, zeichnet man zunächst den ersten Summanden

$$i_1 = \frac{\overline{U}}{\sqrt{R^2 + \omega^2 L^2}}\sin(\omega\,t - \varphi)$$

(in Abb. 206 strichliert) und verschiebt eine Reihe von Kurvenpunkten um den jeweiligen

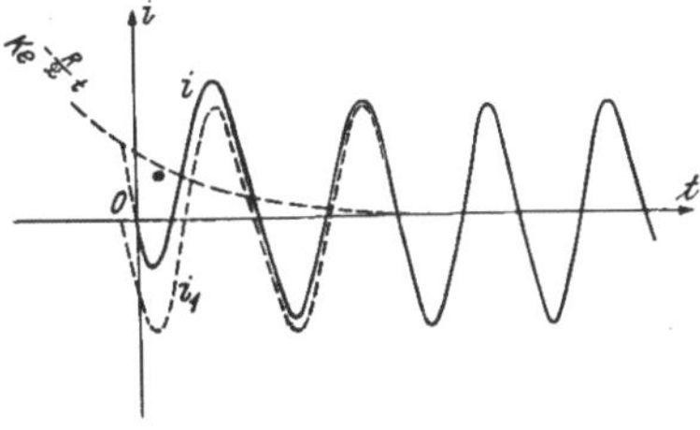

Abb. 206. Einschalten eines Wechselstromes.

Betrag von $K\,e^{-\frac{R}{L}t}$ nach oben. Das Zusatzglied $K\,e^{-\frac{R}{L}t}$ klingt, wenn nicht L im Vergleich zu R einen sehr großen Wert besitzt, rasch ab, als *stationärer Zustand* ergibt sich ein Wechselstrom mit der

Spannungsfrequenz, der nach (19) die Amplitude $\dfrac{\overline{U}}{\sqrt{R^2 + \omega^2\, L^2}}$ besitzt und der Spannung um φ nacheilt.[1]

Der eben behandelte Fall ist ein Beispiel für eine *erzwungene Schwingung*; die erregende Kraft ist $u = \overline{U} \sin \omega\, t$.

4. Übungen. 1. Die konstante Spannung eines elektrischen Stromes sei $U = 100$ V, der Widerstand einer Spule $R = 20\,\Omega$, ihre Induktivität $L = 0.5\,H$. Wie groß ist i zu den Zeitpunkten
$$t = 0.01,\ 0.02,\ 0.03,\ 0.05,\ 0.07,\ 0.10 \text{ Sekunden}$$
a) nach dem Ausschalten, **b)** nach dem Einschalten? Nach wieviel Sekunden ist $i = \dfrac{I}{2}$? Man stelle die Stromstärke in beiden Fällen als Funktion der Zeit graphisch dar.

Lösung: **a)** 3.35, 2.25, 1.51, 0.67, 0.30, 0.09 A;
b) 1.65, 2.75, 3.49, 4.33, 4.70, 4.91 A.

In beiden Fällen ist $i = \dfrac{I}{2}$ nach 0.017 Sekunden.

2. Ist in einem Stromkreis Ohmscher und kapazitiver Widerstand vorhanden, so lautet die (11) entsprechende Gleichung
$$\frac{1}{C} \int i\, dt + R\, i = \overline{U} \sin \omega\, t, {}^{2}$$
oder abgeleitet (Integrationskonstante, daher oben überflüssig!):
$$\frac{1}{C}\, i + R\, \frac{di}{dt} = \omega\, \overline{U} \cos \omega\, t.$$

Die Gleichung ist zu lösen. ($i = 0$ für $t = 0$, $C = $ Kapazität).

Lösung: $i = \dfrac{\overline{U}}{\sqrt{R^2 + \dfrac{1}{\omega^2\, C^2}}} \sin(\omega\, t + \varphi) - \dfrac{\overline{U} \sin \varphi}{\sqrt{R^2 + \dfrac{1}{\omega^2\, C^2}}}\, e^{-\frac{1}{C\,R}t}$

mit $\operatorname{tg} \varphi = \dfrac{1}{\omega\, C\, R}$ oder

$i = \dfrac{\overline{U}}{\sqrt{R^2 + \dfrac{1}{\omega^2\, C^2}}} \cos(\omega\, t - \psi) - \dfrac{\overline{U} \cos \psi}{\sqrt{R^2 + \dfrac{1}{\omega^2\, C^2}}}\, e^{-\frac{1}{C\,R}t}$ mit $\operatorname{tg} \psi = \omega\, C\, R$.

Wieso stimmen beide Lösungen überein?

3. Von den folgenden Gleichungen ist ein partikuläres Integral jedesmal in der Klammer daneben angegeben. Man löse die Differentialgleichungen.

a) $y' - \dfrac{y}{x} = x,$ $(y_p = x^2)$;

b) $y' + 2\, y = e^{3\,x},$ $(y_p = \dfrac{1}{5} e^{3\,x})$;

---

[1] Diese Stromdaten ergeben sich auch aus (17).

[2] Aus $i = -C\, \dfrac{du}{dt}$ folgt $u = -\dfrac{1}{C} \int i\, dt$; ($u = $ Kondensatorspannung).

$$\textbf{c) } y' + y \operatorname{ctg} x = \cos x, \qquad \left(y_p = \frac{1}{2}\sin x\right);$$

$$\textbf{d) } y' \cos x + y \sin x = 1, \qquad (y_p = \sin x).$$

Lösungen:

$$\textbf{a) } y = x^2 + C\,x; \qquad\qquad \textbf{b) } y = \frac{1}{5}\,e^{3x} + C\,e^{-2x};$$

$$\textbf{c) } y = \frac{1}{2}\sin x + \frac{C}{\sin x}; \qquad \textbf{d) } y = \sin x + C \cos x.$$

§ 37. Freie Schwingungen.

1. Die gedämpfte Schwingung. Wird ein schwingungsfähiges Gebilde durch eine einmalige Erregung zum Schwingen gebracht und dann sich selbst überlassen, so entstehen auf diese Weise die *freien* oder *Eigenschwingungen* des Gebildes. Es hänge z. B. ein „Massenpunkt" von der Masse m an einem elastischen Faden oder an einer sehr dünnen Schraubenfeder; in der Ruhelage befinde er sich an der Stelle O der Abb. 207. Nun wird er bis A nach unten gezogen und sodann losgelassen. Durch die Kraft der gedehnten Feder schnellt er zurück über O hinaus, kehrt dann wieder um, kurz, er vollführt Schwingungen.

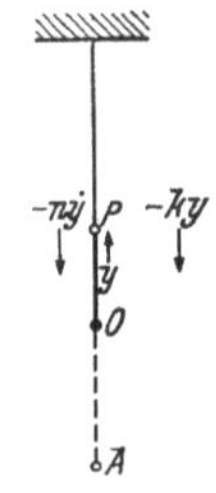

Abb. 207. Massenpunkt an einem elastischen Faden.

Zur Zeit t befinde sich der Massenpunkt in Aufwärtsbewegung an der Stelle P, der Weg y werde von O aus nach oben positiv gerechnet. Zur Ermittlung der Abhängigkeit des Weges von der Zeit verhilft uns das Newtonsche Grundgesetz: Kraft ist gleich Masse mal Beschleunigung. Die Beschleunigung ist nach unseren früheren Ausführungen $\ddot{y} = \dfrac{d^2 y}{dt^2}$. An Kräften wirken auf den Massenpunkt die Federkraft und der Luftwiderstand (Reibungswiderstand). An der Stelle P ist die Federkraft proportional y und wirkt nach unten. Nennen wir den Proportionalitätsfaktor k, so ist die

$$\text{Federkraft} = -k \cdot y.$$

Den Luftwiderstand setzen wir proportional der Geschwindigkeit $\dfrac{dy}{dt}$ mit dem Proportionalitätsfaktor n; er wirkt der Bewegung entgegen, daher ist der Luftwiderstand oder die

$$\text{Reibungskraft} = -n \cdot \dot{y} = -n\,\frac{dy}{dt}.$$

Von der Schwerkraft können wir absehen, da ihr Einfluß durch die Fixierung der Ruhelage schon berücksichtigt ist (vgl. Übung **1** weiter unten). Die Masse der Feder, die Federreibung usw. vernachlässigen wir. Das Newtonsche Grundgesetz liefert uns mit den obigen Daten den Ansatz

$$m\,\ddot{y} = -\,n\,\dot{y} - k\,y$$

oder

$$m\,\frac{d^2 y}{dt^2} + n\,\frac{dy}{dt} + k\,y = 0. \tag{1}$$

Die Lösung dieser verkürzten linearen Differentialgleichung 2. Ordnung ist unsere gesuchte Weg—Zeitfunktion. Es liegt nahe, in Analogie zum Integral der entsprechenden Gleichung 1. Ordnung, ebenfalls eine Exponentialfunktion als Lösung zu versuchen. Wir setzen also

$$y = C\,e^{st}, \tag{2}$$

wo C und s konstante Größen bedeuten, die auch komplex sein können. Setzen wir (2) und die Ableitungen $y' = Cse^{st}$, $y'' = Cs^2e^{st}$ in (1) ein, so erhalten wir

$$Ce^{st}\,(ms^2 + ns + k) = 0. \tag{3}$$

Diese Gleichung ist dann befriedigt, wenn der Klammerausdruck Null ist, denn e^{st} wird für keinen Wert von t Null und C muß wegen (2) von 0 verschieden sein; $y = Ce^{st}$ ist mithin eine Lösung von (1), wenn s eine Wurzel der quadratischen Gleichung

$$ms^2 + ns + k = 0$$

ist; s kann daher zwei Werte annehmen, nämlich

$$s_1 = \frac{-n + \sqrt{n^2 - 4\,m\,k}}{2\,m} \quad \text{und} \quad s_2 = \frac{-n - \sqrt{n^2 - 4\,m\,k}}{2\,m}. \tag{4}$$

Es sind infolgedessen

$$y_1 = C_1\,e^{s_1 t} \quad \text{und} \quad y_2 = C_2\,e^{s_2 t}$$

zwei Lösungen von (1), und zwar können C_1 und C_2 ganz beliebige Werte haben, da Gleichung (3) für jeden Wert von C befriedigt ist. Nach dem Satz 1 auf S. 271 ist daher auch

$$y = C_1\,e^{s_1 t} + C_2\,e^{s_2 t} \tag{5}$$

eine Lösung von (1), und zwar schließen wir aus dem Vorhandensein von zwei willkürlichen Konstanten C_1 und C_2, daß (5) schon das allgemeine Integral ist. Die durch (5) dargestellten Funktionen der Zeit t ergeben aber ganz verschiedene Lösungen, je nachdem s_1 und s_2 reell oder komplex sind; wir müssen also die Fälle

$$n^2 \geqq 4\,m\,k \quad \text{und} \quad n^2 < 4\,m\,k$$

voneinander unterscheiden.

2. Starke Dämpfung. Wir beginnen mit dem technisch minder wichtigen Fall, daß $n^2 \geqq 4\,m\,k$ ist, daß sich also der Reibungswiderstand, der von n abhängt, stark geltend macht (man denke etwa die Vorrichtung der Abb. 207 in eine zähe Flüssigkeit getaucht). Die Wurzeln s_1 und s_2 sind reell, und zwar sind beide negativ, wie man aus (4) erkennt, da m, n und k positiv sind.

Um das Weg—Zeitdiagramm zu erhalten, suchen wir die Schnittpunkte der Kurve (5) mit der t-Achse und ihre extremen Werte. Setzen wir in (5) $y = 0$, so erhalten wir aus $C_1 e^{s_1 t} = - C_2 e^{s_2 t}$:

$$e^{(s_1 - s_2)t} = - \frac{C_2}{C_1}$$

und daraus

$$t = \frac{\ln\left(-\dfrac{C_2}{C_1}\right)}{s_1 - s_2}.$$

Ein Schnittpunkt mit der t-Achse ist nur dann vorhanden, wenn C_1 und C_2, die von den Anfangsbedingungen abhängen, ungleiches Vorzeichen haben.

Bilden wir ferner $\dot{y}$ und setzen es zwecks Ermittlung der extremen Werte gleich 0, so ergibt sich

$$C_1 s_1 e^{s_1 t} + C_2 s_2 e^{s_2 t} = 0,$$

woraus man

$$t = \frac{\ln\left(-\dfrac{C_2 s_2}{C_1 s_1}\right)}{s_1 - s_2}$$

findet. Auch hier ist für die Existenz eines reellen t-Wertes erforderlich, daß C_1 und C_2 verschieden bezeichnet sind, so daß ein extremer Wert nur im Fall eines Schnittpunktes vorhanden ist. Beachtet man noch, daß $y \to 0$, wenn $t \to \infty$ strebt (s_1 und s_2 sind negativ!), so erhält man die beiden typischen Bilder, und zwar in Abb. 208 für ungleich bezeichnete Werte von C_1 und C_2, in Abb. 209 für gleich be-

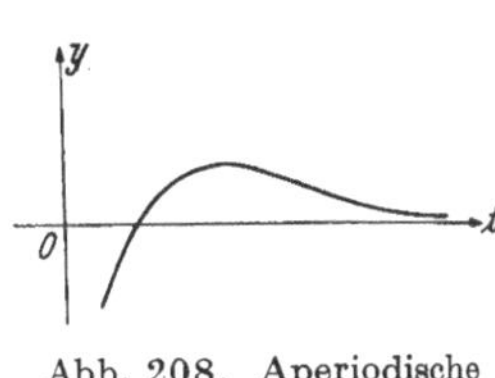

Abb. 208. Aperiodische Bewegung.

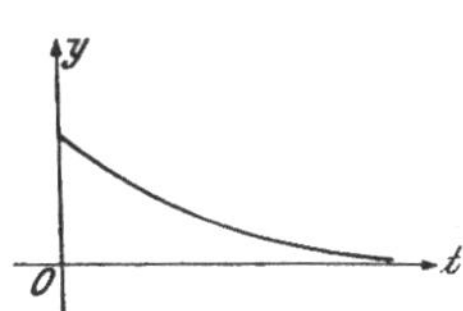

Abb. 209. Aperiodische Bewegung.

zeichnete. Man diskutiere die beiden Bewegungsvorgänge, die man als *aperiodisch* bezeichnet.

Aber auch wenn $n^2 = 4\,m\,k$ ist, tritt eine ähnliche Bewegung auf. Die quadratische Gleichung besitzt in diesem Fall eine Doppelwurzel, die beiden Glieder in (5) lassen sich wegen $s_1 = s_2$ zu einem Glied $C_1 e^{s_1 t}$ mit einer beliebigen Konstanten C_1 zusammenziehen; $C_1 e^{s_1 t}$

kann daher nicht das allgemeine Integral sein. Das noch fehlende Glied erhält man aus (5) durch folgenden Grenzübergang. Solange $s_1 \neq s_2$, ist auch (nach Satz 1)

$$\frac{e^{s_2 t} - e^{s_1 t}}{s_2 - s_1}$$

eine Lösung von (1). Dieser Ausdruck ist aber nichts anderes als der Differenzenquotient der Funktion e^{st}, gebildet für die Stelle $s = s_1$. Lassen wir nun s_2 gegen s_1 streben, so geht dieser Differenzenquotient in den Differentialquotienten an der Stelle s_1 über. Man hat also e^{st} nach s abzuleiten und für s den Wert s_1 einzusetzen, was $t \cdot e^{s_1 t}$ ergibt. Für s_1 als Doppelwurzel erhalten wir demnach (man erkläre das Hinzutreten des Faktors C_2):

$$y = C_1 e^{s_1 t} + C_2 t e^{s_1 t}$$

oder

$$y = (C_1 + C_2 t) e^{s_1 t} \tag{6}$$

als allgemeines Integral. Wegen der graphischen Darstellung vgl. die folgende Übung 3.

3. Schwache Dämpfung. Wir kommen nun zu dem viel wichtigeren Fall schwacher Dämpfung, der

$$n^2 < 4 m k$$

zur Voraussetzung hat. Die jetzt auftretenden Wurzeln sind konjugiert komplex. Setzen wir

$$\frac{n}{2 m} = \delta, \qquad \frac{\sqrt{n^2 - 4 m k}}{2 m} = \sqrt{\frac{n^2}{4 m^2} - \frac{k}{m}} = j \omega,$$

so geht (5) mit Rücksicht auf (4) über in

$$y = C_1 e^{(-\delta + jw)t} + C_2 e^{(-\delta - jw)t} = e^{-\delta t} (C_1 e^{jwt} + C_2 e^{-jwt}) =$$
$$= e^{-\delta t} (C_1 \cos \omega t + j C_1 \sin \omega t + C_2 \cos \omega t - j C_2 \sin \omega t) =$$
$$= e^{-\delta t} ((C_1 + C_2) \cos \omega t + j (C_1 - C_2) \sin \omega t).$$

Für $C_1 = \frac{1}{2} (A - j B)$, $C_2 = \frac{1}{2} (A + j B)$ erhält man daraus

$$y = e^{-\delta t} (A \cos \omega t + B \sin \omega t) \tag{7}$$

als allgemeine Lösung mit A und B als Integrationskonstanten. Man kann (7) auch auf die Form

$$y = C e^{-\delta t} \sin (\omega t + \varphi) \tag{7*}$$

bringen mit den Integrationskonstanten C und φ, wenn man in (7)

$$A = C \sin \varphi, \qquad B = C \cos \varphi, \qquad C = \sqrt{A^2 + B^2}$$

setzt.

Die Lösung (7*) stellt eine gedämpfte Schwingung dar, bei welcher die Amplituden um so rascher abnehmen, je größer der *Dämpfungsfaktor* $\delta = \dfrac{n}{2\,m}$ ist, d. h. je stärker sich die von n abhängige Reibungskraft bemerkbar macht.

Nehmen wir an, daß der Massenpunkt zur Zeit $t = 0$ mit der Geschwindigkeit v_0 durch die Ruhelage geht, so lauten die Anfangsbedingungen

$$y = 0 \text{ und } \dot{y} = v_0 \text{ für } t = 0.$$

Aus der ersten findet man sofort mittels (7*), daß $\varphi = 0$. Für diesen Wert lautet die Ableitung von y:

$$\dot{y} = C\, e^{-\delta t}\, (\omega \cos \omega t - \delta \sin \omega t),$$

woraus man für $t = 0$ und $\dot{y} = v_0$

$$C = \frac{v_0}{\omega}$$

findet. Durch Einsetzen in (7*) ergibt sich

$$y = \frac{v_0}{\omega}\, e^{-\delta t}\, \sin \omega t. \tag{7**}$$

Nach den Anweisungen auf S. 254 ist das Weg—Zeitdiagramm der allgemeinen Lösung (7*) nach Einzeichnung von $y_a = \pm\, C\, e^{-\delta t}$ leicht zu entwerfen (Abb. 210).

Die Nullstellen haben die Entfernung $\dfrac{T}{2} = \dfrac{\pi}{\omega}$ voneinander, ihre Mitten bestimmen die Berührungspunkte der y-Kurve mit den beiden y_a-Kurven, die Maxima und Minima liegen etwas weiter links.

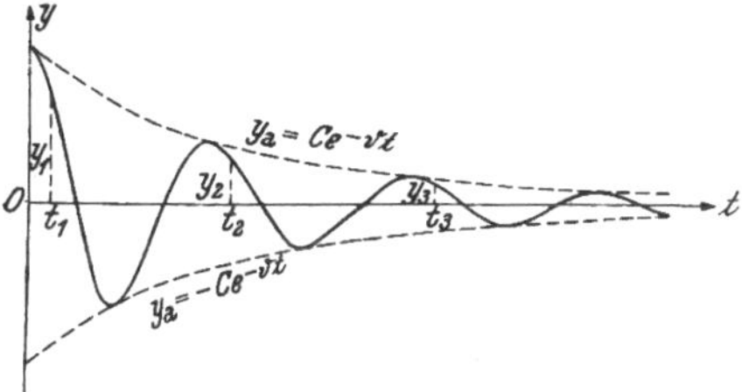

Abb. 210. Die gedämpfte Schwingung.

Bestimmen wir die y-Werte y_1 und y_2 für zwei solche Zeitpunkte t_1 und t_2, die um eine Periode $T = \dfrac{2\,\pi}{\omega}$ voneinander entfernt liegen, so ergibt sich wegen $t_2 = t_1 + T$:

$$y_1 = C\, e^{-\delta t_1}\, \sin (\omega t_1 + \varphi),$$

$$y_2 = C\, e^{-\delta t_1 - \delta T}\, \sin (\omega t_1 + \varphi + 2\,\pi) = C\, e^{-\delta t_1 - \delta T}\, \sin (\omega t_1 + \varphi).$$

Für das Verhältnis $y_1 : y_2$ erhält man den Quotienten

$$\frac{y_1}{y_2} = \frac{e^{-\delta t_1}}{e^{-\delta t_1} \cdot e^{-\delta T}} = e^{\delta T}.$$

Daraus ersieht man, daß die um T voneinander abstehenden Ordinaten $y_1, y_2, y_3, \dots$ eine geometrische Folge bilden. Das Verhältnis

$\varDelta = e^{\delta T}$ nennt man das *Dämpfungsverhältnis*, $\ln \varDelta = \delta\,T$ das *logarithmische Dekrement*.

4. Die ungedämpfte Schwingung. Sieht man von der Dämpfung vollständig ab, so hat man in den Formeln der vorigen Nummer n bzw. δ gleich Null zu setzen. Die Kreisfrequenz $\omega = \sqrt{\dfrac{k}{m} - \dfrac{n^2}{4\,m^2}}$ geht dadurch in

$$\omega_0 = \sqrt{\frac{k}{m}} > \omega$$

über, die Dämpfungsfreiheit hat somit eine schnellere Schwingung zur Folge. Als Lösung der Differentialgleichung der freien ungedämpften Schwingung

$$m\,\ddot{y} + k\,y = 0 \tag{8}$$

erhalten wir aus (7):

$$y = A \cos \omega_0 t + B \sin \omega_0 t,$$

aus (7*):

$$y = C \sin (\omega_0 t + \varphi), \tag{9}$$

also eine reine Sinusschwingung (harmonische Schwingung) mit der Schwingungsdauer

$$T_0 = 2\,\pi \sqrt{\frac{m}{k}}\,. \tag{10}$$

5. Die Eigenschwingung im Kondensatorkreis. Ein geladener Kondensator von der Kapazität C sei mit einer Induktivität L und einem Ohmschen Widerstand R in Reihe geschaltet; der Stromkreis sei bei S unterbrochen (Abb. 211). Wird der Schalter S geschlossen, so fließt infolge der Entladung des Kondensators ein Strom $i = -\dfrac{dq}{dt}$ oder

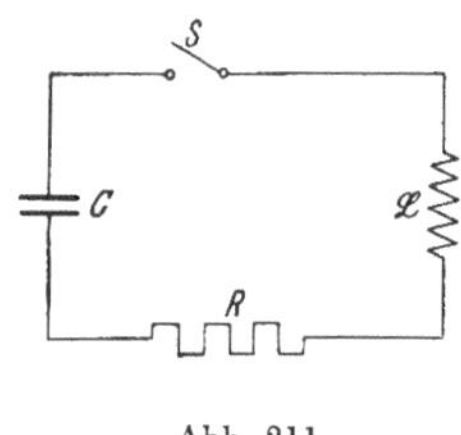

Abb. 211.

$$i = -C\,\frac{du}{dt} \tag{11}$$

durch den Kreis, wobei q bzw. u die momentane Ladung bzw. Spannung des Kondensators bedeuten. (Vgl. Beispiel 4, S. 55; $\dfrac{dq}{dt}$ hat hier das negative Vorzeichen, weil q abnimmt.)

Die Kondensatorspannung u und die Spannung der Selbstinduktion $-L\,\dfrac{di}{dt}$ ergeben summiert Ri, daher

$$u = L\,\frac{di}{dt} + Ri. \tag{12}$$

Durch die Gleichungen (11) und (12) ist die gegenseitige Abhängigkeit von Strom und Spannung zum Ausdruck gebracht, sie sind gekoppelt (simultane Gleichungen). Um zu einer Differentialgleichung zu gelangen, ist entweder u oder i zu eliminieren.

Leitet man Gleichung (12) ab:

$$\frac{du}{dt} = L\,\frac{d^2 i}{dt^2} + R\,\frac{di}{dt}$$

und setzt in (11) ein, so erhält man

$$L\,\frac{d^2 i}{dt^2} + R\,\frac{di}{dt} + \frac{1}{C}\,i = 0. \tag{13}$$

Leitet man andererseits (11) ab:

$$\frac{di}{dt} = -\,C\,\frac{d^2 u}{dt^2}$$

und setzt in (12) ein, so ergibt sich

$$L\,\frac{d^2 u}{dt^2} + R\,\frac{du}{dt} + \frac{1}{C}\,u = 0. \tag{14}$$

Die beiden erhaltenen Differentialgleichungen (13) und (14) lauten genau so wie die Differentialgleichung (1), wenn man

die Masse m durch die Induktivität L,

den Reibungsfaktor n durch den Widerstand R und

den Faktor der Federkraft k durch die reziproke Kapazität $\dfrac{1}{C}$ ersetzt.

Daher ergeben sich für die Stromstärke i und für die Spannung u dieselben Funktionen der Zeit wie bei der Schwingung des Massenpunktes m für den Weg, die Entladung kann bei starker Dämpfung (großem R) aperiodisch erfolgen, sie kann aber auch periodisch oder schwingend (oszillierend) vor sich gehen, wenn die Dämpfung gering (R klein) ist.

Beschränken wir uns auf den letzteren Fall, der allein von Interesse ist, so erhalten wir für i die Lösung aus (7*):

$$i = A\,e^{-\delta t}\,\sin(\omega t + \varphi) \tag{15}$$

mit

$$\delta = \frac{R}{2\,L}, \quad \omega = \sqrt{\frac{1}{L\,C} - \frac{R^2}{4\,L^2}} \qquad \text{(vgl. S. 282)}$$

und A, φ als Integrationskonstanten. Für u ergibt sich dieselbe Lösung

$$u = B\,e^{-\delta t}\,\sin(\omega t + \psi) \tag{16}$$

mit den Integrationskonstanten B und ψ. Die Schwingungen sind gedämpft und klingen mit der Zeit ab.

Für $R = 0$ erhält man aus den Gleichungen (13) und (14) die Differentialgleichungen der ungedämpften Schwingung

$$L\,\frac{d^2 i}{dt^2} + \frac{1}{C}\,i = 0,$$

$$L\,\frac{d^2 u}{dt^2} + \frac{1}{C}\,u = 0.$$

Ihre Lösungen ergeben sich aus (15) und (16) für $\delta = 0$, wenn man gleichzeitig ω durch $\omega_0 = \dfrac{1}{\sqrt{LC}}$ ersetzt:

$$i = A \sin(\omega_0 t + \varphi),$$
$$u = B \sin(\omega_0 t + \psi).$$

Die Schwingungsdauer ist

$$T_0 = \frac{2\pi}{\omega_0} = 2\pi\sqrt{LC} \quad (\textit{Thomsonsche } \text{Formel}).$$

6. Übungen. 1. Wie lautet die Differentialgleichung (1) und ihre Lösung, wenn die Schwerkraft berücksichtigt wird?

Lösung: $m\ddot{y} + n\dot{y} + ky = -mg$. Das ist eine vollständige lineare Differentialgleichung mit dem partikulären Integral $y_p = -\dfrac{mg}{k}$. Durch Hinzufügen der Lösung (7*) (Satz 2) erhält man

$$y = C e^{-\delta t} \sin(\omega t + \varphi) - \frac{mg}{k},$$

also dieselbe Schwingung wie in (7*), nur um einen tieferen Ruhepunkt.

2. Man überzeuge sich durch Einsetzen, daß die Lösung (6)

$$y = (C_1 + C_2 t) e^{s_1 t}$$

die Differentialgleichung (1) befriedigt, wenn $s_1 = -\dfrac{n}{2m}$ eine Doppelwurzel ist.

3. Wie lautet die Lösung (6) für die Anfangsbedingungen $y(0) = 0$ und $\dot{y}(0) = v_0$? Man zeige, daß das zugehörige Zeit-Wegdiagramm eine Kurve vom Typus der Abb. 208 ist.

Lösung: $y = v_0\, t\, e^{s_1 t}$. Schnittpunkt mit der t-Achse: $(0,0)$. Maximum für $t = \dfrac{2m}{n}$. Für $t \to \infty$ strebt $\dfrac{v_0 t}{e^{\frac{n}{2m} t}} \to 0$, weil der reziproke Wert

$$\frac{e^{\frac{n}{2m} t}}{t} \to \infty \quad (\text{Übung } \textbf{4 b}, \text{ S. 246}),$$

daher ist die t-Achse Asymptote.

4. Wie lautet die Lösung (5), mit den Anfangsbedingungen in Übung **3.**,

$$\text{wenn } \frac{n}{2m} = \delta \text{ und } \frac{\sqrt{n^2 - 4km}}{2m} = \omega$$

gesetzt wird?

$$\text{Lösung: } y = \frac{v_0}{\omega} e^{-\delta t} \, \mathfrak{Sin}\, \omega t.$$

5. Man berechne die Maxima- und Minimastellen der Kurve (7**).

Lösung: Aus $\dot{y} = 0$ findet man $\operatorname{tg} \omega t = \dfrac{\omega}{\delta}$. Ist a jener spitze Winkel (im Bogenmaß), für welchen $\operatorname{tg} a = \dfrac{\omega}{\delta}$, so ist

$$t = \frac{1}{\omega}\, a, \; \frac{1}{\omega}(a + \pi), \; \frac{1}{\omega}(a + 2\pi), \ldots$$

Die extremen Werte liegen also nur um den konstanten Wert $\dfrac{1}{\omega} \cdot a$ weiter rechts als die Nullstellen, während die Mitten der Nullstellen um $\dfrac{1}{\omega} \cdot \dfrac{\pi}{2}$ weiter rechts liegen $\left(a < \dfrac{\pi}{2}!\right)$.

6. Man stelle die Differentialgleichung der ungedämpften Schwingung eines mathematischen Pendels auf und berechne die Schwingungsdauer für kleine Schwingungen (Abb. 212). Der Weg $l\,\varphi$ des schwingenden Punktes wird von A aus nach rechts positiv gerechnet.

Lösung: Für die Bewegung kommt nur die Komponente $- mg \sin \varphi$ der Schwerkraft in Betracht. Die Beschleunigung ist $\dfrac{d^2\,(l\,\varphi)}{dt^2} = l\,\dfrac{d^2\,\varphi}{dt^2}$. Daher lautet die Differentialgleichung:

$$- m\,g \sin \varphi = m\,l\,\frac{d^2\,\varphi}{dt^2} \quad \text{oder} \quad \frac{d^2\,\varphi}{dt^2} + \frac{g}{l} \sin \varphi = 0.$$

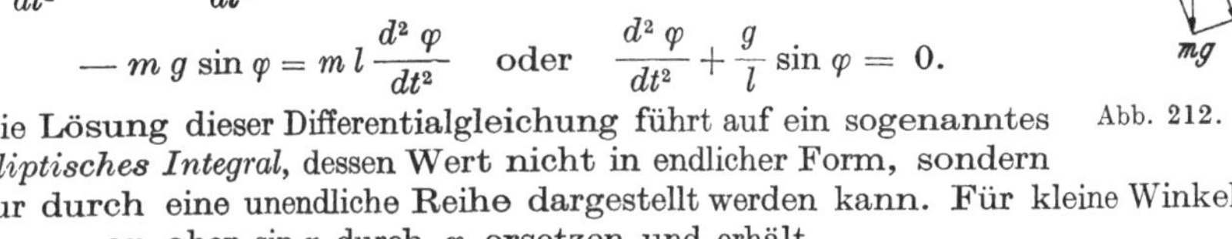

Abb. 212.

Die Lösung dieser Differentialgleichung führt auf ein sogenanntes *elliptisches Integral*, dessen Wert nicht in endlicher Form, sondern nur durch eine unendliche Reihe dargestellt werden kann. Für kleine Winkel kann man aber $\sin \varphi$ durch φ ersetzen und erhält

$$\frac{d^2\,\varphi}{dt^2} + \frac{g}{l}\,\varphi = 0.$$

Das ist eine Differentialgleichung von der Form (8), deren Lösung eine Sinusschwingung ergibt. Nach (10) ist die Schwingungsdauer

$$T_0 = 2\,\pi \sqrt{\frac{l}{g}}.$$

7. Wie lauten die Lösungen (15) und (16) für die Anfangsbedingungen $i = 0$ und $u = U_0$ zur Zeit $t = 0$?

Lösung: Zunächst ist $\varphi = 0$. Leitet man (15) ab, so erhält man

$$\frac{di}{dt} = A\,e^{-\delta t}\,(\omega \cos \omega\,t - \delta \sin \omega\,t).$$

Für $t = 0$ folgt daraus unter Berücksichtigung von (12):

$$\frac{U_0}{L} = A\,\omega, \quad \text{daher} \quad A = \frac{U_0}{\omega\,L}.$$

Somit nimmt (15) die Form an:

$$i = \frac{U_0}{\omega\,L}\,e^{-\delta t} \sin \omega\,t$$

mit

$$\delta = \frac{R}{2\,L} \quad \text{und} \quad \omega = \sqrt{\frac{1}{L\,C} - \frac{R^2}{4\,L^2}}.$$

Gleichung (16) lautet

$$u = B\,e^{-\delta t} \sin (\omega\,t + \psi),$$

woraus

$$\frac{du}{dt} = B\,e^{-\delta t}\,(\omega \cos (\omega\,t + \psi) - \delta \sin (\omega\,t + \psi))$$

folgt. Setzt man in beide Gleichungen die Anfangswerte ein, so verwandeln sie sich wegen (11) in

$$U_0 = B \sin \psi,$$
$$0 = B\,(\omega \cos \psi - \delta \sin \psi).$$

Aus der zweiten Gleichung folgt

$$\operatorname{tg}\psi = \frac{\omega,}{\delta}\,, \quad \text{daher } \sin\psi = \frac{\omega}{\sqrt{\omega^2+\delta^2}} = \omega\sqrt{CL}\,,$$

wenn man unter der Wurzel die Werte für δ und ω einsetzt. Infolgedessen ist

$$B = \frac{U_0}{\sin\psi} = \frac{U_0}{\omega\sqrt{LC}}\,.$$

Für die Spannung ergibt sich somit die Lösung

$$u = \frac{U_0}{\omega\sqrt{LC}}\,e^{-\delta t}\,\sin(\omega t + \psi)$$

mit

$$\psi = \text{arc sin } \omega\sqrt{LC}\,.$$

Spannung und Strom sind also gegeneinander phasenverschoben.

8. Man leite aus den Ergebnissen der vorigen Übung die der ungedämpften Schwingung ab.

$$\text{Lösung: } \quad i = U_0\sqrt{\frac{C}{L}}\sin\frac{1}{\sqrt{LC}}\,t, \quad u = U_0\cos\frac{1}{\sqrt{LC}}\,t.$$

9. Man berechne die Frequenz $f = \dfrac{\omega}{2\pi} = \dfrac{1}{2\pi}\sqrt{\dfrac{1}{LC}-\dfrac{R^2}{4L^2}}$ für $R = $
$= 100\,\Omega, L = 1\text{ H (Henry)}$ und $C = 10^{-6}\,F$ (Farad) mit Hilfe der Näherungsformel für $\sqrt{1-x}$ (Übung 4. S. 241).

$$\text{Lösung: } f = \frac{1}{2\pi}\sqrt{10^6-\frac{10^4}{4}} = \frac{10^3}{2\pi}\sqrt{1-\frac{1}{400}} = \frac{998{\cdot}75}{2\pi} = 158{\cdot}9\text{ Hz.}$$

$(158{\cdot}9 \text{ Hertz} = 158{\cdot}9 \text{ Schwingungen pro Sekunde}).$

10. Wie groß müßte R sein, damit die periodische Entladung eines Kondensators in die aperiodische übergeht? Man berechne diesen Grenzwiderstand R_g speziell für die Angaben der vorigen Übung.

Lösung: Die Bedingung ist identisch mit der Bedingung für eine Doppelwurzel, also

$$\frac{1}{LC} = \frac{R^2}{4L^2}\,, \quad \text{woraus } R_g = 2\sqrt{\frac{L}{C}} = 2000\,\Omega.$$

§ 38. Erzwungene Schwingungen.

1. Die Differentialgleichung der erzwungenen Schwingung.
Wirkt auf ein schwingungsfähiges Gebilde eine periodische Kraft, so vollführt es erzwungene Schwingungen. Das ist z. B. der Fall, wenn der Aufhängepunkt der Feder des schwingenden Massenpunktes in § 37 durch rythmische Stöße auf- und abwärtsbewegt wird. Zu den Kräften $-ny$ und $-ky$ in § 37 tritt jetzt noch eine periodische Kraft $F(t)$, so daß die Differentialgleichung der entstehenden Bewegung lautet:

$$m\,\ddot{y} = -n\,\dot{y} - k\,y + F(t)$$

oder

$$m \frac{d^2 y}{dt^2} + n \frac{dy}{dt} + k y = F(t).$$

Hat $F(t)$ die Periode $T = \dfrac{2\pi}{\nu}$, so läßt sich diese Funktion in eine trigonometrische Summe entwickeln:

$$F(t) = a_0 + a_1 \cos \nu t + a_2 \cos 2\,\nu t + \dots + a_n \cos n\,\nu t +$$
$$+ b_1 \sin \nu t + b_2 \sin 2\,\nu t + \dots + b_n \sin n\,\nu t.\,[1] \qquad (1)$$

Setzt man diese Entwicklung in die obige Differentialgleichung ein, so entsteht eine Gleichung von der Form (4) auf S. 272, die man nach dem dort geschilderten Verfahren dadurch lösen kann, daß man immer je ein Glied der rechten Seite herausgreift und dann sämtliche Lösungen addiert.

Wir können uns somit darauf beschränken, die Gleichung

$$m \frac{d^2 y}{dt^2} + n \frac{dy}{dt} + k y = c \sin \nu t \qquad (2)$$

zu behandeln, die Lösungen der übrigen Gleichungen sind unmittelbar aus der Lösung von (2) abzuleiten.

Addieren wir die Gleichung

$$m \frac{d^2 x}{dt^2} + n \frac{dx}{dt} + k x = c \cos \nu t \qquad (3)$$

zu der mit j multiplizierten Gleichung (2), so gelangen wir zu der komplexen Darstellung

$$m \frac{d^2 z}{dt^2} + n \frac{dz}{dt} + k z = c\, e^{j\,\nu t}. \qquad (4)$$

Der reelle Bestandteil der komplexen Lösung von (4) löst dann Gleichung (3), der imaginäre Bestandteil Gleichung (2).

Von der vollständigen linearen Differentialgleichung (4) ermitteln wir zunächst ein partikuläres Integral und versuchen den Ansatz

$$z_p = w \cdot e^{j\,\nu t}, \qquad (5)$$

worin w eine komplexe konstante Zahl bedeuten möge. Wir setzen

$$z_p = w\, e^{j\,\nu t}, \quad \dot{z}_p = j\, w\, \nu\, e^{j\,\nu t} \quad \text{und} \quad \ddot{z}_p = - w\, \nu^2\, e^{j\,\nu t}$$

in (4) ein und erhalten

$$w\, e^{j\,\nu t} (- m\, \nu^2 + j\, n\, \nu + k) = c\, e^{j\,\nu t},$$

woraus sich

$$w = \frac{c}{k - m\,\nu^2 + j\,n\,\nu} \qquad (6)$$

berechnet. Für diesen Wert von w ist also (5) ein partikuläres Integral von (4). Das allgemeine Integral ergibt sich durch Addition der all-

---

[1] Es sollte in (1) genauer $\approx$ statt $=$ stehen.

gemeinen Lösung der verkürzten Differentialgleichung, die sich der Schwingung (5) überlagert, aber als gedämpfte Schwingung mit der Zeit abklingt, so daß als stationärer Zustand schließlich die Lösung (5) bleibt. Wir wollen daher diese zuerst diskutieren.

2. Die stationäre Schwingung. Wir stellen vorher die Ergebnisse des § 37, die wir mehrfach benötigen werden, noch einmal übersichtlich zusammen. Dabei wollen wir, einer viel verbreiteten Gepflogenheit folgend, das Wort „Kreisfrequenz" durch das kürzere „Frequenz" ersetzen, wenn auch die beiden Begriffe nicht identisch sind. Es wird sich aber bei den folgenden Betrachtungen meist nur um die Verhältnisse verschiedener Frequenzen zueinander handeln, so daß sich der Proportionalitätsfaktor 2π (es ist $\omega = 2\pi f$) sowieso wegkürzt.

A. Ungedämpfte Eigenschwingung.

Schwingungsgleichung: $m\,\dfrac{d^2 y}{dt^2} + k\,y = 0$.

Allgemeine Lösung: $y = C\sin(\omega_0 t + \varphi)$.

Eigenfrequenz: $\omega_0 = \sqrt{\dfrac{k}{m}}$.   Schwingungsdauer: $T_0 = 2\pi\sqrt{\dfrac{m}{k}}$.

B. Gedämpfte Eigenschwingung.

(Nur dann periodisch, wenn $n^2 < 4\,m\,k$).

Schwingungsgleichung: $m\,\dfrac{d^2 y}{dt^2} + n\,\dfrac{dy}{dt} + k\,y = 0$.

Allgemeine Lösung: $y = C\,e^{-\delta t}\sin(\omega t + \varphi)$.

Dämpfungskraft: $n\,\dfrac{dy}{dt}$.   Dämpfungsfaktor: $\delta = \dfrac{n}{2m}$.

Eigenfrequenz: $\omega = \sqrt{\dfrac{k}{m} - \dfrac{n^2}{4\,m^2}} = \sqrt{\omega_0^2 - \delta^2}$.

Schwingungsdauer: $T = \dfrac{2\pi}{\sqrt{\omega_0^2 - \delta^2}} = \dfrac{T_0}{\sqrt{1 - \left(\dfrac{\delta}{\omega_0}\right)^2}} = \dfrac{T_0}{\sqrt{1 - \dfrac{n^2}{4\,m\,k}}}$.

C und φ sind in beiden Fällen die Integrationskonstanten.

Schreiben wir jetzt die partikuläre Lösung (5) mit dem gefundenen Wert (6) von w an, so lautet sie:

$$z_p = \frac{c}{k - m\,\nu^2 + j\,n\,\nu}\,e^{j\,\nu t} = \frac{c}{r\,e^{j\,\psi}}\,e^{j\,\nu t} = \frac{c}{r}\,e^{j\,(\nu t - \psi)}, \tag{7}$$

wobei

$$r = \sqrt{(k - m\,\nu^2)^2 + n^2\,\nu^2} = m\sqrt{(\omega_0^2 - \nu^2)^2 + \left(\frac{n\,\nu}{m}\right)^2}$$

und

$$\operatorname{tg}\psi = \frac{n\,v}{k - m\,v^2} = \frac{\dfrac{n}{m}\,v}{\omega_0^2 - v^2} \qquad (8)$$

ist. Bringen wir (7) auf die Form

$$x_p + j\,y_p = \frac{c}{r}\,(\cos(v\,t - \psi) + j\sin(v\,t - \psi)), \qquad (7^*)$$

so ergibt sich für y_p der Wert

$$y_p = \frac{c}{r}\sin(v\,t - \psi) = A\sin(v\,t - \psi). \qquad (9)$$

Das Ergebnis (7) bzw. (9) lehrt:

1. Die erzwungene (stationäre) Schwingung ist ungedämpft.

2. Ihre Frequenz ist gleich der Erregerfrequenz v.

3. Die erzwungene Schwingung unterscheidet sich von der die Kraft repräsentierenden Schwingung durch eine Verzerrung der Amplitude $\left(\dfrac{c}{r}\ \text{statt}\ c\right)$ und durch eine Phasenverschiebung ψ.

Die erregende Kraft beseitigt also die Dämpfung der Eigenschwingung und zwingt ihr ihre eigene Frequenz auf. Nicht so einfach lassen sich die Wirkungen der in Punkt 3. angeführten Merkmale überblicken. Ihrer Besprechung wollen wir uns jetzt zuwenden.

3. Resonanzkurven. Zu dem Zweck betrachten wir die Amplitude

$$A = \frac{c}{r} = \frac{\dfrac{c}{m}}{\sqrt{(\omega_0^2 - v^2)^2 + \left(\dfrac{n\,v}{m}\right)^2}} \qquad (10)$$

als Funktion der Erregerfrequenz v und stellen diese Funktion graphisch dar. Für

$$v = 0 \ \text{ist}\ r = m\,\omega_0^2 = k.$$

Das bedeutet, daß sich bei einer konstanten Kraft ein konstanter Ausschlag $A = \dfrac{c}{k}$ einstellt.

Strebt $v \to \infty$, so strebt auch $r \to \infty$, mithin $A \to 0$.

Schließlich wollen wir noch die extremen Werte von A ermitteln. Ein solcher erfordert, daß die Ableitung des Wurzelausdruckes in (10) verschwindet.[1] Aus

$$-4\,v\,(\omega_0^2 - v^2) + \frac{2\,n^2}{m^2}\,v = 0$$

---

[1] Vgl. die Bemerkung in Beispiel 4, S. 64.

folgt das gesuchte $\nu = \nu_R$:

$$\nu_R = \sqrt{\omega_0^2 - \frac{n^2}{2\,m^2}}\,. \qquad (11)$$

Es ergibt sich nur dann ein extremer Wert, wenn

$$2\,m^2\,\omega_0^2 > n^2 \quad \text{oder} \quad 2\,m\,k > n^2$$

ist. Da A stets positiv ist und im Unendlichen verschwindet, so kann es sich nur um ein Maximum handeln, das wir erhalten, wenn wir ν_R in (10) einsetzen. Eine kleine Zwischenrechnung ergibt

$$A_R = \frac{c}{n\,\sqrt{\omega_0^2 - \dfrac{n^2}{4\,m^2}}} \qquad (12)$$

Man nennt ν_R die *Resonanzfrequenz*. Gleichung (11) zeigt, daß sie bei kleinem n, also bei kleinem Reibungswiderstand, nahe an der Eigenfrequenz ω_0 der ungedämpften Schwingung des erregten Gebildes liegt. Bei kleinem n werden aber die Amplituden nach (12) besonders groß. Damit ist z. B. die Einsturzgefahr von Brücken bei taktmäßiger Belastung geklärt, wenn die Belastungsfrequenz der Eigenfrequenz der schwingenden Brücke nahekommt, oder die Bruchgefahr von Maschinenfundamenten bei ungenau zentrierten Wellen, wenn deren Umlaufzahl in der Nähe der Eigenschwingungszahl des Fundamentes liegt.

Die graphische Darstellung der Funktion (10) ergibt die sogenannte *Resonanzkurve*. Sie zeigt anschaulich die Abhängigkeit der Amplitude A von der Erregerfrequenz ν. Um aber auch zum Ausdruck zu bringen,

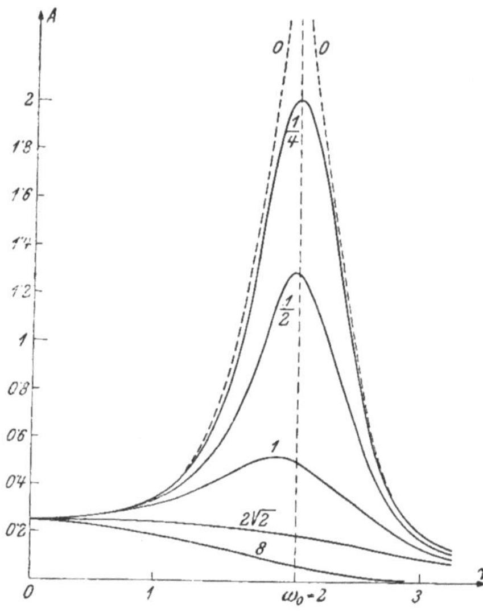

Abb. 213. Resonanzkurven. Amplitude A als Funktion der Frequenz ν.

daß die *Resonanzerscheinung* um so ausgeprägter ist, je kleiner n ist, zeigt Abb. 213 eine Schar solcher Resonanzkurven, die zu verschiedenen Werten von n gehören, für $\omega_0 = 2$, $c = m = 1$. Die gewählten n-Werte

$$n = \frac{1}{4},\ \frac{1}{2},\ 1,\ 2\ \sqrt{2},\ 8$$

sind zu den Kurven dazugeschrieben.

Für $v = 0$ zeigen sämtliche Kurven denselben konstanten Ausschlag $\frac{c}{k} = \frac{c}{m\,\omega_0^2} = 0.25$. Je mehr sich v der Eigenfrequenz ω_0 nähert, um so stärker steigen die Kurven bei kleinem n an. Die Maxima rücken mit wachsendem n immer mehr nach links, bis auf Grund von (11) für $n = m\,\omega_0\sqrt{2} = 2\sqrt{2}$ das Maximum an die Stelle $v = 0$ rückt und zu einem Grenzmaximum wird. Für $v = 0$ ist aber die erregende Kraft nicht mehr periodisch und scheidet praktisch aus. Man kann daher sagen, daß oberhalb des angegebenen Grenzwertes von n und für ihn selbst keine Resonanz mehr stattfindet.

Im Grenzfall $n = 0$ zeigt die (strichliert gezeichnete) Kurve bei ω_0 eine Unendlichkeitsstelle; wir kommen auf sie in der nächsten Nummer zurück.

Es erübrigt noch, die Abhängigkeit der Phasenverschiebung ψ von der Erregerfrequenz v kurz zu besprechen. Man ersieht aus (8), daß mit wachsendem v auch ψ von 0 an zunimmt und für $v = \omega_0$, also in der Nähe des Resonanzfalles, den Wert 90^0 erreicht. Bei größer werdendem v nähert sich ψ immer mehr dem Wert 180^0.

4. Die allgemeine Lösung. Die allgemeine Lösung entsteht, wie wir schon auf S. 289 erwähnt haben, durch Hinzufügen des allgemeinen Integrals der verkürzten Differentialgleichung. Die Überlagerung dieser gedämpften Schwingung bewirkt, daß sich im Resonanzfall die großen Amplituden erst mit der Zeit ausprägen. Wir werden zwar diesen Sachverhalt nicht direkt mathematisch nachweisen, aber dafür den noch eindrucksvolleren Fall behandeln, daß die überlagerte Eigenschwingung überhaupt nicht abklingt, also ungedämpft ist und damit im Resonanzfall unendlich große Amplituden ermöglicht. Wir werden sehen, daß die Größe der Amplituden nur allmählich zunimmt und können daraus auf ein analoges Verhalten bei der gedämpften Schwingung schließen.

Addieren wir die allgemeine Lösung für eine ungedämpfte Eigenschwingung zur Lösung (9), so ist wegen $n = 0$ auch $\psi = 0$ (Gleichung (8)) und daher

$$y = C \sin(\omega_0\,t + \varphi) + A \sin v\,t \qquad (13)$$

das allgemeine Integral von (2).

Um einen möglichst einfachen Fall vor uns zu haben, sei $\varphi = 0$ und $C = -A$. Führen wir außerdem den aus (10) für $n = 0$ sich ergebenden Wert von A in (13) ein, so erhalten wir

$$y = \frac{c}{m\,(\omega_0^2 - v^2)}\,(\sin v\,t - \sin \omega_0\,t) = \frac{2\,c}{m\,(\omega_0 + v)} \cdot$$

$$\frac{\sin \dfrac{v - \omega_0}{2}\,t}{\omega_0 - v}\,\cos \frac{v + \omega_0}{2}\,t = \frac{-c}{m\,(\omega_0 + v)} \cdot \frac{t \sin \dfrac{\omega_0 - v}{2}\,t}{\dfrac{\omega_0 - v}{2} \cdot t} \cdot \cos \frac{\omega_0 + v}{2}\,t.$$

Nähern wir uns jetzt mit der Erregerfrequenz v dem Resonanzfall, der wegen $n = 0$ für $v = \omega_0$ eintritt (Gleichung (11)), so strebt der Ausdruck

$$\frac{\sin \dfrac{\omega_0 - v}{2}\,t}{\dfrac{\omega_0 - v}{2} \cdot t} \longrightarrow 1$$

und die Gleichung der resultierenden Schwingung geht für $v = \omega_0$ über in:

$$y = -\frac{c}{2\sqrt{k\,m}}\,t \cdot \cos \omega_0\,t.$$

Das Ergebnis lehrt, daß die Amplituden proportional der Zeit anwachsen und erst nach unendlich langer Zeit unendlich groß werden.

5. Bedeutung der Ergebnisse für Meß- und Registrierinstrumente. Wir haben die erzwungene Schwingung wegen ihrer allgemeinen Bedeutung für die Anwendungen mit einer gewissen Ausführlichkeit diskutiert. Auf einige Gefahrmomente, die bei erzwungenen Schwingungen auftreten können, haben wir schon hingewiesen. Ihre Verhütung ist verhältnismäßig einfach. Verwickelter liegen aber die Verhältnisse bei den Registrierapparaten, mit deren Hilfe wir irgend welche Schwingungen aufzeichnen oder untersuchen. Hiebei vollführt ein Zeiger oder eine Membran oder dergleichen erzwungene Schwingungen, hervorgerufen durch eine Summe von Teilerregungen entsprechend der Entwicklung (1). Die erzwungene Schwingung des Apparates setzt sich aus einer gleichen Summe von Einzelschwingungen zusammen, die aber mit den erregenden Schwingungen keineswegs kongruent sind.

Abb. 213 zeigt vielmehr, wie stark die Amplituden jener Teilerregungen verzerrt werden können, deren Frequenz in der Nähe der Eigenfrequenz liegt, so daß diese Einzelschwingungen ein ganz falsches Bild ihrer Erregerschwingungen geben und daher in der Zusammensetzung das Gesamtbild gegenüber der Erregerschwingung vollständig ändern.

Dazu kommt noch, daß die erzwungene Schwingung im Vergleich zur erregenden in der Phase um einen Winkel zwischen 0^0 und 180^0

zurückbleibt. Die Teilschwingungen, die kleinen Erregerfrequenzen entsprechen, rufen eine geringe, diejenigen, die einer höheren Frequenz entsprechen, eine größere Phasenverschiebung hervor. Es ist aber klar, daß sich das Bild der zusammengesetzten Schwingung durchgreifend ändert, wenn die Einzelschwingungen verschiedene Phasenverschiebungen erleiden. Das zeigt sich schon bei der Zusammensetzung von zwei Schwingungen; man vergleiche z. B. Abb. 192, S. 251 mit dem Bild, das sich aus der Lösung von Übung 1, S. 256 ergibt.

Man hat infolgedessen auf diese Auswirkungen beim Bau von Meß- und Registrierinstrumenten durch entsprechende Wahl von m, n oder k zu achten, will man ganz unzutreffende Ergebnisse vermeiden. Wünscht man z. B. relative Verzerrungsfreiheit der Amplituden, wie sie bei Radioempfangsgeräten zur Erzielung gleicher Lautstärken für hohe und tiefe Töne angestrebt wird, so wird man m, n und k so wählen, daß sie nahezu der Gleichung $n^2 = 2\,m\,k$ genügen, die sich aus (11) als Grenzfall für das Auftreten eines Maximums ergibt. Die entsprechende Resonanzkurve ist in Abb. 213 mit $2\sqrt{2}$ bezeichnet; sie zeigt einen sehr flachen Verlauf für die Erregerfrequenzen, die kleiner als ω_0 sind; die Amplituden werden tatsächlich kaum verzerrt. Diese Andeutungen müssen hier genügen, die näheren Ausführungen gehören in das betreffende Fachgebiet.

6. Übungen. 1. Die Abhängigkeit der Amplitude und der Phasenverschiebung von v und n läßt sich aus der komplexen Form (6)

$$w = \frac{c}{k - m\,v^2 + j\,n\,v} = \frac{c}{r}\,e^{-j\,\psi} \qquad (6)$$

sehr anschaulich darstellen, in welcher w die komplexe Amplitude der stationären Schwingung bedeutet. Betrachten wir in

$$\frac{c}{w} = k - m\,v^2 + j\,n\,v = x + j\,y \qquad (14)$$

zunächst nur v als veränderlich, so beschreibt die Spitze des Ortsvektors, der die komplexe Zahl $\dfrac{c}{w}$ darstellt, eine *Ortskurve* (vgl. Anhang, B 8). Aus

$$x = k - m\,v^2, \qquad (15)$$
$$y = n\,v$$

folgt durch Elimination des Parameters v die Gleichung der Ortskurve

$$x = k - \frac{m}{n^2}\,y^2,$$

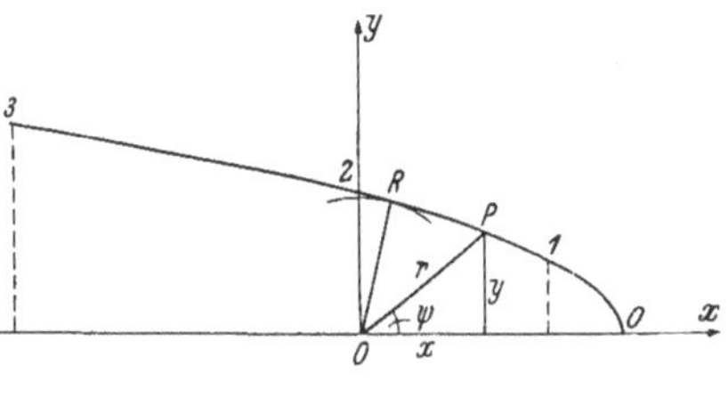

Abb. 214.

also eine Parabel, deren Achse in der x-Achse liegt und deren Scheitel $(k, 0)$ ist. Man zeichnet sie am bequemsten mittels ihrer Parameterdarstellung (15). Abb. 214 zeigt die Kurve für $m = 1$, $k = 4$ und $n = 1$; die Punkte, die den Werten $v = 0, 1, 2, 3$ entsprechen, sind mit diesen Ziffern bezeichnet.

Für jedes beliebige v liefert der zugehörige Punkt P die Komponenten x und y der komplexen Zahl $\dfrac{c}{w}$, ihren absoluten Betrag r und ihren Winkel ψ (Phasenverschiebung). Durch denjenigen Punkt R mit dem kleinsten Abstand von O wird das kleinste r angegeben, das somit der größten Amplitude entspricht. Die zu R gehörige Phasenverschiebung ψ unterscheidet sich nur wenig von 90^0, für kleinere v nähert sich ψ der Null, für größere v dem Wert 180^0.

Man zeichne die Parabeln für sämtliche n-Werte der Abb. 213 und löse folgende Aufgaben:

a) Man erörtere die Abhängigkeit der Größen r und ψ von n.

b) Aus der Tatsache, daß im Punkte R die Parabeltangente auf OR senkrecht stehen muß, berechne man das zugehörige v und überzeuge sich, daß es mit v_R der Gleichung (11) übereinstimmt.

c) Mit größer werdendem n rückt der Punkt R näher dem Scheitel; für welchen Wert von n fällt er schließlich in den Scheitel? Was geschieht, wenn n über diesen Wert hinauswächst?

2. Wird an einen Kondensatorkreis (Abb. 211, S. 284), bestehend aus R, L und C in Reihenschaltung, eine Wechselspannung $u = \overline{U} \sin v\,t$ angelegt, so bildet sich eine erzwungene Schwingung aus. Wie lautet die Ansatzgleichung und wie die stationäre Lösung?[1]

Lösung:

$$R\,i + L\,\frac{di}{dt} + \frac{1}{C}\int i\,dt = \overline{U}\sin v\,t,$$

in komplexer Form:

$$R\,z + L\,\frac{dz}{dt} + \frac{1}{C}\int z\,dt = \overline{U}\,e^{\,j\,v\,t}$$

mit der partikulären Lösung

$$z_p = \frac{\overline{U}}{R + j\left(v\,L - \dfrac{1}{v\,C}\right)}\,e^{\,j\,v\,t} = \frac{\overline{U}}{r}\,e^{\,j\,(v\,t - \ )},$$

wobei

$$r = \sqrt{R^2 + \left(v\,L - \frac{1}{v\,C}\right)^2} \quad\text{und}\quad \operatorname{tg}\psi = \frac{v\,L - \dfrac{1}{v\,C}}{R}.$$

Daraus folgt

$$i_p = \frac{\overline{U}}{\sqrt{R^2 + \left(v\,L - \dfrac{1}{v\,C}\right)^2}}\,\sin\,(v\,t - \psi).$$

3. Man stelle die Amplitude

$$A = \frac{\overline{U}}{\sqrt{R^2 + \left(v\,L - \dfrac{1}{v\,C}\right)^2}} = \frac{\overline{U}}{\sqrt{R^2 + \dfrac{1}{v^2}\left(v^2\,L - \dfrac{1}{C}\right)^2}}$$

als Funktion von $\dfrac{1}{C}$ für verschiedene Werte von R dar. (Resonanzkurven, Abstimmen des Stromkreises bei gegebener Erregerfrequenz mittels Drehkondensators.) Warum sind die Kurven bezüglich der Geraden $\dfrac{1}{C} = v^2\,L$ symmetrisch?

---

[1] Vgl. Übung **2.** § 36.

Lösung: Resonanz, wenn $\nu L - \dfrac{1}{\nu C_R} = 0$, oder $\dfrac{1}{C_R} = \nu^2 L$. Für diesen Wert von $\dfrac{1}{C_R}$, zu dessen Ermittlung keine Differentiation erforderlich ist, wird A ein Maximum. Die angeführte Symmetrie folgt daraus, daß sich für A derselbe Wert ergibt, ob man $\dfrac{1}{C} = \nu^2 L + x$ oder $\dfrac{1}{C} = \nu^2 L - x$ setzt.

4. Man zeichne ebenso die Resonanzkurven, wenn A als Funktion der Erregerfrequenz ν betrachtet wird. Warum gehen die Kurven durch den Ursprung?

Lösung: Aus $\nu_R L - \dfrac{1}{\nu_R C} = 0$ folgt $\nu_R = \dfrac{1}{\sqrt{L C}} = \omega_0$ (Eigenfrequenz der ungedämpften Schwingung). Für $\nu \rightarrow 0$ strebt $R^2 + \left(\nu L - \dfrac{1}{\nu C}\right)^2 \rightarrow \infty$, daher $A \rightarrow 0$.

§ 39. Die eindimensionale Wellengleichung.

1. Partielle Differentialgleichungen. Die *Wellengleichung*, die unter gewissen Voraussetzungen bei der Ausbreitung von Wellen auftritt, ist eine *partielle Differentialgleichung*, das ist eine Gleichung, in der partielle Ableitungen vorkommen. Die zu suchende Funktion hängt jetzt nicht mehr von **einer**, sondern von zwei oder mehreren Veränderlichen ab. Wir beschränken uns auf den Fall, daß die gesuchte Funktion nur von zwei Veränderlichen, etwa x und t abhängt. Wir bringen einige Beispiele für derartige Gleichungen:

a) Die gegebene Differentialgleichung laute

$$\frac{\partial y}{\partial t} = 0.$$

Diese Gleichung besagt, daß y nicht von t abhängt. Die Lösung wird daher durch jede beliebige Funktion von x

$$y = f(x)$$

dargestellt.

b)
$$\frac{\partial^2 y}{\partial x \, \partial t} = 0.$$

Diese Differentialgleichung ist von zweiter Ordnung, weil eine zweite partielle Ableitung auftritt. Die Lösung lautet

$$y = f_1(x) + f_2(t),$$

wobei f_1 und f_2 wieder ganz willkürliche Funktionen bedeuten. Die Richtigkeit der Lösung bestätigt man sehr leicht, denn

$$\frac{\partial y}{\partial x} = f_1'(x).$$

Leitet man neuerdings, jetzt nach t ab, so ergibt sich tatsächlich der Wert 0.

$$\text{c)} \qquad \frac{\partial y}{\partial x} = \frac{\partial y}{\partial t} \,.$$

Die Lösung lautet

$$y = F(x + t).$$

Das heißt, in der Funktionalgleichung dürfen die Variablen nur in der Verbindung $(x + t)$ auftreten, im übrigen ist aber die Funktion wieder ganz willkürlich. So sind z. B.

$$y = \sin(x + t), \qquad y = a(x + t), \qquad y = (x + t)^2 + 2(x + t) - 3$$

derartige Funktionen. Der Studierende bestätige an diesen Beispielen durch Bildung von $\dfrac{\partial y}{\partial x}$ und $\dfrac{\partial y}{\partial t}$, daß die gegebene Differentialgleichung durch sie befriedigt wird.

2. Die allgemeine Lösung der eindimensionalen Wellengleichung. Die eindimensionale Wellengleichung lautet

$$\frac{\partial^2 y}{\partial t^2} = v^2 \, \frac{\partial^2 y}{\partial x^2} \,. \tag{1}$$

Sie ist eine partielle Differentialgleichung zweiter Ordnung. Die gesuchte Funktion y hängt außer von der Zeit t nur noch von der einen Koordinate x ab (daher der Name „eindimensional"); v bedeutet eine Konstante.

Die Wellengleichung tritt bei verschiedenen Gelegenheiten auf, wie z. B. bei den freien Schwingungen einer Saite, bei longitudinalen Wellen in Flüssigkeiten und Gasen, bei elektrischen Wellen im Dielektrikum usw. Ihre Ableitung erfordert einen dem speziellen Problem entsprechenden Ansatz. Wir verzichten darauf, ebenso wie auf eine Berücksichtigung der Anfangs- und Randbedingungen, für welche sich eine große Zahl der verschiedensten Möglichkeiten ergeben würde. Es ist hier nur eine vorbereitende Einführung beabsichtigt, die einerseits zum Studium der Wellengleichung in der betreffenden Fachliteratur den Zugang öffnet, andererseits allgemein bekannte physikalische Vorgänge mit mathematischen Hilfsmitteln verständlich zu machen versucht.

Wir gehen daher unmittelbar zur allgemeinen Lösung der Gleichung (1) über und versuchen zunächst den Ansatz

$$Y = X \cdot T, \tag{2}$$

wo X eine Funktion von x allein, T eine solche von t allein bedeuten möge. Um X und T so zu bestimmen, daß sie der Differentialgleichung (1) genügen, bilden wir

$$\frac{\partial y}{\partial x} = T \cdot X', \qquad \frac{\partial y}{\partial t} = X \cdot T',$$

$$\frac{\partial^2 y}{\partial x^2} = T \cdot X'', \qquad \frac{\partial^2 y}{\partial t^2} = X \cdot T'',$$

wobei wir T' statt $\dot{T}$ und T'' statt $\ddot{T}$ geschrieben haben. Setzen wir die Werte der zweiten Zeile in (1) ein, so erhalten wir

$$X \cdot T'' = v^2 \cdot T \cdot X''$$

oder

$$\frac{T''}{T} = v^2 \frac{X''}{X}. \tag{3}$$

Die linke Seite der Gleichung (3) hängt nur von t, die rechte nur von x ab. Gleichheit zwischen beiden kann daher nur dann bestehen, wenn sowohl $\dfrac{T''}{T}$ als auch $\dfrac{X''}{X}$ konstant sind. Setzen wir

$$\frac{X''}{X} = -k^2, {}^{1}$$

so erhalten wir aus (3) die beiden gewöhnlichen Differentialgleichungen

$$\frac{X''}{X} = -k^2 \quad \text{und} \quad \frac{T''}{T} = -k^2 v^2,$$

die wir in der Form schreiben:

$$X'' + k^2 X = 0 \tag{4}$$
$$T'' + k^2 v^2 T = 0. \tag{4*}$$

Die Lösungen dieser verkürzten linearen Differentialgleichungen 2. Ordnung sind uns schon bekannt (Gleichung (9), S. 284). Sie lauten wegen $\omega_0 = k$ bzw. $\omega_0 = kv$:

$$X = C_1 \sin (k x + \varphi_1), \tag{5}$$
$$T = C_2 \sin (k v t + \varphi_2). \tag{5*}$$

Durch Einsetzen in (2) ergibt sich

$$y = C_1 C_2 \sin (k x + \varphi_1) \sin (k v t + \varphi_2)$$

oder

$$y = C \left[(\cos k (x - v t + \varphi) - \cos k (x + v t + \psi) \right], \tag{6}$$

wenn

$$\frac{C_1 C_2}{2} = C, \quad \varphi_1 - \varphi_2 = k \varphi \quad \text{und} \quad \varphi_1 + \varphi_2 = k \psi$$

gesetzt wird.

Die Lösung (6) ist nur eine Teillösung von (1); denn die Konstante k kann beliebig gewählt werden. Für jeden Wert von k erhalten wir eine solche Teillösung, die der Gleichung (1) genügt. Aber auch ihre Summe befriedigt Gleichung (1), wie wir sogleich zeigen werden.

---

^{1} Würden wir $+ k^2$ wählen, so erhielten wir aperiodische Lösungen, die für die Anwendungen nicht brauchbar sind.

Dadurch erhalten wir ein ganz unübersichtliches Gewirre von Funktionen; erst die Berücksichtigung der Anfangs- und Randbedingungen bringt Ordnung hinein und sondert die brauchbaren Lösungen ab, bildet aber in der Regel den weitaus schwierigeren Teil des ganzen Problems, so daß wir darauf nicht näher eingehen. Außerdem sind diese Bedingungen bei den einzelnen Problemen ganz verschieden voneinander.

Nehmen wir eine Reihe solcher Teillösungen (6) für verschiedene Werte von k an, wobei wir zur Vereinfachung φ und ψ gleich 0 setzen, und addieren sie, so erhalten wir:

$$y_n = [C_1 \cos k_1 (x - v\,t) + C_2 \cos k_2 (x - v\,t) + \ldots + $$
$$+ C_n \cos k_n (x - v\,t)] - [C_1 \cos k_1 (x + v\,t) + C_2 \cos k_2 (x + v\,t) + $$
$$+ \ldots + C_n \cos k_n (x + v\,t)].$$

Der erste Klammerausdruck stellt eine Funktion von $(x - v\,t)$, der zweite eine solche von $(x + vt)$ dar. Wir wollen zeigen, daß die Summe von zwei ganz beliebigen derartigen Funktionen

$$F_1 (x - vt) + F_2 (x + vt) \tag{7}$$

die Differentialgleichung (1) befriedigt, womit der Nachweis auch für den obigen speziellen Fall geführt ist.[1]

Wir bilden zu dem Zweck die partiellen Ableitungen zunächst von F_1 nach der Kettenregel und bezeichnen die Ableitung von F_1 nach $u = x - vt$ mit F'_1; wir erhalten so:

$$\frac{\partial F_1}{\partial t} = - F_1' \cdot v, \qquad\qquad \frac{\partial F_1}{\partial x} = F_1',$$
$$\frac{\partial^2 F_1}{\partial t^2} = v^2 \cdot F_1'', \qquad\qquad \frac{\partial^2 F_1}{\partial x^2} = F_1''.$$

Die Ergebnisse zeigen, daß tatsächlich

$$\frac{\partial^2 F_1}{\partial t^2} = v^2 \frac{\partial^2 F_1}{\partial x^2}$$

und daher F_1 eine Lösung ist. Genau so verläuft der Beweis für die Funktion F_2 und schließlich für die Summe der beiden Funktionen. Bei speziellen Problemen sind die Funktionen F_1 und F_2 allerdings nicht mehr ganz beliebig, sondern den Anfangs- und Randbedingungen anzupassen.

3. Fortschreitende und stehende Wellen. Wir gehen nun daran, die erhaltenen Lösungen zu versinnbildlichen. Wir beginnen

---

[1] Wir hätten an Stelle des Ansatzes (2) auch sofort den Ansatz (7) machen können.

mit einer Funktion von $(x - vt)$ und nehmen etwa das erste Glied von (6) für $\varphi = 0$, setzen also

$$y = C \cos k\,(x - vt). \tag{8}$$

Um y geometrisch darzustellen, erinnern wir uns (S. 188), daß eine Funktion von zwei Veränderlichen durch eine Kurvenschar abgebildet werden kann. Wir zeichnen die y-Kurve als Funktion von x für $t = 0, 1, 2, \ldots$ und beschreiben jede dieser Kurven mit den zugehörigen t-Werten.

Für $t = 0$ ist $y = C \cos kx$, in Abb. 215 die mit 0 bezeichnete Kosinuslinie.

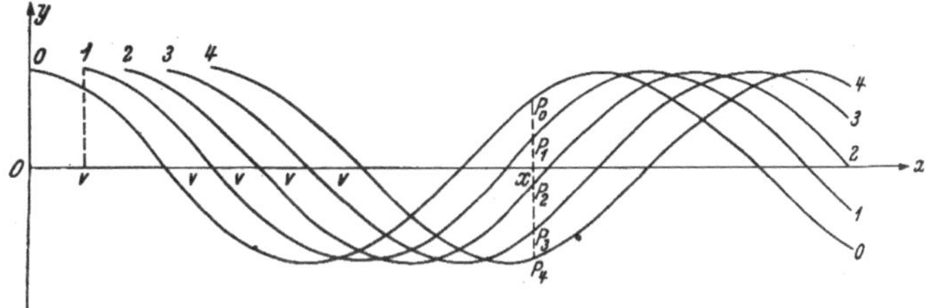

Abb. 215. Wanderwelle.

Für $t = 1$ ist $y = C \cos k\,(x - v)$; die Kurve wird erhalten, indem man die erste Kosinuslinie um v nach rechts verschiebt; denn z. B. das an der Stelle 0 befindliche Maximum der ersten Kurve befindet sich jetzt an der Stelle v.

Verschieben wir die zweite Kosinuslinie wieder um das Stück v, so entsteht die Kurve 2 zur Zeit $t = 2$ mit der Gleichung $y = C \cos k\,(x - 2\,v)$ usw.

Die ursprüngliche Kosinuswelle bewegt sich also mit der Geschwindigkeit v nach rechts[1] (fortschreitende oder Wanderwelle). Ein Punkt P an einer bestimmten Stelle x nimmt zu den Zeiten $0, 1, 2, \ldots$ die Lagen $P_0, P_1, P_2, \ldots$ ein, schwingt also auf- und abwärts. Es ist daher zu beachten, daß bei einer fortschreitenden Welle nur der *Schwingungszustand* fortschreitet und daß sich nicht die einzelnen Punkte nach rechts bewegen.

Nennen wir die Wellenlänge λ, so folgt aus (8), daß (bei konstantem t)

$$\lambda = \frac{2\,\pi}{k}. \tag{9}$$

---

[1] Gilt natürlich auch für eine beliebige Funktion $F_1\,(x - vt)$.

Die Schwingungsdauer oder Periode T erhält man bei konstantem x (etwa $x = 0$) mit

$$T = \frac{2\,\pi}{k\,v}\,. \qquad (10)$$

Eliminiert man k aus (9) und (10), so ergibt sich die bekannte Formel

$$\lambda = v\,T. \qquad (11)$$

Mit den Größen λ und T geschrieben lautet die Lösung (8):

$$y = C \cos 2\,\pi \left(\frac{x}{\lambda} - \frac{t}{T}\right).$$

Dieselben Betrachtungen wiederholen sich für den zweiten Summanden der Lösung (6), der eine Funktion von $(x + v\,t)$ ist, nur mit dem Unterschied, daß diese Welle von rechts nach links wandert.

Überlagern sich beide Wellen, was dann eintritt, wenn auf Grund der Rand- und Anfangsbedingungen beide Teillösungen (6) in Betracht kommen, so erhalten wir folgendes Ergebnis:

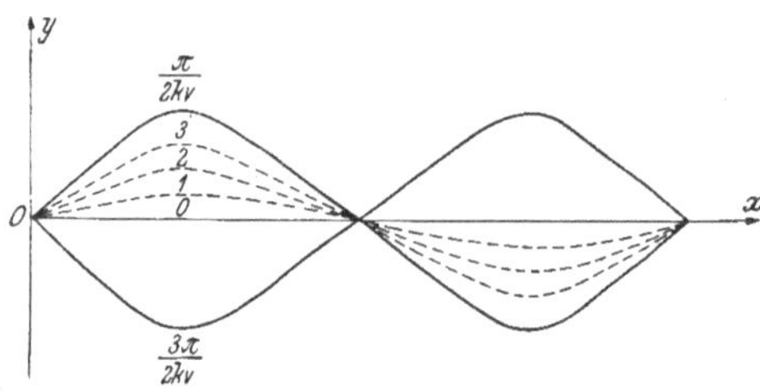

Abb. 216. Stehende Wellen.

Aus $y = C \left(\cos k\,(x - vt) - \cos k\,(x + vt)\right) = 2\,C \sin kx \sin kvt$ ergeben sich für $t = 0, 1, 2, \dots$ die Kurven $0, 1, 2, \dots$ der Abb. 216, das sind Sinuslinien mit verschiedenen Amplituden. Die größte Amplitude wird erreicht, wenn $\sin kvt = \pm 1$, also

$$t = \frac{\pi}{2\,k\,v}\,,\quad \frac{3\,\pi}{2\,k\,v}\,,\quad \dots \text{ (in der Figur voll gezeichnet).}$$

Die Punkte

$$x = 0,\quad \frac{\pi}{k},\quad \frac{2\,\pi}{k},\quad \dots$$

bleiben dauernd in Ruhe, es sind die *Knotenpunkte* der *stehenden Wellen*, wie man diesen Schwingungsvorgang nennt. Die Maximalausschläge heißen *Schwingungsbäuche*. Die Entfernung von zwei aufeinanderfolgenden Knotenpunkten ist gleich der halben Wellenlänge.

Der Unterschied gegenüber der Schwingung in Abb. 215 besteht darin, daß dort j e d e r Punkt Schwingungen mit voller Amplitude vollführt, während hier die Knotenpunkte in Ruhe bleiben und die anderen Punkte mit um so kleinerer Amplitude auf- und abwärtsschwingen, je näher sie den Knoten liegen. Wir führen wieder das Beispiel der schwingenden Saite an, bei welcher zumindest die Endpunkte Knotenpunkte sein müssen. Nennen wir die Saitenlänge L $\left(= \dfrac{\lambda}{2}\right)$, so ergibt sich aus (9) für k der Wert $\dfrac{\pi}{L}$.

Außer dieser Grundschwingung treten bei einer Saite, wie sich bei Berücksichtigung der Anfangsbedingungen ergibt, noch Oberschwingungen für $k = \dfrac{2\,\pi}{L},\ \dfrac{3\,\pi}{L},\ \ldots$ auf, bei welchen die Knotenpunkte die Entfernungen $\dfrac{L}{2},\ \dfrac{L}{3},\ \ldots$ voneinander haben. Wir begnügen uns mit der Anführung dieser Tatsache und verweisen bezüglich eingehenderer Darstellungen auf *Hort*, Technische Schwingungslehre, J. Springer, Berlin.

Es war das Ziel dieses Lehrbuches, die mathematischen Ideen und Methoden nur so weit zu entwickeln, als sie der Techniker für die Grundlagen seines theoretischen Fachstudiums benötigt. Wer über die Elemente hinausstrebt, der muß strengere und umfangreichere Werke zu Rate ziehen, etwa *R. Rothe*, Höhere Mathematik für Mathematiker, Physiker und Ingenieure, Teubner, Berlin (4 Bd.), oder *B. Baule*, Die Mathmeatik des Naturforschers und Ingenieurs, Hirzel, Zürich (7 Bd.), oder *A. Duschek,* Vorlesungen über Differential- und Integralrechnung und Anwendungen, Springer-Verlag (2 Bd.).

VI. Anhang.

A. Der Gebrauch des Rechenschiebers.

1. Einleitung.

Der Rechenschieber ist das wichtigste Rechenhilfsmittel des Technikers und es ist für ihn beschämend, wenn er mit diesem Instrument nicht vollständig vertraut ist, sondern es nur stümperhaft handhabt. Es sollen daher für diejenigen, die nur die primitiven Grundoperationen des Rechenschiebers beherrschen, aus der überreichen Anzahl von Möglichkeiten, die er bietet, die wichtigsten Gebrauchsregeln herausgegriffen werden. Ihre Durcharbeitung lohnt sich.

Der Rechenschieber besteht aus drei Teilen: dem *Stab*, der in einer Nut laufenden *Zunge* und dem *Läufer* aus Glas mit einer, meist. aber drei eingeätzten Strichmarken (Abb. 217). Vorausgesetzt wird, daß der Studierende einen Rechenschieber zur Hand hat, denn nur dann, wenn man wirklich mit ihm rechnet, ist er erlernbar. Die verschiedenen Arten von Rechenschiebern unterscheiden sich nur unwesentlich voneinander, gewöhnlich in einigen Spezialteilungen von geringerer Bedeutung. Wer die Grundgedanken und die Hauptteilungen gründlich kennt, findet sich auf jedem Rechenschieber zurecht.

Vergleichen wir die unterste Teilung auf der Zunge (in Abb. 217 mit B bezeichnet) mit der oberen Teilung A auf der unteren Stabhälfte, so finden wir, daß diese beiden Teilungen kongruent sind. Wir wollen sie die *Normalteilungen* nennen und uns zunächst mit ihnen beschäftigen.

2. Die Proportion.

Die Normalteilung ist in der Weise hergestellt, daß irgend eine Marke a vom linken Anfangspunkt lg a Einheiten entfernt ist. (Einheit = Teilungslänge des Rechenschiebers, gewöhnlich 25 cm.) Es ist also die uns schon bekannte logarithmische Teilung. (Vgl. § 5, 1.)

Man schiebe nun die Zunge etwa nach links ein Stück heraus, wie in Abb. 218 angedeutet. Z sei die Zungen-, S die Stabteilung.

Irgend zwei Zahlen a_1 und a_2 auf der
Zunge mögen über den Zahlen b_1 und b_2
auf dem Stab stehen. Welche Beziehung
herrscht zwischen den vier Zahlen?

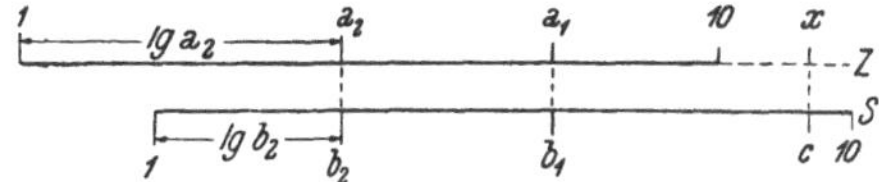

Abb. 218. Z = Zungenteilung,
S = Stabteilung.

Die Strecke $\overline{a_2\,a_1} = \lg a_1 - \lg a_2$; sie ist
gleich der Strecke $\overline{b_2\,b_1} = \lg b_1 - \lg b_2$.
Wir erhalten somit die Beziehung

$$\lg a_1 - \lg a_2 = \lg b_1 - \lg b_2$$

oder

$$\lg \frac{a_1}{a_2} = \lg \frac{b_1}{b_2},$$

somit

$$\frac{a_1}{a_2} = \frac{b_1}{b_2},$$

wofür wir auch schreiben können:

$$\boxed{\frac{a_1}{b_1} = \frac{a_2}{b_2}} \quad \text{oder} \quad \boxed{\frac{b_1}{a_1} = \frac{b_2}{a_2}} \, .$$

Nennen wir solche übereinander ste-
hende Zahlen wie a_1, b_1 oder a_2, b_2 *koin-*
zidente Zahlen, so gilt der Fundamentalsatz:

Bei beliebiger Zungenstellung haben
koinzidente Zahlen konstantes Verhältnis.

Man überzeuge sich von der Richtigkeit des Satzes auch bei rechts heraus-
geschobener Zunge. Damit können wir
die Proportion

$$a : b = c : x$$

auflösen; entweder

$$a : b = c : x$$
$$Z \ S \quad Z \ S$$

(Lies: a auf der Zunge zu b auf dem
Stab wie c auf der Zunge zu x auf
dem Stab)

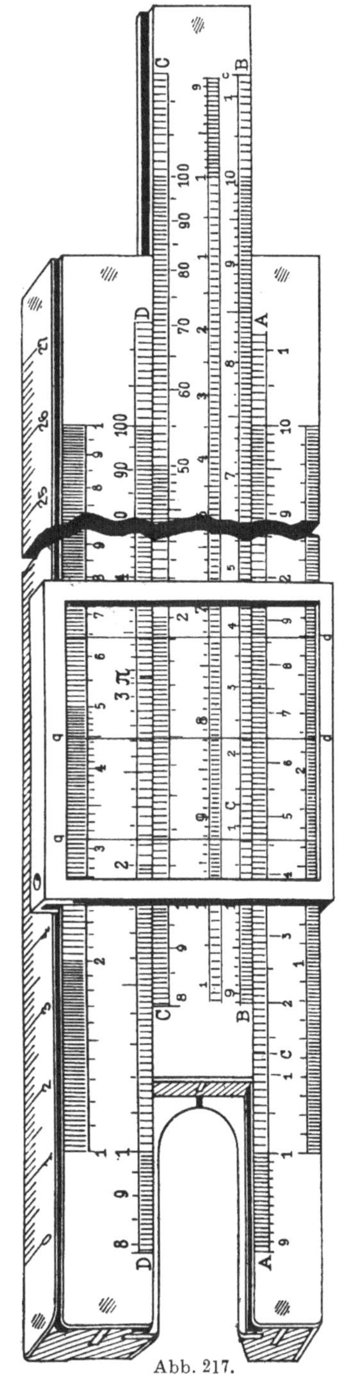

Abb. 217.

oder

$$a : b = c : x$$
$$S \quad Z \quad S \quad Z$$

(Lies: a auf dem Stab zu b auf der Zunge wie c auf dem Stab zu x auf der Zunge.)

Um z. B. x aus $4 : 3 = 5 : x$ zu berechnen, stellt man 4 auf der Zunge über 3 auf dem Stab ein und liest unter der Zahl 5 auf der Zunge das Ergebnis $x = 3{\cdot}75$ auf dem Stab ab. Oder man läßt 4 auf dem Stab mit 3 auf der Zunge koinzidieren, dann steht über 5 auf dem Stab das Resultat $3{\cdot}75$ auf der Zunge. Der Läuferstrich kann hiebei entbehrt werden; nur, wenn die einzustellenden Zahlen nicht durch Teilstriche markiert sind, ist es bequem, ihn zur Verfügung zu haben.

Wie findet man aber aus

$$a : b = c : x$$
$$S \quad Z \quad S \quad Z$$

das x, wenn sich oberhalb c keine Zungenteilung mehr befindet? (vgl. Abb. 218). Es sei z. B. x aus $4 : 7 = 8{\cdot}6 : x$ gesucht. Denkt man sich die Zungenteilung nach rechts von 10 bis 100 fortgesetzt, so ist diese Fortsetzung, wie wir schon wissen, mit der vorhandenen Teilung von 1 bis 10 kongruent. Man schiebt daher diese vorhandene Teilung an Stelle der Fortsetzung, indem man den Läuferstrich über den Endstrich 10 der Zunge stellt und dann die Zunge so weit nach rechts verschiebt, bis ihr Anfangsstrich 1 unter den Läuferstrich zu stehen kommt. Über $8{\cdot}6$ auf dem Stab liest man $15{\cdot}05$ auf der Zunge ab. Eine solche Verschiebung der Zunge um ihre Teilungslänge wollen wir kurz *Durchschiebung* nennen. Sie kann auch nach links erfolgen, da die linke Anschlußteilung ebenfalls mit der vorhandenen kongruent ist; man hat nur stets auf die damit verbundene Änderung des Stellenwertes zu achten. So findet man z. B. aus $4 : 3 = 1{\cdot}1 : x$ die Lösung $x = 0{\cdot}825$. Man erkennt leicht, daß die Durchschiebung auch dann zum Ziel führt, wenn das erste Glied der Proportion auf der Zunge eingestellt wird.

Übungen. Man löse folgende Proportionen auf und bestimme den Stellenwert von x durch Schätzung des Proportionalitätsfaktors:

1. $0{\cdot}814 : 0{\cdot}713 = 1{\cdot}25 : x,$ 2. $28{\cdot}15 : 10{\cdot}9 = 3{\cdot}05 : x,$
3. $0{\cdot}095 : 2{\cdot}005 = 0{\cdot}1155 : x,$ 4. $333 : 456 = 589 : x,$
5. $16{\cdot}75 : 888 = 9{\cdot}5 : x,$ 6. $0{\cdot}0453 : 0{\cdot}189 = 0{\cdot}0773 : x.$

Lösungen: **1.** $1{\cdot}095$, **2.** $1{\cdot}181$, **3.** $2{\cdot}44$, **4.** 807, **5.** 504, **6.** $0{\cdot}3225$.

7. Eine Zeichnung soll im Maßstab $2:5$ angefertigt werden. Wie groß sind die Maße in der Zeichnung von folgenden Originalmaßen: 534, 407, 382, 361, 257, 129, 92, 80, 71 mm?[1]

Lösung: 213·5, 162·8, 152·8, 144·4, 102·8, 51·6, 36·8, 32, 28·4 mm.

8. Man verwandle in das Bogenmaß:
165°, 17°, 24° 30′, 35° 12′, 41° 45′, 73° 24′, 86° 36′, 102° 15′, 109° 20′, 157°.

Lösung: 2·88, 0·297, 0·428, 0·614, 0·729, 1·281, 1·512, 1·785, 1·908, 2·74.

Ist ein Ausdruck von der Form

$$x = \frac{a \cdot b}{c} \tag{1}$$

zu berechnen, so verwandelt man die Gleichung in eine Proportion, mit dem Nenner beginnend. Es ergibt sich entweder

$$c : a = b : x \quad \text{oder} \quad c : b = a : x.$$

Ein Ausdruck von der Form (1), die wir die *Grundform* nennen wollen, läßt sich also — abgesehen von einer etwaigen Durchschiebung — mit **einer** Zungenstellung berechnen.

Der Stellenwert von x kann durch Schätzung ermittelt werden. Zum Beispiel: $\dfrac{135 \cdot 86}{217} \approx \dfrac{86}{2} = 43$, oder $\dfrac{18 \cdot 3 \cdot 18 \cdot 3}{8 \cdot 75} \approx \dfrac{20^2}{10} = 40$. Bei Aufgaben aus der Praxis ist man sich meist über die Stellung des Dezimalpunktes von vornherein im klaren. Doch ist die Kontrolle durch eine mechanische Stellenwertregel in vielen Fällen erwünscht. Zu ihrer Formulierung setzen wir fest:

Eine Zahl habe den Stellenwert $+ n$, wenn sie n ganze Stellen, den Stellenwert $- n$, wenn sie n Nullen hinter dem Dezimalpunkt besitzt, also den Stellenwert 0, wenn ihre höchste Stelle die der Zehntel ist.

$$\overset{3}{}\quad \overset{-1}{}\quad \overset{0}{}$$

Die Zahlen 235·7, 0·084. 0·319 haben demnach den über ihnen stehenden Stellenwert. Die Stellenwertregel lautet dann:

Der Stellenwert des Ergebnisses von $\dfrac{a \cdot b}{c}$ ist gleich der Summe der Stellenwerte im Zähler vermindert um den Stellenwert des Nenners, wenn keine Durchschiebung notwendig war. Jede Durchschiebung ändert diesen Stellenwert um $+ 1$, wenn das Resultat in die rechte Anschlußteilung, um $- 1$, wenn es in die linke Anschlußteilung gefallen wäre.

Die Richtigkeit dieser Regel ist für den Fall, daß a, b, c den Stellenwert 1 haben, ohne weiters zu überprüfen. Jede Verschiebung des

---

[1] Diese und die folgende Aufgabe **8.** sind mit **einer** Zungenstellung zu lösen. Man nehme die Angaben in der Reihenfolge vor, daß man höchstens einmal durchzuschieben braucht.

Dezimalpunktes bei einem Zählerfaktor erfordert dieselbe Verschiebung im Ergebnis, eine Verschiebung des Dezimalpunktes bei beiden Faktoren daher die Summe der Verschiebungen im Resultat. Wird dagegen der Dezimalpunkt im Nenner um n Stellen nach rechts gerückt, so hat im Resultat eine Verschiebung um n Stellen nach links zu erfolgen und umgekehrt. Eine Verschiebung des Dezimalpunktes um n Stellen nach rechts oder links bedeutet aber eine Änderung des Stellenwertes um plus oder minus n.

Ein kleines Stückchen der beiden Anschlußteilungen ist auf den meisten Rechenschiebern vorhanden. Fällt das Resultat auf eine dieser *Überteilungen*, so ist dadurch selbstverständlich eine Stellenwertänderung um ± 1 bedingt, obwohl keine Durchschiebung erfolgte. Zu Verwirrungen führt das Einstellen einer der gegebenen Zahlen a, b, c auf einer Überteilung, so daß es ratsam ist, eine solche nur dann vorzunehmen, wenn man keine Stellenwertregel braucht.

Zu beachten ist, daß man mit einer Zungenstellung auskommt, wenn in Ausdrücken von der Form (1) ein Zählerfaktor verschiedene Werte annimmt, die übrigen aber gleich bleiben. (Vgl. Übung **14** bis **16**.)

    Übungen. Man berechne:

$$\textbf{9. } \frac{135 \cdot 86}{217}, \quad \textbf{10. } \frac{0{\cdot}36 \cdot 1{\cdot}45}{0{\cdot}53}, \quad \textbf{11. } \frac{22{\cdot}25 \cdot 0{\cdot}094}{0{\cdot}637}, \quad \textbf{12. } \frac{18{\cdot}3^2}{8{\cdot}75}, \quad \textbf{13. } \frac{446^2}{1093}.$$

    Lösungen: **9.** 53·5, **10.** 0·985, **11.** 3·28, **12.** 38·3, **13.** 182.

14. Man berechne die Umfänge der Kreise mit den Radien 52·5, 8·7, 3·15, 6·24, 19·75, 0·985, 1·022, 1·123, 2·005, 2·738 dm. $\left(U = \dfrac{r\,\pi}{0{\cdot}5}. \right)$

    Lösung: 330, 54·7, 19·79, 39·2, 124·1, 6·19, 6·42, 7·12, 12·6, 17·2 dm.

15. Folgende minutlichen Umlaufzahlen eines Rades in Winkelgeschwindigkeiten umzuwandeln:
15·5, 22, 36·4, 43·2, 58·9, 79·3, 90, 113·6, 141, 167.

    Lösung: 1·623, 2·305, 3·81, 4·525, 6·17, 8·30, 9·425, 11·9, 14·76, 17·49 Sek^{-1}.

16. Ein engl. Zoll = 25·4 mm; man verwandle in mm:
$$\frac{1}{16}, \quad \frac{1}{8}, \quad \frac{1}{4}, \quad \frac{3}{8}, \quad \frac{1}{2}, \quad \frac{5}{8}, \quad \frac{3}{4}, \quad \frac{7}{8}, \quad 1\frac{1}{2}, \quad 1\frac{3}{4} \quad \text{engl. Zoll.}$$

    Lösung: 1·59, 3·17, 6·35, 9·52, 12·7, 15·87, 19·05, 22·22, 38·1, 44·45 mm.

3. Multiplikation und Division.

Die Multiplikation und Division sind Spezialfälle der Grundform, nämlich

$$a \cdot b = \frac{a \cdot b}{1}, \qquad \frac{a}{b} = \frac{a \cdot 1}{b}.$$

Die Stellenwertregel auf S. 307 ist durch folgenden Zusatz zu ergänzen:

Wenn an Stelle des Anfangsstriches 1 der Endstrich 10 bei der Einstellung von $\dfrac{a \cdot b}{1}$ oder $\dfrac{a \cdot 1}{b}$ verwendet wurde, ist der Einser zur Stellenwertbestimmung zu streichen.

Die Richtigkeit leuchtet sofort ein, wenn man beachtet, daß man durch Verwendung des Endstriches an Stelle des Anfangsstriches eine Durchschiebung umgangen hat.

Stellt man bei der Multiplikation $a \cdot b$ die Proportion

$$1 : a = b : x,$$
$$Z\ S\quad Z\ S$$

so erkennt man sofort, daß lg a und lg b mit dem Rechenschieber mechanisch addiert wurden, was der Gleichung

$$\lg(ab) = \lg a + \lg b$$

entspricht. Damit ergibt sich die Multiplikationsregel:

Um a mit b zu multiplizieren, stellt man 1 oder 10 der Zunge über a auf dem Stab und liest unterhalb des Zungenteilstriches b das Resultat auf dem Stab ab.

Stellt man ebenso bei der Division $\dfrac{a}{b}$ die Proportion

$$b : a = 1 : x,$$
$$Z\ S\quad Z\ S$$

so zeigt sich, daß gemäß

$$\lg \frac{a}{b} = \lg a - \lg b$$

lg b von lg a abgezogen wurde; man erhält so die Divisionsregel: *Um a durch b zu dividieren, stellt man b auf der Zunge über a auf dem Stab und liest unterhalb des Zungenanfangs- oder Endstriches das Resultat auf dem Stabe ab.*

Entsprechend diesen beiden Regeln kann man die besprochene Berechnung von $\dfrac{a \cdot b}{c}$ auch so deuten, daß man erst die Division $\dfrac{a}{c}$ ausführt, das Zwischenresultat aber nicht abliest, sondern sofort mit b multipliziert. Man könnte also die Handhabung des Rechenschiebers statt auf die Proportion auf diese beiden Regeln gründen. Man wäre aber bei einer solchen einseitigen Einstellung außerstande, gewisse Vorteile, die der Rechenschieber bietet, auszunützen.

Sollte man z. B. eine Reihe von Divisionen $\dfrac{z}{b}$ ausführen mit verschiedenen Werten von z bei gleichbleibendem b, so wäre nach der eben angeführten Divisionsregel für jede Division eine neue Zungen-stellung erforderlich, während man auf Grund der Proportion $b : 1 = z : x$ mit einer Zungenstellung auskommt. Das ist nur ein Beispiel für die größere Freizügigkeit, die die Proportion ge-währt, wir werden noch mehrere kennen lernen. Es ist daher vorzuziehen, sich beim Gebrauch des Rechenschiebers an die Proportion zu gewöhnen. Trotzdem empfiehlt es sich, außerdem die Multiplikations- und Divisionsregeln zu behalten, da sie in gewissen Fällen nützlich sind.

Übungen. Man berechne:

1. $0{\cdot}376 \cdot 1{\cdot}259$,   2. $2{\cdot}873 \cdot 6{\cdot}45$,   3. $42{\cdot}9 \cdot 0{\cdot}0502$,   4. $984 \cdot 836$,   5. $10{\cdot}08^2$, 6. $0{\cdot}0572 \cdot 42{\cdot}25$,   7. $\dfrac{74{\cdot}6}{2{\cdot}175}$,   8. $\dfrac{3{\cdot}905}{0{\cdot}084}$,   9. $\dfrac{0{\cdot}678}{0{\cdot}137}$,   10. $\dfrac{1212}{2121}$,   11. $\dfrac{0{\cdot}945}{65{\cdot}2}$.

Lösungen: **1.** $0{\cdot}473$, **2.** $18{\cdot}53$, **3.** $2{\cdot}155$, **4.** $8{\cdot}23 \cdot 10^5$, **5.** $101{\cdot}6$, **6.** $2{\cdot}42$, **7.** $34{\cdot}3$, **8.** $46{\cdot}5$, **9.** $4{\cdot}95$, **10.** $0{\cdot}571$, **11.** $0{\cdot}01449$.

Die folgenden Aufgaben sind mit einer Zungenstellung und eventuell einer Durchschiebung zu rechnen:

12. Gesucht die Umfänge der Kreise mit den Durchmessern:
53,   60,   106,   113,   226,   360,   374,   416,   678 cm.
Lösung: $166{\cdot}5$, $188{\cdot}5$, 333, 355, 710, 1131, 1175, 1307, 2130 cm.

13. Wieviel wiegen
148,   317, $0{\cdot}25$, $88{\cdot}5$, $9{\cdot}2$, $0{\cdot}196$, $28{\cdot}3$, $1{\cdot}22$,   202 m Kupferdraht vom spez. Gewicht $8{\cdot}78$ g/cm³ und vom Querschnitt 1 mm²?
Lösung: 1300, 2780, $2{\cdot}195$, 777, $80{\cdot}8$, $1{\cdot}72$, $248{\cdot}5$, $10{\cdot}71$,   1774 g.

14. Die in einem Stromverbraucher verzehrte Leistung $N = U \cdot I$ ist zu berechnen für $U = 115$ V und
$$I = 0{\cdot}8, \quad 1{\cdot}05, \quad 1{\cdot}9, \quad 2{\cdot}25, \quad 4{\cdot}75 \text{ A.}$$
Lösung: 92, $120{\cdot}75$, $218{\cdot}5$, 259,   546 Watt.

15. Man berechne $I = \dfrac{U}{R}$, wenn $R = 4{\cdot}05 \, \Omega$ und
$$U = 3{\cdot}9, \quad 2{\cdot}75, \quad 4{\cdot}25, \quad 5{\cdot}03, \quad 1{\cdot}08 \text{ V.}$$
Lösung: $0{\cdot}96$, $0{\cdot}68$, $1{\cdot}05$, $1{\cdot}24$, $0{\cdot}27$ A.

16. Wieviel % von 128 sind
60,   88,   96,   104,   32,   24,   18, $15{\cdot}6$, $7{\cdot}2$, $4{\cdot}8$?
Lösung: $46{\cdot}9$, $68{\cdot}75$, 75, $81{\cdot}25$, 25, $18{\cdot}75$, $14{\cdot}06$, $12{\cdot}19$, $5{\cdot}63$, $3{\cdot}75\%$.

17. $9{\cdot}81$ Wattsekunden sind 1 kgm. Wieviel kgm sind
$22{\cdot}57$, $8{\cdot}29$, $297{\cdot}2$, 6346, $50{\cdot}22$, $98{\cdot}6$, $9{\cdot}07$,   690 Wattsekunden?
Lösung: $2{\cdot}3$, $0{\cdot}845$, $30{\cdot}3$, 647, $5{\cdot}14$, $10{\cdot}05$, $0{\cdot}925$, $70{\cdot}3$ kgm.

4. Die Reziprokteilung.

In der Mitte der Zunge befindet sich häufig eine *gegenläufige* Teilung, die im übrigen der Normalteilung kongruent ist. Aus der Abb. 219 ergibt sich, daß für ein Paar koinzidenter Zahlen a und b

auf der mit R bezeichneten gegenläufigen bzw. auf der mit N bezeichneten Normalteilung der ·Zunge die· Beziehung besteht

$$\lg a + \lg b = \lg 10,$$

woraus, abgesehen vom Stellenwert, folgt, daß

$$a \cdot b = 1.$$

Abb. 219. R = Reziprokteilung, N = Normalteilung.

Wenn also mit dem Läuferstrich a auf der Teilung R, der *Reziprokteilung*, eingestellt wird, so ist damit zugleich $\frac{1}{a}$ auf der Normalteilung der Zunge eingestellt. Natürlich findet man ebenso zu jeder Zahl auf der Normalteilung der Zunge die reziproke auf der Reziprokteilung.

Damit wird es möglich, Ausdrücke von der Form $a \cdot b \cdot c$ und $\frac{a}{b \cdot c}$ mit e i n e r Zungenstellung zu berechnen, indem

$$a \cdot b \cdot c \quad \text{durch} \quad \frac{a \cdot b}{\frac{1}{c}} \quad \text{und} \quad \frac{a}{b \cdot c} \quad \text{durch} \quad \frac{a \cdot \frac{1}{c}}{b}$$

ersetzt wird. Denn mit Einstellung von c auf der R-Teilung ist gleichzeitig $\frac{1}{c}$ auf der N-Teilung eingestellt. *Beachtet man, daß der reziproke Wert einer Zahl vom Stellenwert n den Stellenwert $1 - n$ besitzt*, so ergibt sich daraus die unmittelbare Anwendungsmöglichkeit der Stellenwertregel auf die umgeformten Ausdrücke.

Bei einer beliebigen Zungenstellung möge nun die Zahl r_1 auf der Reziprokteilung mit der Zahl s_1 auf der Normalteilung des Stabes koinzidieren und ebenso r_2 mit s_2. Welche Beziehung besteht zwischen den vier Zahlen? Da mit r_1 und r_2 auf der Reziprokteilung gleichzeitig $\frac{1}{r_1}$ und $\frac{1}{r_2}$ auf der Normalteilung der Zunge eingestellt werden, so gilt

$$\frac{1}{r_1} : s_1 = \frac{1}{r_2} : s_2,$$

oder

$$\boxed{s_1 \cdot r_1 = s_2 \cdot r_2}.$$

In Worten: *Bei beliebiger Zungenstellung ist das Produkt koinzidenter Zahlen auf gegenläufigen Teilungen konstant.*

Mit Hilfe dieser Tatsache kann man nun auch eine Reihe von Divisionen $\frac{a}{z}$ mit verschiedenen Werten von z und gleichbleibendem a

mit einer Zungenstellung ausführen. Man braucht nur die Gleichung $x = \dfrac{a}{z}$ in der Form zu schreiben:

$$a \cdot 1 = z \cdot x.$$

Bringt man die Zahlen a und 1 auf den beiden gegenläufigen Teilungen zur Koinzidenz, so koinzidieren auch die Zahlen z und x auf ihnen.

Übungen. 1. Zu folgenden Zahlen sind die reziproken zu suchen:
33,   5·9,   0·078,   910,   12·3,   2590,   0·271,   3·51,   40·9,   0·542.

Lösung: 0·0303,   0·1695,   12·82,   0·001099,   0·0813,   0·000386,   3·69, 0·285,   0·02445,   1·845.

Man berechne mit einer Zungenstellung:

2. $2·38 \cdot 0·547 \cdot 10·08$,   **3.** $94·5 \cdot 8·7 \cdot 7·44$,   **4.** $0·0101 \cdot 0·1324 \cdot 1·803$,

5. $3·46 \cdot 4·08 \cdot \pi$,   **6.** $\dfrac{206·7}{8·45 \cdot 7·36}$,   **7.** $\dfrac{0·098}{11·4 \cdot 14·1}$,   **8.** $\dfrac{6·62}{28·7 \cdot 39·9}$,

9. $\dfrac{2005}{0·56 \cdot 0·444}$.

Lösungen: **2.** 13·12, **3.** 6120, **4.** 0·00241, **5.** 44·35, **6.** 3·32, **7.** 0·00061, **8.** 0·00578, **9.** 8060.

10. 1 g Luft nimmt bei 760 mm Druck 0·773 l ein. Wieviel bei   325, 585,   1025,   1575,   2280 mm Druck?

Lösung: 1·808,   1·004,   0·573,   0·373,   0·258 l.

11. Durch einen Leiter mit 3·5 Ω Widerstand fließt ein Strom von 8 A; wie groß wird die Stromstärke bei einem Widerstand von 2·7, 1·8, 4·25, 4·75, 5·6 Ω?

Lösung: 10·37,   15·56,   6·59,   5·9,   5 A.

12. Wieviel Ampere muß ein Gleichstrom haben, um in 1 Stunde   0·6, 0·75, 1·25, 1·50, 1·75 g Silber auszuscheiden, wenn in 1 Sekunde 1·118 mg ausgeschieden werden?

Lösung: 0·149,   0·186,   0·311,   0·373,   0·435 A.

13. Man verwandle die Umdrehungszeit T in Winkelgeschwindigkeit für folgende Angaben:
$$T = 1·75,   1·55,   1·35,   1·15,   0·95 \text{ Sek.}$$
Lösung: 3·59,   4·06,   4·66,   5·47,   6·62 Sek^{-1}.

5. Zusammengesetzte Proportionen.

Es sei
$$x = \frac{a_1\, a_2\, a_3\, a_4}{b_1\, b_2\, b_3}.$$

Setzt man
$$\frac{a_1\, a_2}{b_1} = y_1, \text{ so wird } x = \frac{y_1\, a_3\, a_4}{b_2\, b_3}.$$

Für
$$\frac{y_1\, a_3}{b_2} = y_2 \text{ wird } x = \frac{y_2\, a_4}{b_3}.$$

Daraus ergibt sich folgender Vorgang zur Berechnung von x: Man stelle zunächst a_1 mit dem Läufer auf dem Stab ein. Dann beginne man mit der Proportion

$$b_1 : a_1 = a_2 : y_1.$$
$$Z \quad S \quad Z \quad S$$

Das Zwischenresultat y_1 wird nicht abgelesen, sondern nur mit dem Läuferstrich eingestellt. Dann setzt man ohne Unterbrechung fort:

$$b_2 : y_1 = a_3 : y_2.$$
$$Z \quad S \quad Z \quad S$$

Das Zwischenresultat y_2 wird wieder nicht abgelesen, sondern es wird sofort die Proportion angeschlossen:

$$b_3 : y_2 = a_4 : x.$$
$$Z \quad S \quad Z \quad S$$

Es werden also nach der Einstellung von a_1 auf dem Stab alle übrigen Zahlen auf der Zunge eingestellt, indem man abwechselnd die Zunge und den Läufer verschiebt. Das Resultat x wird auf dem Stab abgelesen. Nach diesem Verfahren kann der Wert jedes Bruches berechnet werden, dessen Zähler einen Faktor mehr besitzt als der Nenner. Ist ein Bruch nicht so beschaffen, so erfüllt man erst diese Bedingung durch Verwendung von Reziprokzahlen und Hinzufügen der notwendigen Anzahl von Einsern. Zum Beispiel:

$$\frac{a_1 \cdot a_2 \cdot a_3 \cdot a_4 \cdot a_5}{b} = \frac{a_1 \cdot a_2 \cdot a_3 \cdot a_4}{b \cdot \dfrac{1}{a_5} \cdot 1}.$$

Da die Stellenwertregel für jede einzelne Proportion gilt, so gilt sie auch für die Gesamtheit und lautet — noch einmal zusammengefaßt — folgendermaßen:

Der Stellenwert des Resultates x ist gleich der Summe der Stellenwerte im Zähler, vermindert um die Summe der Stellenwerte im Nenner, solange keine Durchschiebung notwendig war. Jede Durchschiebung ändert diesen Stellenwert um $+1$, wenn das Resultat (Zwischenresultat) in die rechte, um -1, wenn es in die linke Anschlußteilung gefallen wäre. Jeder Einser, für dessen Einstellung der Endstrich verwendet wurde, ist für die Stellenwertbestimmung zu streichen.

Es sei z. B. $\dfrac{1{\cdot}5 \cdot 8{\cdot}4 \cdot 13}{32 \cdot 4{\cdot}3}$ zu berechnen. Zunächst wird $1{\cdot}5$ mit dem Läufer auf dem Stab eingestellt, dann wird 32 auf der Zunge unter den Läuferstrich geschoben und hierauf der Läufer auf $8{\cdot}4$ der Zunge gestellt; jetzt wird wieder die Zunge verschoben, bis $4{\cdot}3$ unter den Läuferstrich zu stehen kommt und dann mit dem Läufer 13 auf der

Zunge eingestellt. Unter dem Läuferstrich liest man 119 ab. Die Stellenwertregel ergibt $1 + 1 + 2 - (2 + 1) = 1$. Daher lautet das Ergebnis 1·19. Der Stellenwert läßt sich natürlich auch leicht durch Überschlag ermitteln.

Hätte die Angabe $\dfrac{1·5 \cdot 13 \cdot 8·4}{32 \cdot 4·3}$ gelautet und wären die Zahlen in der Reihenfolge 1·5, 32, 13, 4·3, 8·4 eingestellt worden, so wären zwei Durchschiebungen, eine nach links und eine nach rechts, notwendig gewesen. Daraus ergibt sich, daß man sich beim praktischen Rechnen nicht an die vorhandene Reihenfolge der Faktoren klammert, sondern im Bedarfsfalle eine oder mehrere Zahlen überspringt, wenn ihre Einstellung ohne Durchschiebung nicht möglich wäre, und sie erst bei geeigneter Zungenstellung nachholt. Auch empfiehlt es sich, die Einstellung der etwa vorkommenden Einser möglichst weit hinauszuschieben. Durch Beachtung dieser Winke werden diejenigen Durchschiebungen vermieden, die sich gegenseitig aufheben.

Es ist ohne weiteres klar, daß die Verwendung der Überteilungen für die Zwischenresultate den Stellenwert des Endergebnisses nicht beeinflußt; es sei aber nochmals hervorgehoben, daß die Einstellung gegebener Zahlen auf einer Überteilung die Stellenwertregel abändert.

Schließlich sei noch erwähnt, daß sich die eben erläuterten Manipulationen auch mit Hilfe der Multiplikations- und Divisionsregel deuten lassen, wobei man mit der Division zu beginnen hat. Die etwa fehlenden Einser brauchen dann nicht hingeschrieben zu werden, die Stellenwertregel erhält dadurch eine etwas andere Fassung, die aber nicht so allgemein verwendbar ist.

Übungen. Man berechne:

1. $\dfrac{7·5 \cdot 1·6 \cdot 2·4 \cdot 4·8}{3·1 \cdot 20 \cdot 2·8}$,

2. $\dfrac{8·1 \cdot 72 \cdot 41 \cdot 384}{505 \cdot 620 \cdot 162}$,

3. $\dfrac{0·45 \cdot 6·38 \cdot 90·5 \cdot 0·78}{1·483 \cdot 0·207 \cdot 3·6 \cdot 8·9}$,

4. $\dfrac{73 \cdot 42 \cdot 191}{252 \cdot 617 \cdot 23}$,

5. $\dfrac{2·24^2 \cdot 0·81 \cdot 57}{3·25 \cdot 192}$,

6. $\dfrac{17·9 \cdot 3·12 \cdot 804 \cdot 0·42}{509}$,

7. $\dfrac{2·37^3 \cdot \pi}{6}$,

8. $\dfrac{25·9 \cdot 36·7}{28·8 \cdot 71·5 \cdot 4·3}$,

9. $\dfrac{1·06^2 \cdot 94}{28 \cdot 300 \cdot 0·63 \cdot 5·12}$,

10. $4·17 \cdot 0·13 \cdot 9·28 \cdot 10·7$,

11. $1·035^5$,

12. $\dfrac{37·5}{2·9 \cdot 4·16 \cdot 0·33}$.

Lösungen: **1.** 0·796, **2.** 0·181, **3.** 20·6, **4.** 0·1638, **5.** 0·371, **6.** 37·05 **7.** 6·97, **8.** 0·107 35, **9.** 0·0039, **10.** 53·8, **11.** 1·1875, **12.** 9·42,

6. Die Quadratteilung.

Die obere Zungenteilung C der Abb. 217 und die untere Teilung D auf der oberen Stabhälfte sind kongruent und sind logarithmische Teilungen im halben Maßstab der Normalteilung. Daher reichen diese Teilungen nicht bis 10, sondern bis 100. *Stellt man mit dem Läuferstrich eine Zahl a auf der Normalteilung A des Stabes ein, so ist damit zugleich auf der Teilung D die Zahl a^2 eingestellt.* Dasselbe gilt bei Verwendung der Teilungen B und C auf der Zunge. Wir nennen daher diese im halben Maßstab aufgetragenen Teilungen die *Quadratteilungen.* Der eben erwähnte Zusammenhang ergibt sich aus Abb. 220, wo die Normalteilung wieder mit N, die Quadratteilung mit Q bezeichnet ist. Denn aus

Abb. 220. Q = Quadratteilung.
N = Normalteilung.

$$\lg a = \frac{1}{2}\,\lg b$$

folgt

$$2\,\lg a = \lg b,$$

oder

$$\lg b = \lg a^2$$

und daher

$$b = a^2.$$

Der Stellenwert des Quadrates einer Zahl vom Stellenwert n ist $2n-1$, wenn das Quadrat in der linken Hälfte von Q, er ist $2n$, wenn es in der rechten Hälfte erscheint.

Übungen. Bei der Berechnung der folgenden Aufgaben ist der Wert des Klammerausdruckes nicht abzulesen, sondern nur sein Stellenwert zu bestimmen. Das Resultat ist sofort auf der Quadratteilung ablesbar.

1. $\left(\dfrac{0{\cdot}35 \cdot 628}{9{\cdot}4}\right)^2$,   2. $\left(\dfrac{3{\cdot}64 \cdot 10{\cdot}4}{0{\cdot}97}\right)^2$,   3. $\dfrac{4{\cdot}32^2}{0{\cdot}86^2}$,   4. $(18{\cdot}7 \cdot 0{\cdot}395)^2$,

5. $\left(\dfrac{6{\cdot}12}{4{\cdot}19 \cdot 1{\cdot}44}\right)^2$,   6. $\dfrac{1}{14{\cdot}8^2}$,   7. $(0{\cdot}073 \cdot 9{\cdot}84 \cdot 4{\cdot}6)^2$,   8. $2{\cdot}83^4$.

Lösungen: 1. 547, 2. 1523, 3. 25·2, 4. 54·6, 5. 1·029, 6. 0·00457, 7. 10·92, 8. 64·1.

Der Flächeninhalt eines Kreises ist

$$\frac{d^2 \pi}{4} = \left(\frac{d}{\dfrac{2}{\sqrt{\pi}}}\right)^2. \tag{2}$$

Beim Dreistrichläufer beträgt die Entfernung von je zwei Strichen

$$\lg \frac{2}{\sqrt{\pi}} = \lg c$$

Einheiten. Stellt man also mit einem Läuferstrich den Durchmesser d auf der Normalteilung ein, so liest man nach (2) *auf Grund der Divisionsregel unter dem linken Nachbarstrich des Läufers auf der Quadratteilung den Flächeninhalt des Kreises ab.*

Steht kein Dreistrichläufer zur Verfügung, so benützt man die Marke $c = \dfrac{2}{\sqrt{\pi}} = 1{\cdot}128$ auf der Zungennormalteilung.

So ergeben sich z. B. zu den Durchmessern

$$d = 10{\cdot}8, \quad 11{\cdot}3, \quad 20{\cdot}5, \quad 71{\cdot}4, \quad 996 \text{ mm}$$

die Flächeninhalte

$$F = 91{\cdot}6, \quad 100, \quad 330, \quad 4 \cdot 10^3, \quad 7{\cdot}79 \cdot 10^5 \text{ mm}^2.$$

Sämtliche Rechnungen, die wir bisher mit den Normalteilungen ausgeführt haben, lassen sich auch mittels der beiden Quadratteilungen durchführen. Man erspart dabei jede Durchschiebung, muß aber die Reziprokteilung entbehren, eine etwas geringere Genauigkeit mit in den Kauf nehmen und wird auch auf die Stellenwertregel verzichten, da ein Übergang von einer Hälfte in die andere leicht übersehen werden kann.

Ausdrücke, in welchen der Faktor $\dfrac{d^2\,\pi}{4}$ auftritt, wird man im allgemeinen berechnen, indem man den Vorteil des Dreistrichläufers ausnützt. Z. B. findet man das Volumen eines Zylinders $V = \dfrac{d^2\,\pi}{4} \cdot h$ am schnellsten, indem man zunächst d auf der Normalteilung des Stabes einstellt; damit ist gleichzeitig $\dfrac{d^2\,\pi}{4}$ auf der Quadratteilung eingestellt, auf welcher man sogleich die Multiplikation mit h anschließt. Dieser Vorteil wirkt sich aber nicht immer aus. Wäre z. B. das Gewicht von n Rundeisen (d, h) vom spez. Gewicht γ zu berechnen, so hätte man

$$G = \frac{d^2\,\pi}{4} \cdot h \cdot \gamma \cdot n = \frac{d \cdot d \cdot \pi \cdot h}{4 \cdot \dfrac{1}{\gamma} \cdot \dfrac{1}{n}}.$$

Der erste Ausdruck deutet die Kombination der Normalteilung mit der Quadratteilung, der zweite die Kombination der Normalteilung mit der Reziprokteilung an. In beiden Fällen sind sieben Zahlenwerte einzustellen.

Ist aus einer Zahl a die Quadratwurzel zu ziehen, so wird a bekanntlich vorerst in Zweiergruppen geteilt. Nennt man die erste linke Gruppe, die nicht aus Nullen besteht, die *maßgebende* Gruppe, so ergibt sich durch Umkehrung des Verfahrens beim Quadrieren folgende Regel:

Die Quadratwurzel aus einer Zahl a wird gezogen, indem man a auf der Quadratteilung einstellt, und zwar in der linken Hälfte, wenn die maßgebende Gruppe von a einstellig, in der rechten Hälfte, wenn sie zweistellig ist, und auf der Normalteilung abliest. Der Stellenwert von $\sqrt{a}$ ermittelt sich aus der Tatsache, daß jeder Gruppe von a eine Stelle von $\sqrt{a}$ entspricht.

So ist z. B.

$$\sqrt{102} = 10{\cdot}1, \quad \sqrt{10{\cdot}2} = 3{\cdot}19, \quad \sqrt{0{\cdot}5} = 0{\cdot}707, \quad \sqrt{5} = 2{\cdot}24.$$

Erwähnt sei noch, daß für $\sqrt{2\,g}$ auf vielen Schiebern eine eigene Marke ($\sqrt{}$) angebracht ist.

Denkt man sich den Ausdruck $\sqrt{\dfrac{a_1 \cdot a_2 \ldots}{b_1 \ldots}}$ in der Form $\dfrac{\sqrt{a_1} \cdot \sqrt{a_2} \ldots}{\sqrt{b_1} \ldots}$ geschrieben, so werden mit der Einstellung von $a_1, a_2, \ldots\ldots$ auf der Quadratteilung gleichzeitig die Zahlen $\sqrt{a_1}, \sqrt{a_2} \ldots\ldots$ auf der Normalteilung eingestellt. Nach dieser Auffassung berechnet man also einen derartigen Ausdruck mittels der Normalteilungen und kann daher ohne weiteres die Stellenwertregel anwenden. Diese Auffassung kommt besonders dann zur Geltung, wenn außer dem Wurzelausdruck noch andere Faktoren vorhanden sind. Z. B.

$$33\sqrt{\frac{5}{12}} = \frac{33\sqrt{5}}{\sqrt{12}} = 21{\cdot}3.$$

Übungen. Man berechne:

9. $17\sqrt{2}$,   10. $\dfrac{7}{\sqrt{3}}$,   11. $\dfrac{\sqrt{19}}{8}$,   12. $\dfrac{36{\cdot}7 \cdot 0{\cdot}181}{\sqrt{0{\cdot}9}}$,

13. $\dfrac{4\sqrt{30{\cdot}4}}{27{\cdot}5}$,   14. $\dfrac{\sqrt{0{\cdot}17 \cdot 1{\cdot}94}}{36}$,   15. $48{\cdot}5\sqrt{\dfrac{2}{3}}$,

16. $\sqrt{\dfrac{4{\cdot}18}{5{\cdot}45}}$,   17. $\sqrt{36{\cdot}5 \cdot 7{\cdot}2}$,   18. $\sqrt{\dfrac{9{\cdot}16 \cdot 0{\cdot}42}{1{\cdot}08}}$.

Lösungen: 9. 24·05,   10. 4·04,   11. 0·545,   12. 7,   13. 0·802,   14. 0·01595,   15. 39·6,   16. 0·876,   17. 16·21,   18. 1·887.

19. Man ermittle mit **einer** Zungenstellung die Radien der Kreise vom Flächeninhalt 60·5, 6·05, 8, 80, 0·222, 2·22 dm².

Lösung: 4·39, 1·388, 1·596, 5·05, 0·266, 0·841 dm.

20. Zu folgenden Kreisflächen sind die Durchmesser mit Hilfe des Dreistrichläufers zu suchen:

113,   227,   16·62,   0·43,   73·9,   219,   3·3,   908,   95,   99 cm².

Lösung: 12, 17, 4·6, 0·74, 9·7, 16·7, 2·05, 34, 11, 11·22 cm.

21. Man berechne die halbe Schwingungsdauer eines Pendels nach der Formel $T = \pi \sqrt{\dfrac{l}{9 \cdot 81}}$ für $l = 3 \cdot 585$, $1 \cdot 075$, $0 \cdot 605$ m.

Lösung: $1 \cdot 9$, $1 \cdot 04$, $0 \cdot 78$ Sek..

Die folgenden Aufgaben sollen nach dem daneben angedeuteten Verfahren berechnet werden:

$$\textbf{22.}\quad \frac{62 \cdot 5^2 \cdot 14 \cdot 1}{927} = \left(\frac{62 \cdot 5 \cdot \sqrt{14 \cdot 1}}{\sqrt{927}} \right)^2, \qquad \textbf{23.}\quad \frac{(3 \cdot 19 \cdot 0 \cdot 84)^2}{7} = \left(\frac{3 \cdot 19 \cdot 0 \cdot 84}{\sqrt{7}} \right)^2,$$

$$\textbf{24.}\quad 18 \cdot 9 \cdot \left(\frac{6 \cdot 15}{22} \right)^2 = \left(\frac{\sqrt{18 \cdot 9} \cdot 6 \cdot 15}{22} \right)^2, \qquad \textbf{25.}\quad \pi^3 = (\pi \sqrt{\pi})^2.$$

Lösungen: **22.** $59 \cdot 4$, **23.** $1 \cdot 026$, **24.** $1 \cdot 477$, **25.** 31.

7. Die Kubusteilung.

Auf vielen Rechenschiebern befindet sich eine logarithmische Teilung, deren Teilungslänge ein Drittel der Normalteilung beträgt, also von 1 bis 1000 reicht. In Abb. 217 ist es die oberste Stabteilung. Durch analoge Überlegungen wie bei der Quadratteilung findet man, *daß eine Zahl b dieser Teilung, die mit der Zahl a auf der Normalteilung koinzidiert, der Kubus von a ist; wir nennen sie daher die Kubusteilung.*

Ebenso ergibt sich unmittelbar:

Der Stellenwert des Kubus einer Zahl vom Stellenwert n ist 3 n — 2, wenn der Kubus im ersten Drittel, 3 n — 1, wenn er im zweiten und 3 n, wenn er im letzten Drittel erscheint.

Um $\sqrt[3]{a}$ zu finden, wird a im linken, mittleren oder rechten Drittel eingestellt, je nachdem die maßgebende Gruppe von a ein-, zwei- oder dreistellig ist, und auf der Normalteilung des Stabes abgelesen. Jeder Gruppe von a entspricht eine Stelle von $\sqrt[3]{a}$.

Mit der Einstellung von a auf der Kubusteilung ist gleichzeitig $a^{\frac{2}{3}}$ auf der Quadratteilung des Stabes eingestellt. Umgekehrt koinzidiert eine Zahl b der Quadratteilung auf dem Stab mit $b^{\frac{3}{2}}$ auf der Kubusteilung.

Da sich auf der Zunge keine Kubusteilung befindet, hat man begrenztere Möglichkeiten als bei der Quadratteilung. Um z. B.

$$x = \sqrt[3]{\frac{9 \cdot 14}{22 \cdot 5}}$$

zu berechnen, stellt man die Proportion

$$\sqrt[3]{22 \cdot 5} : 1 = \sqrt[3]{9 \cdot 14} : x$$
$$\text{S} \quad \text{Z} \qquad \text{S} \quad \text{Z}$$

und erhält 0·741. Eine andere Möglichkeit besteht nicht, wenn man nicht den Radikanden berechnen will. Bวfinden sich mehrere Faktoren unter der Wurzel, so hat man keine andere Wahl, als vorerst den Wert des Radikanden zu bestimmen und dann aus ihm die Wurzel zu ziehen.

Steht eine Mantissenteilung zur Verfügung (Abschn. 10), so kann man statt des Radikandenwertes seinen Logarithmus ablesen, ihn durch drei dividieren und dazu den Numerus suchen.

Übungen. Man berechne:

$$1.\ \left(\frac{\pi}{2}\right)^3,\quad 2.\ \left(\frac{1}{0{\cdot}271}\right)^3,\quad 3.\ \left(\frac{1}{0{\cdot}62\cdot325}\right)^3,\quad 4.\ \sqrt[3]{\frac{635}{57}},\quad 5.\ 5\sqrt[3]{2},$$

$$6.\ \frac{\sqrt[3]{20}}{3},\quad 7.\ \frac{7{\cdot}12}{\sqrt[3]{200}},\quad 8.\ \frac{80\cdot\sqrt[3]{0{\cdot}3}}{39},\quad 9.\ \sqrt[3]{5{\cdot}45\cdot18{\cdot}8},$$

$$10.\ 17\cdot0{\cdot}77^3 = \left(\sqrt[3]{17}\cdot0{\cdot}77\right)^3.$$

Lösungen: **1.** 3·88, **2.** 50·2, **3.** 0·122, **4.** 2·23, **5.** 6·3, **6.** 0·905, **7.** 1·218, **8.** 1·373, **9.** 4·68, **10.** 7·76.

11. Gesucht die Oberfläche eines Würfels, wenn sein Volumen 1·6, 0·875, 22·5, 333, 0·069, 7·05 dm³ beträgt.

Lösung: Nach der Proportion $1:6 = \sqrt[3]{V^2} : O$ findet man auf der Quadratteilung der Zunge mit einer Zungenstellung
$$O = 8{\cdot}21,\quad 5{\cdot}49,\quad 47{\cdot}8,\quad 288,\quad 1{\cdot}01,\quad 22{\cdot}1\ \text{dm}^2.$$

12. Wie groß ist das Volumen eines Würfels, wenn seine Oberfläche 8·04, 5·04, 40·8, 285, 1, 20·4 cm² beträgt?

Lösung: $V = 1{\cdot}55$, 0·77, 17·7, 328, 0·068, 6·3 cm³ nach der Formel
$$V = \left(\frac{\sqrt{O}\cdot1}{\sqrt{6}}\right)^3.$$
Man kommt mit einer Zungenstellung aus, wenn man die Proportion mit $\sqrt{6}:1$ beginnt.

8. Die trigonometrischen Teilungen.

Die trigonometrischen Teilungen befinden sich meist auf der Rückseite der Zunge und sind von oben nach unten der Reihe nach mit S (Sinus), S & T (Sinus und Tangens) und T (Tangens) bezeichnet.

Wendet man die Zunge um und läßt ihren Anfangsstrich mit dem des Stabes zusammenfallen, so koinzidieren die Winkelmarken auf der Zunge mit den zugehörigen Funktionswerten auf der Normalteilung des Stabes. Denn die Marke für einen beliebigen Winkel α befindet sich z. B. auf der S-Teilung in der Entfernung lg sin α vom Anfangsstrich. Die S-Teilung reicht von 5⁰ 44′ bis 90⁰, die T-Teilung von 5⁰ 43′ bis 45⁰; die zugehörigen Funktionswerte haben den Stellenwert 0. Die S u. T-Teilung reicht von 34′ bis 5⁰ 44′; da für kleine

Winkel $\sin \alpha \approx \operatorname{tg} \alpha$, so kann sie für beide Funktionswerte verwendet werden[1]. Diese haben den Stellenwert -1.

Bei Winkeln, die kleiner als $34'$ sind, wird $\sin \alpha$ und $\operatorname{tg} \alpha$ durch α im Bogenmaß ersetzt. Dieses ist gleich

$$\frac{\alpha \text{ in Minuten}}{\varrho'} \quad \text{oder} \quad \frac{\alpha \text{ in Sekunden}}{\varrho''},$$

wobei

$$\varrho' = \frac{180}{\pi} \cdot 60 = 3438' \quad \text{und} \quad \varrho'' = \frac{180}{\pi} \cdot 3600 = 206265''.$$

Die Marken für ϱ' und ϱ'' befinden sich auf den meisten Schiebern.

Den Kosinus eines Winkels findet man nach der Formel $\cos \alpha = \sin (90 - \alpha)$, den Tangens eines Winkels $\alpha > 45^0$ nach der Formel $\operatorname{tg} \alpha = \dfrac{1}{\operatorname{tg} (90 - \alpha)}$. Den Kotangens kann man im praktischen Rechnen vollständig entbehren, da man $\operatorname{ctg} \alpha$ stets durch $\dfrac{1}{\operatorname{tg} \alpha}$ ersetzen kann.

Durch das umgekehrte Verfahren ermittelt man zu jedem Funktionswert den zugehörigen Winkel. Ist insbesondere $\operatorname{tg} \alpha > 1$, also $\alpha > 45^0$, so sucht man erst den Komplementwinkel $\beta = 90 - \alpha$. Z. B. aus

$$\operatorname{tg} \alpha = \frac{3 \cdot 5}{2 \cdot 4} \quad \text{folgt} \quad \operatorname{tg} \beta = \frac{2 \cdot 4 \cdot 1}{3 \cdot 5},$$

also die Proportion

$$3 \cdot 5 : 1 = 2 \cdot 4 : \beta^2$$
$$\text{S} \quad \text{Z} \qquad \text{S} \quad \text{Z}$$

und damit $\beta = 34^0\ 26'$.

Bei manchen Rechenschiebern koinzidiert die Sinusteilung mit der Quadratteilung, so daß sie die Winkel von $34'$ bis 90^0 umfaßt. Diese Anordnung unterbricht aber die Kontinuität bei der Berechnung von Ausdrücken, in welchen außer Sinus- noch Tangensfunktionen oder Wurzelausdrücke vorkommen.

Übungen. Man suche den Sinus von folgenden Winkeln:
6^0, $6^0\ 50'$, $7^0\ 42'$, $9^0\ 30'$, $13^0\ 32'$, $21^0\ 8'$, $29^0\ 46'$, $41^0\ 10'$, $63^0\ 20'$, $75^0\ 30'$.
Lösung: $0 \cdot 1045$, $0 \cdot 119$, $0 \cdot 134$, $0 \cdot 165$, $0 \cdot 234$, $0 \cdot 361$, $0 \cdot 496$, $0 \cdot 658$, $0 \cdot 894$, $0 \cdot 968$.

2. Man suche die Winkel zu folgenden Sinuswerten, ohne die gemeinen Brüche in Dezimalbrüche umzuwandeln. (Vgl. das obige Beispiel.)
$0 \cdot 5$, $0 \cdot 67$, $0 \cdot 892$, $0 \cdot 1225$, $0 \cdot 3075$, $\dfrac{2}{3}$, $\dfrac{3}{4}$, $\dfrac{17 \cdot 5}{44 \cdot 8}$, $\dfrac{26}{85}$, $\dfrac{0 \cdot 1929}{1 \cdot 005}$, $\dfrac{0 \cdot 245}{1 \cdot 125}$.

---

[1] Auf der S u. T-Teilung sind in Wirklichkeit die Mittelwerte zwischen Sinus und Tangens aufgetragen, wodurch der begangene Fehler halbiert wird.

[2] Statt $\operatorname{tg} \beta$ steht hier kurz β, weil die Marke ja mit dem Winkelwert bezeichnet ist.

Lösung: 30⁰, 42⁰ 4′, 63⁰ 7′, 7⁰ 2′, 17⁰ 54′, 41⁰ 47′, 48⁰ 36′, 23⁰, 17⁰ 48′, 11⁰ 4′, 12⁰ 35′.

3. Man ermittle den Tangens folgender Winkel:
5⁰ 52′, 7⁰ 8′, 12⁰ 16′, 30⁰ 4′, 42⁰ 42′, 45⁰ 56′, 51⁰ 28′, 64⁰ 36′, 73⁰ 22′, 79⁰ 34′.

Lösung: 0·1028, 0·1252, 0·217, 0·579, 0·923, 1·033, 1·256, 2·105, 3·35, 5·43. Der Tangens von 45⁰ 56′ wird gefunden, indem man 44⁰ 4′ auf der T-Teilung über den Endstrich des Stabes stellt und unter dem Anfangsstrich der Zunge abliest. Will man diesen und die folgenden Werte mit e i n e r Zungenstellung erhalten, so schiebt man die Zunge verkehrt in die Anfangsstellung (45⁰ über 1 auf dem Stab), wodurch die tg-Teilung gegenläufig wird. Man begründe beide Verfahren.

4. Gesucht sind die Winkel zu folgenden Tangenswerten:
$$0·842,\ 0·993,\ 1·205,\ 1·763,\ 4·65,\ \frac{16}{63},\ \frac{7}{24},\ \frac{6·6}{11·2},\ \frac{1·19}{1·2},\ \frac{11·2}{8·4},\ \frac{12}{5},\ \frac{837}{116},$$
$$\frac{129·2}{14·4},\ \frac{17·05}{13·5}.$$

Lösung: 40⁰ 6′, 44⁰ 48′, 50⁰ 19′, 60⁰ 26′, 77⁰ 52′, 14⁰ 15′, 16⁰ 15′, 30⁰ 30′, 44⁰ 45′, 53⁰ 8′, 67⁰ 23′, 82⁰ 6′, 83⁰ 38′, 51⁰ 38′.

5. Man suche die Winkel, wenn
$$\sin a = \frac{0·581}{13·51}, \qquad \cos \beta = \frac{0·759}{17·63},$$
$$\operatorname{tg} \gamma = \frac{1·2}{37}, \qquad \operatorname{tg} \delta = \frac{49}{2·16}.$$

Lösung: $a = 2⁰\ 27′\ 55″,$ $\beta = 87⁰\ 32′\ 5″,$
$\gamma = 1⁰\ 51′\ 30″,$ $\delta = 87⁰\ 28′\ 20″.$

Das Umdrehen der Zunge bei Verwendung der trigonometrischen Teilungen ist aber nicht immer notwendig, da auf der Rückseite des Schiebers Anfangs- und Endstrich der Stabteilung durch Marken bezeichnet sind und durch Einkerbungen die Benutzung der trigonometrischen Teilungen ermöglicht wird. In manchen Fällen ist die Verwendung der Rückenmarken sogar vorzuziehen. Hat man z. B. $a \cdot \sin a$ für verschiedene Werte von a bei festbleibendem α zu ermitteln, so stellt man α auf der S-Teilung bei der Rückenmarke ein und liest über den einzelnen a-Werten auf dem Stabe die Resultate auf der Zunge ab. Begründung!

Man muß allerdings bei Verwendung der Rückenmarken eine größere Ungenauigkeit mit in den Kauf nehmen, da die Einstellung unschärfer ist; außerdem erfordert dieses Verfahren ein Abgehen von den gewohnten Handgriffen und das dürfte der Hauptgrund für die verbreitete aber völlig ungerechtfertigte Abneigung gegen die Verwendung der trigonometrischen Teilungen sein. Es ist wohl empfehlenswert, bei ihrem Gebrauch im allgemeinen mit umgewendeter Zunge zu rechnen, um so mehr, als in vielen Fällen das Umdrehen der Zunge unvermeidbar ist.

Besonders bequem ist der Sinussatz zu stellen:

$$a : \sin \alpha = b : \sin \beta = c : \sin \gamma.$$

$$\text{S} \quad \text{Z} \quad \text{S} \quad \text{Z} \quad \text{S} \quad \text{Z}$$

Aber auch kompliziertere Formeln bereiten keine Schwierigkeiten. Z. B. berechnet man den Flächeninhalt eines Dreiecks (c. α, β)

$$F = \frac{c^2 \sin \alpha \sin \beta}{2 \sin \gamma} = \frac{c \cdot c \cdot \left| \begin{array}{c} \sin \alpha \cdot \sin \beta \\ \sin \gamma \cdot 1 \end{array} \right.}{2 \cdot \left| \right.},$$

indem man erst $\dfrac{c \cdot c}{2}$ ermittelt, den Wert mit dem Läuferstrich auf dem Stab fixiert, ohne ihn abzulesen, und dann d e Rechnung mit umgewendeter Zunge fortsetzt. Für

$$c = 16 \cdot 7, \quad \alpha = 62^0 \, 20', \quad \beta = 47^0 \, 30'$$

ergibt sich nach diesem Verfahren sehr rasch $F = 96 \cdot 8$. Die Stellenwertregel bestätigt die richtige Stellung des Dezimalpunktes: $2 + 2 - (1 + 1) = 2$. (Die Sinusfunktionen haben den Stellenwert 0.)

Man beachte, daß man nach dem Umdrehen der Zunge auf ihr nur mehr Winkelfunktionen und Einser[1] einstellen kann. Sind die trigonometrischen Teilungen auf dem Stab (z. B. auf dem Seitenstreifen) angebracht, so lassen sich Ausdrücke wie der obere nur mit Zwischenablesungen berechnen.

Übungen. Man berechne:

6. $75 \cdot 7 \sin 37^0 \, 15'$,   7. $417 \cdot 5 \cos 59^0 \, 6'$,   8. $\dfrac{49 \cdot 6}{\sin 37^0 \, 43'}$,

9. $\dfrac{534}{\cos 53^0 \, 47'}$,   10. $2 \cdot 38 \, \mathrm{tg} \, 21^0 \, 25'$,   11. $\dfrac{315 \cdot 6}{\mathrm{tg} \, 40^0 \, 40'}$,

12. $12 \cdot 85 \, \mathrm{tg} \, 58^0 \, 45' = \dfrac{12 \cdot 85}{\mathrm{tg} \, 31^0 \, 15'}$.

Lösungen: **6.** $45 \cdot 8$, **7.** 214, **8.** $81 \cdot 1$, **9.** 904, **10.** $0 \cdot 934$, **11.** 368, **12.** $21 \cdot 17$.

Man löse die folgenden rechtwinkeligen Dreiecke auf, wenn gegeben sind:

13. $c = 58 \cdot 7$, $\alpha = 29^0 \, 10'$,   14. $c = 62 \cdot 3$, $\beta = 37^0 \, 30'$,
15. $a = 42 \cdot 7$, $\beta = 53^0 \, 20'$,   16. $b = 68 \cdot 3$, $\beta = 65^0 \, 20'$.

Lösungen: **13.** $a = 28 \cdot 6$, $b = 51 \cdot 3$,   **14.** $a = 49 \cdot 4$, $b = 37 \cdot 9$, **15.** $b = 57 \cdot 4$, $c = 71 \cdot 5$,   **16.** $a = 31 \cdot 4$, $c = 75 \cdot 2$.

17. Man berechne den Brechungskoeffizienten $n = \dfrac{\sin \alpha}{\sin \beta}$, wenn

     a) $\alpha = 52^0 \, 35'$ b) $\alpha = 41^0 \, 20'$
        $\beta = 30^0 \, 45'$, $\beta = 26^0 \, 10'$.

Lösungen: a) $1 \cdot 553$,   b) $1 \cdot 498$.

18. Die folgenden schiefwinkeligen Dreiecke sind aufzulösen:

     a) $a = 538$ b) $a = 253 \cdot 7$ c) $a = 57 \cdot 4$
        $b = 716$ $b = 187 \cdot 5$ $\alpha = 66^0 \, 23'$
        $\beta = 69^0 \, 10'$, $\alpha = 105^0$, $\beta = 41^0$.

---

[1] Eventuell noch die Ziffer 5, da $\sin 30^0 = 0 \cdot 5$ ist.

Lösungen: **a)** $a = 44^0\,36'$, $c = 701$,   **b)** $\beta = 45^0\,33'$, $c = 129{\cdot}1$,
c) $b = 41{\cdot}1$, $c = 59{\cdot}8$.

19. Man hat öfter Polarkoordinaten in rechtwinkelige Koordinaten umzuwandeln und umgekehrt. (S. 93; vgl. auch das Rechnen mit komplexen Zahlen, VI. B. 2.) Mit Hilfe der Formeln

$$x = r \cos \varphi$$
$$y = r \sin \varphi$$

berechne man x und y, wenn

$r =$	$6{\cdot}50$	$4{\cdot}81$	$7{\cdot}54$	$5{\cdot}36$	$13{\cdot}51$
$\varphi =$	$51^0\,12'$	$117^0\,54'$	$241^0\,18'$	$327^0\,54'$	$2^0\,27'\,55''$.

Lösung:

$x =$	$4{\cdot}07$	$-2{\cdot}25$	$-3{\cdot}62$	$4{\cdot}54$	$13{\cdot}50$
$y =$	$5{\cdot}07$	$4{\cdot}25$	$-6{\cdot}61$	$-2{\cdot}85$	$0{\cdot}581$.

20. Für die umgekehrte Aufgabe gelten die Formeln

$$r = \sqrt{x^2 + y^2}\,, \qquad\qquad \operatorname{tg}\varphi = \frac{y}{x}.$$

Das praktische Verfahren soll an einem Beispiel erörtert werden. Es sei
$$x = -1{\cdot}125, \quad y = 3{\cdot}47.$$
Man entwirft zunächst eine Skizze, die beiläufig den Angaben entspricht (Abb. 221). Aus ihr ersieht man, mit welcher der beiden Achsen $\overline{OP} = r$ einen Winkel $a < 45^0$ einschließt und wie dieser Winkel a mit φ zusammenhängt. Dann wird a berechnet. Aus dem rechtwinkeligen Dreieck OQP ergibt sich

$$\operatorname{tg}a = \frac{1{\cdot}125}{3{\cdot}47}$$

und daraus
$$a = 17^0\,58', \quad \text{daher} \quad \varphi = 107^0\,58'.$$

Nun berechnet man r, aber nicht nach der oben angegebenen Formel, sondern einfacher:

$$r = \frac{x}{\sin a} = \frac{1{\cdot}125}{\sin 17^0\,58'}.$$

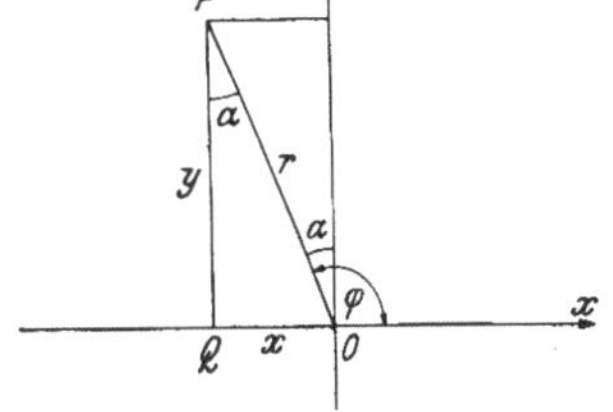

Abb. 221. Umwandlung von rechtwinkeligen in Polarkoordinaten.

Die Zahl $1{\cdot}125$ ist von der vorigen Rechnung noch auf dem Rechenschieber auf dem Stab eingestellt, man braucht also nur $17^0\,58'$ auf der S-Teilung unter den Läuferstrich zu schieben und kann schon unter dem Endstrich der Zunge auf dem Stab das Resultat ablesen:

$$r = 3{\cdot}65.$$

Man berechne r und φ, wenn

$x =$	$2{\cdot}31$	$-1{\cdot}87$	$-4{\cdot}39$	$1{\cdot}61$	$1{\cdot}19$
$y =$	$4{\cdot}49$	$5{\cdot}72$	$-0{\cdot}94$	$-3{\cdot}86$	$1{\cdot}20$.

Lösung:

$r =$	$5{\cdot}05$	$6{\cdot}02$	$4{\cdot}49$	$4{\cdot}18$	$1{\cdot}69$
$\varphi =$	$62^0\,47'$	$108^0\,6'$	$192^0\,5'$	$292^0\,38'$	$45^0\,14'$.

9. Die Potenzteilung.

Auf einer Reihe von Rechenschiebern befindet sich eine Skala, bei welcher von einem bestimmten Anfangspunkt aus, der mit 10 beschrieben ist, beiderseits für verschiedene a-Werte $\lg(\lg a)$

aufgetragen und die betreffende Marke mit a bezeichnet erscheint. Die Bezifferung des Anfangspunktes mit 10 erklärt sich daraus, daß lg (lg 10) $= 0$ ist.

Durch Kombination dieser Teilung P mit einer gewöhnlichen logarithmischen Teilung (Normal- oder Quadratteilung, je nach dem Maßstab, der für die Teilung P gewählt wurde), ergibt sich folgender Zusammenhang (Abb. 222):

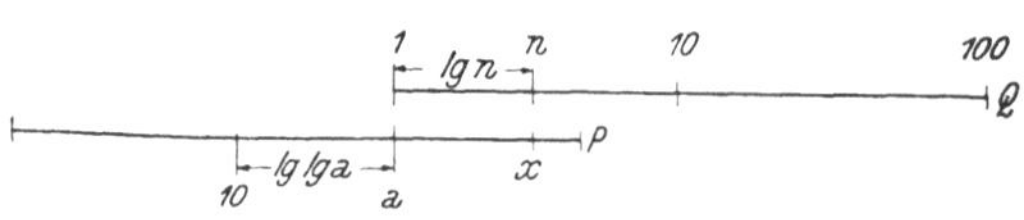

Abb. 222. Q = Quadratteilung, P = Potenzteilung (lg lg - Teilung).

$$\lg (\lg x) - \lg (\lg a) = \lg n$$

oder

$$\lg \frac{\lg x}{\lg a} = \lg n,$$

woraus

$$\frac{\lg x}{\lg a} = n$$

und

$$\lg x = n \lg a,$$

daher

$$x = a^n$$

folgt.

Wegen dieses Zusammenhanges nennt man die *doppelt logarithmische* Teilung P gewöhnlich *Potenzteilung*. Formulieren wir den Zusammenhang in Worten, so erhalten wir:

Bringt man die Zahl a auf der Potenzteilung mit der Marke 1 einer einfach logarithmischen Teilung zur Koinzidenz, so koinzidiert die Zahl n auf dieser Teilung mit a^n auf der Potenzteilung.

Ist die einfach logarithmische Teilung die Quadratteilung wie in Abb. 222, so hat bei Verwendung des Anfang-Einsers n den Stellenwert 1 oder 2, je nachdem es in der linken oder rechten Hälfte eingestellt wird. Verwendet man den End-Einser (100), so hat n den Stellenwert — 1 oder 0.

Wenn die Potenzteilung im Maßstab der Normalteilung aufgetragen ist, so ist sie in zwei oder drei Zeilen angeordnet. Bei Verwendung des Anfang-Einsers hat n den Stellenwert 1, bei Verwendung des End-Einsers den Stellenwert 0. Der Übergang zu einem n mit höherem oder niedrigerem Stellenwert erfordert dann einen Übergang zur folgenden oder vorhergehenden Zeile der Potenzteilungen.

Beispiele: $1 \cdot 111^{1 \cdot 1} = 1 \cdot 123$, $1 \cdot 111^{11} = 3 \cdot 18$, $24 \cdot 7^{\frac{3}{4}} = 24 \cdot 7^{0 \cdot 75} =$
$= 11 \cdot 1$, $24 \cdot 7^{0 \cdot 05} = 1 \cdot 174$.

Das Wurzelziehen geschieht nach dem umgekehrten Verfahren, d. h. man läßt den Radikanden auf der Potenzteilung mit dem Wurzelexponenten n auf der logarithmischen Teilung koinzidieren und liest beim Einser das Resultat auf der Potenzteilung ab. Z. B.

$$\sqrt[5]{2 \cdot 345} = 1 \cdot 186, \quad \sqrt[3]{\pi} = 1 \cdot 465.$$

Das obige Beispiel $24 \cdot 7^{\frac{3}{4}}$, $= \sqrt[4]{24 \cdot 7^3}$ kann auch so gelöst werden, daß man — nach Einstellung von $24 \cdot 7$ auf der Potenzteilung — die Marke 4 der logarithmischen Teilung unter den Läuferstrich schiebt, dann 3 auf dieser Teilung mit dem Läufer einstellt und auf der Potenzteilung das Resultat abliest.

Zur Lösung einer Exponentialgleichung von der Form

$$a^x = b$$

ist das x auf der logarithmischen Teilung zu suchen, das mit b auf der Potenzteilung koinzidiert, nachdem a und 1 unter einen Läuferstrich gebracht wurden. Z. B. findet man aus

$$1 \cdot 357^x = 2 \cdot 145 \text{ den Exponenten } x = 2 \cdot 5.$$

Übungen. Man berechne:

1. $1 \cdot 234^{2 \cdot 35}$, 2. $1 \cdot 234^{23 \cdot 5}$, 3. $500^{0 \cdot 3}$, 4. $240^{0 \cdot 1}$, 5. $3500^{0 \cdot 072}$, 6. $52500^{0 \cdot 026}$,

7. $4 \cdot 45^{-2 \cdot 07} = \dfrac{1}{4 \cdot 45^{2 \cdot 07}}$, 8. $0 \cdot 842^{-1 \cdot 95} = \left(\dfrac{1}{0 \cdot 842}\right)^{1 \cdot 95}$, 9. $2 \cdot 53^{\frac{1}{3 \cdot 4}} = \sqrt[3 \cdot 4]{2 \cdot 53}$,

10. $1 \cdot 82^{\frac{1}{0 \cdot 76}}$, 11. $\sqrt[11]{\dfrac{350}{7 \cdot 79}}$, 12. $\sqrt[8]{\dfrac{264}{13}}$.

Folgende Exponentialgleichungen sind zu lösen:

13. $1 \cdot 357^x = 2$, 14. $1 \cdot 357^x = 50$, 15. $155^x = 3 \cdot 3$, 16. $155^x = 1 \cdot 15$.

Lösungen: 1. $1 \cdot 64$, 2. 140, 3. $3 \cdot 23$, 4. $1 \cdot 73$, 5. $1 \cdot 80$, 6. $1 \cdot 249$,
7. $0 \cdot 0455$, 8. $1 \cdot 398$, 9. $1 \cdot 315$, 10. $2 \cdot 197$, 11. $1 \cdot 413$, 12. $1 \cdot 457$, 13. $2 \cdot 27$,
14. $12 \cdot 8$, 15. $0 \cdot 237$, 16. $0 \cdot 0277$.

Um den dekadischen Logarithmus x einer Zahl z zu finden, hat man die Exponentialgleichung $10^x = z$ zu lösen. Die folgenden Beispiele zeigen, wie man den Dezimalpunkt der Zahl z zweckmäßig verschiebt, um die Lösung zu ermöglichen oder zumindest genauer zu machen:

$$\lg 0 \cdot 725 = \lg 7 \cdot 25 \quad - 1 = 0 \cdot 860 \quad - 1,$$
$$\lg 12 \cdot 48 = \lg 1 \cdot 248 + 1 = 0 \cdot 0962 + 1 = 1 \cdot 0962.$$

---

[1] Befindet sich auf dem Rechenschieber auch eine Potenzteilung für negative Exponenten, so kann das Resultat direkt abgelesen werden.

Häufig ist die Potenzteilung so angeordnet, daß die Zahl $e = 2.718$ auf der Potenzteilung mit 1 oder 10 der logarithmischen Teilung koinzidiert, wenn die Zunge in der Anfangsstellung ist. Dadurch ergeben sich Vereinfachungen bei der Aufsuchung von e^n oder von $\ln z$ (Lösung von $e^x = z$). Wenn die Potenzteilung auf dem Stab angebracht ist, so kann man die Zunge überhaupt entbehren; befindet sie sich auf der Rückseite der Zunge, so braucht man diese nicht umzudrehen. Diese Vorteile werden bei der praktischen Handhabung leicht überblickt.

Übungen. 17. Man ermittle den dekadischen Logarithmus folgender Zahlen:

$$3.33, \quad 0.456, \quad 119, \quad 80.8, \quad 26.3, \quad 0.094.$$

Lösung: $0.522, \quad 0.659 - 1, \quad 2.0756, \quad 1.907, \quad 1.420, \quad 0.973 - 2.$

Man ermittle: **18.** $e^{0.65}$, **19.** $e^{2.45}$, **20.** $\sqrt[3]{e} = e^{0.333}$, **21.** $e^{-\frac{1}{2}}$ **22.** $\ln 1.32$, **23.** $\ln 420$, **24.** $\ln 0.64 = \ln 6.4 - \ln 10$, **25.** $\ln 0.92$.

Lösungen: **18.** 1.915, **19.** 11.6, **20.** 1.396, **21.** 0.607, **22.** 0.2775, **23.** 6.04, **24.** -0.446, **25.** -0.08.

10. Die Mantissenteilung.

Auf den Rechenschiebern ohne Potenzteilung befindet sich in der Regel eine gleichmäßige Teilung entweder auf dem Stab oder auf der Zungenrückseite; in Abb. 217 ist sie die unterste Teilung. Sie ist nichts anderes als ein Maßstab mit der Einheit 25 cm, gestattet also, die Entfernung eines Teilstriches a der Normalteilung vom Anfangsstrich zu messen, d. h. den Logarithmus von a zu bestimmen.

Man findet somit die Mantisse des Logarithmus von a, indem man a auf der Normalteilung des Stabes mit dem Läufer einstellt und dann auf der gleichmäßigen Teilung (Mantissenteilung) abliest[1]. Die Kennziffer ist $n - 1$, wenn a den Stellenwert n hat.

Zur Ermittlung des natürlichen Logarithmus dient die Formel $\ln z = 2.30 \lg z$.

Mit Hilfe der Regeln über das logarithmische Rechnen lassen sich die Aufgaben der vorigen Nummer auch mit dieser gleichmäßigen Teilung lösen.

---

[1] Befindet sich die Mantissenteilung auf der Rückseite der Zunge, so kann man diese umdrehen oder auch die Rückenmarke verwenden; in letzterem Fall ist a mit dem Anfangs- oder Endstrich der Zunge einzustellen.

B. Imaginäre und komplexe Zahlen.

1. Allgemeines über den Zahlbegriff.

Das Rechnen mit imaginären und komplexen Zahlen ist nicht nur in der reinen Mathematik von größter Bedeutung, es ist auch in vielen Anwendungsgebieten, namentlich in der Elektrotechnik, unentbehrlich geworden. Der folgende Abschnitt soll denjenigen, die nicht damit vertraut sind, die notwendigen Grundlagen bringen. Vor allem muß man sich über das Wesen der imaginären Zahlen im klaren sein, um sich vor Fehlurteilen und Mißdeutungen zu schützen. Dazu ist eine einführende Erörterung des Zahlbegriffes im allgemeinen erforderlich.

Das Wort Zahl kommt von „zählen". Die Tätigkeit des Zählens schafft die *natürlichen* (positiven ganzen) Zahlen. Die Anwendung der Addition und Multiplikation führt aus diesem Zahlgebiet nicht heraus.

Anders verhält es sich schon bei der Subtraktion. Man kann nicht eine größere Zahl von einer kleineren abziehen, solange man nur mit natürlichen Zahlen operiert. Um sich von dieser Beschränkung zu befreien, hat man den ursprünglichen Zahlenbereich erweitert und die *negativen* ganzen Zahlen eingeführt. In diesem erweiterten Zahlgebiet sind nach Hinzufügen der Null Addition, Multiplikation und Subtraktion unbeschränkt ausführbar.

Eine neuerliche Erweiterung erweist sich bei der Division als notwendig, die sonst nur im Falle der Teilbarkeit des Dividenden durch den Divisor möglich wäre. Sie erfolgt durch die Einführung der *gebrochenen Zahlen*. In diesem so erhaltenen Zahlenbereich der *rationalen Zahlen*, der alle positiven und negativen, ganzen und gebrochenen Zahlen umfaßt, sind die vier Grundoperationen allgemein ausführbar mit Ausnahme der Division durch Null.

Doch findet sich unter diesen Zahlen keine, die mit sich selbst multipliziert, etwa 2 ergäbe. Denn nehmen wir an, diese gesuchte Zahl wäre der Bruch $\frac{p}{q}$, wobei p und q teilerfremd angenommen werden können, so müßte sich $\frac{p}{q} \cdot \frac{p}{q}$ so kürzen lassen, daß sich die Zahl 2 ergibt, was offenbar unmöglich ist. Mit anderen Worten: $\sqrt{2}$ *existiert nicht im Bereich der rationalen Zahlen*. Will man auch das Wurzelziehen allgemein ausführbar machen, so muß man sich zu einer nochmaligen Erweiterung des Zahlbegriffes entschließen durch

Schaffung der *irrationalen Zahlen* wie $\sqrt{2}$, $\sqrt{3}$, $\sqrt[3]{4}$ usw. Die Gesamtheit der rationalen und irrationalen Zahlen bildet den Bereich der *reellen Zahlen*.

Es entsteht die Frage, wie sich eigentlich der Unterschied zwischen einer rationalen und einer irrationalen Zahl — als Dezimalzahl geschrieben — bemerkbar macht, da sich ja nicht nur beim Wurzelziehen unendliche Dezimalbrüche ergeben, sondern solche auch bei der Verwandlung von gemeinen Brüchen in Dezimalbrüche auftreten können. Die Antwort darauf ist ziemlich einfach: In letzterem Falle ist die Dezimalzahl stets periodisch, im ersteren niemals.

Soll z. B. $\dfrac{13}{29}$ in einen Dezimalbruch verwandelt werden, so können bei der Division durch 29 nur die Reste 1, 2, ... 28 in irgend einer Reihenfolge auftreten. Sind alle Reste schon einmal vorgekommen, so muß sich bei Weiterführung der Division ein Rest ergeben, der bereits einmal da war. Von hier angefangen wiederholt sich die ganze Rechnung und damit auch die im Quotienten erhaltene Zifferngruppe, der Dezimalbruch ist tatsächlich periodisch.[1]

Würde dagegen beim Wurzelziehen, z. B. bei der Berechnung von $\sqrt{2}$, auch eine Periode auftreten, so könnte man diesen periodischen Dezimalbruch nach § 29, 3 in einen gemeinen Bruch verwandeln, $\sqrt{2}$ wäre also eine rationale Zahl $\dfrac{p}{q}$, im Widerspruch zu dem obigen Ergebnis. Alle nicht periodischen unendlichen Dezimalzahlen sind irrationale Zahlen. Dazu gehören, von Spezialfällen abgesehen, die Logarithmen und die trigonometrischen Funktionen, aber auch die Zahlen e und π.[2] Für den praktischen Rechner ist die Unterscheidung zwischen rationalen und irrationalen Zahlen belanglos, da er von jeder Dezimalzahl nur einige Stellen berücksichtigt, für die Theorie ist sie dagegen von großer Wichtigkeit. Sie wird aber auch das Verständnis für die folgenden Überlegungen erleichtern.

---

[1] Damit ist nicht gesagt, daß alle möglichen Reste wirklich auftreten. So ergibt sich z. B. bei der Division 2 : 9 immer nur der Rest 2.

[2] Die Zahlen e und π haben noch die Eigenschaft, keineralgebraischen Gleichung mit ganzzahligen Koeffizienten zu genügen. Man nennt solche Zahlen *transzendent*. Der Nachweis der Transzendenz von π gelang erst im Jahre 1882 dem Mathematiker *Lindemann*. Seine Bedeutung liegt darin, daß damit die Unmöglichkeit der „Quadratur des Zirkels" bewiesen ist. Man versteht darunter die Aufgabe, mit Zirkel und Lineal ein Quadrat zu konstruieren, das einem gegebenen Kreis flächengleich ist. Daraus folgt auch unmittelbar die Unmöglichkeit der Konstruktion einer Strecke, die mit einem Kreisbogen gleich lang ist. (Vgl. S. 34.)

Wir müssen nämlich unser bisheriges Zahlengebiet noch einmal erweitern, wollen wir nicht die quadratischen Gleichungen mit negativer Diskriminante als unlösbar bezeichnen. Denn es gibt keine reelle Zahl, deren Quadrat negativ wäre, d. h., die Quadratwurzel aus einer negativen Zahl läßt sich nicht ziehen, wenn man sich auf reelle Zahlen beschränkt. Aber wir haben solche Beschränkungen schon mehrmals aus Zweckmäßigkeitsgründen durchbrochen und eine neuerliche Erweiterung erscheint im Prinzip um nichts kühner, als es die bisherigen waren.

Wir führen also die Quadratwurzel aus negativen Zahlen als neue Zahlen ein. Die Bezeichnung *imaginär* (scheinbar, nur in der Einbildung bestehend) für diese Zahlen ist nicht sehr glücklich, denn sie erweckt leicht den Eindruck, daß man es hier mit Zahlen zu tun habe, „die es gar nicht gibt". Die Verwirrung wird noch gesteigert, wenn in der Wechselstromtechnik von „symbolischem Rechnen" gesprochen wird. Man lasse sich aber durch die Bezeichnungen „reell" und „imaginär" nicht zu geheimnisvollen Auslegungen verleiten, sondern nehme sie als historisch gegeben hin. *Alle Zahlen sind bloße Schöpfungen des menschlichen Geistes*, eine Unterscheidung zwischen „wirklichen" und „unwirklichen" Zahlen hätte daher überhaupt keinen Sinn.

2. Definitionen und graphische Darstellung.

Man erklärt $\sqrt{-1}$ *als imaginäre Einheit und bezeichnet sie kurz mit* i. In der Elektrotechnik verwendet man statt dessen den Buchstaben j, um eine Verwechslung mit der Stromstärke i zu vermeiden. Wir schließen uns diesem Gebrauch an mit Rücksicht darauf, daß wir vorwiegend elektrotechnische Anwendungen bringen und setzen $\sqrt{-1} = j$, d. h. es soll

$$\boxed{j^2 = -1} \tag{1}$$

sein. Wegen

$$\sqrt{-a} = \sqrt{-1} \cdot \sqrt{a} = j\sqrt{a}$$

läßt sich jede imaginäre Zahl $\sqrt{-a}$ *als Produkt einer reellen Zahl* $\sqrt{a}$ *mit der imaginären Einheit* j *darstellen.*

Es ist also $\sqrt{-a}$ jene Zahl, deren Quadrat $-a$ ist; oder $\left(\sqrt{-a}\right)^2 = -a$. Falsch wäre daher die Rechnung:

$$\left(\sqrt{-a}\right)^2 = \sqrt{-a} \cdot \sqrt{-a} = \sqrt{(-a)\cdot(-a)} = \sqrt{a^2} = a.$$

Vor derartigen Fehlern, die dem Anfänger unterlaufen können, schützt ihn auf Grund von (1) die Schreibweise mit j:

$$\sqrt{-a} \cdot \sqrt{-a} = j\sqrt{a} \cdot j\sqrt{a} = j^2 \cdot a = -a.$$

Die höheren Potenzen von j sind durch fortgesetzte Multiplikation mit j leicht zu bilden. Es ergibt sich

$$\begin{aligned} j^1 &= j \\ j^2 &= -1 \\ j^3 &= -j \\ j^4 &= +1 \\ \hline j^5 &= j \\ &\cdots\cdots \end{aligned}$$

Es treten also nur die vier verschiedenen Werte

$$+j, \; -1, \; -j, \; +1$$

auf, die sich ständig wiederholen. Häufig gebraucht wird auch die Umformung

$$\frac{1}{j} = \frac{j}{j^2} = -j.$$

Die Summe aus einer reellen Zahl a und einer imaginären Zahl jb heißt eine komplexe Zahl. Die beiden komplexen Zahlen $a + jb$ und $a - jb$ sind einander konjugiert.

Man stoße sich nicht daran, daß zur Bestimmung einer komplexen Zahl $a + jb$ die Angabe von zwei Zahlgrößen a und b erforderlich ist. Ein Analogon dazu hat man in der gebrochenen Zahl $\frac{a}{b}$, die ebenfalls erst durch Angabe eines Zahlenpaares bestimmt ist.

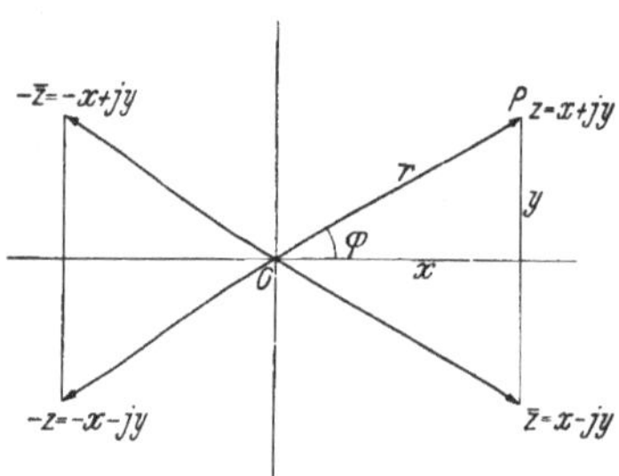

Abb. 223. Geometrische Darstellung komplexer Zahlen.

So wie man die reellen Zahlen durch Punkte auf der *Zahlgeraden* versinnbildlicht, kann man auch die komplexen Zahlen durch Punkte darstellen. Weil aber zur Angabe einer komplexen Zahl $z = x + jy$ zwei Zahlgrößen notwendig sind, nämlich der *reelle Bestandteil* x und der *imaginäre Bestandteil* y, muß man aus der Zahlgeraden in die Ebene heraustreten. (*Gaußsche* Ebene oder Zahlenebene oder komplexe Ebene.) Man betrachtet den Punkt mit den Koordinaten (x, y) als Bild der komplexen Zahl $z = x + jy$ (Abb. 223) und nennt die Koordinaten x, y die *Komponenten von* z. Die horizontale Achse heißt die reelle, die vertikale die imaginäre Achse, obwohl sie natürlich auch reell ist und nur die Richtung der imaginären Komponente angibt. Aus Abb. 223 ersieht man, daß eine komplexe Zahl z und ihre konjugierte $\bar{z}$ durch symmetrische Punkte bezüglich der reellen Achse dargestellt werden.

Die reellen Zahlen ergeben sich aus den komplexen, wenn $y = 0$, ihre Bilder fallen in die reelle Achse. Die imaginären Zahlen ($x = 0$) haben ihre Bilder in der imaginären Achse.

Zwei komplexe Zahlen $a + jb$ und $x + jy$ sind nur dann einander gleich, wenn sowohl ihre reellen als auch ihre imaginären Bestandteile einander gleich sind, wenn also $a = x$ und $b = y$ ist.

Statt einen Punkt durch seine rechtwinkeligen Koordinaten (x, y) zu bestimmen, kann er auch durch seine Polarkoordinaten (r, φ) gegeben sein. Der Zusammenhang zwischen beiden ist uns schon geläufig, er folgt auch aus Abb. 223:

$$x = r \cos \varphi, \qquad\qquad r = \sqrt{x^2 + y^2},$$
$$y = r \sin \varphi, \qquad\qquad \operatorname{tg} \varphi = \frac{y}{x}.$$

Durch Einsetzen der für x und y angegebenen Werte geht die *Komponentenform* einer komplexen Zahl $z = x + jy$ in die *Polarform* $z = r\,(\cos \varphi + j \sin \varphi)$ über, die man auf Grund der *Eulerschen* Formel (15), S. 244, auch in der *Exponentialform* $z = r\,e^{j\varphi}$ schreiben kann. Man hat also für eine komplexe Zahl folgende Darstellungsmöglichkeiten:

$$\boxed{\,z = x + j\,y = r\,(\cos \varphi + j \sin \varphi) = r\,e^{j\varphi}\,}$$

Man nennt $r = +\sqrt{x^2 + y^2}$ den absoluten Betrag von z und bezeichnet ihn mit $|z|$ oder $|x + jy|$. Es ist also

$$\boxed{\,|z| = |x + jy| = +\sqrt{x^2 + y^2}\,}$$

Der Polwinkel φ heißt kurz der Winkel der komplexen Zahl z, und zwar ist

$$\boxed{\,\operatorname{tg} \varphi = \frac{y}{x}\,}$$

Der Winkel φ ist aus $\operatorname{tg} \varphi = \dfrac{y}{x}$ nicht eindeutig bestimmt, selbst wenn man sich auf das Intervall von 0 bis 2π beschränkt, was im folgenden im allgemeinen geschehen möge. Mit Hilfe der Komponenten x und y ist aber die Entscheidung leicht zu treffen, welche von den beiden Lösungen der Gleichung $\operatorname{tg} \varphi = \dfrac{y}{x}$ in Frage kommt, sei es durch Anfertigung einer kleinen Skizze oder durch Berücksichtigung der Gleichungen $x = r\cos\varphi$ oder $y = r\sin\varphi$, woraus das Vorzeichen von $\cos\varphi$ oder $\sin\varphi$ erkennbar ist.

Übungen. Man vereinfache folgende Ausdrücke:

1. $a\,j \cdot b\,j^2$; **2.** $\sqrt{-x^2} \cdot \sqrt{-y^2}$; **3.** $\sqrt{3} \cdot \sqrt{-3}$; **4.** $\sqrt{a\,b^2} \cdot \sqrt{-a\,b^4}$;

5. $\dfrac{1}{j^3}$; **6.** $\dfrac{1}{j^5} + \dfrac{1}{j^7}$; **7.** $\dfrac{\sqrt{-a}}{\sqrt{-b}}$; **8.** $\dfrac{a\,j}{\sqrt{-a}}$; **9.** $\dfrac{\sqrt{-6}}{\sqrt{3}}$; **10.** $\dfrac{\sqrt{6}}{\sqrt{-3}}$.

Lösungen: **1.** $-a\,b\,j$; **2.** $-x\,y$; **3.** $3\,j$; **4.** $a\,b^3\,j$; **5.** j; **6.** 0;

7. $\sqrt{\dfrac{a}{b}}$; **8.** $\sqrt{a}$; **9.** $j\sqrt{2}$; **10.** $-j\sqrt{2}$.

11. Welche Werte erhält man für j^{4n}, j^{4n+1}, j^{4n+2}, j^{4n+3}, wenn n eine ganze Zahl ist?

Lösung: $1,\ j,\ -1,\ -j$.

Man berechne den absoluten Betrag und den Winkel folgender komplexen Zahlen und stelle sie graphisch dar. (Das in Übung **20**, S. 323 gezeigte Verfahren wird man hier wegen der einfachen Angaben nicht anwenden.)

12. $1 + j$; **13.** $-1 + j$; **14.** $\sqrt{3} + j$; **15.** $-\dfrac{1}{2} - \dfrac{j}{2}\sqrt{3}$ **16.** $-2\,j$;

17. $12 - 5\,j$.

Lösungen: **12.** $r = \sqrt{2}$, $\varphi = 45^0$; **13.** $r = \sqrt{2}$, $\varphi = 135^0$; **14.** $r = 2$. $\varphi = 30^0$; **15.** $r = 1$, $\varphi = 240^0$; **16.** $r = 2$, $\varphi = 270^0$; **17.** $r = 13$, $\varphi = 337^0\ 23'$.

Man bringe folgende komplexe Zahlen auf die Exponentialform:

18. 1; **19.** j; **20.** -1; **21.** $-j$; **22.** $1 - j$; **23.** $-\dfrac{1}{2} + \dfrac{j}{2}\sqrt{3}$; **24.** $8 + 15\,j$.

Lösungen: **18.** $e^0 = e^{2\pi j}$. (Lassen wir die Beschränkung auf das Intervall von 0 bis 2π fallen, so lautet die Lösung: $e^{2k\pi j}$ für $k = 0,\ \pm\,1,\ \pm\,2,\ \ldots$);

19. $e^{\frac{\pi}{2}j}$; **20.** $e^{\pi j}$; **21.** $e^{\frac{3\pi}{2}j}$; **22.** $\sqrt{2}\,e^{\frac{7\pi}{4}j} = 1{\cdot}414\,e^{5{\cdot}5\,j}$;

23. $e^{\frac{2\pi}{3}j} = e^{2{\cdot}194\,j}$; **24.** $17\,e^{1{\cdot}081\,j}$.

Man bringe auf die Komponentenform:

25. $e^{0{\cdot}19\,j}$; **26.** $\dfrac{1}{2}\,e^{\frac{3\pi}{2}j}$; **27.** $2\,e^{-\frac{\pi}{4}j}$;

28. $3{\cdot}3\,e^{-3{\cdot}3\,j}$; **29.** $\sqrt{3}\,e^{1{\cdot}309\,j}$; **30.** e^{j};

Lösungen: **25.** $\cos 0{\cdot}19 + j\sin 0{\cdot}19 = \cos 10^0\ 53' + j\sin 10^0\ 53' =$

$= 0{\cdot}982 + 0{\cdot}1889\,j$; **26.** $-\dfrac{j}{2}$; **27.** $1{\cdot}414 - 1{\cdot}414\,j$; **28.** $-3{\cdot}26 + 0{\cdot}521\,j$;

29. $0{\cdot}4485 + 1{\cdot}673\,j$; **30.** $0{\cdot}540 + 0{\cdot}841\,j$.

3. Addition und Subtraktion von Vektoren.

Ein Vektor ist eine Strecke von bestimmter Länge, bestimmter Richtung und bestimmtem Richtungssinn. Man unterscheidet demnach bei einem Vektor Anfangs- und Endpunkt. Auf die Lage des Anfangs-

punktes kommt es nicht an, man kann einen Vektor beliebig ver-
schieben; die beiden Vektoren $\overrightarrow{OP}$ und $\overrightarrow{O'P'}$ in Abb. 224 sind einander
gleich. Man bezeichnet Vektoren meist mit deutschen Buchstaben:
$\overrightarrow{OP} = \overrightarrow{O'P'} = \mathfrak{Z}$. Die Länge des Vektors $\mathfrak{Z}$ heißt sein absoluter Be-
trag und wird mit $|\mathfrak{Z}|$ bezeichnet.

Beispiele für Vektorgrößen in der Physik sind
Kräfte, Geschwindigkeiten, Beschleunigungen usw.
Bei unseren Betrachtungen ist immer vorausgesetzt,
daß die Vektoren in einer Ebene liegen; räumliche
Vektoren schließen wir aus. Auf Grund der vorangegangenen Erklärungen können wir folgende Fest-
setzungen treffen:

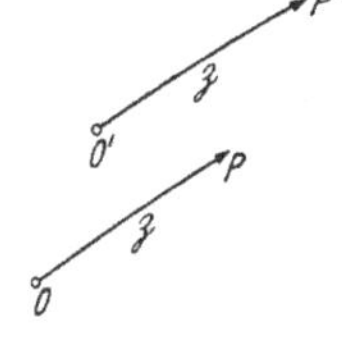

Abb. 224.

1. Ein Vektor ist durch Angabe seiner Horizontal- und seiner
Vertikalkomponente eindeutig bestimmt (Komponentenzerlegung wie
bei Kräften).

2. $-\mathfrak{Z}$ ist der zu $\mathfrak{Z}$ entgegengesetzt gerichtete Vektor von derselben Länge.

3. $k\,\mathfrak{Z}$ ist ein Vektor mit der k-fachen Länge
von $\mathfrak{Z}$. Ist k positiv, hat $k\,\mathfrak{Z}$ dieselbe, sonst
die entgegengesetzte Richtung von $\mathfrak{Z}$. Für
$k = 0$ entsteht ein Nullvektor, bei welchem
Anfangs- und Endpunkt zusammenfallen.

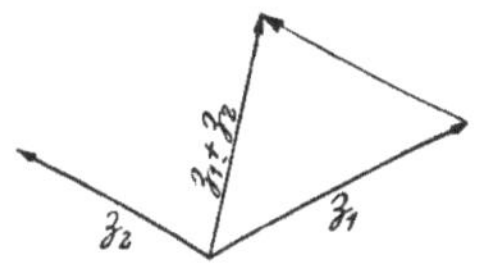

Abb. 225. Addition von
Vektoren.

4. Unter der Summe von zwei Vektoren
$\mathfrak{Z}_1 + \mathfrak{Z}_2$ versteht man einen Vektor $\mathfrak{Z}$, der
durch Ansatz von $\mathfrak{Z}_2$ an $\mathfrak{Z}_1$ (oder umgekehrt) erhalten wird (Abb. 225).

Stellt man nun eine komplexe Zahl $z = x + jy$, statt wie bisher
mittels ihres Bildpunktes z durch den Vektor $\mathfrak{Z} = \overrightarrow{Oz}$ dar (Abb. 226),
so bleiben ihr absoluter Betrag und ihr Winkel
gleich, wenn man $\mathfrak{Z}$ auch an eine andere Stelle
zeichnet. Nur, wenn der Endpunkt von $\mathfrak{Z}$ mit z
zusammenfallen soll, muß sein Anfangspunkt in O
liegen. Man nennt einen Vektor, dessen Anfangspunkt an einen festen Ort gebunden ist, einen Ortsvektor. Die in den Punkten 1. bis 4. angeführten
Tatsachen entsprechen ganz den Rechenregeln mit
komplexen Zahlen. Insbesondere zeigt Abb. 227, daß komplexe
Zahlen graphisch wie Vektoren addiert werden. Ist nämlich

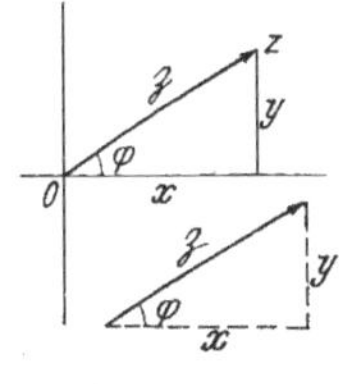

Abb. 226.

$$z_1 = x_1 + jy_1,$$
$$z_2 = x_2 + jy_2$$

und

$$z = z_1 + z_2 = (x_1 + j\,y_1) + (x_2 + j\,y_2) = (x_1 + x_2) + j\,(y_1 + y_2),$$

so bestätigt die Kongruenz der schraffierten Dreiecke die Richtigkeit der Behauptung.

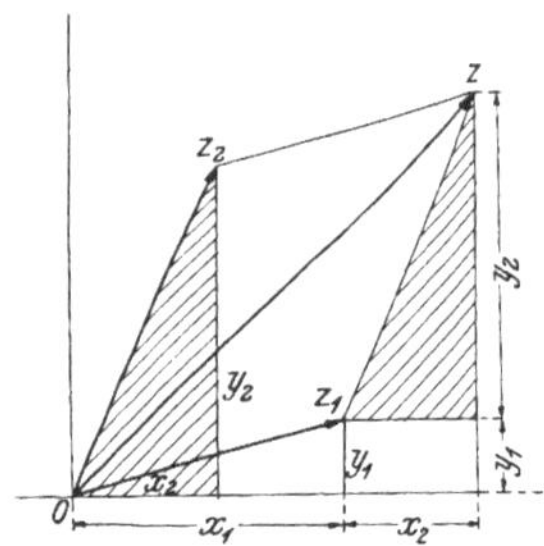

Abb. 227. Geometrische
Addition komplexer Zahlen:
$z = z_1 + z_2$.

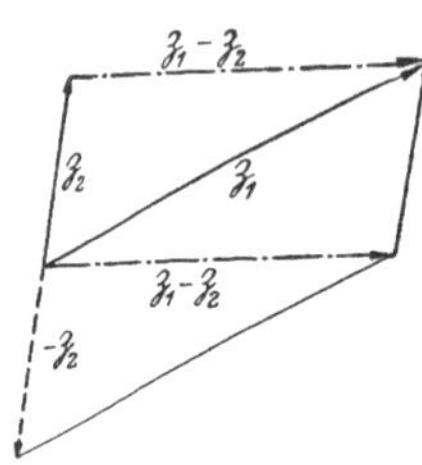

Abb. 228. Subtraktion
von Vektoren.

Besprechen wir noch kurz die Subtraktion von Vektoren, so kann diese vermittels $\mathfrak{Z}_1 - \mathfrak{Z}_2 = \mathfrak{Z}_1 + (-\mathfrak{Z}_2)$ auf die Addition zurückgeführt werden. Setzt man $\mathfrak{Z}_1 - \mathfrak{Z}_2 = \mathfrak{Z}$, so kann man $\mathfrak{Z}$ auch finden, indem man jenen Vektor sucht, der zu $\mathfrak{Z}_2$ addiert, $\mathfrak{Z}_1$ ergibt. Abb. 228 zeigt die zeichnerische Durchführung beider Auffassungen. Die graphische Subtraktion von komplexen Zahlen vollzieht sich genau so.

Das Ergebnis unserer Betrachtungen ist, daß man komplexe Zahlen nicht nur durch Punkte, sondern auch durch Vektoren darstellen kann und daß man sie graphisch wie Vektoren addiert und subtrahiert. Daher werden komplexe Zahlen häufig wie Vektoren durch deutsche Buchstaben bezeichnet.

Übungen. 1. Man zeige, daß der Punkt $\dfrac{z_1 + z_2}{2}$ der Mittelpunkt der Strecke $\overline{z_1 z_2}$ ist.

2. Man deute $|z_1 - z_2|$ geometrisch.

Lösung: Entfernung der beiden Punkte z_1 und z_2.

3. Man zeige graphisch, daß

$$\text{a)} \quad |z_1 + z_2| \leqq |z_1| + |z_2|,$$
$$\text{b)} \quad |z_1 + z_2| \geqq |z_1| - |z_2|,$$
$$\text{c)} \quad |z_1 - z_2| \geqq |z_1| - |z_2|.$$

Lösung: Folgt aus dem Satz, daß jede Dreieckseite kleiner ist als die Summe und größer als die Differenz der beiden andern Seiten. Wann gilt das Gleichheitszeichen?

4. Was für eine Kurve erfüllen die Punkte z, für welche

    a) $|z| = $ konst.,

    b) $|z - z_1| = $ konst.,

    c) $|z - z_1| = |z - z_2|$,

wenn z_1 und z_2 gegebene Punkte sind?

Lösungen: **a)** Kreis um O; **b)** Kreis um z_1; **c)** Symmetrale der beiden Punkte z_1 und z_2.

5. Es seien n Punkte $P_1\,(x_1,\ y_1)$, $P_2\,(x_2, y_2)$, $\ldots\, P_n\,(x_n, y_n)$ gegeben und jeder sei mit der Masse m belegt. (Abb. 229, wo $n = 3$ ist.) Man zeige,

a) daß der Schwerpunkt S dieses Punktesystems die Koordinaten

$$S\left(\frac{x_1 + x_2 + \ldots + x_n}{n},\quad \frac{y_1 + y_2 + \ldots + y_n}{n} \right)$$

hat,

b) daß S gefunden wird, indem man die Vektoren $\overrightarrow{OP_1}$, $\overrightarrow{OP_2}$, $\ldots \overrightarrow{OP_n}$ geometrisch addiert und die Resultierende $\overrightarrow{OR}$ in n gleiche Teile teilt.

Lösung: **a)** Folgt aus dem Momentensatz in bezug auf jede der beiden Achsen analog § 17.

b) Faßt man die Punkte P_1, P_2, $\ldots P_n$ als Bilder der komplexen Zahlen $z_1 = x_1 + j\,y_1$, $z_2 = x_2 + j\,y_2$, $\ldots z_n = x_n + j\,y_n$ auf, so ist R der Bildpunkt von $z_1 + z_2 + \ldots + z_n$ und S der Bildpunkt von $\dfrac{z_1 + z_2 + \ldots + z_n}{n}$.

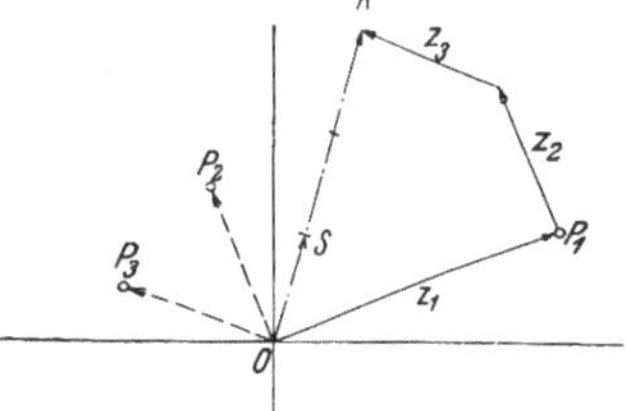

Abb. 229. Schwerpunkt S eines Systems von Massepunkten.

6. Zeichnet man ein beliebiges regelmäßiges Vieleck mit dem Mittelpunkt in O, so ist die Summe der von O nach den Eckpunkten des Vielecks laufenden Vektoren gleich Null.

Lösung: Folgt aus **5.**, da der Schwerpunkt der Eckpunkte in O liegen muß. Die Begründung, die aus einfachen mechanischen Überlegungen folgt, sei dem Studierenden überlassen.

4. Überlagerung von Schwingungen gleicher Frequenz.

Wir haben schon in § 6, 3. gesehen, daß die Projektion P' eines Punktes P, der einen Kreis (r) mit der konstanten Winkelgeschwindigkeit ω durchläuft, auf dem vertikalen Durchmesser eine Sinusschwingung vollführt, und zwar ist der Weg $y = \overrightarrow{OP'}$ des schwingenden Punktes gleich der Projektion des rotierenden Vektors $\overrightarrow{OP}$ auf den Durchmesser, also (Abb. 230):

$$y = r \sin \omega\, t.$$

Ebenso vollführt die Projektion P'' auf den horizontalen Durchmesser eine Schwingung

$$x = r \cos \omega\, t.$$

Beide Schwingungen werden gleichze tig erfaßt, wenn man den rotierenden Vektor $\overrightarrow{OP}$ durch eine komplexe Größe

$$z = r\,(\cos \omega\,t + j \sin \omega\,t) = r\,e^{j\,\omega\,t} \qquad (1)$$

mit veränderlichem t darstellt. Befindet sich der Punkt P zur Zeit $t = 0$ nicht an der Stelle A der Abb. 230, sondern an der mit $t = 0$ bezeichneten Stelle der Abb. 231, so lautet die (1) entsprechende Gleichung:

$$z = r\,[\cos (\omega\,t + \varphi) + j \sin (\omega\,t + \varphi)] = r\,e^{j\,(\omega\,t + \varphi)} \qquad (2)$$

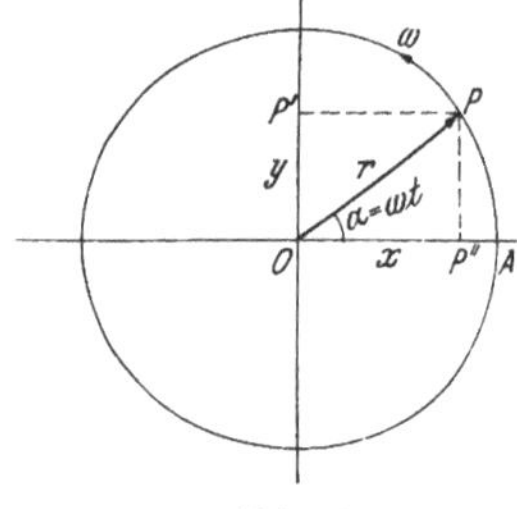

Abb. 230.

Die Schwingung: $r\,e^{j\omega t}$.

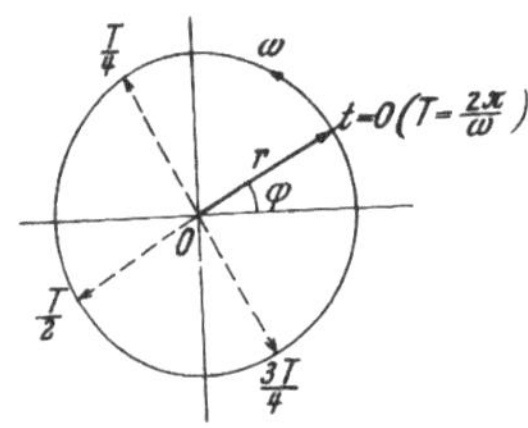

Abb. 231.

Die Schwingung: $r\,e^{j\,(\omega\,t + \varphi)}$.

Der reelle Bestandteil $r \cos (\omega\,t + \varphi)$ von (2) entspricht der Schwingung auf dem horizontalen Durchmesser, der imaginäre Bestandteil $r \sin (\omega\,t + \varphi)$ der Schwingung auf dem vertikalen Durchmesser.

Die Schwingungen sind durch Angabe der Amplitude r, der Anfangsphase φ und der Kreisfrequenz ω bestimmt. Zu ihrer Festlegung genügt es, wenn der rotierende Ortsvektor in der Anfangslage ($t = 0$) gezeichnet wird und zu seiner Spitze eventuell ein krummer Pfeil mit der Bezeichnung ω hinzugefügt wird (vgl. Abb. 232). Bei der Darstellung von Wechselstromgrößen in der Form (1) oder (2) wird r meist nicht mit Amplitude, sondern mit „Scheitelwert" oder „Maximalwert" bezeichnet. Man beachte, daß in

$$z = r\,e^{j\,(\omega\,t + \varphi)} = r\,e^{j\,\varphi} \cdot e^{j\,\omega\,t} = z_0\,e^{j\,\omega\,t}$$

$z_0 = r\,e^{j\,\varphi}$ komplex, daß aber wegen $|\,e^{j\,\varphi}\,| = 1$ der absolute Betrag $|\,z_0\,| = r$ ist.

In Abb. 232 sind nun zwei Sinusschwingungen mit gleicher Kreisfrequenz, aber verschiedener Amplitude und verschiedener Anfangsphase durch die komplexen Zahlen (Vektoren) z_1 und z_2 gegeben. Ihrer Überlagerung entspricht die Summe der beiden rotierend gedachten Vektoren. Es rotiert dann das ganze Dreieck $O z_1 z$ mit der

Winkelgeschwindigkeit ω, d. h.: *Die Zusammensetzung von zwei Sinusschwingungen mit gleicher Frequenz ergibt wieder eine Sinusschwingung derselben Frequenz.*

Um die Amplitude r und die Anfangsphase φ der resultierenden Schwingung z zu erhalten, braucht man nur die beiden komplexen Zahlen z_1 und z_2 zu addieren. Es sei

$$z_1 = r_1 (\cos \varphi_1 + j \sin \varphi_1),$$
$$z_2 = r_2 (\cos \varphi_2 + j \sin \varphi_2).$$

Dann ist

$$z = r (\cos \varphi + j \sin \varphi) = z_1 + z_2$$

zu ermitteln aus:

$$r \cos \varphi + j\, r \sin \varphi = r_1 \cos \varphi_1 + r_2 \cos \varphi_2 +$$
$$+ j\, (r_1 \sin \varphi_1 + r_2 \sin \varphi_2).$$

Aus der Gleichheit dieser beiden komplexen Zahlen folgen die Gleichungen

$$r \cos \varphi = r_1 \cos \varphi_1 + r_2 \cos \varphi_2,$$
$$r \sin \varphi = r_1 \sin \varphi_1 + r_2 \sin \varphi_2.$$

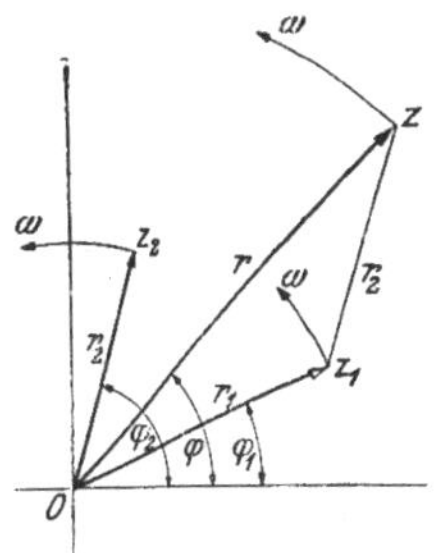

Abb. 232. Die Überlagerung von zwei Sinusschwingungen gleicher Frequenz.

(Vgl. Abb. 227 der vorigen Nummer, woraus man diese beiden Gleichungen hätte unmittelbar ablesen können.) Quadriert und addiert man die beiden Gleichungen, so ergibt sich nach kurzer Rechnung

$$r = \sqrt{r_1{}^2 + r_2{}^2 + 2\, r_1 r_2 \cos (\varphi_2 - \varphi_1)} \qquad (3)$$

und durch Division der beiden Gleichungen findet man

$$\operatorname{tg} \varphi = \frac{r_1 \sin \varphi_1 + r_2 \sin \varphi_2}{r_1 \cos \varphi_1 + r_2 \cos \varphi_2}, \qquad (4)$$

womit Amplitude und Anfangsphase der zusammengesetzten Schwingung berechnet sind.

Übungen. 1. Man lasse z_1 und z_2 der Abb. 232 mit verschiedenen Winkelgeschwindigkeiten rotieren und überzeuge sich durch Einzeichnung einiger Lagen zu verschiedenen Zeiten, daß z dann keinen Kreis mehr beschreibt, wodurch gezeigt ist, daß die Überlagerung von zwei Sinusschwingungen verschiedener Frequenz keine Sinusschwingung ergibt.

2. Unter Beachtung, daß $\sphericalangle\, O z_1 z = 180 - (\varphi_2 - \varphi_1)$ ist, berechne man r nach dem Kosinussatz, $\operatorname{tg} \varphi$ mittels des Sinussatzes.

3. Man zeichne die Sinuslinien $y_1 = r_1 \sin (\omega t + \varphi_1)$ und $y_2 = r_2 \sin (\omega t + \varphi_2)$ in Übereinstimmung mit der Annahme in Abb. 232 für $\omega = 1$, addiere sie geometrisch und vergleiche das Ergebnis mit der Abb. 232.

4. Welche Werte ergeben sich aus (3) und (4), wenn

a) $\varphi_2 = \varphi_1$, **b)** $\varphi_2 = \dfrac{\pi}{2} + \varphi_1$, **c)** $r_2 = r_1$, **d)** $r_2 = r_1$ und $\varphi_2 = \pi + \varphi_1$ ist?

Man stelle diese Spezialfälle mittels Vektoren und durch Sinuslinien dar. Man leite das Ergebnis auch direkt ohne Benutzung von (3) und (4) ab.

Hossner, Höhere Mathematik. 22

Lösungen: a) $r = r_1 + r_2$, $\varphi = \varphi_1 = \varphi_2$; **b)** $r = \sqrt{r_1^2 + r_2^2}$, $\mathrm{tg}\,(\varphi - \varphi_1) =$
$= \dfrac{r_2}{r_1}$; **c)** $r = 2\,r_1 \cos \dfrac{\varphi_2 - \varphi_1}{2}$, $\varphi = \dfrac{\varphi_2 + \varphi_1}{2}$; **d)** $r = 0$, φ ist unbestimmt.

5. Man überlagere drei Schwingungen gleicher Amplitude, die gegeneinander um 120^0 phasenverschoben sind und zeige, daß die resultierende Amplitude Null ist. (Stromlose Rückleitung beim Drehstrom; vgl. Übung 6. der vorigen Nummer und Abb. 236.)

5. Multiplikation und Division von komplexen Zahlen.

Die Multiplikation von zwei komplexen Zahlen
$$z_1 = r_1\,e^{j\,\varphi_1}$$
und
$$z_2 = r_2\,e^{j\,\varphi_2}$$
liefert das Ergebnis
$$\boxed{z = z_1 z_2 = r_1\,r_2\,e^{j\,(\varphi_1 + \varphi_2)}}\,.$$

In Worten: *Bei der Multiplikation von zwei komplexen Zahlen werden die absoluten Beträge multipliziert und die Winkel addiert.*

In diesem Satz ist auch das Ergebnis enthalten:
Der absolute Betrag eines Produktes von zwei komplexen Zahlen ist gleich dem Produkt ihrer absoluten Beträge.

In mathematischer Formelsprache:
$$\left| z_1 \cdot z_2 \right| = \left| z_1 \right| \cdot \left| z_2 \right|.$$
(Vgl. die entsprechenden Sätze über Summe und Differenz in Übung 3, S. 334.)

Wir wollen das Produkt von zwei komplexen Zahlen nicht als das Produkt zweier Vektoren ansehen. In der Vektorrechnung, die sich mit den Vektoren im Raume beschäftigt, versteht man nämlich unter dem Produkt von zwei Vektoren etwas ganz anderes als das, was bei der Multiplikation von zwei komplexen Zahlen herauskommt. Wenn wir uns hier auch ausdrücklich auf Vektoren in der Ebene beschränken, so könnten doch vielleicht Mißverständnisse entstehen. Wir wählen eine Formulierung, die für die Anwendungen von Nutzen ist, und sagen:

Ein Vektor erfährt durch Multiplikation mit einer komplexen Zahl $r\,e^{j\,\varphi}$ eine Drehstreckung, und zwar eine Drehung um den Winkel φ und eine Streckung auf das r-fache.

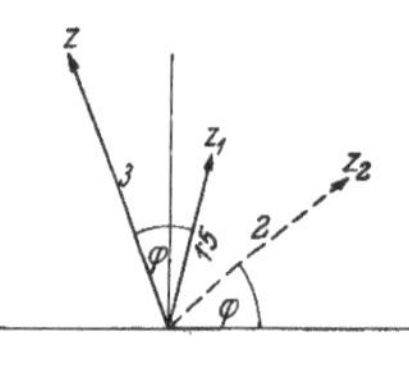

Abb. 233. $z = z_1 \cdot z_2$.

In der Tat geht ein gegebener Vektor durch Multiplikation mit einer komplexen Zahl in einen anderen über, dessen Winkel um φ größer und der r-mal so lang ist. In Abb. 233

wurde z. B. der Vektor z_1 vom absoluten Betrag $1\cdot5$ mit der komplexen Zahl $z_2 = 2\,e^{j\,\varphi}$ multipliziert; z_1 wurde zunächst um den Winkel φ gedreht und dann verdoppelt.

Sind die beiden komplexen Zahlen in Komponentenform gegeben, so ist es für die Ausführung der Multiplikation natürlich nicht erforderlich, sie auf die Polar- oder Exponentialform zu bringen. Zum Beispiel:

$$(1 + 2\,j)\cdot(-3 + j) = -3 - 6\,j + j - 2 = -5 - 5\,j,$$

oder

$$(x + jy)\cdot(x - jy) = x^2 + y^2.$$

Die Winkel der beiden Faktoren sind entgegengesetzt gleich, das Ergebnis muß daher reell sein.

Ganz ähnlich erhält man die Gesetze für die Division von komplexen Zahlen. Aus

$$\frac{z_1}{z_2} = \frac{r_1\,e^{j\,\varphi_1}}{r_2\,e^{j\,\varphi_2}} = \frac{r_1}{r_2}\,e^{j\,(\varphi_1 - \varphi_2)}$$

ergeben sich folgende Sätze:

Bei der Division von zwei komplexen Zahlen werden die absoluten Beträge dividiert und die Winkel subtrahiert.

Der absolute Betrag eines Bruches ist gleich dem absoluten Betrag des Zählers gebrochen durch den absoluten Betrag des Nenners.

In Zeichen:

$$\left|\frac{z_1}{z_2}\right| = \frac{|z_1|}{|z_2|}$$

Ein Vektor erfährt durch Division durch eine komplexe Zahl $r\,e^{j\,\varphi}$ eine Drehstreckung, und zwar eine Drehung um $-\varphi$ und eine Streckung auf das $\dfrac{1}{r}$-fache.

Sind die beiden komplexen Zahlen in Komponentenform gegeben, so wird der Bruch mit der konjugiert komplexen Zahl erweitert. Zum Beispiel:

$$\frac{1 + 2\,j}{-3 + j} = \frac{(1 + 2\,j)\,(-3 - j)}{(-3 + j)\,(-3 - j)} = \frac{-3 - 6\,j - j + 2}{9 + 1} = -\frac{1}{10} - \frac{7}{10}\,j.$$

Die graphische Multiplikation und Division erläutern wir an einem kombinierten Beispiel. Es sei

$$z = \frac{z_1\cdot z_2}{z_3} = \frac{r_1\,e^{j\,\varphi_1}\cdot r_2\,e^{j\,\varphi_2}}{r_3\,e^{j\,\varphi_3}} = \frac{r_1\,r_2}{r_3}\,e^{j\,(\varphi_1 + \varphi_2 - \varphi_3)}.$$

Der Winkel φ von z ist demnach $\varphi_1 + \varphi_2 - \varphi_3$, der absolute Betrag r von z wird wegen $r = \dfrac{r_1\,r_2}{r_3}$ nach der Proportion $r_3 : r_2 = r_1 : r$

konstruiert. Abb. 234 zeigt die Ausführung für $z_1 = 2 + j$, $z_2 = -1 - j$, $z_3 = -1 + 2j$. Durch die graphische Darstellung dieser 3 Zahlen sind ihre Winkel und ihre absoluten Beträge bekannt, die Konstruktion selbst bedarf keiner näheren Erklärung.

Die Rechnung ergibt:

$$z = \frac{(2+j)(-1-j)}{-1+2j} = \frac{-1-3j}{-1+2j} = \frac{1+3j}{1-2j} =$$
$$= \frac{(1+3j)(1+2j)}{5} = -1 + j$$

in Übereinstimmung mit dem graphischen Ergebnis.

Die graphische Multiplikation und Division sind Spezialfälle von $\dfrac{z_1 \cdot z_2}{z_3}$ für $z_3 = 1$ bzw. $z_2 = 1$.

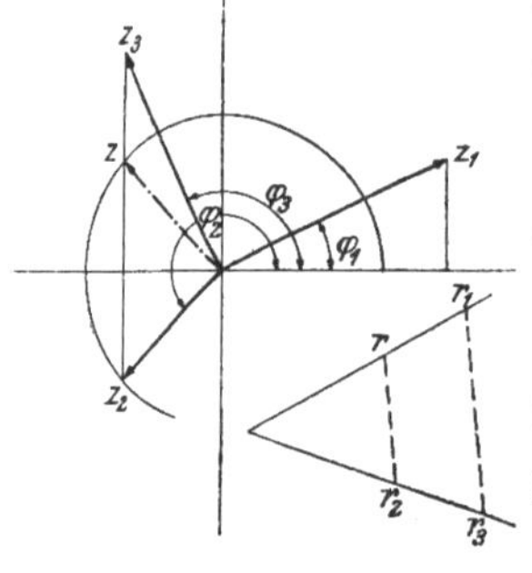

Abb. 234. $z = \dfrac{z_1 z_2}{z_3}$.

Übungen. 1. Welche Drehstreckungen erfährt ein Vektor durch Multiplikation mit **a)** j, j^2, j^3, ...; **b)** $\cos\varphi \pm j\sin\varphi$; **c)** a; **d)** jb; **e)** $3 + 4j$?

Lösungen: a) Drehung um $\dfrac{\pi}{2}$, $\dfrac{2\pi}{2}$, $\dfrac{3\pi}{2}$, ...; **b)** Drehung um $\pm\varphi$;

c) Streckung auf das a-fache; **d)** Streckung auf das b-fache und Drehung um $\dfrac{\pi}{2}$; **e)** Streckung auf das 5-fache und Drehung um $53^0\,8'$.

2. Welche Drehstreckungen erfährt ein Vektor, wenn er durch die in **1.** angegebenen Zahlen dividiert wird?

Man ermittle graphisch und rechnerisch:

3. $\dfrac{(-3+j)(1-2j)}{1+j}$; **4.** $\dfrac{(1-j)(2+j)}{j}$; **5.** $(3+4j)(1-j)$;

6. $\dfrac{4-3j}{2+j}$; **7.** $(2+j\sqrt{3})(2-j\sqrt{3})$; **8.** $(1\pm j)^2$; **9.** $\left(-\dfrac{1}{2}\pm\dfrac{j}{2}\sqrt{3}\right)^3$;

10. $\dfrac{5}{1+2j}$; **11.** $\dfrac{3j}{\sqrt{2}+j}$; **12.** $\dfrac{1}{\cos\varphi + j\sin\varphi}$.

Lösungen: 3. $3+4j$; **4.** $-1-3j$; **5.** $7+j$; **6.** $1-2j$; **7.** 7; **8.** $\pm 2j$; **9.** 1; **10.** $1-2j$; **11.** $1 + j\sqrt{2}$; **12.** $\cos\varphi - j\sin\varphi$.

Man berechne den absoluten Betrag von:

13. $(a+bj)(c+dj)$; **14.** $\dfrac{a+bj}{c+dj}$; **15.** $\dfrac{a+bj}{a-bj}$; **16.** $(a+bj)(a-bj)$.

Lösungen: 13. $\sqrt{(a^2+b^2)(c^2+d^2)}$; **14.** $\sqrt{\dfrac{a^2+b^2}{c^2+d^2}}$; **15.** 1; **16.** $a^2 + b^2$.

Man berechne:

17. $\dfrac{m+jn}{m-jn}$; **18.** $\dfrac{1+j}{(1-j)^3}$;

19. $\dfrac{1+j}{1-j} + \dfrac{1-j}{1+j}$; **20.** $\dfrac{a+jb}{c+jd} + \dfrac{a-jb}{c-jd}$.

Lösungen: **17.** $\dfrac{m^2 - n^2}{m^2 + n^2} + j\,\dfrac{2\,m\,n}{m^2 + n^2}$;   **18.** $-\dfrac{1}{2}$;   **19.** 0;

$$\textbf{20.}\quad \frac{2\,(a\,c + b\,d)}{c^2 + d^2}.$$

21. Eine ebene Figur (in Abb. 235 die Kurve K) wird um 0 um einen Winkel α gedreht. Welche Beziehung besteht zwischen den Koordinaten x, y eines Punktes P und jenen x', y' des gedrehten Punktes P'?

Lösung: Wir betrachten P als Bildpunkt der komplexen Zahl $z = x + j\,y$ und P' als Bildpunkt von $z' = x' + j\,y'$. Dann besteht zwischen z und z' die Beziehung

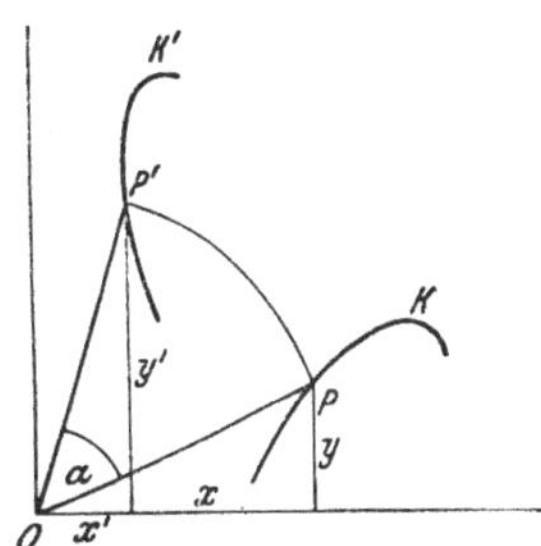

$$z' = z\,e^{j\,\alpha}, \qquad (1)$$

bzw.

$$z = z'\,e^{-j\,\alpha}. \qquad (2)$$

Gleichung (1) lautet ausführlich geschrieben:

$$x' + j\,y' = (x + j\,y)\,(\cos\alpha + j\sin\alpha)$$

oder

$$x' + j\,y' = x\cos\alpha - y\sin\alpha + j\,(x\sin\alpha + y\cos\alpha).$$

Daraus folgt

$$\begin{aligned} x' &= x\cos\alpha - y\sin\alpha, \\ y' &= x\sin\alpha + y\cos\alpha. \end{aligned} \qquad (1^*)$$

Genau so ergibt sich aus (2):

$$\begin{aligned} x &= x'\cos\alpha + y'\sin\alpha, \\ y &= -x'\sin\alpha + y'\cos\alpha. \end{aligned} \qquad (2^*)$$

Abb. 235. Drehung einer Figur um 0.

Man kann (2*) auch direkt aus (1*) erhalten, indem man α durch $-\alpha$ ersetzt oder auch, indem man die beiden Gleichungen (1*) nach x und y auflöst.

22. Man führe die beiden Hyperbelgleichungen

$$x^2 - y^2 = a^2 \quad \text{und} \quad x\,y = \frac{a^2}{2}$$

durch entsprechende Drehung der einen Hyperbel ineinander über.

6. Potenzen und Wurzeln.

Aus

$$[r\,(\cos\varphi + j\sin\varphi)]^n = (r\,e^{j\,\varphi})^n = r^n\,e^{j\,n\,\varphi} = r^n\,(\cos n\,\varphi + j\sin n\,\varphi)$$

folgt für $r = 1$ das uns schon bekannte *Moivresche Theorem* (16), S. 245.

Erfolgt die Potenzierung mit $\dfrac{1}{n}$, so erhält man

$$\sqrt[n]{z} = (r\,e^{j\,\varphi})^{\frac{1}{n}} = \sqrt[n]{r}\,e^{j\,\frac{\varphi}{n}} = \sqrt[n]{r}\left(\cos\frac{\varphi}{n} + j\sin\frac{\varphi}{n}\right). \qquad (1)$$

Damit sind aber nicht alle Lösungsmöglichkeiten von $\sqrt[n]{z}$ erschöpft.

Ersetzen wir nämlich in (1) das Argument $\dfrac{\varphi}{n}$ durch

$$\frac{\varphi + 2\,k\,\pi}{n} \quad [k = 0, 1, 2, \dots\dots (n-1)],$$

so ergeben sich n verschiedene Winkel und damit auch n verschiedene

Werte für $\sqrt[n]{z}$. Erst von $k = n$ angefangen wiederholen sich die bereits erhaltenen Werte wegen der Periodizität des Kosinus und Sinus, da

$$\frac{\varphi + 2n\pi}{n} = \frac{\varphi}{n} + 2\pi.$$

Wir müssen deshalb, um sämtliche Werte von $\sqrt[n]{z}$ zu erhalten, Gleichung (1) durch

$$\sqrt[n]{z} = \sqrt[n]{r}\left(\cos\frac{\varphi + 2k\pi}{n} + j\sin\frac{\varphi + 2k\pi}{n}\right), \quad [k = 0, 1, \ldots (n-1)] \quad (2)$$

ersetzen.

Beispiele: 1. Es soll $\sqrt[3]{1}$ berechnet werden. Hier ist $r = 1$, $\varphi = 0$ (Abb. 236). Nennen wir die 3 Wurzeln z_1, z_2, z_3, so erhalten wir nach (2):

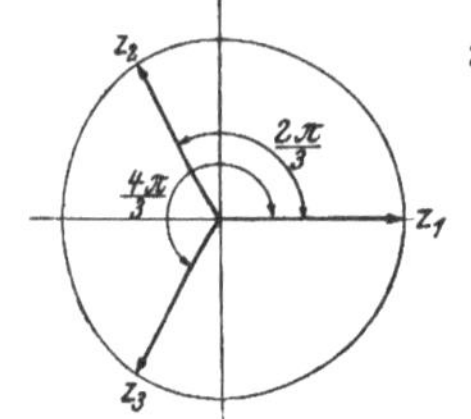

$$z_1 = \cos 0 + j\sin 0 = 1,$$

$$z_2 = \cos\frac{2\pi}{3} + j\sin\frac{2\pi}{3} = -\frac{1}{2} + \frac{j}{2}\sqrt{3},$$

$$z_3 = \cos\frac{4\pi}{3} + j\sin\frac{4\pi}{3} = -\frac{1}{2} - \frac{j}{2}\sqrt{3}.$$

z_1, z_2 und z_3 heißen die 3ten Einheitswurzeln. Man ersieht aus Abb. 236, daß z. B. $z_2^3 = 1$ sein muß.

Abb. 236. Die 3ten Einheitswurzeln.

Denn $|z_2| = 1$ und $\varphi_2 = \frac{2\pi}{3}$, daher $3\,\varphi_2 = 2\pi$.

2. Ebenso erhält man für $\sqrt[4]{-1}$ wegen $r = 1$ und $\varphi = \pi$:

$$z_1 = \cos\frac{\pi}{4} + j\sin\frac{\pi}{4} = \frac{1}{\sqrt{2}}(1 + j),$$

$$z_2 = \cos\frac{3\pi}{4} + j\sin\frac{3\pi}{4} = \frac{1}{\sqrt{2}}(-1 + j),$$

$$z_3 = \cos\frac{5\pi}{4} + j\sin\frac{5\pi}{4} = \frac{1}{\sqrt{2}}(-1 - j),$$

$$z_4 = \cos\frac{7\pi}{4} + j\sin\frac{7\pi}{4} = \frac{1}{\sqrt{2}}(1 - j).$$

Die **Bildpunkte** dieser Wurzeln bilden ein Quadrat.

3. Um $\sqrt{5 + 12j}$ zu bestimmen, ermitteln wir zunächst r und erhalten

$$r = \sqrt{5^2 + 12^2} = 13.$$

Daher ist $5 + 12j = 13\left(\frac{5}{13} + \frac{12}{13}j\right)$, also $\cos\varphi = \frac{5}{13}$.

Wir brauchen $\cos\frac{\varphi}{2}$ und $\sin\frac{\varphi}{2}$:

$$\cos\frac{\varphi}{2} = \sqrt{\frac{1 + \frac{5}{13}}{2}} = \frac{3}{\sqrt{13}}, \quad \sin\frac{\varphi}{2} = \sqrt{\frac{1 - \frac{5}{13}}{2}} = \frac{2}{\sqrt{13}}.$$

Die hier auftretenden Wurzeln sind positiv, weil $\frac{\varphi}{2}$ spitz ist.

Daher ist

$$z_1 = \sqrt{13}\left(\frac{3}{\sqrt{13}} + j\,\frac{2}{\sqrt{13}}\right) = 3 + 2\,j.$$

Um z_2 zu finden, berechnen wir

$$\cos\frac{\varphi + 2\,\pi}{2} = \cos\left(\frac{\varphi}{2} + \pi\right) = -\cos\frac{\varphi}{2} = -\frac{3}{\sqrt{13}}$$

und

$$\sin\frac{\varphi + 2\,\pi}{2} = -\frac{2}{\sqrt{13}}.$$

Daher ist

$$z_2 = -3 - 2\,j = -z_1.$$

Dieses Beispiel hätte sich auch auf folgendem Wege lösen lassen. Setzt man $\sqrt{5 + 12\,j} = x + jy$ und quadriert, so erhält man

$$5 + 12\,j = x^2 - y^2 + 2\,j\,x\,y$$

und daraus die beiden Gleichungen

$$x^2 - y^2 = 5, \qquad\qquad xy = 6$$

zur Bestimmung von x und y. Die Lösungen dieser Gleichungen stimmen mit den obigen Resultaten überein.

Übungen. 1. Entwickelt man $(\cos\varphi + j\sin\varphi)^n$ nach dem binomischen Lehrsatz und setzt diese Entwicklung auf Grund des *Moivreschen Theorems* gleich $\cos n\,\varphi + j\sin n\,\varphi$, so lassen sich $\cos n\,\varphi$ und $\sin n\,\varphi$ durch die Funktionen von φ ausdrücken. Man führe das für $n = 2$ und $n = 3$ durch.

Lösung: $(\cos\varphi + j\sin\varphi)^2 = \cos^2\varphi - \sin^2\varphi + 2\,j\sin\varphi\cos\varphi.$
Andererseits ist $(\cos\varphi + j\sin\varphi)^2 = \cos 2\,\varphi + j\sin 2\,\varphi,$
daher:

$$\cos 2\,\varphi = \cos^2\varphi - \sin^2\varphi, \quad \sin 2\,\varphi = 2\sin\varphi\cos\varphi.$$

Ebenso ergibt sich

$$\cos 3\,\varphi = 4\cos^3\varphi - 3\cos\varphi,$$
$$\sin 3\,\varphi = 3\sin\varphi - 4\sin^3\varphi.$$

Man ermittle:
2. $(1 + j)^8$;　**3.** $(1 - j)^{10}$;　**4.** $(\sqrt{3} + j)^9$
　a) mit Hilfe des binomischen Lehrsatzes, b) nach dem Moivreschen Theorem.

Lösungen: **2.** 16;　**3.** $-32\,j$;　**4.** $-512\,j$.

Man berechne:

5. $\sqrt[3]{j}$;　**6.** $\sqrt[6]{1}$;　**7.** $\sqrt{2\,j}$;　**8.** $\sqrt{-j}$;　**9.** $\sqrt{35 - 12\,j}$;　**10.** $\sqrt{21 + 20\,j}$.

Lösungen: **5.** $z_1 = \frac{1}{2}\sqrt{3} + \frac{j}{2},\quad z_2 = -\frac{1}{2}\sqrt{3} + \frac{j}{2},\quad z_3 = -j$;

6. $z_{1,\,4} = \pm 1,\quad z_{2,\,5} = \pm\left(\frac{1}{2} + \frac{j}{2}\sqrt{3}\right),\quad z_{3,\,6} = \pm\left(-\frac{1}{2} + \frac{j}{2}\sqrt{3}\right)$;

7. $\pm(1 + j)$;　**8.** $\pm\frac{1}{\sqrt{2}}(1 - j)$;　**9.** $\pm(6 - j)$;　**10.** $\pm(5 + 2\,j)$.

11. Man zeige, daß die Bildpunkte der n^{ten} Einheitswurzeln $\left(\sqrt[n]{1}\right)$ ein regelmäßiges n-Eck bilden.

7. Anwendungsbeispiele.

Wir bringen einige einfache Anwendungen auf die Elektrotechnik.
Dort werden Wechselstromgrößen wie Vektoren behandelt, ohne
wirklich welche zu sein (vgl. Punkt 4 dieses Abschnittes, wie auch
§ 36, 3. und § 38, 2.). Um keine Verwechslung entstehen zu lassen,
bezeichnet man diese zum Unterschied von wirklichen Vektoren
(wie z. B. die elektrische Feldstärke) häufig als „Zeiger"; man stellt
sie durch komplexe Zahlen dar. Sind darunter als Spezialfälle reelle
oder rein imaginäre Größen enthalten, so werden natürlich auch
diese wie Vektoren behandelt (vgl. Abb. 237), aber nicht durchwegs
wie jene mit deutschen Buchstaben bezeichnet, sondern auch durch
lateinische, wie z. B. die reelle Größe R (Ohmscher Widerstand).
Wir schließen uns diesem Gebrauch an, behalten aber die Bezeichnung
„Vektor" bzw. „Ortsvektor" weiterhin bei.

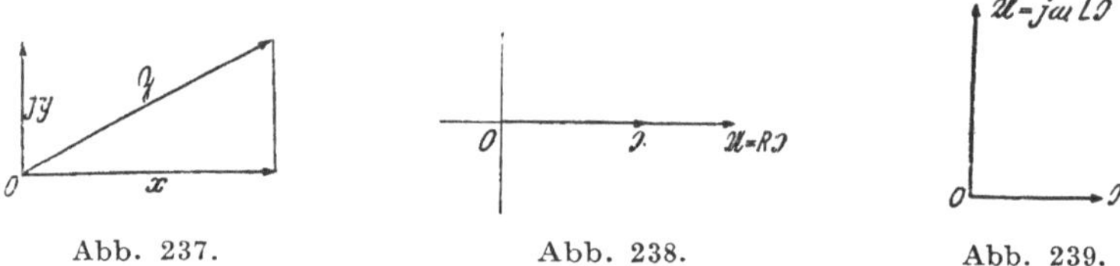

Abb. 237.　　　　　　　Abb. 238.　　　　　　　Abb. 239.

1. Eine Wechselspannung ist gegeben durch den Spannungsvektor
$$\mathfrak{U} = \overline{U}\,e^{j\,\omega t} \quad \text{oder auch durch} \quad \mathfrak{U} = \overline{U}\,e^{j\,(\omega t + \varphi)},$$
ein Wechselstrom durch den Stromvektor
$$\mathfrak{J} = \overline{J}\,e^{j\,\omega t} \quad \text{oder auch durch} \quad \mathfrak{J} = \overline{J}\,e^{j\,(\omega t + \varphi)}.$$
Durchfließt der Strom einen rein Ohmschen Widerstand R, so besteht
zwischen beiden die Beziehung
$$\mathfrak{U} = R\,\mathfrak{J}. \tag{1}$$
Die Abb. 238 zeigt die graphische Darstellung und entspricht dem
Fall $\varphi = 0$.

2. Durchfließt der Strom $\mathfrak{J} = \overline{J}\,e^{j\,\omega t}$ eine verlustfreie Drossel-
spule, so muß die Klemmenspannung $\mathfrak{U}$ die Spannung der Selbstinduktion
$$L\,\frac{d\,\mathfrak{J}}{dt} = j\,\omega\,L\,\overline{J}\,e^{j\,\omega t} = j\,\omega\,L\,\mathfrak{J}$$
überwinden. Daher ist (Abb. 239)
$$\mathfrak{U} = j\,\omega\,L\,\mathfrak{J}. \tag{2}$$
Der Spannungsvektor geht aus dem Stromvektor durch Multiplikation
mit $j\,\omega\,L$ hervor, letzterer erfährt somit eine Drehung um 90⁰ und

eine Streckung auf das ωL-fache, da $|j\,\omega\,L| = \omega\,L$ ist. Die Spannung eilt dem Strom um 90^0 vor. Schreiben wir (2) in der Form

$$\mathfrak{U} = \mathfrak{R}\,\mathfrak{J},$$

so ist mit Hilfe des imaginären Widerstandes $\mathfrak{R} = j\,\omega\,L$ das Ohmsche Gesetz formell gerettet.

3. Bei kapazitivem Widerstand gilt für den Strom $\mathfrak{J}$ und die Klemmenspannung $\mathfrak{U} = \overline{U}\,e^{j\,(\omega\,t\,+\,\varphi)}$ die Beziehung:

$$\mathfrak{J} = C\,\frac{d\,\mathfrak{U}}{dt} = j\,\omega\,C\,\overline{U}\,e^{j\,(\omega\,t\,+\,\varphi)} = j\,\omega\,C\,\mathfrak{U}.$$

Daher ist

$$\mathfrak{U} = \frac{1}{j\,\omega\,C}\,\mathfrak{J} = -\frac{j}{\omega\,C}\,\mathfrak{J}. \qquad (3)$$

Der Spannungsvektor $\mathfrak{U}$ geht aus dem Stromvektor $\mathfrak{J}$ durch Drehung um -90^0 und Streckung auf das $\dfrac{1}{\omega\,C}$-fache hervor (Abb. 240).

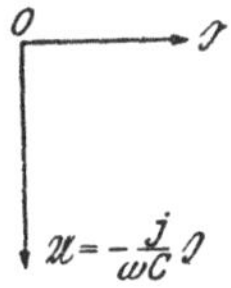

Abb. 240.

4. Werden Ohmscher Widerstand R, induktiver Widerstand $j\,\omega\,L$ und kapazitiver Widerstand $-\dfrac{1}{\omega\,C}$ hintereinander geschaltet, so addieren sich die Widerstände (Abb. 241).

Daher ist

$$\mathfrak{U} = \left(R + j\,\omega\,L - \frac{j}{\omega\,C}\right)\mathfrak{J}$$

oder

$$\mathfrak{U} = \mathfrak{R}\,\mathfrak{J},$$

wenn

$$\mathfrak{R} = R + j\left(\omega\,L - \frac{1}{\omega\,C}\right).$$

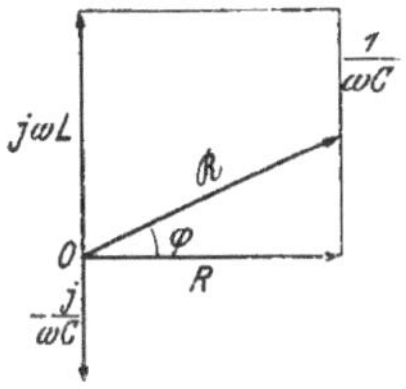

Der Stromvektor $\mathfrak{J}$ wird auf das $|\mathfrak{R}|$-fache gestreckt und die Spannung ist gegenüber dem Strom um φ phasenverschoben, wobei

Abb. 241.

$$\mathfrak{R} = R + j\left(\omega\,L - \frac{1}{\omega\,C}\right).$$

$$|\mathfrak{R}| = \sqrt{R^2 + \left(\omega\,L - \frac{1}{\omega\,C}\right)^2},$$

$$\operatorname{tg}\varphi = \frac{\omega\,L - \dfrac{1}{\omega\,C}}{R}.$$

5. Bei Parallelschaltungen ist es notwendig, von den Widerständen auf die *Leitwerte* (reziproken Widerstände) überzugehen. Ist ein Widerstand komplex, etwa

$$\mathfrak{R} = a + j\,b,$$

so ist der Leitwert

$$\mathfrak{G} = \frac{1}{\mathfrak{R}} = \frac{1}{a + j\,b}.$$

$\mathfrak{G}$ kann nach der in Abb. 234 gezeigten Methode konstruiert werden; wir wiederholen diese Konstruktion in Abb. 242 mit leicht verständlicher Vereinfachung.

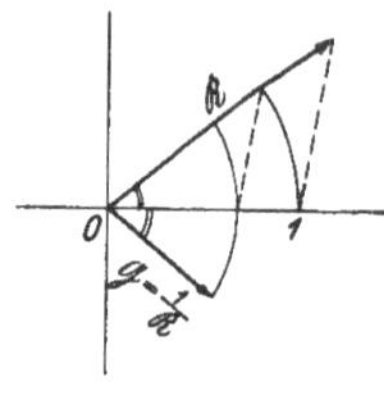

Abb. 242.

Man kann $\mathfrak{G}$ aber auch mit Hilfe der *Inversion* (Spiegelung an einem Kreis) finden. Dieses Verfahren soll im folgenden gezeigt werden, und zwar im Hinblick auf die Anwendungen[1] für den allgemeineren Fall, daß

$$\mathfrak{G} = \frac{p^2}{\mathfrak{R}} = \frac{p^2}{a + j\,b}.$$

Ist $\overrightarrow{OP}$ der Vektor $\mathfrak{R}$ und zieht man von P die Tangenten an den *Inversionskreis I* um O mit dem Radius p, so erhält man als Schnittpunkt von $\overline{OP}$ mit der Sehne, welche die beiden Berührungspunkte verbindet, den Punkt P' (Abb. 243). Aus dem rechtwinkeligen Dreieck OPT folgt nach dem Kathetensatz:

$$p^2 = \overline{OP'} \cdot \overline{OP},$$

woraus sich

$$\overline{OP'} = \frac{p^2}{\overline{OP}} = \frac{p^2}{|\mathfrak{R}|}$$

ergibt. Mithin ist die Länge von $\mathfrak{G}$ ermittelt:

$$|\mathfrak{G}| = \overline{OP'}.$$

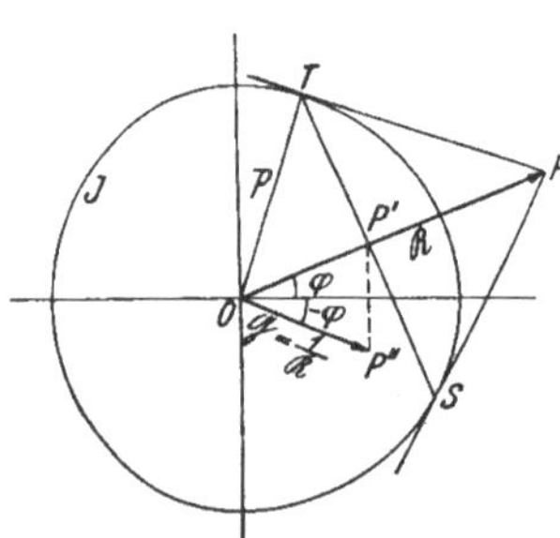

Abb. 243. Inversion an dem Kreis J.

Die Richtung von $\mathfrak{G}$ findet man, indem man P' an der reellen Achse spiegelt. Man gelangt damit zum Punkte P'' und erhält in $\overrightarrow{OP''}$ den gesuchten Vektor $\mathfrak{G}$.[2]

Die in den Abb. 242 und 243 erforderlichen Spiegelungen an der reellen Achse kann man ersparen, wenn man für die Leitwerke die Richtung der imaginären Achse umkehrt.

P und P' heißen *inverse Punkte* oder Spiegelpunkte bezüglich des Inversionskreises, und zwar ist nicht nur P' invers zu P, sondern auch umgekehrt P invers zu P'. Man findet P aus P' nach dem aus Abb. 243 ersichtlichen Verfahren durch Umkehrung des oben

---

[1] Es handelt sich dabei nur darum, $\mathfrak{G}$ in einem passenden Maßstab zu erhalten.

[2] Zur Ermittlung der Reziproken einer komplexen Zahl sind demnach zwei Spiegelungen erforderlich: eine am Einheitskreis und eine an der reellen Achse. In manchen Lehrbüchern der Elektrotechnik werden beide zusammengenommen als Inversion bezeichnet.

beschriebenen. Liegt P auf dem Inversionskreis, so fällt er mit seinem Spiegelpunkt zusammen.

6. Wenn ein Ohmscher Widerstand R und ein induktiver Widerstand $j\omega L$ parallel geschaltet werden, so addieren sich die Leitwerte. Es gilt also

$$\frac{1}{\mathfrak{R}} = \frac{1}{R} + \frac{1}{j\omega L}$$

oder

$$\mathfrak{R} = \frac{j\,R\,\omega\,L}{R + j\,\omega\,L} = \frac{j\,R\,\omega\,L\,(R - j\,\omega\,L)}{R^2 + \omega^2\,L^2} = \frac{R\,\omega^2\,L^2}{R^2 + \omega^2\,L^2} + j\,\frac{R^2\,\omega\,L}{R^2 + \omega^2\,L^2}.$$

Das Ergebnis ist gleichbedeutend mit einer Serienschaltung des Ohmschen Widerstandes $\dfrac{R\,\omega^2\,L^2}{R^2 + \omega^2\,L^2}$ und des induktiven Widerstandes $j\,\dfrac{R^2\,\omega\,L}{R^2 + \omega^2\,L^2}$. Für den absoluten Wert von $\mathfrak{R}$ findet man

$$|\,\mathfrak{R}\,| = \frac{R\,\omega\,L}{\sqrt{R^2 + \omega^2\,L^2}}\,;\quad \varphi \text{ berechnet sich aus } \operatorname{tg}\varphi = \frac{R}{\omega\,L}.$$

Für die Konstruktion von $\mathfrak{R}$ benutzt man vorteilhaft diese beiden letzten Ergebnisse. In Abb. 244 ist $\overline{OA} = R$, $\overline{AB} = \omega L$, daher $\overline{OB} = \sqrt{R^2 + \omega^2 L^2}$. Macht man nun $\overline{OC} = \overline{AB} = \omega L$ und zieht $CD \parallel BA$, so ist auf Grund der Proportion

$$\sqrt{R^2 + \omega^2 L^2} : R = \omega L : \overline{OD}$$

nach dem obigen Ergebnis für $|\,\mathfrak{R}\,|$ die Strecke $\overline{OD} = |\,\mathfrak{R}\,|$ und $\overrightarrow{OP} = \mathfrak{R}$, wobei $\operatorname{tg}\varphi = \dfrac{R}{\omega L}$.

Eine andere Konstruktion zeigt Abb. 245, die sich mit Hilfe der ähnlichen Dreiecke OAB und APO leicht begründen läßt.

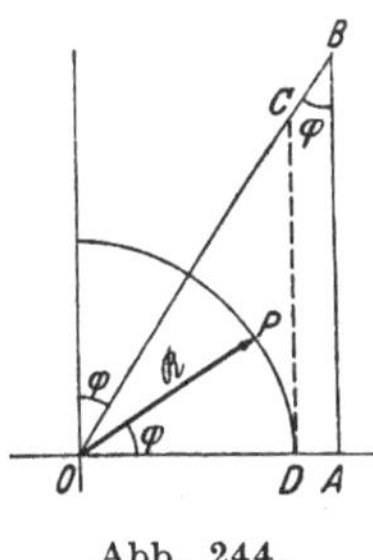

Abb. 244.

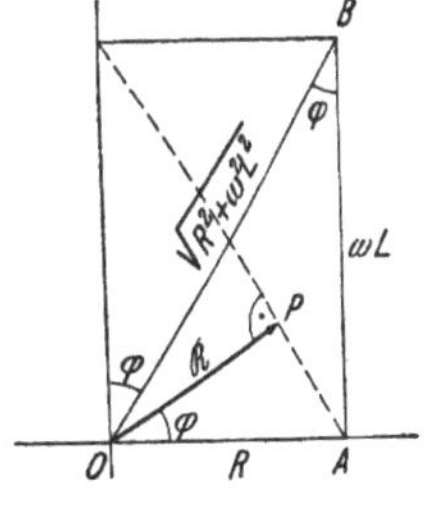

Abb. 245.

8. Ortskurven und Inversion.

Erteilen wir z. B. in $\mathfrak{R} = R + j\omega L$ dem ω verschiedene Werte, etwa 0, 100, 200, 300, ..., so liegen die Spitzen der zugehörigen Ortsvektoren in den Punkten, die in Abb. 246 mit 0, 100, 200, ...

bezeichnet sind. Diese Punkte bilden eine gleichmäßige Teilung auf einer zur imaginären Achse parallelen Geraden im Abstande R.

Wählen wir $\mathfrak{R} = R - \dfrac{j}{\omega C}$, so erhalten wir für $\omega = 100, 200, 300, \ldots$ die in Abb. 247 gezeichneten Ortsvektoren, deren Spitzen auf derselben Geraden wie im vorigen Beispiel liegen. Die mit $100, 200, \ldots\ldots$ bezeichneten Punkte bilden aber jetzt keine gleichmäßige Teilung, sondern eine Funktionsleiter für die Funktion $\dfrac{1}{\omega C}$ bei variablem ω.

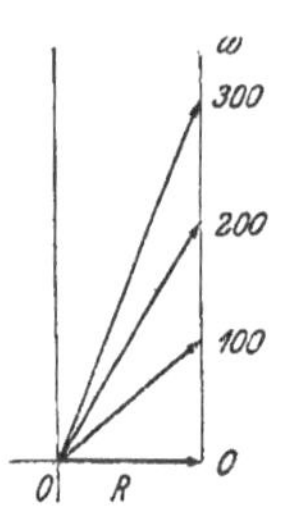

Abb. 246.
Ortskurve für
$\mathfrak{R} = R + j \omega L$
bei veränder-
lichem ω.

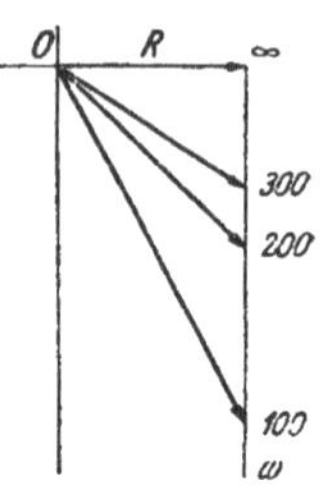

Abb. 247.
Ortskurve für
$$\mathfrak{R} = R - \frac{j}{\omega C}$$
bei veränder-
lichem ω.

Ist allgemeiner $\mathfrak{R} = R + j f(\omega)$, so erfüllen die Spitzen aller Ortsvektoren $\mathfrak{R}$ die Gerade parallel zur imaginären Achse im Abstande R. Die Punkte auf ihr, die den einzelnen ω-Werten entsprechen, bilden eine Funktionsleiter der Funktion $f(\omega)$.

In den betrachteten Fällen war der Ortsvektor $\mathfrak{R}$ von der Variablen ω abhängig. Jeder Änderung von ω entsprach eine Änderung der Länge und Richtung des Ortsvektors $\mathfrak{R}$. Eine solche Abhängigkeit wird immer dann bestehen, wenn ein Ortsvektor $\mathfrak{Z}$ gegeben ist durch

$$\mathfrak{Z} = \varphi(\omega) + j \psi(\omega), \tag{1}$$

wobei φ und ψ stetige Funktionen von ω sein mögen; ω braucht keine physikalische Bedeutung zu besitzen. Schreiben wir Gl. (1) in der Form

$$x + j y = \varphi(\omega) + j \psi(\omega),$$

so resultieren daraus die beiden Gleichungen

$$x = \varphi(\omega), \qquad y = \psi(\omega). \tag{2}$$

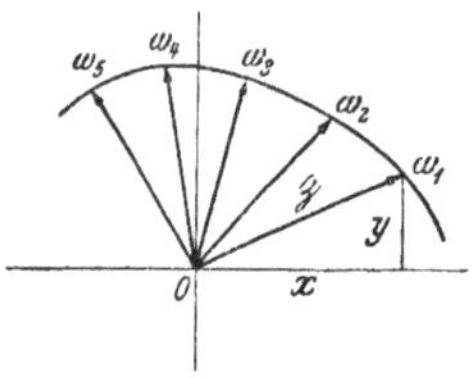

Abb. 248. Allgemeine Ortskurve.

Das Gleichungspaar (2) stellt eine Kurve mit Hilfe des Parameters ω dar. Die Gl. (1) ist demnach nichts anderes, als die Zusammenfassung der beiden Gleichungen (2) in eine einzige Gleichung in *vektorieller Form* und stellt dieselbe Kurve dar wie das Gleichungspaar (2). Die den einzelnen Werten von ω entsprechenden Punkte $\omega_1, \omega_2, \omega_3, \ldots\ldots$ in Abb. 248 bilden auf dieser Kurve eine krummlinige Funktionsskala. Die durch (1) dargestellte Kurve der Spitzen aller Ortvektoren bezeichnet man häufig als *Ortskurve*.

Außer den oben angeführten Beispielen haben wir schon früher Ortskurven kennen gelernt. Wir erinnern an

$$\Im = \overline{J}\, e^{j\,\omega\,t} = \overline{J} \cos \omega\, t + j\,\overline{J} \sin \omega\, t,$$

die in Parameterform lautet:

$$x = \overline{J} \cos \omega\, t, \qquad\qquad y = \overline{J} \sin \omega\, t$$

und einen Kreis mit dem Mittelpunkt O und dem Radius $\overline{J}$ darstellt; oder an die Parabel in Üb. 1, S. 295.

Ergibt sich die Notwendigkeit, von einer solchen Kurve zur *inversen Kurve* überzugehen, so kann dies so durchgeführt werden, daß man zu einzelnen Punkten die inversen konstruiert und diese dann miteinander verbindet. Man kann sich aber auch eines sogenannten *Inversors* bedienen. Abb. 249 zeigt den Inversor vom *Peaucellier*. Der Inversionskreis ist, um die Deutlichkeit nicht zu beeinträchtigen, nicht eingezeichnet.

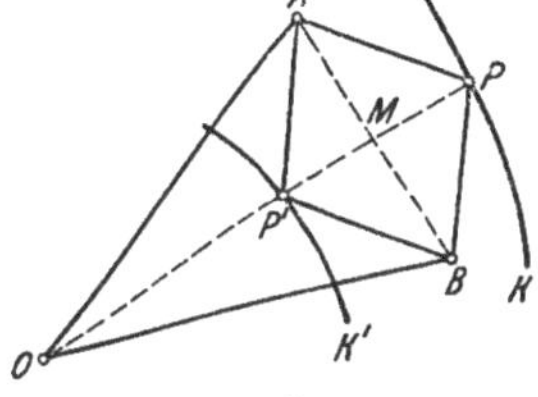

Abb. 249. Inversor
von Peaucellier.

Die beiden gleich langen Stangen $\overline{OA}$ und $\overline{OB}$ sind mit dem Gelenksrhombus $APBP'$ verbunden. Die Punkte O, P' und P liegen bei jeder Stellung in einer Geraden. Wird P längs einer Kurve K geführt, so beschreibt P' die inverse Kurve K'. Denn:

$$\overline{OP}\cdot\overline{OP'} = (\overline{OM} + \overline{MP})\cdot(\overline{OM} - \overline{MP}) = \overline{OM}^2 - \overline{MP}^2.$$

Nun ist

$$\overline{OM}^2 = \overline{OA}^2 - \overline{MA}^2 \text{ und } \overline{MP}^2 = \overline{AP}^2 - \overline{MA}^2.$$

Daher ist

$$\overline{OP}\cdot\overline{OP'} = \overline{OA}^2 - \overline{AP}^2 = \text{konst.},$$

da $\overline{OA}$ und $\overline{AP}$ gegebene Längen sind. Infolgedessen ist

$$\overline{OP'} = \frac{\text{konst}}{\overline{OP}}.$$

Die Punkte P und P' sind tatsächlich invers.

Hat die gegebene Kurve die Gleichungsform (1), nämlich

$$\Im = \varphi + j\,\psi,$$

so lautet die Gleichung der inversen Kurve für den Inversionsradius 1:

$$\Im' = \frac{\varphi}{\varphi^2 + \psi^2} + j\,\frac{\psi}{\varphi^2 + \psi^2}.$$

Denn bildet man zunächst

$$\Im'' = \frac{1}{\Im} = \frac{1}{\varphi + j\,\psi} = \frac{\varphi}{\varphi^2 + \psi^2} - j\,\frac{\psi}{\varphi^2 + \psi^2},$$

so stellt diese Gleichung jene Kurve dar, die aus der gegebenen durch Spiegelung am Einheitskreis mit darauffolgender Spiegelung an der reellen Achse hervorgeht. Letztere wird durch Ersatz von $-j$ durch j wieder rückgängig gemacht.

Besonders wichtig sind die inversen Kurven von Geraden und Kreisen. Wir zeigen, daß sich in jedem Fall Kreise ergeben.

Die inverse Kurve zu einer Geraden g, die nicht durch O geht, ist ein Kreis g' durch O über $\overline{OA'}$ als Durchmesser, wenn A und A' inverse Punkte sind und OA auf g senkrecht steht. (Abb. 250.)

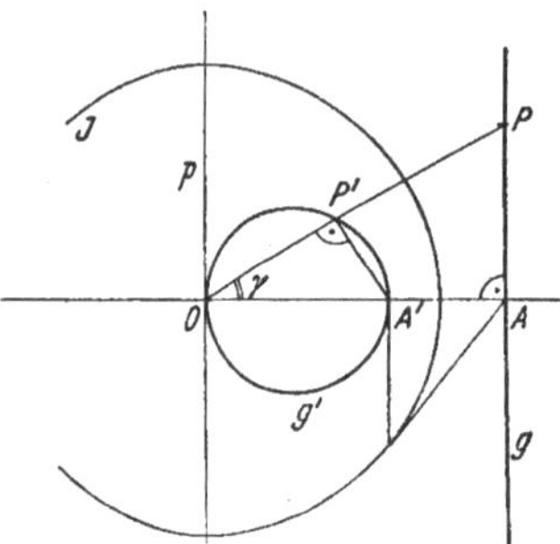

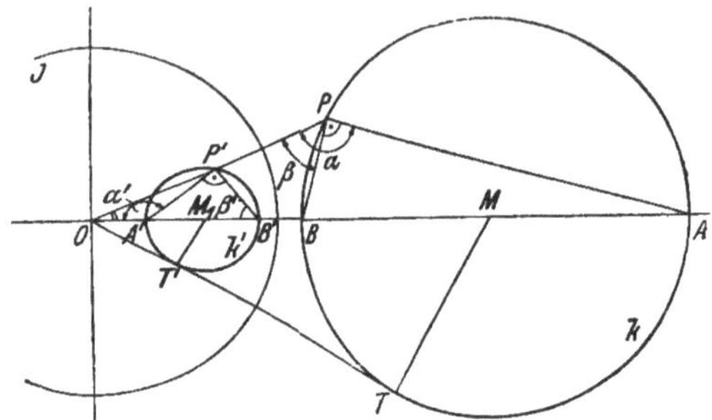

Abb. 250. Die Gerade g und der Kreis g' sind invers bezüglich J.

Abb. 251. Die Kreise k und k' sind invers bezüglich J.

Sind nämlich A, A' und P, P' invers bezüglich des Inversionskreises I, so ist der Nachweis erbracht, wenn gezeigt werden kann, daß der Winkel bei P' immer ein Rechter ist. Nun ist $\triangle\,OA'P' \sim \triangle\,OPA$, denn der Winkel γ ist beiden gemeinsam und aus $\overline{OP'}\cdot\overline{OP} = \overline{OA'}\cdot\overline{OA}$ folgt $\overline{OP'}:\overline{OA'} = \overline{OA}:\overline{OP}$. Daher sind auch die beiden Winkel bei A und bei P' einander gleich, der Winkel bei P' beträgt tatsächlich 90°.

Bewegt sich somit der Punkt P' des Inversors in Abb. 249 auf einem Kreis durch das Inversionszentrum O, so beschreibt P eine Gerade und der Inversor kann infolgedessen als *Geradführung* benutzt werden.

Die inverse Kurve zu einem Kreis k ist ein Kreis k', der nicht durch O geht. (Abb. 251.)

Sind A, A'; B, B'; P, P' inverse Punkte bezüglich I, so braucht man wieder nur nachweisen, daß der Winkel bei P' ein Rechter ist. Nun ist aus denselben Gründen wie in Abb. 250 $\triangle\,OA'P' \sim \triangle\,OPA$, daher $\sphericalangle\,\alpha' = \sphericalangle\,\alpha$. Ebenso folgt aus der Ähnlichkeit der Dreiecke $OB'P'$ und OPB, daß $\sphericalangle\,\beta' = \sphericalangle\,\beta$. Da aber $\alpha - \beta = 90°$, so muß auch $\alpha' - \beta' = 90^0$ sein. Man findet den Kreis k' am einfachsten, indem man mit Hilfe der inversen Punkte T und T' auf der Tangente OT den zu k ähnlich gelegenen Kreis k' ermittelt. Die Mittelpunkte M und M_1 beider Kreise sind jedoch nicht invers.

Man braucht nur die beiden Figuren in Abb. 250 und Abb. 251 um O zu drehen, um die Gerade g oder den Kreis k in andere Lagen zu bringen und die allgemeine Gültigkeit der beiden Beweise einzusehen. Übrigens kann man eine Gerade stets als einen Kreis mit unendlich großem Radius auffassen und damit allgemein behaupten, daß bei der Inversion Kreise wieder in Kreise übergeführt werden.

Übungen. 1. Man ermittle die inversen Gebilde zu einer Geraden, wenn diese a) durch O geht, b) den Inversionskreis berührt, c) den Inversionskreis schneidet.

2. Man konstruiere den inversen Kreis zu einem gegebenen Kreis k, wenn dieser den Inversionskreis berührt oder schneidet.

3. Man zeige, daß ein Kreis k bei der Inversion in sich selbst übergeht, wenn er durch zwei inverse Punkte P und P' gelegt wird. Warum schneidet k den Inversionskreis rechtwinkelig?

4. Man suche zu einem Kreis mit dem Mittelpunkt O den inversen a) konstruktiv, b) rechnerisch.

5. Wie lautet die Vektorgleichung des Kreises g' in Abb. 250, wenn g die Gleichung $\Re = R + j\,\omega\,L$ besitzt und der Inversionsradius gleich 1 ist?

Lösung:

$$\mathfrak{Z} = \frac{R}{R^2 + \omega^2\,L^2} + j\,\frac{\omega\,L}{R^2 + \omega^2\,L^2}.$$

Man zeige durch Übergang zur Parameterform und darauffolgende Elimination von ω, daß die Kurve tatsächlich ein Kreis ist.

Das griechische Alphabet.

Alpha $(A, \alpha = a)$	Ny $(N, \nu = n)$
Beta $(B, \beta = b)$	Xi $(X, \xi = x)$
Gamma $(\Gamma, \gamma = g)$	Omikron $(O, o = \breve{o})$
Delta $(\Delta, \delta = d)$	Pi $(\Pi, \pi = p)$
Epsilon $(E, \varepsilon = \breve{e})$	Rho $(P, \varrho = r)$
Zeta $(Z, \zeta = z)$	Sigma $(\Sigma, \sigma = s)$
Eta $(H, \eta = \bar{e})$	Tau $(T, \tau = t)$
Theta $(\Theta, \vartheta = th)$	Ypsilon $(Y, \upsilon = y)$
Jota $(J, \iota = i)$	Phi $(\Phi, \varphi = ph)$
Kappa $(K, \varkappa = k)$	Chi $(X, \chi = ch)$
Lambda $(\Lambda, \lambda = l)$	Psi $(\Psi, \psi = ps)$
My $(M, \mu = m)$	Omega $(\Omega, \omega = \bar{o})$

Quellennachweis.

1. *R. Courant*, Vorlesungen über Differential- und Integralrechnung, Springer, Berlin.

2. *F. Dingeldey*, Sammlung von Aufgaben zur Anwendung der Differential- und Integralrechnung, Teubner, Leipzig.

3. *O. Franke*, Einführung in die physikalischen Grundlagen der Rundfunktechnik, Springer, Wien.

4. *G. Hamel*, Elementare Mechanik, Teubner, Leipzig.

5. *M. Hauptmann*, Technische Aufgaben zur Mathematik, Teubner, Berlin.

6. *W. Lietzmann*, Mathematisches Unterrichtswerk, Teubner, Berlin.

7. *M. Lindow*, Differentialrechnung, Integralrechnung, Differentialgleichungen, Teubner, Berlin.

8. *P. Luckey*, Einführung in die Nomographie, Teubner, Leipzig.

9. *J. Perry*, Höhere Analysis für Ingenieure, Teubner, Leipzig.

10. *M. Pirani* u. *I. Runge*, Graphische Darstellung in Wissenschaft u. Technik, Walter de Gruyter, Leipzig.

11. *R. W. Pohl*, Einführung in die Physik, Springer, Berlin.

12. *R. Rothe*, Höhere Mathematik, Teubner, Leipzig.

13. *C. Runge,* Graphische Methoden, Teubner, Leipzig.

14. *C. Runge* u. *H. König*, Numerisches Rechnen, Springer, Berlin.

15. *C. Schäfer*, Einführung in die theoretische Physik, Walter de Gruyter, Berlin.

16. *E. Schneider*, Mathematische Schwingungslehre, Springer, Berlin.

17. *L. Schrutka*, Theorie und Praxis des logarithmischen Rechenschiebers, Deuticke, Wien.

18. *A. Walther*, Einführung in die mathematische Behandlung naturwissenschaftlicher Fragen, Springer, Berlin.

19. *A. Walther*, Begriff und Anwendungen des Differentials, Teubner, Berlin.

20. *H. Weber* u. *I. Wellstein*, Enzyklopädie der Elementarmathematik, Teubner, Berlin.

Sachverzeichnis.